2015年国际酒文化学术研讨会论文集

徐　岩　主编

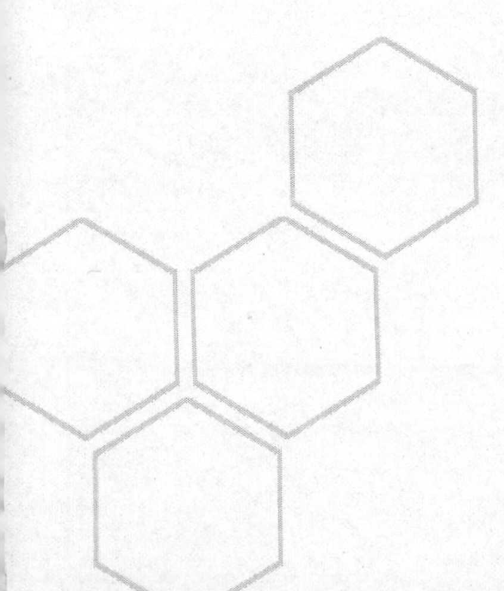

中国轻工业出版社

图书在版编目（CIP）数据

2015年国际酒文化学术研讨会论文集/徐岩主编. —北京：中国轻工业出版社，2015.10

ISBN 978-7-5184-0622-7

Ⅰ.①2… Ⅱ.①徐… Ⅲ.①酒—文化—国际学术会议—文集 Ⅳ.①TS971-53

中国版本图书馆CIP数据核字（2015）第227854号

策划编辑：江 娟　　责任编辑：王 朗
责任终审：劳国强　　责任监印：张 可

出版发行：中国轻工业出版社（北京东长安街6号，邮编：100740）
印　　刷：北京厚诚则铭印刷科技有限公司
经　　销：各地新华书店
版　　次：2015年10月第1版第1次印刷
开　　本：787×1092　1/16　印张：36.75
字　　数：827千字
书　　号：ISBN 978-7-5184-0622-7　定价：360.00元
邮购电话：010-65241695　传真：65128352
发行电话：010-85119835　85119793　传真：85113293
网　　址：http://www.chlip.com.cn
Email：club@chlip.com.cn
如发现图书残缺请直接与我社邮购联系调换
151089K1X101HBW

内容摘要

国际酒文化学术研讨会由中国酒业协会（原中国酿酒工业协会）、江南大学、日本酿造学会和日本独立行政法人酒类综合研究所发起主办。目前，已在中国和日本的多个城市成功举办数届。历届国际酒文化学术研讨会的成功举办，深受国内外酿酒（酿造）同仁、专家、学者的支持与重视，来自中国、日本、中国台湾、欧美等地的与会人员每届数以百计，目前已成为国内外酒文化与科技学术交流的重要平台，具有广泛的影响力。

2015 年国际酒文化学术研讨会定于 2015 年 10 月 11 ~ 13 日在中国山西省太原市召开。会议将秉承历届国际酒文化学术研讨会的宗旨，以酒的安全与健康、高效酿造与酿酒现代化及酒文化与消费为主题，邀请包括美国、日本等国内外著名专家学者和行业协会领导做相关专题报告，并将相关论文装订成册。本论文集有六十余篇学术论文，涵盖酒文化与市场、酒的健康价值、安全控制、绿色酿造等等酿酒行业当前面临的热点问题。本论文集为进一步推动酿酒行业转型升级，加强酿酒基础理论和应用技术的研究与交流，提升酒精饮品的健康价值、安全控制水平及酿造技术水平提供重要参考文献。

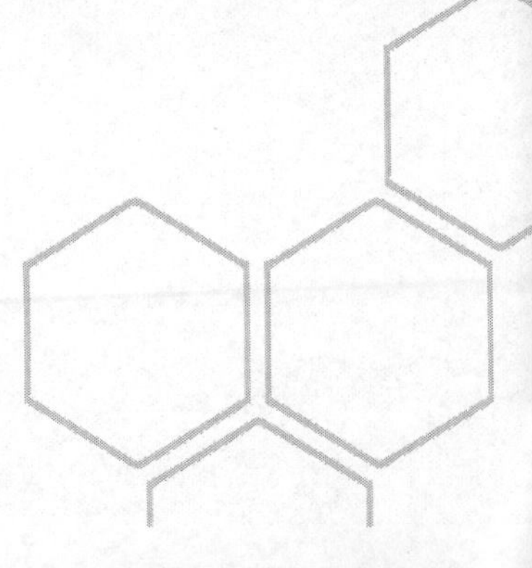

酒文化研討大會
現在定汾陽先配
中外賓全都到來
內容好啟發後代

秦含章敬賀

二〇一五 九、九

序　言

在人类文明史上，酒是一个伟大的创造！它伴随着人类进步的脚印走过了近万年的历程。酒，同样是人类社会最为持久、广泛和普遍的一种文化现象，它不仅是一种客观的存在，更是一种文明的象征。酒伴随着人类文明发展历程，已逐渐沉淀为一种独特的文化。

在世界文化发展史上，文化形态是丰富多彩的，诸多文化形态悠久深远，而酒文化，则是其中最为古老且影响深远的文化现象之一。酒与人类文化的发展息息相关、水乳交融，可以说在人类文明曲折蜿蜒的发展中一直流淌着酒的浓香。从酿造到品鉴，人们对之使用了几乎所有的智慧和情感，使得这一文明果实的魅力历久而弥新。酒是物质的，但它的内涵已经渗透了精神的价值，因此可以说，酒是人类物质文明和精神文明的双重创造！

酒的研究开发、品质提升是现代科技的重要课题。学术意义上酒的研究，主要以学者为主体。20 世纪 90 年代以来，中国学术界成功举办过多次国际酒科技与文化的高层论坛。而由中国酒业协会、江南大学、日本酿造学会和日本独立行政法人酒类综合研究所以固定组织方式共同发起主办的“国际酒文化学术研讨会”，是迄今东亚地区以酿酒技术和酒文化为基本主题而举办的最为重要国际学术交流活动之一。尤其是进入 21 世纪以来，规模与影响更是逐届扩大，已成为国内外酒文化研讨交流的重要学术平台，其形成的学术环境与氛围以及相关学术成果，在国际同行中引起了广泛关注，产生了巨大影响力。

随着科技的进步与创新发展，人们对酿酒工业和酒文化的认识更加深入，满足人们日益增长的对美好生活的需求，已成为献身酿酒酿造专业的酿造者们终身的事业追求和精神诉求。我相信：借助“国际酒文化学术研讨会”这个平台，在以稳增长、调结构、惠民生为核心的“新常态”改革中，在一代又一代大师、俊彦的不断实践与努力下，酒的科技与文化必将走向更加辉煌的明天！

预祝 2015 年国际酒文化学术研讨会圆满成功。

2015. 8. 26

序　言

第９回国際酒文化学術研討会が山西省太原で開催されるに当たり、衷心よりお祝いを申し上げますとともに、今回の研討会開催にご尽力されました、中国酒業協会および江南大学の方々ならびに日中双方の関係者の皆様に敬意を表します。

国際酒文化学術研討会は、日中両国の酒文化· 学術研究の大先輩であられた坂口謹一郎先生と方 心芳先生の合意により１９９１年に発足して以来、ほぼ3 年毎に開催され、約２５年を経て今回は第９回目を迎えることになりました。

両先生の東アジア特有のカビ文化を中心にしてともに研究を進めようとの方向性はまことに当を得たものであり、今日に至るまで毎回の研討会には多数の参加者を得て大きな成功を収めて参りましたが、発足以来四半世紀を経た現時点において今後の発展方向を考えてみることも必要と思われます。

「酒文化学術研討会」の名称が第１回以来使われてきておりますが、中国では「酒文化学術」の意味するところは、酒の歴史や酒にまつわる漢詩、書画、酒器などの芸術が含まれることは勿論、各時代における食文化や酒類生産技術までも包含されているようで、極めて広範な分野が一体化して理解されているように思われます。一方、日本では「文化」と「科学技術・生産技術」とは分別して理解される傾向があるため、同じ漢字表現を用いても内容の解釈にはやや違いがあるようにも感じておりました。

２０１２年の湖南省長沙市における第８回研討会の折に、江南大学の徐岩先生をはじめとする中国側の先生方とそのような点について率直に話し合い、両国の間で解釈に違いが無いようにすることで合意できたことは一つの成果であったと考えております。 それに基づいて今回は日本側では研討会の名称を「国際酒文化· 科学技術研討会」と表記しております。

また、従来は研討会論文集の講演目録が特に内容的に分類されることなく、一括して掲載されておりましたが、最近二回は「文化篇」と「科技編」とに分けられており、「科技編」の論文の比率が次第に増加する傾向にありますが、このような分類方法が定着するとともに「文化篇」の論文がさらに増加、充実することが望ましいと思っております。

今後の本研討会の発展方向として考えられることとして、

1. 日中両国にとって重要な酒類である日本の清酒および焼酎、中国の白酒および黄酒の文化とそれらの生産に関わっている共通の微生物であるカビ類を対象とする研究は当然ですが、それに限定されず広く酒類に関わる多種類の微生物の地理的、時代的な差異を酒文化の観点から研究し、相互の理解を深めること

2. 酒類全般についての基礎的、学問的研究を深化し、得られた新たな知見を相互に共有すること

3. カビ類が関与している清酒· 黄酒および焼酎· 白酒に止まらずビール、ワイン等も含めた酒類全般の発酵· 醸造技術をお互いに協力して将来に向けて新たに発展させること

などを期待しております。

最後に、本研討会開催を通じて、上に述べたような研究発展のための相互の人的な交流が盛んになり、特に若い世代による共同研究が促進されることを強く希望いたします。

兒玉徹

日本醸造学会　会長

2015 年国际酒文化学术研讨会

2015 international alcoholic beverage culture & technology symposium

主办单位： 中国酒业协会（原中国酿酒工业协会）
江南大学
日本醸造学会
日本独立行政法人酒類総合研究所

承办单位： 江南大学
山西杏花村汾酒集团有限责任公司

日　　期： 2015 年 10 月 11 日 ~13 日（11 日全天报到）

会议地点： 山西省太原市

会议宗旨： 传承、创新、发展

会议主题： 酒的安全与健康
高效酿造与酿酒现代化
酒文化与消费

会议工作语言： 汉语，日语，英语；大会现场报告提供中文、日文翻译。

大会名誉主席： 秦含章（中国食品发酵研究院高级顾问）
秋山裕一（原日本醸造協会会長）
伦世仪（中国工程院院士，江南大学教授）

组织委员会：

主　席　王延才（中国酒业协会理事长）
兒玉徹（日本醸造学会会長）
李秋喜（山西杏花村汾酒集团有限责任公司董事长）
家村芳次（独立行政法人酒類総合研究所理事長）
徐岩（江南大学副校长、酿酒科学与酶技术中心主任）

副主席　王琦（中国酒业协会副理事长）
石川 雄章（公益財団法人日本醸造協会会長）
宋书玉（中国酒业协会秘书长）
谭忠豹（山西杏花村汾酒厂股份有限公司董事长）
韩建书（山西杏花村汾酒厂股份有限公司总经理）
後藤奈美（独立行政法人酒類総合研究所理事）
傅建伟（绍兴黄酒集团有限公司董事长、黄酒分会理事长）
堵国成（江南大学生物工程学院院长）
周荣清（四川大学教授）

委　员（中方以姓氏笔画为序）

王祖明、甘　权、许先卫、李言冰、何　勇、杨　健、杨　楠、杜小威、钟　芳、赵　彤、赵严虎、赵建华、秦书尧、黄永光、黄壮霞、董勇久、韩　英、浜田 由紀雄、下田 雅彦、秦洋 二、原田 倫夫、岡崎 直人

学术委员会：

主　席　陈坚（江南大学校长，教授）

兒玉徹（日本醸造学会会長）

王延才（中国酒业协会理事长）

家村芳次（独立行政法人酒類総合研究所理事長）

副主席　徐岩（江南大学副校长、酿酒科学与酶技术中心主任，教授）

鮫島吉廣（鹿児島大学客員教授）

郭翔（中国酒业协会副理事长）

赵严虎（山西省酿酒协会会长）

杜小威（山西杏花村汾酒厂股份有限公司总工程师）

张文学（四川大学教授）

委　员（中方以姓氏笔画为序）

于秦峰、王　华、王　栋、王　莉、毛　健、刘源才、李　崎、吴　群、沈才洪、严升杰、肖冬光、李记明、沈怡方、吴建峰、邱树毅、李博斌、邹慧君、陆　健、陈建新、范文来、周立平、季克良、周荣清、周新虎、赵　东、赵光鳌、赵谋明、赵景龙、胡普信、高月明、贾凤超、徐占成、郭松泉、顾国贤、高景炎、梁邦昌、黄庭明、程光胜、傅祖康、雷振河、熊正河、欧阳港生、樊　伟、潘兴祥

林 和也、高橋 康次郎、蓼沼 誠、北本 勝ひこ、下飯仁、後藤 奈美、平田 大、北垣 浩志、木田 建次、高峯 和則、山岡 洋、福田 央、山田 修

Patrick E. McGovern（美国）、Peter Kupfer（德国）

学术活动的主要形式：大会宣讲论文，自由讨论交流等

会议论文集由中国轻工业出版社正式出版

日程安排：

2015 年 10 月 11 日全天报到：山西省太原市

2015 年 10 月 12 日上午开幕式、大会宣讲论文

下午大会宣讲论文

2015 年 10 月 13 日上午大会宣讲论文

下午大会宣讲论文，大会闭幕式

目　录

科学与技术篇

文化与市场篇

CONTENTS

Scientific and technical papers

Culture and market papers

科学与技术篇

风味技术导向中国白酒微生物代谢调控研究

徐岩*，范文来，陈双，杜海，吴群，葛向阳

1. 江南大学酿酒科学与酶技术中心，酿造微生物与应用酶学实验室

2. 食品科学与技术国家重点实验室，江南大学教育部工业生物技术重点实验室，江苏无锡，214122

摘　要：本文介绍了以风味导向技术为学术思想指导下进行的中国白酒风味特征解析及代谢调控的最新进展情况，包括对中国白酒风味化合物的鉴定、特征风味化合物的判定；白酒中重要香气物质的代谢调控；白酒中非挥发性组分与挥发性风味物质间的相互作用；白酒酿造功能微生物代谢特征和应用基础的相关研究的情况。系统地将白酒的微量组分的研究从微量组分研究的分析化学层面提升到对风味化合物认识的风味化学的层面，从传统微生物学研究进入到分子微生物学的层面，从经验性的应用工作延伸到探索中国白酒自身酿造规律的应用基础研究层面。建立的风味定向分析技术对于丰富我国白酒风味的理论和实践有着重要价值，将推动中国白酒新一轮的技术跨越和进步。

Advance in flavor Chemistry analysis and flavor metabolism regulation for Chinese liquor (*baijiu*)

Xu Yan*, Fan Wenlai, Chen Shuang, Wu Qun, Ge Xiangyang, Du Hai

1. Lab. of Brewing Microbiology and Applied Emzymology, Center for Brewing Science and Enzyme Technology

2. *Key Laboratory of Industrial Biotechnology*, *Ministry of Education*, *School of Biotechnology*, *Jiangnan University*, *Wuxi* 214122, *China*

Abstract: The progress of aroma and flavor of Chinese liquor (*baijiu*), orientating - aroma - and - flavor functional microorganism from *daqu* and fermented cereals in Chinese liquor - making processes was reviewed in this paper, including the trace compounds, key aroma compounds, important flavor compounds and the important microorganisms which producing key flavor compounds. It presumes that these researches would again promote the techno-

* 通讯作者：徐岩，教授，Tel：0510 - 85864112；Fax：0510 - 85864112；E - mail：yxu@ jiangnan. edu. cn。

logical progress of Chinese liquor Industry.

白酒是我国民族特色蒸馏酒，是以高粱等谷物为原料，采用大曲、小曲或麸曲为糖化发酵剂，经过固态发酵、固态蒸馏、贮存勾兑而成。我国白酒酿造生产工艺十分复杂（12大香型），酿造过程是多种微生物（酵母、霉菌、细菌等）参与的自然发酵过程，最终形成了白酒十分复杂的风味特征。我国白酒独特生产工艺和风味特征使得其在国际上也享有较高声誉，成为世界蒸馏酒的典型代表。但由于白酒工艺、微生物及风味的复杂性造成白酒许多酿造机理至今并不是十分清楚。

从20世纪中期以来，中国白酒的产量一直处于增长阶段，2013年已经达到1200万kL。中国白酒的每一次发展均与技术进步特别是大规模的技术攻关试点息息相关[1,2]。20世纪50~60年代组织的以总结传统经验为特征的全国大规模的白酒试点研究，包括烟台试点、茅台试点、汾酒试点和泸州老窖试点。其中茅台试点窖底香的发现，即浓香型大曲酒的主体香成分——己酸乙酯，形成了人工老窖技术，并在全国推广，全面提升了浓香型白酒的品质。70年代白酒机械化改革、80~90年代现代气相色谱和勾调技术进步在酒厂推广应用都对白酒的技术进步起到了极大的推动作用。但是，前几次白酒行业的集中技术研究多是针对传统酿造经验的整理和工艺稳定性的研究，对白酒独特酿造机理的研究十分匮乏。由于中国白酒酿造独特的群体微生物和固态发酵等特征和复杂性，目前粗放的传统经验式操作模式使产品品质的稳定性等困难始终没有解决，传统酿造过程的效率不高都影响着大规模工业化和现代化的发展[3,4]。究其原因还是我们对传统酿造的机理和机制至今并不十分清楚，对世界上这种独特酿造科学理论与技术体系建立的不够完整。以“169计划”实施和开展的对中国白酒的酿造机理的基础和应用基础的研究，则是这一次中国白酒快速发展所带动的白酒技术发展的必然趋势和典型特征。

2007年在中国酿酒工业协会白酒技术委员会的支持下，江南大学作为技术依托来负责与茅台、五粮液、洋河、汾酒、剑南春、郎酒、今世缘、口子窖、老白干、牛栏山二锅头、古贝春、西凤等12家不同香型行业骨干企业共同参加开展解放以来规模最大的“中国白酒169计划”研究，该研究在继承中国白酒研究成功经验，采用当今国际风味化学、微生物生态学和现代生物技术发展的最新理论和技术，提出风味导向技术为原则的学术思想，形成了风味定向为特点的方法学，开启中国白酒新一轮创新性的研究。通过集中针对中国白酒的特征风味、中国白酒的风味功能微生物、中国白酒的风味化合物阈值、中国白酒的贮存老熟和中国白酒的健康成分进行全面研究[5,6]，目标是对影响中国白酒产品质量和生产效率的酿造关键共性技术以及酿造机理上的探索上取得新的发现和突破，推动白酒的技术创新来支撑中国白酒行业的技术升级和传统产业的改造。

风味导向技术的定义：采用现代风味化学和分析化学理论，从白酒上千种微量成分中，发现和确定对白酒具有风味贡献度的物质——风味化合物；发现并确认关键风味和异嗅（味）物质的化学本质；研究关键风味和异嗅（味）物质的形成机制、机理和途径。通过风味化合物的指向形成功能微生物高通量筛选技术、风味化合物发酵调

控技术、风味优化重组技术。生产上指导白酒制曲、发酵酿造、蒸馏取酒、贮存老熟、基酒组合与专家调味等白酒全过程实现高效制造，以确保白酒风味协调，个性突出，批次稳定，饮后舒适特征。与以往研究相比，风味导向技术更加注重和体现出将白酒研究中分析化学的技术提升到风味化学技术的层面，将传统的单体的功能微生物的研究提升到分子水平的群体功能微生物学层面的技术变化。

本文将近年来在风味导向学术思想下中国白酒风味化学组分及其微生物代谢调控主要研究进展介绍如下。

1　白酒风味化合物的研究

中国白酒以高粱等谷物为原料，采用大曲、小曲或麸曲为糖化发酵剂，经过固态发酵、固态蒸馏、储存勾兑而成含有上千种微量组分的产品。对中国白酒微量成分的分析始于1960年代的茅台试点，当时使用纸层析、柱色谱对白酒开始研究。发展到目前，已经全面应用气相色谱-质谱（GC-MS）、多维气相色谱-质谱（MDGC-MS）等。由于白酒中的微量成分对白酒的风味贡献不相同的，不是所有的微量成分都对风味有贡献，所以风味化合物是指对白酒具有贡献的微量组分。尽管白酒微量组分的初步研究开始于1960年代，但应用气相色谱-闻香法（GC-O）系统完整地研究中国白酒的风味化合物，尤其是特征香气成分始于本世纪的中国白酒169计划。本课题组应用现代仪器分析与感官分析相结合的现代风味化学研究学术思想对不同香型中国白酒特征风味组分进行了系统研究，建立了适合于中国白酒风味研究的技术方法体系（图1）。

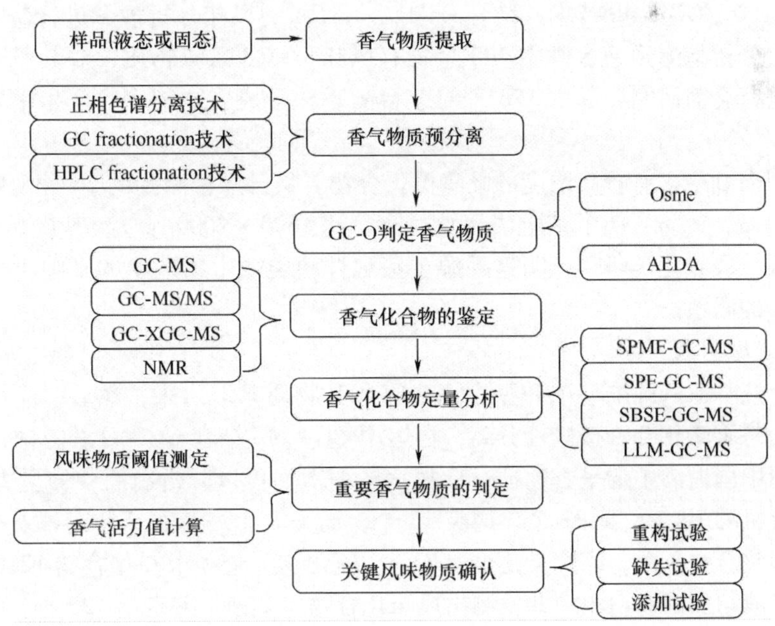

图1　白酒风味化学研究技术路线

1.1 微量组分的研究[7-9]

到目前为止，中国白酒的微量成分研究已经进入一个全新阶段。酱香型白酒报道的微量成分研究已经达到873个，出峰数963个，但更加祥细的报道是鉴定出528个化合物，包括有机酸38种，酯类145种，醇类122种，酮类94种，醛类39种，缩醛10种，含氮化合物19种，含硫化合物6种，内酯类化合物8种。我们与茅台的合作研究是分离出800种微量成分，确定了432种化合物的结构。清香型白酒成分共检测出703种化合物，其中醇类58种，醛类19种，缩醛类10种，酮类38种，酯类124种，脂肪酸类31种，吡嗪类12种，酚类27种，芳香族化合物91种，萜烯类41种，吡啶及吡咯类8种，呋喃类22种，内酯类10种，硫化物16种，氨基类7种，烷烃类38种，其它化合物11种，未知化合物（有色谱峰，但不能确定的化合物）140种，确定了366种化合物的结构。在凤香型白酒研究中，共检测到826种化合物，精确鉴定了345种化合物的结构（未报道）。

清香型白酒检测到700多种成分，凤型白酒检测到800多种成分，已经报道的酱香型白酒检测到近1000种成分，浓香型白酒、兼香型白酒的成分也在900～1000种。随着分析手段与方法的改进，中国白酒中完全可以检测到1500种以上的成分。

1.2 风味化合物研究

对白酒具有风味有贡献度的物质统称为风味化合物，中国白酒主要的典型香型的风味化合物研究结果具体如下：

1.2.1 酱香型白酒[10-18]

将GC－O、GC－MS技术并结合OSME、AEDA的风味分析理念进行酱香型白酒的风味研究，分析检测到茅台酒中300余种有风味贡献的风味物质，对其风味特征和风味贡献力进行全面研究，其中126种对茅台酒香味形成影响较大，产生重要作用的有65种。

酱香型白酒中含有较高浓度的吡嗪类化合物。从已经检测到的26种吡嗪类化合物含量看，2，3，5，6－四甲基吡嗪含量最高，达1600～2000μg/L，其次是2，3，5－三甲基吡嗪。风味化学研究证明这种源于芽孢杆菌类微生物产生的吡嗪类化合物与酱香没有直接的联系。

1.2.2 浓香型白酒[19-25]

应用液液萃取从纯浓型浓香型白酒中将风味物质萃取出来，然后，应用正相色谱分离技术，将香味化合物按极性分离，再运用GC－MS结合GC－O的方法，采用双柱定性，分析中国白酒中的呈香物质。应用该法一次性可以分析白酒中的呈香化合物92个，包括有机酸10个，酯32个，醇类13个，酚类8个，芳香族化合物6个，酮类2个，呋喃类化合物1个，缩醛类化合物3个，硫化物2个和未知化合物12个。从多粮浓香型五粮液与剑南春白酒中共检测出风味化合物132种，鉴定出126种，6种为未知化合物。江淮流域单粮型重要风味化合物22个，分别为己酸乙酯、丁酸乙酯、戊酸乙酯、己酸甲酯、1，1－二乙氧基－3－甲基丁烷、乙缩醛、乙酸乙酯、2－甲基丁酸乙

酯、3-甲基丁酸乙酯、己酸丁酯、己酸、庚酸乙酯、丁酸、乙醛、3-甲基丁醇、3-甲基丁酸、2-苯乙酸乙酯、辛酸乙酯、苯甲醛、二甲基三硫、1,1-二乙氧基壬烷、丁酸-3-甲基丁酯等；剑南春酒中检测出重要风味化合物21种，分别为己酸乙酯、丁酸乙酯、己酸丁酯、1,1-二乙氧基-3-甲基丁烷、3-甲基丁酸乙酯、辛酸乙酯、己酸、戊酸乙酯、丁酸、乙缩醛、乙酸乙酯、环己羰酸乙酯、庚酸乙酯、3-甲基丁酸、3-甲基丁醇、1-戊醇、2-苯乙醇、1-丁醇、2-苯乙酸乙酯、戊酸、己酸丙酯等。五粮液中检测出重要风味化合物25种，分别为己酸乙酯、1,1-二乙氧基-3-甲基丁烷、丁酸乙酯、戊酸乙酯、己酸丁酯、丁酸、2-甲基丙酸乙酯、3-甲基丁酸乙酯、辛酸乙酯、己酸、乙缩醛、2,5-二甲基-3-乙基吡嗪、乙酸-2-甲基丙酯、3-甲基丁酸、3-甲基丁醇、乙酸乙酯、环己羰酸乙酯、己酸己酯、1-戊醇、2-乙基-6-甲基吡嗪、糠醛、2-苯乙醇、3-苯丙酸乙酯、己酸甲酯等。

确认了浓香型白酒的主体香是己酸乙酯，同时也发现丁酸乙酯、戊酸乙酯、辛酸乙酯、庚酸乙酯等酯类也起着较大的作用，验证了原有理论正确性；首次提出并证明川味浓香型白酒与江淮流域纯浓香型白酒的主要感官上的区别可能是杂环类化合物引起。

1.2.3 清香类型白酒[26-33]

应用GC-O中的OSME和AEDA技术，在汾酒中共检测到香气组分100个，包括醇类16种，酯类23种，酸类13种，醛类2种，芳香族化合物14种，酚类7种，萜烯类1种，呋喃类3种，吡嗪类2种，缩醛类2种，硫化物2种，内酯类化合物2种，其它化合物1种，未知化合物（不能鉴定的化合物）12种。比较重要的风味化合物有辛酸乙酯、乙酸乙酯、己酸乙酯、2-羟基-3-甲基丁酸乙酯、2-羟基己酸乙酯、乙酸-2-苯乙酯、β-苯乙醇（2-苯乙醇）、2-苯乙酸乙酯、苯乙醛、苯甲醇、4-乙基愈创木酚、香草醛、4-甲基苯酚、4-乙基苯酚、愈创木酚、4-甲基愈创木酚、3-甲基丁醇（异戊醇）、2-甲基丙醇、1-辛醇、己酸、丁酸、2-甲基丙酸、1-(2,6,6-三甲基-1,3-环戊-1-烯)-2-丁烯-1-酮、糠醛、四甲基吡嗪、1,1,3-三乙氧基丙烷、未知物2、未知物5、未知物6、未知物8、未知物11、未知物12。从汾酒中共检测到8个香气强度（OAV）大的化合物，从高到低的依次为：辛酸乙酯、β-DMST、己酸乙酯、乙缩醛、乙酸乙酯、2-甲基丁酸乙酯、3-苯丙酸乙酯、乙酸-3-甲基丁酯。

应用液液萃取，而后GC-O结合GC-MS技术，在牛栏山二锅头中检测到101种香味化合物，其中包括35种酯类、13种酸类、15种醇类、5种醛类、1种酮类、15种芳香族及酚类、5种呋喃类、2种吡嗪类、3种缩醛类、1种硫化物、6种其他类化合物。应用OAV技术确定牛栏山二锅头的关键风味化合物8个，分别为：辛酸乙酯、己酸乙酯、DSM、乙缩醛、丁酸乙酯、2-甲基丁酸乙酯、乙酸乙酯、乙酸-3-甲基丁酯。

在清香型类型的老白干香型白酒中共检测到107种香气成分，其中其中醇类14种、酯类20种、酸类14种、呋喃类9种、酚类6种、吡嗪类5种、硫化物1种、内酯类3种、芳香族化合物14种、缩醛类化合物2种、其它化合物2种、未知化合物17

种。应用GC－O技术确定比较重要的风味化合物有4－乙基愈创木酚、乙酸－2－苯乙酯、丁酸、3－甲基丁醇（异戊醇）、β－苯乙醇、2－乙酰基－5－甲基呋喃、3－苯丙酸乙酯、γ－壬内酯、3－甲基丁酸（异戊酸）、香兰素、乙酸乙酯、1，1－二乙氧基－3－甲基丁烷和（2，2－二乙氧基乙基）苯等13种物质。应用OAV确定的重要风味化合物有2－甲基丁酸乙酯、3－甲基丁酸乙酯、辛酸乙酯、丁酸乙酯、己酸乙酯、β－DMST、苯乙醛、3－苯丙酸乙酯、乙酸乙酯和2－甲基丙酸乙酯。

清香型类型白酒的研究表明，同一香型的白酒具有相类似的关键风味化合物；同一香型白酒的细微区别在于微量成分的多少及其量比关系；清香型白酒特有的重要香气成分辛酸乙酯、特有香气成分β－DMST的量比关系在清香型白酒中基本上是不变的，其量比关系见表1。在此基础上进一步通过香气重组、缺失实验对清香型白酒中的关键香气物质的香气作用进行了验证。

表1　汾酒、老白干酒和二锅头酒等清香类型白酒重要风味化合物量比关系

化合物	汾酒	老白干	二锅头	化合物	汾酒	老白干	二锅头
辛酸乙酯（$\times10^{-4}$）	11.0	16.7	78.5	1－壬醇（$\times10^{-4}$）	1.52	3.43	2.23
β－DMST（$\times10^{-4}$）	0.11	0.15	0.43	丁酸乙酯（$\times10^{-4}$）	7.80	129	46.9
3－甲基丁醇	0.15	0.49	0.048	苯乙醛（$\times10^{-4}$）	0.37	2.64	0.00
己酸乙酯（$\times10^{-4}$）	8.20	26.1	44.9	肉桂酸乙酯（$\times10^{-4}$）	0.20	0.37	0.00
乳酸乙酯	0.94	1.76	1.26	己醛（$\times10^{-4}$）	1.14	2.62	0.00
乙缩醛	0.160	ND	0.271	乙酸－2－苯乙酯（$\times10^{-4}$）	4.92	4.95	0.25
乙酸乙酯	1.00	1.00	1.00	2－甲基丙醇（$\times10^{-4}$）	734	1949	104
2－甲基丁酸乙酯（$\times10^{-4}$）	0.071	22.23	2.21	2－甲基丙酸乙酯（$\times10^{-4}$）	1.99	18.63	0.00
3－苯丙酸乙酯（$\times10^{-4}$）	1.07	2.79	0.81	4－甲基愈创木酚（$\times10^{-4}$）	4.53	2.26	0.00
乙酸－3－甲基丁酯（$\times10^{-4}$）	18.9	12.4	29.9	4－乙基愈创木酚（$\times10^{-4}$）	2.38	7.75	0.00
3－甲基丁酸乙酯（$\times10^{-4}$）	1.08	32.06	0.00	癸酸乙酯（$\times10^{-4}$）	3.08	4.12	111
戊酸（$\times10^{-4}$）	40.4	108	0.00	1－辛烯－3－醇（$\times10^{-4}$）	0.30	0.80	0.00
γ－壬内酯（$\times10^{-4}$）	5.79	6.28	0.00	苯乙醇（$\times10^{-4}$）	124	294	27.7

本工作在国内外首次发现并证明了清香型白酒中重要的萜烯类化合物与清香型白酒风味间的关系，对形成清香类型白酒的个性十分重要。同时，还研究发现了形成萜烯类的微生物机制。

1.2.4　凤香型白酒

应用GC－O技术在西凤酒中鉴定出102种风味化合物，其中醇类16个，醛酮类化合物2个，缩醛类化合物3个，酯类26个，脂肪酸14个，芳香族化合物14个，吡嗪类化合物2个，酚类化合物6个，呋喃类化合物4个，内酯类化合物2个，硫化物1个，其它化合物1个，无中生有化合物10个。应用OAV技术确定西凤酒的重要风味化合物7个，分别为：己酸乙酯、辛酸乙酯、2－甲基丁酸乙酯、丁酸乙酯、β－DMST、3－苯丙酸乙酯、乙酸乙酯（拟发表）。

1.2.5　药香型白酒[34－36]

董酒是药香型白酒的典型代表，其生产采用串香工艺，酿造用大曲、小曲制作过程中使用了多种中药材的使用使得董酒具有十分独特的香气特征。结合正相色谱分离技术及GC－O/MS分析技术在药香型董酒中共鉴定出香气化合物113种，主要香气物质是挥发性有机酸、酯类、游离态萜烯类、醇类、芳香族类、酚类、醛酮类、呋喃类以及硫化合物等。其中萜烯类香气化合物是药香型董酒的香气特征具有重要贡献。目前在在药香型董酒中共鉴定出52种游离态萜烯化合物，其中对药香型董酒香气贡献较大的有β－大马酮、β－紫罗兰酮、（E，Z）－2，6－壬二烯醛、（－）－龙脑、小茴香醇、α－萜品醇、β－愈创木烯、α－古芸烯等物质。采用顶空固相微萃取（HS－SPME）结合气相色谱－质谱法（GC－MS）对药香型董酒的成品酒、董基酒、大曲酒、小曲酒中的游离态萜烯类化合物进行定量分析，发现大部分游离态萜烯化合物来源于大曲酒（表2）。

表2　药香型成品白酒、原酒中萜烯类化合物的质量浓度（μg/L，$n=3$）[55]

序号	化合物	药香型酒1		药香型酒2		药香型酒3		药香型酒4	
		Concn	RSD /%	Concn	RSD /%	Concn	RSD /%	Concn	RSD /%
1	D－柠檬油精(D－limonene)	130.43	2.1	156.40	2.0	154.49	3.6	134.00	2.2
2	p－伞花烃(p－cymene)	66.05	4.0	70.18	1.8	69.95	1.5	64.17	2.1
3	β－绿叶烯(β－patchoulene)	31.14	2.4	38.98	0.7	35.15	7.7	31.87	3.3
4	(－)－丁子香烯((－)－clovene)	49.46	6.0	53.72	1.5	34.04	3.2	53.78	9.2
5	D－樟脑(D－camphor)	n. d.		<q. l.		38.05	4.2	n. d.	
6	α－古云烯(α－gurjunene)	130.15	13.2	26.17	1.8	22.29	4.1	n. d.	
7	里那醇(linalool)	<q. l.		<q. l.		87.67	1.2	136.36	12.7
8	α－雪松烯(α－cdrene)	67.92	13.5	30.68	4.2	27.62	9.9	11.84	8.8
9	小茴香醇(fenchol)	<q. l.		<q. l.		<q. l.		n. d.	
10	长叶松烯(longifolene)	16.90	13.4	20.19	4.8	14.41	2.9	n. d.	
11	β－石竹烯(β－caryophyllene)	14.93	10.5	18.73	0.7	41.44	9.3	48.69	13.4
12	β－榄香烯(β－elemene)	n. d.		12.27	1.4	n. d.		n. d.	
13	4－萜品醇(4－terpinenol)	<q. l.		<q. l.		n. d.		n. d.	
14	白菖油萜(calarene)	237.21	8.1	267.88	2.6	455.57	0.4	n. d.	
15	(＋)－香树烯((＋)－aromadendrene)	31.76	3.6	38.87	5.0	32.13	2.8	n. d.	
16	(－)－别香树烯((－)－alloaromadendrene)	107.76	2.3	110.78	2.2	135.63	4.4	n. d.	
17	γ－古芸烯(γ－gurjunene)	86.38	1.2	85.25	0.4	n. d.		n. d.	
18	γ－蛇床烯(γ－selinene)	96.43	1.8	92.48	0.9	95.37	3.8	n. d.	

续表

序号	化合物	药香型酒1		药香型酒2		药香型酒3		药香型酒4	
		Concn	RSD /%	Concn	RSD /%	Concn	RSD /%	Concn	RSD /%
19	α－律草烯(α－humulene)	96.82	1.2	97.85	0.9	104.65	3.0	93.66	8.5
20	α－萜品醇(α－terpineol)	29.09	13.1	91.71	7.3	11.97	14.8	20.30	10.8
21	(－)－龙脑((－)－borneol)	3.05	5.9	<q.l.		4.88	6.7	n.d.	
22	γ－衣兰油烯(γ－muurolene)	28.23	8.9	24.35	2.1	25.55	6.8	n.d.	
23	瓦伦烯(valencene)	35.54	7.3	27.96	1.8	42.49	5.9	n.d.	
24	α－衣兰油烯(α－muurolene)	64.56	10.6	23.40	3.6	60.85	5.6	n.d.	
25	α－蛇床烯(α－selinene)	28.93	4.7	29.43	5.5	22.56	9.5	n.d.	
26	δ－杜松烯(δ－cadinene)	90.56	10.9	60.61	2.2	80.40	6.2	18.59	6.3
27	γ－杜松烯(γ－cadinene)	59.51	11.0	51.29	3.1	48.12	6.9	26.94	5.5
28	α－姜黄烯(α－curcumene)	31.65	14.1	26.87	2.0	30.65	5.7	14.70	0.5
29	α－杜松烯(α－cadinene)	17.63	3.0	15.75	0.7	16.35	1.0	n.d.	
30	β－大马酮(β－damascenone)	19.81	5.7	20.60	4.2	16.12	1.4	37.08	11.4
31	茴香脑(anethole)	597.99	8.3	993.71	7.1	1768.46	9.1	36.16	11.1
32	卡拉烯(calamenene)	73.86	7.8	67.19	5.3	n.d.		<q.l.	
33	香叶基丙酮(geranylacetone)	19.73	10.1	23.95	0.8	21.94	8.9	26.18	2.9
34	α－白菖考烯(α－calacorene)	51.87	8.0	43.79	4.9	46.30	8.0	19.16	6.6
35	β－紫罗兰酮(β－ionone)	11.12	8.9	10.08	8.3	8.60	4.1	9.06	10.2
36	E－橙花叔醇(E－nerolidol)	21.78	8.4	11.90	9.2	7.20	8.1	34.00	19.1
37	p－茴香醛(p－anisaldehyde)	453.91	5.9	367.66	1.5	369.85	0.7	478.25	8.0
38	α－雪松醇(α－cedrol)	66.41	11.7	51.27	1.1	58.11	5.7	n.d.	
39	α－杜松醇(α－cadinol)	24.94	4.4	22.39	1.1	23.83	2.2	n.d.	
40	β－桉叶油醇(β－eudesmol)	348.68	8.2	272.58	7.0	213.37	2.5	526.50	11.0
41	法呢醇(farnesol)	233.44	11.4	263.21	8.6	245.81	2.8	137.02	2.5
	萜烯烃含量	1549.25		1398.58		1500.63		517.42	
	萜烯氧化物含量	1926.38		2221.54		2971.22		1440.91	
	萜烯总含量	3475.63		3620.12		4471.85		1958.33	

1.2.6 兼香型白酒

应用GC－O技术，从兼香型口子窖白酒一次检测出90个香气化合物，已经定性的呈香化合物有脂肪酸13个，醇类11个，酯类27个，酚类6个，芳香族10个，酮类化合物4个，缩醛类化合物3个，硫化物1个，内酯类化合物1个，吡嗪类化合物7个，呋喃类化合物5个，未知化合物2个。根据香气强度判断，主要香气化合物是已酸乙酯、4－乙烯基愈创木酚、已酸、3－甲基丁醇、3－ 甲基丁酸乙酯、4－ 乙基愈创木

酚、香草醛、乙酸-2-苯乙酯和丁酸。而浓香型白酒中己酸乙酯、1，1-二乙氧基-3-甲基丁烷、丁酸乙酯、戊酸乙酯、己酸、3-甲基丁醇、3-甲基丁酸乙酯、2-甲基丙酸乙酯、己酸丁酯和丁酸。

总之，对我国主要香型白酒的微量和风味化合物的研究结果可以概括在表3中。

表3　　我国主要香型白酒的微量和风味化合物

香型酒	微量成分	风味成分	重要风味物质	特征化合物
酱香型	>800种	>300种	~65种	四甲基吡嗪等
浓香型1（江淮）	>800种	>90种	~20种	
浓香型2（川酒）	>800种	>130种	~20种	
清香型A	≤703种	>100种	~8种	DMST
清香型C	>720种	≤127种	~17种	CARY
老白干香型	>750种	≤106种	~12种	TDMTDL
兼香型	>850种	≤113种	~14种	
凤香型	ca. 820种	>102种	~11种	
药香型		≤115种	~15种	萜烯类物质

1.3　异嗅化合物的确定

1.3.1　白酒中呈土霉味异嗅化合物的解析[37,38]

非辅料糠臭味是我国清香型白酒中一种普遍存在的现象异味，后经白酒专家阈值测定会议将糠味的描述规范为“土霉味”。长期以来土霉味一直是影响清香型白酒风味品质的最主要的异味，各酒厂在新酒评级中都将该异味作为主要的感官品质缺陷指标。该异味的出现直接导致所生产白酒的风味品质的降低，严重制约各酒厂名酒率的提高。每年给白酒企业特别是清香型白酒企业带来上亿元的经济损失。由于对土霉味化学本质认识的匮乏，早期直观地认为土霉味来源于酿酒辅料——糠壳，对白酒中土霉味的控制也一直缺乏有效的措施。

本研究室采用现代风味化学的研究方法，结合气相色谱-闻香（GC-O）技术，并通过不同极性色谱柱保留指数定性，MS标准离子图谱比对，香气特征比对和向白酒风味萃取物中添加标准品等方法首次确认中国白酒中的土霉味化合物为土味素（geosmin）。进一步经过白酒国家评委品评确定，在酒精含量为46%vol的水溶液中土味素的气味阈值为0.11 μg/L。基于顶空固相微萃取技术（HS-SPME）联合GC-MS分析建立了白酒中土味素的精确定量方法。检测分属于清香型、浓香型、老白干香型、凤香型、酱香型、兼香型等10种成品酒中土味素的含量。结果表明，清香型白酒及其相似香型（老白干香型）白酒中土味素的含量最高（图2）。已检测到酒中土味素的含量都超出该物质在白酒中的气味阈值（0.11 μg/L）。

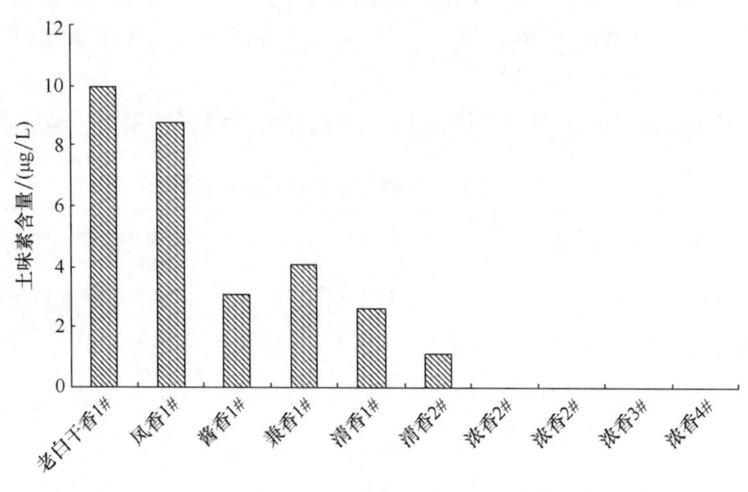

图 2　不同香型白酒中土味素含量比较

进一步对白酒酿造过程中土味素来源的研究发现酿酒原辅料高粱和蒸前蒸后的稻壳，并未发现这些原料中含有土味，从而排除了白酒中土霉味来源于糠壳的论断。进一步对酿造个工艺环节中土味素的分析研究发现酿造酒醅及大曲中均存在土味素，其中大曲中的土味素含量明显高于酒醅，从而推测白酒中土味素的产生与生产用大曲具有密切的关系。

1.3.2　窖泥臭化合物[39]

窖泥臭是对浓香型白酒的气味有严重影响的令人不愉快的味道，该异嗅来源于老窖的窖泥，制作和使用不好的人工老窖极易产生窖泥臭，对浓香型白酒的品质产生负面结果。针对长期以来认为是丁酸等化合物引起的错误结论，应用现代分离与风味研究技术，已经确认产生窖泥臭的化合物是 PC，进行了感官品尝确认，测定了其阈值，该化合物在 46% vol 酒精 - 水溶液中的阈值为 166.97μg/L。在所有香型白酒中，以浓香型白酒最多，特别臭的浓香型白酒中含量极高，达 1200μg/L。凡是与窖泥接触的酒醅所产的酒均含有一定量的 PC，而不与窖泥接触的酒——清香型白酒中未检测到 PC 的存在。该化合物不会因为贮存而减少，也是由于微生物代谢所产生。

1.4　白酒风味化合物嗅觉阈值测定[40,41]

2008—2009 年，中国白酒风味化合物嗅觉阈值测定，阈值测定共分四阶段完成，第一阶段是预备性研究，主要是阈值测定的方法以及阈值测定化合物的确定。第二阶段是组织白酒国家评酒委员 34 人，对 49 个风味化合物进行检测。第三阶段是由五粮液、剑南春和汾酒三个企业组织国家及省级品评人员 90 人对 32 个风味化合物进行阈值测定，江南大学负责技术指导；第四阶段是组织白酒国家评委 130 人，对 79 个风味化合物进行风味描述，确定风味描述词。测定在 46% vol 酒精 - 水溶液介质中进行。按国家标准相关要求规范测定过程。本次阈值测定是我国历史上规模最大、参加人数和测

定化合物最多、测定方法最规范的一次阈值测定。白酒中79个风味化合物阈值测定结果见表4。

表4　　白酒风味化合物阈值

酯类物质	阈值/(μg/L)	风味描述	醇、醛、内酯类物质	阈值/(μg/L)	风味描述
乙酸乙酯	32551.6	菠萝香，苹果香，水果香	正丙醇	53952.63	水果香，花香，青草香
丙酸乙酯	19019.33	香蕉香，水果香	正丁醇	2733.35	水果香
丁酸乙酯	81.5	苹果香，菠萝香，水果香，花香	3-甲基丁醇	179190.8	水果香，花香，臭
戊酸乙酯	26.78	水蜜桃香，水果香，花香，甜香	2-庚醇	1433.94	水蜜桃香，杂醇油臭，水果香，花香，蜜香
己酸乙酯	55.33	甜香，水果香，窖香，青瓜香	1-辛烯-3-醇	6.12	青草香，水果香，尘土风味，油脂风味
庚酸乙酯	13153.17	花香，水果香，蜜香，甜香	丁醛	2901.87	花香，水果香
辛酸乙酯	12.87	梨子香，荔枝香，水果香，甜香，百合花香	3-甲基丁醛	16.51	花香，水果香
壬酸乙酯	3150.61	酯香，蜜香，水果香	戊醛	725.41	脂肪臭，油哈喇臭，油腻感
癸酸乙酯	1122.3	菠萝香，水果香，花香	己醛	25.48	花香，水果香
乳酸乙酯	128083.8	甜香，水果香，青草香	庚醛	409.76	青草，青瓜
己酸丙酯	12783.77	水果香，酯香，老窖香，菠萝香，甜香	辛醛	39.64	青草风味，水果香
2-甲基丙酸乙酯	57.47	桂花香，苹果香，水蜜桃香，水果香	壬醛	122.45	肥皂，青草，水腥臭
3-甲基丁酸乙酯	6.89	苹果香，菠萝香，香蕉香，水果香	γ-辛内酯	2816.33	奶油香，椰子奶油香
乙酸-3-甲基丁酯	93.93	香蕉香，甜香，苹果香，水果糖香	γ-壬内酯	90.66	奶油香，椰子香，奶油饼干香

续表

酯类物质	阈值 /（μg/L）	风味描述	醇、醛、内酯类物质	阈值 /（μg/L）	风味描述
丁二酸二乙酯	353193.25	水果香，花香，花粉香	γ-癸内酯	10.87	水果香，甜香，花香
乙酸香叶酯	636.07	玫瑰花香，花香	γ-十二内酯	60.68	水果香，蜜香，奶油香
酚类物质			脂肪酸类物质		
苯酚	18909.34	来苏水，似胶水，墨汁	丁酸	964.64	汗臭，酸臭，窖泥臭
4-甲基苯酚	166.97	窖泥臭，皮革臭，焦皮臭，动物臭	2-甲基丁酸	5931.55	汗臭，酸臭，窖泥臭
4-乙基苯酚	617.68	马厩臭，来苏水臭，牛马圈臭	3-甲基丁酸（异戊酸）	1045.47	汗臭，酸臭，脂肪臭
愈创木酚	13.41	水果香，花香，焦酱香，甜香，青草香	戊酸	389.11	窖泥臭，汗臭，酸臭
4-甲基愈创木酚	314.56	烟熏风味，酱油香，烟味，熏制食品香	己酸	2517.16	汗臭，动物臭，酸臭，甜香，水果香
4-乙基愈创木酚	122.74	香瓜香，水果香，甜香，花香，烟熏味，橡胶臭	庚酸	13821.32	酸臭，汗臭，窖泥臭，霉臭
4-乙烯基愈创木酚	209.3	甜香，花香，水果香，香瓜香	辛酸	2701.23	水果香，花香，油脂臭
丁子香酚	21.24	丁香，桂皮，香哈密瓜香	壬酸	3559.23	脂肪臭
异丁子香酚	22.54	香草香，水果糖香，香瓜香，哈密瓜香	癸酸	13736.77	山羊臭，酒稍子臭，胶皮臭，油漆臭，动物臭
香兰素	438.52	香兰素香，甜香，奶油香，水果香，花香，蜜香	十二酸	9153.79	油腻，稍子，松树，木材
香兰酸乙酯	3357.95	水果香，花香，焦香			
乙酰基香兰素	5587.56	哈密瓜香，香蕉香，水果香，葡萄干香，橡木香，甜香，花香			

续表

酯类物质	阈值/（μg/L）	风味描述	醇、醛、内酯类物质	阈值/（μg/L）	风味描述
芳香类风味物质			吡嗪、呋喃类物质		
苯甲醛	4203.1	杏仁香，坚果香	2－甲基吡嗪	121927	烤面包香，烤杏仁香，炒花生香
2－苯－2－丁烯醛	471.77	水果香，花香	2，3－二甲基吡嗪	10823.7	烤面包香，炒玉米香，烤馍香，烤花生香
苯甲醇	40927.16	花香，水果香，甜香，酯香	2，5－二甲基吡嗪	3201.9	青草，炒豆香
2－苯乙醇	28922.73	玫瑰花香，月季花香，花香，花粉香	2，6－二甲基吡嗪	790.79	青椒香
乙酰苯	255.68	肥皂，茉莉香	2－乙基吡嗪	21814.58	炒芝麻，炒花生，炒面
4－（4－甲氧基苯）－2－丁酮	5566.28	甘草，桂皮，八角，似调味品	2，3，5－三甲基吡嗪	729.86	青椒香，咖啡香，烤面包香
苯甲酸乙酯	1433.65	蜂蜜，花香，洋槐花香，玫瑰花香	2，3，5，6－四甲基吡嗪	80073.16	甜香，水果香，花香，水蜜桃香
2－苯乙酸乙酯	406.83	玫瑰花香，桂花香，洋槐花香，蜂蜜香，花香	糠醛	44029.73	焦糊臭，坚果香，馊香
3－苯丙酸乙酯	125.21	蜜菠萝香，水果糖香，蜂蜜香，水果香，花香	2－乙酰基呋喃	58504.19	杏仁香，甜香，奶油香
乙酸－2－苯乙酯	908.83	玫瑰花香，花香，橡胶臭，胶皮臭	5－甲基糠醛	466321.1	杏仁香，甜香，坚果香
萘	159.3	樟脑丸味，卫生球味	2－乙酰基－5－甲基呋喃	40870.06	饼干香，烤杏仁香，肥皂
硫化物					
二甲基二硫	9.13	胶水臭，煮萝卜臭，橡胶臭			
二甲基三硫	0.36	醚臭，甘蓝，老咸菜，煤气臭，腐烂蔬菜臭，洋蒜臭，咸萝卜风味			
3－甲硫基－1－丙醇	2110.41	胶水臭，煮萝卜臭，橡胶臭			

1.5 白酒中非挥发性脂肽物质的发现及其对白酒香气物质释放的影响[57,58]

地衣芽孢杆菌是中国白酒固态发酵过程中的一种优势微生物，其对白酒的风味品质具有重要贡献。本课题组在对源于酱香型白酒生产过程中分离的地衣芽孢杆菌生理特征进行研究的过程中发现在白酒高温固态酿造环境中地衣芽孢杆菌表现出的生理特征与液态培养环境存在显著的差异。地衣芽孢杆菌在高温固态环境中代谢产生一类特征代谢产物—脂肽类化合物。通过进一步研究采用 UPLC - TOFMS 结合 NMR 技术首次在中国白酒中鉴定出多种脂肽类化合物（地衣素、伊枯草素、丰原素、枯草素）的存在（图3，图4）。该研究成果拓展了白酒物质组成范围，证明了中国白酒采用的固态蒸馏的操作方式能够将大分子物质不挥发性组分蒸馏至白酒中。这也是中国白酒区别于世界其他蒸馏酒的显著特征之一。

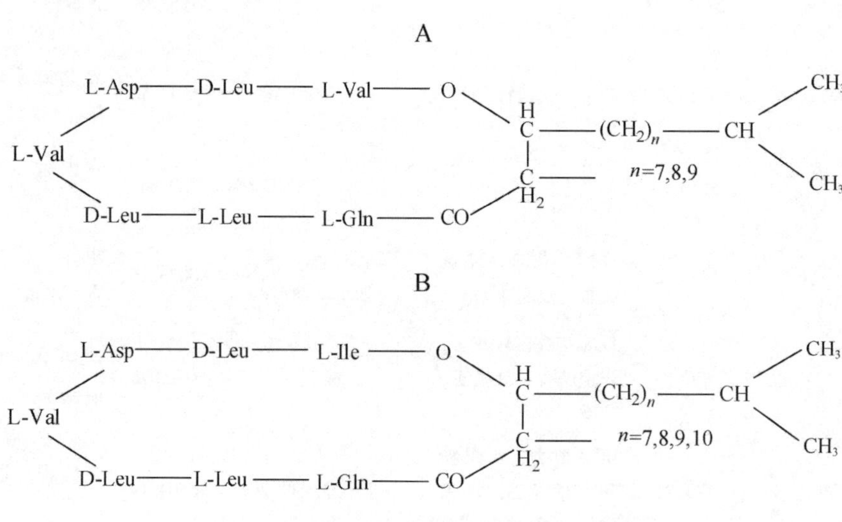

图3　中国白酒中鉴定出的地衣素的结构式

（峰Ⅰ，Ⅲ，Ⅴ，n=7，8，9，A；峰Ⅱ，Ⅳ，Ⅵ，Ⅶ，n=7，8，9，10，B）

对白酒中主要脂肽类物质——地衣素在白酒中的风味作用研究发现，非挥发性的地衣素能够显著影响白酒中其他挥发性香气化合物的挥发性。其对白酒中异味物质如酚类化合物的挥发性能够产生明显的抑制作用。研究发现酒体中地衣素浓度达到160μg/L 时对白酒中苯酚、4 - 乙基愈创木酚挥发性的抑制率分别达到 30%、28%。通过分子间相互作用的热力学分析，发现地衣素与苯酚类化合物的作用力主要表现为氢键方式；采用 1H NMR 和 2D NOESY 实验分析，进一步确定了地衣素与 4 - 乙基愈创木酚的酚羟基之间的结合位点位于地衣素的 aH（Val）区；运用分子对接手段，可以形象的表征地衣素的 aH（Val）与 4 - 乙基愈创木酚的酚羟基的结合方式。

中国白酒中大分子非挥发性脂肽物质的发现及其对白酒风味作用的解析进一步说明了我国白酒组分的复杂性和香气特征的复杂性。

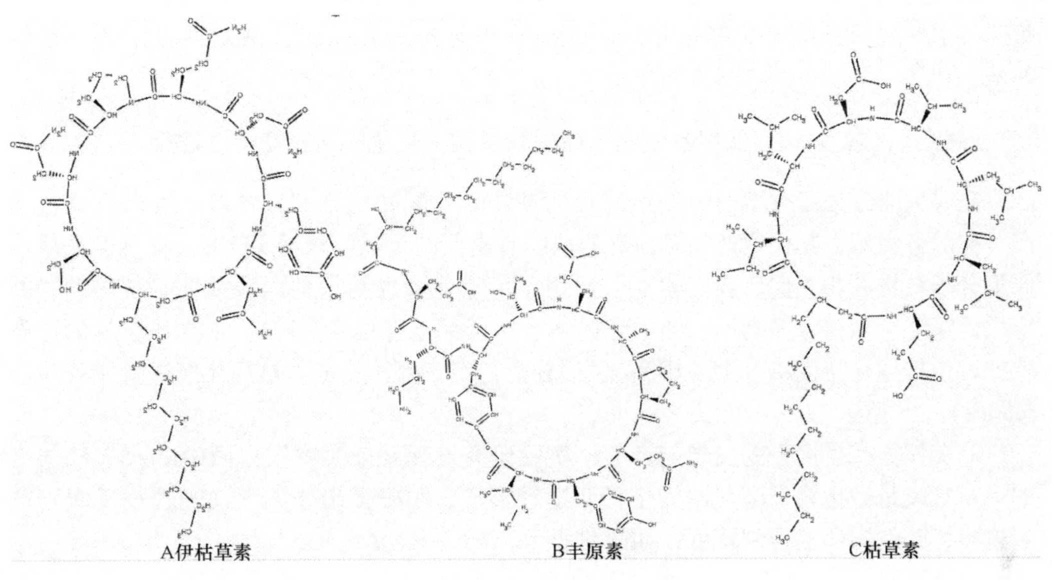

图4　中国白酒中其他脂肽类化合物的结构图

2　中国白酒重要风味物质形成途径和机理的研究

风味导向功能微生物研究学术理论：本课题组对中国白酒特征及重要风味物质形成机理进行研究中，突破了传统的生物技术手段，有效的将传统酿制技术与现代生物技术紧密结合起来，将系统生物学、微生物分子生态学和固态发酵控制等技术综合运用于重要功能微生物的研究中；经过五年的努力，明确了中国三大典型香型（浓香、清香、酱香）白酒中一批特征及重要风味物质及其微生物产生机制，尤其是突破性地发现了酱香及清香型白酒中特征风味物质的微生物来源，并首次获得了产生特征风味物质的功能微生物，明确了它们的合成代谢机理。最终丰富了一系列白酒风味化合物的微生物学研究学术理论。具体包括：风味化合物的微生物学理论、微生物与风味物质的代谢机理、风味代谢物调控规律等。

风味导向功能微生物研究技术：现代生物学技术是研究白酒酿造机制及提升其酿造工艺的重要技术手段。我国白酒酿造微生物的研究发展较为缓慢，与技术手段及发展水平具有重要的关系。首先，目前国内仍然主要采用传统技术手段对白酒微生物进行开发与研究，对于酒曲中的大量微生物，难以确定酿造关键功能微生物及其关键功能，导致后续研究缺乏针对性与目标性；其次，即使是对于已获得的功能微生物，只停留于传统培养角度上的研究分析，缺乏从分子水平上对微生物功能机制的认识，导致对微生物酿造规律及酿造关键影响因素不清晰。因此，本研究在功能微生物发酵风味物质机制研究方面，突破了传统的生物技术手段，有效的将传统酿制技术与现代生物技术紧密结合起来，将系统生物学、微生物分子生态学和固态发酵控制等技术综合运用于重要功能微生物的研究中，并形成了白酒功能微生物研究的方法学，包括：风味导向微生物未培养技术（定性与定量）、群体微生物分析技术、风味导向功能微生物筛选技术、系统功能微生物学技术、微生物固态发酵技术、代谢调控技术等。举例如下：

2.1 高产 2，3，5，6 - 四甲基吡嗪的微生物及其非化学的美拉德产生途径[42-46]

高温大曲作为酱香型白酒制造过程的糖化、发酵和生香剂，含有各种微生物包括产芽孢的杆菌等，其代谢产物对白酒的风味有重要的贡献。根据 TTMP 及其前驱物质乙偶姻分子结构的相关性，我们建立了适用于风味化合物筛选的内源前体筛选策略，并应用此策略，从酱香型高温大曲中筛选到一株产芽孢杆菌 XZ1124，根据该菌株的形态特征、生理生化特性结合 16S rDNA 序列分析，将该菌株鉴定为枯草芽孢杆菌（*Bacillus subtilis*）。

非美拉德产生途径的发现与证实：实验研究发现并证实中国白酒中 2，3，5，6 - 四甲基吡嗪是微生物发酵代谢为主代谢途径形成，明确提出非化学（美拉德反应）产生途径，并在国际上得到认可，如图 5 所示。

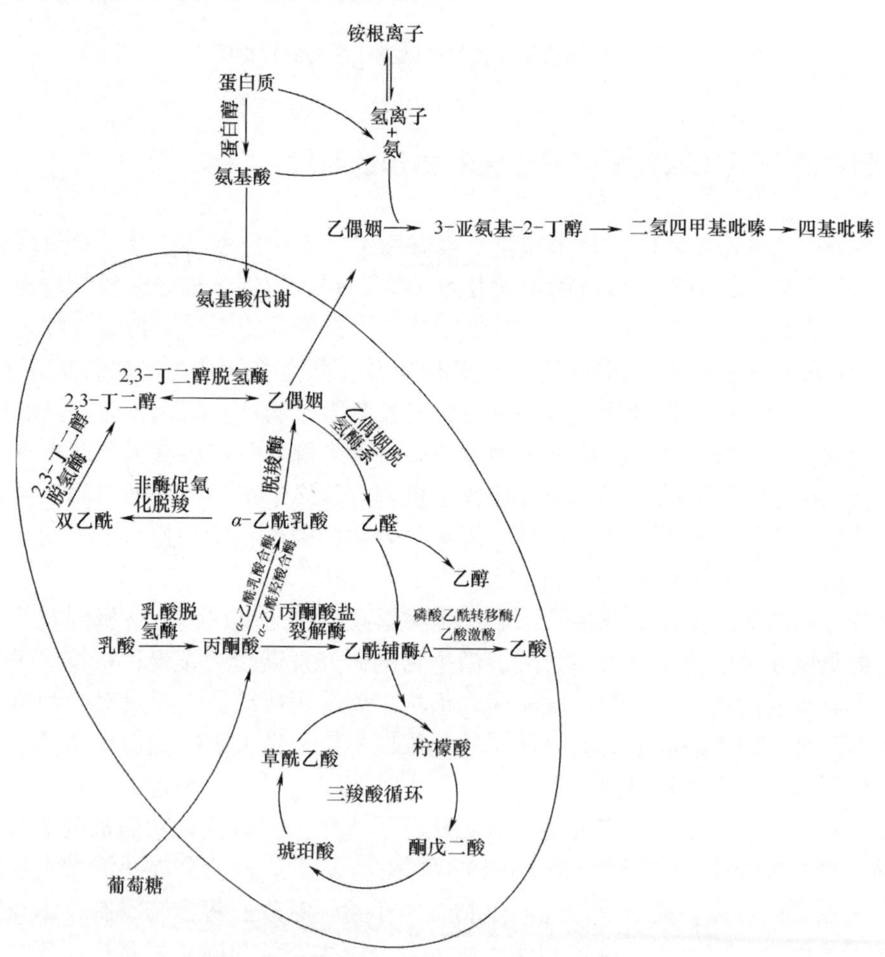

图 5　枯草芽孢杆菌代谢产生乙偶姻以及四甲基吡嗪生成的机制

微生物发酵产生 TTMP 的机制一般认为由微生物经糖降解产生丙酮酸，两分子的丙酮酸缩合生成 α - 乙酰乳酸，α - 乙酰乳酸脱羧产生乙偶姻，发酵体系中的乙偶姻和氨在相关酶的催化作用下生成 TTMP。利用 GC - MS 和 HPLC 对代谢途径中的主要代谢物进行了定性、定量分析，确定菌株 XZ1124 的主要代谢途径。根据枯草杆菌发酵代谢产生 TTMP 的途径，将 TTMP 生成过程分为两个阶段，其一是前驱物质乙偶姻的积累阶段，其二是乙偶姻和氨反应合成 TTMP 的阶段。通过对枯草杆菌发酵生成 TTMP 动力学的考察，发现上述两阶段对培养基组成以及培养环境存在一定的差异；根据各阶段对培养基组分和培养条件的需求，分别建立了多阶段磷酸铵盐补加策略、多阶段 pH 控制策略以及多阶段搅拌转速偶联温度控制的策略，应用上述策略，有效提高了枯草杆菌发酵生产 TTMP 的能力（TTMP 产量 >7.46g/L）。

2.2 高效产酱香风味微生物及其发酵代谢特征[47-51]

通过将风味导向与微生物生理特征导向相结合原理，建立了高温大曲中特征香高效产生细菌的有效筛选方法，从不同代表性来源的高温大曲中筛选获得多株具有不同特征的产酱香功能细菌。产酱香功能细菌为革兰阳性杆菌，有芽孢，兼性厌氧。经形态学、生理生化特性和 16S rDNA 序列分析，鉴定为地衣芽孢杆菌（*Bacillus licheniformis*）。菌株目前已形成国家发明专利保护，保藏编号分别为为 CGMCC 3962、CGMCC3963、CGMCC3964。

首次采用转录组学技术和风味化学技术研究了功能细菌发酵特征及代谢风味特征，明确了产酱香重要影响因素，其重要风味代谢产物见表 5；并基于微生物功能特征，结合固态发酵技术，建立了功能细菌在白酒生产中的应用技术。将产特征香功能细菌成功地应用于洋河酒厂股份有限公司和古贝春酒业有限公司白酒生产中，通过功能细菌在两种类型白酒生产中的应用，明显赋予白酒典型特征香——空杯留香，且更突出和持久，取得了较好的应用效果，具有很好的推广应用前景。

表 5　　地衣芽孢杆菌发酵的主要代谢产物

RI	化合物	英文名称	香气描述	鉴定依据
941	乙醇	ethyl alcohol	醇香	MS，RI
1304	3 - 羟基 - 2 - 丁酮	3 - hydroxy - 2 - butanone	黄油	MS，RI
1397	2，3，5 - 三甲基吡嗪	2，3，5 - trimethylpyrazine	坚果，焙烤	MS，RI
1424	乙酸	acetic acid	醋酸，酸臭	MS，RI
1460	2，3，5，6 - 四甲基吡嗪	2，3，5，6 - tetramethylpyrazine	焙烤，青椒	MS，RI
1525	丙酸	propanoic acid	酸臭	MS，RI
1555	2 - 甲基丙酸	2 - methylpropanoic acid	酸臭，油脂腐臭	MS，RI
1602	丁酸	butanoic acid	油脂腐臭，奶酪	MS，RI
1655	3 - 甲基丁酸	3 - methylbutanoic acid	奶酪，油脂腐臭	MS，RI

续表

RI	化合物	英文名称	香气描述	鉴定依据
1820	4 - 甲基戊酸	4 - methylpentanoic acid	汗臭，奶酪	MS，RI
1774	2 - 甲基 - 2 - 丁烯酸	2 - methyl - 2 - butenoic acid	酸臭	MS，RI
1906	β - 苯乙醇	2 - phenylethanol	玫瑰，蜂蜜	MS，RI
2007	苯酚	phenol	药	MS，RI
2037	呋喃扭尔	furaneol	焦糖	MS，RI
2550	苯乙酸	2 - phenylacetic acid	玫瑰	MS，RI

另外，明确了产酱香酿造过程中功能酵母结构变化规律，获得了 9 个不同种的酵母，包括酿酒酵母、接合酵母、毕赤酵母、裂殖酵母、红酵母、少孢酵母、汉逊酵母、伊萨酵母、白地霉等，明确了其中在堆积以及窖池发酵中的 4 株绝对优势酵母及其对白酒酿造中的主要功能，并将功能酵母在酱香型白酒生产中进行有效应用，有效提高了白酒的出酒率以及品质。

2.3 清香型白酒特征物质 DMST 产生微生物及其产生途径[52,53]

DMST 是清香型白酒中的重要风味物质，属于 C13 萜烯类芳香化合物，具有水果香、蜂蜜香、苹果味等香气特征，对清香型白酒具有重要的香气贡献。本研究明确了清香型白酒生产过程中 DMST 产生的环节，同时明确了 DMST 产生的来源。首次从中国清香型白酒酿造过程中筛选获得 2 类高产 DMST 功能酵母，其中一株细胞形态如图 6 所示，并对酵母产生 DMST 的机制进行了深入探讨，发现酵母产生的降解酶能够促进 DMST 的释放产生（图 7），并明确了该酶的性质。将该菌株应用于清香型白酒的酿造过程中，能够有效调控其中的 DMST 含量。本研究对促进清香型白酒品质的提升及其行业规模的进一步扩大具有重要的意义。

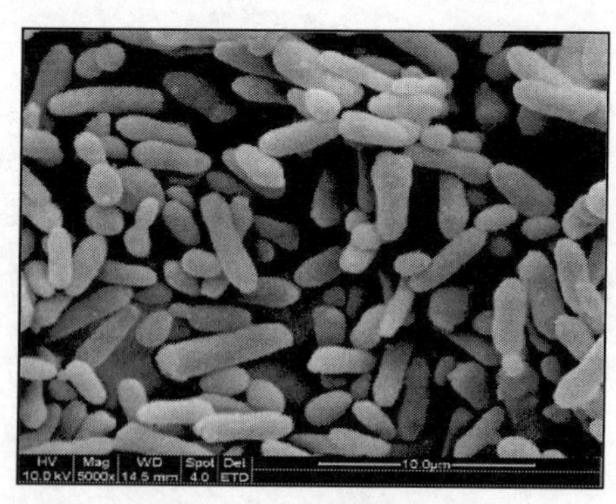

图 6　DMST 产生菌株

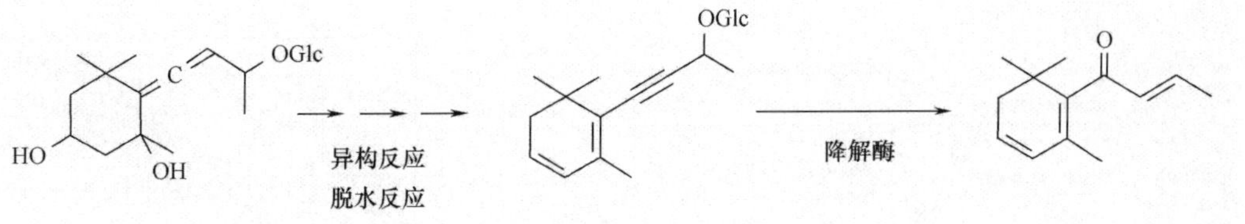

图7　DMST产生途径

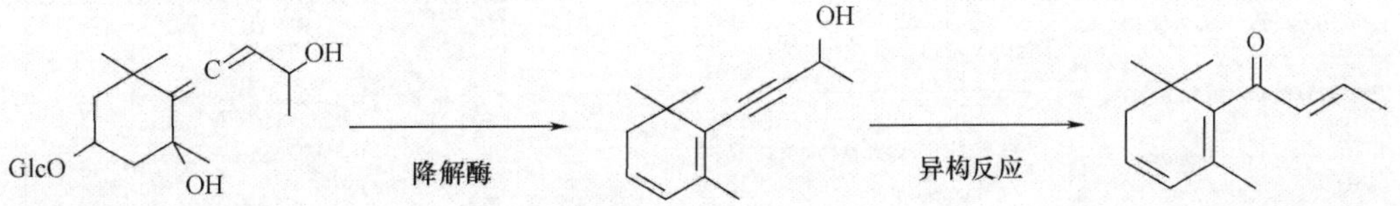

2.4　白酒微生物组合发酵风味调控研究[54,59]

中国白酒酿造采用多菌种混合发酵的方式进行，众多微生物代谢活动产生种类复杂的风味代谢产物，最终形成了中国白酒独具一格的风味特征。早期对白酒风味代谢微生物的研究多集中在对单一微生物风味代谢特征的研究。本课题组率先对白酒酿造微生物间的相互作用关系及其对风味代谢产物的调控进行了深入研究。以清香型白酒为例，研究清香型白酒主要功能酵母实验室规模固态组合发酵规律发现不同种类酵母在酿造过程中表现出复杂的生物学相互作用关系如，菌种间的相互抑制、协同促进等。不同菌种间相互作用的生物学过程最终也显著影响着酿造体系中重要风味物质的代谢生产。实验结果表明5种不同酵母混合发酵体系中风味代谢能力要显著高于单一菌株代谢（图8）。基于对针对白酒酿造体系中产风味核心微生物菌群的结构特征及功能的解析，对于指导构建产酒微生物与产风味核心微生物多组合发酵体系具有重要意义。

2.5　非辅料糠嗅气味产生微生物及其产生途径[55,56]

异味物质的存在，在一定程度上表征着某种程度的发酵不正常，其中包括正常的酿造微生态的平衡被破坏，酿造功能下降。最终体现为成本的浪费，品质的下降。然而关于白酒中异味物质的产生机制，以及相应的异常发酵状态下，微生态的变化情况的深入研究是非常缺乏的。

本研究团队对TDMTDL在中国清香型白酒酿造过程的产生原因和形成机理进行了跟踪分析，并在国际上发表。对照生产辅料糠造成的糠味物质，首次发现非辅料造成的新的糠嗅味物质TDMTDL，并且证明非辅料糠嗅是造成清香型白酒糠味的主要原因。明确证实TDMTDL是微生物产生。并首次从清香型大曲中获得5株不同特征的产TD-

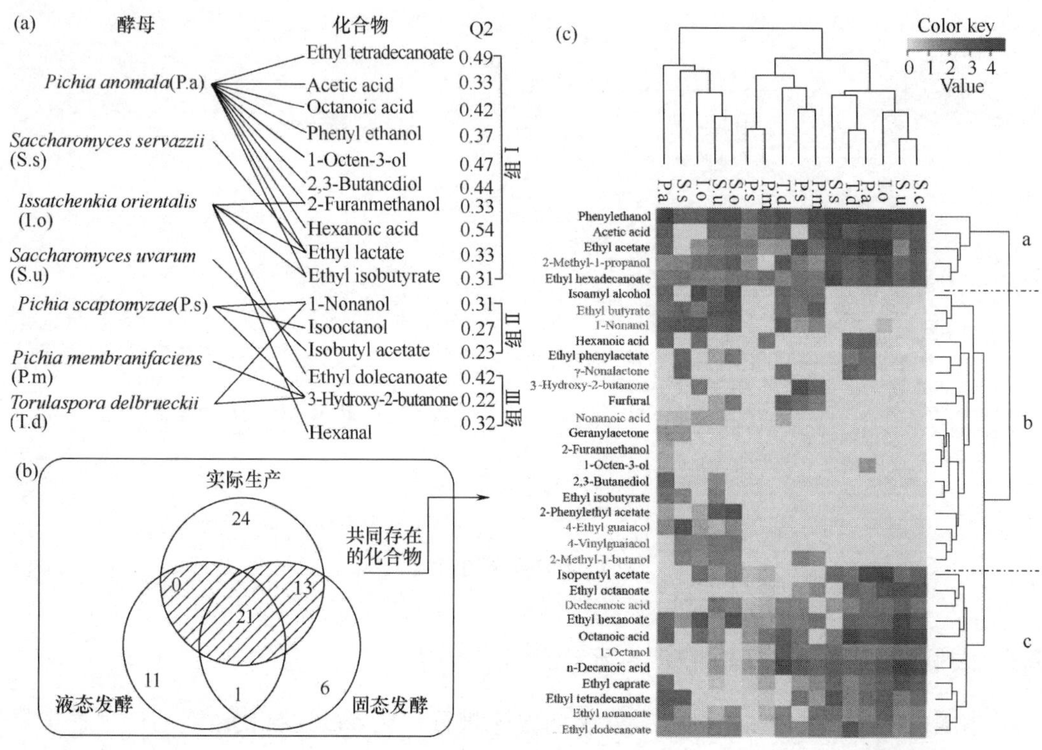

图8 (a)可以基于酵母数量进行预测的化合物;(b)维恩图显示实验室单菌种发酵挥发性产物生成概况;(c)不同酵母固液态发酵(固态黑色,液态灰色)挥发性产物生成比较

MTDL的新菌种,经rDNA-ITS序列分析为链霉菌(*Streptomyces sp.*),其中一株细胞形态如图7所示;解析了它们的形成途径和机制(图9),在分子水平上证明了TDMTDL产生关键酶的基因。根据已报道和本研究室筛选得到的不同链霉菌中编码TDMTDL合成酶的基因序列的氨基端和羧基端保守区域,设计引物扩增目的基因序列。取其中大小合适的基因作为目的片段再进行后续的荧光定量。以风味为导向,同时建立可培

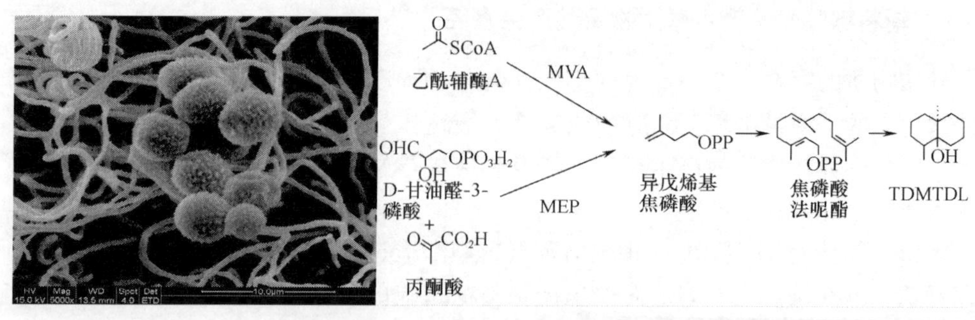

图9 TDMTDL产生菌株及其产生途径

养与未培养技术准确，快速的筛选方法，并对 TDMTDL 的产生环节及微生物进一步确认分析。该研究不仅建立了糠味形成机理的理论，而且对于在生产过程中形成有效调控 TDMTDL 的工艺措施，全面提高我国清香类型白酒的品质，提高生产效率都提供了重要理论指导和应用实践。

2.6 窖泥臭产生微生物及其产生途径

采用 GC－O 技术及缺失试验分析发现并确定浓香型白酒中的泥臭物质为 PC。通过对窖泥中产 PC 微生物的筛选、产 PC 能力的考查及对这些微生物分子鉴定，发现能产 PC 的微生物主要为专性厌氧的 *Clostridia*。这些微生物合成 PC 的途径主要为两条，一是间接合成 PC 途径：即上述部分微生物首先在特定酶的作用下利用酪氨酸合成 PC 前体物质，该物质在脱羧酶的作用下最终合成 PC（图 10）；二是直接合成 PC 途径：主要是一些梭菌发酵过程中产生酪氨酸裂解酶直接降解酪氨酸，最终形成 PC。

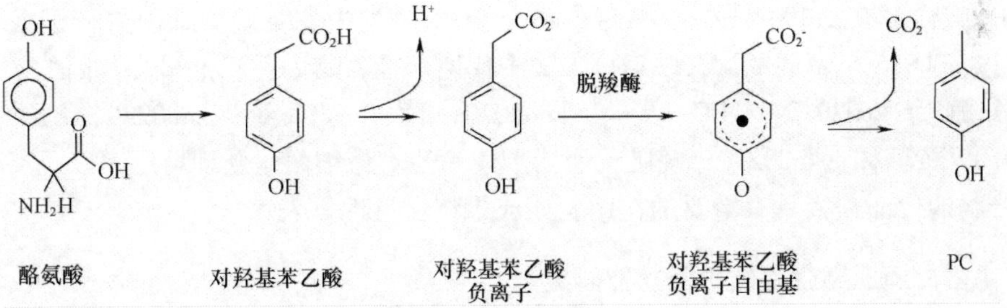

酪氨酸 → 对羟基苯乙酸 → ($-H^+$) 对羟基苯乙酸负离子 →(脱羧酶) 对羟基苯乙酸负离子自由基 → ($-CO_2$) PC

图 10　PC 合成途径

2.7 中国白酒酿酒微生物的基因组研究

本研究以具有自主知识产权的浓香型白酒酿造关键功能微生物高产酯的华根霉以及酱香型白酒酿造中产特征风味物质的地衣芽孢杆菌为对象，对其基因组进行解析。这是首次对中国白酒酿造微生物基因组的解析，对于加深传统酿造过程本质的认识、功能微生物生理及风味代谢机制的理解、功能微生物相互作用机制的认识、以及白酒生产安全性的鉴定都具有重要的作用。该工作将我国酿造微生物的研究水平提升至国际前沿水平，同时组学技术的应用将对中国白酒科学技术的发展产生划时代的作用，中国白酒也将真正进入基因组时代。

2.7.1 高产酯的华根霉（*Rhizopus chinensis* CCTCC：M201021）的基因组

基于基因组学的研究方法和手段，开展了中国白酒大曲中具有合成活性脂肪酶的重要微生物丝状真菌—华根霉进行了基因组学的研究，获得了功能菌株的基因组全序列，并对该基因组进行了较深入的分析。研究发现，华根霉全基因组大小为 45.70Mb，GC 含量为 36.99%；共预测得编码基因 17676 个，获得功能注释基因 13243 个。与已知近源接合菌基因组相比，序列相似性普遍偏低，而同源基因的相似性在 60% 左右，与目前基因组测序完成的仅有的三株接合菌相比存在较为显著的差异。代谢途径分析表明，华根霉中存在较为复杂的代谢，其中涉及复制重组和修复、转录、翻译，核糖体结构和生物合成、信号传导机制、翻译后修饰，蛋白折叠和分子伴侣、氨基酸运输与代谢、碳水化合物转运与代谢等相对较为丰富；同时存在大量生物异源物质降解途径，尤其是对芳香族化合物如1-甲基萘、2-甲基萘、萘和蒽等，这与该菌株在白酒酿造中的作用相对应。由于华根霉中仅存在较少聚酮合成、萜类化合物合成途径代谢基因，不具备产真菌毒素的关键基因与完整的代谢途径，可认为其发酵产品是安全的。但其基因组中仍有20.0%以上的基因功能不能确定，其中2.7%的基因功能未知，所具备的生理功能目前了解尚不清楚，表明该微生物的复杂性和独特性。该工作对于加深传统酿造过程及其相关微生物的认识和理解，提高传统行业的科技水平和技术含量具有及其重要意义。

2.7.2 高效产酱香的地衣芽孢杆菌（*B. licheniformis* CGMCC3963）的基因组

地衣芽孢杆菌CGMCC3963基因组约为4.525 Mb，比模式菌地衣芽孢杆菌ATCC14580大302 kb。已预测出的基因数目为4448（大于120bp），基因的平均长度为848bp。该样本有2149个gene映射到20个COG分类中。对预测基因进行了KEGG注释，注释到686个不同的酶，映射到172个代谢途径，其中注释上最多基因的5个图及途径分别为ko02010，ABC转运；ko02020，两组分系统；ko00230，嘌呤代谢；ko03010，核糖体；ko00240，嘧啶代谢。上述途径对该细菌耐受环境压力以及产生某些特定产物的代谢途径具有重要的作用。该成果将在近期发表。

2.8 中国白酒酿微生物结构及功能研究

对酿造体系中微生物群体的准确分析是解析群体微生物的多样性的结构和酿造功能的基础。但白酒固态酒醅中微生物种类的多样性和性质的复杂性使得对这一复杂体系中微生物群体全面、准确的定性、定量分析存在巨大的挑战。本研究首次将改良的可培养技术与先进的分子生态学相结合，针对白酒固态酒醅的复杂特征，系统的建立了白酒固态酒醅中微生物群体定性、定量分析方法学体系，为酱香型白酒酿造过程中微生物群落结构及酿造功能的研究提供了新的技术手段。

针对酒醅中群体微生物结构多样性特征和微生物识别的难度，集成宏基因组学的MiSeq方法，结合改良的可培养方法及荧光定量PCR（qRT-PCR），系统剖析了白酒酿造微生物菌群结构及变化规律。在酱香型酒醅中鉴定出优势酵母菌15种、优势细菌12种、优势霉菌13种；首次发现酱香型白酒发酵过程中乳酸菌为窖池发酵绝对优势细菌，存在31个乳酸菌种，其中22个种属于乳杆菌属。

发现堆积过程中富集酵母菌群结构及其演变规律，为堆积终点判定提供理论依据。并阐明在酱香型习酒中主要产酒酵母为*S. cerevisiae*。不同轮次发酵过程中乳酸菌菌群结构与酱香酒质显著相关。发现乳杆菌属对酿造微生态系统菌群结构具有重要作用（图11）。

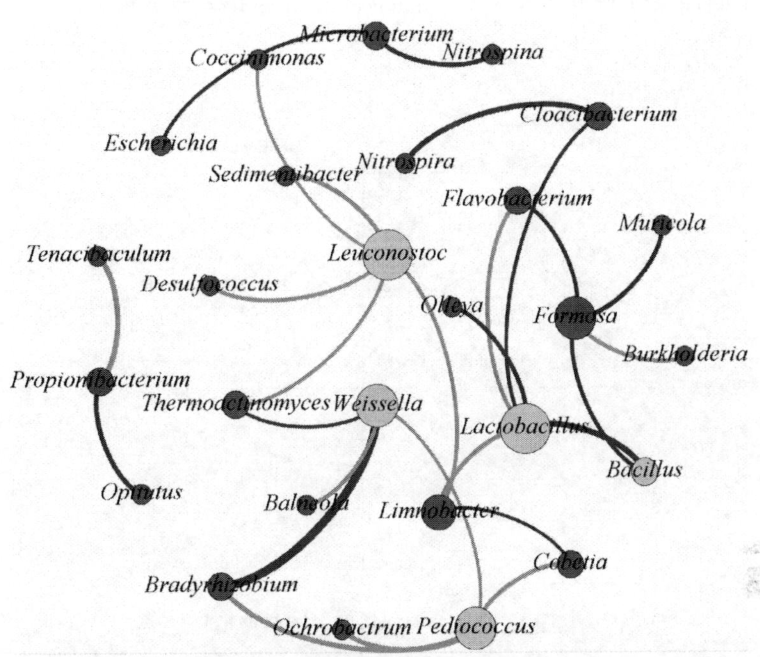

图 11　白酒发酵过程中乳酸菌属与其他细菌属的相关性网络分析

3　风味导向技术形成的生产应用技术

针对不同香型白酒生产的不同特征，通过大量开发与应用实践工作的开展，形成了众多生产应用技术，有些已在实际生产中证实了其有效性与实用性。

3.1　风味化学技术的生产应用

采用风味化学技术在不同香型白酒生产中形成了一系列的生产应用技术，为白酒的蒸馏取酒、贮存老熟、基酒组合、专家调味以及原产地保护等方面都产生了重要的作用。以下以清香型白酒生产应用为例，建立了清香类型原酒等级及原产地鉴别技术等。

3.1.1　清香类型原酒等级鉴别技术

根据一定的判别聚类建模原则，通过计算机建模建立原酒等级数据库，应用 73 个成分可以将不同工艺、不同等级原酒区分开来，此分类方法可以用于原酒等级区分与鉴定。

3.1.2　清香类型原酒原产地鉴别技术

应用 91 个成分，对 153 个样品进行分析，发现属于牛栏山二锅头酒的 1、2、3 与属于衡水老白干的 5 号在一组，属于汾酒的 4 单独一组，而属于小曲清香型白酒的 6、7、8 正好分在一组。这样的结果表明，使用 91 个成分，有可能将不同企业生产的清香型白酒进行区别，形成原产地鉴别技术。

对 153 个酒样进行 PCA 分析。153 个酒样，共检测 91 种微量成分。主成分分析结果如图 12 所示。

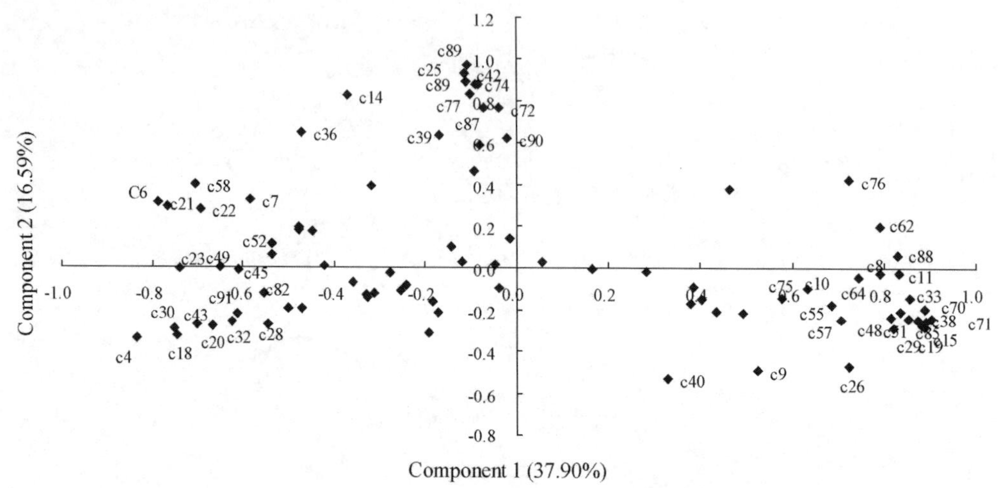

图 12　PCA 分析结果（旋转变量）

主成分分析结果表明，共分析出 11 个主成分变化，即 11 个新的变量，其变量百分比分别为 38. 90、16. 59、8. 89、6. 48、4. 51、2. 44、1. 99、1. 68、1. 61、1. 38 和 1. 16%，即各新的变量可以解释全部变量的权重。

通过分析，在 91 个成分中发现重要的成分 21 个，这些成分可以用于区分不同产地酒。

3. 2. 2　基于 21 个成分的原产地识别技术

这 21 个成分是否真正可以用于白酒分类及原产地识别，通过分析可知，结果是可靠的，如图 13 所示。

从图 13 中可以看出，属于牛栏山二锅头酒的 1、2、3 聚类在一起；属于小曲清香型白酒的 6、7、8 聚类在一起；4 是汾酒，5 是衡水老白干酒，在图中，虽然用了 91 个成分，但并没有将牛栏山二锅头酒与老白干香型酒分开，但使用 21 个成分后，则将这些酒完全区分开来。因此，这些成分还可以用于清香型原酒的原产地鉴别。

3. 2　白酒功能微生物（群体）的生产应用

3. 2. 1　产酱香地衣芽孢杆菌的强化应用

将产酱香地衣芽孢杆菌成功地应用于洋河酒厂股份有限公司芝麻香型白酒和古贝春酒业有限公司酱香型白酒生产中，明显赋予白酒典型特征香——空杯留香，且更突出和持久，取得了较好的应用效果。

在酱香型白酒生产中，将功能细菌应用于工艺中，生产酒质明显提高，具有酱香纯正，酒体丰满，醇甜，柔顺，味长，空杯留香突出且更持久的特点。同时，采用功能细菌应用工艺后，49% 的风味成分的含量明显提高，其中酯类、芳香类和苯酚类物质总量增加较明显，分别增加 21%、43% 和 15%；其中，乙酸乙酯、乙酸 -2 - 甲基丙

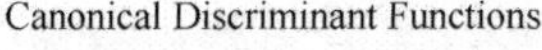

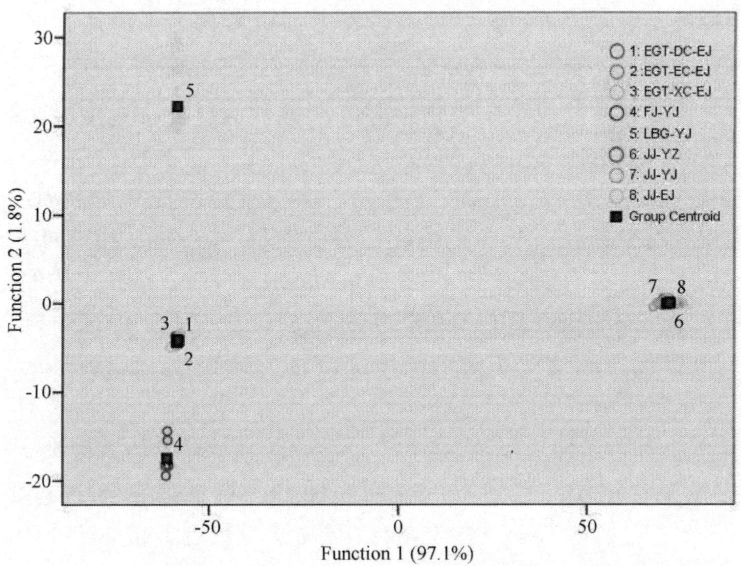

图 13　基于 21 个成分的聚类分析

1：EGT – DC – EJ，2：EGT – EC – EJ，3：EGT – XC – EJ，4：FJ – YJ，

5：LBG – YJ，6：JJ – YZ，7：JJ – YJ，8：JJ – EJ

酯、2 – 丁醇、苯乙酮、萘、乙酸 – 2 – 苯乙酯、愈创木酚苯酚等物质含量均增加了 50% 以上。结果证明了功能细菌应用工艺在增强酱香型白酒特征香的基础上，对白酒其他风味成分的增强也具有重要作用。目前酱香白酒 1 个大生产车间均使用此工艺。

在芝麻香型白酒生产中，将功能细菌应用于工艺中，所得酒质明显提高，酒体协调丰满，尤其空杯留香突出且更持久。同时，采用功能细菌应用工艺后，72% 的风味成分的含量得到了明显提高，其中酯类、苯酚类和芳香类物质总量增加较明显，分别增加 38%、29% 和 142%；在所有分析成分中，十二酸乙酯、2 – 甲基丙酸、苯乙醛、萘、苯乙酸乙酯、乙酸 – 2 – 苯乙酯、苯甲醇、苯丙酸乙酯、苯乙醇、苯酚、乙缩醛、己醛、二甲基三硫等物质含量均增加了 1 倍以上。表明了功能细菌在白酒酿造中重要的应用价值。

3.2.2　清香类型白酒功能微生物应用技术

通过 β – DMST、TDMTDL 等不同原酒特征风味成分产生功能微生物及其代谢机制的认识，发现并获得一批重要的产生重要风味化合物的功能微生物，丰富了对清香类型功能微生物的认识，建立清香型白酒功能微生物的应用技术，包括制曲方式的改良、大曲质量的安全评价技术、酿造过程检测及监控技术、发酵过程调控和风味成分预测技术等，为最终真正实现清香型白酒机械化与现代化的改造提供了重要理论和实践的指导。

3.2.3　小曲清香型白酒功能菌群体的应用

清香型小曲白酒是清香型白酒的重要组成，其生产具有发酵周期短、出酒率高等优点，但由于传统粗放式生产工艺，导致存在生产可控性差、酒质、出酒率稳定性差等问题。

通过分子生态学技术和传统微生物培养方法分析清香型小曲中微生物的载体，明确了生产中重要的功能微生物。清香型小曲白酒中主要含有四种酵母。*Saccharomyces cerevisiae* 的作用是酒精发酵产生乙醇。non – *Saccharomyces* 中 *Saccharomycopsis fibuligera* 丰度虽高，但仅在有氧条件下具有高酯化活性；*Pichia anomala* 和 *Issatchenkia orientalis* 是白酒酿造环境下真正具有活性的产酯酵母。*Rhizopus oryzae* 是最优势的霉菌，糖化分解高粱中淀粉，为酵母的繁殖提供碳源。其他霉菌含量很低。细菌中以乳酸菌和芽孢杆菌为主，其主要代谢产物对小曲白酒风味特征影响很小。*S. cerevisiae*、*I. orientalis*、*R. oryzae* 已可基本完成白酒的酿造过程。

将清香型小曲白酒三种功能微生物 *S. cerevisiae*、*I. orientalis*、*R. oryzae* 进行纯种制曲生产，按比例混合用于酿造阶段。与用小曲作为起始发酵剂进行生产相比，出酒率增加 2.79%、达到 55% 以上；乙酸乙酯含量增长近 1 倍，在 120mg/100mL 以上；乙醛、乙醛、乳酸乙酯等其他指标也有不同幅度的提高（表 6），提升了白酒品质。

表 6　　功能菌和小曲分别应用时所产酒的酒质、出酒率　　单位：mg/100mL

日期	出酒率（%）	乙醛	甲醇	乙酸乙酯	乙缩醛	乙酸	乳酸乙酯	高级醇
功能菌	55.93	12.85	8.41	161.22	1.90	55.10	62.09	99.21
小曲	54.41	8.128	8.4	81.114	0.146	29.878	52.194	92.294

3.2.3　大曲酒功能微生物群体的应用

白酒生产中微生物的相互作用对微生物群落的有效应用具有重要的作用。例如，霉菌与酵母的相互作用影响着糖化与产酒的速度；产酒酵母与产香酵母的相互作用影响着白酒的品质与产量；产香细菌与产酒酵母的相互作用也影响着白酒的品质与产量。因此，在功能微生物群落的应用中，本研究分别对以上三类关系进行了分子水平的深入探讨，然后对三类关系进行了调控优化，实现了酒质与酒量的共同提升。

在多家企业的生产规模水平上，通过对白酒酿造微生物群落的研究，确定了 4 株霉菌、8 株不同功能的酵母、以及 4 株不同功能的细菌作为关键功能微生物，通过对各种功能及其相互关系的认识，以及各种微生物数量的复配优化，最终将上述微生物按照一定的细胞数量比例进行组合应用，堆积 40h 后，入池发酵 30 天，收集上、中、下层次的蒸馏酒，出酒率较对照样提高了 3%。同时对白酒从香气、口味、整体风格三个方面进行感官品评，见表 7，白酒的特征香、丰满度、细腻感、甜度、舒适感、协调感等方面都明显提高。同时对酒的风味成分测定，酯类、醇类、挥发酸类、芳香环类、苯酚类、吡嗪类成分均得到一定程度的提高。表明该微生物菌剂应用效果明显。

此应用连续生产 3 排效果一致。目前已投入扩大生产半年以上时间。

表7　　偏酱层芝麻香型白酒的品评打分表

品评参数		未使用菌剂	使用组合微生物菌剂
香气	放香强度	弱	一般
	香气舒适感	一般	好
	酱味	一般	好
	空杯留香	弱	好（持久）
口感	刺激感（辣度）	一般	一般
	酸感	较弱	较弱
	甜度	一般	较好
	涩感	弱	弱
	细腻感	适中	较好
	焦糊感	差	一般
	后味	10~20s	20s以上
	丰满度	一般	较好
	整体协调感	弱	好
整体风格特点	描述	香味偏清	清酱协调，味甜舒适

打分等级：好、较好、一般、弱。

致谢

感谢国家自然科学基金（31530055，31000806，3047006，20872050，31271921，31271920），国家863项目（2013AA102108、2012AA021301）、国家重点实验室目标导向课题（SKLF-MB-200801）、江苏省产学研联合创新资金（BY2010116）的资金支持。

特别感谢中国酿酒工业协会白酒技术委员会的中国白酒169计划和参加中国169计划研究的所有企业和研究人员。

参考文献

[1] 沈怡方．白酒生产技术全书．北京：中国轻工业出版社，1998

[2] 沈怡方，赵彤．对于白酒香型的认识与学术性探讨．酿酒，2007，34（1）：3-4

[3] Xu Y，Wang D，et al. Traditional Chinese Biotechnology. Advances in Biochemical Engineering Biotechnology，2010，122：189-233

[4] Xu Y，Ji K. Moutai（Maotai）：production and sensory properties. Alcoholic beverages：Sensory Evaluation and Consumer Research. Woodhead Publishing Limited. 2012，315-330

［5］徐岩，范文来，等．风味分析定向中国白酒技术研究的进展．酿酒科技，2010，197（11）：73－78

［6］徐岩，范文来，等．风味技术导向白酒酿造基础研究的进展．酿酒科技，2012，211（1）：17－23

［7］“气相色谱－闻香法（GC－O）在中国白酒风味物质研究中的应用”鉴定材料．江南大学：中国江苏，2006

［8］范文来，徐岩．中国白酒风味物质研究的现状与展望．酿酒，2007，34（4）：31－37

［9］范文来，徐岩．应用浸入式固相微萃取（DI－SPME）方法检测中国白酒的香味成分．酿酒，2007，34（1）：18－21

［10］“酱香型白酒茅台酒风味物质剖析技术体系建设及风味研究平台的建立”鉴定材料．贵州茅台酒股份有限公司，江南大学：中国江苏，2009

［11］季克良，郭坤亮．剖读茅台酒的微量成分．酿酒科技，2006，148（10）：98－100

［12］Fan W，Shen，H，et al. Quantification of volatile compounds in Chinese soy sauce aroma type liquor by stir bar sorptive extraction（SBSE）and gas chromatography－mass spectrometry（GC－MS）. Journal of the Science of Food and Agriculture，2011，91：1187－1198

［47］Fan W，Xu Y，et al. Identification of aroma compounds in Chinese “Moutai” and “Langjiu” liquors by normal phase liquid chromatography fractionation followed by gas chromatography/olfactometry. In Flavor Chemistry of Wine and Other Alcoholic Beverages，Qian，M. C.；Shellhammer，T. H.，Eds. American Chemical Society：2012，303－338

［13］范文来，徐岩．酱香型白酒中呈酱香物质研究的回顾与展望．酿酒，2012，39（3）：8－16

［14］汪玲玲，范文来，等．酱香型白酒液液微萃取－毛细管色谱骨架成分与香气重组．食品工业科技，2012，33（19）：304－308

［15］沈海月．酱香型白酒香气物质研究．江南大学生工学院，无锡，2010

［16］赵书圣，范文来，等．酱香型白酒生产酒醅中呋喃类物质研究．中国酿造，2008. 21：10－13

［17］范文来，徐岩．应用液液萃取结合正相色谱技术鉴定汾酒与郎酒挥发性成分．第八届国际酒文化研讨会，中国轻工业出版社：中国四川，2012

［18］Fan W，Xu Y，et al. Characterization of pyrazines in some Chinese liquors and their approximate concentrations. Journal of Agricultural and Food Chemistry，2007. 55（24）：9956－9962

［19］Fan W，Qian M. C. Identification of aroma compounds in Chinese ‘Yanghe Daqu’ liquor by normal phase chromatography fractionation followed by gas chromatography/olfactometry. Flavour and Fragrance Journal，2006，21（2）：333－342

［20］Fan W，Qian M. C. Headspace solid phase microextraction（HS－SPME）and gas

chromatography – olfactometry dilution analysis of young and aged Chinese "Yanghe Daqu" liquors. Journal of Agricultural and Food Chemistry, 2005, 53 (20): 7931 – 7938

[21] Fan W, Qian M. C. Characterization of aroma compounds of Chinese "Wuliangye" and "Jiannanchun" liquors by aroma extraction dilution analysis. Journal of Agricultural and Food Chemistry, 2006, 54 (7): 2695 – 2704

[22] 范文来，徐岩，等. 应用液液萃取与分馏技术定性绵柔型蓝色经典微量挥发性成分. 酿酒，2012，39 (1)：21 – 29

[23] "风味导向技术及其在绵柔型白酒中的应用" 鉴定材料. 江南大学，江苏洋河酒厂股份有限公司：中国江苏，2011

[24] 柳军，范文来，等. 应用 GC – O 分析比较兼香型和浓香型白酒中的香气化合物. 酿酒，2008，35 (3)：103 – 107

[25] 范文来，聂庆庆，等. 洋河绵柔型白酒关键风味成分研究. 食品科学，2012，4：135 – 139

[26] Gao W J, Fan W L, et al. Characterization of the Key Odorants in Light Aroma Type Chinese Liquor by Gas Chromatography – Olfactometry, Quantitative Measurements, Aroma Recombination, and Omission Studies. Journal of Agricultural and Food Chemistry, 2014, 62: 5796 – 5804

[27] 中国清香型汾酒风味物质剖析技术体系及其关键风味物质研究鉴定材料. 江南大学，山西杏花村汾酒厂股份有限公司：中国江苏，2009

[28] "小曲清香型白酒关键风味物质及质量评价方法研究" 鉴定材料. 劲牌有限公司，江南大学：中国江苏，2009

[29] "中国老白干香型白酒风味物质剖析技术及其关键风味物质微生物研究" 鉴定材料. 江南大学，河北衡水老白干酿酒（集团）有限公司：中国江苏，2010

[30] 丁云连，范文来，等. 老白干香型白酒香气成分分析. 酿酒，2008，35 (4)：109 – 113

[31] 王勇，范文来，等. 液液萃取和顶空固相微萃取结合气相色谱 – 质谱联用技术分析牛栏山二锅头酒中的挥发性物质. 酿酒科技，2008，170 (8)：99 – 103

[32] 丁云连. 汾酒特征香气物质的研究. 江南大学生物工程学院，无锡，2008

[33] 范文来，徐岩. 清香类型原酒共性与个性成分. 酿酒，2012，39 (2)：14 – 22

[34] 胡光源，范文来，等. 董酒中萜烯类物质的研究. 酿酒科技，2011，205 (7)：29 – 33

[35] 范文来，胡光源，等. 应用顶空固相微萃取 – 气相色谱 – 质谱法定量药香型白酒中的萜烯. 食品科学，2012，39 (2)：14 – 22

[36] 范文来，胡光源，等. 药香型董酒的香气成分分析. 食品与生物技术学报，2012，31 (8)：811 – 819

[37] Du H, Fan WL, et al. Characterization of Geosmin as Source of Earthy Odor in Different Aroma Type Chinese Liquors. Journal of Agricultural and Food Chemistry, 2011, 59

(15)：8331－8337

［38］杜海，范文来，等．顶空固相微萃取（HS－SPME）和气相色谱－质谱（GC－MS）联用定量白酒中两种异味物质．食品工业科技，2010，32（1）：373－376

［39］朱燕，范文来，等．应用DI－SPME和GC－MS分析白酒中游离挥发性酚类化合物．食品与发酵工业，2010，36（10）：138－143

［40］范文来，徐岩．白酒79个风味化合物嗅觉阈值测定．酿酒，2011，38（4）：80－84

［41］“中国白酒风味物质嗅觉阈值测定方法体系”鉴定材料．江南大学，宜宾五粮液股份有限公司，四川剑南春集团有限责任公司：中国江苏，2009

［42］Zhu B，Xu Y，et al. Tetramethylpyrazine production by fermentative conversion of endogenous precursor from glucose by Bacillus sp. Journal of Bioscience and Bioengineering，2009：108：S122

［43］Zhu B，Xu Y，et al. Study of tetramethylpyrazine formation in fermentation system from glucose by Bacillus subtilis XZ1124. New Biotechnology，2009：25S：S237

［44］Zhu B，Xu Y. High－yield fermentative preparation of tetramethylpyrazine by Bacillus sp. using an endogenous precursor approach. Journal of Industrial Microbiology and Biotechnology，2010，37：179－186

［45］Zhu B，XuY. A feeding strategy for tetramethylpyrazine production by Bacillus subtilis based on the stimulating effect of ammonium phosphate. Bioprocess and Biosystems Engineering，2010，33：953－959

［46］Zhu B，Xu Y. Production of tetramethylpyrazine by batch culture of Bacillus subtilis with optimal pH control strategy. Journal of Industrial Microbiology and Biotechnology，2010，37：815－821

［47］Zhang R，Wu Q，et al. Aroma characteristics of Moutai－flavour liquor produced with Bacillus licheniformis by solid－state fermentation. Letters in Applied Microbiology，2013，57：11－18

［48］Wu Q，Chen L Q，et al. Yeast community associated with the solid state fermentation of traditional Chinese Maotai－flavor liquor. International Journal of Food Microbiology，2013，166：323－330

［49］Wu Q，Xu Y. Transcriptome Profiling of Heat－Resistant Strain Bacillus licheniformis CGMCC3962 Producing Maotai Flavor. Journal of Agricultural and Food Chemistry，2012，60：2033－2038

［50］Wu Q，Xu Y，et al. Diversity of yeast species during fermentative process contributing to Chinese Maotai－flavour liquor making. Letters in Applied Microbiology，2012，55：301－307

［51］张荣，徐岩，等．酱香大曲中地衣芽孢杆菌及其风味代谢产物的分析研究．工业微生物，2010.40（1）：1－7

［52］Wu Q，Zhu W，et al. Effect of yeast species on the terpenoids profile of Chinese light - style liquor. Food Chemistry, 2015, 168: 390 - 395

[53] Qun Wu, Yan Xu, et al. Identification and formation mechanism of key flavor compound damascenone in Chinese light style liquor, IBS 2012, Reference No. : Temp_ O - S1 - ST4 - 0560

[54] Kong Y, Wu Q, et al. In Situ Analysis of Metabolic Characteristics Reveals the Key Yeast in the Spontaneous and Solid - State Fermentation Process of Chinese Light - Style Liquor. Applied and Environmental Microbiology, 2014, 80: 3667 - 3676

[55] Du H, Lu H, et al. Community of Environmental Streptomyces Related to Geosmin Development in Chinese Liquors. Journal of Agricultural and Food Chemistry, 2013, 61: 1343 - 1348

[56] Du H, Xu Y. Determination of the Microbial Origin of Geosmin in Chinese Liquor. Journal of Agricultural and Food Chemistry 2012, 60: 2288 - 2292

[57] Zhang R, Wu Q, et al. Isolation, Identification, and Quantification of Lichenysin, a Novel Nonvolatile Compound in Chinese Distilled Spirits. Journal of Food Science, 2014, 79: C1907 - C1915

[58] Zhang R, Wu Q, et al. Lichenysin, a Cyclooctapeptide Occurring in Chinese Liquor Jiannanchun Reduced the Headspace Concentration of Phenolic Off - Flavors via Hydrogen - Bond Interactions. Journal of Agricultural and Food Chemistry, 2014, 62: 8302 - 8307

[59] Wu Q, Ling J, et al. Starter Culture Selection for Making Chinese Sesame - Flavored Liquor Based on Microbial Metabolic Activity in Mixed - Culture Fermentation. Applied and Environmental Microbiology, 2014, 80: 4450 - 4459

高通量测序技术在白酒酿造微生物研究中的应用

王雪山，杜海，徐岩*

江南大学生物工程学院，江苏　无锡214122

摘　要：酿酒微生物的多样性赋予了中国白酒丰富的风味物质。白酒酿造微生物的种群结构及其代谢功能的研究一直是中国白酒研究人员关注的热点。新一代测序技术（Next Generation Sequencing，NGS）的发展，以更快捷、更便宜、更准确的特点使人们对复杂环境中微生物的研究更加方便、透彻，极大地推动了白酒酿造微生物的研究。本文综述了高通量测序技术应用于微生态的研究进展，及其在白酒酿造微生物生态学研究中的应用趋势。

关键词：白酒酿造微生物，宏基因组学，NGS

Applications of high throughput sequencing in Chinese liquor brewing microbiology

Wang Xueshan, Du Hai, Xu Yan*

School of Biotechnology, Jiangnan University, Wuxi 214122

Abstract: The diversity of Chinese liquor - making microbes give rise to rich flavor in Chinese liquor. The study of Liquor - making microbes community structure and its metabolic function have always been a hot research. In recent years, next - generation sequencing technology has been widely used to study microorganisms in brewing liquor because of its high throughput, low cost. This paper reviews the research of NGS used in brewing liquor microbial progress, and explores its future prospects in the area of liquor brewing microbial ecology.

Key words: Liquor brewing microbial, Metagenomics, NGS

我国白酒酿造历史悠久，是以粮谷为原料，采用酒曲为糖化发酵剂，采用固态双边的传统发酵工艺酿造而成的中国传统蒸馏酒[1]。因糖化发酵剂种类、酿造原料、自然环境和生产工艺等因素的差异，形成了各具特色、风格典型的各种香型的白酒。白酒酿造采用多种微生物自然接种，固态发酵时，由于酒醅内部存在着复杂的固－

* 通讯作者：徐岩，教授，Tel：0510－85864112；Fax：0510－85864112；E－mail：yxu@ jiangnan. edu. cn。

液、气-液、固-气等多种界面，及酒醅物料的异质性促使酒醅及窖池内形成了丰富的微生物多样性和代谢特征多样性。过去对酿造微生物的认识，霉菌产生糖化酶和淀粉酶分解淀粉和蛋白产生葡萄糖和氨基酸；酵母利用葡萄糖代谢生成乙醇；细菌利用葡萄糖和氨基酸代谢产生风味成分。而复杂的风味则决定着白酒的香型和品质。

传统研究白酒酿造微生物的方法为培养方法，在过去几十年中通过培养方法发现了大量的菌种，并明确了其对白酒风味的贡献，为酿酒技术的发展起到极大的推动作用。如吴建峰通过研究发现，白酒中四甲基吡嗪是由枯草芽孢杆菌产生的氨基酸脱氢酶（如谷氨酸脱氢酶）将氨基酸脱氢得到氨，氨与3-羟基丁酮经缩合产生四甲基吡嗪，成为酱香型白酒中的重要风味成分之一。氨基酸代谢产物如瓜氨酸、氨甲酰磷酸及尿素等可和酒醅中的乙醇反应生成氨基甲酰乙酯（EC），是威胁白酒安全的重要物质。

1　高通量测序技术在宏基因组领域的应用

一般认为自然环境中可培养的微生物仅占微生物总体的1%～10%，而宏基因组学手段的应用可以帮助研究人员更好地分析白酒酿造过程中微生物群落结构，得到更加真实的酿造微生物信息。宏基因组学概念是1998年由威斯康辛大学植物病理学部门的Jo Handelsman等提出的，定义为“应用现代基因组学的技术直接研究自然状态下的微生物的有机群落，而不需要在实验室中分离单一的菌株”的科学。宏基因组学的出现为我们认识微生物群落的结构及功能提供了一个很好的平台，同时宏基因组学技术也成为了解微生物生态及进化信息的重要手段。目前各国纷纷开展了宏基因组领域的研究，以推动该领域的发展。包括①海洋生物多样性研究（GOS），该项目起步于2003年，主要研究海洋功能及物种多样性[2-4]；②人类宏基因组计划（HMP），发起于2008年，各国科研人员共同参与，目的是测取人体各个部位微生物群落的宏基因组序列，从而加深对人体微生物种群结构、人-微生物交互作用、微生物和疾病等问题的理解，解决人类基因组计划破解不了的难题[5-8]；③地球微生物群落计划（EMP），将要测取200000个地球微生物群落的样本，重构500000个微生物基因组[9-11]。

随着科技的发展，新一代测序技术[12,13]由于其高通量、快速、低成本的特点，得到了越来越普遍的运用，极大地推进了微生物宏基因组学的发展。与一代测序相比第二代测序技术的优点是成本较之一代大大下降，通量大大提升。宏基因组测序数据量较大，测序难度大，应用高通量测序技术对宏基因组进行测序，可直接全面地研究一个生态小环境中微生物群落的基因组信息，微生物的分布状况等。目前高通量测序技术包括二代测序及三代测序，二代测序平台较多，主要有：①Roche 454 pyrosequencing[14]；②Illumina开发的Miseq，Hiseq[15]；③ABI公司推出的Solid测序技术等。三代测序为单分子测序技术[16]，相对二代测序具有不需扩增且读长较长的优点。与传统培养法及基于一代测序的DGGE等技术相比，高通量测序在研究宏基因组学方面的准确性，信息深度及发现新物种方面具有明显的优势（表1）。

表 1　几种微生物检测技术的比较

方法	培养法	宏基因组学技术		
		DGGE	高通量测序	Geochip
准确性	低	低	高	高
全面性	低	中	高	高
信息深度	低	低	高	高
定量性	低	低	中	高
发现新物种	有	有	有	无

1.1　Roche 454

2005 年 Margulies 等发表在 nature 的题为 "Genome sequencing in microfabricated high - density picolitre reactors"[14] 标志着高通量测序技术革命的开端。454 测序系统的样本遵循鸟枪法策略，它的主要测序流程包括[17]：

1.1.1　DNA 文库制备

将基因组 DNA 随机打断成小片段，在小片段末端添加接头序列，然后将 DNA 片段与表面覆盖与接头互补的寡聚核苷酸的磁珠相连。

1.1.2　Emulsion PCR（乳液 PCR）

DNA 与过量磁珠混合，多数磁珠只和一个模板相连，然后通过乳液 PCR 将模板从单拷贝扩增到每个磁珠近 1000 万拷贝。

1.1.3　焦磷酸测序

454 测序系统的测序方法采用焦磷酸测序法，将富集后的磁珠放在光纤板（PTP）上进行连续循环的合成测序。每次加入一种 dNTP 进行合成，如果 dNTP 与待测序列配对，则在合成后释放焦磷酸基团。释放的焦磷酸基团会与 ATP 硫酸化酶反应生成 ATP，ATP 和荧光素酶共同氧化使测序反应中的荧光素分子发出荧光，同时由 PTP 板另一侧的 CCD 照相机记录，然后将光信号进行处理以获得最终的测序结果。454 技术最大的优势在于其能获得较长的测序读长，但是缺点是无法准确测量同聚物的长度，会在测序过程中引入插入和缺失的测序错误，所以 454 测序中会产生一系列不同长度的 read。

1.2　Illumina

Illumina 公司的 Miseq、Hiseq 和 Solexa 是目前全球使用量最大的二代测序机器，这三个系列的技术核心原理是相同的，采用的都是边合成边测序的方法，测序过程主要分为：①DNA 待测文库构建；②Flowcell；③桥式 PCR 扩增与变性；④测序。

桥式 PCR 以 Flowcell 表面所固定的接头为模板，进行桥形扩增。最终每个 DNA 片段都集中成束，每一个束都含有单个 DNA 模板的很多拷贝，以实现将碱基的信号强度放大，以达到测序所需的信号要求。

测序方法采用边合成边测序的方法。向反应体系中同时添加 DNA 聚合酶、barcode 引物和带有碱基特异荧光标记的 dNTP。该方法的创新之处在于对终止拷贝链延伸的终

止子 dNTP 的 3′-OH 进行化学方法保护，DNA 拷贝链每轮只能添加一种 dNTP。dNTP 被添加到合成链上后，游离 dNTP 和 DNA 聚合酶会被洗脱掉。然后加入缓冲液并用激光激发荧光信号，利用光学设备记录荧光信号，最后利用计算机将光学信号转化为测序碱基。荧光信号记录完成后，加入试剂淬灭荧光信号并去除 dNTP 3′-OH 保护基团，进行下一轮的测序反应，这在化学上被称为可逆终止子。Illumina 边合成边测序的技术能够很好地解决同聚物长度的准确测量问题，目前 Illumina 的测序平均误差率在 1% 以下，测序周期以人类基因组重测序为例，30x 测序深度大约为 1 周。

1.3　Solid 技术

应用生物系统公司（Applied Biosystems Inc.，ABI）从 20 世纪 80 年代中期到 2006 年一直在人类基因组项目及其他所有 DNA 测序工作的 DNA 测序仪供应商中占统治地位。454 基因组测序仪和 Illumina 基因组分析仪等高通量测序仪的商业化应用挑战了 ABI 在 DNA 测序技术领域的主导地位。寡聚物连接检测测序（Supported Oligo Ligation Detection，SOLiD）是 ABI 于 2007 年开始投入用于商业测序应用的仪器。它基于连接酶法，即利用 DNA 连接酶在连接过程之中测序[18]。

Solid 的 PCR 过程和 454 的方法类似，基因组 DNA 被随机打成 200bp 的短片段，同样采用 emulsion PCR，在扩增的同时对扩增产物的 3′端进行修饰，这是为下一步的测序过程做的准备。连接酶测序是 Solid 测序的独特之处。它并没有采用以前测序时所常用的 DNA 聚合酶，而是采用了连接酶。该技术的读长在 2×50bp，后续序列拼接同样比较复杂。由于双次检测，这一技术的原始测序准确性高达 99.94%，而 15x 覆盖率时的准确性更是达到了 99.999%，应该说是目前第二代测序技术中准确性最高的了。但在荧光解码阶段，鉴于其是双碱基确定一个荧光信号，因而一旦发生错误就容易产生连锁的解码错误。

测序技术在近两三年中又有新的发展。以 PacBio 公司的 SMRT 和 Oxford Nanopore Technologies 纳米孔单分子测序技术，被称之为第三代测序技术[19]。与前两代相比，它们最大的特点就是单分子测序，测序过程无需进行 PCR 扩增。

2　高通量测序技术在食品宏基因组学研究中的应用

高通量测序技术的应用[20-23]不仅在基因组学特别是功能基因组学研究中发挥了重要的作用，而且也极大地推进了传统发酵食品酿造过程中微生物多样性和功能的研究及酿造食品宏基因组学的发展[24-27]。Winkler 等[28]以发酵过程中的发酵菌株短乳杆菌（*Lactobacillus brevis*）为研究对象，分析了在阿魏酸和丁醇胁迫时的转录应答水平，发现阿魏酸能诱导一些未知膜蛋白的表达。Solieri[29]认为宏基因组学技术在研究意大利传统香醋中全部酵母菌群落的结构及功能方面独具优势，可以完整地获得香醋中全部酵母菌的信息，掌握体系中难以培养的酵母菌代谢特征，并且可以局部构建全部酵母群落的代谢网络。Park 等人[30]采用宏基因组学技术研究发酵食品中存在的病毒群落，以虾酱、韩国泡菜、德国泡菜为对象，通过高通量焦磷酸测序，发现发酵食品中的病毒群落主要为Caudovirales噬菌体，如Myoviridae，Podoviridae和Siphoveridae，当携带有噬菌体的发酵食品进入人体肠道是否会对人类健康产生危害，是否会破坏人体肠道正常菌群的稳定，此类食品安全问题近年来引起了各国学者的重视，而基于高通量测序的宏基因组学技术为解决这一问题提供了必备条件。

3 高通量测序技术在白酒酿造微生态研究中的应用

目前国内对白酒微生态宏基因组学的研究多数集中在微生物群落结构方面的分析，包括白酒酿造体系中大曲、窖泥、酒醅、操作器具上面的微生物组成[1,31-33]。如通过DGGE技术研究中国白酒中、高温大曲细菌及真菌群落，分析图谱中19条条带的信息，其中乳酸菌是大曲中的优势菌群，大曲中的酵母种群中，扣囊复膜酵母*Saccharomycopsis fibuligera*和毕赤酵母*Pichiaanomal*为主要种群，并检测到多种非酿酒酵母，充分说明大曲中微生物具有丰富的种群多样性[34]。有报道利用焦磷酸测序技术分析汾酒清茬、红心、后火三种大曲生产过程中细菌多样性，分别得到544、573和894不同的OTU，主要菌群为乳杆菌属，芽孢杆菌属等，与DGGE可检测到的结果比较，DGGE方法仅能检测到环境中1%以上的含量相对优势的种群，而通过高通量测序方法可检测到更多、更真实的微生物种群信息[35]。针对不同窖龄窖泥原核生物群落结构的研究，结果发现微生物群落结构对窖泥的质量也起到很重要的作用，研究发现新窖泥中原核生物群落与老窖泥有较大差异，30年以上的老窖微生物群落逐渐稳定，这可能就是“好酒出老窖”的原因[36]。

4 结语

经过千百年的自然选择及遗传进化，白酒酿造微生物种群具有特有的新陈代谢功能，并形成了特殊的生态系统，构成了一定的微生物稳态。现在人们已经清楚认识到微生物在白酒酿造物质循环及白酒生产发挥重要作用，高通量测序技术的发展使人们可以检测到一些难培养的微生物基因，挖掘以前未发现的功能基因，在很大程度上丰富了白酒酿造微生物基因库。相信随着科技的进步，一定可以使人们对白酒酿造微生物的认识更加深入，从而实现白酒酿造的可控化。

参考文献

[1] Wang H. Y., Zhang X. J., et al. Analysis and comparison of the bacterial community in fermented grains during the fermentation for two different styles of Chinese liquor. [Comparative Study Research Support, Non - U. S. Gov't]. *J Ind Microbiol Biotechnol*, 2008, 35 (6): 603-609

[2] Scheckenbach F., Hausmann K., et al. Large-scale patterns in biodiversity of microbial eukaryotes from the abyssal sea floor. [Research Support, Non - U. S. Gov't]. *Proc Natl Acad Sci U S A*, 2010, 107 (1): 115-120

[3] Steele J. A. , Countway P. D. , et al. Marine bacterial, archaeal and protistan association networks reveal ecological linkages. [Research Support, U. S. Gov't, Non - P. H. S.] . *ISME J*, 2011, 5 (9): 1414 - 1425

[4] Venter J. C. , Remington K. , et al. Environmental genome shotgun sequencing of the Sargasso Sea. [Research Support, Non - U. S. Gov't Research Support, U. S. Gov't, Non - P. H. S.] . *Science*, 2004, 304 (5667): 66 - 74

[5] Arumugam M. , Raes J. , et al. Enterotypes of the human gut microbiome. [Research Support, Non - U. S. Gov't] . *Nature*, 2011, 473 (7346): 174 - 180

[6] Ling Z. , Liu X. . Pyrosequencing analysis of the salivary microbiota of healthy Chinese children and adults. [Comparative Study Research Support, Non - U. S. Gov't] . *Microb Ecol*, 2013, 65 (2): 487 - 495

[7] Qin J. , Li R. , et al. A human gut microbial gene catalogue established by metagenomic sequencing. [Comparative Study Research Support, Non - U. S. Gov't] . *Nature*, 2010, 464 (7285): 59 - 65

[8] Smith M. I. , Yatsunenko T. , et al. Gut microbiomes of Malawian twin pairs discordant for kwashiorkor. *Science*, 2013, 339 (6119): 548 - 554

[9] Lee S. H. , Jang I. , et al. Organic layer serves as a hotspot of microbial activity and abundance in Arctic tundra soils. [Research Support, U. S. Gov't, Non - P. H. S.] . *Microb Ecol*, 2013, 65 (2): 405 - 414

[10] Rajendhran J. , Gunasekaran, P. Strategies for accessing soil metagenome for desired applications. [Research Support, Non - U. S. Gov't Review] . *Biotechnol Adv*, 2008, 26 (6): 576 - 590

[11] Rousk J. , Baath E. , et al. Soil bacterial and fungal communities across a pH gradient in an arable soil. [Research Support, Non - U. S. Gov't Research Support, U. S. Gov't, Non - P. H. S.] . *ISME J*, 2010, 4 (10): 1340 - 1351

[12] Claesson M. J. , Wang Q. , et al. Comparison of two next - generation sequencing technologies for resolving highly complex microbiota composition using tandem variable 16S rRNA gene regions. *Nucleic Acids Res*, 2010, 38 (22): e200

[13] Nossa C. W. Design of 16S rRNA gene primers for 454 pyrosequencing of the human foregut microbiome. *World Journal of Gastroenterology*, 2010, 16 (33): 4135

[14] Margulies M. , Egholm M. , et al. Genome sequencing in microfabricated high - density picolitre reactors. *Nature*, 2005, 437 (7057): 376 - 380

[15] Caporaso J. G. , Lauber C. L. , et al. Ultra - high - throughput microbial community analysis on the Illumina HiSeq and MiSeq platforms. *ISME J*, 2012, 6 (8): 1621 - 1624

[16] Eid J. , Fehr A. , et al. Real - time DNA sequencing from single polymerase molecules. *Science*, 2009, 323 (5910): 133 - 138

[17] Mardis E. R. Next - generation DNA sequencing methods *Annual Review Of Genomics And Human Genetics*, 2008, 9: 387 - 402

[18] Metzker M. L. APPLICATIONS OF NEXT – GENERATION SEQUENCING Sequencing technologies – the next generation. *Nature Reviews Genetics*, 2010, 11 (1): 31 – 46

[19] Au K. F., Underwood J. G., et al. Improving PacBio long read accuracy by short read alignment. *PLoS One*, 2012, 7 (10): e46679

[20] Ercolini D. High – throughput sequencing and metagenomics: moving forward in the culture – independent analysis of food microbial ecology. *Appl Environ Microbiol*, 2013, 79 (10): 3148 – 3155

[21] Klindworth A., Pruesse E., et al. Evaluation of general 16S ribosomal RNA gene PCR primers for classical and next – generation sequencing – based diversity studies. *Nucleic Acids Res*, 2013, 41 (1): e1

[22] Kuczynski J., Lauber C. L., et al. Experimental and analytical tools for studying the human microbiome. *Nat Rev Genet*, 2012, 13 (1): 47 – 58

[23] Soergel D. A., Dey N., et al. Selection of primers for optimal taxonomic classification of environmental 16S rRNA gene sequences. *ISME J*, 2012, 6 (7): 1440 – 1444

[24] Jung J. Y., Lee S. H., et al. Metagenomic analysis of kimchi, a traditional Korean fermented food. [Research Support, Non – U. S. Gov't]. *Appl Environ Microbiol*, 2011, 77 (7): 2264 – 2274

[25] Nam Y. D., Lee S. Y., et al. Microbial community analysis of Korean soybean pastes by next – generation sequencing. *Int J Food Microbiol*, 2012, 155 (1 – 2): 36 – 42

[26] Sakamoto N., Tanaka S., et al. 16S rRNA pyrosequencing – based investigation of the bacterial community in nukadoko, a pickling bed of fermented rice bran. *Int J Food Microbiol*, 2011, 144 (3): 352 – 359

[27] Xiao X., Dong Y., et al. Bacterial diversity analysis of Zhenjiang Yao meat during refrigerated and vacuum – packed storage by 454 pyrosequencing. [Research Support, Non – U. S. Gov't]. *Curr Microbiol*, 2013, 66 (4): 398 – 405

[28] Winkler J., Kao K. C. Transcriptional analysis of Lactobacillus brevis to N – butanol and ferulic acid stress responses. *PloS one*, 2011, 6 (8): e21438

[29] Solieri L., Giudici P. Yeasts associated to traditional balsamic vinegar: ecological and technological features. *International journal of food microbiology*, 2008, 125 (1): 36 – 45

[30] Park E. – J., Kim K. – H., et al. Metagenomic Analysis of the Viral Communities in Fermented Foods. *Applied And Environmental Microbiology*, 2011, 77 (4): 1284 – 1291

[31] Deng B., Shen C. – h., et al. PCR – DGGE analysis on microbial communities in pit mud of cellars used for different periods of time. *Journal of the Institute of Brewing*, 2012, 118 (1): 120 – 126

[32] Li X. R., Ma E. B., et al. Bacterial and fungal diversity in the traditional Chinese liquor fermentation process. [Research Support, Non – U. S. Gov't]. *Int J Food Microbiol*, 2011, 146 (1): 31 – 37

[33] Zheng X. – W. Daqu – A Traditional Chinese Liquor Fermentation Starter. *J.*

Inst. Brew., 2011, 117 (1): 82 - 90

[34] Wang H. Y., Gao Y. B., et al. Characterization and comparison of microbial community of different typical Chinese liquor Daqus by PCR - DGGE. [Research Support, Non - U. S. Gov't]. *Lett Appl Microbiol*, 2011, 53 (2): 134 - 140

[35] Zhang X., Zhao J., et al. Barcoded pyrosequencing analysis of the bacterial community of Daqu for light - flavour Chinese liquor. *Lett Appl Microbiol*, 2014, 58 (6): 549 - 555

[36] Tao Y., Li J., et al. Prokaryotic Communities in Pit Mud from Different - Aged Cellars Used for the Production of Chinese Strong - Flavored Liquor. *Applied and Environmental Microbiology*, 2014, 80 (7), 2254 - 2260

清酒造りのこれまでとこれから

秦　洋二

月桂冠株式会社総合研究所 612－8385　日本　京都市伏見区下鳥羽小柳町101

摘　要：清酒醸造の歴史は、2000年以上遡るとされている。米などの穀物を利用した酒造りの技術は、稲作技術とともに大陸から伝えられてきたと考えられているが、その後は日本独自の発展を遂げて、日本独特の醸造酒である清酒造りが完成した。清酒造りの中には、麹培養のスターターである種麹の製造方法の確立や出来上がったお酒を低温で殺菌する技術など、時代を先んじる技術が多数開発されていた。ただこれらの技術は、日本国内の醸造技術に留まり、世界に伝播することはなかった。清酒造りの技術史を俯瞰しながら、その特徴を考察するとともに、これらの伝統的な技術を利用した最新の醸造技術についても紹介したい。

关键词：清酒，種麹，低温殺菌法，醸造技術

Technology of sake brewing, past and future

Yoji Hata

Research Institute, Gekkeikan Sake Co. Ltd., Kyoto Japan

101 shimotoba－koyanagi－cho, fushimi－ku, Kyoto, 612－8385, Japan

Abstract: Sake brewing is said to have a history of about more than 2, 000 years. It was thought that primitive technology of alcoholic fermentation with rice came from ancient China together with rice cultivation. Afterward, technology of Japanese sake brewing had been developed independently from the original style and completed as original technology including a unique production process. In the history of sake brewing, many kinds of revolutionary techniques were developed such as use of fungal seed malt as starter of *koji*－making and use of pasteurization against fresh sake long before Louis Pasteur was even born. However, these advanced techniques were not spread in the world, because there were few technical interactions between Japan and foreign countries. Today, I will overview the technical history of sake brewing and discuss about their future. Moreover the most current techniques using sake brewing will be shown.

Key words: Japanese sake, seed malt, pasteurization, brewing technology

【はじめに】

米から造るお酒「日本酒」の歴史は、少なくとも2000年以上遡ることができると言われている。もともと米などの穀物を原料とした酒造りの技術は、縄文時代の初期に稲作技術と同時に大陸から日本に伝えられたと考えられている。しかしその後の酒造りは、日本独自の技術発展を成し遂げ、現在では中国など大陸のお酒とは全く異なる「日本酒·清酒」というお酒を創り上げるに至っている。

清酒の特徴は、２０％を越えるアルコール度数まで発酵を続けられることである。清酒と同じ醸造酒に分類されるビールやワインでは、到底このような高いアルコール度数の発酵はできない。ウイスキーや焼酎のように２０％を越えるアルコール度数を持つものは、いずれもアルコール発酵の後、蒸留操作によりアルコール分を抽出した酒類である。酵母の発酵だけで２０％を超えるお酒を造ることは、世界中でもその例を見ない。

ただ最初からこのような高いアルコール発酵が可能であったわけでは無い。お酒造りの主役である酵母菌と麹菌の2種類の微生物について、長年より良いものを求めて選抜し続け、さらに酒造りの手順や工程についても、様々な試行錯誤による技術革新を経た結果、現在の清酒醸造方法が確立するに至っている。まさしく酒造りとは、我々先人たちの長年の技術が結晶した貴重な技術資産であると考えられる。この酒造りの歴史を振り返るとともに、伏見での酒造りの歴史や現在の活動に就いて紹介したい。

【酒造りの原点とは?】

人類が初めてお酒に触れたのはいつであるかは定かではないが、ブドウなどの果物の果汁が自然に発酵し、これを口にした偶然に端を発するのではないかと考えられている。その後、この偶然の産物を、人類が自らの手で「必然」に作られるようになるには、非常に長い年月がかかったと推定できる。当時発酵とは、まさしく神秘な現象である。現在では、酵母菌という目に見えない微生物が、糖分をアルコールに変換することによってお酒ができることは、小さな子供でも知っている。しかし、当時の理解では、ブドウ果汁がなぜかプクプクと泡立って、香り豊かなお酒になることは、「神のなせる業」以外の何物でもない。そして何らかの手順を誤り、神様のご機嫌をそこねると、まずくて飲めないものになってしまう。彼らは、神様のご機嫌をそこねないように酒造りの製造方法を改良に改良を重ね、微生物という知識がなくても、立派に酒造りの技術を確立することができた。ワイン、ビール、日本酒、世界中に存在する酒類の製造技術は、まさしくこのような試行錯誤の結晶として生み出されてきたものである。ある種、これこそ「神業」かもしれない。酒造りの特徴は、人類が酵母や麹菌といった微生物に関する知識を獲得するはるか以前から、試行錯誤の繰り返しによって製造方法が確立されたことである。 近代の科学技術の発展は、最初に原理· 原則が解明され、その理論を応用することによって様々な技術へ展開されてきたことと対照的である。

【清酒醸造技術に秘められた革新的技術】

1683 年にオランダのレーベンフックが、自身で発明した顕微鏡によって、初めて酵母を肉眼で確認するまでは、我々人類は酵母の存在を知らなかった。 一方、清酒醸造においては、酵母が発見されるはるか以前より、酵母を巧みに扱う技術が確立されていた。 例えば、雑菌などの微生物に汚染されることなく清酒酵母だけを純粋に培養する技術「酒母造り」や、酵母の増殖にあわせて仕込みを拡大培養する「三段仕込み」などである。 また1583 年には、奈良の東福寺の学侶の随記である「多門院日記」の中に、お酒に対して「火入れ」と呼ばれる加温操作を施すことにより、雑菌汚染を防ぎ長期に品質を安定できることが記載されている。 パスツールがワインを用いて実証したパスツリゼーション（低温殺菌法）が発明されるはるか300 年も昔のことである。 このように清酒醸造においては、西洋の科学技術に先んじてさまざまな有用な技術が確立されていた。 ただその技術（方法）の理屈を解明することを怠っているため、「発明」の称号を受けることができなかった。 わが国では、西洋のように理屈で納得させる文化· 風土が乏しいことが原因を考えられているが、まことに残念なことである。

【清酒酵母】[1]

1985 年に清酒もろみから初めて酵母が単離され、矢部規矩治博士によりサッカロミセス· サケと命名された。 現在では出芽酵母 *Saccharomyces cerevisiae* として、ワイン酵母、パン酵母や一部のビール酵母も同じ属種に分類されている。 ただし同じ *S. cerevisiae* に分類される酵母でも、清酒酵母とパン酵母、ワイン酵母とは大きく性質が異なっている。 特に清酒酵母はアルコール発酵能力が高く、前述の並行複発酵を行っても他の酵母では２０％を超えるアルコールを造ることはできない。 また清酒醸造で最も重要な要素である「清酒らしい独特の香味」においては、清酒酵母でないと付与することはできない。 近年のゲノム情報からは、これらの酵母のゲノム間の差異は１％以下とされており、この微妙な形質の差異がそれぞれの醸造発酵に大きく影響を及ぼしていると考えられる。

このように我が国における長年の清酒醸造の歴史から清酒醸造に適した酵母として選抜された優秀な清酒酵母は、各地から単離されて、現在日本醸造協会の「きょうかい酵母」として保存· 頒布されている。 なかでもきょうかい7 号酵母は、発酵力が強く、果実様の芳香が強い点から、多くの醸造場で使用されている。 また既存の優良酵母だけでなく、育種技術を駆使して新しい有用酵母の開発も行われている。

例えば、「泡なし酵母」をは、旺盛な発酵ともに形成される酵母の泡（高泡）を発生しない酵母で、高泡によるタンクからの噴きこぼれを防止するだけでなく、仕込み量を大幅に増加できる利点を持っている。 また吟醸酒の香気成分の解析やその生成経路を検討した結果、吟醸香の有用な成分であるカプロン酸エチルを大量に生産する酵母も開発されている。 このような酵母は、市場の吟醸酒の香りをより華やかにすることに貢献している。

【清酒麹菌】[2]

清酒に使用する麹菌は、黄麹菌 *Aspergillus oryzae* である。 黄麹菌は清酒だけでなく、味噌や醤油なども発酵食品にも使用されている。 カビを用いて原料を分解する技術は東アジアに広く分布しているが、この黄麹菌を様々な発酵食品に利用しているにはわが国だけで、日本で独自に発展· 利用されてきたカビと考えられる、このような背景から、2007 年に日本醸造学会によって、麹菌は「日本の国菌」であると認定された。 麹菌の役割は、原料である白米のデンプンやタンパク質を分解し、酵母の発酵を促進させることであり、これらの高分子の分解能力の高い菌が望まれる。 特に清酒麹菌の場合は、デンプンを分解する酵素であるαアミラーゼやグルコアミラーゼを高生産する菌株が選抜されており、酵母と同様に「清酒醸造」に最適な性質に育種されている。

これの酵素を高生産させるには、菌株の選抜に加えて、カビ特有の培養方法である「固体培養：麹造り」があげられる。 カビを固体状の穀類に生育させると、周囲の水分量は減少し、なおかつ固体内部のような物質移動の極めて困難環境で増殖する必要があるため、麹菌は穀類内部に菌糸を伸ばし、大量の酵素を生産することになる。 また培養後は、抽出や分離操作を行うことなく、そのまま副原料· 酵素剤としてもろみ発酵に利用することができる。 先人達が編み出した固体培養：麹造りとは、原料分解に必要な酵素生産方法として誠に理にかなった方法といえる。

【清酒醸造と乳酸菌】[3]

清酒醸造において乳酸菌の役割は、「功」と「罪」に分かれる。 まずはその「功」について。 微生物の知識がない時代に、どのようにして清酒酵母だけを優先的に生育することができたのだろうか？ それは、「酒母造り」と呼ばれる培養操作によって、清酒酵母のみが生育しやすい環境を整えることができたからである。 その中心的な役割を担ってきたのが乳酸菌である。 麹と米を水ですりつぶして冷やした桶に適度な撹拌や温度管理を行うことより、乳酸菌が増殖をはじめ、その生産する乳酸によって野生酵母などの雑菌が死滅する。 清酒酵母は、耐酸性が高く、乳酸菌の生育した環境でも旺盛に増殖することができる。 また乳酸以外の乳酸菌の代謝物も、酵母の栄養となり清酒酵母の増殖をさらに促進する。 乳酸菌は清酒酵母の純粋培養に大きく貢献している。

一方、乳酸菌によっては、清酒を腐敗させるものもある。 いわゆる「罪」の部分である。 清酒が微生物に汚染されて白濁することを「火落ち」と呼ぶ。 これは清酒中で乳酸菌が増殖することにより起こる。 通常１５％以上のアルコールを含む清酒の中で、乳酸菌は増殖することはできないが、一部の乳酸菌は逆に高いアルコールを好んで生育する。 これは火落菌と命名され、*Lactobacillus homohiochi*, *L. fructivorans*, *L. casei*などに分類される。 火落菌は酒蔵などで多く検出されることや、生育には清酒特有な成分を必要とすることなどから、人類が酒造りを始めたことによって、清酒の中でも生育できる乳酸菌に変異したものではないかとも言われている。

参考文献

[1]清酒酵母の研究　日本醸造協会　(2002)

[2]麹学　村上英也　日本醸造協会　(1987)

[3]増補改訂最新酒造講本　日本醸造協会　(2000)

代谢组学及其在酒中应用的研究进展

王娜，陈双，徐岩*

江南大学生物工程学院，江苏　无锡 214122

摘　要："酒组学 Wine - omics" 的出现证明了代谢组学在酒中应用的可行性。因此，本文首先对代谢组学的研究背景及现状、方法及策略进行了概述；其次，基于核磁共振 NMR、色谱、质谱等不同分析技术平台的代谢组学，以及这些技术在检测与分析酒类风味物质中的广泛应用，主要对代谢组学在酒类风味化学中的应用进行了综述；最后基于以上综述，对代谢组学在酒中的应用提出了展望。

关键词：代谢组学，酒风味化学，核磁共振 NMR，色谱，质谱

Research progress of metabolomics and its application in wine

Wang Na, Chen Shuang, Xu Yan*

School of Biotechnology, Jiangnan University, Wuxi 214122

Abstract: The appearance of "Wine - omics" has proved that the application of metabolomics into wine is feasible. Accordingly, this paper summarized the research background, development, methods and strategies of metabolomics at first; Secondly, based on the analytical platform of nuclear magnetic resonance, chromatography and mass spectrometry in metabonomics, and the common application of these techniques into the detection and analysis of flavors in wine, the application of metabonomics into the flavor chemistry of wine were mainly reviewed; Finally, based on the above review, the prospect of metabolomics' application in wine was also put forward in this paper.

Key words: Metabolomics, Flavor chemistry of wine, Nuclear magnetic resonance, NMR, Chromatography, Mass spectrometry

代谢组学是后基因组时代的一个重要的研究领域，它是通过考察生物体系（细胞、组织或生物体）受到刺激或扰动后（如将某个特定的基因变异或者环境变化后），其代谢产物的变化或其随时间的变化，来研究生物体系的一门科学，其既有代谢的特点，又有组学的特点[1]。

代谢组学用于分离、检测与鉴定最常用的分析平台是核磁共振 NMR，另外还包括

质谱 MS、气相色谱 GC、高效液相色谱 HPLC、高效毛细管电泳、荧光 EEM、傅里叶变换红外 FT－IR、直接输注大气压电离化质谱 DIMS 等技术平台[2－5]。因此，作为全局系统生物学的基础和系统生物学的一个重要组成部分，代谢组学又是以物理学基本原理为基础的分析化学、以数学计算与建模为基础的化学计量学和以生物化学为基础的生命科学等学科交叉的一门学科。

在酒类风味化学研究中的，NMR、MS、GC、HPLC、各种分子光谱技术等一直是最基础、高效的分析与检测平台，尤其是近几年来快速发展的 NMR、GC－MS、LC－MS 等，其检测与分析方法在酒类风味物质研究中的成功建立与应用，为酒类研究者将代谢组学的思想应用于酒中提供了最直接的思路和可行性[4,6－10]。因此，基于核磁共振、色谱、质谱、各种分子光谱等技术在酒风味化学中的成功应用与发展，本文主要综述基于 NMR、MS、GC、HPLC 等分析技术的代谢组学在酒中的应用。

1　代谢组学的追溯及研究现状

1.1　代谢组学的发展

代谢组学的研究可以追溯至 20 世纪 80 年代。1985 年，英国帝国理工大学尼克尔森教授 Nicholson 的研究小组利用核磁共振（NMR）技术分析大鼠的尿液，并于 1999 年，提出了代谢组学的概念[11]。Nicholson 教授也由于其在代谢组学发展中的开拓性的贡献，而被誉为“国际代谢组学之父”。

在国内，多家单位已先后开展了代谢组学的研究工作。而且，在国内提起代谢组学的研究就不得不说起中国科学院大连化学物理研究所，该所于 2004 年 10 月和美国 Waters 公司合作组建“代谢组学联合实验室”，并于 2005 年 7 月，正式成立“代谢组学研究中心”，由许国旺研究员任主任、英国 J. Nicholson 教授和杨胜利院士任名誉主任。

1.2　代谢组学的特点

基因组学、转录组学、蛋白质组学、代谢组学构成了所谓的系统生物学。系统生物学是研究一个生物系统中所有组成成分（基因、mRNA、蛋白质等）的构成，以及在特定条件下这些组分间相互关系的学科。系统生物学不同于以往的实验生物学（仅关心个别的基因和蛋白质），它要研究所有的基因、所有的蛋白质、组分间的所有相互关系。其研究目标：对于某一生物系统，建立一个理想的模型，使其理论预测能够反映出生物系统的真实性。在系统生物学中，灵魂是整合，基础是信息，钥匙是干涉[1]。

因此，代谢组学作为系统生物学的一部分，作为基因组、转录组和蛋白组的“终端”，着眼于把研究对象作为一个整体来观察和分析，因此也被称为“整体的系统生物学”。曾有人还这样形容“代谢组学”的这种整体性的研究策略：其研究策略有点类似于通过分析发动机的尾气成分，来研究发动机的运行规律和故障诊断等的“反向工程学”的技术思路。

2　代谢组学的研究方法和策略

由表1可知，代谢组学的研究过程具体包括研究目标的确立、样品的制备、代谢物的分离检测与鉴定、数据前处理、多元变量统计分析、深度数据的挖掘等主要几部分[12,13]。

表1　　代谢组学的研究过程与方法

研究过程	研究方法	
研究对象	单个细胞或细胞类型中所有的小分子成分和波动规律	对生物体液和组织进行系统测量和分析，研究完整的生物体中代谢物随时间改变的情况，确定生物标志物
样品制备	根据不同的分析方法采取不同的样品制备方法	
代谢产物分离、检测与鉴定	NMR、GC－MS、LC－MS、CE－MS、EEM、IR等	
数据前处理	平滑、滤噪、归一化、信息峰的提取、识别等	
多元变量统计分析	非监督学习方法（PCA、HCA等）、有监督学习方法（PLS－DA、OPLS－DA等）、数据库及专家系统	
深度数据的挖掘	代谢通路分析、关联分析等	

即进行代谢组分析，在确立研究目标后就需要进行样品的提取。对于组织和细胞培养液，水相和有机相代谢物可以很容易地被提取。实际上，不论各种代谢物在体内参与何种代谢过程，通过相应抽提程序，所有的胞浆以及膜代谢物均会被提取出来。然而，由于样品制备过程的不一致性会导致结果重复性较差，为最大限度减小操作对代谢组数据产出的影响，我们应严格遵循一套标准的提取程序（Standard Operating Protocols，SOPs）；其次，代谢组学用于分离、检测与鉴定最常用的光谱分析平台是核磁共振NMR，另外还包括GC－MS、LC－MS、荧光EEM、傅里叶变换红外FT－IR、直接输注大气压电离化质谱DIMS等技术平台[2]。

在利用以上分析平台得到了大量的数据之后，由于我们的样品可能多达几十个、几百个、上千个，而且，前面也提到过，代谢组学整体性的思想不同于传统以往的实验生物学，即仅关心个别的物质。因此，数据的稳定性与有效性就显得至关重要。在进行数据分析与模型的建立之前必须对原始数据进行噪声的去除、基线的校正、卷积、归一化等前处理[14]；进行了数据的前处理之后，就要对我们的数据进行分析和挖掘了。

常用的数据分析和模型建立的方法分为两大类：非监督的模式识别方法和有监督的模式识别方法[13]。非监督的模式识别方法，即利用获取的样本信息，对样本进行归类，并采用相应的可视化技术直观的表达出来，不需要有关样品分类的任何背景信息。该方法将得到的分类信息和这些样本的原始信息（如疾病的种）进行比较，建立代谢产物与这些原始信息的联系，筛选与原始信息相关的标志物，进而考察其中的代谢途径。常用的非监督学习方法，如主成分分析（Principal components analysis，PCA）、非线性映射（Nonlinear mapping，NLM）、簇类分析（Hierarchical cluster analysis，HCA）等；有监督的模式识别方法，即利用一组已知分类的样本作为训练集，让计算机对其进行学习，获取分类的基本模型，进而可以利用这种模型对另一组分类未知的样本进行类别识别。常用的有监督学习方法，如偏最小二乘判别分析（Partial least squares - discriminant analysis，PLS - DA）、正交偏最小二乘判别分析（Orthogonal partial least squares - discriminant analysis，OPLS - DA），以及神经网络（Neural network，NN）的改进方法，如：SIMCA（Soft independent modeling of class analogy）等。另外，作为非线性的模式识别方法，人工神经元网络（Artificial neural network，ANN）技术也正在得到广泛的应用。

Fiehn 曾把代谢组学的研究策略主要分为五大层次（表 2）[2]：

表 2　　代谢组学研究策略的五大层次

研究策略	定义
代谢物组（Metabolome）或代谢物组学（Metabolomics）	代谢物组为生物机体在一定生化和环境条件下的所有代谢物组分；代谢物组学的目标是通过整体分析方法对全部的这些小分子代谢物进行无偏差的定量测定
代谢谱分析（Metabolic profiling）	采用针对性的分析技术，对特定代谢过程中的结构或性质相关的预设代谢物系列进行定量或半定量测定（有时含转化途径分析）
代谢指纹分析（Metabolic fingerprinting）	对样品进行整体性定性分析，比较谱图差异对样品进行快速鉴别和分类，而不分析或测量具体组分
代谢物靶分析（Metabolite target analysis）	对生物样品中的一个或数个特定代谢物进行有选择的定性或定量测定
代谢组（Metabonome）或代谢组学（Metabonomics）	代谢组指生物体对体系内、外因素作出动态应答的所有代谢物分子集合；代谢组学定义为对生命体系因环境刺激、病理生理扰动或基因改变等引起的体现为所有代谢物动态应答的系统性度量

另外，其他还包括代谢足印（Metabolic footprinting）或胞外代谢物组（Exo - metabolome），即对分泌到胞外媒介中的代谢物进行整体性定性分析，可作为对代谢指纹分析的补充；代谢通量组（Metabolic fluxome），即在功能表型研究中，从代谢工程学角度，对复杂生物代谢网络的代谢物流量进行数学动态模拟、计算和定量分析。

3　代谢组学在酒中的应用

2008 年，Nature 中首次出现了“Wine - omics 酒组学”这一词汇，而且文章中首次提出将 NMR 与 GC - MS 仪器得到的葡萄酒数据运用代谢组学的思想来进行分析，这为代谢组学在酒中的应用打开了大门[15]。

2009 年，基于靶向性的 NMR 代谢谱图分析策略和多元统计分析（MVA）的平台，

Son H. S. 等人对韩国的永同（Yeongdong）、永川（Yeongcheon）、鸟致院（Chochiwon）三个区域产出的葡萄及葡萄酒的品质进行了评价研究，最终建立了评价生长在这三个地区的葡萄及其葡萄酒品质的模型[16]。

2012 年，基于非靶向性的 LC－MS 代谢指纹分析策略，P. Arapitsas 等人提出了在微氧环境中桑娇维塞（Sangiovese）葡萄酒色素形成的新假说[17]。在该研究中，整个关于代谢组学研究的流程都使用了较为经典的方法。例如，使用了 XCMS online 在线系统将实验得到的 LC－MS 谱图原始数据进行了常规的峰校正、噪声去除等数据预处理之后，在数据分析与模型的建立这一块，文章又联合使用了非监督与监督的模式识别方法：支持向量机 Support Vector Machine（SVM）、主成分分析 PCA 和独立成分分析 Independent component analysis（ICA），最终确定了一些色素和单宁物质被鉴定作为葡萄酒微氧环境中 Markers。另外，本实验还新发现：在初级代谢产物，如精氨酸、色氨酸、脯氨酸和棉籽糖，以及次生代谢产物，如琥珀酸和黄嘌呤一定浓度下，微氧环境中的含氧量和金属含量之间存在密切的相关性。

2013 年，基于非靶向性的 GC－MS 代谢指纹分析策略，Leigh M. Schmidtke 等人分析了不同种类猎人谷（Hunter Valley Semillon HVS）葡萄酒的感官特性组成结构，研究中不断地运用升维、降维的方法，将所有的样品数据整合起来建立 3D 模型，其正是体现代谢组学整体性思想的一个过程。最终，联合 PCA、PLS、PARAFAC 和 MCR－ALS 多元统计的方法实现了真正的代谢组学意义上的定性与定量分析[18]。

代谢组学在酒中的应用已经涉及酒类的各个方面和领域[19－22]。另外，基于其他分析平台的代谢组学在酒类风味化学中成功应用的例子也相继出现，例如傅里叶变换离子回旋共振质谱（FTICR－MS）、超高效液相色谱－串联四极杆飞行时间质谱法（UPLC－Q－ToF－MS）[20,23]等。

4　代谢组学在酒中应用的展望

以上代谢组学在酒中的成功应用不仅证明了代谢组学在酒中应用的可行性，而且使看上去繁多复杂的风味物质化繁为简，种类、数目都由少变多了。总结一下，虽然在代谢组学研究的流程中还存在着很多亟待解决的问题，而且代谢组学在酒中的应用还是一条正在探索的路，但是随着代谢组学在生物学、农业与食品工业、药用研究、疾病的诊断和发病机制的研究等各个领域的渗透与成熟，尤其是 NMR、GC－MS、LC－MS、FID 等在检测与分析酒类风味化学中的广泛应用，将始终是“代谢组学”和“酒类风味化学”连接的纽带。

另外，基于靶向性和非靶向性的代谢组学研究策略，代谢组学的应用也将为酒类风味物质的新发现提供一条快捷便利的通道。总之，随着代谢组学的研究方法和技术的不断进步，其在酒中的应用将更为广泛和深入，必将促进更多有关风味化学问题的解决。

参考文献

[1] Nicholson, Jeremy K., et al. Systems biology: Metabonomics. Nature, 2008, 455

(7216): 1054 – 1056

[2] Ellis David. I., Warwick B. Dunn. Metabolomics: Current analytical platforms and methodologies. Trac Trends in Analytical Chemistry, 2005, 24 (4): 285 – 294

[3] Villas – Boas S. G., S. Mas M. Akesson, et al. Mass spectrometry in metabolome analysis. Mass Spectrom Rev, 2005, 24 (5): 613 – 646

[4] Xiao J. F., B. Zhou, et al. Metabolite identification and quantitation in LC – MS/MS – based metabolomics. Trends Analyt Chem, 2012, 32: 1 – 14

[5] Hu Chunxiu, Guowang Xu. Mass – spectrometry – based metabolomics analysis for foodomics. TrAC Trends in Analytical Chemistry, 2013, 52: 36 – 46

[6] Santos J. P., T. Arroyo, et al. A comparative study of sensor array and GC – MS: application to Madrid wines characterization. Sensors and Actuators B: Chemical, 2004, 102 (2): 299 – 307

[7] Carrillo J. D., M. T. Tena. Determination of volatile oak compounds in aged wines by multiple headspace solid – phase microextraction and gas chromatography – mass spectrometry (MHS – SPME – GC – MS). Anal Bioanal Chem, 2006, 385 (5): 937 – 943

[8] Hong Y. S.. NMR – based metabolomics in wine science. Magn Reson Chem, 2011, 49 Suppl 1: S13 – 21

[9] Koda M., K. Furihata, et al. NMR – based metabolic profiling of rice wines by F (2) – selective total correlation spectra. J Agric Food Chem, 2012, 60 (19): 4818 – 4825

[10] Hayasaka Y.. Analysis of phthalates in wine using liquid chromatography tandem mass spectrometry combined with a hold – back column: Chromatographic strategy to avoid the influence of pre – existing phthalate contamination in a liquid chromatography system. J Chromatogr A, 2014, 1372C: 120 – 127

[11] Holmes E., H. Antti. Chemometric contributions to the evolution of metabonomics: mathematical solutions to characterising and interpreting complex biological NMR spectra. Analyst, 2002, 127 (12): 1549 – 1557

[12] Bedair Mohamed, Lloyd W. Sumner. Current and emerging mass – spectrometry technologies for metabolomics. TrAC Trends in Analytical Chemistry, 2008, 27 (3): 238 – 250

[13] Putri S. P., S. Yamamoto, et al. Current metabolomics: technological advances. J Biosci Bioeng, 2013, 116 (1): 9 – 16

[14] Hendriks, Margriet M. W. B., et al. Data – processing strategies for metabolomics studies. TrAC Trends in Analytical Chemistry, 2011, 30 (10): 1685 – 1698

[15] Wohlgemuth G.. Metabolomics: Wine – omics. Nature, 2008, 455 (7213): 699

[16] Son H. S., Hwang GS, et al. Metabolomic Studies on Geographical Grapes and Their Wines Using 1 H NMR Analysis Coupled with Multivariate Statistics. Journal of Agricultural & Food Chemistry, 2009, 57 (4): 1481 – 1490

[17] Arapitsas P., M. Scholz, et al. A metabolomic approach to the study of wine

micro – oxygenation. PLoS One, 2012, 7 (5): e37783

[18] Schmidtke, Leigh M. , et al. Wine Metabolomics: Objective Measures of Sensory Properties of Semillon from GC – MS Profiles. Journal of Agricultural and Food Chemistry, 2013, 61 (49): 11957 – 11967

[19] Castro C. C. , R. C. Martins, et al. Application of a high – throughput process analytical technology metabolomics pipeline to Port wine forced ageing process. Food Chem, 2014, 143: 384 – 391

[20] Roullier – Gall C, M Witting R. D. Gougeon, et al. High precision mass measurements for wine metabolomics. Frontiers in Chemistry, 2014, 2: 102

[21] Vάzquez – Fresno, Rosa, et al. AnNMR metabolomics approach revealsa combined – biomarkers model ina wineinterventional trial with validation in free – living individuals of the PREDIMED study. Metabolomics, 2014, 11: 1 – 10

[22] Urpi – Sarda, Mireia, et al. Phenolic and microbial – targeted metabolomics to discovering and evaluating wine intake biomarkers in human urine and plasma. Electrophoresis, 2015

[23] Roullier – Gall C. , M. Witting, et al. Integrating analytical resolutions in non – targeted wine metabolomics. Tetrahedron, 2015, 71 (20): 2983 – 2990

白酒中不挥发物质的研究进展

杨会，范文来*，徐岩
教育部工业生物技术重点实验室，江南大学生物工程学院酿造微生物与
应用酶学研究室，江苏　无锡214122

摘　要：白酒是我国传统的蒸馏酒，是世界六大蒸馏酒之一。白酒中1%～2%的微量成分为重要的风味物质，包括挥发性物质和不挥发性物质。挥发性化合物对白酒的香气和口感均有影响。根据国外文献报道，虽然不挥发化合物不呈香气，但是它们对白酒的口感有影响。因此，研究白酒中不挥发物质的种类，探究它们对白酒口感的影响，对全面了解白酒以及白酒质量的控制具有重要意义。本文综述了国内外中国白酒不挥发物质的研究进展，并比较了国外蒸馏酒中的不挥发物质的种类。

关键词：白酒，蒸馏酒，不挥发化合物

Advance in non - volatile compounds of Chinese Spirits

Yang Hui, Fan Wenlai*, Xu Yan
Key Laboratory of Industrial Biotechnology, Ministry of Education, Laboratory of Brewing
Microbiology and Applied Enzymology, School of Biotechnology,
Jiangnan University, Wuxi 214122, China

Abstract: Chinese spirits, as a traditional distilled liquor, is one of the six famous distilled spirits in the world. Trace components which occupies 1% ~2% of the liquor is consist of volatile and non - volatile substances. And these compounds affect on the aroma and flavor and quality of Chinese liquor. According to foreign papers, we speculate that non - volatile compounds have impacts on the taste and mouthfeel of liquor, althrough they are odorless. Therefore, it is of great importance for a more comprehensive understanding of white

作者简介：杨会（1990—），女，硕士研究生，研究方向为白酒风味，E - mail：yanghui_english@163. com。

*责任作者：范文来（1966—），男，硕士研究员，研究方向为酿酒工程与发酵工程，E - mail：Wenlai. Fan@163. com。

基金项目：国家高技术研究发展计划（863计划，2013AA102108）。

wine and liquor quality control by researching types of non - volatile compounds in *Baijiu*, and exploring their influence on the taste of liquor. The research progress of non - volatile compounds of Chinese spirits, and comparison of types of non - volatile compounds in foreign distilled spirits were introduced in this review.

Key words: Chinese spirits, distilled spirits, non - volatile compounds

白酒是我国传统的蒸馏酒，它是世界六大蒸馏酒之一[1]。白酒中98% ~99% 的成分是水和乙醇，只有少量的仅1% ~2% 的成分为微量有机化合物，而正是这些微量成分，对白酒的香气、口感具有重要的影响。这些微量成分的种类和量比关系构成了白酒独特的香型和风格。香气分子和不挥发物质的相互作用可能会影响香气的释放以及最终的鼻前（orthonasal）和鼻后（retronasal）的香气感知[2]。

白酒中的微量成分可分为挥发性物质和不挥发性物质两大类。挥发性的化合物，是指在室温下具有高蒸气压的物质，它们沸点低，因此会引起液态或者固态基质中大量的分子蒸发或者升华到周围空气中。这些化合物对白酒的香气和口感均有重要影响。自20 世纪60 年代全国大规模的白酒试点研究以来，国内对于白酒的研究大都集中于白酒中的挥发性化合物，茅台酒中已经鉴定出528 种化合物[3]，清香型白酒检测出703 种化合物，确定了366 种化合物的结构[4]。范文来等[5,6]应用HS - SPME 顶空固相微萃取结合AEDA 香味提取物稀释技术以及GC - O 结合GC - MS 技术，在浓香型白酒中检测到126 种挥发性化合物，并对其进行了定性和香气描述。柳军等[7]利用GC - MS、GC - O 技术在兼香型白酒中检测并定性了90 种香气物质。范海燕等[8]在豉香型白酒中检测到64 种香气化合物。

不挥发化合物是指那些不能从液体或固体基质中蒸发或者升华到空气中的部分，无气味的味觉组分[9]；虽然它们不呈香气，但是会对白酒的口感有影响，Breslin[10]认为正是不挥发物质所具有的特色（general thrust）让我们分辨和欣赏食物，是否使人愉悦，是甜的还是苦的，并指出不挥发物质对葡萄酒的味觉（taste）和触感（tactile sensations）具有重要影响。因此，研究白酒中不挥发物质的种类，探究它们对白酒口感的影响，对更加全面地了解白酒以及白酒质量的控制具有重要意义。

相比白酒中挥发性物质的研究，白酒中非挥发性物质的研究文献较少。本论文白酒中的不挥发性化合物分为不挥发的有机酸、不挥发性酯、氨基酸、多羟基化合物四类进行回顾。

1　不挥发性有机酸

不挥发酸，也称为固定酸（fixed acids），是一类沸点较高的酸。饮料酒中不挥发有机酸，主要包括短链脂肪族羧酸，如乳酸、草酰乙酸、琥珀酸、苹果酸、柠檬酸、异柠檬酸、富马酸、α - 酮戊二酸、马来酸、酒石酸，以及长链脂肪酸，主要包括C12 以上的直链饱和脂肪酸和不饱和脂肪酸（十六烯酸、油酸、亚油酸、亚麻酸等）。

1.1 短链脂肪酸

短链脂肪酸有草酰乙酸、柠檬酸、异柠檬酸、富马酸、α－酮戊二酸、苹果酸、琥珀酸为三羧酸循环（TCA）中的重要有机酸，可能来自于糖类、氨基酸或者脂肪酸这些前体的代谢分解。白酒中已经检测到的有乳酸、柠檬酸、酒石酸、苹果酸、葡萄糖酸、琥珀酸[11－14]。

白酒中研究最早和频次最高的不挥发性有机酸是乳酸。乳酸一般是无色透明的黏稠体，吸水性较强，可与乙醇、乙醚自由混合，不溶于氯仿；乳酸具有 D－、L－和 DL－三种构型，其中 D－型和 L－型虽然两者在光学结构上有些差异，但是它们的理化性质并无差别，呈酸味的强度是相同的[15]。相比苹果酸的酸和涩（astringent），乳酸具有较为平滑的口感（smoother flavour）[16]。乳酸能直接参与人体代谢。在白酒发酵过程中，乳酸主要由乳酸菌产生，酵母菌和霉菌也会产生少量乳酸，具体代谢途径为无氧条件下，丙酮酸或者葡萄糖代谢产生乳酸。在发酵过程中乳酸对杂菌具有一定的抑制作用，且乳酸的杀菌能力强于柠檬酸、酒石酸和琥珀酸[15]。研究表明，白酒中乳酸含量比较高，且豉香型＜浓香型＜清香型汾酒＜酱香型（表 1），酱香个别酒样中的含量甚至超过了 1000mg/L[17－21]。

表 1　　蒸馏酒中不挥发性有机酸含量　　单位：mg/L

	白酒	白兰地	威士忌	巴西甘蔗酒
乳酸	豉香型 70.7～220.45， 浓香型 167.4～523.6， 清香型汾酒 340.9～905.6， 酱香型＞500[17－21]	44.7[22－24]	18.14**[25]	10.2～164.8[23，26]
琥珀酸	1.93～15.08[27]	5.9[22－24]	11.80**[25]	nq
富马酸	nq	2.2[22－24]	nq	nq
苹果酸	nq	15.7[22－24]	2.33**[25]	nq
酒石酸	nq	66.5[22－24]	5.50**[25]	nq
柠檬酸	0～1.099*[27]	17.2[22－24]	nq	nq
十二酸	1.16～5.13[27]	2.65～10.6[22－24]	2.28～45.5[23]	2.13～22.5[23，26]
十三酸	100～200μg/L[28]	nd	nd	nd
十四酸	0.7～2.5[28]	2.14～5.68[22－24]	2.14～8.63[23]	1.30～15.1[23，26]
十五酸	70～500μg/L[28]	nd	nd	nd
十六酸	3.1～23.5[28]	1.56～4.68[22－24]	1.47～12.2[23]	1.04～70.1[23，26]
油酸	1.0～5.6[28]	nq	nq	nq
亚油酸	1.5～10.8[28]	nq	nq	nq
硬脂酸	10～500μg/L[28]	1.22**[25]	5.26**[25]	nq

注：*表示半定量；**表示归一化峰面积比（%）；nq 表示未定量；nd 表示未检测到。

1.2 长链脂肪酸

除了不挥发的短链脂肪族羧酸外，还检测到月桂酸（十二酸）、十三酸、肉豆蔻酸（十四酸）、十五酸、棕榈酸（十六酸）、棕榈油酸（9－十六碳烯酸）、十七酸、硬脂酸（十八酸），油酸（9－十八碳烯酸）、亚油酸（9，12－十八碳二烯酸）共10种不挥发长链有机酸[27-30]，而且，胡国栋等[28]对茅台、五粮液、古井贡、剑南春、四特酒以及景芝六种白酒中有机酸的进行定量，结果表明奇数碳脂肪酸在白酒中的总量远低于偶数碳脂肪酸在白酒中的总量（表1），自然界天然存在的酿酒原料及微生物细胞组成中均以偶数碳的脂肪酸为主体，因此白酒中偶数碳组分占绝对优势不足为怪[31]。

相比其他长链有机酸，棕榈酸、油酸、亚油酸在白酒中的含量较高（表1）。

在葡萄酒中，不挥发酸控制酒的pH。葡萄中酒石酸和苹果酸占据不挥发酸的90%。琥珀酸具有咸味以及苦味；丙酮酸可以稳定葡萄酒的颜色[32, 33]。国外蒸馏酒中含有乳酸、柠檬酸、马来酸、苹果酸、琥珀酸、酒石酸、十二酸、十四酸、十六酸和十八酸。国外蒸馏酒中乳酸含量同样相对较高（表1）。

有机酸常用的检测方法有HPLC法、GC－MS法、毛细管电泳法、离子色谱法、分光光度法和酶法[14, 34-36]。分光光度法冗长费时，不能同时检测到多种有机酸。酶法虽然对于L型和D型的异构体的分离具有专一性，但是该法比较费时，一次仅能检测一种有机酸[37]。电泳法具有高分辨力，简便，自动化，分析时间短，试剂与样品的消耗少，样品预处理简单等优点，逐步取代了高效液相色谱法。近期衍生化的方法日渐进入大家的视线，使用MTBSTFA衍生结合GC－MS法，检测到琥珀酸、富马酸、苹果酸、柠檬酸、奎宁酸（quinic acid），棕榈酸、油酸、硬脂酸、氨基丁酸9种有机酸以及4种氨基酸和六种糖[38]。

2 不挥发的酯类

不挥发的酯主要是长链酯。长链酯是指C14以上的脂肪酸对应的甲酯、乙酯、丙酯等。在白酒中已经检测到十四酸乙酯、十五酸乙酯、十六酸甲酯、棕榈酸乙酯、9－十六烯酸乙酯、十七酸乙酯、硬脂酸乙酯（十八酸乙酯）、油酸乙酯（9－十八碳烯酸乙酯）、亚油酸乙酯（9，12－十八碳二烯酸乙酯）、亚麻酸乙酯（9，12，15－十八碳三烯酸乙酯）等。各种香型白酒中十四酸乙酯0.18～21mg/L，十六酸乙酯13～161.55mg/L，硬脂酸乙酯0～8.18mg/L，油酸乙酯6～43mg/L，亚油酸乙酯11～53mg/L[31, 39-42]。偶数碳的长链脂肪酸酯在白酒中最为常见，因此易检测。随着碳链的增加，沸点上升，挥发性下降。由于酸是酯的前驱物，因此白酒中不挥发有机酸和不挥发酯类一般是成对出现。

在国外蒸馏酒白兰地中检测到的长链酯有十四酸乙酯、十五酸乙酯、十六酸甲酯、十六酸乙酯、十八酸乙酯、油酸乙酯、亚油酸乙酯和亚麻酸乙酯[43, 44]。其中十四酸乙酯0.42～1.69mg/L，十六酸乙酯0.39～1.48mg/L[45]。

3 氨基酸

氨基酸类物质同样属于不挥发物质的行列。张庄英等[46]运用柱前衍生高效液相色谱紫外检测器定量分析白酒中游离氨基酸，共检测到原酒中18种游离氨基酸，分别是谷氨酸、天冬氨酸、瓜氨酸、苏氨酸、甘氨酸、精氨酸、丝氨酸、蛋氨酸、亮氨酸、脯氨酸、异亮氨酸、丙氨酸、酪氨酸、半胱氨酸、缬氨酸、组氨酸、苯丙氨酸和赖氨酸。不同香型的成品酒游离氨基酸：酱香型氨基酸种类最多（检测到18种），其次是浓香型成品酒（16种），豉香型氨基酸种类最少（仅12种）。原酒中氨基酸总量为15.50~31.81mg/L，而成品酒中氨基酸总量为16.24~28.57mg/L。

在葡萄酒中氨基酸的研究过程中，大量的氨基酸虽然具有甜味，但是对于葡萄酒的口感产生感知贡献的可能性并不大[32]。

国外威士忌、甘蔗酒中含有20种氨基酸（天冬氨酸、谷氨酸、天冬酰胺、丝氨酸、谷氨酰胺、组氨酸、甘氨酸、苏氨酸、丙氨酸、精氨酸、脯氨酸、酪氨酸、甲硫氨酸、色氨酸、缬氨酸、苯丙氨酸、异亮氨酸、亮氨酸、赖氨酸和半胱氨酸），朗姆酒含有除蛋氨酸、色氨酸、亮氨酸和异亮氨酸之外的16种氨基酸，各种氨基酸浓度大都在1mg/L左右[47]。

国内外蒸馏酒中氨基酸含量比较，见表2。

表2　　国内外蒸馏酒氨基酸含量

	加糖甘蔗酒	不加糖甘蔗酒	威士忌	朗姆酒	白酒原酒	白酒成品酒
天冬氨酸*	0~1.69	0~2.16	0~2.03	0.04~1.15	3.17~6.49	5.30~6.74
谷氨酸*	0~0.21	0~0.46	0~0.66	0~0.18	0.66~5.81	0.56~8.23
甘氨酸*	0~0.10	0~0.26	0~0.21	0~0.27	0~3.67	1.47~2.14
苏氨酸*	0~1.17	nd	0~1.72	0~0.71	2.30~4.62	2.25~4.66
瓜氨酸*	nd	nd	nd	nd	1.96~3.65	1.79~2.99
天冬酰胺	0~163	0~2340	0~119	0~333	nd	nd
丝氨酸	0~372	0~1430	0~2940	0~1690	0.36~377.92	9.03~128
谷氨酰胺	0~172	0~2240	0~145	0~492	nd	nd
组氨酸	0~132	0~1540	0~420	0~196	0~657.81	0~2.88
丙氨酸	0~133	0~822	0~2270	0~834	4.22~348.37	80.20~824.40
精氨酸	0~125	0~282	0~373	0~179	1.41~909.17	274.31~533.01
酪氨酸	0~210	0~0622	0~1390	0~328	0~184.62	0~650.81
蛋氨酸	0~110	0~817	0~653	nd	5.02~129.45	5.70~675.17
色氨酸	0~81	0~249	0~058	nd	nd	nd
缬氨酸	0~84	0~12	0~265	0~50	0~994.70	0~986.53
苯丙氨酸	0~44	0~56	0~168	0~184	0~290.81	0~674.58

续表

	加糖甘蔗酒	不加糖甘蔗酒	威士忌	朗姆酒	白酒原酒	白酒成品酒
异亮氨酸	0~200	0~231	0~319	nd	0~947.01	80.20~824.40
亮氨酸	0~850	0~115	0~600	nd	2.95~590.49	71.34~838.41
赖氨酸	0~360	0~31	0~1790	0~1880	0~388.94	0~673.58
半胱氨酸	0~5	0~8	0~5	4~10	0~489.94	0~541.84
脯氨酸	0~1800	0~60	0~270	0~1210	0~942.27	178.27~343.34

注：* 表示该氨基酸含量的单位为 mg/L，其余种氨基酸含量的单位为 μg/L；nd 表示未检测到。

氨基酸的检测主要有柱前衍生高效液相色谱法、柱后衍生高效阳离子交换色谱法、毛细管电泳法、离子色谱法以及衍生化结合气相色谱法[38,46,48]。

4 多羟基化合物

白酒中的多羟基化合物主要包括甘油、糖和糖醇类。

饮料酒中的糖主要包括葡萄糖、阿拉伯糖、岩藻糖、鼠李糖、木糖、果糖、半乳糖、海藻糖、核糖、脱氧核糖等。糖醇包括赤藓糖醇、阿拉伯醇、山梨醇、半乳糖醇、甘露醇、木糖醇、麦芽糖醇、肌醇等。国外有报道称糖的浓度会增加香气物质的挥发性[33]。在葡萄酒中，糖的甜味会因为乙醇[49-51]和甘油[52]的存在而增强。糖类和甘油赋予葡萄酒致密、黏稠的感觉。对于甜葡萄酒，酒体与糖的含量有关，对于干红葡萄酒来说，酒体与一些不挥发的多糖和甘油有关[32]。一些多羟基化合物的甜度见表 3。目前在白酒中已经检测到丙三醇、赤藓糖醇、阿拉伯糖醇、山梨醇、半乳糖醇、甘露醇、木糖醇、麦芽糖醇、葡萄糖、甘露糖、果糖、木糖等 12 种多羟基化合物。但含量均比较低，都处于 μg/L 级别，其中丙三醇含量稍高，达到 133.05~742.54μg/L，半乳糖醇 85.36μg/L，其他糖醇含量均在 50μg/L 以下[27,54,55]。虽然在白酒中同时检测到半乳糖、脱氧核糖、核糖[27]，但是并没有进行标准品的验证。

表 3　一些多羟基化合物的甜度（相对于蔗糖的甜度）[53]

化合物	相对甜度
D-果糖	114
D-葡萄糖	69
蔗糖	100
α，α-海藻糖	45
木糖醇	100
山梨醇	55
甘露醇	50

白酒中研究较早与较多的多羟基化合物是甘油。甘油，又称丙三醇，无臭，味甜，高黏度。甘油是酵母菌酒精发酵的主要产物，在葡萄酒中，甘油产生于发酵初期，会影响葡萄酒口感的丰富性。白酒中丙三醇的含量达到133.05～742.54μg/L[54]，国外葡萄酒中甘油也很丰富，达到4～15mg/L[33, 56－58]。比中国白酒中甘油的含量高出一个数量级。

除丙三醇以外，对糖醇中的丁四醇类、戊五醇类、己六醇类研究也较多。然而除了大家所熟知的丙三醇可称之为甘油以外，将丁四醇称为赤藓醇[59, 60]、戊五醇称为阿拉伯醇[59]、己六醇称为甘露醇[61, 62]都不严谨。

丁四醇类，指含有四个碳且每个碳原子各连一个羟基的一类多元醇，主要包括赤藓醇，苏糖醇。赤藓醇，对应的英文是 *meso*－erythritol，为内消旋构型微甜，甜度是蔗糖的60%～70%，有清凉感，可由酵母菌发酵葡萄糖产生[63]。白酒中赤藓醇的含量为33.34～50μg/L[17, 55]。赤藓醇在不同类型葡萄酒中的含量范围为22～325mg/L[53]。而苏糖醇是手性构型[63]。在白酒中暂未检测到苏糖醇。

戊五醇类，指含有五个碳且每个碳原子各连一个羟基的一类多元醇，具有两种存在形式：直链和环状。直链的包括木糖醇、核糖醇、阿拉伯糖醇[64, 65]，环状的戊五醇指1，2，3，4，5－Cyclopentanepentol。五元醇在自然界并不常见。木糖醇和蔗糖的甜度差不多，可由酵母菌、细菌和真菌发酵而来。白酒中木糖醇含量为6.53μg/L，阿拉伯糖醇含量为20～39.26μg/L[17, 55]。在白酒中暂时未检测到核糖醇以及1，2，3，4，5－Cyclopentanepentol。核糖醇、阿拉伯糖醇、木糖醇在不同类型葡萄酒中的含量范围分别为3～140mg/L、8～266mg/L、15～149mg/L[53]。

己六醇类，指含有六个碳原子，每个碳原子各连一个羟基的一类多元醇，具有直链和环状两种形式，直链的包括甘露醇、山梨醇[66]，环状的己六醇又称环己六醇。山梨醇和甘露醇是手性异构体，两种醇类物质的二号碳原子上羟基朝向不同，甘露醇的溶解度低于山梨醇的溶解度[67]。甘露醇是营养甜味剂，无臭、具有清凉的甜味、无毒、甜度是蔗糖的一半。在葡萄酒中会出现由一些细菌引起的甘露醇腐败酒（也被称为甘露醇病），在某些情况下，这些细菌会产生黏稠度和带来不悦的酯香和微甜味[56]。酵母和乳酸菌均可以产生甘露醇，是果糖代谢终产物。山梨醇，无臭、可以产生清凉的甜味、甜度是蔗糖的一半。由葡萄糖转化而来[67]。在白酒中虽然检测到了甘露醇和山梨醇，但是由于它们的含量极低，并没有确定的定量结果。国外葡萄酒中同样存在己六醇，山梨醇、甘露醇在不同类型的葡萄酒中的含量范围分别为4～237mg/L、31～731mg/L。环己六醇又称肌醇、肌糖、纤维醇，对热、酸和碱稳定，很难发酵[53]。甜度是蔗糖的一半。在葡萄酒中有三种存在形式，*Myo*－inositol、*Scyllo*－inositol、*Chiro*－inosito，结构如图1所示。*Myo*－inositol、*Scyllo*－inositol、*Chiro*－inosito在不同类型葡萄酒中的含量范围分别为79～1044mg/L、10～143mg/L、2～20mg/L[53]。

国外蒸馏酒中检测到的多羟基化合物有甘油、葡萄糖、半乳糖、木糖、阿拉伯糖、核糖、岩藻糖、鼠李糖、阿拉伯糖醇、赤藓糖醇、甘露醇、肌醇、山梨糖醇、核糖醇以及D－葡萄糖醛酸和D－半乳糖醛酸[32, 33, 68]。葡萄酒在橡木桶储存过程中，由于橡

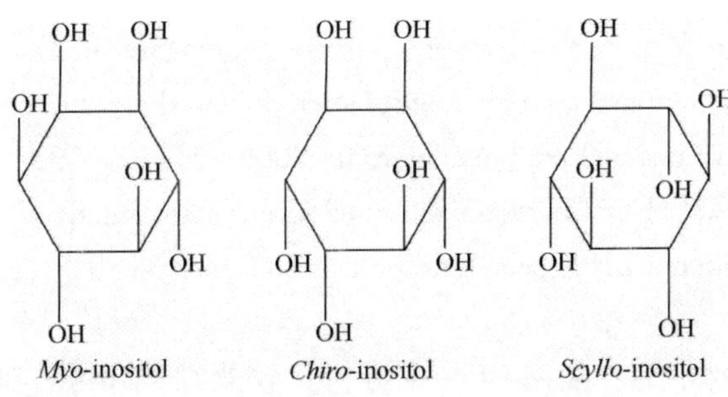

图 1 不同肌醇的结构

木中糖苷的分解，糖的含量会增加[33]。

对于多羟基化合物的检测，有 GC、HPLC、毛细管电泳法（CE）、离子色谱法等[69-72]，这些色谱方法与不同的检测器联用，如 GC 谱结合火焰离子检测器（FID）、质谱（MS）；HPLC 结合折光指数检测器（RI）、脉冲安培检测器（PAD）、蒸发光散检测器（ELSD）以及质谱（MS），再配合使用合适的柱子，可完成糖类物质的分离、检测和定量。

5 结语

国内对于白酒中不挥发物质的研究比较杂乱，并没有进行系统的、专门的研究和分析，同时对于白酒中短链脂肪酸和多羟基化合物的研究很少，也因此限制了我们对白酒整体的、全面的认识和了解。白酒和谐的香气和口感离不开白酒中挥发性物质和不挥发物质的相互作用，不挥发物质离开挥发性物质的存在，不能发挥完全的功能；缺少不挥发物质，酒体有失谐调。研究白酒为中国传统的蒸馏酒，凝聚了中华民族的智慧和文化，代表着中国的酒文化。因此，研究白酒中的不挥发物质的种类以及它们在白酒中的含量，探究它们对白酒口感的影响，实现白酒口感重组，对全面了解和把握白酒、弘扬中国酒文化具有重要意义。

参考文献

[1] 沈怡方. 白酒生产技术全书［M］. 北京：中国轻工业出版社，1998

[2] Rodriguez - Bencomo J J, Munoz - Gonzalez C, et al. Assessment of the effect of the non - volatile wine matrix on the volatility of typical wine aroma compounds by headspace solid phase microextraction/gas chromatography analysis［J］. J Sci Food Agric, 2011, 91 (13): 2484 - 2494

[3] Zhu S, Lu X, et al. Characterization of flavor compounds in Chinese liquor Moutai by comprehensive two - dimensional gas chromatography/time - of - flight mass spectrometry［J］. Anal Chim Acta, 2007, 597 (2): 340 - 348

[4] 徐岩，范文来，等. 风味分析定向中国白酒技术研究的进展［J］. 酿酒科技，

2010，11：73－78

［5］Fan W，Qian M C. Identification of aroma compounds in Chinese ‘Yanghe Daqu’ liquor by normal phase chromatography fractionation followed by gas chromatography ［sol］ olfactometry ［J］. Flavour and Fragrance Journal，2006，21（2）：333－342

［6］FAN W，QIAN M C. Characterization of Aroma Compounds of Chinese “Wuliangye” and “Jiannanchun” Liquors by Aroma Extract Dilution Analysis ［J］. Agriculture and Food Chemistry，2006，54：2695－2704

［7］柳军，范文来，等. 应用GC－O分析比较兼香型和浓香型白酒中的香气化合物［J］. 酿酒，2008，35（3）：103－107

［8］Fan H，Fan W，et al. Characterization of key odorants in Chinese chixiang aroma－type liquor by gas chromatography－olfactometry，quantitative measurements，aroma recombination，and omission studies ［J］. J Agric Food Chem，2015，63（14）：3660－3668

［9］Saenz－Navajas M P，Campo E，et al. Contribution of non－volatile and aroma fractions to in－mouth sensory properties of red wines：wine reconstitution strategies and sensory sorting task ［J］. Anal Chim Acta，2012，732：64－72

［10］Breslin P A S. Human gustation and flavour ［J］. Flavour and Fragrance Journal，2001，16（6）：439－456

［11］周广景. 谈谈白酒中的酸［J］. 山东食品发酵，2005，(01)：47－50

［12］何育明. 论白酒中的不挥发酸［J］. 酿酒科技，2007，(06)：56－58

［13］陶锐. 浅析白酒酒体设计中对酸的认识［J］. 酿酒，2010，(05)：50－52

［14］荆春海，郭兆阳. 白酒中有机酸测定方法综述［J］. 山东轻工业学院学报（自然科学版），2011，(03)：30－33

［15］周恒刚. 关于乳酸与乳酸菌（上）［J］. 酿酒科技，1995，(05)：11－14

［16］Costantini A，García－Moruno E，et al. Biochemical Transformations Produced by Malolactic Fermentation. In：M. Victoria Moreno－Arribas，M. Carmen Polo，editors. Wine Chemistry and Biochemistry：Springer New York；2009. p. 27－57

［17］张五九，何松贵，等. 豉香型白酒风味成分分析研究［J］. 酿酒科技，2010，(12)：58－64

［18］凌希利，张水华. 比色法测定白酒中乳酸含量［J］. 酿酒科技，1983，(02)：19－21

［19］张建林，穆文斌，等. 利用HPLC测定白酒中乳酸的研究［J］. 酿酒，2003，(02)：14－15

［20］程劲松，胡国栋. 填充柱气相色谱法直接进样分析白酒中的乳酸和脂肪酸含量［J］. 酿酒科技，2002，(02)：77－78

［21］邹飞玲，陈周平，等. 单柱离子色谱分析白酒有机酸［J］. 酿酒，1988，(01)：44－49

［22］Guillen D A，Barroso C G，Zorro L，et al. Organic acids analysis in “Brandy de Jerez” ion－exclusion chromatography，“post－column” buffering and conductimetric detection [J]. Analusis, 1998, 26 (4): 186 - 189

[23] do Nascimento R F, Cardoso D R, et al. Determination of acids in Brazilian sugar cane spirits and other alcoholic beverages by HRGC - SPE [J]. Chromatographia, 1998, 48 (11 - 12): 751 - 757

[24] Moreno M V G, Jurado C J, et al. Determination of organic acids by capillary electrophoresis with simultaneous addition of Ca and Mg as complexing agents [J]. Chromatographia, 2003, 57 (3 - 4): 185 - 189

[25] Park Y J, Kim K R, et al. Gas chromatographic organic acid profiling analysis of brandies and whiskeys for pattern recognition analysis [J]. J Agric Food Chem, 1999, 47 (6): 2322 - 2326

[26] Azevedo M S, Pirassol G, et al. Screening and determination of aliphatic organic acids in commercial Brazilian sugarcane spirits employing a new method involving capillary electrophoresis and a semi - permanent adsorbed polymer coating [J]. Food Research International, 2014, 60: 123 - 130

[27] 郑伟. 白酒非挥发性组分研究 [D]. 硕士, 南京理工大学, 2007

[28] 胡国栋, 程劲松, 等. 白酒中游离有机酸的定量测定 [J]. 色谱, 1994, (04): 265 - 267

[29] 范文来, 徐岩, 等. 应用液液萃取与分馏技术定性绵柔型蓝色经典微量挥发性成分 [J]. 酿酒, 2012, (01): 21 - 29

[30] 廖永红, 杨春霞, 等. 气相色谱 - 质谱法分析比较牛栏山牌清香型二锅头酒和浓香型白酒中的香味成分 [J]. 食品科学, 2012, (06): 181 - 185

[31] 胡国栋, 蔡心尧, 等. 四特酒特征香味组分的研究 [J]. 酿酒科技, 1994, (01): 9 - 17

[32] Sáenz - Navajas M - P, Fernández - Zurbano P, et al. Contribution of Nonvolatile Composition to Wine Flavor [J]. Food Reviews International, 2012, 28 (4): 389 - 411

[33] Jackson R S. 6 - Chemical Constituents of Grapes and Wine. In: Ronald S. Jackson, editors. Wine Science (Third Edition): Academic Press; 2008. p. 270 - 331

[34] 毕丽君, 顾振宇. 固相萃取反相 HPLC 分析色酒中有机酸 [J]. 理化检验 - 化学分册, 2000, 36 (4): 163 - 165

[35] Castineira A, Pena R M, et al. Analysis of organic acids in wine by capillary electrophoresis with direct UV detection [J]. Journal of Food Composition and Analysis, 2002, 15 (3): 319 - 331

[36] Mongay C, Pastor A, et al. Determination of carboxylic acids and inorganic anions in wines by ion - exchange chromatography [J]. Journal of Chromatography A, 1996, 736 (1 - 2): 351 - 357

[37] Mato I, Suárez - Luque S, Huidobro J F. A review of the analytical methods to determine organic acids in grape juices and wines [J]. Food Research International, 2005, 38 (10): 1175 - 1188

[38] Hijaz F, Killiny N. Collection and Chemical Composition of Phloem Sap from Citrus sinensis L. Osbeck (Sweet Orange) [J]. Plos One, 2014, 9: 7

[39] 朱双良，高传强，等. 梅兰春芝麻香酒的微量成分剖析 [J]. 酿酒科技, 2012, (06): 106-110

[40] 蔡心尧，尹建军，等. 采用FFAP键合柱直接进样测定白酒香味组分的研究 [J]. 酿酒科技, 1994, (01): 18-22

[41] 肖世政. 酱香型习酒·窖藏1988质量成因初探 [J]. 酿酒科技, 2012, (01): 70-73

[42] 周恒刚. 论白酒浑浊物质 [J]. 酿酒科技, 1995, (04): 72-76

[43] Nikicevic N, Velickovic M, et al. The effects of the cherry variety on the chemical and sensorial characteristics of cherry brandy [J]. Journal of the Serbian Chemical Society, 2011, 76 (9): 1219-1228

[44] Ledauphin J, Le Milbeau C, et al. Differences in the Volatile Compositions of French Labeled Brandies (Armagnac, Calvados, Cognac, and Mirabelle) Using GC-MS and PLS-DA [J]. J Agric Food Chem, 2010, 58 (13): 7782-7793

[45] Rodriguez Madrera R, Suarez Valles B. Determination of volatile compounds in cider spirits by gas chromatography with direct injection [J]. J Chromatogr Sci, 2007, 45 (7): 428-434

[46] 张庄英，范文来，等. 不同香型白酒中游离氨基酸比较分析 [J]. 食品工业科技, 2014, 35 (17): 280-288

[47] Aquino F W, Boso L M, et al. Amino acids profile of sugar cane spirit (cachaca), rum, and whisky [J]. Food Chem, 2008, 108 (2): 784-793

[48] Wood P L, Khan M A, et al. Neurochemical analysis of amino acids, polyamines and carboxylic acids: GC-MS quantitation of tBDMS derivatives using ammonia positive chemical ionization [J]. Journal of Chromatography B-Analytical Technologies in the Biomedical and Life Sciences, 2006, 831 (1-2): 313-319

[49] Wilson C W, O' Brien C, et al. The effect of metronidazole on the human taste threshold to alcohol [J]. The British journal of addiction to alcohol and other drugs, 1973, 68 (2): 99-110

[50] Scinska A, Koros E, et al. Bitter and sweet components of ethanol taste in humans [J]. Drug and Alcohol Dependence, 2000, 60 (2): 199-206

[51] Mattes R D, DiMeglio D. Ethanol perception and ingestion [J]. Physiology & Behavior, 2001, 72 (1-2): 217-229

[52] Thorngate J H. The physiology of human sensory response to wine: A review [J]. American Journal of Enology and Viticulture, 1997, 48 (3): 271-279

[53] Sanz M L, Martínez-Castro I. Carbohydrates. In: M. Victoria Moreno-Arribas, M. Carmen Polo, editors. Wine Chemistry and Biochemistry: Springer New York; 2009. p. 231-248

[54] 韩兴林，王勇，等．清香型白酒中多元醇含量的分析研究［J］．酿酒科技，2013，(08)：44－46，49

[55] 宋林林，李净，等．枝江白酒含氮化合物和多元醇的定量分析［J］．酿酒，2015，(03)：42－45

[56] Swiegers J H, Bartowsky E J, et al. Yeast and bacterial modulation of wine aroma and flavour［J］. Australian Journal of Grape and Wine Research, 2005, 11 (2): 139－173

[57] 刘青，刘朝霞，等．葡萄酒中甘油含量的测定及其在品质鉴别中的应用［J］．酿酒科技，2015，(01)：77－81

[58] Navas M J, Jimenez A M. Chemiluminescent methods in alcoholic beverage analysis［J］. J Agric Food Chem, 1999, 47 (1): 183－189

[59] 胡继洋．影响浓香型酒甜味因素的探讨［J］．酿酒科技，2001，(06)：37－39

[60] 尤新．赤藓醇［J］．中国食品添加剂，2000，(03)：4－7

[61] 何燕．甘露醇生产与应用［J］．精细化工原料及中间体，2003，(10)：15－18

[62] 赵磊．甘露醇的工业生产现状与发展［J］．精细化工原料及中间体，2004，(04)：20－23

[63] Jesus A J L, Tome L I N, et al. Conformational study of erythritol and threitol in the gas state by density functional theory calculations［J］. Carbohydr Res, 2005, 340 (2): 283－291

[64] Diogo H P, Pinto S S, et al. Slow molecular mobility in the crystalline and amorphous solid states of pentitols: a study by thermally stimulated depolarisation currents and by differential scanning calorimetry［J］. Carbohydr Res, 2007, 342 (7): 961－969

[65] Sampaio F C, Passos F M L, et al. Xylitol crystallization from culture media fermented by yeasts［J］. Chemical Engineering and Processing: Process Intensification, 2006, 45 (12): 1041－1046

[66] Makinen K K. Sugar alcohol sweeteners as alternatives to sugar with special consideration of xylitol［J］. Med Princ Pract, 2011, 20 (4): 303－320

[67] Wisselink H W, Weusthuis R A, et al. Mannitol production by lactic acid bacteria: a review［J］. International Dairy Journal, 2002, 12 (2－3): 151－161

[68] Blanco D, Muro D, et al. A comparison of pulsed amperometric detection and spectrophotometric detection of carbohydrates in cider brandy by liquid chromatography［J］. Anal Chim Acta, 2004, 517 (1－2): 65－70

[69] 孙洁，李好转，等．芝麻香型白酒酒醅中多元醇分析方法探讨［J］．酿酒科技，2015，(06)：51－53

[70] 梁振，徐瑾，等．啤酒中单糖的衍生化 HPLC－ESI－MS 测定方法研究［J］．分析试验室，2004，(05)：27－30

[71] 葛宝坤，杨爽，等．液相色谱法快速测定葡萄酒中的甘油和糖［J］．食品研

究与开发，2014，35（8）：79－81

［72］柏冬，韩春霞，等．离子色谱法测定大蒜多糖的单糖组成和含量［J］．中国中医药信息杂志，2014，21（10）：74－76

饮料酒中 β-葡萄糖苷酶的研究进展

吕佳慧，范文来*，徐岩

教育部工业生物技术重点实验室，江南大学酿酒科学及酶技术研究中心

酿造微生物与应用酶学研究室，江苏　无锡 214122

摘　要：结合态的风味前体物质，可以通过酸水解和酶水解的方式得以释放，其中 β-葡萄糖苷酶的使用，是调整饮料酒香气并且使某些特殊感官特征得到提升的一个重要手段。氰化物在制曲和酿酒原料中以结合态存在，也是蒸馏酒中 EC 的主要前体。研究 β-葡萄糖苷酶有利于生氰糖苷出发的以氰化物为前体的 EC 形成机制的探究，有利于 EC 消除方法的研究。

关键词：β-葡萄糖苷酶，结合态风味，生氰糖苷

Progress in β - glucosidase for Alcoholic Beverages

Lv Jiahui，Fan Wenlai*，Xu Yan

Lab of Brewing Microbiology and Applied Enzymology，Key Laboratory of Industrial Biotechnology，Ministry of Education，School of Biotechnology，Jiangnan University，Wuxi，Jiangsu，214122

Abstract：Bounded flavor precursors could be released by acid hydrolysis and enzymatic hydrolysis，and β - glucosidase is used to adjust the aromas and make some special sensory characteristics for promotion in alcoholic beverages. Cyanide is a major precursor of distilled spirits in the EC. Research in β - glucosidase contribute to explore the EC formation mechanism and the study is helpful to eliminate the EC.

Key words：β - glucosidase，bound flavor，cyanogentic glycosides

β-葡萄糖苷酶（EC 3. 2. 1. 21），又称 β-D-葡萄糖苷水解酶，首次于 1837 年在

作者简介：吕佳慧（1991—），女，硕士研究生，研究方向：发酵工程，饮料酒品质控制与品质安全。

*责任作者：范文来（1966—），男，研究员，研究方向为饮料酒（白酒、葡萄酒和黄酒）风味、品质控制与品质安全，E-mail：Wenlai. fan@ 163. com。

基金项目：国家高技术研究发展计划（863 计划，2013AA102108）。

苦杏仁中由 Liebig 和 Wohler 发现[1-2]。β-葡萄糖苷酶几乎存在于所有生物体内，是一类能催化芳基糖苷、烷基糖苷、纤维素和纤维低聚糖等糖链末端非还原性的β-D-葡萄糖苷键水解，以释放出糖配体的水解酶[3]。

该酶与糖苷类结合态风味有密切关系，使糖苷键合态变成游离态，释放出游离态风味物质；该酶能水解生氰糖苷，释放氰氢酸。

近年来β-葡萄糖苷酶的研究势头日增，除研究产生微生物外，还扩展到农作物领域，如茶叶、水果、蔬菜等。主要是该酶与萜烯类香气前驱体有密切关系，使糖苷键合态变成游离态，另外该酶能水解野黑樱苷，释放 HCN，对植物体起到一定的抗病虫害作用[4]。因此，有必要回顾一下该酶在酿酒工业中的性能，以期指导我国饮料酒的生产。

1 β-葡萄糖苷酶的基本性质

β-葡萄糖苷酶（β-D-glucosidase，EC3.2.1.21）几乎存在于所有的生物体内，在动物的糖脂和外源性糖苷代谢、防御、细胞壁木质化、细胞壁β-葡聚糖转化、植物激素激活、植物体内风味物质的释放和微生物的生物转化起着重要的重要。根据β-葡萄糖苷酶的氨基酸序列，β-葡萄糖苷酶可以分为糖苷水解酶家族 GH1、GH3、GH5、GH9 和 GH30[3]。

不同来源（即使是同一菌属的不同菌株或同一植物组织）的β-葡萄糖苷酶的相对分子质量从几十 kDa 到几百 kDa 均有报道。已报道的β-葡萄糖苷酶的 pI 大多数都在酸性范围，并且变化不大，一般在 3.5~5.5，但最适 pH 可以超过 7.0，而且酸碱耐受性强。β-葡萄糖苷酶的最适温度在 40~110℃都有分布；一般来说，来自植物的β-葡萄糖苷酶最适温度在 40℃左右，而来自古细菌的β-葡萄糖苷酶其热稳定性和最适温度要高于普通微生物来源的β-葡萄糖苷酶[4]。

β-D-葡萄糖苷酶几乎在所有植物中都有分布，植物来源的内源β-D-葡萄糖苷酶在果汁加工或葡萄酒酿造过程中活性较低。因为它们的最适 pH 在 4.0~6.0，在低 pH 的果汁中，大多数的β-D-葡萄糖苷酶只有 5%~15% 的残余活性[5]。研究显示，来自葡萄浆果的β-D-葡萄糖苷酶活力受到葡萄糖和乙醇的强烈抑制[6]，从而在葡萄酒酿造过程中，发挥的作用十分微小。在葡萄酒制作过程中，葡萄的β-葡萄糖苷酶的活性受到抑制，酿酒酵母和假丝酵母来源的葡萄糖苷酶可以解决这个问题。然而，许多真菌葡萄糖苷酶不起作用，因为酶活受到葡萄糖、果糖、酒精和葡萄酒的低 pH 抑制[7]。

由于来源于植物的β-葡萄糖苷酶活性相对较低，所以大量研究的重点主要集中于微生物，包括好氧及厌氧的细菌、丝状真菌、放线菌、酵母以及藻类等，尤其是原料中的微生物类群更是筛选此酶产生菌的重要来源。目前对β-葡萄糖苷酶产生菌研究较多的是丝状真菌，主要为曲霉属和木霉属。而细菌中研究得较多的主要是芽孢杆菌属[8]。

2 β-葡萄糖苷酶与结合态风味

以往研究大多集中于以游离态形式存在的香气成分上，许多学者的研究证实，来源于原料中的风味物质主要是以结合态的、不挥发性的、无气味的糖苷形式存在与积累于植物中。植物中以结合态存在的风味物质含量为游离态的2~8倍。植物原料中结合态糖苷类风味成分主要是*O*-β-D-糖苷或*O*-双糖苷形式与β-D-吡喃型葡萄糖单元连在一起[9,10]。

目前饮料酒中结合态风味研究以葡萄酒为主，蒸馏酒和发酵酒的研究甚少。依据不同的来源，可以将葡萄酒的香气分为品种香、发酵香和陈酿香[9]。葡萄酒的品种香大部分以结合态、不挥发的形式存在。例如无味的前体物单萜、降异戊二烯与单糖或双糖的结合；以*S*-半胱氨酸形式存在的硫醇、类胡萝卜素、酚酸等。葡萄酒的品种香，大致可以分为五类：单萜类（monoterpenes）、C_{13}-降异戊二烯（C_{13}-norisoprenoids）、甲氧基吡嗪衍生物（methoxypyrazines）、含硫醇的硫化物、C_6及醛酮类化合物。通常，葡萄汁含有的挥发性香气物质较少，不具有品种的典型香气特征，仅有一部分典型成分如里哪醇（linalool）、甲氧基吡嗪（methoxypyrazines）等以游离态形式存在于葡萄或压榨汁中。结合态的香气成分可以通过水解而释放出具有浓郁香气的风味物质，如3-顺-己醇（3-*cis*-hexenol）、β-大马酮（β-damascenone）、4-乙烯基愈创木酚（4-vinylguaiacol）。此外，还有一些无味或挥发性很差的物质，通过酸的作用发生重排而形成具有浓郁香气的物质，如琼瑶浆中的顺-玫瑰醚/反-玫瑰醚（*cis*-/*trans*-rose oxide），陈酿雷司令葡萄酒中的1，1，6-三甲基-1，2-二氢萘（TDN）等[7]。

在葡萄酒的香气结构中，这种结合态香气物质则部分代表了葡萄品种的潜在香气。对葡萄酒的品种香气起重要作用且具强烈气味的成分，如里哪醇、香叶醇（geraniol）、β-大马酮、TDN、乙烯基愈创木酚等，都已经由不同葡萄品种提取的前体水解中得到了鉴定[11-14]。在葡萄与葡萄酒中，单萜、C_{13}降异戊二烯、脂肪醇、苯衍生物（benzene derivatives）等这些挥发性成分也被证实是来源于葡萄，且以糖苷风味前体的形式存在[9]。

来源于葡萄的糖苷类物质的水解分为酸水解与酶水解两类。其中，酸水解在葡萄酒酿造条件下相当缓慢，主要被认为是实现葡萄酒陈酿香的一个途径[9]。酸水解与pH、温度和糖苷配基紧密相关[6]。缓慢的酸水解，可以通过升高温度而加速，但这往往会导致不良风味的产生，甚至发生糖配基的重排而生成不希望出现的风味物质。相反，糖苷酶却能比较温和而迅速地水解风味前体，释放结合态的挥发性成分[15-17]。对于双糖苷类风味前体，酶水解需要经历两步才能最终释放出香气物质[18]（图1）。第一步是在相应的双糖苷酶的作用下，水解去除β-D-芹菜糖（β-D-apiofuranose）、α-L-鼠李糖（α-L-rhamnopyranose）或α-L-阿拉伯糖（α-L-arabinofuranose），形成单糖苷；第二步是在糖苷风味水解酶中的关键酶β-D-葡萄糖单糖苷酶的参与下，彻底水解糖苷而释放出相应的糖配体和配基，而赋予酒体其独特的香气。而对以单糖苷形式存在的风味前体物而言，它的水解则只需要β – D – 葡萄糖苷酶的作用，就能释放出具有香气的挥发性风味物质。可见，无论单双糖苷，在风味前体的整个酶促水解过程中，β – D – 葡萄糖苷酶都起着至关重要的作用[8]。

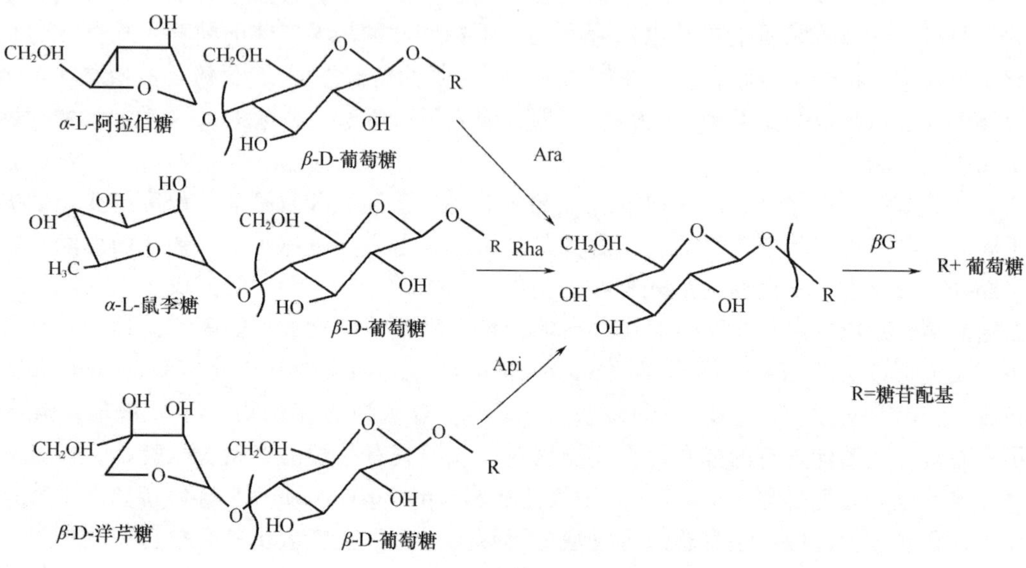

图1　风味前体的酶水解机制[8]

Fig. 1　Mechanism of enzymatic hydrolysis of flavor precursor

Martino[19]利用来源于黑曲酶的经纯化后的β – 葡萄糖苷酶加入到法兰娜（Falanghina）白葡萄酒中，研究其对香气的影响，结果表明经酶处理后使葡萄酒中许多风味物质含量得到了显著增加。酶处理后的葡萄酒果香更加浓郁的原因，源自其萜类物质含量成倍的增加。Palomo 等[20]使用含β – D – 葡萄糖苷的酶制剂对多个葡萄品种（霞多利（Chardonnay）、阿依仑（Airen）、阿比洛（Albillo）和马卡贝奥（Macabeo））中的风味前体物进行水解，研究结果表明，以结合态存在的糖苷类香气物质的含量稍有增加。与对照相比，酶处理后的葡萄酒其感官特征不同，花香、果香、略带甜型、成熟果香的气味更加浓郁。Spagna 等[21]就游离及固定化的酶制剂对葡萄酒中挥发性物质含量的提升作用的探索中发现，多种香气成分得到了极显著增加，对于玫瑰香葡萄酒中橙花醇、香叶醇、香茅醇等萜醇类物质含量的增加效果尤为显著。以霞多丽为试验材料，使用来源于黑曲霉的β – 葡萄糖苷酶合成的酶制剂发酵，发现酶处理后的葡萄酒与原样相比，其感官特征产生了较好的变化，具有较浓郁的花香、果香，还有一些甜型、成熟果香[22]。Takeo 等人[23]报道了蒸过的甘薯中的单萜醇糖苷在烧酒酒醅中是通过酒曲中的糖苷酶水解释放的，并发现单萜醇促进甘薯蒸馏酒的感官特性，并报道了单萜醇糖苷的结构和酒曲中糖苷酶的特性。

β – D – 葡萄糖苷酶的商品酶经常会发生对葡萄酒质量有消极影响的二级反应，快速酸水解也会产生糖苷结构的重组，两者都会形成不悦的风味[24]。不同来源的β – 葡萄糖苷酶的活性和功能是不同的。糖苷配基影响糖苷酶的活性。来源葡萄的外切葡萄糖苷酶和二糖基葡萄糖苷酶有更广泛的底物特异性。糖苷类香气前体化学性质不活泼，在葡萄酒储存条件下水解缓慢。因此外源酶的使用能显著地提升来自糖苷风味[5]。植物和细菌来源的β-葡萄糖苷酶水解一级和二级醇糖苷，而三级醇糖苷由细菌来源的β-葡萄糖苷酶水解[13]。

β-葡萄糖苷酶能水解糖苷类香气前体进而释放出其中的香气成分，是植物中醇系香气形成的关键酶类，现在已有许多研究关于β-葡萄糖苷酶对葡萄酒、茶、饮料等食品的增香效果[25]，因而其在食品的增香中有着极为广泛的应用前景。

3 β-葡萄糖苷酶与生氰机制研究

生氰糖苷，亦称氰苷（cyanogentic glycosides），作为具有防御功能的次生代谢产物，是由氰醇衍生物的羟基和D-葡萄糖缩合形成的糖苷，已在包括蕨类、裸子植物和被子植物在内的2650多种高等植物中发现[26]。在许多蔷薇科植物的种子里首先分离出了苦杏仁苷，在高粱中分离了蜀黍氰苷，亚麻中分离了亚麻苦苷和百脉根苷等。在亚麻籽的壳和仁中，生氰糖苷主要有二糖苷和单糖苷。它们储存于液泡中，当植物组织遭到破坏，如食草动物侵袭或病原体入侵，生氰糖苷与降解酶相接触，释放有毒物质HCN和酮或醛类物质，提供植物一个立即的防御对抗[27]。

生氰糖苷本身不呈现毒性，在正常植物体内生氰糖苷和β-葡萄糖苷酶并不会相遇，当草食动物或病原体损伤生氰植物组织时，组织内的β-葡萄糖苷酶与生氰糖苷相遇，对其进行降解，随后α-羟腈酶降解细胞内的生氰类化合物，生成并释放出有毒的氰化氢以及葡萄糖和醛或酮，即产生化学防御反应[27]（图2）。

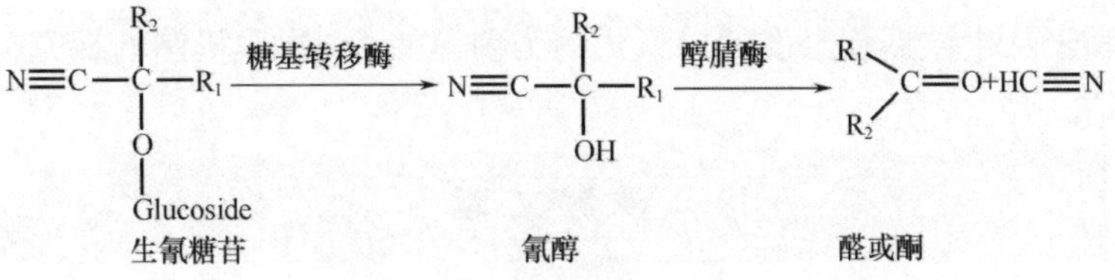

$$N\equiv C-C(R_1)(R_2)-O-\text{Glucoside} \xrightarrow{\text{糖基转移酶}} N\equiv C-C(R_1)(R_2)-OH \xrightarrow{\text{醇腈酶}} R_1R_2C{=}O + HC\equiv N$$

生氰糖苷　　氰醇　　醛或酮

图2　生氰糖苷降解途径[27]

Fig. 2　degradation pathway of cyanogenic glycoside

生氰特性可以描述为生氰潜质（生氰前体的浓度）、β-葡萄糖苷酶活性（存在于植物原料和消费者的消化道中）和生氰能力（每个单元时间氰化物的释放量），这三方面影响着生氰植物的潜在毒性[28]。

由核果生产的白兰地酒，消费者会追求其中的苦杏仁味。由核果产生的风味物质伴随着有害的影响，甚至威胁着身体健康。含生氰糖苷的水果发酵和随着蒸馏酒生产会形成致癌的氨基甲酸乙酯（EC）。李属水果中普遍存在的生氰糖苷（如野黑樱苷和苦杏仁苷）会水解产生氰氢酸和苯甲醛，然而氢氰酸在食物和蒸馏酒中有最高含量限制。先前的研究表明黑果梨和青梅中生氰糖苷在酒精发酵过程中糖苷水解产生氰氢酸[29]。Voldrich等人[30]发现新鲜的水果的糖苷含量和热处理的条件是影响罐装核果中

HCN 含量的决定性因素，在罐装过程中糖苷的酶解是水果产品中 HCN 的主要来源。在核果中的生氰糖苷（如苦杏仁苷）通过酶解（主要是β－葡萄糖苷）形成氰化物，而氰化物是蒸馏酒中 EC 最重要的前体[31]。

如果用甜瓜和酒曲酶生产蒸馏酒，用酒曲β－葡萄糖苷酶水解生氰β－葡萄糖苷（如亚麻苦苷）有意想不到的结果，因为生氰β－葡萄糖苷产生的氰氢酸是蒸馏酒中氨基甲酸乙酯形成的主要前体，有利于去除饮料酒中有害前体[23]。

水解生氰糖苷广泛使用的商品酶有 2 种。一种是苦杏仁酶，它是一种来自杏仁的β－葡萄糖苷酶，广泛使用水解多种生氰糖苷，但是水解有些生氰糖苷时非常缓慢。另一种是蜗牛或蜗牛丙酮粉末，这是一种混合酶（包括β－葡萄糖苷酶、β－葡萄糖醛酸酶、硫酸酯酶、β－D－甘露糖苷酶），是水解生氰糖苷最常使用的一种酶。与这两种酶，其他水解酶具有相对特异性底物的要求，因为内源性酶和混合型酶通常是水解共同存在的生氰化合物最有效的系统，从研究的植物体中分离β－葡萄糖苷酶是有必要的[32]。

4 结语

目前的结合态风味主要集中在葡萄酒上，蒸馏酒和发酵酒的结合态风味研究还是空白。β－葡萄糖苷酶的研究为该酶的进一步纯化以及酶促动力学研究奠定基础，有利于饮料酒中糖苷类结合态风味的探索。香气成分是决定葡萄酒风味、质量与典型性的主要实用价值。研究饮料酒中芳香物质，尤其是以结合态形式存在产物，对饮料酒质量的提升和改良、风格的体现以及酿酒工艺的实施都具有重要的理论与实践意义。且饮料酒中 EC 前体氰化物的研究甚少。氰化物是蒸馏酒中 EC 的主要前体。研究β－葡萄糖苷酶有利于从生氰糖苷出发的以氰化物为前体的 EC 形成机制的探究，有利于消除 EC 方法的研究。

参考文献

[1] Liebig J, Wohler F. The Composition of Bitter Almonds [J] . Annalen, 1837, 22 (1): 1－24

[2] Ketudat Cairns J R, Esen A. beta－Glucosidases [J] . Cell Mol Life Sci, 2010, 67 (20): 3389－405

[3] 潘利华，罗建平 . β－葡萄糖苷酶的研究及应用进展 [J] . 食品科学，2006, 27 (12): 803－806

[4] Pogorzelski E, Wilkowska A. Flavour enhancement through the enzymatic hydrolysis of glycosidic aroma precursors in juices and wine beverages: a review [J] . Flavour and Fragrance Journal, 2007, 22 (4): 251－254

[5] Aryan A P, Wilson B, et al. The Properties of Glycosidases of Vitis vinifera and a Comparison of Their β－Glucosidase Activity with that of Exogenous Enzymes [J]. Am. J. Enol. Vitic, 1987, 38 (3): 182－188

［6］ Sefton M A, Francis I L, et al. The Volatile Composition Of Chardonnay Juices: A Study By Flavour Precursor Analysis ［J］. American Journal of Enology and Viticulture, 1993, 44 (4): 359 - 370

［7］ Berger R G. Flavours and fragrances ［M］. Verlag Berlin Heidelberg: Springer, 2007

［8］ 王玉霞. 阿氏丝孢酵母（Trichosporon asahii）β - 葡萄糖苷酶及葡萄糖苷类风味物质水解机制的研究 ［C］. 江南大学博士毕业论文，2012

［9］ Ribéreau - Gayon P, Glories Y, et al. Handbook of enology, The chemistry of wine, stabilization and treatments ［M］. New York: Wiley, 2006

［10］ Berger R G. Advances in Biochemical Engineering Biotechnology: Biotechnology of Aroma Compounds ［M］. Berlin: Springer, 1997

［11］ Sefton M A, Francis I L, et al. The Volatile Composition Of Chardonnay Juices: A Study By Flavour Precursor Analysis ［J］. American Journal of Enology and Viticulture, 1993, 44 (4): 359 - 370

［12］ Spillman P J, Pollnitz A P, et al. Formation and degradation of furfuryl alcohol, 5 - methylfurfuryl alcohol, vanillyl alcohol, and their ethyl ethers in barrel - aged wines ［J］. Journal of Agricultural and Food Chemistry, 1998, 46 (2): 657 - 663

［13］ Günata Z, Wirth Jérémie L, et al. C13 - Norisoprenoid aglycon composition of leaves and grape berries from Muscat of Alexandria and Shiraz Cultivars ［M］. American Chemical Society, 2001, 255 - 261

［14］ Winter halter P, Skouroumounis G. Glycoconjugated aroma compounds: Occurrence, role and biotechnological transformation ［M］. Springer Berlin/Heidelberg, 1997: 73 - 105

［15］ Cabaroglu T, Selli S, et al. Wine flavor enhancement through the use of exogenous fungal glycosidases ［J］. Enzyme and Microbial Technology, 2003, 33 (5): 581 - 587

［16］ Gunata Z, Vallier M J, et al. Hydrolysis of monoterpenyl - beta - D - glucosides by cloned beta - glucosidases from Bacillus polymyxa ［J］. Enzyme and Microbial Technology, 1996, 18 (4): 286 - 290

［17］ Günata Z, Vallier M, et al. Multiple forms of glycosidases in an enzyme preparation from Aspergillus Niger: Partial characterization of a β - apiosidase ［J］. Enzyme and Microbial Technology, 1997, 21 (1): 39 - 44

［18］ Palmeri R, Spagna G. beta - Glucosidase in cellular and acellular form for winemaking application ［J］. Enzyme and Microbial Technology, 2007, 40 (3): 382 - 389

［19］ Martino A, Schiraldi C, et al. Improvement of the flavour of Falanghina white wine using a purified glycosidase preparation from Aspergillus niger ［J］. Process Biochemistry, 2000, 36 (1 - 2): 93 - 102

［20］ Palomo E S, Hidalgo M, et al. Aroma enhancement in wines from different grape varieties using exogenous glycosidases ［J］. Food Chemistry, 2005, 92 (4): 627 - 635

［21］ Spagna G, Barbagallo R N, et al. A mixture of purified glycosidases from Aspergillus niger for oenological application immobilised by inclusion in chitosan gels ［J］. Enzyme and Microbial Technology, 2002, 30 (1): 80 – 89

［22］ 康文怀, 徐岩, 等. 葡萄酒风味修饰研究进展 ［J］. 食品与生物技术学报, 2009, 28 (4): 1673 – 1689

［23］ Ohta T, Omori T, et al. Identification Of Monoterpene Alcohol Beta – Glucosidases In Sweet – Potatoes And Purification Of A Shiro – Koji Beta – Glucosidase ［J］. Agricultural and Biological Chemistry, 1991, 55 (7): 1811 – 1816

［24］ Williams P, Strauss C, et al. Use of C18 reversed – phase liquid chromatography for the isolation of monoterpene glycosides and norisoprenoid precursors from grape juice and wines ［J］. Journal of Chromatography. 1982, 235: 471 – 480

［25］ 郭慧女. β – 葡萄糖苷酶生产菌的选育及其对葡萄酒中结合态香气的影响 ［C］. 江南大学硕士毕业论文, 2010

［26］ 张岩, 汤定钦, 等. 植物生氰糖苷研究进展 ［J］. Biotechology Bulletin, 2009, (4): 12 – 15

［27］ 柳春梅, 吕鹤书. 生氰糖苷类物质的结构和代谢途径研究进展 ［J］. 天然产物研究与开发, 2014, 2 (26): 294 – 299

［28］ Ballhorn D J, Kautz S, et al. Comparing responses of generalist and specialist herbivores to various cyanogenic plant features ［J］. Entomologia Experimentalis Et Applicata, 2010, 134 (3): 245 – 259

［29］ Balcerek M, Szopa J. Ethanol Biosynthesis and Hydrocyanic Acid Liberation During Fruit Mashes Fermentation ［J］. Czech Journal of Food Sciences, 2012, 30 (2): 144 – 152

［30］ Voldrich M, Kyzlink V. Cyanogenesis In Canned Stone Fruits ［J］. Journal of Food Science, 1992, 57 (1): 161 – 189

［31］ Lachenmeier D. Rapid screening for ethyl carbamate in stone – fruit spirits using FTIR spectroscopy and chemometrics ［J］. Anal Bioanal Chem, 2005, 382 (6): 1407 – 1412

［32］ Brinker A M, Seigler D S. Determination of Cyanide and Cyanogenic Glycosides from Plants ［J］. Plant Toxin Analysis, 1992: 359 – 381

新型米烧酒生产工艺研究及酒糟利用

袁华伟[1]，谭力[2]，陈浩[2]，孙照勇[2]，
张文学[1]，汤岳琴[2]，木田建次[1,2*]
1. 四川大学轻纺与食品学院，四川 成都610065
2. 四川大学建筑与环境学院，四川 成都610065

摘　要：为增加米烧酒的香气，本研究开发了富含己酸乙酯的米烧酒生产工艺。小规模实验表明，在发酵过程中添加己酸菌，可获得含己酸乙酯的米烧酒。己酸菌的最佳添加时间是二次发酵的第一天。己酸菌的添加量对米烧酒中的己酸乙酯生成有明显的影响，添加2%和4%的己酸菌时，烧酒中的己酸乙酯浓度分别为27.3mg/L和47.9mg/L，经日本烧酒厂的品酒小组品评获得最好的感官评价。为减轻环境污染、充分利用烧酒糟，用耐己酸的醋酸菌 *Acetobacter aceti* CICC 21684 对烧酒糟进行醋酸发酵研究，结果表明，在3L发酵罐中，控制搅拌速度600r/min，温度30℃，通气量0.5m^3/（m^3·min），pH 4.0，20h内能完成醋酸发酵，且醋酸浓度达到41.9g/L，回收率为81.9%。

关键词：米烧酒，己酸乙酯，己酸菌，烧酒糟，醋酸发酵

Development of a process for producing novel rice *shochu* and distillation stillage utilization

Yuan Huawei[1], Tan Li[2], Chen Hao[2], Sun Zhaoyong[2],
Zhang Wenxue[1], Tang Yueqin[2], Kenji Kida[1,2*]
1. College of Light Industry, Textile and Food Engineering, Sichuan University
2. College of Architecture and Environment, Sichuan University, Chengdu Sichuan 610065

Abstract: To increase the aroma compounds of rice *shochu*, a process was developed to produce ethyl caproate - rich rice *shochu*. On a laboratory - scale, ethyl caproate was produced by yeast with adding a caproic acid - producing bacterial (CAPB) consortium to the *shochu* production process. Optimal addition time for the CAPB consortium was on the first day of the

---

作者简介：袁华伟，男，博士研究生。研究方向：发酵工程。E - mail：yuanhuawei001@126.com。
*通讯作者：木田建次，男，教授，博导。研究方向：发酵工程、环境生物工程。E - mail：kida@gpo.kumamoto - u.ac.jp。

second – stage fermentation. Addition dosages of CAPB consortium positively affected the formation of ethyl caproate. *Shochu* production with the addition of 2% and 4% CAPB consortium led to ethyl caproate concentrations of 27.3mg/L and 47.9mg/L in *genshu*, respectively, and the *shochu* achieved the best sensory test score by the panellists from Japanese *shochu* breweries. To reduce the environmental pollution and make full use of rice – *shochu* stillage, the stillage was subjected to acetic acid fermentation using *Acetobacter aceti* CICC 21684. Acetic acid fermentation was performed in a 3L fermentor achieved acetic acid concentration of 41.9g/L and yield of 81.9%, respectively, at 600 rpm, temperature 30℃, 0.5 vvm, pH 4.0 for 20 hours.

Key words: rice *shochu*, ethyl caproate, caproic acid – producing bacteria, *shochu* stillage, acetic acid fermentation

烧酒是一种日本传统的蒸馏酒，以大米为生产原料的称为米烧酒[1]。米烧酒的香气成分主要为高级醇类，如异戊醇、异丁醇、正丙醇、乙酸乙酯和乙酸异戊酯[2]。然而，传统的米烧酒的味道通常被认为是清淡的。

己酸乙酯是浓香型白酒的主体香味成分，也是日本清酒中最重要的酯类之一。米烧酒中含适量的己酸乙酯会获得较高的感官评价。有报道称，清酒生产中通过选育高产己酸乙酯的酿酒酵母来增加酒中的己酸乙酯含量，但产生的己酸乙酯量极少[3,4]。

烧酒糟的 COD、BOD 值高，且糖分多、黏性高，不易干燥、浓缩，且不易被过滤。烧酒糟的主要处理方式是甲烷发酵、乳酸发酵、焚烧、肥料化等[5]，但均存在运输成本高、处理成本高等问题。

本研究以日本传统米烧酒生产工艺为基础，在烧酒的发酵过程中添加己酸菌，增加发酵液中的己酸含量，再经酵母菌的酯化作用生成己酸乙酯，提高烧酒中的己酸乙酯的含量。通过己酸菌在发酵过程中添加时间的比较，确定己酸菌的最适添加时间。最后通过己酸菌在发酵过程中添加量的比较，分析生产出的米烧酒香气成分，并经感官评定确定己酸菌的最适添加量。用耐己酸的醋酸菌 CICC 21684（*Acetobacter aceti*）在 3L 发酵罐中发酵烧酒糟，确定醋酸发酵的条件，为烧酒糟的合理利用找到一条出路。

1　材料与方法

1.1　实验菌种

酿酒酵母（*Saccharomyces cerevisiae*）：由日本熊本县工业研究所提供。

米曲霉（*Aspergillus oryzae*）：由四川大学轻纺与食品学院食品生态工程与生物技术研究室提供。

己酸菌群（Caproic acid – producing bacteria consortium, CAPB）：经过定向驯化培养窖泥得到的微生物菌群，保存于四川大学 – 熊本大学环境生物技术研究中心。简称为己酸菌。

醋酸菌 CICC 21684（*Acetobacter aceti*）购于中国工业微生物菌种保藏管理中心。

1.2 主要药品及原辅料

蛋白胨，酵母膏，牛肉膏，北京奥博星生物有限公司；色谱分析用标准品均为色谱纯，天津光复精细化工研究所；其他试剂为分析纯，成都科龙化工试剂厂。

谷之源珍珠米，成都航都粮油有限公司。

1.3 培养基

酒母的制备用米曲汁培养基[6]，己酸菌培养用巴氏培养基[7]。

1.4 仪器和设备

MCV－710ATS 超净工作台，ECLIPSE E200 光学显微镜，CSH－110 恒温恒湿培养箱，TR－2A 恒温水槽浴培养设备，NVC－2200 旋转真空蒸发器，MX－301 型低温高速冷冻离心机，RS－20R 培养箱，BMS03PI 3L 发酵罐，GC353B 气相色谱仪。

1.5 实验方法

1.5.1 米曲的制备方法

米曲的生产过程是在严格控制一定的温度和湿度条件下进行的[8]。前期控制温度为 38℃、相对湿度为 95%。培养 48 h 后，摊开混合均匀再堆积，在 32℃和 95% 相对湿度条件下培养 24h。最后控制温度至 40℃，相对湿度 50%，保持 12h，干燥后得到成品米曲。

1.5.2 酒母制备

新鲜斜面酵母菌种接入 10°Bx 米曲汁。25℃静置培养 3d，每天摇动 1～2 次，得米烧酒发酵的酒母。

1.5.3 己酸菌制备

灭菌后的液体培养基加入乙醇，按 10% 接种量接入种子液，接种后加入 6mL 已灭菌的液体石蜡。在厌氧条件下于 34℃培养 14d，得到己酸菌液。

1.5.4 米烧酒的制备

米烧酒制备的工艺流程如图 1 所示。

取米曲 82.5g 放入 1000mL 三角瓶中，加入 100mL 灭菌水；再加入酒母 1mL，置于 25℃恒温水浴槽中培养 3d，每天摇动一次，进行一次发酵。

取 250g 大米，除杂清洗，浸泡蒸煮，得到熟米。一级发酵完成之后，加入经处理后的熟米，加入 450mL 灭菌水。加入已酸菌液或已酸，在 25℃恒温水浴槽中进行 16d 的主发酵，每天摇动一次，得到发酵成熟醪液。

用真空旋转蒸发器对发酵成熟醪液进行减压蒸馏[1]。真空度控制在 0.1atm 左右，水浴加热温度 65℃，蒸馏烧瓶中的温度控制在 45℃。待馏出液体积达到醪液体积的 40% 即停止蒸馏。馏出液即米烧酒原酒。

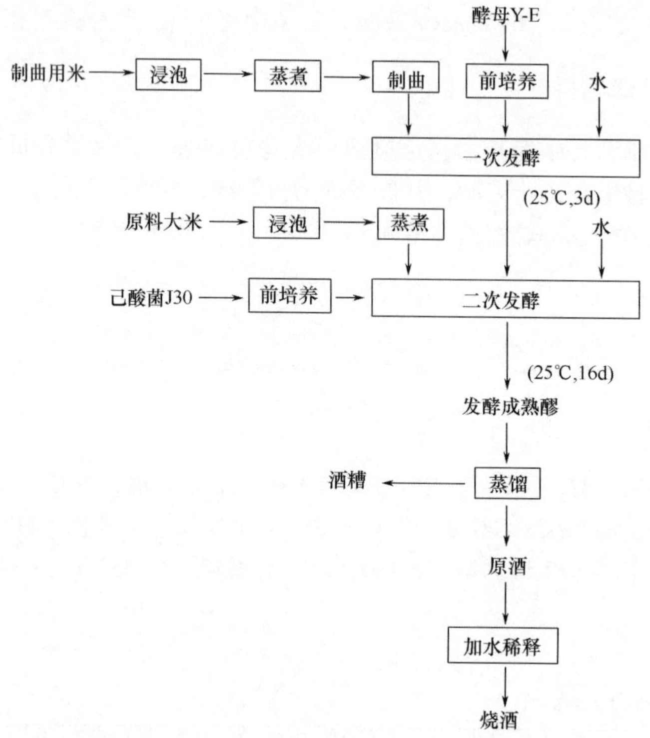

Fig. 1 Flow diagram of rice *shochu* production with addition of consortium of caproic acid bacteria

1.5.5 3L 发酵罐醋酸发酵

3L 的发酵罐加入 1.5L 米烧酒糟，接种培养好的醋酸菌种子培养液 75mL，添加乙醇至培养基中浓度为 5%（体积分数）。培养过程中控制搅拌速度 600r/min，温度 30℃，通气量 0.5m^3/（m^3·min），用 3M 的 NaOH 控制 pH 为 4.0。每隔 1h 用溶氧电极测定发酵液中的 DO 值。每隔 2 小时取样检测发酵液中的乙醇、乙酸浓度。

1.6 分析检测方法

1.6.1 发酵醪中的酵母数

经次甲基蓝染色后用血球板计数法计算发酵醪液中酵母的总数和活细胞数。

1.6.2 乙醇含量的测定方法

用 TC－1 毛细管柱（60m×0.25mm i. d.，0.25μm d. f.；GL Science），以异丙醇为内标。检测条件为检测器温度：180℃；汽化温度：180℃；柱温：50℃。分流比：50∶1。燃气为 H_2。采样时间 10min。

1.6.3 己酸乙酯、己酸及其他香气成分的测定

用 Inert Cap Pure Wax 毛细管柱（30m×0.25mm i. d.，0.25μm d. f.；GL Science），以乙酸正丁酯为内标。检测条件为检测器温度：250℃；汽化温度：230℃；柱温：35℃；升温程序：初始温度为35℃，保持5min 后，以8℃/min 升温至80℃，以15℃/min

升温至200℃，保持8min，再以40℃/min升温至230℃，保持2min。载气为He，燃烧气为H_2，分流比：50∶1，采样时间30min。

1.6.4　乙酸的测定方法

取样品10mL加盐酸酸化至pH 2，在12000r/min，4℃条件下离心5min，取上清液，过0.45μm微孔滤膜。以2－乙基正丁酸为内标，样品稀释后和内标1∶1混匀，进样量为0.5μL。检测条件为检测器温度：260℃；汽化温度：250℃；柱温：150℃。分流比50∶1。每个样品分析2次。

2　结果与讨论

2.1　己酸菌的最适添加时间

分别在米烧酒生产的不同时期加入己酸菌发酵生产米烧酒，其结果见表1。添加己酸菌的时间对最终发酵成熟醪液的乙醇浓度没有明显的影响。在二次发酵的第一天添加己酸菌，发酵成熟醪液的己酸乙酯浓度达到最大。可能的原因是己酸菌为厌氧细菌，其生长代谢对所处环境的厌氧条件要求较高。一次发酵的第一天酵母菌的生产和繁殖需要微量的氧气，发酵体系中不能达到使己酸菌正常生长代谢的厌氧条件。而到二次发酵的第四天时，烧酒的乙醇发酵基本完成，发酵醪中的乙醇浓度相当高，己酸菌对乙醇的耐受性有限，无法在此环境下进行正常的生长和代谢产酸，不能为酯的形成提供足够的前体物质[9]。确定己酸菌添加的最佳时间为二次发酵的第一天。

Table 1　Effects of adding time of CAPB consortium on the formation of ethyl caproate in the fermented mash

Compounds	Adding time of CAPB		
	F1[a]	S1[b]	S4[c]
Ethanol/（g/L）	141.2 ±0.8	140.9 ±2.4	141.3 ±0.5
Ethyl caproate/（mg/L）	4.3 ±0.1	6.4 ±0.3	5.1 ±0.1

注：[a] Adding CAPB consortium on the 1st day of the first – stage fermentation.

[b] Adding CAPB consortium on the 1st day of the second – stage fermentation.

[c] Adding CAPB consortium on the 4th day of the second – stage fermentation.

2.2　己酸菌添加量对米烧酒生产的影响

在米烧酒的二次发酵第一天分别加入不同量的己酸菌发酵液生产米烧酒。不加己酸菌时，发酵液中没有己酸和己酸乙酯生成。添加己酸菌时，在二次发酵的前四天己酸被快速地消耗，同时有己酸乙酯产生。从第五天开始，己酸和己酸乙酯不断产生，其浓度缓慢上升。发酵成熟醪液中的己酸乙酯浓度随己酸菌的添加量增加而增加。己酸菌添加量为10%时，己酸乙酯的浓度最高，发酵成熟醪液中为13.4mg/L。与不加己酸菌相比，己酸菌加量达4%时，对乙醇浓度没有明显的影响；己酸菌加量超过4%

时，乙醇浓度随己酸菌添加量的增加而稍有下降。

随己酸菌加量的增加，原酒中的己酸乙酯浓度也增加，其范围为27.3～102.5mg/L。异戊醇、异丁醇和正丙醇是烧酒中含量较高的高级醇，对烧酒的风味有重要作用。乙酸异戊酯是影响烧酒风味特征的重要物质，其含量高低直接影响烧酒的品质[10]。表2中，原酒中的异丁醇、异戊醇、正丙醇、乙酸异戊酯浓度随己酸菌添加量的增加而减少。原酒中的异丁醇、异戊醇、正丙醇浓度分别为127.1～218.7mg/L、147.1～242.8mg/L、381.8～599.6mg/L。相当于烧酒（25%乙醇，体积分数）中的异丁醇、异戊醇、正丙醇浓度分别为84.7～145.8mg/L、98.1～161.9mg/L、254.5～399.7mg/L，与以往报道中烧酒的异丁醇、异戊醇、正丙醇浓度分别在114～278mg/L、88～254mg/L、227～582mg/L范围内一致[1,11～13]。

经日本烧酒厂的评酒人员品评，并做出感官评价。得出的评论是：添加了添加己酸菌的样品具有水果味，接近中国白酒的风味。3点法评酒结果是，添加有2%和4%己酸菌的样品获得的得分最好，为1.82分。

Table 2 Effect of the amount of added CAPB consortium on the flavor compounds in *genshu*

（Unit：mg/L）

Flavor compounds	Adding dosage（v/w，based on material rice）					
	0%	2%	4%	6%	8%	10%
Acetaldehyde	41.3±0.2	32.5±0.6	35.6±0.7	37.4±0.4	40.5±0.6	40.7±0.6
Ethyl acetate	39.9±1.2	41.2±0.4	40.8±0.8	35.1±0.7	32.0±0.4	28.9±0.1
Acetal	5.1±0.1	5.2±0.1	4.3±0.03	6.5±0.1	7.9±0.3	8.2±0.2
Ethyl butyrate	ND[b]	0.6±0.06	1.2±0.03	1.6±0.03	2.7±0.1	2.9±0.1
n－Propyl alcohol	203.2±1.9	208.9±1.8	218.7±0.7	188.4±1.5	155.5±1.3	127.1±1.2
Isobutyl alcohol	242.8±1.2	231.0±1.6	228.5±0.9	200.7±1.0	159.3±1.8	147.1±2.8
Isoamyl acetate	5.9±0.1	5.4±0.09	4.2±0.03	4.3±0.3	2.7±0.06	2.3±0.03
Ethyl valerate	ND	ND	ND	ND	ND	ND
n－Butyl alcohol	19.1±0.4	23.4±1.0	24.8±0.8	22.7±0.1	19.7±0.4	16.0±0.09
Isoamyl alcohol	599.6±9.8	573.5±4.4	567.7±7.7	507.2±3.7	420.0±5.6	381.8±2.1
Ethyl caproate	ND	27.3±0.3	47.9±0.3	60.0±1.4	76.6±0.8	102.5±1.3
Ethyl lactate	ND	ND	ND	ND	ND	ND
Hexyl alcohol	ND	ND	ND	ND	0.5±0.03	1.4±0.03
Ethyl caprylate	ND	ND	ND	1.3±0.01	ND	ND
Acetic acid	ND	40.5±0.6	42.1±0.07	40.9±0.9	41.2±0.5	40.2±0.9
Butyric acid	ND	8.2±0.03	9.1±0.09	10.4±0.4	10.9±0.3	17.4±0.2
β－Phenethyl acetate	2.4±0.04	2.6±0.04	2.5±0.04	2.6±0.06	2.5±0.04	2.4±0.03
Caproic acid	ND	25.2±0.4	32.2±0.4	56.5±0.9	67.8±1.1	84.1±1.0
β－Phenethyl alcohol	25.4±0.5	26.7±0.8	22.5±0.09	24.9±0.4	25.4±0.5	23.5±0.1

注：[a] ND表示not detected.

2.3 减压蒸馏后乙醇及香气成分的回收率

根据蒸馏后的原酒体积，以及各成分的浓度，计算出各成分的回收率，蒸馏后己酸乙酯的回收率超过 100%，高达 300%，而其他成分和乙醇的收率皆在 100% 以内，见表 3。为了探讨己酸乙酯量蒸馏后大幅度提高的原因，对蒸馏过程需进行进一步探讨。

Table 3 The recovery rate of part compounds in rice - *shochu* during vacuum distillation (%)

Compounds	Ethanol	Acetic acid	Butyric acid	Caproic acid	Ethyl acetate	Ethyl butyrate	Ethyl caproate
Recovery rate	91. 2	8. 1	21. 4	24. 1	39. 6	32. 8	300. 2

2.4 烧酒糟的醋酸发酵

醋酸发酵过程中的 pH 和 DO 变化如图 2（A）所示。发酵过程中控制 pH 为 4.0，发酵前期产醋酸量少，pH下降缓慢，到 8h 时下降到 4. 0。在醋酸发酵的旺盛时期，氧的消耗急剧增加，DO 浓度减小。8h 后 DO 浓度减小到最小，几乎为 0mg/L，维持 6h

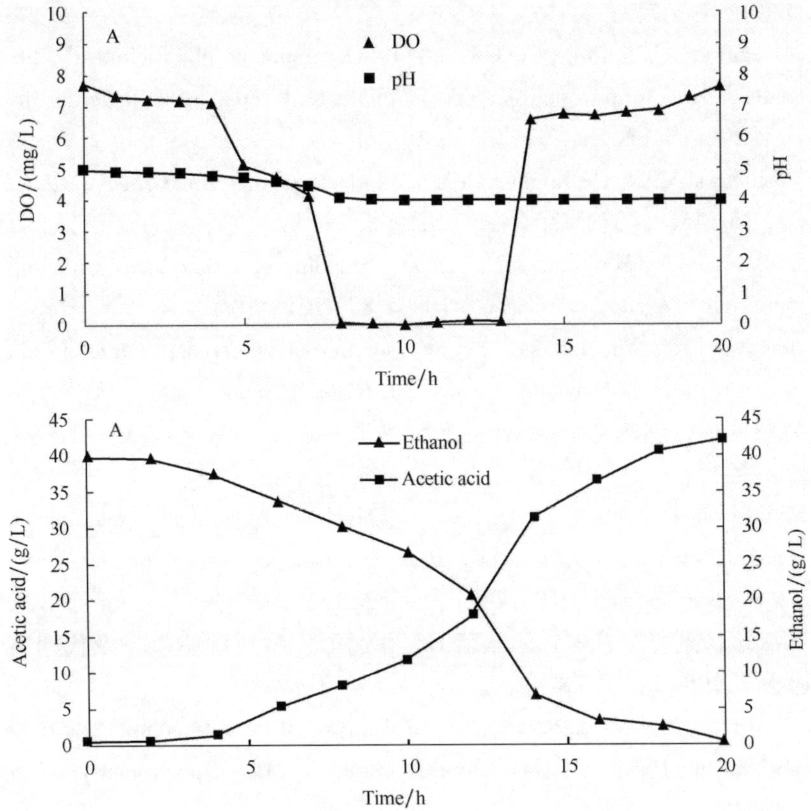

Fig. 2 Time course of vinegar production from rice - *shochu* distillation slurry using a 3L jar fermentater

后，DO 浓度又开始上升。DO 浓度上升到发酵开始的水平时表明醋酸发酵完成。

发酵过程中的醋酸和乙醇浓度变化如图 2（B）。随着发酵的进行，醋酸菌消耗培养基中的乙醇使其浓度逐渐降低，同时醋酸浓度上升，20h 后的醋酸浓度达到 41. 9g/L。未灭菌的烧酒糟在 20h 内能完成醋酸发酵，醋酸的收得率是 81. 9% 。

3 结语

米烧酒发酵过程中添加己酸菌可以增加成熟醪中的己酸乙酯含量，最适添加时间为二次发酵开始的第一天。

烧酒中的己酸乙酯含量随己酸菌添加量的增加而上升。原酒中的异丁醇、异戊醇、正丙醇、乙酸异戊酯浓度随己酸菌添加量的增加而略有减少，但处于合理的范围内。添加 2% 和 4% 己酸菌的米烧酒，己酸乙酯浓度分别为 27. 3mg/L 和 47. 9mg/L，经日本烧酒厂的评酒人员品评获得最高得分为 1. 82。

减压蒸馏后己酸乙酯回收率高达 300%，其原因需进行进一步探讨。

以 CICC 21684 为醋酸菌种发酵烧酒糟，醋酸浓度达到 41. 9g/L，收得率是 81. 9% 。表明利用烧酒糟进行醋酸发酵是可行的。

参考文献

[1] Miyagawa. H. , Tang, Y. Q. , et al, Development of efficient *shochu* production technology with long - term repetition of *sashimoto* and reuse of stillage for fermentation. *J. Inst. Brew.* , 2011, 117: 91 -97

[2] Yoshizawa. K. . The higher alcohols and esters in refined *shochu*. *J. Brew. Soc. Japan*, 1980, 75: 451 -457

[3] Ichikawa. E. , Hosokawa. N. , et al. Breeding of a *sake* yeast with improved ethyl caproate productivity. *Agric. Biol. Chem.* , 1993, 88: 101 -105

[4] Arikawa. Y. , Yamada. M. , et al. Isolation of sake yeast mutants producing a high level of ethyl caproate and/or isoamyl acetate. *J. Biosci. Bioeng.* , 2000, 90: 675 -677

[5] 竹鳩直树. 焼酎粕の機能性と粕処理への取り組み [J] . でん粉と食品. 2008, 3: 27 -34

[6] Miyagawa. H. , Tang. Y. Q. , et al. Development of *shochu* making technology by laboratory fermentation with repetition of *sashimoto* for a long - term process and yeast strain stability. *J. Brew. Soc. Japan*, 2010, 105: 319 -328

[7] 祁庆生，刘复今，等. 己酸菌 L - Ⅱ己酸发酵过程中生理及代谢特点 [J] . 微生物学通报, 1996, 2: 77 -81

[8] Yoshizaki. Y. , Yamato. H. , et al. Analysis of volatile compounds in *shochu koji*, *sake koji*, and steamed rice by Gas Chromatography - Mass Spectrometry. *J. Inst. Brew.* , 2010, 116: 49 -55

[9] 吴衍庸，易伟庆. 泸州老窖己酸菌分离特性及产酸条件的研究. 酿酒科技，

1979, 3: 15 - 19

[10] Peddie. H. A.. Ester formation in brewery fermentations. *J. Inst. Brew.*, 1990, 96: 327 - 331

[11] Kida. K., Nakagawa, M., et al. Production of *shochu* on a commercial scale from post - distillation slurry by a newly developed recycling process. *J. Inst. Brew.*, 1998, 104: 265 - 272

[12] Nagagawa. M., Morimura. S., et al. Breeding of *shochu* yeasts with high viability for *shochu* making with recycling of post - distillation slurry. *J. Brew. Soc. Japan*, 1997, 92: 651 - 659

[13] Yamamoto. H., Morimura. S., et al. The utility evaluation and characterization of yeast (MF062) isolated from *shochu* mash in commercial scale brewing tests. *J. Brew. Soc. Japan*, 2013, 108: 45 - 51

黄酒中氨基甲酸乙酯的主要前体及其控制方法的研究进展

郭双丽，邹伟，王栋*，徐岩
教育部工业生物技术重点实验室，江南大学酿酒科学及酶技术研究中心
酿造微生物与应用酶学研究室，江苏 无锡 214122

摘　要：黄酒是中国传统发酵酒，加强黄酒中氨基甲酸乙酯（EC）的控制对提高其品质和安全性具有重要意义。中国黄酒中的氨基甲酸乙酯（EC）主要是在黄酒的煎酒，特别是储存过程中由其前体物质和乙醇反应生成的，降低黄酒中氨基甲酸乙酯含量的关键是控制其前体物质的浓度。本文从氨基甲酸乙酯的前体物质出发，概述了其形成氨基甲酸乙酯的机理和降低主要前体物质所采用的方法，为进一步提高黄酒的品质和安全性提供参考。

关键词：黄酒，氨基甲酸乙酯，前体，尿素

Precursors of Ethyl Carbamate and Control Methods of Main Precursor in Rice Wine

Guo Shuangli, Zou Wei, Wang Dong*, Xu Yan
Key Lab of Industrial Biotechnology, Ministry of Education, Lab of Brewing Microbiology and Applied Enzymology, School of Biotechnology, Jiangnan University, Wuxi, Jiangsu, 214122

Abstract: Ethyl carbamate (EC) has been considered as one of a carcinogenic substance in Chinese rice wine, a kind of traditional fermented alcoholic beverage. It is of great significance to control the content of EC. EC is mainly produced by its precursors and ethanol during frying and storage especially. The key of reducing ethyl carbamate is to control the concentration of its precursors. This review introduced how the precursors formed ethyl carbamate and the methods to reduce the main precursorsin Chinese rice wine, which will provide a reference for further improving the quality and safety of Chinese rice wine.

Key words: Chineserice wine, ethyl carbamate, precursor, urea

---

作者简介：郭双丽，女，硕士研究生，研究方向：发酵工程，黄酒安全。
*责任作者：王栋，男，副教授，研究方向：发酵工程和酶工程，E-mail：dwang@jiangnan.edu.cn。

1 概述

1.1 氨基甲酸乙酯及其安全性问题

氨基甲酸乙酯（Ethyl Carbamate，简称 EC），又名尿烷（Urethane）、乌来糖等。分子式为 $C_3H_7NO_2$。结构式为：

$$H_2N-C(=O)-O-CH_2-CH_3$$

相对分子质量：89.09，无色结晶或白色粉末，易燃，无臭，具有清凉味；易溶于乙醇、乙醚、水等，熔点 46～50℃，沸点 182～185℃，不易挥发，在 103℃（7.2kPa）时升华。性质比较稳定，一旦形成就很难降解。

氨基甲酸乙酯广泛存在于发酵食品（腐乳、酱油等）和酒精饮料（白酒、葡萄酒、啤酒、清酒、黄酒等）中[1]。早在 1943 年，EC 被发现具有致癌作用[2]，便引起后续相关的研究。1971 年，Lofroth 和 Gejvall 首次发现饮料、葡萄酒和啤酒中添加的焦碳酸二乙酯添加剂可以与氨反应形成 EC[3]。1976 年，Ough 等人也证明了葡萄酒和其他的饮料中含有 EC[4]。然而，这些发现在当时并没有引起人们的重视。直到 1985 年 12 月，加拿大卫生与福利组织首先制定了各类酒中 EC 的限量标准[5]。从此，EC 的安全问题才受到世界卫生组织的重视。2004 年 EC 被定为 2B 类致癌物质。2005 年，在联合国粮农组织和世界卫生组织下的食品添加剂联合专家委员会（JECFA）第 64 次会议上，对 EC 进行了安全评估，并建议采取措施降低 EC 的含量，以维护消费者的健康。2007 年 2 月，国际癌症研究机构 IARC（International Agency for Research on Cancer，WHO）专家会议上将 EC 的致癌性从 2B 类提升为 2A 类——“很可能对人类有致癌作用”，与丙烯酰胺同等危险[6, 7]。使得 EC 的安全问题引起了世界的广泛关注。目前在饮料酒中，EC 的限量范围一般为葡萄酒 30μg/L、加强酒 100μg/L、蒸馏酒 150μg/L、清酒 200μg/L、水果白兰地 400μg/L[5]。虽然国际上还没有黄酒中 EC 的限量标准，但黄酒也面临着氨基甲酸乙酯带来的食品安全问题。

1.2 黄酒面临的氨基甲酸乙酯食品安全问题

黄酒是中国的民族特产，具有悠久的历史。与葡萄酒、啤酒并称世界三大古酒。具有营养价值高、酒精度低、风味丰富等特点，并享有“液体蛋糕”的美誉，备受消费者的喜爱。近年来食品安全问题成为人们普遍关注的热点，EC 的食品安全问题在食品和发酵行业备受关注。EC 在黄酒、葡萄酒、蒸馏酒、清酒中的含量较高。其中，黄酒中 EC 的浓度最高可达 515μg/L，平均含量为 160μg/L 左右[8]。普遍高于加拿大所规定的日本清酒中 EC 的限量标准（200μg/L）。2009 年香港食物安全焦点期刊发表的各类酒精饮料中氨基甲酸乙酯含量的结果表明，除水果白兰地外黄酒中的 EC 含量最高[9]。2012 年 6 月，香港消费者委员会公布的黄酒中 EC 含量的调查结果，引起了黄酒行业的高度重视，也将黄酒的食品安全问题推到了风口浪尖。如何安全、稳定、有效的降低黄酒中 EC 的含量具有及其重要的意义：维护消费者的健康；保证国家食品安全的稳定性；促进黄酒在国际上的发展。

2 黄酒中 EC 的主要前体物质和形成机理

在一般酒精饮料中，EC 的前体物质主要是氨甲酰类化合物、氰化物和焦碳酸二乙酯[6]。这些前体物质来源不同，在不同酒中含量和作用也不一样。氨甲酰化类合物能够和乙醇自发反应生成 EC，常见的氨甲酰化类合物包括尿素、瓜氨酸、氨甲酰磷酸等。其反应式为：

$$NH_3—\overset{\overset{\displaystyle O}{\|}}{C}—R + C_2H_5OH \longrightarrow NH_3—\overset{\overset{\displaystyle O}{\|}}{C}—O—C_2H_5 + RH$$

其中，尿素部分来自于原料，但主要是由酵母代谢产生的[10]。瓜氨酸主要由酵母或乳酸菌代谢精氨酸产生[11]。而氨甲酰磷酸则主要由酵母细胞代谢精氨酸而来，其含量极微[6]。

氰化物主要来源于谷物原料。发酵过程中氰化物通过水解、氧化形成的氰酸盐也可以与乙醇反应生成 EC[12]，一般认为在蒸馏酒中是形成 EC 的主要前体物质[13]。

此外，焦碳酸二乙酯（Diethyl pyrocarbonat，简称 DEPC）也可以与氨反应产生 EC。在 20 世纪 60 年代，焦碳酸二乙酯通常被作食品添加剂，用来消灭饮料中的酵母菌和细菌等。但在含有氨的饮料中，焦碳酸二乙酯可以与氨反应生成 EC，即：

$$O\ (CO_2C_2H_5)_2 + NH_3 \longrightarrow NH_3—\overset{\overset{\displaystyle O}{\|}}{C}—O—C_2H_5 + C_2H_5OH_2 + CO_2$$

因为焦碳酸二乙酯对饮料带来的安全隐患问题，此后便不再用作食品添加剂[14]。因此，目前焦炭酸二乙酯不再是酒精饮料中 EC 形成的主要来源。

黄酒中 EC 形成的主要前体物质一般认为以氨甲酰类化合物为主，其中主要的氨甲酰类化合物有尿素、瓜氨酸、氨甲酰磷酸。黄酒中的 EC 主要是在煎酒和储存过程中由其前体物质和乙醇反应生成的[15, 16]。由于 EC 化学性质较为稳定，一旦形成就很难降解。减少或除去 EC 的前体物质是降低黄酒中 EC 浓度的关键。本文旨在分析黄酒中 EC 的前体物质形成 EC 的机理和降低主要前体物质的方法，为降低黄酒中的 EC 提供参考。

2.1 尿素与乙醇的反应

尿素是酿造酒（黄酒、清酒、葡萄酒等）中 EC 的最主要的前体物质[17-19]。黄酒中的尿素小部分来自原料（大米、辅料、水），大部分来自发酵过程中酵母的代谢，由精氨酸通过尿素循环在精氨酸酶的作用产生尿素。酵母在生长期时，尿素被脲基酰胺酶分解，产生的氮源被酵母利用，但尿素并不是酵母的最适氮源，且脲基酰胺酶受氮代谢抑制效应的调节，在酒精发酵期，精氨酸酶的活性增加，产生大量的尿素却来不及利用，造成尿素在酵母细胞内的积累。高浓度的尿素对酵母不利而被分泌到发酵液，在发酵液中尿素与乙醇自发反应形成 EC[6]，即：

$$NH_3—\overset{\overset{\displaystyle O}{\|}}{C}—NH_3 + C_2H_5OH \longrightarrow NH_3—\overset{\overset{\displaystyle O}{\|}}{C}—O—C_2H_5 + NH_3$$

发酵液中精氨酸含量较高，较容易造成尿素的积累，最终导致 EC 含量的增加。一般认为此途径是黄酒中 EC 形成的最主要的途径[17, 20]。

2.2 瓜氨酸与乙醇的反应

瓜氨酸一般是由乳酸菌或酵母产生的，生成的瓜氨酸被分泌到发酵液中[11]，并与乙醇自发反应生成 EC，即：

$$H_2NCONH\ (CH_2)_3CH\ (NH_2)\ COOH + C_2H_5OH \longrightarrow NH_3—\overset{\overset{\displaystyle O}{\|}}{C}—O—C_2H_5 + H_2N(CH_2)_3CH(NH_2)COOH$$

黄酒中瓜氨酸含量较少，王宾等人的研究发现黄酒中瓜氨酸含量不到 100μg/L[21]。虽然在葡萄酒中瓜氨酸含量相对较高，但 S. Hasnip 等人对葡萄酒中尿素和瓜氨酸转化形成 EC 的模拟实验结果表明，瓜氨酸转化生成 EC 的速率远小于尿素转化生成 EC 的速率[22]。王霈虹等人[8]对黄酒的研究表明当分别添加相同量的尿素和瓜氨酸时，尿素转化产生 EC 的量远高于瓜氨酸转化生成的 EC，由此可推测，黄酒中的瓜氨酸虽然能够转化形成 EC，但与尿素相比，瓜氨酸对形成 EC 的作用可能不是很大。

2.3 氨甲酰磷酸与乙醇的反应

氨甲酰磷酸是酵母细胞代谢的副产物，ATP、CO_2 和 NH_3 在氨甲酰磷酸合成酶的作用下生成氨甲酰磷酸[23]。生成的氨甲酰磷酸和乙醇反应可以形成 EC，即：

$$H_2CHO_2PO_3H_2 + C_2H_5OH \longrightarrow NH_3—\overset{\overset{\displaystyle O}{\|}}{C}—O—C_2H_5 + H_3PO_4$$

但是，氨甲酰磷酸是精氨酸合成的基质，其合成途径受氮代谢抑制效应的影响[24]，且含量极微[5]。故氨甲酰磷酸对黄酒中 EC 的形成贡献较小。

2.4 氰化物与乙醇的反应

氰化物也是 EC 的前体物质，尤其是在核果白兰地、白酒和威士忌中。核果白兰地的果核中含有氢氰酸[13]。对白酒和谷类及大麦威士忌来说，其原料中含有含氰糖苷，在酶的作用下可以水解形成氢氰酸，且其中含有的脲基、尿素和氨基酸在一定条件下可以转化形成氰化物[25]。黄酒的制作工艺中的煎酒过程与蒸馏酒中的蒸馏过程具有一定的相似性，且黄酒的制作过程中使用了大量的麦曲，在这一过程中可能会引入氰化物。与蒸馏酒相比，黄酒中的氰化物研究很少，有人认为含量较少。与尿素相比，相同浓度下氰化物转化形成 EC 的速度远高于尿素的转化速度[20]。因氰化物转化形成 EC

的过程需要的条件比较复杂，加上其含量极微，目前一般认为氰化物不是黄酒中 EC 形成的主要途径，但是尚需进一步研究证明。

3 降低黄酒中 EC 和尿素浓度的方法

鉴于 EC 的安全性问题，结合 EC 在黄酒中的形成机理，目前已有很多关于降低黄酒中 EC 含量的研究报道。例如：从生产工艺上降低灭菌温度、缩短灭菌时间；筛选产氨基甲酸乙酯酶的微生物；物理法吸附处理以及降低主要前体物质尿素的浓度等。

3.1 降低黄酒中 EC 含量的方法

3.1.1 降低灭菌温度、缩短灭菌时间

黄酒中的 EC 主要是在煎酒和储存过程中由其前体物质和乙醇反应生成的。降低煎酒温度、缩短灭菌时间可以减少 EC 的生成[26]，日本清酒通常采用 60℃ 灭菌 2 ~ 3min，而黄酒灭菌温度普遍在 83 ~ 93℃，灭菌时间没有统一的标准。在保证灭菌完全的条件下，适当的降低灭菌温度和缩短灭菌时间，可以减少 EC 的生成。虽然此方法可以减少部分 EC 的形成，但对于已经生成的 EC 却无法去除。

3.1.2 添加氨基甲酸乙酯酶

EC 的性质比较稳定，一旦形成就很难降解。早在 1990 年，Kobashi、Takebe 和 Sakai 从老鼠的排泄物中筛选到的柠檬酸杆菌可以产氨基甲酸乙酯酶，该酶可以直接降解 EC 为氨和乙醇[6, 27]，对于已形成的 EC 的具有很好的降解作用。但这种酶也存在一定的缺陷，如不耐高温、不耐酸、耐酒精度低等，目前还难以用于工业生产实际。

3.1.3 物理法吸附处理酒中的 EC

物理法吸附处理在酒精饮料中有着广泛的应用。2009 年，Park 等人采用活性炭吸附法除去酒中 45% ~47% 的 EC[28]，但处理后酒的风味有一定改变。2012 年，刘俊使用特异性功能树脂处理黄酒，EC 的去处率可达 60% 以上[29]。2013 年，浙江大学林文浩等人使用自制的特异性黄酒助剂吸附处理黄酒，当助剂添加量为 0.8% 左右，可以除去 42.0% ~68.4% 的 EC，处理后酒体的风味和口感及理化指标基本保持不变[30]。这些方法对已形成的 EC 去除效果较好，但如果 EC 前体物质仍有一定含量，处理后的黄酒若长时间存放，仍会有大量的 EC 产生。为降低 EC 的含量，减少或除去其前体物质非常重要。

3.2 降低黄酒中尿素浓度的方法

与煎酒过程相比，黄酒中的 EC 绝大部分是在储存过程中产生的[15, 16]。黄酒在储存过程中，其前体物质仍会不断的和乙醇反应，造成 EC 含量的不断增加。为彻底解决 EC 这一食品安全问题，需要降低其主要前体物质的浓度。

有报道认为，黄酒中大部分 EC 是由尿素形成的[17]。因此，降低黄酒中尿素的浓度对控制 EC 的含量至关重要。黄酒中的尿素一部分来自原料，精制原料可以减少部分尿素来源。但绝大部分的尿素来自精氨酸的代谢，从图 1 中可知，在酵母细胞中，精

氨酸在精氨酸酶的作用下通过尿素循环产生的尿素，一部分通过脲基酰胺酶的分解成氨和二氧化碳，产生的氨作为酵母的氮源。在此过程中两个关键的酶精氨酸酶和脲基酰胺酶分别是由基因 *CAR*1 和 *DUR*1，2 编码的，抑制基因 *CAR*1 的表达和增强 *DUR*1，2 基因的表达可以减少酵母内尿素的浓度而减少尿素的胞外分泌。另一部分尿素被分泌到细胞外，与乙醇反应产生 EC，控制尿素穿过酵母细胞膜的酶是由基因 *DUR*3 和 *DUR*4 编码的，对基因 *DUR*3 和 *DUR*4 的改造可以控制发酵液中尿素的浓度。根据尿素在酵母中的形成和代谢机制降低黄酒中尿素的方法有：精制原料、酵母菌的基因（*CAR*1、*DUR*1，2、*DUR*3）改造、添加酸性脲酶、物理法吸附处理等。

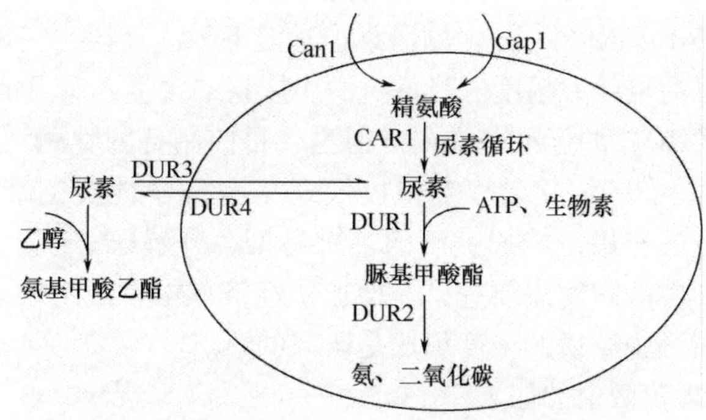

图 1　尿素在酵母细胞的形成和代谢机制[6]

3.2.1　原料精制[31]

精制大米中尿素的含量远低于原料米，当米的精制程度达 70% ~75% 时，尿素的含量可以降低至原料米的一半，当用流动的水清洗大米两遍后，尿素的含量也可以降低 50%。因此，提高大米的精制度或加大清洗度可以减少黄酒中尿素的含量，但精制和清洗过程中造成一些营养物质的流失，故原料的预处理过程还需要参考工艺做适当调整。

3.2.2　酵母菌的基因改造

酵母中精氨酸酶是由 *CAR*1 基因编码控制的，*CAR*1 基因的敲除或抑制 *CAR*1 基因的表达可以阻断尿素循环，使得精氨酸无法转化生成尿素，从而降低了尿素的浓度。核果蒸馏酒中酵母 *CAR*1 基因抑制后 EC 降低了 60%[32]。对黄酒生产工业酿酒酵母进行 *CAR*1 基因敲除，尿素和 EC 的浓度可分别降低 86.9% 和 50.5%[19]。

增强酵母 *DUR*1，2 基因的表达，可以增强脲基酰胺酶对尿素的分解作用，低浓度的尿素不再向发酵液中分泌，从而减少发酵液中 EC 的生成。*DUR*3 基因是编码尿素通透酶的，增加 *DUR*3 基因的表达也可以降低发酵液中尿素的浓度。葡萄酒中对增强 *DUR*1，2 和 *DUR*3 基因的表达不仅可降低发酵液中尿素浓度，同时还降低了 87% 和 15% 的 EC[6, 32, 33]，该方法对尿素和 EC 的降低有明显的作用，但对酒的风味有一定的影响。

造成黄酒中尿素积累的主要原因是酵母细胞内的氮代谢阻遏效应[34]，氮代谢阻遏可以对 *CAR*1 和 *DUR*1，2 基因进行调节，使得 *CAR*1 基因高度表达，而 *DUR*1，2 表达较低甚至不能表达，从而造成酵母细胞内尿素浓度的增加，最后分泌到细胞外与乙醇反应生成 EC。通过对模拟酒样酵母的 *Gln3p* 基因改造，尿素和 EC 的浓度分别被降低 63% 和 72%[33]。虽然酵母的基因改造对饮料酒中尿素和 EC 有很好的去除效果。然而，酵母基因改造的食品安全问题仍然需要考虑，基因工程菌在实际工业生产中的应用也需要验证。

3.2.3 酸性脲酶的应用

酵母细胞内过高的尿素被分泌到发酵液，向发酵液中添加酸性脲酶可以降解尿素为氨和二氧化碳，从而降低尿素含量。刘俊等人报道酸性脲酶在低 pH 下对黄酒中尿素去除率可达 66.5%[35]。田亚平等人研究的脲酶最适条件 pH 4.5，35℃，酶活为 0.08U/mL，35℃下 7d 可以降解 85% 的尿素，20℃下 7d 可以除去 78% 的尿素[36]。

虽然添加酸性脲酶可以大幅度的降低黄酒中尿素的含量，有可能将 EC 的浓度降低至世界卫生组织（WHO）的标准范围内。但是，目前制备的脲酶活性较低，当尿素的浓度低于 10mg/L 时，酶的催化效率变得极低[37]。且酶学性质也难以满足实际应用环境，需要借助镍离子的作用，造成黄酒的二次污染，分解尿素产生的氨还可能存在一定的安全隐患。高活性的脲酶需要进口，增加了经济成本，使用效果也并非十分理想。安全、经济地降低黄酒中尿素的浓度仍然是研究的热点。

3.2.4 物理吸附处理黄酒中的尿素

物理法吸附处理由于其安全性和有效性，在酒精饮料已有广泛使用。已有研究报道，王翼玮利用树脂处理黄酒，EC 的去除率可以达到 70% 以上[38]，但处理 EC 前体物质的研究目前很少。林文浩等人使用自制的特异性黄酒助剂吸附处理黄酒，助剂添加量为 0.8% 左右，尿素的去除率为 38.8% ~51.8%，处理后酒体的风味和口感及理化指标基本保持不变[30]。虽然其物理去除尿素的具体吸附机制尚不明确，也没有相关的工业应用，但该方法显示出了一定的优势，有可能实现高效、廉价地降低黄酒中尿素的含量。

4 结语

目前，降低黄酒中 EC 含量的方法已有较多研究，但已有的方法仍存在一定的不足，如：降低煎酒温度、缩短煎酒时间对 EC 的减少作用不是很明显；原料精制造成营养物质的流失；酵母基因改造改变了酒的风味和引起的食品安全问题；酸性脲酶造成经济成本的提高和引起的二次污染等。如何安全、高效、经济、稳定的降低黄酒中 EC 的含量，解决黄酒在货架期 EC 浓度增加的难题，彻底解决黄酒中 EC 这一食品安全问题仍是未来研究的目标。目前已有的研究表明，采用树脂或特异性黄酒助剂处理黄酒，对黄酒中的 EC 或尿素有一定的吸附作用，采用的树脂结构比较稳定，可以反复多次使用，处理过程比较方便，且吸附前后酒的风味没有明显差别。黄酒特异性助剂对尿素和 EC 都有一定的吸附作用，虽吸附机制不太明确，但确实可以经济、有效的降低黄酒中 EC 或尿素的浓度，这种物理吸附处理的方法可能会成为未来研究的方向。

参考文献

［1］Ough C. S. Ethyl carbamate in Fermented Beverages and Foods. Journal of Agricultural and Food Chemistry, 1976, 24（2）: 6

［2］Nettleship A., P. S. Henshaw, et al. Induction of pulmonary tumors in mice with ethyl carbamate（urethane）. Journal of the national cancer institute, 1943, 4（3）: 11

［3］Löfroth G G. T. Diethyl pyrocarbonate: formation of urethan in treated beverages［J］. Science, 1971, 174（4015）: 3

［4］CS. O. Ethylcarbamate in fermented beverages and foods. II. Possible formation of ethylcarbamate from diethyl dicarbonate addition to wine. Journal of Agricultural and Food Chemistry, 1976, 24（2）: 4

［5］Weber J. V., V. I. Sharypov. Ethyl carbamate in foods and beverages: a review. Environmental Chemistry Letters, 2008, 7（3）: 233 - 247

［6］Zhao X., et al. Progress in preventing the accumulation of ethyl carbamate in alcoholic beverages. Trends in Food Science & Technology, 2013, 32（2）: 97 - 107

［7］Lachenmeier D. W. Consequences of IARC re - evaluation of alcoholic beverage consumption and ethyl carbamate on food control. Deutsche Lebensmittel - Rundschau: Zeitschrift fuer Lebensmittelkunde und Lebensmittelrecht, 2007, 103（7）: 307 - 311

［8］Wang P., et al. Contribution of citrulline to the formation of ethyl carbamate during Chinese rice wine production. Food Addit Contam Part A Chem Anal Control Expo Risk Assess, 2014, 31（4）: 587 - 92

［9］邓绍平. FSF39_ 2009 - 10 - 21. 食物安全焦点, 2009, 10. 39: 1 - 2

［10］白卫东, 沈棚, 等. 黄酒中氨基甲酸乙酯形成机理及控制方法研究进展. 中国酿造, 2012, 31（007）: 6 - 10

［11］Azevedo Z., J. Couto, et al. Citrulline as the main precursor of ethyl carbamate in model fortified wines inoculated with Lactobacillus hilgardii: a marker of the levels in a spoiled fortified wine. Letters in applied microbiology, 2002, 34（1）: 32 - 36

［12］M. Rezaul Haque, J. H. B. total cyanide determination of plants and foods using the picrate and acid hydrolysis methods. Food Chemistry, 2002: 8

［13］高城直幸, et al. Cyanate as a Precursor of Ethyl Carbamate in Alcoholic Beverages. 衛生化学, 1992, 38（6）: 498 - 505

［14］Ough C., E. Crowell, et al. Carbamyl compound reactions with ethanol. American Journal of Enology and Viticulture, 1988, 39（3）: 239 - 242

［15］Wu H., et al. Study on the changing concentration of ethyl carbamate in yellow rice wine during production and storage by gas chromatography/mass spectrometry. European Food Research and Technology, 2012, 235（5）: 779 - 782

［16］Wu P., et al. Formation of ethyl carbamate and changes during fermentation and storage of yellow rice wine. Food Chem, 2014, 152: 108 - 112

[17] Fu M. -l., et al. Determination of ethyl carbamate in Chinese yellow rice wine using high-performance liquid chromatography with fluorescence detection. International Journal of Food Science & Technology, 2010, 45 (6): 1297-1302

[18] SEIICHI KODAMA, T. S., et al. Urea Contribution to Ethyl Carbamate Formation in Commercial Wines During Storage1. American journal of enology and viticulture, 1994, 45: 8

[19] Wu D., et al. Decreased ethyl carbamate generation during Chinese rice wine fermentation by disruption of CAR1 in an industrial yeast strain. Int J Food Microbiol, 2014, 180: 19-23

[20] Zimmerli B., J. Schlatter. Ethyl carbamate: analytical methodology, occurrence, formation, biological activity and risk assessment. Mutation Research/Genetic Toxicology, 1991, 259 (3): 325-350

[21] 王宾，杨勇．传统黄酒发酵过程中精氨酸、瓜氨酸、鸟氨酸浓度变化规律的研究．酿酒，2013，40 (1): 4

[22] Hasnip S., et al. Effects of storage time and temperature on the concentration of ethyl carbamate and its precursors in wine. Food additives and Contaminants, 2004, 21 (12): 1155-1161

[23] Ough C. S., Ethylcarbamate in Fermented Beverages and Foods. I. Naturally Occurring Ethylcarbamate. J. Agric. Food Chem, 1976, 24 (2): 323-328

[24] Jiao Z., Y. Dong, et al. Ethyl Carbamate in Fermented Beverages: Presence, Analytical Chemistry, Formation Mechanism, and Mitigation Proposals. Comprehensive Reviews in Food Science and Food Safety, 2014, 13 (4): 611-626

[25] B Y R. COOK N. ethyl carbmate formation in grain-based spirits part Ⅲ. the primary source. Brewing, 1990, 96: 12

[26] Li X., et al. Effects of sterilization temperature on the concentration of ethyl carbamate and other quality traits in Chinese rice wine. Journal of the Institute of Brewing, 2014: p. n/a-n/a.

[27] Zhou N. D., X. L. Gu, et al. Isolation and characterization of urethanase from Penicillium variabile and its application to reduce ethyl carbamate contamination in Chinese rice wine. Appl Biochem Biotechnol, 2013, 170 (3): 718-728

[28] Park S. -R., et al. Exposure to ethyl carbamate in alcohol-drinking and non-drinking adults and its reduction by simple charcoal filtration. Food Control, 2009, 20 (10): 946-952

[29] 刘俊，赵光鳌，等．黄酒中氨基甲酸乙酯直接减除技术的研究．食品与生物技术学报，2012，31 (2): 7

[30] 林文浩，林峰，等．黄酒中氨基甲酸乙酯和尿素的处理方法和工艺条件．酿酒科技，2013：230

[31] 王晓娟，等．降低发酵酒中尿素含量的研究进展．酿酒科技，2009 (2):

93 – 95

[32] Schehl B. , et al. Contribution of the fermenting yeast strain to ethyl carbamate generation in stone fruit spirits. Appl Microbiol Biotechnol, 2007, 74 (4): 843 – 850

[33] Zhao X. , et al. , Metabolic engineering of the regulators in nitrogen catabolite repression to reduce the production of ethyl carbamate in a model rice wine system. Appl Environ Microbiol, 2014, 80 (1): 392 – 398.

[34] Zhao X. , et al. Nitrogen regulation involved in the accumulation of urea in Saccharomyces cerevisiae. Yeast, 2013, 30 (11): 437 – 447

[35] Liu J. , et al. Optimization production of acid urease by Enterobacter sp. in an approach to reduce urea in Chinese rice wine. Bioprocess Biosyst Eng, 2012, 35 (4): 651 – 657.

[36] Yang L. Q. , S. H. Wang, et al. Purification, properties, and application of a novel acid urease from Enterobacter sp. Appl Biochem Biotechnol, 2010, 160 (2): 303 – 113

[37] 周建弟，丁观海，等．酸性脲酶分解黄酒中尿素特性的研究．中国酿造，2006 (11): 2

[38] 王翼玮，等．黄酒中氨基甲酸乙酯吸附去除的动力学和热力学研究．食品工业科技，2015，36 (1): 5

富含己酸乙酯米烧酒的生产工艺研究

袁华伟[1]，谭力[2]，陈浩[2]，孙照勇[2]，
张文学[1]，汤岳琴[2]，木田建次[1,2*]
1. 四川大学轻纺与食品学院，四川 成都 610065
2. 四川大学建筑与环境学院，四川 成都 610065

摘　要：为增加米烧酒的香气，本研究开发了富含己酸乙酯的米烧酒生产工艺。小规模实验表明，酿酒酵母 Y－E 在发酵过程中能利用己酸进行酯化作用生成己酸乙酯。发酵过程中添加己酸菌能生产出含己酸乙酯的米烧酒，最佳添加时间是二次发酵的第一天。己酸菌的添加量对米烧酒中的己酸乙酯生成有明显的影响。添加 2% 和 4% 的己酸菌时，烧酒中的己酸乙酯浓度分别为 27.3mg/L 和 47.9mg/L，经日本烧酒厂的品酒小组品评获得最好的感官评价。

关键词：米烧酒，己酸乙酯，己酸菌

Development of a process for producing ethyl caproate – rich rice *shochu*

Yuan Huawei[1], Tan Li[2], Chen Hao[2], Sun Zhaoyong[2],
Zhang Wenxue[1], Tang Yueqin[2], Kenji Kida[1,2*]
1. College of Light Industry, Textile and Food Engineering, Sichuan University
2. College of Architecture and Environment, Sichuan University, Chengdu Sichuan 610065

Abstract: To increase the aroma compounds of rice *shochu*, a process was developed to produce ethyl caproate – rich rice *shochu*. On a laboratory – scale, there was a *shochu* production trial with *Saccharomyces cerevisiae* Y – E, and caproic acid added in the second – stage fermentation was esterified to ethyl caproate. And ethyl caproate was produced by adding a caproic acid – producing bacterial (CAPB) consortium to the *shochu* production process. Optimal addition time for the CAPB consortium was on the first day of the second – stage fermenta-

作者简介：袁华伟，男，博士研究生。研究方向：发酵工程。E－mail：yuanhuawei001@126.com。
*通讯作者：木田建次，男，教授，博导。研究方向：发酵工程、环境生物工程。E－mail：kida@scu.edu.cn。

tion. Addition dosages of CAPB consortium positively affected the formation of ethyl caproate. *Shochu* production with the addition of 2% and 4% CAPB consortium led to ethyl caproate concentrations of 27.3mg/L and 47.9mg/L in *genshu*, respectively, and the *shochu* achieved the best sensory test score by the panellists from Japanese *shochu* breweries.

Key words: rice *shochu*, ethyl caproate, caproic acid - producing bacteria

烧酒是一种日本传统的蒸馏酒，以大米为生产原料的称为米烧酒[1]。米烧酒的香气成分主要是高级醇类，如异戊醇，异丁醇，正丙醇，酯类主要是乙酸乙酯和乙酸异戊酯[2]。然而，传统的米烧酒的味道通常被认为是清淡的。

己酸乙酯是浓香型白酒的主体香味成分，也是日本清酒中最重要的酯类之一。米烧酒中含适量的己酸乙酯会获得较高的感官评价。有报道称，清酒生产中通过选育高产己酸乙酯的酿酒酵母来增加酒中的己酸乙酯含量，但产生的己酸乙酯量及少[3,4]。

本研究以日本传统米烧酒生产工艺为基础，在烧酒的发酵过程中添加己酸菌，增加发酵液中的己酸含量，再经酵母菌的酯化作用生成己酸乙酯，提高烧酒中的己酸乙酯的含量。首先对生产所用酵母菌的己酸耐受性及酯化产己酸乙酯的能力进行研究。通过己酸菌在发酵过程中添加时间的比较，确定己酸菌的最适添加时间。最后通过己酸菌在发酵过程中添加量的比较，分析生产出的米烧酒香气成分，并经感官评定确定己酸菌的最适添加量。

1 材料与方法

1.1 实验菌种

酿酒酵母（*Saccharomyces cerevisiae* Y - E）：由日本熊本县工业研究所提供。

米曲霉（*Aspergillus oryzae* QJ）：由四川大学轻纺与食品学院食品生态工程与生物技术研究室提供。

己酸菌群（Caproic acid - producing bacteria consortium，CAPB J30）：经过定向驯化培养窖泥得到的微生物菌群，保存于四川大学 - 熊本大学环境生物技术研究中心。简称为己酸菌。

1.2 主要药品及原辅料

蛋白胨，酵母膏，牛肉膏，北京奥博星生物有限公司；色谱分析用标准品均为色谱纯，天津光复精细化工研究所；其他试剂为分析纯，成都科龙化工试剂厂。

谷之源珍珠米，成都航都粮油有限公司。

1.3 培养基

酒母的制备用米曲汁培养基[5]，己酸菌培养用巴氏培养基[6]。

1.4 仪器和设备

MCV－710ATS 超净工作台，ECLIPSE E200 光学显微镜，CSH－110 恒温恒湿培养箱，TR－2A 恒温水槽浴培养设备，NVC－2200 旋转真空蒸发器，MX－301 型低温高速冷冻离心机，RS－20R 培养箱，GC353B 气相色谱仪。

1.5 实验方法

1.5.1 米曲的制备方法

米曲的生产过程是在严格控制一定的温度和湿度条件下进行的[7]。前期控制温度为38℃、相对湿度为95%。培养48 h后，摊开混合均匀再堆积，在32℃和95%相对湿度条件下培养24h。最后控制温度至40℃，相对湿度50%，保持12h，干燥后得到成品米曲。

1.5.2 酒母制备

新鲜斜面酵母菌种接入10°Bx米曲汁。25℃静置培养3d，每天摇动1~2次，得米烧酒发酵的酒母。

1.5.3 已酸菌制备

灭菌后的液体培养基加入乙醇，按10%接种量接入种子液，接种后加入6mL已灭菌的液体石蜡。在厌氧条件下于34℃培养14d，得到已酸菌液。

1.5.4 米烧酒的制备

米烧酒制备的工艺流程如图1所示。

取米曲82.5g放入1000mL三角瓶中，加入100mL灭菌水；再加入酒母1mL，置于25℃恒温水浴槽中培养3d，每天摇动一次，进行一次发酵。

取250g大米，除杂清洗，浸泡蒸煮，得到熟米。一级发酵完成之后，加入经处理后的熟米，加入450mL灭菌水，即原料大米量的180%。加入已酸菌液或已酸，在25℃恒温水浴槽中进行16d的主发酵，每天摇动一次，得到发酵成熟醪液。

用真空旋转蒸发器对发酵成熟醪液进行减压蒸馏[1]。真空度控制在0.1atm左右，水浴加热温度65℃，蒸馏烧瓶中的温度控制在45℃。待馏出液体积达到醪液体积的40%即停止蒸馏。馏出液即米烧酒原酒。

1.6 分析检测方法

1.6.1 发酵醪中的酵母数

发酵醪液经双层纱布滤掉固形物后，用水稀释一定的倍数，经次甲基蓝染色后在显微镜下用血球板计数法计算发酵醪液中酵母的总数和活细胞数。

1.6.2 乙醇含量的测定方法

用TC－1毛细管柱（60m×0.25 mm i.d.，0.25μm d.f.；GL Science），以异丙醇为内标。检测条件为检测器温度180℃；汽化温度180℃；柱温50℃。分流比50∶1。燃气H_2。采样时间10min。

1.6.3 已酸乙酯、已酸及其他香气成分的测定

用Inert Cap Pure Wax毛细管柱（30m×0.25mm i.d.，0.25μm d.f.；GL Science），

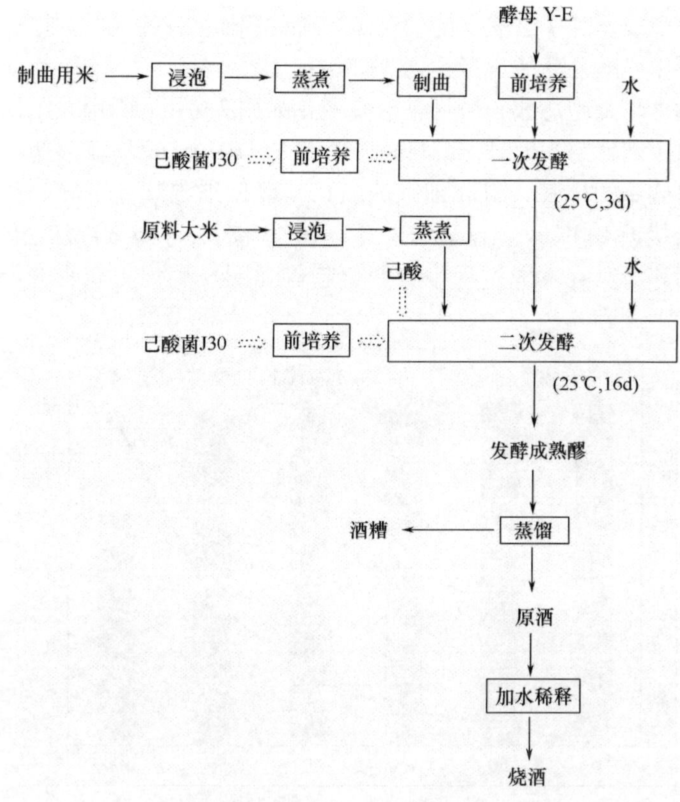

Figure 1 Flow diagram of rice *shochu* production with addition of caproic acid, consortium of caproic acid bacteria

以乙酸正丁酯为内标。检测条件为检测器温度250℃；汽化温度230℃；柱温35℃；升温程序初始温度为35℃，保持5min后，以8℃/min升温至80℃，以15℃/min升至200℃，保持8min，再以40℃/min升至230℃，保持2min。载气为He，燃烧气为H_2，分流比50∶1，采样时间30min。每个样品分析2次。

2 结果与讨论

2.1 酵母菌Y-E的己酸耐受性及酯化能力

在米烧酒二次发酵开始时向发酵醪中添加不同量的己酸，发酵成熟醪中的乙醇和己酸乙酯浓度如图2（A）所示。己酸添加量在500mg/L以内时，对酵母发酵生产乙醇都没有太大影响，发酵成熟醪液中的乙醇浓度与不添加己酸时相差不大，最终发酵醪液中的乙醇浓度可达到140g/L左右。而当己酸添加量达到1000mg/L时，乙醇产量很低，发酵结束时乙醇的浓度仅为97g/L。酵母的生长和代谢都受到影响，酵母的乙醇发酵受到了严重的抑制。

没有添加己酸时，发酵成熟醪中没有己酸乙酯生成。而添加己酸时，随着己酸添加量的增加，发酵成熟醪中己酸乙酯的含量也随之升高。当己酸添加量达到1000mg/L时，发酵成熟醪中己酸乙酯的含量达到33.46mg/L。

发酵期间的酵母细胞总数和酵母存活率变化如图2（B）所示。添加己酸量不大于500mg/L时，二次发酵第5天时，酵母总数为2.5×10^8个/mL，随发酵时间的延长，由于乙醇抑制酵母细胞的生长，引起细胞的衰亡，酵母细胞数呈下降趋势。酵母存活率在发酵的前9天接近100%，至发酵结束时为70%～80%。与未添加己酸时对比，酵母细胞总数和存活率及其在发酵过程中的变化趋势无明显变化。表明酵母的生长繁殖并

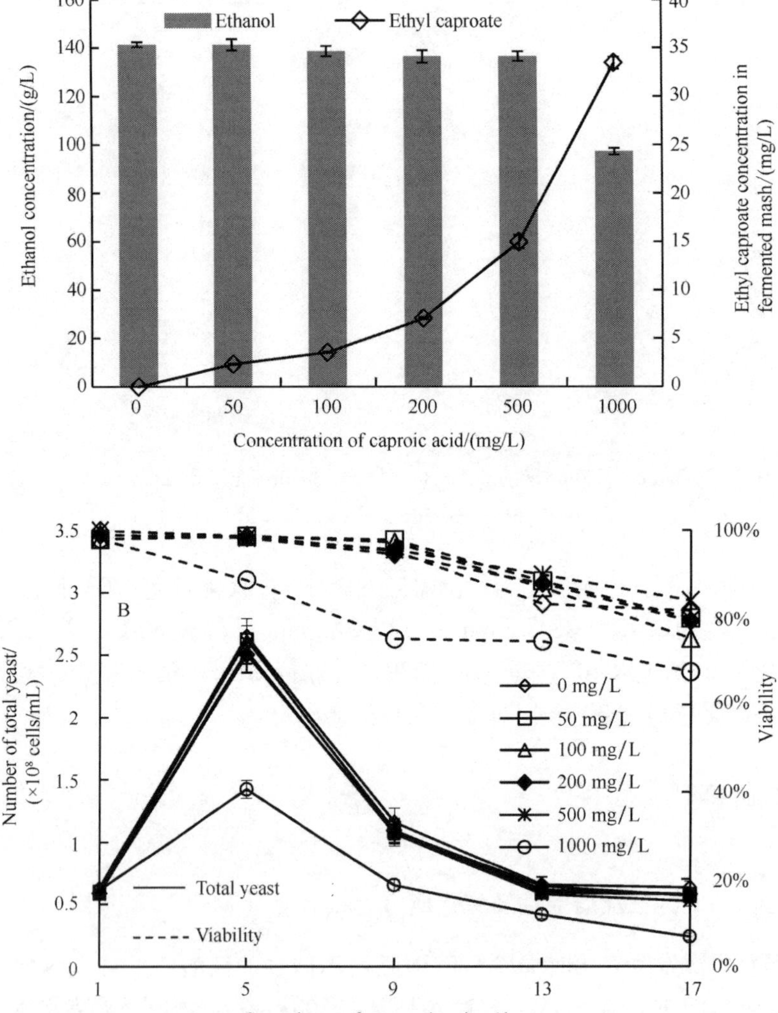

Figure 2 Effect of caproic acid on *shochu* production and the formation of ethyl caproate

(A) Effect of caproic acid on the formation of ethanol and ethyl caproate;

(B) Changes in the number of total yeast cells and viability during *shochu* production process at various dosages of caproic acid.

没有太大影响。而当已酸添加量上升至1000mg/L时，二次发酵第5天时，酵母总数为1.4×10^8个/mL，约为未添加己酸时的一半，酵母细胞存活率出现了明显的下降趋势，发酵成熟醪中的乙醇含量显著下降，这说明酵母的生长繁殖和乙醇发酵就受到了严重的抑制。

2.2 己酸菌的最适添加时间

分别在米烧酒生产的一次发酵的第一天，二次发酵的第一天和第四天加入己酸菌发酵生产米烧酒，其结果见表1。添加己酸菌的时间对最终发酵成熟醪液的乙醇浓度没有明显的影响。在二次发酵的第一天添加己酸菌，发酵成熟醪液的己酸乙酯浓度达到最大。可能的原因是己酸菌为厌氧细菌，其生长代谢对所处环境的厌氧条件要求较高。一次发酵的第一天酵母菌的生产和繁殖需要微量的氧气，发酵体系中不能达到使己酸菌正常生长代谢的厌氧条件。而到二次发酵的第四天时，烧酒的乙醇发酵基本完成，发酵醪中的乙醇浓度相当高，己酸菌对乙醇的耐受性有限，无法在此环境下进行正常的生长和代谢产酸，不能为酯的形成提供足够的前体物质[8]。确定己酸菌添加的最佳时间为二次发酵的第一天。

Table 1　Effects of adding time of CAPB consortium on the formation of ethyl caproate in the fermented mash

Compounds	Addingtime of CAPB		
	F1[a]	S1[b]	S4[c]
Ethanol/（g/L）	141.2±0.8	140.9±2.4	141.3±0.5
Ethylcaproate/（mg/L）	4.3±0.1	6.4±0.3	5.1±0.1

注：[a] Adding CAPB consortium or LAB on the 1st day of the first－stage fermentation.

[b] Adding CAPB consortium or LAB on the 1st day of the second－stage fermentation.

[c] Adding CAPB consortium or LAB on the 4th day of the second－stage fermentation.

2.3 己酸菌添加量对米烧酒生产的影响

在米烧酒的二次发酵第一天分别按原料用米的0%、2%、4%、6%、8%、10%加入己酸菌发酵液生产米烧酒，发酵过程中乙醇、己酸和己酸乙酯浓度变化如图3所示。不加己酸菌时，发酵液中没有己酸和己酸乙酯生成。添加己酸菌时，在二次发酵的前四天己酸被快速地消耗，同时有己酸乙酯产生。从第五天开始，己酸和己酸乙酯不断产生，其浓度缓慢上升。发酵成熟醪液中的己酸乙酯浓度随己酸菌的添加量增加而增加。己酸菌添加量为10%时，己酸乙酯的浓度最高，发酵成熟醪液中为13.4mg/L。己酸菌加量为0%和4%时，发酵成熟醪液中的乙醇浓度分别为141.5g/L和140.9g/L。然而，己酸菌加量为10%时，发酵成熟醪液中的乙醇浓度为132.5g/L。与不加己酸菌相比，己酸菌加量达4%时，对乙醇浓度没有明显的影响；己酸菌加量超过4%时，乙醇浓度随己酸菌添加量的增加而稍有下降。

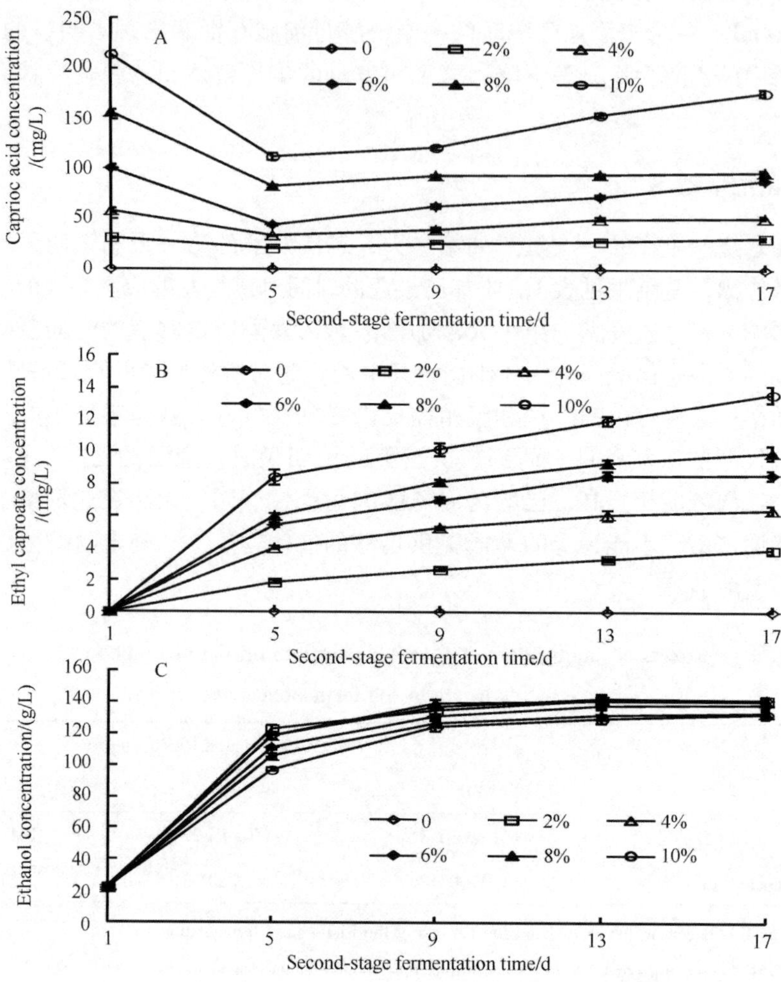

Figure 3 Effect of the amount of added CAPB consortium (v/w, based on material rice) on the formation of caproic acid (A), ethyl caproate (B), and ethanol (C).

Table 2 Effect of the amount of added CAPB consortium on the flavor compounds in *genshu*

(Unit: mg/L)

Flavor compounds	Adding dosage (v/w, based on material rice)					
	0%	2%	4%	6%	8%	10%
Acetaldehyde	41.3 ±0.2	32.5 ±0.6	35.6 ±0.7	37.4 ±0.4	40.5 ±0.6	40.7 ±0.6
Ethyl acetate	39.9 ±1.2	41.2 ±0.4	40.8 ±0.8	35.1 ±0.7	32.0 ±0.4	28.9 ±0.1
Acetal	5.1 ±0.1	5.2 ±0.1	4.3 ±0.03	6.5 ±0.1	7.9 ±0.3	8.2 ±0.2
Ethyl butyrate	ND[b]	0.6 ±0.06	1.2 ±0.03	1.6 ±0.03	2.7 ±0.1	2.9 ±0.1
n - Propyl alcohol	203.2 ±1.9	208.9 ±1.8	218.7 ±0.7	188.4 ±1.5	155.5 ±1.3	127.1 ±1.2
Isobutyl alcohol	242.8 ±1.2	231.0 ±1.6	228.5 ±0.9	200.7 ±1.0	159.3 ±1.8	147.1 ±2.8

续表

Flavor compounds	Adding dosage (v/w, based on material rice)					
	0%	2%	4%	6%	8%	10%
Isoamyl acetate	5.9 ±0.1	5.4 ±0.09	4.2 ±0.03	4.3 ±0.3	2.7 ±0.06	2.3 ±0.03
Ethyl valerate	ND	ND	ND	ND	ND	ND
n – Butyl alcohol	19.1 ±0.4	23.4 ±1.0	24.8 ±0.8	22.7 ±0.1	19.7 ±0.4	16.0 ±0.09
Isoamyl alcohol	599.6 ±9.8	573.5 ±4.4	567.7 ±7.7	507.2 ±3.7	420.0 ±5.6	381.8 ±2.1
Ethyl caproate	ND	27.3 ±0.3	47.9 ±0.3	60.0 ±1.4	76.6 ±0.8	102.5 ±1.3
Ethyl lactate	ND	ND	ND	ND	ND	ND
Hexyl alcohol	ND	ND	ND	ND	0.5 ±0.03	1.4 ±0.03
Ethyl caprylate	ND	ND	ND	1.3 ±0.01	ND	ND
Acetic acid	ND	40.5 ±0.6	42.1 ±0.07	40.9 ±0.9	41.2 ±0.5	40.2 ±0.9
Butyric acid	ND	8.2 ±0.03	9.1 ±0.09	10.4 ±0.4	10.9 ±0.3	17.4 ±0.2
β – Phenethyl acetate	2.4 ±0.04	2.6 ±0.04	2.5 ±0.04	2.6 ±0.06	2.5 ±0.04	2.4 ±0.03
Caproic acid	ND	25.2 ±0.4	32.2 ±0.4	56.5 ±0.9	67.8 ±1.1	84.1 ±1.0
β – Phenethyl alcohol	25.4 ±0.5	26.7 ±0.8	22.5 ±0.09	24.9 ±0.4	25.4 ±0.5	23.5 ±0.1

[a] ND：not detected

随已酸菌加量的增加，原酒中的已酸乙酯浓度也增加，其范围为27.3～102.5mg/L。异戊醇、异丁醇和正丙醇是烧酒中含量较高的高级醇，对烧酒的风味有重要作用。乙酸异戊酯是影响烧酒风味特征的重要物质，其含量高低直接影响烧酒的品质[9]。由表2可知，原酒中的异丁醇、异戊醇、正丙醇、乙酸异戊酯浓度随已酸菌添加量的增加而减少。原酒中的异丁醇、异戊醇、正丙醇浓度分别为127.1～218.7mg/L、147.1～242.8mg/L、381.8～599.6mg/L。相当于烧酒（25%乙醇，体积分数）中的异丁醇、异戊醇、正丙醇浓度分别为84.7～145.8mg/L、98.1～161.9mg/L、254.5～399.7mg/L，与以往报道中烧酒的异丁醇、异戊醇、正丙醇浓度分别在114～278mg/L、88～254mg/L、227～582mg/L范围内一致[1,10～12]。

2.4 感官评价

6个样品经日本烧酒厂的评酒人员品评，并做出感官评价。得出的评论是：添加了添加已酸菌的样品具有水果味，接近中国白酒的风味。样品的得分见表3，都为1.82～1.95。五到六个评酒人员认为所有的样品都带有甜味，而一到两个评酒人员认为样品中异戊醇含量超过500mg/L的烧酒是苦的。

相关统计分析表明，样品得分的高低取决于烧酒中的正丙醇（P）、异丁醇（B）、异戊醇（A）的浓度，以及高级醇的比值（A/P，A/B，B/P），这和山本等的报道有所不同[12]。样品中的A/P、A/B、B/P的比值分别为2.4～5.1、1.5～4.9、0.7～3.9，与大多数报道中的比值一样[1,12]。分别添加有2%和4%已酸菌的样品获得的得分最好，为1.82分，表明感官评价得分高低更多取决于合适的已酸乙酯的浓度，而不是高级醇的浓度和它们的比值。

Table 3　Sensory test results by the panelists from Japanese *shochu* distilleries using a three - point scoring system (1, excellent; 2, good; 3, poor)

Adding dosage (v/w, based on material rice)	Score	A/P[a]	A/B[a]	B/P[a]
0%	1.95 ±0.35	2.95	2.47	1.20
2%	1.82 ±0.40	2.74	2.48	1.11
4%	1.82 ±0.25	2.60	2.48	1.04
6%	1.84 ±0.36	2.69	2.53	1.07
8%	1.86 ±0.32	2.70	2.64	1.02
10%	1.90 ±0.38	3.00	2.60	1.16

注:[a] A: isoamyl alcohol; B, isobutyl alcohol; P, n - propyl alcohol. The ratios of these higher alcohols were calculated using the data in Table 2.

3　结语

酵母 Y - E 有一定的己酸耐受性，对于己酸的耐受极限为 1000mg/L；酵母 Y - E 具有利用己酸和乙醇生物合成己酸乙酯的能力。添加己酸菌可以增加米烧酒发酵成熟醪中的己酸乙酯含量，最适添加时间为二次发酵开始的第一天。

烧酒中的己酸乙酯含量随己酸菌添加量的增加而上升。原酒中的异丁醇、异戊醇、正丙醇、乙酸异戊酯浓度随己酸菌添加量的增加而略有减少，但处于合理的范围内。

添加 2% 和 4% 己酸菌的米烧酒，经日本烧酒厂的评酒人员品评获得最高得分为 1.82，己酸乙酯浓度分别为 27.3mg/L 和 47.9mg/L。实验表明添加己酸菌生产富含己酸乙酯的米烧酒是可行的。

参考文献

[1] Miyagawa. H., Tang. Y. Q., et al. Development of efficient *shochu* production technology with long - term repetition of *sashimoto* and reuse of stillage for fermentation. *J. Inst. Brew.*, 2011, 117: 91 -97

[2] Yoshizawa, K.. The higher alcohols and esters in refined *shochu*. *J. Brew. Soc. Japan*, 1980, 75: 451 -457

[3] Ichikawa. E., Hosokawa. N., et al. Breeding of a *sake* yeast with improved ethyl caproate productivity, *Agric. Biol. Chem.*, 1993, 88: 101 -105

[4] Arikawa. Y., Yamada, M., et al. Isolation of sake yeast mutants producing a high level of ethyl caproate and/or isoamyl acetate. *J. Biosci. Bioeng.*, 2000, 90: 675 -677

[5] Miyagawa. H., Tang. Y. Q., et al. Development of *shochu* making technology by la-

boratory fermentation with repetition of *sashimoto* for a long - term process and yeast strain stability. *J. Brew. Soc. Japan*, 2010, 105: 319 - 328

[6] 祁庆生，刘复今，等. 已酸菌 L - Ⅱ已酸发酵过程中生理及代谢特点 [J]. 微生物学通报, 1996, 2: 77 - 81

[7] Yoshizaki. Y. , Yamato. H. , et al. Analysis of volatile compounds in *shochu koji*, *sake koji*, and steamed rice by Gas Chromatography - Mass Spectrometry. *J. Inst. Brew.* , 2010, 116: 49 - 55

[8] 吴衍庸，易伟庆. 泸酒老窖已酸菌分离特性及产酸条件的研究. 酿酒科技, 1979, 3: 15 - 19

[9] Peddie. H. A. . Ester formation in brewery fermentations. *J. Inst. Brew.* , 1990, 96: 327 - 331

[10] Kida. K. , Nakagawa. M. , et al. Production of *shochu* on a commercial scale from post - distillation slurry by a newly developed recycling process. *J. Inst. Brew.* , 1998, 104: 265 - 272

[11] Nagagawa. M. , Morimura. S. , et al. Breeding of *shochu* yeasts with high viability for *shochu* making with recycling of post - distillation slurry. *J. Brew. Soc. Japan*, 1997, 92: 651 - 659

[12] Yamamoto. H. , Morimura. S. , et al. The utility evaluation and characterization of yeast (MF062) isolated from *shochu* mash in commercial scale brewing tests. *J. Brew. Soc. Japan*, 2013, 108: 45 - 51

大麦焼酎の香気成分とその官能特性

大石雅志，今永宏樹
三和酒類株式会社　三和研究所、879－0495　日本　大分県宇佐市山本2231－1

摘　要：大麦焼酎に含まれる香気成分が官能特性に与える影響を検討するとともに官能評価用語および標準見本を確立するための研究を行った。また、大麦焼酎に特有な香気成分の探索も併せて試みた。その結果、大麦焼酎の特有成分としてアルキルフランを確認し、22成分の閾値および官能特性を決定した。さらに、オドーユニットおよび香気の類似度を用いたクラスター分析の結果より、大麦焼酎の官能評価における10の標準見本を選抜した。

关键词：大麦焼酎，香気成分，アルキルフラン，閾値，官能評価用語，標準見本

Odor compounds in barley－*shochu* and their sensory attributes

Masashi Oishi，Hiroki Imanaga
Sanwa shurui Co.，Ltd.，Address，2231－1 Yamamoto，Usa，Oita，879－0495 Japan

Abstract：We aimed to establish sensory evaluation terms and reference standards for barley－*shochu* while examining the influence of odor compounds upon the sensory attributes. Also，screening was carried out for odor compounds which are unique to barley－*shochu*. The thresholds and sensory attributes of 22 compounds in 25%（v/v）ethanol solution and in barley－*shochu* products were determined. Alkylfurans were identified as the characteristic odor compounds of barley－*shochu*. Moreover，the odor unit values and clustering analysis of the degree of odor similarity revealed that 10 compounds could be used as reference standards for sensory evaluation of barley－*shochu*.

Key words：barley－*shochu*，odor compound，alkylfurans，thereshold，sensory evaluation term，reference standard

著者名：大石雅志、今永宏樹，所属：三和酒類株式会社 三和研究所，電子メール：ooishi－m@kokuzo. co. jp。

焼酎の品質管理や商品開発を進める上で、官能評価は機器分析と並んで必要不可欠な手段となる。官能評価から正確な情報を得るためには、パネリストを選抜、訓練することが重要となるが、選抜や訓練の内容を決めるのに焼酎に含まれる香気成分が有する香りの質や閾値といった官能特性を予め把握する必要がある。ビール[1,2]、ウイスキー[3]、清酒[4]といった他の酒類においては官能評価用語および標準見本からなるフレーバーホイールがあるものの、大麦焼酎をはじめ焼酎全般においてはそのような体系的な報告例はない。また、焼酎は多様な原料で製造され、それぞれの焼酎には原料別に特徴的な香味を有することが知られている。ただし、原料に特異的な香気成分として明らかになっているのは甘藷焼酎のモノテルペンアルコール[5]だけであり、大麦焼酎に関してはほとんど知見がない。

そこで、大麦焼酎の官能評価用語および標準見本の確立を試みるにあたり、初めに大麦焼酎の原料特性を示す特有香気成分を探索した。次に、大麦焼酎に含まれる主要な香気成分に大麦焼酎の特有香気成分を加えた22成分の閾値および官能特性を表す用語を決定した。最終的にそれら22成分を対象に香気寄与度の指標であるオドーユニットや香気の類似性から標準見本としての妥当性についても検討した。

1 大麦焼酎の特有香気成分の探索

食品の香気成分分析の前処理で一般的に用いられるポラパックQと比較して低沸点成分の検出に有効であるEntech社製自動濃縮装置7100Aとガスクロマトグラフ－質量分析計を用いて、各原料(大麦、米、蕎麦、甘藷)で製造された市販のアルコール分25度の焼酎を分析した。その結果、他原料の焼酎と比較して3つのアルキルフランが大麦焼酎に多く含有されることが明らかになった(Fig. 1)。これらアルキルフランの中で最も多く含有されていた2－ペンチルフランを大麦焼酎に添加して香味に与える影響を検討したところ、5～15μg/Lの濃度範囲において味に「厚み」や「甘味」を付与し、香味をまろやかさにする傾向があることが確認された。ただ、それ以上の濃度になると、味に「苦味」を付与する傾向も見られた。よって、2－ペンチルフランはある範囲において香味に良い影響を与えることが示唆された。

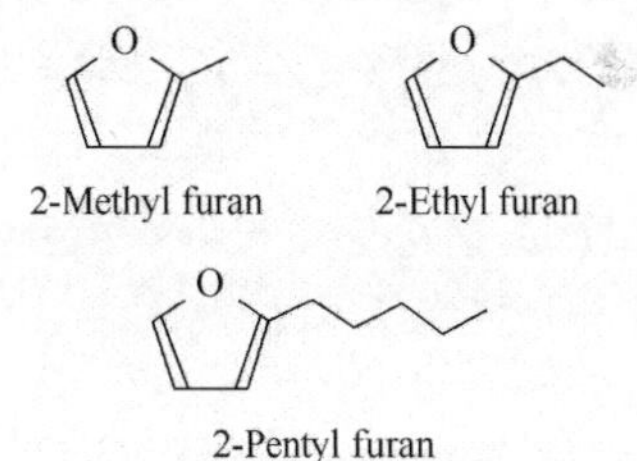

Fig. 1 Alkyfurans identified as the characteristic odor compounds of barley－*shochu*

2 香気成分の閾値測定

閾値を測定するにあたり、製造方法の異なる当社のアルコール分25度の大麦焼酎：以下、25度大麦焼酎2点および市販の25度大麦焼酎5点の計7点を溶媒の候補として、適度に大麦焼酎の香気的特徴を有する溶媒の選抜を行った。22香気成分の濃度を正規化したものを変数としてWard 法によるクラスター分析を行い、7 点の25 度大麦焼酎における各香気成分の濃度の平均値と同じクラスターを形成する大麦焼酎を溶媒として選抜した。そして、25%(v/v)エタノール水溶液:以下、25%エタノール溶液および選抜した25 度大麦焼酎を溶媒としてASTM E679 – 91「強制選択による上昇系列の閾値測定法」[6] に準拠して22 香気成分の検知および認知閾値を測定した(Table 1)。それぞれの溶媒における閾値を比較すると、特に酢酸エチル、*n* – プロパノール、*n* – ブタノール、チオ酢酸S – メチルの4 成分は検知および認知閾値ともに25 度大麦焼酎の方が低いことが観察された。この閾値低下の現象については共存する成分との相乗効果によるものだと推察された。それに加えて、*n* – プロパノールとn – ブタノールはエタノールと香りの質が似ているため、25%エタノール溶液中での閾値が高くなったことも原因であると考えられた。大麦焼酎の特有香気成分である2 – ペンチルフランの25 度大麦焼酎における検知閾値は64μg/Lであったが、1 項の結果から5 ~15μg/Lの濃度範囲において味に関与することが認められていることから、香りよりも味への寄与が大きい成分であることが示唆された。さらに、香気成分濃度のデータは省略するが、25%エタノール溶液の検知閾値を用いて香気寄与度の指標の1つであるオドーユニット[2] を算出し、大麦焼酎の品質に影響を与える香気成分を評価した(Table 2)。7 点の25 度大麦焼酎において*n* – プロパノール、*n* – ブタノールはオドーユニットの最大値が0.2 以下であったが、その他の19 成分は0.8 より大きく、大麦焼酎の香気特性への寄与が考えられた。さらに、溶媒に用いた25 度大麦焼酎の各香気成分濃度にTable 1に示す認知閾値濃度をそれぞれ添加した場合の香気成分濃度 α と、7 点の25 度大麦焼酎における香気成分濃度の最大値 β の比を評価すると、β/α の値が0.5 以上を示す成分は、アセトアルデヒド、酢酸エチル、酢酸イソアミル、イソアミルアルコール、カプロン酸エチル、カプリル酸エチル、カプリン酸エチル、酢酸 β – フェネチル、チオ酢酸S – メチル、DMDS、DMTS、フルフラール、4 – VG、ダイアセチルであり、これらが標準見本物質の候補として考えられた。

Table 1　Detection and recognition threshold values of odor compounds

Compound	25% (v/v) Ethanol solution		Barley – *shochu*	
	Detection threshold / (mg/L)	Recognition threshold / (mg/L)	Detection threshold / (mg/L)	Recognition threshold / (mg/L)
Acetaldehyde	9.0	18	5.8	26
Ethyl acetate	29	70	7.7	16
n – Propanol	950	2300	75	170
Isobutanol	150	330	200	610
Isoamyl acetate	0.24	0.54	1.6	3.8

续表

Compound	25% (v/v) Ethanol solution		Barley – *shochu*	
	Detection threshold / (mg/L)	Recognition threshold / (mg/L)	Detection threshold / (mg/L)	Recognition threshold / (mg/L)
n – Butanol	280	420	24	54
Isoamyl alcohol	33	64	72	176
Ethyl caproate	0. 015	0. 042	0. 036	0. 16
Ethyl caprylate	0. 29	0. 63	0. 75	1. 4
Ethyl caprate	0. 56	1. 3	0. 75	1. 8
β – Phenethyl acetate	0. 83	2. 4	1. 8	5. 2
β – Phenethyl alcohol	18	35	45	95
Ethyl mercaptan	0. 0002	0. 00052	0. 00082	0. 0053
DMS	0. 0055	0. 011	0. 021	0. 056
S – Methyl thioacetate	0. 05	0. 14	0. 021	0. 036
DMDS	0. 017	0. 062	0. 0089	0. 021
DMTS	0. 000037	0. 00009	0. 00003	0. 00008
Furfural	15	35	8. 3	21
2 – Pentylfuran	0. 014	0. 035	0. 064	0. 17
Vanillin	0. 23	0. 50	0. 40	0. 92
4 – VG	0. 057	0. 12	0. 068	0. 18
Diacetyl	0. 0056	0. 021	0. 0072	0. 020

Table 2　Odor unit values of odor compounds in 7 barley – *shochu* samples

Compound	Range
Acetaldehyde	0. 2 ~ 3. 3
Ethyl acetate	0. 1 ~ 3. 9
n – Propanol	0. 1 ~ 0. 2
Isobutanol	0. 8 ~ 1. 0
Isoamyl acetate	2. 8 ~ 37. 7
n – Butanol	0. 0 ~ 0. 0 *
Isoamyl alcohol	1. 3 ~ 15. 1
Ethyl caproate	9. 3 ~ 37. 3
Ethyl caprylate	0. 0 ~ 5. 3
Ethyl caprate	0. 0 ~ 3. 3
β – Phenethyl acetate	0. 0 ~ 3. 8

续表

Compound	Range
β - Phenethyl alcohol	0. 1 ~ 4. 4
Ethyl mercaptan	N. C.
DMS	0. 0 ~ 2. 5
S - Methyl thioacetate	0. 0 ~ 0. 8
DMDS	0. 0 ~ 0. 9
DMTS	0. 0 ~ 105. 4
Furfural	0. 0 ~ 0. 8
2 - Pentylfuran	0. 2 ~ 3. 5
Vanillin	0. 0 ~ 1. 1
4 - VG	0. 0 ~ 3. 3
Diacetyl	1. 8 ~ 212. 5

注：* Lower than 0. 05

N. C. ：not calculated

3 香気成分の官能特性を表す用語

香りの質に関してパネリスト間で共通認識を得るため、25%エタノール溶液における22香気成分の官能特性を表す用語はディスカッションにより決定した。25度大麦焼酎については閾値の測定にて認知閾値濃度以上のステップの試験試料に認知された表現を集計し、最も多かった表現を用語として採用した(Table 3)。25%エタノール溶液および25度大麦焼酎の両溶媒において決定された官能特性を表す用語を比較すると、大きく異なる用語は確認されなかった。よって、香りの認知に関しては閾値と違い共存する香気成分の影響はそれほど受けないことが考えられる。2 - ペンチルフランは25%エタノール溶液で「草様· ハーブ様」、25度大麦焼酎で「スパイス様」という用語で表現され、Lam· Proctorの報告[7]にある「リコリス· 豆様」という表現とおおよそ一致していたため、官能特性を表す用語として適切であると判断した。その他の成分の用語については、他の酒類での報告と大きな差異は見られなかった。

Table 3　Sensory evaluation terms for odor compounds

Compound	Sensory evaluation term	
	25% (v/v) Ethanol solution	Barley - *shochu*
Acetaldehyde	acetaldehyde	aldehyde
Ethyl acetate	ethyl acetate	ethyl acetate, estery, alcoholic
n - Propanol	alcoholic	alcoholic, sweet

续表

Compound	Sensory evaluation term	
	25% (v/v) Ethanol solution	Barley - *shochu*
Isobutanol	alcoholic, chemical	alcoholic
Isoamyl acetate	fruity (banana)	fruity
n - Butanol	alcoholic	alcoholic, sweet
Isoamyl alcohol	alcoholic, solvent, ink	alcoholic, sweet
Ethyl caproate	fruity (apple)	fruity
Ethyl caprylate	unripe fruit, soapy, oily	fruity
Ethyl caprate	grassy, oily	ethyl caprate, grassy, herbal
β - Phenethyl acetate	floral (rose)	floral (rose)
β - Phenethyl alcohol	floral (rose)	floral (rose)
Ethyl mercaptan	mercaptan, rotten onion	sulphury
DMS	laver	sulphury
S - Methyl thioacetate	rotten	sulphury, rotten egg
DMDS	garlic, pickles	sulphury
DMTS	sulfide	sulphury
Furfural	furfural, sweet, smoky	furfural, sweet
2 - Pentylfuran	grassy, herbal	spicy
Vanillin	vanilla, sweet	vanillin
4 - VG	smoky, 4 - VG	smoky, sweet
Diacetyl	Diacetyl	Diacetyl, caramel

4 官能特性による香気成分の分類

斉藤· 綾部[8]の方法を参考に官能特性による香気成分の分類を行った。すなわち、香りが認識可能な濃度になるように22香気成分をそれぞれ添加した溶液50mlを入れた110ml容スクリュー管をパネリストに供試し、各試料が有する香りの類似性によるグループの作成を依頼した。そのグループ化の結果についてサンプル相互の非類似度を算出し、Ward法によるクラスター分析によりデンドログラムを作成した(Fig. 2)。各パネリストが分類したグループの数の平均値は25%エタノール溶液では7.3、25度大麦焼酎では6.9であったため、Fig. 2に示す破線の位置で区切ることにより、両溶媒ともに7つのクラスターを得た。25%エタノール溶液と25度大麦焼酎における香気成分の分類結果はほぼ一致していた。25度大麦焼酎のデンドログラムにある7つのグループについては各グループを構成する香気成分が有する官能特性を表す用語を参考に、ディスカッションによりグループ名を作成した。 その結果、甘臭·煙臭、ダイアセチル、花の香様· スパイス様、アルデヒド、果実様· 油臭、アルコール臭、硫黄様というグループ名を決定した。 さらに、クラスター分析の結果、14の標準見本物質候補において官能特性が類似する酢酸イソアミルおよびカプロン酸エチル、カプリル酸エチルおよびカプリン酸エチル、DMDS、DMTSおよびチオ酢酸S－メチルについては、それぞれ1つを採用し、7つのグループに所属する4－VG、フルフラール、ダイアセチル、酢酸 β－フェネチル、アセトアルデヒド、酢酸イソアミル、カプリン酸エチル、酢酸エチル、イソアミルアルコール、DMTSを標準見本に決定した。

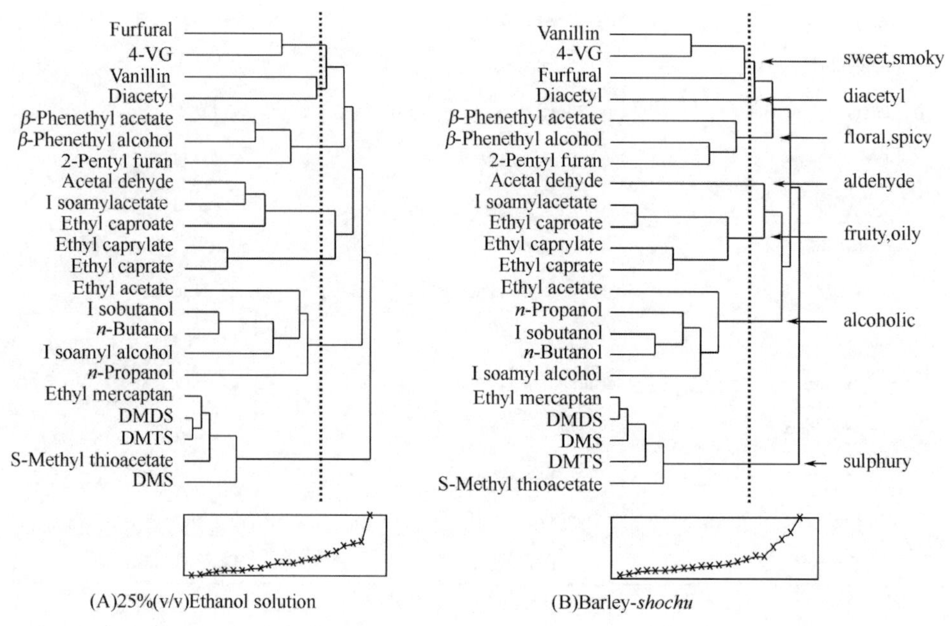

Fig. 2 Hierarchical clustering among odor compounds using the degree of odor similarity in (A) 25% (v/v) ethanol solution and (B) barley－*shochu*

おわりに

大麦焼酎に適した官能評価用語および標準見本を確立することを目的に、大麦焼酎の特有香気成分として確認された2－ペンチルフランを含む22 香気成分の閾値および官能特性を表す用語を決定した。 さらに、大麦焼酎の官能評価に利用可能な標準見本として10の香気成分を選抜した。 今後、本報において決定した閾値、官能特性を表す用語および標準見本は、大麦焼酎の品質管理や商品開発に必要なパネリストの選抜や訓練への利用が期待される。

参考文献

[1] M. C. Meilgaard, D. S. Reid, and K. A. Wyborski, J. Am. Soc. Brew. , 40, 119 - 128 (1982)

[2] ビール酒造組合国際技術委員会編: BCOJ 官能評価法, 日本醸造協会 (2002)

[3] K. Y. M. Lee, A. Paterson, J. R. Piggott and G. D. Richardson, J. Inst. Brew. , 107, 287 (2001)

[4] 宇都宮仁、磯谷敦子、岩田博、中野成美: 酒類総合研究所報告, 178 (2006)

[5] 太田剛雄: 醸協, 86, 250 (1991)

[6] ASTM, E679 - 91, Standard Practice for Determination of Odor and Taste Thresholds By a Forced - Choice Ascending Concentration Series Method of Limit. American So - ciety for Testing and Materials (1991)

[7] H. S. Lam and A. Proctor, J. Food Sci. , 68, 2676 (2003)

[8] 斉藤幸子、綾部早穂: 臭気の研究, 33, 1 (2002)

焼酎とスピリッツの香気成分

福田 央
酒類総合研究所，739－0046 日本 東広島市鏡山3－7－1

摘　要：本格焼酎· 泡盛及びホワイトスピリッツ(ラム酒、テキーラ)について、低沸点揮発成分及び中高沸点揮発成分84成分を分析· 比較した。特に、本格焼酎の黒糖焼酎は糖を原料とすることから、同様に糖を原料とするホワイトスピリッツ(ラム酒、テキーラ)と比較検討した。また、ラム酒、テキーラと黒糖焼酎で有意差のある成分を検討し、判別分析を行った。その他、黒糖焼酎に含まれる特徴的な成分の由来について検討した。

关键词：焼酎，泡盛，黒糖焼酎，ラム，テキーラ

Volatile compounds of shochu, awamori and spirits

Hisashi Fukuda
National Research Institute of Brewing, 3－7－1 Kagamiyama,
Higashi－Hiroshima, 739－0046, Japan

Abstract: To classify their compounds of shochu, awamori, and white spirits (rum and tequila), we analyzed 78 volatile compounds by head space solid phase micro extraction (SPME), and 6 volatile compounds by direct head space analysis. Especiallly, Kokuto shochu made from brown sugar, was compared with volatile compounds of white spirits. It is tried to examine a significant difference in volatile compounds between Kokuto shochu and white spirits, and in a stepwise discriminant analysis procedure, they were classified into Kokuto shochu. In addition, origin of characteristic volatile compounds in Kokuto shochu was investigated.

Key words: Shochu, Awamori, Kokuto Shochu, Rum, Tequila

Corresponding author：福田 央，酒類総合研究所醸造技術基盤研究部門長，E－mail：h. fukuda@nrib. go. jp。

焼酎とは

焼酎は、米麹（あるいは麦麹）に水と酵母を加えて発酵させたもろみ（一次もろみ）に主原料（蒸した米、麦、甘藷、ソバなど）を仕込み、発酵熟成させたもろみを単式蒸留機で蒸留して造られる。

焼酎の原料は麹原料と主原料に分けられ、主原料により焼酎の種類及び主原料に基づく焼酎の風味特徴が形成される。 主原料には米や麦をはじめとする穀類、甘藷のようないも類、黒糖のような糖質原料やその他の原料が使用される。

麹原料及び主原料は、洗浄、浸漬、水切り、蒸きょうされ、麹原料は製麹工程へ、主原料は二次もろみに添加される。 焼酎の発酵は一次もろみと二次もろみに分けて行なわれる。 一次もろみは麹と汲水を原料とし、これに培養酵母を添加して酵母を多量に培養するとともに、二次もろみに必要な酵素とクエン酸の溶出を目的としている。 二次もろみでは一次もろみに主原料と水を加えて、糖化と発酵を並行して行う。 本格焼酎は二次仕込みで蒸留するが、泡盛は一次仕込みのもろみを蒸留する。 焼酎の蒸留機は単式蒸留機を用い、常圧蒸留又は減圧蒸留を行う。 常圧蒸留は伝統的な蒸留方法で、原料の特性が生かされ、原料本来の甘みや旨味と香りが高い。減圧蒸留は1970年代前半に登場した新しい蒸留法で、蒸留機内部の圧力を下げ、低温で蒸留するため、淡麗でソフトな味わいになる。

研究の背景

焼酎の成分分析は、主として通常のGCで測定される低沸点香気成分の他は、甘藷焼酎の特徴香であるモノテルペン系アルコール、泡盛の熟成香に関連するバニリンなど香味に関連性のある成分に限られてきた。

しかし、近年は、GC/MSなどの分析技術が進歩· 普及し、多成分分析が可能となった。 GC/MSの普及は海外の酒類分析の報告などからも明らかなように、1990年代後半当たりの報告から分析法として目にする機会が多くなったように思われる。GC/MSは、御存知の通りGCにより成分を分離し、物質をMS部分で同定できる。 物質同定も分析機器と連動しているPCのライブラリーを参照して、最も可能性の高い化合物を候補順にソートして提示されるので、分析· 定量· 同定の作業の効率が格段に向上した。

第2に、自由貿易の協定締結に際しての商品分類、地理的表示の保護の問題など、商品の表示に関する重要性が高くなった点である。

このような、社会的な要請とともに技術的進歩を背景に、焼酎の成分分析の研究は進められている。 本報告では、本格焼酎の内、糖類を原料とする黒糖焼酎及び糖類を原料とするホワイトスピリッツの成分について述べる。

黒糖焼酎の揮発性成分の特徴[1]

黒糖焼酎は、奄美大島諸島のみで製造が認められた黒糖を主原料とする本格焼酎である。原料は米麹と黒糖であり、米麹は一次もろみに使用されるものの、二次もろみでは他の焼酎と異なり糖質を原料とし、黒糖を主原料としている。

本研究では黒糖焼酎の54点について、低沸点香気成分及び中高沸点香気成分85成分を分析し、黒糖焼酎の特徴となる成分の解析により、黒糖焼酎と他の焼酎との判別の可能性及び判別に関わる成分の由来を検討し、更に既に報告されている官能評価と関連のある成分についても他の単式蒸留焼酎と比較検討した。

試料は第35回本格焼酎鑑評会出品酒、米焼酎24点，麦焼酎57点，甘藷焼酎58点，泡盛16点，酒粕焼酎11点，そば焼酎2点，その他原料とする焼酎13点及び新たに購入した黒糖焼酎52点とした。第35回本格焼酎鑑評会出品酒のその他を原料とする焼酎には2点の黒糖焼酎が含まれていたことから、その他原料とする焼酎は11点、黒糖焼酎は54点として分析・解析を行った。

SPME抽出装置はAuto Injector(AOC－5000，島津製作所)を使用し、定量分析はガスクロマトグラフ質量分析計(GCMS－QP2010，島津製作所製)を使用した。

統計解析には、SAS Institute Japan株式会社のJMP5.1を使用した。

黒糖焼酎及び他の本格焼酎の成分分析したところ、2,5－ジメチルピラジン及び2－エチル－5(6)－メチルピラジンは、その他を原料とする焼酎以外では黒糖焼酎のみで認められ、逆にカプロン酸イソブチルは黒糖焼酎ではほとんど検出されなかった。黒糖焼酎に多い成分としてはネロリドール及びラウリン酸エチル、イソブチル酸エチルがあり、逆に少ない成分としては酢酸フェネチル、酢酸2メチルブチルが認められた。以上のことから、2,5－ジメチルピラジンの有無を基準とし、更に酢酸フェネチルなどの含量に差異の認められる成分の比較により黒糖焼酎とそれ以外の焼酎を簡便に分類できると予想された。

2,5－ジメチルピラジン及び2－エチル－5(6)－メチルピラジンは、黒糖焼酎に特徴的に認められる成分であることから、その由来は黒糖焼酎の特徴的な原料である黒糖に由来するものと推定される。そこで、黒糖をアルコール水に溶解・蒸留したところ、2,5－ジメチルピラジンを留液に認めた。また、黒糖そのものを直接、香気成分を分析したところ、2,5－ジメチルピラジンが認められた。

以上の結果から、黒糖焼酎に特徴的に認められる2,5－ジメチルピラジン及び2－エチル－5(6)－メチルピラジンは、原料である黒糖に由来するものと考えられた。

黒糖焼酎とそれ以外の焼酎で含量に有意に差のある成分は21成分であり、更にステップワイズ法で変数を選択し、判別分析を試みた。変数として選択された2,5－ジメチルピラジン、ネロリドール、イソ酪酸エチル、ウンデカン酸エチル、酢酸 β－フェネチル及び β－フェネチルアルコールにより判別分析を行った。また、判別分析の精度を確認したところ誤判定率は5%以下となった。当該判別分析でテスト試料40点を解析したところ正しく判別された(Fig 1)。

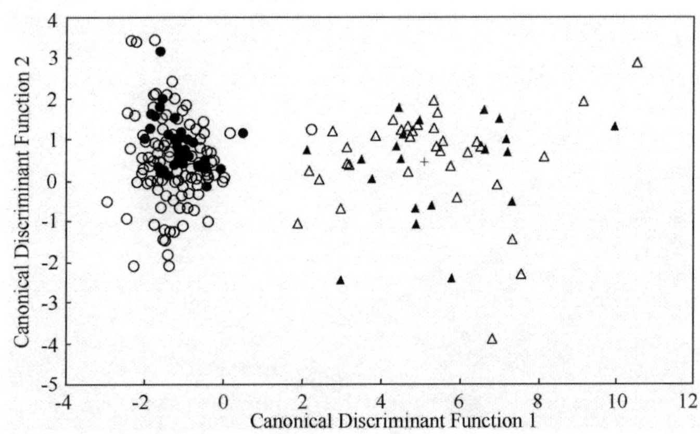

Fig. 1 Six limit variables of performance obtained by cross - validation analysis of Kokuto Shochu and the other Shochu. Cross - validation was conducted by randomly splitting the data into two groups, using first group for training [△, Kokuto Shochu (34 samples); ○, the other Shochu (159 samples)) and remaindar for testing (▲, Kokuto Shochu (20 samples); ●, the other Shochu (20 samples)] discrimination model.

ラム酒・テキーラの揮発性成分の特徴と黒糖焼酎との判別[2,3]

ラム酒は糖蜜又は糖蜜の製糖工程の副産物を原料とした蒸留酒であり、黒糖焼酎は黒糖と麹を原料とした蒸留酒ではあるが、両者とも、さとうきびに由来する糖を主原料とした酒類である。またテキーラは、メキシコ国内のハリスコ州とその周辺で、竜舌蘭の一種アガベ· テキラーナ· ウェーバー· ブルー(Agave Tequilana Weber, Blue)由来の糖質を原料として作られる酒類である。本研究では、同様の原料を利用するラム酒、テキーラの揮発性成分を分析し、更に黒糖焼酎と比較するとともに判別の可能性について検討した。

ラム酒52点及びテキーラ62点を試料とし、分析及び分析結果の解析は前述のとおりである。

(ラム酒の揮発性成分の特徴と黒糖焼酎との判別)

ラム酒と黒糖焼酎の低沸点香気成分及び中高沸点香気成分84成分の内で含量に有意差のある成分を解析した。

有意差のある成分の内、黒糖焼酎がラム酒より含量の高いものは、フェニルアセトアルデヒド、β-フェネチルアルコール、β-フェネチル酢酸、クロトン酸エチル、2,5-ジメチルピラジンなどの27成分であった。ラム酒が黒糖焼酎より含量の高いものは、カプリン酸イソアミル、バニリン、DMSなどの11成分であった。これらの分析結果をもとに、有意差の認められる成分をもとにステップワイズ法による判別分析を試みた。変数として選択されたβ－フェネチルアルコール、カプリン酸イソアミル、クロトン酸エチルによる判別分析したところ、ラム酒52点及び黒糖焼酎54点が判別された(Fig. 2)。

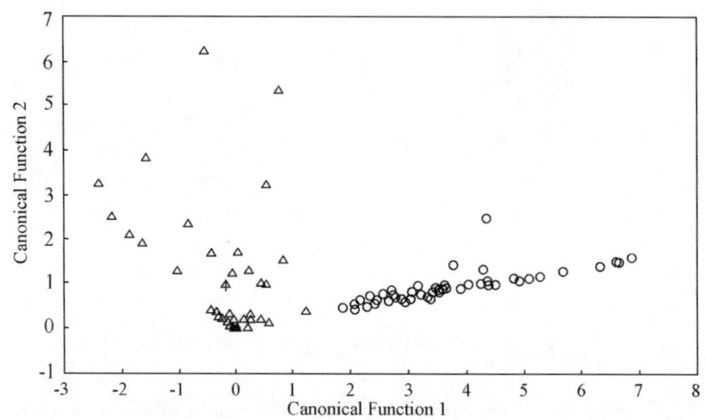

Fig. 2 Discrimination of rum and kokuto *shochu* by discriminant analysis with 3 limit variables.
△, rum; ○, kokuto shochu. Cross－ shapes showed centroides of variety.

また、分析に供したラム酒からランダムに選んだラム酒32点及び黒糖焼酎34点について、変数として選択された3成分により判別分析を行い、残り各20点をテスト試料として検証を行った。その結果、当該判別分析でテスト試料40点を解析したところ正しく判別された。

(テキーラの揮発性成分の特徴とラム酒及び黒糖焼酎との判別)

テキーラと同様に原料として糖質を用いるラム酒及び黒糖焼酎の3種類で揮発成分組成の比較検討を試みるため、84成分の内、含量で有意差のある成分を解析した。

有意差のある成分の内、テキーラの含量の高いものは、α－テルピネオール、1－オクテン－3－オール、カプリン酸イソブチル、カプリン酸イソアミル、等の24成分であり、ラム酒及び黒糖で多いのは、エナント酸エチル、3－メチルチオプロピオン酸エチル等の5成分であり、テキーラと黒糖焼酎で多いものは、酢酸βフェネチル、フェニルアセトアルデヒド等の5成分であり、テキーラ及びラム酒で多いものは、1－ヘキサノール、バニリン、DMDSの3成分であり、黒糖で多いものは、β－フェネチルアルコール、クロトン酸エチル、2,5－ジメチルピラジン、及び2－エチル－5(6)－メチルピラジン等の15成分であった。既に述べたとおりテキーラでのみで含量の高い成分は、24成分、黒糖焼酎のみで含量の高い成分は15成分であったが、ラム酒のみで含量の高い成分はなかった。

テキーラ、ラム酒及び黒糖焼酎の揮発成分組成の比較検討の結果、有意差のある成分からステップワイズ法により選択したα－テルピネオール、5－メチル－2－フルアルデヒド、β－フェネチルアルコール、ドデカノール、2,5－ジメチルピラジン、1

–オクテン–3–オール、クロトン酸エチル、及びカプリン酸イソブチルの8 成分による判別分析の結果をFig. 3に示す。

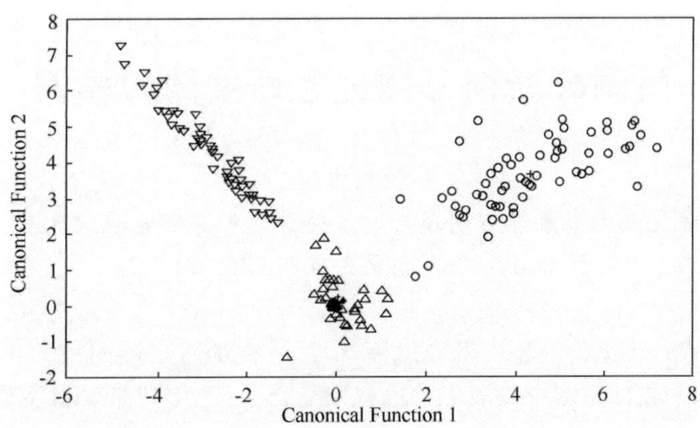

Fig. 3 Discrimination of rum, kokuto shochu and tequila by discriminant analysis with 8 limit variables. ▽, kokuto shochu; △, rum; ○, tequila. The dark symbols represent misjudged samples. Cross shapes show centroides of variety.

その結果、黒糖焼酎54 点は、ラム酒52 点及びテキーラ62 点とは適切に判別された。ラム酒とテキーラではテキーラ62 点の内、2 点がラム酒と判定された。

ラム酒とテキーラの判別のため、ステップワイズ法により選択した成分、α–テルピネオール、5–メチル–2–フルアルデヒド、ドデカノール、カプリン酸イソアミル及び安息香酸エチルによる判別分析を行い、判別の精度を検討した結果、97% であった。

まとめ

我々は、本格焼酎· 泡盛、ラム酒及びテキーラの成分をGC/MSにより同定· 定量し、酒類に含まれる成分について全体像の把握が可能となった。

また、その分析結果を、統計的処理することで、酒類で含量に差のある成分の特定と、当該成分を利用した酒類の判別分析が出来た。

参考文献

［1］福田 央・韓錦順, 2014, 黒糖焼酎の揮発成分組成の特性. 日本醸造協会誌, 109, 735–744

［2］福田 央・韓錦順, 2015, ラム酒の揮発成分組成による分類及び黒糖焼酎との比較. 日本醸造協会誌, 110, 261–275

［3］福田 央・韓錦順, 2015, テキーラの揮発成分組成による分類及び黒糖焼酎· ラム酒との比較. 日本醸造協会誌, 印刷中

焼酎の新商品開発と新展開の事例

鮫島吉廣
鹿児島大学農学部附属焼酎・発酵学教育研究センター、
〒890－0065 鹿児島市郡元1－21－24

摘　要：1975年以降、南九州の地酒にすぎなかった焼酎は飛躍的な発展を遂げ、今では清酒と並び日本を代表する酒になった。 その背景には品質向上や多彩な酒質創出のためのたゆまぬ挑戦があった。 本稿では、筆者が手掛けた商品開発と技術開発の中から、歴史を掘り起こす中で生まれた古式焼酎の復元、新技術を組み合わせ従来のイメージを変えた焼酎、サツマイモの原料特性を生かした発泡酒の開発、焼酎麹を機能性素材としてとらえた焼酎原料の新しい展開について、事例紹介する。

关键词：古式芋焼酎，新蒸留法，サツマイモ発泡酒，機能性麹

The case of new product development and further progress of shochu

Yoshihiro Sameshima
Kagoshima University, Faculty of Agriculture, Education and Research Center for Fermentation Studies, Address, Kagoshima 890－0065, Japan

Abstract: Since 1975, shochu has been developed to Japanese representative liquor as seishu, although it was no more than local liquor in Minami－Kyushu before. Behind the development of shochu, there are continuous challenging to improve its quality and to create various kinds of shochu. Herein, I will introduce the several cases to show our product and technical development, such as the old－typeshochu which is restored according to the historical literature, the modern shochu which is used fused newest technology and traditional technique, the development of beer－like beverage which is utilizing a characteristic of sweet potato, and the new progress of koji as a functional ingredient.

Key words: old－type shochu, new distillation method, sweet potato beer－like bever-

Corresponding Author：鮫島吉廣（1947—），鹿児島大学客員教授，E－mail：mysampo2@yahoo.co.jp。

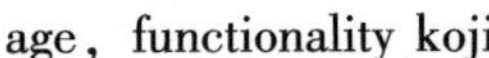
age，functionality koji

日本の伝統的蒸留酒である焼酎は米焼酎で500年の歴史を持つ。当初はどんぶり仕込法と呼ばれる清酒の製法に準じて発酵させこれを蒸留していたが、18世紀前半にサツマイモが導入され、いくつかの試行を経て、サツマイモに適した製造法である二次仕込法へと移行していった。この製造法は暖地での安全な発酵を可能にしたが、酒質は依然として個性的なもので必ずしも万人に受け入れられるものではなかった。1975年以降、減圧蒸留やイオン交換処理といった新製法が登場し、麦焼酎や米焼酎などの穀類焼酎は淡麗化に成功し、市場は一気に拡大した。しかしながら、原料特性と味わいを重視する芋焼酎にあっては、その個性を大事にする一方で、芋焼酎のニオイを改善する技術開発が求められていた。酒は文化の産物である。焼酎文化の掘り起こしに寄与する商品、新しい時代に適応できる商品、そしてその技術を基礎に新しい展開を図る必要性が求められている。

1　歴史に学ぶ~古式芋焼酎の復元~

現在の芋焼酎製造法は、まずクエン酸を造る焼酎麹菌を用いて麹を造り、これに酵母と水を加え一次醪と呼ばれる酒母を造る。30℃前後でほぼ一週間発酵させ酵母が順調に増殖した頃、蒸したサツマイモを粉砕し加えて二次醪を造る。約10日程度発酵させたところで蒸留して焼酎原酒を得る。この二次仕込法と呼ばれる製造法はクエン酸酸性下で微生物汚染を防ぎながら、30℃前後で発酵する高温耐性とクエン酸に強い耐酸性を有する焼酎酵母を増殖させ、最後の蒸留工程で不揮発性酸であるクエン酸を切り離すという暖地醸造に適した製法である。また、最初に米麹を発酵させ、あとでサツマイモを加えることにより甘く粘性の高いサツマイモを安全に発酵させることのできる芋焼酎用に開発された製法でもある。現在は殆んどの焼酎はこの製法で造られているが、基本の仕込配合は米焼酎は米麹:米 =1 :2であるのに対し、芋焼酎では米麹:サツマイモ =1 :5であり、米麹に対する主原料のでん粉含量がほぼ同じようになっている。また一次醪の汲水歩合は120%で汚染を防ぐための必要最低限の水の量になっていて、合理的な製法である。

筆者はこの製法がどのような過程で出来上がってきたかを明らかにした[1, 2]。その結果、当初は米麹と蒸米を同時に加えるどんぶり仕込と呼ばれる製法で、清酒仕込の最初の段階である酒母（酛）を造り、これを蒸留していたことが明らかになった。麹菌も清酒と同じ黄麹菌である。その後、サツマイモの伝来とともに蒸米が蒸サツマイモに置き換えられるが、蒸すと甘くなるサツマイモは汚染されやすく、焼酎産地は温暖な気候で、かつクエン酸の防止効果が期待できない黄麹菌を用いるとなるとなおさらである。そこで、米麹とサツマイモを切り離す製法が生まれ、クエン酸を造る焼酎麹菌が導入され、安全性が飛躍的に高まる二次仕込法が生まれた(Fig. 1)。

しかしながら、その歴史を振り返ると“芋焼酎は味はなはだ美なり”という高い

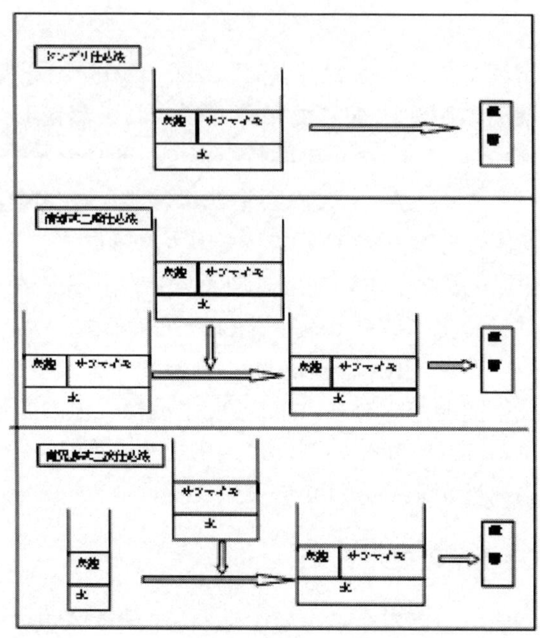

Fig. 1　焼酎仕込方法の変遷

評価がある一方で、“衣服ことごとく臭う”と酷評される記述も出てくる。 この理由について検討したところ、発酵初期の酵母の増殖と雑菌である乳酸菌の増殖の違いが、揮発酸の生成に関与していることが明らかになった。 すなわち、発酵初期の酵母の増殖が緩慢だと雑菌が増殖し酸臭の強いものになり、酵母の増殖が活発だとこれを抑えることができる。 この調整により、焼酎の揮発酸を制御できることがわかり、二次仕込法では困難な、多酸焼酎の製造が可能となった（Fig. 2）。

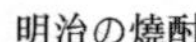

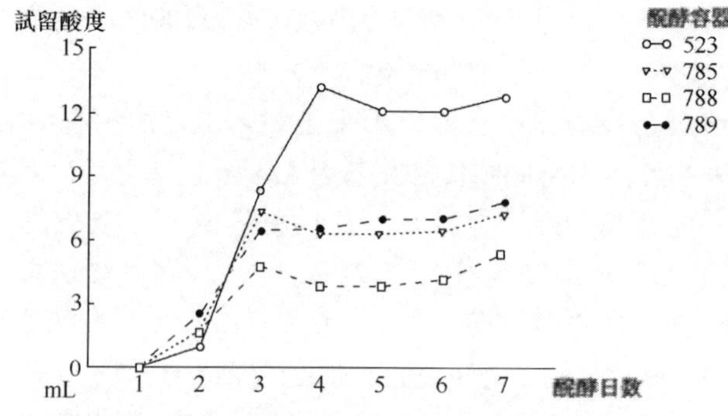

Fig. 2　古式焼酎製法による揮発酸の制御

2　新技術の組み合わせ～細胞融合と新蒸留法～[3]

1990年代、芋焼酎はその個性の強さゆえに、淡麗化焼酎で市場を拡大しつつある麦焼酎に押され苦戦を強いられるようになり、新たな酒質の開発が急務となった。しかしながら味わいを大切にする芋焼酎では穀類焼酎のような淡麗化技術をそぐわないと考え、当時ブームとなっていた細胞融合技術を取り入れることにした。暖地醸造される焼酎酵母には清酒の吟醸酵母のような香気を出す酵母は知られていなかった。そこで香気を作り出す清酒酵母と高温に強くクエン酸耐性のある焼酎酵母を細胞融合の手法により、両者の中間的性質を持つ酵母を育種した。ただ、この酵母も焼酎麹に強いクエン酸にはいささか弱かったため、クエン酸生成能の弱い麹菌を紫外線照射で育種して組み合わせた。この組み合わせにより、従来より香気の高い焼酎醪が得られたが、伝統的な蒸留法では蒸留中に二次的に生成される成分によりこの香気がマスキングされ、最終的な製品に香りが反映されない結果となった。そこで常圧蒸留と減圧蒸留の長所を兼ね備えた蒸留法の開発と取り組んだ。常圧蒸留法でフルフラールのようなマスキング成分が流出してくるのは蒸留後半である。そこで、初めは常圧蒸留で味わいを取り出し、途中で蒸留系を密封し徐々に減圧にしていくと突沸を利用して非加熱で蒸留を継続することができる。蒸留後半は減圧化で間接加熱を行い完全な減圧蒸留に移行し50℃程度でマスキング成分の流出を抑えながら蒸留するというものである（Fig. 3）。この新技術の組み合わせにより、冷やして旨い芋焼酎を開発することができた（Tab. 1）。

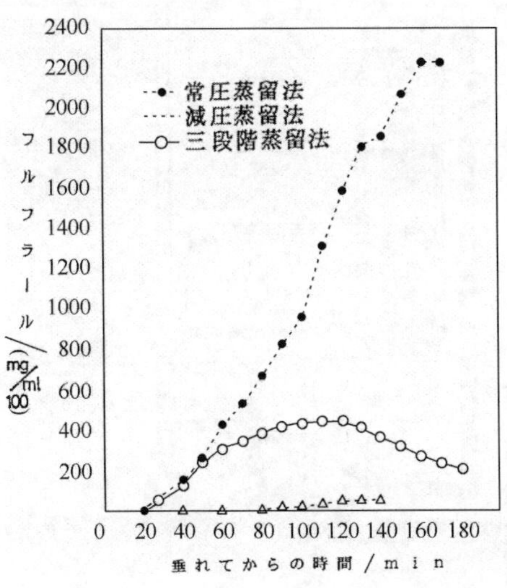

Fig. 3　蒸留法とフルフラールの流出経過

Tab. 1　　主要香気成分の比較　　単位：ppg

麹	酵母	蒸溜方法	酢酸エチル	n－PA	i－BA	i－AA	酢酸i－クミル	カ7°リル酸エチル	カ7°リン酸エチル	7475－ル
CFK－39	CFY－118	常圧法	101.4	87.4	415.3	498.7	16.0	2.6	2.0	2.5
		CAV法	89.2	92.4	405.2	515.6	14.2	2.1	0.8	1.6
		減圧法	76.5	92.1	370.6	489.2	10.6	0.8	0.8	1.2
白麹	B－101	常圧法	67.3	99.6	207.1	312.3	5.5	2.2	1.8	4.9

Alc. 25%

3　多機能・省エネ型蒸留機の開発[4]

焼酎製造工程において蒸留は多量の冷却水を必要とし、また全工程の70%の蒸気を消費しその熱は多量の温排水となって排出されている。このエネルギーを有効に活用するために、スチームエジェクターを活用した新しい蒸留法を開発した（Fig. 4）。この方式は、蒸発缶と冷却器からなる単式蒸留機の中間に、落下液膜式コンデンサーを組み込み、スチームエジェクターと組み合わせる方式である。落下液膜式コンデンサーのチューブ内側は温水が循環し、かつスチームエジェクターによって減圧状態になっている。蒸留缶から発生したアルコールを含むベーパーはこのコンデンサーに送り込まれ、温水と熱交換されて沸点の高い成分は凝縮した後、冷却

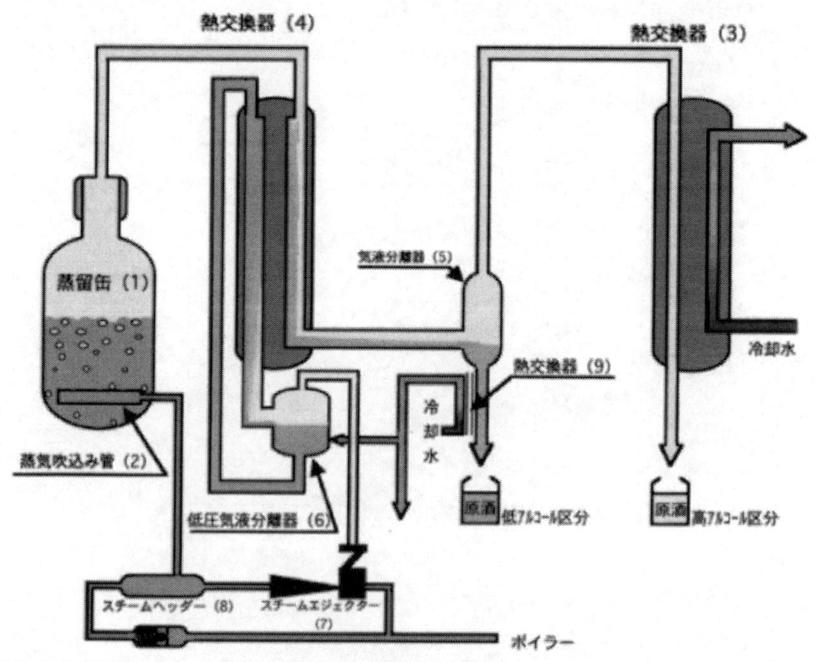

Fig. 4　多機能型蒸留機

器に送られ低アルコール度の留液となる。凝縮しきれない沸点の低い成分は次のコンデンサーに送り込まれ冷水によって凝縮し、高アルコール度の留液となる。一方、減圧下にあるチューブ内を循環する温水はアルコールベーパーの熱を奪って蒸発して蒸気となり、スチームエジェクターによって再び蒸留缶に送り込まれる。

この方式はアルコールベーパーの潜熱を回収利用することで45%～60%の省エネ効果をあげるとともに、冷却水量を40%節減できた。さらに落下液膜式コンデンサーから低アルコール度の留液を、従来型コンデンサーから高アルコール度の留液と、香味やアルコール度の異なる焼酎を同時に得ることができる特徴をもっている。このアルコール度は落下液膜式コンデンサー内の凝縮条件を自在に変えることにより自在に調節可能である（Fig. 5）。

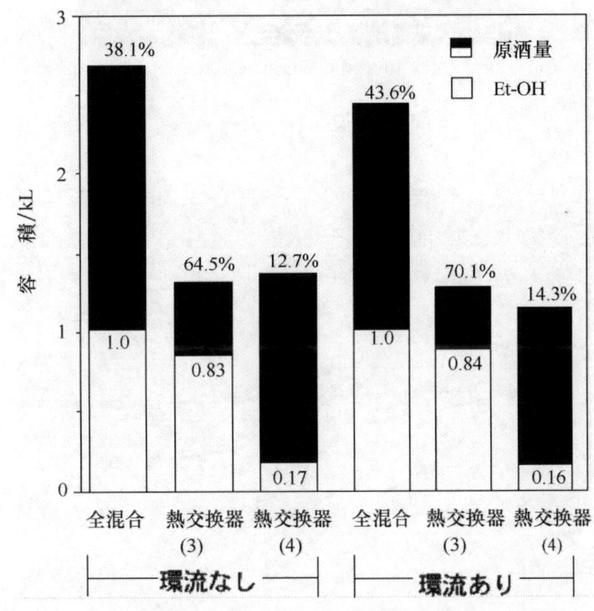

Fig. 5　留出アルコール濃度と移行率

これまで単式蒸留機の形状にはさまざまなものが登場したが、減圧蒸留機以外は機能的に目新しいものはなかったと言っていい。しかし、単式蒸留機にあっても圧力を変えながら蒸留する圧力可変式蒸留法や、多機能型蒸留機により、酒質の改変や省エネルギーを図ることは可能であり、これらの新技術はバイオテクノロジーをはじめとする周辺技術をより効果的に生かすことを可能にするものである。

4　サツマイモの特徴を生かしたビール風飲料（発泡酒）の開発[5]

日本の酒税法ではサツマイモはビールの副原料として認められていないので、酒税法上は発泡酒になる。我々はサツマイモを主原料に、麦芽、ホップ、酵素剤を組み合わせ、従来のビールには見られないサツマイモの特徴を生かした3タイプのビール風飲料を開発した。ひとつは焼酎用原料であるコガネセンガンを使用したピルスナータイプのオーソドックスなものである。そしてサツマイモをローストし、そのフレーバーと色を取り込んだもので黒ビールタイプのもの、さらに紫系サツマイモを原料としたきれいな赤紫色の発泡酒で、泡がピンク色というサツマイモでなければ出せない独特の色調のものである（Fig. 6）。

Brewed sweetpotato beers

Fig. 6　サツマイモ発泡酒

サツマイモにはさまざまな機能性のあることが知られているが、サツマイモの甘さをアルコールに変換し、機能性はそのまま取り込んだこの発泡酒はサツマイモの新たな可能性を示すものである。黒ビールタイプと赤紫タイプは強い癌細胞増殖抑制効果を示した（Fig. 7）。

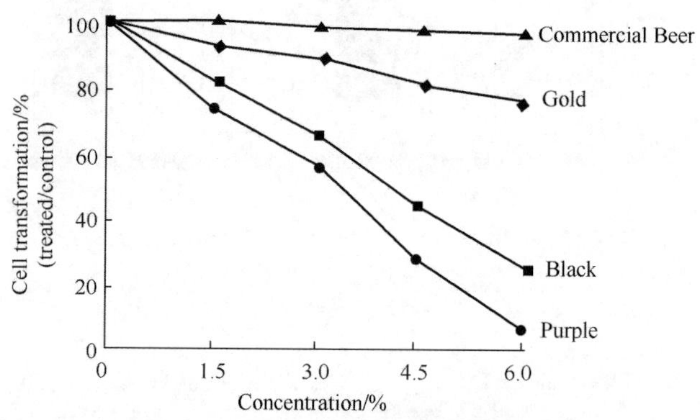

Inhibitory effect of the brewed sweetpotato beers on TPA-induced mouse JB6 cell transformation

Fig. 7　がん細胞増殖抑制効果

5　麹の高温加熱処理による高機能食品素材の開発[6]

日本の伝統的な発酵食品にはさまざまな機能性のあることが知られ、その基礎をなすものが麹である。機能性発酵食品に含まれる活性成分のいくつかは麹の酵素反応及び加熱や熟成中に起こるメイラード反応によることが報告されている。しか

しながら、麹そのものの機能性を高める加工法についてはほとんど報告がないことから、食品素材としての麹の可能性について検討を行った。

結果、メイラード反応に先立ち、55℃で酵素反応を促進させ、糖、アミノ酸を増加させ、後に75℃高温でメイラード反応を促進することが有効であることが分かった。 これにより抗酸化能を示す指標であるSOSA（スーパーオキシドラジカル消去能）を麹の94倍、ORAC（酸素ラジカル吸収能）を6倍に増加させることができた（Fig. 8）。 現在、この実用化に向けて検討中である。

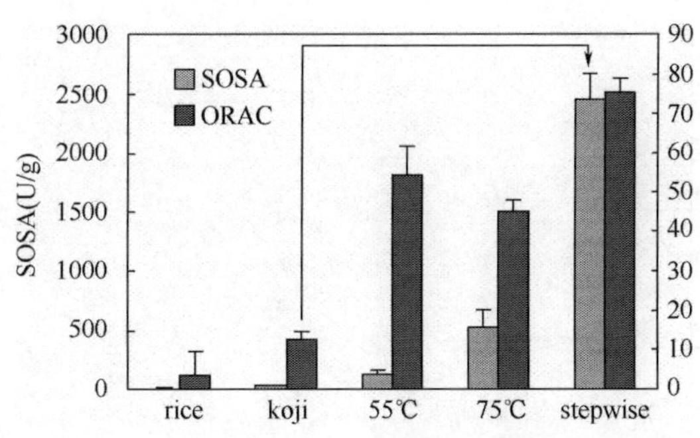

Fig. 8　抗酸化能の増強効果

おわりに

本格焼酎は500年の長い歴史を持つが、品質向上の研究が進展するのは1975年以降のことである。 減圧蒸留等の淡麗化技術は地酒を全国的国民酒に押し上げ、若い層の取り込みに成功した。 その後、産学官連携による研究も進展し、新しい技術、酒質が生まれ、焼酎の世界の深化に貢献した。 焼酎はその生まれた土地の気候、原料、飲酒文化を大切に風土性を重んじる一方、新しい可能性を追求し全国的にその市場を広げてきた。 今、これらの研究の蓄積の上に、これらを活用した新たな展開が期待されている。

参 考 文 献

[1] 鮫島吉広、本格焼酎の成立過程に関する考察（1），日本醸造協会誌、1989，8:746－755

[2] 鮫島吉広，本格焼酎の成立過程に関する考察(2)，日本醸造協会誌，1989，84：829－835

[3] 鮫島吉広:焼酎におけるバイオテクノロジー活用事例と課題，微生物バイオシンポウム(九州バイオテクノロジー研究会），1993:13－34

[4] 鮫島吉広、小峯修一、本格焼酎における新しい蒸留法の開発、日本醸造協会誌，1998，93:709－715

[5] 鮫島吉広、中島雅樹、サツマイモ発泡酒の開発、日本醸造協会誌1998，93：

615 – 620

[6] Kayu. Okutsu, Yumiko. Yoshizaki, Kazunori. Takamine, Hisanori. Tamaki, Kiyoshi. Ito, Yoshihiro. Sameshima, "Development. of. a heat – processing method for koji to enhance its antioxidant activity" Journal of Bioscience and Bioengineering, (2012) 113. 3: 349 – 354

清酒酵母の機能性成分高蓄積機構の解析

金井宗良*，正木和夫，藤井力，家藤治幸
独立行政法人酒類総合研究所，739－0046 日本 東広島市鏡山3－7－1

摘　要：我々は、機能性成分として知られているS－アデノシルメチオニン(SAM) 及び葉酸が、各種微生物の中で酵母、特に清酒酵母に高蓄積していることに着目し、新たな高付加価値が付与された有用醸造酵母の育種を目指している。 SAMについては、酵母のSAM 高蓄積に寄与する新規遺伝子 *ADO1* 遺伝子を同定し、*ADO1* 遺伝子破壊株によるSAM 高蓄積機構の解析を行った結果、清酒酵母を用いた新規SAM 高蓄積株の育種に成功した。 葉酸については、清酒酵母における葉酸量の経時的挙動について報告する。

关键词：清酒酵母，機能性成分，S－アデノシルメチオニン，葉酸，*ADO1* 遺伝子，育種

Analysis of high accumulation mechanism of functional components in sake yeast

Muneyoshi Kanai*, Kazuo Masaki, Tsutomu Fujii, Haruyuki Iefuji
National Research Institute of Brewing, 3－7－1 Kagamiyama,
Higashihiroshima, 739－0046, Japan

Abstract: Our aim is to breed useful brewing yeast that imparted a new added value. A type of sake yeast accumulated S－adenosylmethionine (SAM) and folate which is known as a functional component in high concentrations compaired with other microorganisms. In SAM, we identified *ADO1* encoding adenosine kinase as one of the factors involved in high SAM accumulation and elucidated the mechanism of SAM accumulation in the Δ*ado1* yeast strain. As a result, we succeeded in breeding the new high SAM accumulation strain using sake yeast. In folate, we will report on the temporal behavior of the amount of folate in sake yeast.

Key words: sake yeast, functional component, S－adenosylmethionine (SAM), folate,

* Corresponding author：金井宗良，独立行政法人酒類総合研究所，醸造技術応用研究部門，主任研究員
E－mail ：kanai@ nrib. go. jp。

Δ*ado1* yeast strain, breeding

清酒（日本酒、Sake）は、日本古来の長い歴史と伝統の中に培われて製造されてきた醸造酒である。清酒は他の醸造酒と異なり、原料である米デンプンの糖化とアルコール発酵が同時進行する並行復発酵と呼ばれる発酵様式をとり、エタノール濃度は最高で22％にも達する。そのため、清酒製造に用いられる清酒酵母は、他の醸造用酵母とは異なる醸造特性として、高発酵性、乳酸耐性、低温増殖性、香気成分高生成などの特性を有している。一方、我々は、清酒酵母の栄養特性に着目し、清酒酵母にはS－アデノシルメチオニン（SAM）[1]、葉酸（水溶性ビタミン）など様々な機能性成分が多く蓄積しており、栄養特性に優れた酵母であることを明らかとしてきた。つまり、清酒酵母をその栄養特性の面から研究することは、清酒酵母の特性を把握する切り口として有効であり、さらに新たな高付加価値が付与された有用醸造酵母の育種に寄与することが可能となる。本稿では、清酒酵母に高蓄積している機能性成分の機構解析について、その一端を紹介する。

1　酵母におけるSAM高蓄積機構の解析

SAMは生体内に存在する含硫アミノ酸代謝の重要な物質であり、メチオニンアデノシルトランスフェラーゼの作用によりメチオニンとATPから合成される。その構造中には活性なメチルチオエーテル基を持ち、タンパク質や核酸など種々のメチル基受容体にメチル基を供与する主要なメチル基供与体として働く（Fig. 1）。

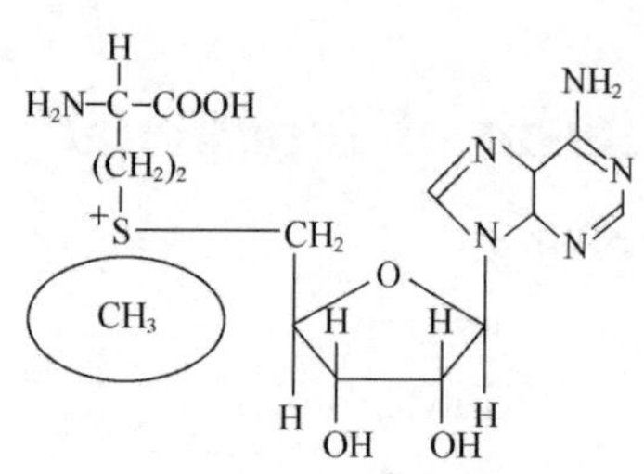

Fig. 1　S－adenosylmethionine（SAM）

医学的臨床試験により、アルコール性肝機能障害、うつ病、関節炎などの病気に予防・治癒効果が認められている。また、ポリアミンを生合成することで、タンパク質の合成、神経伝達物質の生成にも関与する。そのため、70年代後半からEU諸国においては医療用医薬品として、90年代後半からはアメリカ合衆国においてサプリメントとしての地位を確立している。以上より、SAMを含む食品、サプリメントなどの需要が今後ますます高まると予想されるが、工業的生産においては数多くの課題がある。例えば、SAMの工業的生産は一般的に*Saccharomyces cerevisiae*（*S. cerevisiae*）から抽出することにより行われているが、SAMは非常に不安定な物質であり、SAMの生産機構について不明な点が多く、従来のSAM生産系よりも迅速かつ安価で大量生産が可能な系の構築や、同物質の作用機序の解明等が現状の課題となっている。

そこで、まず新規なSAM高蓄積酵母の育種を行う手がかりとして、酵母のSAM高蓄積に寄与する新規遺伝子の同定を試みた。酵母細胞中にSAMを蓄積させるためには、培地中へのメチオニン添加が必要であることが知られているため、高メチオニン耐性株を取得することができれば、新規SAM蓄積酵母が取得できるのではないかと考えた。そこで、実験室酵母の1倍体による非必須遺伝子破壊株セット（BY4742株由来、Invitrogen社製）の約5,000株について、高メチオニン培地でのスクリーニングを行った。その結果、酵母のSAM蓄積に寄与する新規な因子の1つとして、*ADO1*遺伝子を同定した[2]。*ADO1*遺伝子は、アデノシンキナーゼをコードしており、SAM由来のメチル化反応によって生成されるS－アデノシルホモシステイン（SAH）をホモシステインに分解する際に生じるアデノシンをアデニル酸（AMP）へ変換する反応を触媒する（Fig. 2）。

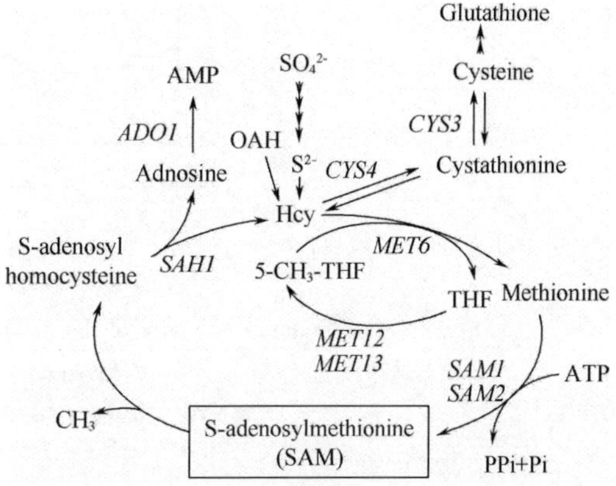

Fig. 2 Metabolic pathways involved in methionine biosynthesis in *S. cerevisiae*

Hcy: Homocysteine、OAH: O－acetylserine

THF: tetrahydrofolate

そこで、*ADO1*遺伝子とSAM蓄積との関係性を明らかにするため、*ADO1*遺伝子破壊株における細胞増殖期とSAM蓄積量の挙動、DNAマイクロアレイ解析、SAM周辺代謝産物の測定を行った結果、*ADO1*遺伝子破壊株におけるSAM蓄積には、SAM周辺の代謝、リン酸取り込み、糖取り込みに関与する遺伝子の発現上昇、SAMの代謝を司るメチオニンサイクル経路全体の活性化が大きく寄与していることがわかった。しかし、*ADO1*遺伝子自体の機能及び本酵素によって触媒されて生じる代謝産物が、どのようにSAMの合成と関係しているかについてはまだ不明である。

2　産業利用が可能な新規SAM高蓄積清酒酵母株の育種

次に、微生物の中でもSAMを高蓄積することが知られている清酒酵母を親株として用い、遺伝子組換えによらない手法により*ADO1*変異株（SAM高蓄積株）の育種を試みた。具体的には、*ADO1*遺伝子破壊株がコルディセピンという薬剤に耐性となる性質を利用し[3]、清酒酵母（K7、K9）に変異処理（紫外線照射）を行い、コルディセピン耐性株を取得することで*ADO1*遺伝子の機能が低下もしくは欠損した新規SAM高蓄積株の取得を試みた。その結果、清酒酵母（K7、K9）からコルディセピン耐性株を取得することに成功した[4]。

次に、得られたコルディセピン耐性株のSAM蓄積量を調べた結果、今回取得されたSAM高蓄積育種株は乾燥菌体重量1gあたり100 mg以上のSAMを菌体内に高蓄積できることがわかった（Fig. 3）。さらに、この育種株は時間経過に伴うSAM蓄積量の減少が見られず非常に安定しており、産業利用に優れた優良SAM高蓄積株であると考えられる。

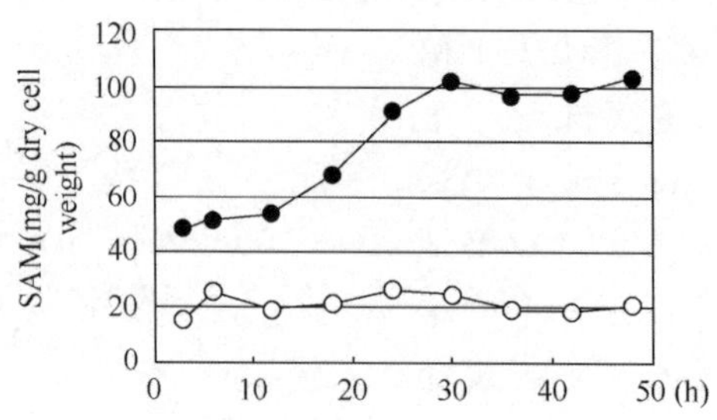

Fig. 3　The temporal behavior of the amount of SAM in cordycepin resistant strain

○：K9 strain（parent strain）

●NY9－10 strain（cordycepin resistant strain）

3　清酒酵母における葉酸量の経時的挙動

葉酸（folic acid）は、水溶性ビタミンBに分類される生理活性物質であり、食品（緑色野菜、穀類、ナッツ、豆類、肝臓、酵母）に多く含まれる。現在までの研究では、葉酸がメチオニン生合成経路におけるメチル基供与体、ヌクレオチド類の生合成・分解系、グリシン、セリン、ヒスチジンなどのアミノ酸代謝などに関与していることが明らかにされている。さらに、葉酸を摂取することにより、造血機能の異常、神経形成や腸機能の障害、血漿ホモシステインの上昇を抑制することができ、動脈硬化症、心臓病、脳卒中、認知症、うつ、アルツハイマー病、大腸ガンなど様々な疾病の発症リスクを軽減できることが知られている。我々は、清酒酵母の栄養特性として、葉酸が高蓄積していることを見いだしている。しかし、清酒酵母内でなぜ葉酸が高蓄積しているのか、その詳細については不明な点が多い。そこで、実験室酵母と清酒酵母との葉酸高蓄積における機能的相違を分子レベルで解明することを目的に、HPLC法を用いた酵母菌体内の葉酸定量法[5]を用いて解析を行った結果、清酒酵母は、実験室酵母やその他醸造用酵母と比べても葉酸が高蓄積しており、細胞増殖における酵母内葉酸量の経時的な挙動が、清酒酵母と実験室酵母で異なることが分かった。

おわりに

清酒酵母とは、日本において昔から長い間清酒造りが行われてきた過程で、自然に選抜されてきた醸造用酵母である。すなわち、その他醸造用酵母と比べて、清酒造りに最も適した酵母であると言える。そのため、清酒を醸す微生物として生き残るためには、清酒酵母として、高発酵性、低温増殖性、乳酸耐性、香気成分高生成など、様々な特徴を備える必要があった。それが、原因か結果かは分からないが、我々は、その他実験室酵母及び醸造用酵母と比べて、清酒酵母が様々な機能性成分を有

していることが明らかとなってきている。 清酒酵母がなぜ清酒酵母になりえたのか、清酒酵母の機能性成分解析と醸造特性との両面から清酒酵母の正体を明らかにし、清酒酵母の魅力をもっと引き出したいと考えている。

参 考 文 献

[1] Shiozaki S. et al. , Unusual intracellular accumulation of S - adenosyl - L - methionine by microorganisms. Agr. Biol. Chem. , 1984, 48: 2293 - 2300

[2] Kanai M. et al. , Adenosine kinase - deficient mutant of Saccharomyces cerevisiae accumulates S - adenosylmethionine because of an enhanced methionine biosynthesis pathway. Appl. Microbiol. Biotechnol. , 2013, 97 (3): 1183 - 1190

[3] Lecoq K. et al. , Role of adenosine kinase in Saccharomyces cerevisiae: identification of the *ADO1* gene and study of the mutant phenotypes. , Yeast, 2001, 18: 335 - 342

[4] 特許第5641192号：S - アデノシルメチオニン高蓄積酵母の取得方法

[5] Patring JD. et al. , Development of a simplified method for the determination of folates in baker's yeast by HPLC with ultraviolet and fluorescence detection. , 2005, 53 (7): 2406 - 2411

有色米や穀類を原料にしたアルコール飲料の特性

寺本祐司

崇城大学　生物生命学部 応用微生物工学科，日本国

〒860－0082 熊本市西区池田4－22－1

摘　要： 黒米，赤米，緑米など各種有色米が，ひろく市場にでている。また，古くより北米で食べられていたマコモ属のワイルドライスも新しい食材として知られている。一方，タイ国やベトナムなど東南アジアの伝統酒より微生物資源の分離，同定，ならびにそれらの応用を試みている。各種の有色米や穀物を原料に，分離酵母をもちいてアルコール飲料を試醸した。黒米やワイルドライスをもちいたアルコール飲料は，白米にくらべて抗酸化能が強かった。また，黒米をもちいたアルコール飲料は，鮮やかな赤色を呈していた。現在，各種穀類を原料に，抗酸化能などの機能性をもつアルコール飲料の開発を試みている。

关键词： 黒米，ワイルドライス，抗酸化能，伝統酒

Characteristics of alcoholic beverages made from various colored rice and grains

Yuji Teramoto

Department of Applied Microbial Technology, Faculty of Biotechnology and Life Science, Sojo University, Ikeda 4－22－1, Nishi－Ward, Kumamoto 860－0082, Japan

Abstract： There are many kinds of rice which has various color and characteristics. We can also purchase wild rice, traditional foodstuffs in North America in the store. On the other hand an attempt was made to isolate, identify and utilize microbial resources of traditional indigenous alcoholic beverages of Southeast Asia. Alcoholic beverages were made from various colored rice and grains using isolated yeast strains. Alcoholic beverage made from black rice and wild rice had strong antioxidant activity comparing with that of alcoholic beverage made from general polished white rice. Further, alcoholic beverage made from black rice shows brilliant red color. We are now trying to make functional alcoholic beverages which have antioxidant activity.

Key words： black rice, wild rice, antioxidant activity, indigenous alcoholic beverages

1 はじめに

現在，有色米やワイルドライスなど，従来の品種とは異なる，穀類が注目を集めている。また，筆者は自然界から，ひろく微生物資源の分離と同定を試みている。各種有色米や穀類を原料に，分離した発酵性酵母をもちいて抗酸化能をもつアルコール飲料の試醸を行った。

2 有色米と酵母および糖化剤

黒米(*Oryza sativa* var. *Japonica* cv. *Shiun*)，赤米（*Oryza sativa* var. *Japonica* cv. *Engi-mai*)，緑米（*Oryza sativa* var. *Japonica* cv. *Midorinoka*）は，京都のかじわら米穀より購入した。ワイルドライス（*Zizania aquatica*)は，東京の鈴商より購入した（Figure 1）。有色米およびワイルドライスの玄米を2 ~3mm 角に破砕し，発酵原料に使用した。

比較のために，市販の白米精米(*Oryza sativa* var. *Japonica* cv. *Hinohikari*)も破砕後，発酵原料に使用した。

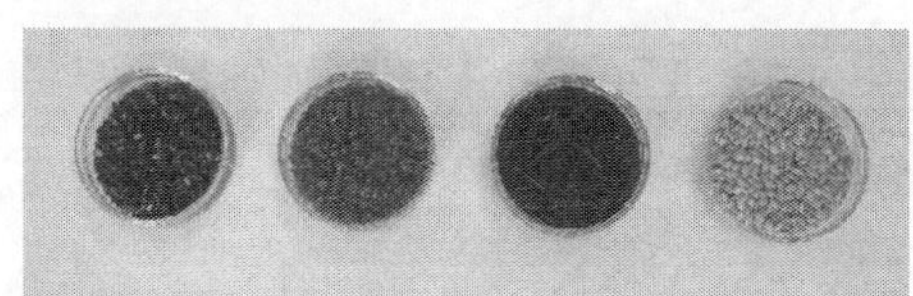

Figure 1 Various colored rice and wild rice. From the left to the right, black rice, red rice, wild rice, and green rice

糖化剤にはスミチーム（新日本科学工業，安城）を使用した。

当研究室で分離した*Saccharomyces cerevisiae* Y3，*S. cerevisiae* NP01を発酵試験にもちいた[1, 2]。Y3 株とNP01 株はそれぞれ，ベトナムの餅麹*men*(Figure 2)およびタイの餅麹*loog pang*より分離した。比較のため*S. cerevisiae* K7をもちいた発酵試験も行った。

3 蒸煮および無蒸煮アルコール発酵法

常法の蒸煮アルコール発酵法の手順をFigure 3に示した。30 gの発酵原料と50 mL の脱イオン水を300－mL 三角フラスコに入れ，121℃で15 分間オートクレーブした。発酵原料には種々の有色米，ワイルドライス，白米精米をもちいた。室温まで冷却後，0. 2 g のスミチーム，40 mL の脱イオン水，初発酵母濃度が3.0×10^7 cells/mL となるよう10 mLの酵母懸濁液を加えた。発酵は25℃，暗所で行った。

Figure 2　Commercial Vietnamese microbial starter *men*

省エネルギー的無蒸煮アルコール発酵の手順をFigure 4に示した。30 gの発酵原料と90 mL の脱イオン水を300 - mL 三角フラスコに入れ，オートクレーブはせず，0. 2 g のスミチーム，初発酵母濃度が3.0×10^{7} cells/mL となるよう10 mLの酵母懸濁液を加えた。発酵は25℃，暗所で行った。CO_2 発生量を24 時間ごとに測定した。

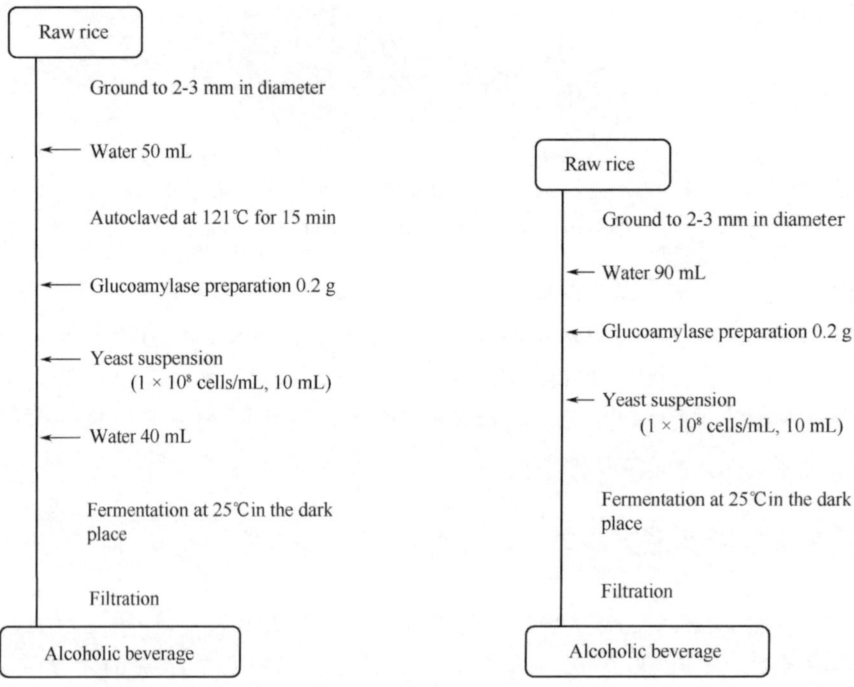

Figure 3　Procedure for ethanol fermentation with cooking

Figure 4　Procedure for ethanol fermentation without cooking

4　抗酸化能の測定

DPPH（1,1 – diphenyl – 2 – picrylhydrazyl）はナカライテスク（京都）より購入した。Trolox（6 – hydroxy – 2,5,7,8 – tetramethylchroman – 2 – carboxylic acid）は，Sigma – Aldrich, Inc.（St. Louis, Mo, USA），BHT（2,6 – di – tert – butyl – p – cresol）は東京化成（東京）より購入した。

DPPHラジカル消去能は，Trolox 当量として測定した[3]。脂質過酸化阻止能は，β – caroteneをもちい，BHT 当量で求めた[4]。

5　有色米とワイルドライスをもちいたアルコール飲料の抗酸化能

白米を原料に各種酵母をもちいてアルコール飲料の試醸を行なった。Y3, NP01, K7いずれの酵母をもちいても蒸煮，無蒸煮アルコール発酵が可能であった。12% ~14%のアルコールが生成した。各種アルコール飲料のDPPHラジカル消去能をFigure 5に示した。

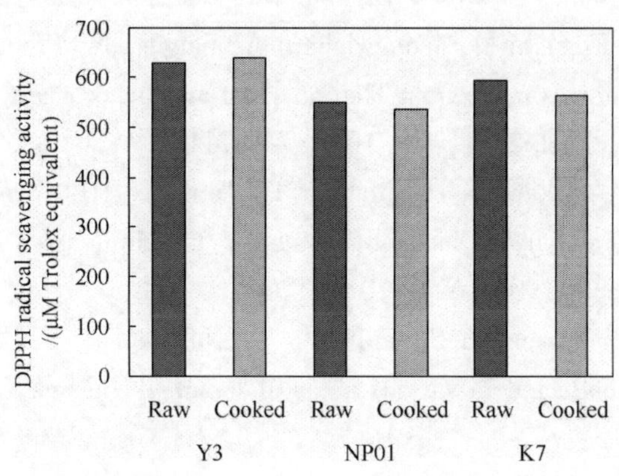

Figure 5　DPPH radical scavenging activity of rice wines made from 3 yeast strains and nonglutinous rice grains. Closed bars, rice wine made by fermentation without cooking; open bars, fermentation with cooking

有色米とワイルドライスを原料にもちいて，蒸煮発酵法および無蒸煮発酵法で，アルコール飲料をつくることができた。

黒米を原料にしてつくったアルコール飲料は，赤色を呈していた。特に，無蒸煮発酵法でつくったアルコール飲料の色は鮮やかな赤い色であった。

黒米，赤米，ワイルドライスを原料としたアルコール飲料がつよいDPPHラジカル消去能を示した。とくに無蒸煮発酵法でつくったものが強い抗酸化能を示した。

脂質過酸化阻止能は，ワイルドライスをもちいたアルコール飲料が，高い値を示した。

アルコール飲料中に含まれるDPPHラジカル消去能をもつ物質と脂質過酸化阻止

能をもつ物質が異なっていることが示唆された。

6 おわりに

当研究室では，様々な原料と微生物を組み合せて，機能性をもつ新規アルコール飲料の開発を試みている[5,6]。今後，これらアルコール飲料の品質の改良を行なってゆく。

謝辞

これらの研究の一部はJSPS（the Japan Society for the Promotion of Science）－NRCT（the National Research Council of Thailand）Asian Core Program（2009 ～2013）およびNew Core to Core Program（2014 ～）により行った。

参考文献

[1] Teramoto Y, Dung NTP, Traditional Vietnamese alcoholic beverages and microdistilleries of the Mekong Delta, Brewer & Distiller Intl. 2012; 8 (12): 37 –39

[2] Teramoto Y, Koguchi M, Wongwicharn A, Saigusa N, Production and antioxidative activity of alcoholic beverages made from Thai ou yeast and black rice (*Oryza sativa* var. *Indica* cv. *Shiun*), Afr. J. Biotechnol. 2011; 10: 10706 –10711

[3] Yamaguchi T, Takamura H, Matoba T, Terao J, HPLC method for evaluation of free radial –scavenging activity of foods by using 1, 1 –diphenyl –1 –2 –picrylhydrazyl, Biosci. Biotechnol. Biochem. 1998; 62: 1201 –1204

[4] Hamasaka T, Kumazawa S, Fujimoto T, Nakayama, T, Antioxidant activity and constituents of propolis collected in various areas of Japan, Food Sci. Technol. Res. 2004; 10: 86 –92

[5] Yuwa –amornpitak T, Koguchi M, Teramoto Y, Antioxidant activity of herbal wine made from cassava starch, World Appl. Sci. J. 2012; 16: 874 –878

[6] Saigusa N, Teramoto Y, Effects of distillation process on antioxidant activity of Japanese traditional spiritsrice –shochu, Intl J. Biomass & Renewables 2014; 3: 17 –23

清酒の安全性と品質安定性のための清酒酵母の自然発生的変異株の分離

田村博康[1,2]，平田 大[1,2]

1. 朝日酒造株式会社．研究開発部，949－5494 日本 新潟県長岡市朝日 880－1

2. 広島大学大学院先端物質科学研究科，739－8530 日本 東広島市鏡山 1－3－1

摘　要：酵母の育種には、一般的に、変異剤による突然変異誘発法が使用されるが、この方法では目的以外の遺伝子に変異が導入されるリスクを伴う。 このリスクを軽減するために、自然発生的変異株の分離が重要であるが、その場合、目的の変異株を効率的に同定する識別法が要求される。 今回、我々は、清酒の安全性と品質安定性の観点から、尿素非生産性あるいはカプロン酸エチル高生産性の特性を有する自然発生的な清酒酵母変異株の分離を試みた。

关键词：清酒酵母，尿素，カプロン酸エチル，自然発生的変異株

Isolation of the spontaneous sake yeast mutants for safety and quality stability of sake

Hiroyasu Tamura[1,2]，Dai Hirata[1,2]

1. R & D Department，Asahi Sake Brewing Co.，Ltd.，Nagaoka，Niigata，949－5494 Japan

2. Graduate School of Advanced Sciences of Matter，Hiroshima University，Higashi－Hiroshima，739－8530 Japan

Abstract：In general，a mutagenesis method induced by mutagen has been used currently for the breeding of yeast，however this method carries a risk that random mutations are introduced into a number of gene(s) other than the target gene. To reduce this risk，isolation of a spontaneous mutant(s) without mutagen is desired，and in this case a method identifying the

Corresponding Author：田村博康（1973 年生）朝日酒造株式会社，研究開発部 課長，E－mail：tamura-hiroyasu@asahi－shuzo. co. jp。平田 大（1962 年生）朝日酒造株式会社，取締役 研究開発部長，広島大学客員教授，E－mail：dhirata@hiroshima－u. ac. jp。

target mutant effectively is required. Here, in terms of safety and quality stability of the final product sake, we attempted to isolate the spontaneous sake yeast mutants with significant characters, non – urea – productivity or high ethyl caproate – productivity.

Key words: sake yeast, urea, ethyl caproate, spontaneous mutant

日本の伝統的なアルコール飲料である清酒の醸造は、時代とともに変化する消費者ニーズへの対応や製造の効率化のために、製造方法の研究改良が継続的に行われてきた。清酒の原料は米と水であり、麹菌と清酒酵母、2 種類の微生物を利用し醸造される。特に、清酒酵母は、清酒の香味を特徴づける大きな役割を担っており、育種が盛んに行われてきた。我々も消費者ニーズに対応する高品質清酒醸造のために清酒酵母の育種改良について研究を進めてきた。対応すべき消費者ニーズとして、高品質、安全性、品質の安定性（信頼性）などがあげられる。そこで、これらを考慮し、酵母の目標とする育種形質を2 種類さだめ、その育種に取り組んだ。

変異株の育種方法として、一般的に、変異剤やUVを使用した突然変異誘発法が使用されている。しかし、変異剤を使用した突然変異誘発法では、目的の形質発現に必要な遺伝子以外に変異が導入され、酵母の特性（増殖性、アルコール生成、各種代謝産物の生成など）が不安定になるリスクを伴っている。そこで、本研究では、このリスクを軽減するため、安定な清酒醸造（品質の安定性）を目的として、自然発生的変異株の分離を試みた。

一つ目は、清酒の安全性と信頼性の面から、識別可能な分子指標を有する尿素非生産性酵母の育種に取り組んだ。酵母の尿素生成に関与する遺伝子は*CAR*1 遺伝子（アルギナーゼ）で[1]、酵母が生産する尿素は、清酒貯蔵中にアルコールと反応し、健康への懸念が指摘されているカルバミン酸エチル（ECA）を生成する。それゆえ、尿素非生産性酵母の育種が進められてきた。我々も新潟清酒酵母から尿素非生産性酵母の取得を試み、*CAR*1 遺伝子の変異点を同定、その変異部分が識別可能な分子指標として活用できることを確認した[2]。

二つ目は、大吟醸酒に代表される高品質清酒醸造のために必要な吟醸香· カプロン酸エチル（以降、EtOCap）を高生産する酵母の育種である。EtOCap 高生産性清酒酵母は、近年、大吟醸酒醸造に多用されているが、それらの多くは変異剤による突然変異誘発法により育種されたものである。そこで、我々は、EtOCapを高生産する変異を検出できる迅速識別法を開発し、本法を用いて、自然発生的なEtOCap 高生産性清酒酵母を分離した[3]。

1　識別可能な分子指標を有する自然発生的尿素非生産性清酒酵母の分離

酒母や醪の発酵過程において、使用酵母の識別法（純度確認）は、効率性と安定性の面から重要である。しかし、現在使用されている酵母識別法の培養法では、結果を得るまでに時間を要し、また、分子生物学的手法による識別法は、清酒酵母間の

遺伝的類似性から、適応上の困難さも持ち合わせている。 それゆえ、迅速かつ正確な識別法が必要とされている。 そこで、我々は、尿素非生産性酵母の*CAR1* 遺伝子に着目し、識別のための DNA 指標として、 *CAR*1 変異部位が利用可能かどうかを検討した。 まず、新潟清酒酵母 G9 株 [4] から自然発生的に尿素非生産性酵母株を分離した。 次に、得られた尿素非生産性株の*CAR1* 遺伝子を解析し、 G9 株由来の 1 株 (以降、 G9arg) が 2 塩基の欠失変異であることをつきとめた (Fig. 1)。 具体的には、G9argでは、2 塩基欠失によるフレームシフト変異により 292 番目のアミノ酸コドンが終始コドンになり、結果として、*CAR1* 遺伝子の機能欠損、尿素非生産性となっていた。 同時に、 G9argでは、この 2 塩基欠失により、親株には存在しない制限酵素EcoNIの切断部位が新たに生じ、この部位が識別可能な分子指標として、使用可能であることが示唆された (Fig. 1)。 そこで、我々は、この新生の EcoNI 制限酵素部位を活用した G9arg 判別のための PCR – RFLP 検出法を確立した。

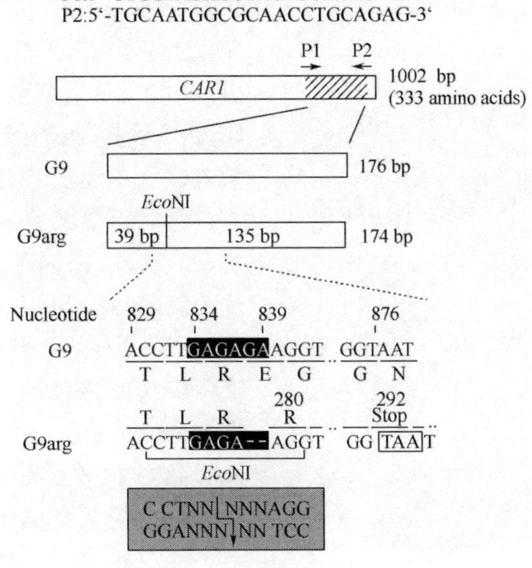

Fig. 1 Mutation site of G9arg strain

最後に、 G9argによる工業規模の試験醸造 (総米 6000 kg) を行い、同株の発酵特性および識別法の有効性を検証した。 その結果、 G9argは、親株と同様の順調な発酵経過を示し、尿素生成も認められなかった。 また、経時的に酒母や醪を採取し、PCR – RFLP 法により各酵母の識別を行った結果、酒母と醪、いずれにおいても、本法により、各変異株が識別可能であることを確認した。 さらに、各変異株を用いた製成酒の一般成分や香気成分は、親株を用いた製成酒と同様の値を示し、官能試験においても、親株と遜色なかった。 以上より、尿素非生産性 (安全性) 、識別可能な DNA 指標 (信頼性) 、さらに、優れた醸造特性を兼ね備えた G9arg 株の育種に成功した。

2　迅速識別法を用いた自然発生的カプロン酸エチル高生産性清酒酵母の分離

EtOCapは吟醸酒の主要な香気成分の一つであり、EtOCapを高生産する清酒酵母が育種されてきた[5]。EtOCapを高生産する変異の原因遺伝子は、脂肪酸生合成系の遺伝子 *FAS2*で、代表的な変異点は、1250 番目のアミノ酸であるグリシン(G：glycine)のセリン(S：serine)への置換である(G1250S)[6]。今回、我々は、EtOCapを高生産する代表的な変異である *FAS2* – G1250S 変異を検出できる迅速識別法を開発し、実際、同法を用い、EtOCapを高生産する自然発生的 *FAS2* – G1250S 変異酵母の取得に成功した。

FAS2 – G1250S 変異の迅速識別法について説明する(Fig. 2)。本変異では、グリシンのコドン・GGTの中の一番目の塩基 Gが Aに変異し、セリンのコドン・AGTに変化している。この一塩基置換によって、変異点を含む周辺領域の DNA 塩基配列が、TCT-GGTから TCTAGTとなり、CTAGの 4 塩基を認識する制限酵素・*Bfa* Iの切断部位が新たに生じる。我々の開発した迅速識別法は、この Bfa I 部位を利用した *FAS2* – G1250S 変異の検出法である。まず、2 種類のプライマーを用いて *FAS2*の変異点を含む周辺領域 503bpを PCRにより増幅する。次に、増幅された 503bpの DNA 断片を制限酵素 Bfa Iにより切断する。この時、*FAS2* 野生型遺伝子は、430bpと 73bpの二つに切断され、一方、*FAS2* – G1250S 変異型遺伝子では、205bp、225bp、73bpの 3つに切断される。最後に、この切断した DNA 断片をアガロースゲル電気泳動に供し、その泳動パターンから、*FAS2* – G1250S 変異の有無が確認できる(Fig. 2)。

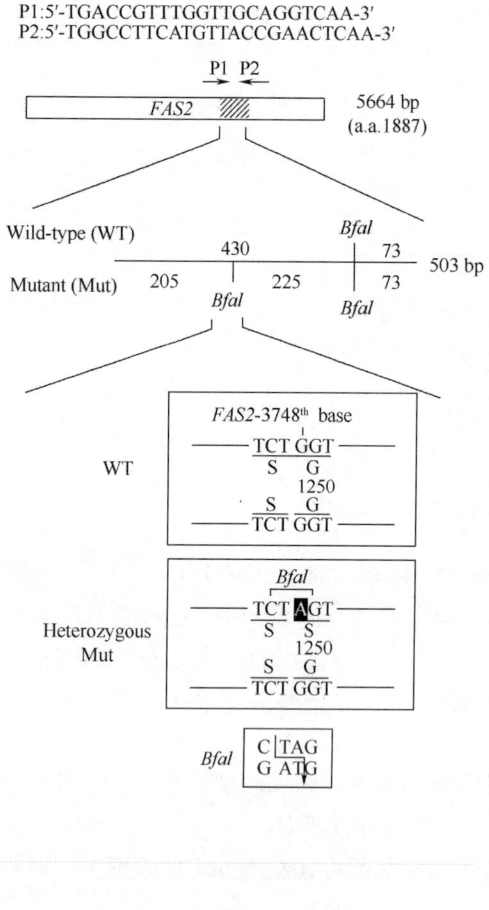

P1:5′-TGACCGTTTGGTTGCAGGTCAA-3′
P2:5′-TGGCCTTCATGTTACCGAACTCAA-3′

Fig. 2　Mutation site of *FAS2* – G1250S mutant

我々は、この *FAS2* – G1250S 変異の迅速識別法を用いて、新潟清酒酵母 G9 株から、以下の 3 段階で、EtOCapを高生産する自然発生的 *FAS2* – G1250S 変異を分離した。一次スクリーニングでは、セルレニン 0. 4 μg/mlを含む YNB 寒天培地上で生育してきたコロニーをセルレニン耐性酵母として 3056 株、分離した。二次スクリーニングでは、それらの中から、遊離脂肪酸を高生産する遊離脂肪酸高生産性株の分離を試みた。遊離脂肪酸の測定は、栗林らの方法[7]に従った。EtOCap 高生産性酵母では、EtOCapの前駆体である中鎖脂肪酸・カプロン酸を高生産し、実際、これらの株では、カプロン酸が全遊離脂肪酸量の 83%を占めることから 7)、スクリーニングの指標とした。二次スクリーニングの結果、14株の遊離脂肪酸高生産性株を選抜した。三次スクリーニングでは、前述の迅速識別法を用い、*FAS2* – G1250S 変異株を選抜した。親株の G9 株では、野生型の *FAS2* 遺伝子の 2つのバンドが確認され、一方、変異型の *FAS2* – G1250S 変異をヘテロに持つ G9CR 株では、予想される 3つのバンドが確認された。さらに、DNAシーケンスにより、*FAS2* 遺伝子の 3748 番目の塩基の Gから Aへの置換を確認し、EtOCap 高生産性酵母を 1 株分離し、G9CRと命名した。

最後に、G9CRの発酵力を検証するため、工業規模の試験醸造(総米 600 kg)を行った。比較対象株として、EtOCap 高生産性酵母である K1801 株[8]と親株 G9 株を使用した。その結果、G9CRの発酵力は G9と同等であり、EtOCapの生成量は G9の 2.5 倍、K1801の約 50%であった。官能試験の結果、G9CRにより醸造された清酒は、親株と遜色なく高い評価を得た。以上より、G9CRは、G9とほぼ同等の発酵特性を持ち、G9よりも高いEtOCap 生産性を持つことが確認された。

3 総括

本研究では、多様な消費者ニーズに対応するため、清酒の安全性と品質安定性を目的として、清酒酵母の自然発生的変異株の分離を試みた。その結果、識別可能な分子指標を有し、かつ、尿素非生産性あるいは EtOCap 高生産性を持つ2 種類の自然発生的な清酒酵母変異株の分離に成功した。現在、使用されている清酒酵母の発酵特性は管理されており、その不安定性は認められない。しかし、変異剤を用いた突然変異誘発法により育種された株では、目的以外の多数の遺伝子に変異が導入されている、とのリスクも伴っている。このリスクを軽減するための自然発生的変異株の分離が、今後の標準的な酵母育種法となることを期待する。

参考文献

[1] Kitamoto K. , *et al.* : *Appl. Environ. Microbiol.* , 1991; 57: 301 – 306

[2] Kuribayashi T. , *et al.* : *Biosci. Biotechnol. Biochem.* , 2013; 77: 2505 – 2509

[3] Tamura H. , *et al.* : *Biosci. Biotechnol. Biochem.* , 2015; 79: 1191 – 1199

[4] Sato K. , *et al.* : *Nippon Jozo Kyokaishi* (in Japanese) . , 2005; 100: 209 – 213

[5] Ichikawa E. , *et al.* : *Agric. Biol. Chem.* , 1991; 55: 2153 – 2154

[6] Aritomo K. , *et al.* : *Biosci. Biotechnol. Biochem.* , 2004; 68: 206 – 214

[7] Kuribayashi T. , *et al.* : *Biosci. Biotechnol. Biochem.* , 2012; 76: 391 – 394

[8] Yoshida K. : *Nippon Jozo Kyokaishi* (in Japanese), 2006; 101: 910 – 922

芋焼酎醪に生息している乳酸菌の単離と酒質に与える影響

宮川博士*，河野邦晃，岩井謙一，高瀬良和

霧島酒造株式会社，885－8588 日本 宮崎県都城市下川東4－28－1

摘　要：一般的な芋焼酎醪中の乳酸菌数は二次2日目に最大となり，発酵が進むに従い減少した。単離した乳酸菌は，*Lactobacillus plantarum*，*L. fermentum*，*L. casei*グループに属する菌株がほとんどであった。単離株について生理学的性質を調査したところ，*L. casei*グループのクエン酸資化能が高く，乳酸や酢酸の増加が確認された。これら特徴ある乳酸菌を利用して芋焼酎の小仕込み試験を行なったところ，乳酸菌由来成分であるジアセチルや乳酸エチルなどが大幅に増加しており，官能試験においても乳酸菌の影響が確認された。

关键词：焼酎，乳酸菌，生理学的性質，クエン酸，乳酸，酢酸

Isolation of lactic acid bacteria from sweet potato *shochu* mash and their influence on *shochu* quality

Hiroshi Miyagawa*，Kuniaki Kawano，Kenichi Iwai，Yoshikazu Takase

Kirishima Shuzo Co.，Address，Ltd 4－28－1 Shimokawahigashi，Miyakonojo 885－8588 Japan

Abstract：The number of bacterial cells of lactic acid bacteria（LAB）in typical sweet potato *shochu* mash peaked on the second day ofthe second－stage fermentation，and gradually decreased asthe fermentation process progressed. Sequences of 16S rRNA genesin isolated LAB revealed thatthe majority of LAB strains in the sweet potato *shochu* mash belonged to *Lactobacillus plantarum*，*L. fermentum*，and *L. casei* groups. Investigation of physiological characteristics showed that *L. casei* group had high ability to assimilate citric acid，and resulting increases in lactic acid and acetic acid were confirmed. The laboratory scale fermentation test using the characteristic LAB revealed that diacetyl and diethyl succinate，both of which were derived from LAB，was increased. Furthermore，sensory testing confirmed the influence of LAB.

Key words：*shochu*，lactic acid bacteria，physiological characteristics，citric acid，

* Corresponding Author：宮川博士（1979—），霧島酒造株式会社，研究開発部，E－mail：hiroshi－miyagawa@ kirishima. co. jp。

lactic acid, acetic acid

一般的に焼酎や清酒製造に使用される微生物は麹菌と酵母の二種類であるが，醪中には乳酸菌を始め，さまざまな微生物が生息していることが分かっている。これまでは乳酸菌は醪の腐造を引き起こす原因菌として考えられるなど，醸造においては悪い影響を及ぼす菌として捉えられてきた。しかし乳酸菌についての研究が進む中で，ワインやウイスキー業界において酒質の改善へと繋がるメカニズムも解明されている[1,2]。また清酒業界においては古くから乳酸菌の反応を利用した生酛仕込みが行われているが，これをより安定して行なうために，生酛から単離した乳酸菌の性質を調査し仕込みに利用した研究[3,4]が報告されている。焼酎業界においては泡盛醪中の乳酸菌[5]や，焼酎醪中の乳酸菌について[6,7]の報告があるが，これらは主に仕込み期間中の乳酸菌の分布や腐造乳酸菌の特性についての研究であり，焼酎の酒質に対する影響は未だ分かっていない部分が多い。

そこで我々は，通常の芋焼酎発酵醪における乳酸菌の分布を経時的に確認し，醪中から菌株の単離を行なった。同時に単離株について生理学的性質を調査し，特徴ある性質を有する乳酸菌を選抜した。最後に，これら選抜した乳酸菌を芋焼酎の仕込み試験に応用することで，乳酸菌が酒質にどのような影響を及ぼすのか調査したので報告する。

1　芋焼酎醪中からの乳酸菌の分布

試料とする焼酎醪は4つの工場から採取した。一次仕込み2 日目，4 日目および二次仕込み2 日目，5 日目，8 日目と5つの醪を調査することで仕込み経時変化を確認した。また醪のサンプルは10 月と2 月に2 回採取した。

乳酸菌数のカウントおよび分離には，炭酸カルシウムを0. 5%，シクロヘキシミドとアジ化ナトリウムをそれぞれ10 ppmとなるように添加したMRS 寒天培地（Difco 社製）を使用した。滅菌済み生理食塩水で適宜希釈し混釈法にて30℃で2 日間培養後，出現したハロー形成コロニーを乳酸菌としてカウントした。その後ランダムに釣菌し形態を観察して菌を分離した。その結果，一次2 日目で10^2 ~10^3 CFU/mLの菌が検出されたが4 日目にはコロニーの生育はほとんど確認されなかった。乳酸菌数は二次2 日目が10^3 ~10^5 CFU/mLと最も多く，発酵が進むに従い減少し，蒸留前の二次8 日目では10^2 ~10^3 CFU/mLとなった。いずれの工場においても同様の傾向であり，通常発酵の醪における乳酸菌の生育分布が確認された。また，通常発酵醪中の菌数として高山らの報告[7]と一致した。一次仕込みにおいては低pH 且つ4 日目となるとエタノール濃度は12% ~13%を超える。このようなストレス過多の条件では乳酸菌は生育できないと推察された。しかし二次仕込みとなると主原料と汲み水の添加によりpHが4. 2 程度まで上昇し，二次初発エタノール濃度は3% ~4%となる。ストレスが緩和されることで再び乳酸菌が生育しやすい環境となり菌が増殖するが，仕込み経過に従いエタノール濃度が上昇し，これに伴って菌数が減少することが分かった。

菌数確認後のプレートから菌株を72 株分離し，16S rRNA 領域を利用した同定を行なった。 72 株中 69 株が*Lactobacillus* 属と相同性が高く，その中でも*Lactobacillus plantarum*（以下，*L. plantarum*と表記）が24 株，*L. fermentum*が23 株，*L. casei*グループが21 株であった。 その他 *L. brevis*や*Leuconostoc* 属，*Pediococcus* 属などの球菌も確認された。 高山らの報告 [6] においても焼酎醪中から単離した乳酸菌は*Lactobacillus* 属が大多数を占めておりこれと一致した。

2　分離乳酸菌の性質

高山らの方法 [6] に従い炭素源をクエン酸としたCYP 培地を調整し，乳酸菌のクエン酸資化性を評価した（培養後の濁度が0. 500 以上となったものをクエン酸資化能ありと判断）。 最もクエン酸資化能の高かった菌種は*L. casei*グループであり，21 株中 17 株が陽性であった。 *L. fermentum*に関しては1 株のみ，*L. plantarum*は3 株が陽性であった。 一般的に焼酎の腐造醪には*L. fermentum*が多く生息する7）が本実験のような通常発酵醪中にはクエン酸資化能の高い*L. fermentum*はほぼ生息していないことが分かった。

これら3つの菌種においてクエン酸資化能の高い菌株と低い菌株，およびコントロールとしてそれぞれの基準株についてCYP 培地を用いた培養試験を行なった結果，クエン酸資化能が高い菌株ではクエン酸の資化と乳酸· ギ酸· 酢酸の生成が確認された。 特に*L. fermentum* H201はほぼ全てのクエン酸を資化しており，酢酸濃度がコントロールの約 4 倍となった。 またクエン酸資化能の低い乳酸菌でもクエン酸の資化が確認され，乳酸· ギ酸· 酢酸が微増した。 この結果から特にグルコースが枯渇する仕込み後期においても，乳酸菌は豊富なクエン酸を資化することで生育すると推察される。 これにより醪中の乳酸や酢酸濃度の上昇へ繋がる可能性もある。

3　乳酸菌を利用した小仕込み試験による芋焼酎製造試験

CYP 培養にてクエン酸資化能が高かった*L. fermentum* H201と*L. casei*E208を利用した芋焼酎の小仕込み試験を行なった。 どちらの菌株においてもコントロール（乳酸菌添加なし）と比較して二次最終エタノール濃度が減少した。 特にH201においては約 1. 7% 減少し，これにより収得量が10 L/t 減少した。 Fig. 1に二次最終醪の有機酸分析の結果を示したが，H201においてはクエン酸が全て資化されており，乳酸と酢酸がコントロールの10 ~20 倍となった。 E208においてもクエン酸の資化が確認されたが，CYP 培養ほどではなかった。 これは醪中の酸やエタノールなどの特殊な環境が影響していると推察された。 またリンゴ酸の減少と乳酸の増加からいわゆるマロラクティック発酵が起こったことが示唆された。 いずれの仕込みにおいてもこれら

有機酸組成が変化することで醪中の揮発酸度や総酸度が上昇した。添加した乳酸菌は一次仕込み3日目には死滅していたが，二次仕込みに再度添加することで2日目には10^{10}乗まで増殖し，最終日においても10^{7}乗生存していた。このことから，乳酸菌は二次仕込みにおいて活発に活動したと推察された。高山らの報告[7]において，異常発酵の二次最終醪において10^{7}乗の菌数が検出されていたことから，これと同等の菌数まで増殖した場合，乳酸菌が酒質へ影響を与える可能性が高いと推察された。

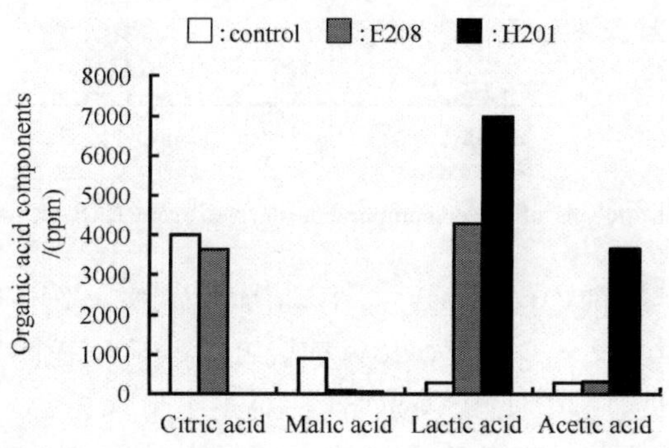

Fig. 1 Analysis of organic acid components of second－stage fermented mash

常圧蒸留後に一定期間ガス抜きし，冷却ろ過した原酒を25度に割水した焼酎の香気成分分析を行なった。低沸点香気成分では，高級アルコール類に差が確認された。H201においては全ての高級アルコール類が大きく減少したが，E208においてはイソアミルアルコールのみ減少し，その他の高級アルコール類は逆に増加した。高級アルコール類の生成には醪中のアミノ酸組成が大きく影響する。乳酸菌を添加することで高級アルコール類の前駆体となるアミノ酸濃度が変化していることが推察された。中高沸点香気成分においては特にH201に大きな変化があり，酢酸イソアミルやβフェネチルアルコールといった香り成分や中鎖脂肪酸エチルエステル類が減少した。E208においても酢酸イソアミル，βフェネチルアルコールが減少したが，乳酸菌由来成分であるジアセチル·乳酸エチル·コハク酸ジエチルが大きく増加した（Fig. 2）。これら香気成分の結果からも乳酸菌が酒質へ影響を与えていることが確認された。

官能試験からは，3点評価ではコントロールとE208の評価が高かった。香味はコントロールに甘い香りと甘味があるというコメントであり，これに対してH201は酸臭·酸味が強く評価が低かった。E208は甘い香りとほのかな酸臭·酸味があり，これに加えて程良いジアセチルの香りを有していた。評価としても乳酸菌の特徴が表れている焼酎というポジティブな評価であった。これらの結果から酢酸，乳酸など酸の種類によって味の評価が大きく異なり，乳酸由来の酸臭·酸味をコントロールできれば新しい酒質の開発にも繋がることが分かった。

今回は通常発酵醪から乳酸菌を単離したが，通常の醪中においても腐造を引き起こす菌株や，乳酸菌由来成分を生成する菌株が生息していることが分かった。ま

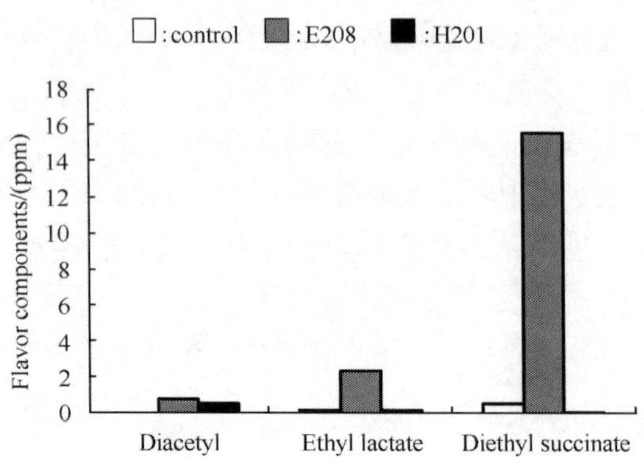

Fig. 2 Results of analysis of flavor components derived from LAB of sweet potato *shochu*

た，上述したように蒸留前の醪においても乳酸菌が10^2～10^3CFU/mL検出されており，醪中の乳酸菌はエタノール濃度が15%前後となっても完全には死滅しないことが分かった。つまり不良酵母の使用や醪の攪拌が不十分な場合，醪中の乳酸菌が増殖し酒質へ影響を与える可能性もある。しかし適切な環境および条件で仕込みを行なうことでこれら乳酸菌の働きは抑えられることが分かった。

おわりに

芋焼酎醪中の乳酸菌の分布を確認し，単離株の生理学的性質を調査した。また，特徴ある乳酸菌を利用して実際に芋焼酎の小仕込み試験を行なった。

(1)通常の芋焼酎醪中にも乳酸菌が生息しており，二次2日目に10^3～10^5 CFU/mLと最も多く，エタノール発酵が進むに従い菌数も減少していくことが分かった。

(2) 72株の乳酸菌を単離した。そのうち24株が*L. plantarum*，23株が*L. fermentum*，21株が*L. casei*グループと相同性が高かった。

(3)通常発酵醪中にはクエン酸資化能の高い*L. fermentum*はほとんど生息していないことが分かった。

(4)クエン酸資化能の高い乳酸菌を利用した芋焼酎の小仕込み試験を行なったところ，*L. fermentum*では揮発酸度が大きく上昇し，腐造が確認された。*L. casei*グループにおいては乳酸菌由来成分を含む芋焼酎を製造することが可能ということが分かった。

今後は，特に酒質に影響を及ぼす乳酸菌をターゲットとし，酒質に影響が生じる条件を検証したい。また乳酸菌の由来を調査し，これらの結果を製造現場にフィードバックすることで，現場での安全な仕込みや新しい酒質の開発に繋がることが期待される。

参考文献

[1] 柳田藤寿：醸協，99，225－231 (2004)

［2］A. Wanikawa, K. Hosoi, I. Takise, T. Kato: *J. Inst. Brew.*, 106, 39 – 43 (2000)

［3］稲橋正明，戸塚堅二郎，岡崎直人，石川雄章，佐藤和夫：醸協，108，285 – 294（2013）

［4］藤原久志，北岡篤士，清川良文，髙倉敏夫，若井芳則：醸協，108，767 – 777（2013）

［5］S. Watanebe, M. Kanauchi, T. Kakuta, T. Koizumi: *J. Am. Soc. Brew. Chem.*, 65, 197 – 201（2007）

［6］高山清子，竹下淳子，水谷政美，山本英樹，越智洋，工藤哲三：醸協，103，393 – 400（2008）

［7］高山清子，水谷政美，山田和史，山本英樹，越智洋，工藤哲三：醸協，107，861 – 867（2012）

少量エタノール摂取の健康への影響

伊豆 英恵[1*]，加藤 範久[2]

1. 酒類総合研究所，739－0046 日本東広島市鏡山 3－7－1

2. 広島大学大学院生物圏科学研究科，739－8528 日本東広島市鏡山 1－4－1

摘　要：疫学的研究により，多量飲酒は様々な疾病の危険因子となるが，少量飲酒は心臓病等の一部の疾病に予防的に作用することが示されている（Jカーブ効果）。動物実験による多量エタノール摂取の有害影響の検討は多いが，少量エタノール摂取の検討は極めて少ない。本研究では，高脂肪食摂取ラット及び老化促進マウス（SAMP1 及び8）における少量エタノール摂取の影響を検討し，肝機能や血清尿酸値改善，老化遅延等の効果を示した。

关键词：エタノール，Jカーブ効果，高脂肪食摂取ラット，SAMP

Effects of a low dose ethanol consumption on health

Hanae Izu[1*]，Norihisa Kato[2]

1. National Research Institute of Brewing，3－7－1 Kagamiyama，Higashi－hiroshima，739－0046 Japan

2. Graduate School of Biosphere Science，Hiroshima University，1－4－1 Kagamiyama，Higashi－hiroshima，739－8528 Japan

Abstract：Accumulating epidemiological studies suggest that heavy drinking is a risk factor of various diseases and low dose of alcohol consumption has a beneficial effect on the development of diseases such as cardiovascular disease（J－curve effect）. There are many animal studies on hazardous effect of heavy intake of alcohol，but very limited animal studies on the effect of low intake of alcohol. Our study was aimed to elucidate the effect of low dose of alcohol on the rats fed a high－fat diet and on the SAMP8（senescence－accelerated prone－1 and 8）mice. Our results suggest a low dose of ethanol has beneficial effects on liver function and serum urate，and retards the development of senescence.

Key words：ethanol，J－curve effect，high－fat diet，rat，SAMP

* Corresponding author：伊豆英恵，酒類総合研究所主任研究員，E－mail：izu@ nrib. go. jp。

1　飲酒のJカーブ効果

非飲酒者に比べ，多量飲酒者で各種疾患リスクが上昇することは，良く知られている。一方，適量飲酒者における虚血性心疾患，脳梗塞，2型糖尿病，認知症等，一部の疾患の減少が多くの疫学研究で報告されている。これらを示す飲酒量と疾病罹患率や死亡率の関係を示したグラフの形から，1880年代に飲酒のJカーブ効果が提唱された[1]。ただし，Jカーブ効果は多くが原因と結果を特定の一時点で同時に調査した観察研究によるものであり，その因果関係は証明できない。飲酒推奨による疾患予防効果や，すでに疾患に罹患した患者の飲酒による改善効果を示すものではないことに注意する必要がある。

驚くことに，アルコールに弱い体質の人が多い日本でも，この現象が見いだされている[2]。健康日本21において，健康のための各種数値目標が定められ，健常な日本人男性の適量飲酒量は純アルコール換算20g/日（清酒1合相当）とされているが，これはJカーブに基づいた値である。

2　Jカーブ効果の問題点

非飲酒者に体調を崩して飲酒をやめた断酒者が含まれる可能性がJカーブ効果の問題点として指摘されている。一方，断酒者除外後もJカーブ効果が認められたという報告もある[3]。飲酒は身体以外にも影響があり，交絡因子の検討が重要である。例えば，ワインを好む集団で高学歴，健康的な食生活への志向，良好な社会経済状態[4]，調査の対照集団によっては，飲酒者の高いquality of lifeや良好な健康状態が報告されている[5]。このように飲酒（原因）と疾患予防（結果）における交絡因子の完全除去は困難である。

3　Jカーブ効果の検証

飲酒，さらにエタノールの健康への直接的関与を確かめるためには，動物実験が有効である。

動物にエタノールを摂取させた実験の多くは，有害影響の確認を目的としてきた。今回，我々は低濃度のエタノールを病態モデル動物に摂取させ，これまでに疫学研究で多くの報告があるJカーブ効果の効能面の検証を試みた。

<1:高脂肪食摂取ラット>

高脂肪食摂取ラットは生活習慣病モデル動物であり，肥満，高脂血症，高血圧，糖尿病，高尿酸血症，肝機能等の症状を呈する。SD系雄ラットに牛脂30%を含む高脂肪食を12 週間自由摂取させ，その間，唯一の飲水源として水，1 又は2％エタノール水を与えた[6]。

この結果，エタノール摂取は脂質や糖代謝の血清の各種指標に悪影響を及ぼさなかったが，水群と比べ，1%エタノール群でアラニンアミノトランスフェラーゼ（ALT）及び乳酸脱水素酵素（LDH）活性，アンモニア，尿酸が有意な低値を示した（Table 1）。2%エタノール群でも，ALT 活性，アンモニア，尿酸が有意に低値であった（Table 1）。以上の結果は高脂肪食摂取ラットにおいて，少量エタノール摂取が肝機能に好ましい影響を与え，その効果が1%エタノール群よりも2%で減弱することを示している。さらに生活習慣病の危険因子である尿酸値の減少を確認した。飲酒は肝機能，尿酸値を悪化させる主要因であり，今回の結果は非常に意外であったが，疫学でも同様な言及がある[7]。

Table 1　Effect of ethanol intake on serum parameters in high－fat in rats fed a high－fat diet

	Control（no ethanol）	1% Ethanol	2% Ethanol
ALT（U/L）	43. 3 ±1. 1	36. 5 ±1. 1 *	38. 6 ±1. 7 *
Ammonia（μmol/L）	90. 9 ±2. 7	80. 5 ±2. 3 *	81. 7 ±2. 3 *
LDH（U/L）	534 ±47	399 ±25 *	464 ±25
Urate（μmol/L）	80. 3 ±3. 8	70. 5 ±2. 9 *	69. 2 ±2. 1 *

Values are means ± SE. * Significantly different from the control group，$P<0.05$（Dunnet’s test）.

<2：老化促進マウス>

老化促進マウス（Senescence－Accelerated Mouse Prone）は寿命が1 年程度と通常より1－2 年程度短く，様々な老化関連症状が促進されて発症し，脱毛，背骨の彎曲，目の回りのただれや白内障，行動や情緒の異常等，老化の徴候が顕著に現われる[8]。SAMPは9 系統あり，その症状は各系統によって異なる。SAMP1は老化アミロイドーシス，免疫機能不全，SAMP8は学習記憶障害等が特徴的な系統である。本研究では，SAMP1 及びSAMP8の雄マウス（10－11 週齢）に市販固形食を15 週間自由摂取させ，その間，唯一の飲水源として水，1 又は2％エタノール水を与えた。

試験の結果，SAMP1 及び SAMP8において，エタノール摂取は血清のALT，アスパラギン酸アミノトランスフェラーゼ（AST），トリグリセリド，総コレステロール，グルコース値に影響を与えなかった。SAMPの老化指標として，行動，皮膚，毛，目，脊椎の症状を数値化した老化スコアが定められている[8]。SAMP1 及びSAMP8 老化スコアの合計値はエタノール摂取の影響を有意に受け，特に1%エタノール群で最も低い値となり，老化の遅延が示唆された（Table 2）。23 週齢のSAMP1では，1%エタノール摂取は老化スコア合計値を有意に減少させたが，2%エタノール摂取は有意な影響を及ぼさなかった。25 週齢のSAMP8もSAMP1と同様であった（Table 2）。以上の結果は，SAMPにおける1%エタノール摂取が老化の進行を遅延させ有益

な効果をもたらすことを示唆している。また，エタノール摂取は酸化ストレスを引き起こし，各種疾病の一因となることが知られているが，SAMP1におけるエタノール摂取は血清，肝臓，脾臓，腎臓のTBARS値に影響を与えず（Table 3），エタノール摂取による酸化ストレスはなかった。

Table 2 Effect of ethanol intake on senescence grading score in SAMP1 and SAMP8

	Control (no ethanol)	1% Ethanol	2% Ethanol
SAMP1 22 wk - old	2.31 ±0.34	0.63 ±0.21 *	1.56 ±0.18
SAMP8 25 wk - old	2.19 ±0.31	1.20 ±0.20 *	2.00 ±0.10

Values are mean ± SE. * Significantly different from the control group, $P<0.05$ (Dunnet's test).

Table 3 Effect of ethanol intake on TBARS in SAMP1

	Control (no ethanol)	1% Ethanol	2% Ethanol
Serum (nmol/100 mL)	13.6 ±1.1	11.9 ±0.3	11.8 ±0.5
Liver (nmol/g tissue)	484 ±150	487 ±94	368 ±109
Spleen (nmol/g tissue)	62.5 ±4.6	66.7 ±8.5	72.5 ±7.2
Kidney (nmol/g tissue)	320 ±69	263 ±58	357 ±53

Values are mean ± SE.

4 おわりに

以上から，少量であればアルコール摂取に健康効果があるというJカーブ効果を動物実験で検証することができた。同時に過度のアルコール摂取が様々な疾病の危険因子であることも示唆された。また，実験から，ヒト飲酒量に換算した場合の適量飲酒量は純アルコール換算10～20g/日程度となり，ヒトの推奨量と同程度であった。

これらの効果に関わる機構の解明は今後の課題であり，現在，検討中である。エタノールは細胞膜や脳血液関門も通過可能で，生体の様々な部位に影響を示す可能性があり，引き続き，影響を検討している。

参考文献

[1] Marmot M. G. et al., Alcohol and mortality: a U - shaped curve, Lancet 1: 580 - 583 (1981)

[2] Tsugane S., Alcohol, smoking, and obesity epidemiology in Japan, J Gastroenterol 27: 121 - 126 (2012)

[3] Lin Y. et al. , Alcohol consumption and mortality among middle – aged and elderly Japanese men and women, Group Ann Epidemiol 15: 590 – 597 (2005)

[4] Djoussé L. et al. , Alcohol consumption and risk of hypertension: does the type of beverage or drinking pattern matter?, Rev Esp Cardiol 62: 603 – 605 (2009)

[5] Saito I. et al. , A cross – sectional study of alcohol drinking and health – related quality of life among male workers in Japan, J Occup Health 47: 496 – 503 (2005)

[6] Osaki, A. et al. , Beneficial effect of a low dose of ethanol on liver function and serum urate in rats fed a high – fat diet, J Nutr Sci Vitaminol 60: 408 – 412 (2014)

[7] Sookoian, S. et al. , Modest alcohol consumption decreases the risk of non – alcoholic fatty liver disease: a meta – analysis of 43 175 individuals, Gut 63: 530 – 532 (2014)

[8] Hosokawa M. et al. , Grading score system: A method for evaluation of the degree of senescence in senescence accelerated mouse (SAM), Mech Ageing Dev 26: 91 – 102 (1984)

日本の麹と中国の麯（曲）

岡崎　直人

公益財団法人　日本醸造協会、114－0023　日本　東京都北区滝野川2－6－30

摘　要：今から7 千年以上前，長江中、下流域に生まれた温帯ジャポニカは、約2 千数百年前に九州に伝わり、弥生時代の食文化を形成していった。弥生時代以降、日本民族は稲作文化を受け継ぎ、粒食で蒸し、或いは、煮て食べたため、それを放置すれば、自然にカビが生育したが、既に報告したように、麹カビとクモノスカビの生育に関する最も大きな特徴として、蒸した原料には麹カビが、生の原料にはクモノスカビが優先的に生育するため、その結果として麹カビを主体とする散麹が誕生した。一方、麦は粒食では食べ難いため、粉砕してから篩って種皮等を除いた粉に加水し、団子、餅、煎餅や麺に成型し、蒸し、或いは、煮て食べる粉食文化を発展させた。その結果、生の原料を用いる中国麹では、クモノスカビが優先的に生育する。米は簡単に精米してそのまま加熱処理して食べることが可能であり、敢えて粉食にする必要が無かった。その食文化の違いが、麹文化は中国から導入されたが、その食文化の違いが、日本で独自の発展を遂げ、現在では、*Aspergillus oryzae* 等が「日本の「国菌」と認定されるに至っている。

关键词：麹，麹菌，散麹，曲，麹カビ，クモノスカビ

Japanese Koji and Chinese Qu

Naoto Okazaki

Brewing Society of Japan, 2－6－30 Takinogawa Kita－ku, Tokyo 114－0023 Japan

Abstract: The temperate Japonica which was born more than 7, 000 years ago in the Chanjiang middle to downstream basin and it has been transmitted from China to Kyushu region in Japan before by hundreds of about 2,000 years in the Yayoi period. Thereafter, Japanese succeeded and progressed the food culture of the rice. Usually whole grains of the rice are polished, steeped and steamed or boiled. If the cooked rice was leaved in room temperature, certain molds will grow on the cooked rice. In previous papers, we has reported that *Aspergillus* and *Rhizopus* grows well on the no－steamed grains (rice, barley and wheat bran) especially *Rhizopus*, while that of *Rhizopus* was decreased remarkably by steaming the grains. Therefore on the steamed rice, *Aspergillus* grows preferentially.

On the other hand, China developed the wheat flour for food culture therefore the whole wheat grains cannot eat by its badness of the texture. Usually the raw wheat flour is added some water and kneaded for the dumpling, for the rice cake, for the cracker, for the noodle and so on. If the moist flour of the wheat was leaved in room temperature, *Rhizopus* will grow on the raw wheat flour preferentially. Rice wasn' t necessary to mill so that it is able to eat by plain polishing and heating.

Instead of the difference from the food culture, it achieves independent development in Japan and China. In since 2006, it leads to be authorized to be "the National Mold" from Brewing Society of Japan.

Key words: koji, koji mold, qu, raw grain, *Aspergillus*, *Rhizopus*

稲の伝播に関して[1]、今から7 千年以上前、長江中、下流域に生まれた温帯ジャポニカが、約 2 千数百年前の弥生時代に九州に伝わったとされる。 その品種は、日本の稲栽培条件に適した短日性の温帯株で、現在では南西諸島の一部に残るのみであるが、7 千年前にすでに中国大陸、長江中· 下流域で栽培されていたことが、遺跡出土品により確認されている。 日本では、縄文時代は二千八百年前に終焉を迎え、弥生時代の幕開けとなる。 弥生時代人には、縄文時代人にはない、大陸から稲作文化を持つ渡来系弥生人に特有な遺伝子が見出されており、現代人は縄文人と渡来系の弥生人で構成されるようになり、このことは稲作文化の伝播が長江文明人の渡来によっていることを物語っている。

坂口謹一郎氏は、「麴から見た中国の酒と日本の酒」[2]の中で「各民族の酒の製法は多くその主食の加工法と一致する」と述べ、更に「利用の主体たるカビそのものの方からの見方をかえて、眼を麴の原料である麦と米とに転じて考察することも大切であることを忘れてはなるまい。」と述べており、この観点から日中の伝統的酒類の麴について若干の考察を試みた。

日本の麴と中国の曲の製造上の特徴

日本では、酒類に限らず多くの醸造製品に麴が利用され、その製麴法は、精米、精麦などの原料処理後、浸漬、蒸すことから始まる。 清酒の場合、精米した白米を蒸し、麴菌の分生子を接種し、適当な温度経過で2 日程度で麴を製造する。

一方、中国の紹興酒に代表される黄酒や白酒に用いられる餅麴は、大曲、小曲等各種あるが、その製法は原料穀類、高粱、粳米、糯米、トウモロコシ、大麦、小麦等を粉砕して混合し、水を加

えて練り、写真のような煉瓦状に成型して室に引き込み、温度、湿度をコントロールする。カビの生育は数日で終了し、品温は60℃に達する。その後は曲の乾燥期間で、製麴期間は季節によって異なるが、6ヶ月程度とされる。いずれにしても曲の製造は、粉砕した、生の原料が用いられることが、大きな特徴である。これまでの研究で、日本の散麴からは麴カビ、中国の曲からはクモノスカビが主に分離されており、それぞれの微生物叢が全く異なっている。

麴カビとクモノスカビ

日本の麴と中国の曲の微生物叢が全く異な理由を知るため、穀類上に生育するカビの増殖測定法[3-5]、開発しその理由について考察した。

（1）自動増殖測定装置の開発[6]

図に示す培養容器は2 室に区切られており、片側に麴カビ分生子を接種した蒸米を入れ、もう片側には6.5%の水酸化ナトリウムを入れて容器ごと恒温水槽中で培養を開始する。麴カビの穀類上での増殖は、その呼吸商がほぼ1であるため、培養容器中の酸素が消費され、ほぼ同量の炭酸ガスが発生する。炭酸ガスは瞬時に水酸化ナトリウムに吸収されるため、容器中は酸素の消費分だけ負圧になる。培養容器は、図の左に示される酸素発生装置につながっており、装置に付属する水銀マノメーターによって圧力低下を検出すると、定電流装置から電流が送られ、酸素発生装置中の9.5%硫酸溶液の電気分解により白金電極の陽極から発生する酸素が、培養容器中の圧力が低下前の圧力になるまで補給され、一定の酸素濃度下で培養が続けられる。培養容器の別室に加える水酸化ナトリウムは、炭酸ガスの吸収剤であると同時に、容器中の環境湿度を一定に保つ役目も兼ねている。定電流発生装置の稼働時間から電流量を積算し、発生した酸素量（言い替えれば麴菌の呼吸に伴って吸収された酸素量）を経時的に記録する。本装置によって、常に一定の温度、湿度、酸素濃度下で培養初期から長時間に亘って培養に伴う呼吸量を測定することができる。

（2）固体培地上における麴カビの増殖モデル[6]

増殖に伴う呼吸量と増殖の関係を解析するため、次のようなモデルを導入した。即ち、増殖に伴って消費される酸素吸収速度は、菌体の増殖のためのエネルギー確保に必要な量と、菌体維持に必要な量の合計として次式で示される。

$$\frac{\mathrm{d}A}{\mathrm{d}t} = K_1 \frac{\mathrm{d}m}{\mathrm{d}t} + K_2 m$$

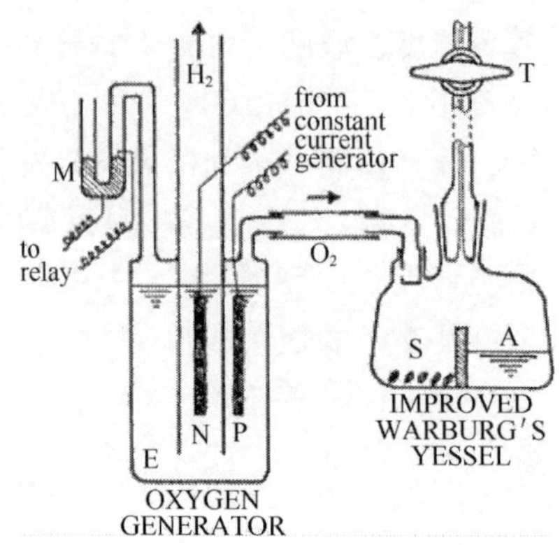

Fig. 4 Equipment for oxygen supply for solid state culture[1a)]

A = 6.5% NaOH aqueous soln.

E = electrolyte (9.5% H_2SO_4 aqueous soln.)

M = mercury manometer

N = cathode

P = anode

S = steamed rice grains

T = two - way stopcock

自動増殖測定装置

dA：酸素吸収速度（時間 dt 当たりの酸素吸収量）

m：菌体量

K_1：単位菌体量の増殖に要する酸素吸収量

K_2：単位菌体の維持に要する酸素吸収量

この式で、麴菌の増殖が十分進行し、その増加が停止すると、右辺の第1項はゼロになり、酸素吸収速度はこの時点までに増殖した菌体量に比例することを示す。このモデルが正しいことが確認しており、増殖経過と酸素吸収速度の最大値から最大菌体増殖量を知ることができるようになった。また、酸素吸収速度と菌体増殖経過、及び、加水分解酵素生産パターンもよく一致し、酵素はほぼ菌体増殖に連動して生成された。

（3）麹カビとクモノスカビの増殖特性[3, 4, 5]

（1）の測定法によって麹カビとクモノスカビの増殖特性を比較したところ、両者は共に、無蒸煮（生）と蒸煮した穀類（米、大麦、小麦、トウモロコシ）によく生育し、特に、クモノスカビは生育が早い。しかし、蒸した穀類では、原料に含まれるタンパク質が、熱変性によってタンパク質分解酵素の作用を受け難くなり、タンパク質分解力の極めて弱いクモノスカビは、窒素源の不足のため大きく生育が遅れることが明らかとなった。これに対して麴菌は、タンパク質分解力が著しく強いため、蒸した穀類でも生育がほとんど低下せず、結果的に、無蒸煮穀類には、クモノスカビ、黄麴カビ、黒麴カビの順に生育し、蒸煮穀類には黄麴カビ、黒麴カビ、かなり

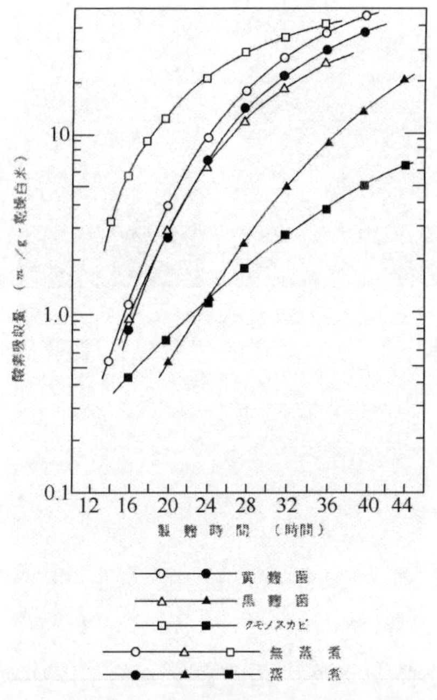

無蒸煮及び蒸煮穀類上のカビの増殖

遅れてクモノスカビの順に生育する。 この関係は、破砕穀類に水を加えて捏ね、成型した餅麴でも同様であることを確認している[4, 5]。

下 2 枚の写真は、トウモロコシ（コーングリッツ）に黄麴カビを無蒸煮（左）、蒸煮（右）して2 日間生育させ、更にその下 2 枚の写真は、クモノスカビを無蒸煮

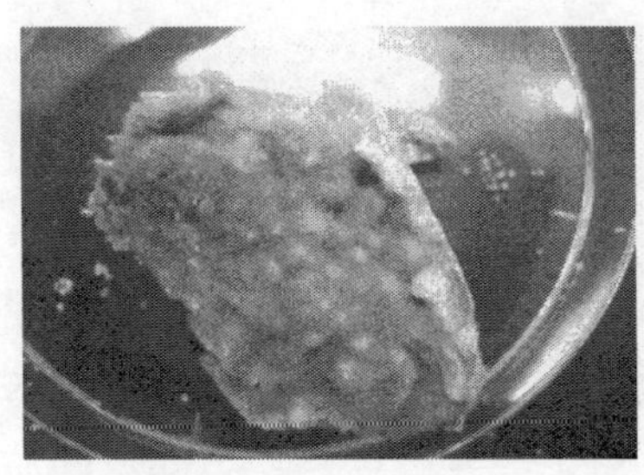
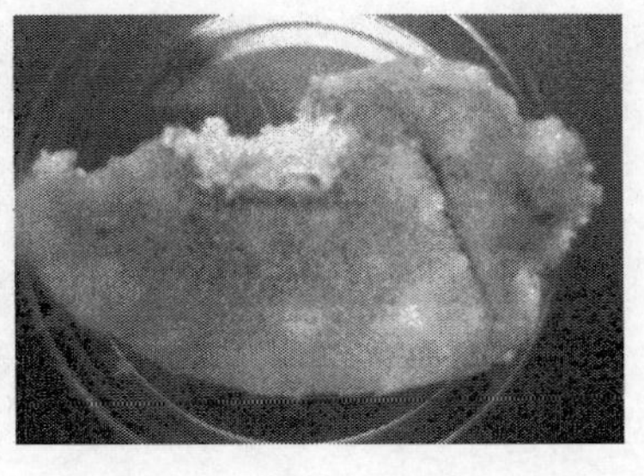

（左）、蒸煮（右）のトウモロコシに2 日間生育させた。 黄麴カビは、無蒸煮、蒸煮トウモロコシによく生育し、クモノスカビは無蒸煮トウモロコシにはよく生育するが、蒸煮トウモロコシには、殆ど生育しないことがよく分かる[7]。 ただし、加熱された原料でも遅くはあるがクモノスカビも生育する。 クモノスカビの生育が麴カビに比較して著しく早いこと、及び、山下氏の報告にあるように[8]、撹拌等の物理的な要因に弱い性質は、形態的にクモノスカビの細胞に隔壁がないことと関係があると考えている。

以上のことから、固体培地上のカビの生育は、栄養分の競合により、増殖速度の速いカビが優位に立つ。

カビの由来

麹に生育するカビの由来について吉田氏は[9]、東アジアの酒スターター類型化の中で植物の葉の関与が大きいことを述べている。また、鈴木、小泉氏らは[10-13]稲と麦の穂に付着する糸状菌の菌叢から稲の場合は麹カビが、麦からはクモノスカビが主体に分離され、それらが日本の散麹とその他のアジアの餅麹の菌種を決定したとした。一方、山下氏はクモノスカビ、ケカビ、麹カビは植物体や生穀類に普遍的に存在していることを培養試験で実証している[14]。これらの観点から、我々の身辺には、これらのカビが普遍的に存在すると考えてよい。小泉氏らも、稲や麦の植物体から、これらのカビ全てを分離している。更に、一般にカビの分生子は低温、乾燥に強く、酵母等と異なりきわめて飛散し易いので、地球上のどこにでも容易に移動するであろう。事実、金沢大の研究で黄砂からカビが分離されている[15]。

以上の観点から、カビを純粋培養して使う技術のなかった時代には、そのカビが選択されるための環境条件が必要である。麹に生育するカビについては、培養基になる原料の処理法が、生育するカビの種類を決定する大きな要因になり、栄養分の競合により、増殖速度の速いカビが優位に立つ。このような選択圧が働き、限られた場所（例えば麹室など）で培養が繰り返されることによって、次第に特定の微生物相が形成される様になったと考えられる。

麹カビの「国菌」認定

平成18年（2006年）10月12日、日本醸造学会は、われわれの先達が古来大切に育み、使ってきた貴重な財産「麹菌」をわが国の「国菌」に認定している。なお、平成27年（2015年）3月15日一部改正(菌名変更)が実施され、現在に至っている。

麹菌をわが国の「国菌」に認定する

麹菌は、古来わが国の醸造をはじめ、いろいろな食品に用いられており、わが国の豊かな食文化に貢献してきた。また、高峰譲吉博士が110余年前に消化剤タカジアスターゼを抽出・創製したのも麹菌からである。

2005年には、わが国の産学官研究グループによって麹菌（*Aspergillus oryzae*）の全遺伝子配列が明らかにされ、今後ますます産業的に重要な菌として医薬品をはじめ、広い分野で有用物質の生産に用いられるであろう。

「日本からの麹菌の科学技術と文化の発信は、21世紀の世界に大きなインパクトを与えるものと期待される。（一島英治）」

この期をとらえ、日本醸造学会は、われわれの先達が古来大切に育み、使ってきた貴重な財産「麹菌」をわが国の「国菌」に認定する。

なお、平成27年の改正は、参考文献2)に基づくもの。

平成18年10月12日　日本醸造学会
平成27年3月15日　一部改正(菌名変更)

麹菌とは、

わが国で醸造及び食品等に汎用されている次の菌をいう。

(1) 和名を黄麹菌と称する *Aspergillus oryzae*。
(2) 黄麹菌(オリゼー群)に分類される *Aspergillus sojae* と黄麹菌の白色変異株。
(3) 黒麹菌に分類される *Aspergillus luchuensis* 及び白麹菌 *Aspergillus luchuensis* mut. *kawachii*（*Aspergillus kawachii*）。

注）*Aspergillus niger*（クロカビ）は、黒麹菌とは異なる菌種であり、麹菌には含めない。

【参　考】
1) 村上英也編著：麹学、p.61～78、(財)日本醸造協会、東京（1986）
2) 山田修：黒麹菌の学名が *Aspergillus luchuensis* になりました　醸協、110、64-67（2015）

写真は *Aspergillus oryzae* の頂のう部（提供：東大 北本勝ひこ先生）

参考文献

［1］中国· 東南アジアの酒、飯塚　廣、外池良三、小崎道雄：食の科学、47、21－56（1979）

［2］坂口謹一郎：醸協、75（10）、772－776（1975）

［3］無蒸煮穀類上における糸状菌の増殖、田中利雄、岡崎直人：醗工、60（1）、11－17（1982）

［4］第14回醸造に関するシンポジウム　散麹と餅麹、田中利雄：醸協、77（10）、685－689（1982）

［5］無蒸煮穀類における糸状菌の増殖（2）*A. oryzae* と *Rhizopus sp.* の酵素生産、田中利雄、岡崎直人、木谷光伸：醸協、77（11）、831－835（1982）

［6］A New Apparatus for Automatic Growth Estimation of Mold Cultured on Solid Media：Naoto Okazaki and Seinosuke Sugama，J. Ferment. Technol.，57，413－417，1979

［7］日本· 中国· 東南アジアの伝統的酒類と麹、岡崎直人：醸協、104（12）、951－857（2009）

［8］山下　勝：醸協、92（7）、486－498（1997）

［9］東方アジアの酒の起源、吉田集而：ドメス出版（1993）

［10］鈴木昌治、小泉武夫、野白喜久雄：醸協、79（6）、439－442（1984）

［11］小泉武夫、鈴木昌治、野白喜久雄：醸協、79（7）、500－503（1984）

［12］鈴木昌治、小泉武夫、野白喜久雄：醸協、79（7）、504－506（1984）

［13］小泉武夫、鈴木昌治、角田潔和、長坂　進、野白喜久雄：醸協、80（11）807－811（1985）

［14］山下　勝：醸協、92（5）、310－321（1997）

［15］黄砂飛来、空気中のカビや細菌5倍に　金沢大調査、2010年12月2日朝日新聞社

日本の発酵食品に含まれている麹セラミドの機能性について

譚政，浜島弘史，永尾晃治，光武進，北垣浩志*
国立大学法人佐賀大学、840－8502、日本佐賀市本庄町1

摘　要: 麹は日本の発酵食品の多くに使われており、日本の発酵食品の基盤である。一方セラミドに代表されるスフィンゴ脂質は食べることで皮膚の保湿、大腸癌や頭頸部扁平上皮癌、糖尿病の抑制効果など多くの機能性が報告されている。我々は麹に特異的な構造のスフィンゴ脂質、*N*－2’－hydroxyoctadecanoyl－1－O－β－D－glucopyranosyl－9－methyl－4,8－sphingadienineが多量に含まれていることを見出した。このことから、日本の発酵食品全般に多くの機能性があることが期待される。

Functionality of Koji Ceramide Contained in Japanese Fermented Foods

Sei Tan, Hiroshi Hamajima, Koji Nagao, Susumu Mitsutake, Hiroshi Kitagaki*
National Saga University, Address, Saga, 840－8502 Japan

Abstract: Koji is contained in most of Japanese fermented foods. Sphingolipids containing ceramide has many reported functions as foods, such as skin moisture－increasing ability, colon cancer, head and neck squamous cancer and diabetes－preventing abilities. We have found that koji contains abundant specific structure sphingolipid, *N*－2’－hydroxyoctadecanoyl－1－O－β－D－glucopyranosyl－9－methyl－4, 8－sphingadienine. Therefore, Japanese fermented foods are estimated to have these functions of sphingolipids.

* Corresponding author: 北垣浩志（1971—），国立大学法人佐賀大学教授。E－mail: ktgkhrs@cc.saga－u.ac.jp。

1　世界の糖化剤について

世界の穀物の糖化技術は、大きく二つに分類される。ひとつはユーラシア大陸の西端で発生した、大麦の麦芽技術である。古代メソポタミアから古代エジプトにかけてその記述がみられる。もうひとつは、ユーラシア大陸の東端、東アジアで発生したカビを使った糖化技術である。このカビのひとつとして、日本の麹がある。麹は米などの穀物に麹菌 *Aspergillus oryzae* あるいは *A. luchuensis* を生やしたものであり、2006 年には日本醸造学会により、日本の国菌に指定されている。

味噌、醤油、日本酒、お酢、黒酢など日本の発酵食品はすべて麹を使っていることから、麹は日本の発酵食品の基盤であると言える。麹がデンプンの糖化剤として機能することは間違いないが、それだけではなく、麹が含む成分はすべての日本の発酵食品に含まれていることから、その機能性の解明は日本の発酵食品全般への波及性がある。

2　麹の歴史について

上記のように、日本の発酵食品における糖化剤は麹である。715 年前後に編纂された「播磨国風土記」に「乾飯がぬれてカビがはえ、これで酒を造った」という記録が残っており、麹を使った酒造りが始まったのはこの時期であると考えられる。905 年（延喜 5 年）、醍醐天皇の命により編纂された延喜式には明確にその使用方法が記載されており、現代の技術と大きくな変わらない技術で平安時代中期には使われていた。発酵食品の製造が産業化されると、室町時代（1336 年 – 1573 年）には麹座と呼ばれる麹造りの専門技術者集団が形成され、麹菌の選抜に大きな役割を果

图 1　日本の発酵食品の基盤、麹

たした。 麹座において麹菌は一子相伝の技術として長い時間をかけて安全な株が選抜されてきたことから、アフラトキシンなどのカビ毒を作らず、食経験も豊富で安全であることが立証されている。 このことから、アメリカ合衆国のFDAによってもGRAS (Generally Regarded As Safe)に認定されている。

3 セラミドについて

セラミドは、近年、化粧品、機能性食品の分野で注目を集めている脂質である。セラミドはスフィンゴシン塩基に脂肪酸がアミド結合したもので、さらにその1位の水酸基には糖がアセタール結合したり、リン酸ジエステル結合[1]したりして、さまざまな修飾基を賦与される。 これらは総称してスフィンゴ脂質と呼ばれる。 スフィンゴ脂質は生体膜の中でラフトという特異な構造をとるとともに、細胞内の情報伝達にも関わり、多彩な機能があることが報告されている。

さらに、表皮の角質細胞の細胞間脂質の50%はセラミドであることが報告されている。 アトピー性皮膚炎の患者では表皮のセラミド含量が減少していることが報告された[2]ことから、セラミド含量の減少が肌の保湿力の減少、肌の疾病の原因になると考えられるようになった。 このことから、肌に塗ることで肌の保湿性が向上させるという試みが行われ、実際に改善したという報告が多数行われたことから、現在、多くの化粧品や保湿剤に配合されている。

さらにセラミドやスフィンゴ脂質は食べても多くの機能性があることが報告されつつある。 例えばマウスを使った実験でグルコシルセラミドを食べると大腸がんの抑制効果が報告されている。 さらに、マウスを使った実験で、グルコシルセラミドを食べさせると頭頸部扁平上皮癌を抑制することが明らかになっている[3]。

またマウスを使った実験で、グルコシルセラミドやスフィンゴシン塩基を摂食させることで、肌の保湿効果が向上する[4,5]ことも報告されている。 同じくマウスを使った実験で、スフィンゴシン塩基を摂食させることで高血糖の抑制効果も報告されている[6]。 これらの研究結果から、スフィンゴ脂質は機能性食品としても有望であると考えられており、現在多くの研究開発が行われつつある。

4 麹食品に含まれるセラミド関連脂質について

これまで麹や発酵食品に含まれるスフィンゴ脂質の研究は多くなかったが、我々は麹に1－3mg/g dry weightの量で特異的な構造のグルコシルセラミドN－2’－hydroxyoctadecanoyl－1－O－β－D－glucopyranosyl－9－methyl－4,8－sphingadienineが含まれていることを見出した[7]。 さらにそのグルコシルセラミドは、麹を形成する麹菌が作る特異的な構造のものであること[8]も明らかにした。 麹は日本のほとんどの発酵食品の製造に使われることから、日本の発酵食品の多くにもこの構造のグルコシルセラミドが含まれていることが期待され、実際に調べてみると多くの日本の発酵食品に麹グルコシルセラミドが含まれていた。日本人は長年、麹を一日 50～200g 食べてきたことから、50～600mgの麹セラミドを食べてきたことになる。

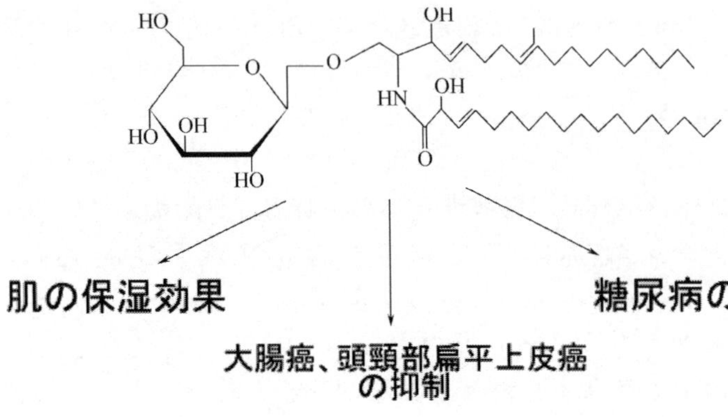

肌の保湿効果

大腸癌、頭頸部扁平上皮癌の抑制

糖尿病の抑制

图2　麹セラミドに期待される機能性

5　おわりに

日本において過去50年間、東洋型の食事が西洋型の食事に移行するに従い、がんや心疾患、アレルギーなど多くの疾病が増加することになった。これと同じ現象は今後、アジア各国でも起きる可能性がある。西洋の食事にはない、東洋にしかない食事の成分がもたらす機能性は、こうした食事内容の移行に伴う多くの疾病を予防できる可能性があり、今後の研究開発が待たれる。

参考文献

[1] Kitagaki H, Cowart LA, et al. ISC1 – dependent metabolic adaptation reveals an indispensable role for mitochondria in induction of nuclear genes during the diauxic shift in *S. cerevisiae*. *J. Biol. Chem.*, 2009, 284, 10818 – 10830

[2] Imokawa G, Abe A, et al. Decreased level of ceramides in stratum corneum of atopic dermatitis: an etiologic factor in atopic dry skin? *J. Invest. Dermatol.*, 1991, 96 (4), 523 – 526

[3] Yazama H, Kitatani K, et al. Dietary glucosylceramides suppress tumor growth in a mouse xenograft model of head and neck squamous cell carcinoma by the inhibition of angiogenesis through an increase in ceramide. *Int. J. Clin. Oncol.*, 2015, 20 (3), 438 – 446

[4] Duan J, Sugawara T, et al. Dietary sphingolipids improve skin barrier functions via the upregulation of ceramide synthases in the epidermis. *Exp. Dermatol.*, 2012, 21 (6): 448 – 452

[5] Tsuji K, Mitsutake S, et al. Dietary glucosylceramide improves skin barrier function in hairless mice. *J. Dermatol. Sci.*, 2006, 44 (2), 101 – 107

[6] Murakami I, Mitsutake S, et al. Improved high – fat diet – induced glucose intolerance by an oral administration of phytosphingosine. *Biosci. Biotechnol. Biochem.* , 2013, 77 (1), 194 – 197

[7] Sawada K, Sato T, et al. Glucosylceramide contained in Koji mold – cultured cereal confers membrane and flavor modification and stress tolerance to Saccharomyces cerevisiae during coculture fermentation. *Appl. Environ. Microbiol.* , 2015, 81 (11), 3688 – 3698

[8] Hirata M, Tsuge K, et al. Structural determination of glucosylceramides in the distillation remnants of shochu, the Japanese traditional liquor, and its production by *Aspergillus kawachii. J. Agric. Food Chem.* , 2012, 60 (46), 11473 – 11482

GSH 抑制褐变效果及高产 GSH 果酒酵母的筛选

徐菁苒，毛健*，姬中伟，刘双平，孟祥勇，周志磊
江南大学食品学院 粮食发酵工艺与技术国家工程实验室　无锡　214122

摘　要：褐变是果酒生产与贮存过程中的一个重要问题。为了找到替代二氧化硫的天然抗氧化物质，并利用生物方法达到抑制果酒褐变的效果，本实验探究了谷胱甘肽（GSH）对多酚褐变的抑制效应，以苹果酒为研究对象，通过比较 14 株酵母菌发酵力、耐受性、产 GSH 能力和发酵所得苹果酒的理化指标分析，筛选出一株高产 GSH 的苹果酒酵母 Y－18。结果表明，GSH 抑制褐变效果优于抗坏血酸和 L－半胱氨酸，Y－18 菌株产 GSH 能力为其他菌株的 1.5～2 倍，其发酵苹果酒的褐变值显著低于对照菌株，果香浓郁，谐调性较好。该菌株能在降低果酒褐变值的同时保持良好的发酵特性，并为高品质果酒的开发提供参考。

关键词：苹果酒，褐变，果酒酵母，谷胱甘肽，筛选，发酵

Study on the Effect of GSH on Browning and Screening of High GSH – Yielding Wine Yeast

Xu Jingran, Mao Jian*, Ji Zhongwei, Liu Shuangping,
Meng Xiangyong, Zhou Zhilei
National Engineering Laboratory for Cereal Fermentation Technology,
Jiang nan University, Wu xi 214122

Abstract: Browning of mostly fruit wine constitutes a well – known problem in the wine industry. In order to find an alternative natural antioxidants of SO_2 and explore the biological method to inhibit browning of wine, effects of GSH to polyphenol browning were discussed. Apple fruit wine was used as research object in the experiments and fourteen fruit wine yeast strains were used in the test. The fermentation capacity, tolerance to ethanol and pH, glutathione production capacity were used as selective standards. With specific selectivity method, strain Y – 18 was selected as the optimal apple cider yeast. The results showed that GSH showed better inhibitory effect on browning than ascorbic acid and L – cysteine. The GSH

* 通讯作者：毛健，教授，Tel：13951579515；E－mail：biomao@263.net。

yield of Y - 18 strain was 1.5 ~ 2 times than others, while its cider has a good taste with color value significantly lower than other strains. In summary, Y - 18 strain showed good fermentation characteristics while reducing cider browning, which provided an effective reference for the development of high - quality wine.

Key words: apple cider, browning, fruit wine yeast, GSH, screening, fermentation

苹果酒是用新鲜或浓缩苹果汁进行发酵制得的一种营养丰富、低酒精度的发酵制品，是仅次于葡萄酒的第二大果酒。苹果酒富含糖类、氨基酸、矿物质、维生素以及钙、磷、钾、铁等成分，不仅口感醇厚，酒香怡人，且营养丰富，具有保健功效[1]。苹果酒的褐变是苹果酒生产与贮存过程中的一个重要问题，褐变既影响色泽、酒质和风味，降低感官特性，又会造成一些营养物质的损失[2,3]。褐变的实质是苹果及苹果酒中的多酚物质的氧化，在苹果酒的生产过程中，既有酶促褐变又有非酶促褐变[4,5]。目前，抑制果酒褐变主要有物理、化学两种方法，其中在酿造及贮存过程中普遍应用的一种化学添加剂就是二氧化硫，二氧化硫虽具有很好的抗氧化性，但大量研究结果表明，它对人体健康会产生很大的危害[6,7]。随着社会发展，健康观念已越来越深入人心，人们对化学合成抑制剂的安全疑虑日益增加[8]，为此，找到替代二氧化硫的天然抗氧化物质，并利用生物方法达到抑制褐变的效果，已经成为果酒行业的研究热点。

谷胱甘肽（GSH）是由谷氨酸、半胱氨酸和甘氨酸缩合形成的三肽化合物，具有清除自由基、抗氧化、解毒等生理功能[9,10]。目前，利用微生物自身的物质代谢进行GSH生物合成得到广泛的应用，发酵法生产GSH所用的菌种以酿酒酵母最为常见，主要通过细胞的γ-谷氨酰循环进行代谢[11]。因此，具有高GSH合成能力的菌株是提高GSH合成效率的关键。研究表明，GSH具有抑制果酒褐变的功效，表现出较强的抗氧化性[12]。而作为酵母菌的代谢产物，在不引入外源物质的前提下，通过筛选一株高产GSH的果酒酵母，利用微生物代谢抑制苹果酒在发酵过程中的多酚褐变，从而减少二氧化硫等抗氧化剂的使用。

本文探究了GSH对多酚褐变的抑制效应，并以14株果酒酵母作为实验材料，筛选出一株高产GSH的酵母菌株Y-18，该菌株能在降低果酒褐变值的同时保持良好的发酵特性。此研究利用生物方法减少褐变对果酒品质的影响，为高品质果酒的开发提供参考，在提高果酒安全性的前提下降低成本，具有广阔的研究前景。

1 材料与方法

1.1 实验材料

1.1.1 原料

新鲜富士苹果购自市场，4℃保藏，使用前在25℃室温放置2h。

1.1.2 酵母菌株

01号（31814菌株）、02号（31906菌株）、03号（31693菌株），购自中国工业微生物菌种保藏管理中心；04#号（2.2076 菌株）、05#号（2.3848 菌株）、06#号（2.2084 菌株）、07#号（2.3851 菌株），购自中国普通微生物菌种保藏管理中心；Y1401、Y1402、Y1403、Y-18、Y-RW、Y-SY、Y 菌株，实验室保藏菌株。

1.1.3 主要试剂

葡萄糖、酵母膏、蛋白胨、琼脂粉、硫酸铵、磷酸氢二钾、磷酸二氢钾、硫酸镁、无水乙醇、柠檬酸、三氯乙酸、三羟甲基氨基甲烷（Tris）、乙酸钠、磷酸、抗坏血酸、亚硫酸钠购自国药集团；5，5′-二硫代双（2-硝基苯甲酸）、L-半胱氨酸、谷胱甘肽购自上海阿拉丁生化科技股份有限公司。

1.1.4 主要仪器

Waters 2695 型高效液相色谱仪 沃特世（Waters）科技有限公司；立式压力蒸汽灭菌锅 上海博迅实业有限公司医疗设备厂；榨汁机 苏泊尔股份有限公司；恒温培养箱 上海森信实验仪器有限公司、恒温摇床 上海合恒仪器设备有限公司；7230G 可见分光光度计 上海佑科仪器仪表有限公司；HG101-2 电热恒温鼓风干燥箱 上海森信实验仪器有限公司；冷冻离心机 德国 eppendorf 公司；FA2004N 电子分析天平 梅特勒-托利多爱仪器（上海）有限公司；HH-S2 系列恒温水浴锅 上海百典仪器设备有限公司；KQ-700E 型超声波清洗器 昆山市超声仪器有限公司；85-2 型恒温磁力搅拌器 上海司乐仪器有限公司。

1.2 培养基

（1）YPD 固体培养基 酵母粉 10g/L，鱼粉蛋白胨 20g/L，葡萄糖 20g/L，琼脂 20g/L，pH 自然，115℃高压灭菌 15min。

（2）YPD 液体培养基 酵母粉 10g/L，鱼粉蛋白胨 20g/L，葡萄糖 20g/L，pH 自然，115℃高压灭菌 15min。

（3）摇瓶培养基 葡萄糖 30g/L，酵母粉 10g/L，硫酸铵 6g/L，磷酸氢二钾 3g/L，磷酸二氢钾 0.5g/L，硫酸镁 0.1g/L，115℃高压灭菌 15min。

（4）苹果汁活化培养基 调节苹果汁糖度为 20°Brix，用柠檬酸调整培养基 pH3.5，酵母菌按 5%（体积分数）的接种量接入培养基，在 25℃下发酵培养 24h。

（5）苹果汁发酵培养基 调节鲜榨苹果汁糖度为 20°Brix，调整培养基 pH3.5，酵母菌按 5%（体积分数）的接种量接入苹果汁，在 25℃下发酵。

1.3 实验方法

1.3.1 谷胱甘肽对鲜榨苹果汁褐变的抑制效应

新鲜苹果，经自来水清洗、去核、切块、榨汁、离心、过滤后，分别加入抗氧化剂谷胱甘肽（GSH）、抗坏血酸（Vc）、L-半胱氨酸（L-cys）、二氧化硫（SO_2），浓度分别为 0.05、0.10、0.15、0.20、0.25mmol/L。以空白为对照，立即测定试样品在 420nm 下的光密度值（OD 值）；其余样品倒在培养皿，敞口放置在室温下以便充分氧化褐变，24h 后测定各试样 OD_{420} 值。褐变值的变化率表示不同抗氧化剂对鲜榨苹果汁褐变的抑制效果，每个试样 3 次重复，取平均值。

ΔOD_{420}值 = 24h 后 OD_{420}值 - 0h OD_{420}值

ΔOD_{420}变化率% = ΔOD_{420}/0h OD_{420}值 × 100%

1.3.2 果酒酵母发酵力测定

挑取酵母菌斜面种子一环接种于 YPD 液体培养基中，30℃摇瓶振荡培养 24h，作为种子液。将种子液按 10%（体积分数）接种量接种到 YPD 液态发酵培养基中，在 25℃静态发酵，每隔 24h 称一次质量，计算各株酵母菌发酵时产生 CO_2质量。

1.3.3 果酒酵母耐受性测定[13]

分别以不同乙醇浓度和 pH 作为酵母菌生长和发酵的影响因素，通过测定发酵 24h 后发酵液的 OD_{600}值，比较 14 株酵母菌在不同影响因素中的耐受性。

1.3.4 果酒酵母产 GSH 能力测定

将种子液以 10%（体积分数）的接种量接种于 pH3.5 和 pH6.5 的摇瓶培养基中，在 30℃、150r/min 摇床中振荡培养 48h，测定生物量、酵母发酵液及胞内 GSH 的含量。

1.3.5 果酒酵母发酵性能测定

（1）果汁培养基调配　分别用蔗糖和 1mol/L 的苹果酸调节果汁糖度为 20°Brix，pH 为 3.5。

（2）苹果酒发酵　取 500mL 三角瓶，加入 400mL 苹果汁，按 5% 的接种量接入酵母种子液，在 25℃下恒温发酵，发酵初期微晃瓶体，使附着在瓶壁的酵母脱落，在发酵过程中每天取样测定理化指标，当渣完全沉淀且无气泡产生时则认为发酵结束。

1.4 测定方法

1.4.1 HPLC 法测定发酵液中 GSH 含量[14]

1.4.1.1 色谱条件

色谱柱：Athena C18 - WP，流动相为 0.05mol/L pH5.6 醋酸钠缓冲液和甲醇（体积分数 = 90 : 10），流速为 1.0mL/min，紫外检测波长 330nm，进样量 20μL，柱温 40.0℃。

1.4.1.2 样品处理

取 1mL 样品，加入 1mL 10% 三氯乙酸，在转速 10000r/min 下离心 8min，沉淀蛋白质。取 1mL 上清液，加入 0.5mL500μmol/L pH8.0 的 Tris - HCl 溶液，混合均匀，加入 20μL 纯水，再加入 0.5mL 0.01mol/L DTNB，振荡均匀，室温反应 5min，再加入 0.1mL 7.0mol/L 磷酸溶液酸化，10000r/min 离心 8min，上清液用 0.22μm 微孔滤膜后进行 HPLC 分析。

1.4.2 菌体生物量测定

将 25mL 菌体培养液倒于已知重量的干净离心管中，在转速 8000r/min 离心 10min 后弃去上清液，并加入适量蒸馏水洗涤 2 次，置于干燥箱中在 105℃下烘干至恒重，总量与离心管重量之差即菌体干重，由此计算培养液的菌体生物量。

1.4.3 胞内 GSH 含量测定[15]

取 10mL 发酵液，在转速 8000r/min 离心 10min 后弃去上清液，收集菌体。加入适量蒸馏水洗涤 2 次后，加入 10mL 40% 乙醇溶液，振荡器混合均匀，室温下抽提 2h，在转速 8000r/min 离心 10min 得上清液，稀释后进行 HPLC 测定。

1.4.4 发酵液色度的测定

取果汁或果酒发酵液，于 8000r/min 下离心 10min，将上清液在 420nm 波长处测定吸光度，以吸光度值表示色度[16]。

1.4.5 果酒理化指标测定

还原糖、酒精度参照 GB/T 15038—2006《葡萄酒、果酒通用分析方法》测定。

甘油质量浓度测定：高效液相色谱法[17]。

2 结果与分析

2.1 GSH 对多酚褐变的抑制效果

以鲜榨苹果汁为研究对象，以 Vc、L－cys 及 SO_2为对照，探讨 GSH 对多酚褐变的抑制效果，试验结果如图 1 所示。可以看出，作为应用最广泛的化学添加剂，SO_2表现出最强的抑制作用。但大量研究结果表明，SO_2对人体健康会产生很大的危害，这一缺点在一定程度上限制了它的使用。Vc 的抑制褐变效果较差，Vc 极易氧化分解，又可与游离氨基酸反应，生成色素，随着时间的延长，反而会使色泽加深[18]。L－cys 对苹果汁的抑制效果稍优于 Vc，但加入 L－cys 后，果汁中的氨基酸含量增加，加重了美拉德反应，果汁颜色有变红的趋势，限制了 L－cys 的应用。

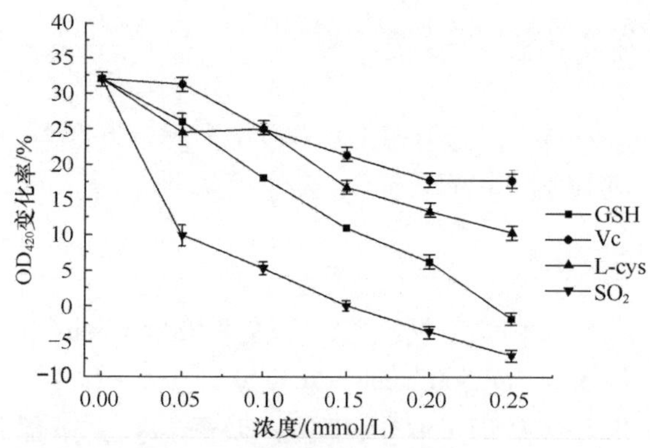

图 1 不同抗氧化剂对鲜榨苹果汁褐变度的影响

Fig. 1 Effect of different antioxidants on browning degree of fresh apple juice

由图可知，GSH 对苹果汁褐变的抑制效果仅次于 SO_2，且随着含量的增加，褐变度趋于线性降低。GSH 由于含有巯基而具有还原性，可以抑制果汁及果酒褐变。在引起褐变的酶促氧化过程中，GSH 对多酚氧化酶的活性有一定抑制作用，在一定程度上抑制了酶促氧化。GSH 可结合酚类物质氧化后生成的醌，形成无色的羟醌类物质，降低了果汁及果酒的褐变度[18]。GSH 作为一种具有抗氧化、清除自由基作用的天然酶促褐变抑制剂，可用其代替传统化学抗氧化剂 SO_2用于苹果汁及苹果酒酿造生产。

2.2 高产谷胱甘肽果酒酵母的筛选

2.2.1 酵母菌株发酵力比较

酵母菌的发酵力是反映酵母对各种糖类的发酵能力的重要指标。以CO_2失重量为指标衡量酵母菌的发酵速率，是衡量酵母产酒能力的一个重要指标。14 株酵母菌株发酵力测定结果如图 2 所示，由图可见，14 株酵母菌的发酵能力有显著差别，试验菌株 Y1401、01、Y－18、06#的发酵力较强于其他菌株，且在第 4 d CO_2失重量达到最大，之后趋于平缓。

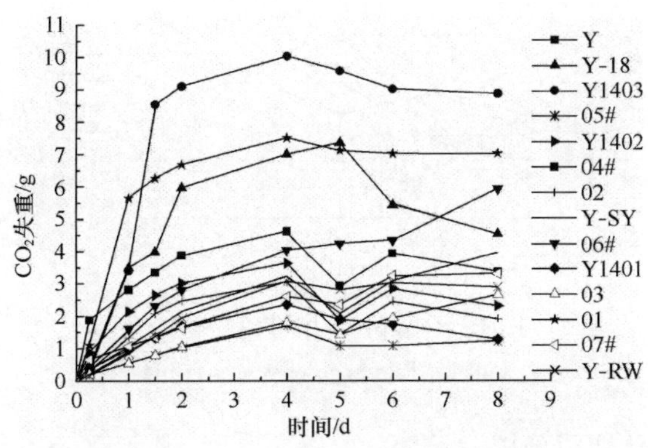

图 2 不同酵母菌株发酵力

Fig. 2 Fermentation capacity of different yeasts

2.2.2 酵母菌耐乙醇能力比较

一般来说，酵母细胞的发酵能力与菌株对酒精的耐性成正相关。由图 3 可知，不同酵母菌对乙醇的耐受性不同，随着培养基中乙醇浓度的增加，酵母菌发酵液的 OD_{600} 值不断降低，在乙醇浓度大于 10% 时，酵母细胞的生长受到了很大抑制。从整个变化趋势来看，耐乙醇能力较强的酵母菌为 01、06#、Y1403、Y－18、02 菌株。

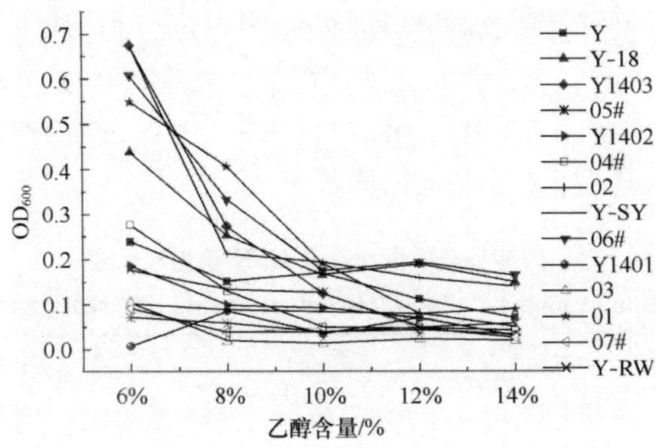

图 3 不同乙醇浓度下酵母的耐受性

Fig. 3 Tolerance of yeasts under different ethanol concentration

2.2.3　酵母菌 pH 耐受性

从图 4 可以看出，随着培养基 pH 的降低，14 株酵母菌的生长能力整体呈下降趋势，在 pH 2.0 ~3.0，酵母菌的生长受到很大程度抑制，由于此范围并不是苹果酒酿造的最适 pH 范围，所以不会对苹果酒发酵产生不良影响。Y －18 对 pH 的耐受性较强，OD 值的波动较平缓，这说明 Y －18 菌株对酸性环境的适应能力较强于其他菌株。

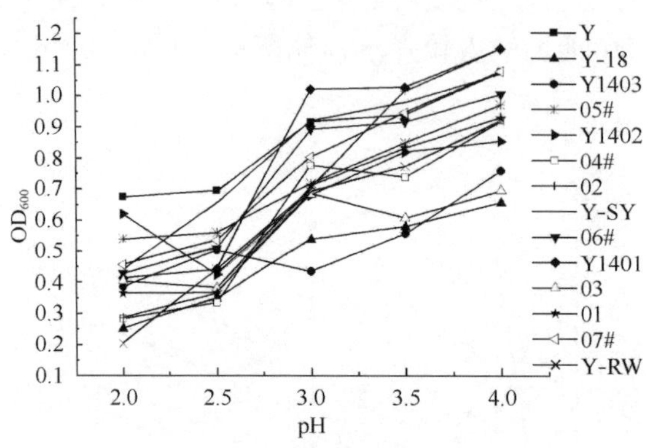

图 4　不同 pH 下酵母菌的耐受性

Fig. 4　Tolerance of yeasts to pH

2.2.4　酵母菌产 GSH 能力分析

对 14 株酵母菌的生物量和产 GSH 能力进行测定，结果发现不同酵母菌产 GSH 能力有较大差别，且 pH 对发酵液中 GSH 的含量影响较大。pH 是微生物生长的一个重要的环境条件，对微生物的生长、发育以及代谢过程都有很大的影响。当细胞处于不正常的环境中时，出于保护自身的本能和抵御外界环境伤害的需要，细胞可能会对其代谢产物的合成和分泌做出调整。研究表明，GSH 在微生物抵抗酸胁迫过程中具有积极作用[19]。苹果酒发酵 pH 为 3.2 ~4.2，当酵母细胞遭遇低 pH 胁迫时，细胞能以增加 GSH 合成并向胞外分泌 GSH 的方式来响应和抵御外界 pH 的不断降低。

由表 1 可以看出，在 pH 3.5 条件下，酵母菌发酵液中的 GSH 含量显著高于 pH6.5 时的 GSH 含量，说明酸性环境刺激了酵母菌向胞外分泌 GSH 能力，而不同酵母细胞对外界环境的响应能力差异较大。在 pH3.5 条件下，发酵液中 GSH 含量及胞外胞内 GSH 总量较高的菌株为 Y －18、03、04#、01、02、RW、06#、07#菌株，其中 Y －18 及 03 菌株发酵液的 GSH 含量显著高于其他菌株。

表 1　　不同酵母菌株生物量及 GSH 含量的比较

Table1　Comparison of biomass and GSH content among different yeast strains

菌株	pH 3.5			pH 6.5		
	生物量 /（g/L）	发酵液 GSH 产量/（mg/L）	GSH 总量 /（mg/L）	生物量/ （g/L）	发酵液 GSH 产量/（mg/L）	GSH 总量 /（mg/L）
Y1403	4.19	14.29	29.04	3.93	4.68	10.73
07#	3.34	16.63	23.42	4.27	4.78	16.01

续表

菌株	pH 3.5			pH 6.5		
	生物量/(g/L)	发酵液 GSH 产量/(mg/L)	GSH 总量/(mg/L)	生物量/(g/L)	发酵液 GSH 产量/(mg/L)	GSH 总量/(mg/L)
Y-RW	3.62	16.7	30.59	4.85	6.71	25.85
Y-18	4.09	29.5	44.89	4.06	9.54	28.02
01	2.22	17.6	21.36	2.9	5.57	9.76
06#	3.62	16.47	28.96	4.42	4.43	19.4
04#	3.35	17.87	24.20	3.51	7.04	24.66
Y-SY	4.89	15.64	28.25	5.59	4.82	22.51
05#	3.31	15.64	30.84	4.17	4.64	21.23
Y	4.15	15.65	35.49	4.35	4.32	15.81
03	3.52	33.76	43.95	4.22	20.5	32.37
02	4.01	16.71	22.78	5.72	4.77	10.82
Y1402	3.29	14.82	22.21	4.2	6.27	21.92
Y1401	4.06	14.98	27.75	5.36	4.6	30.12

综合考虑酵母菌的发酵力、耐受性及产 GSH 能力，筛选 Y-18 作为高产 GSH 的果酒酵母菌株，该菌株在苹果酒发酵 pH 范围内有优良的发酵性能，产 GSH 能力显著强于其他菌株。

2.3 高产谷胱甘肽果酒发酵苹果酒的性能测定

2.3.1 发酵过程中还原糖、乙醇的变化

对 Y-18 菌株和四株发酵力或产 GSH 能力较强的对照菌 03、04#、06#、02 进行苹果酒发酵试验，从图 5 可以看出，酵母菌在前 4d 还原糖量迅速下降，酒精分数近似线

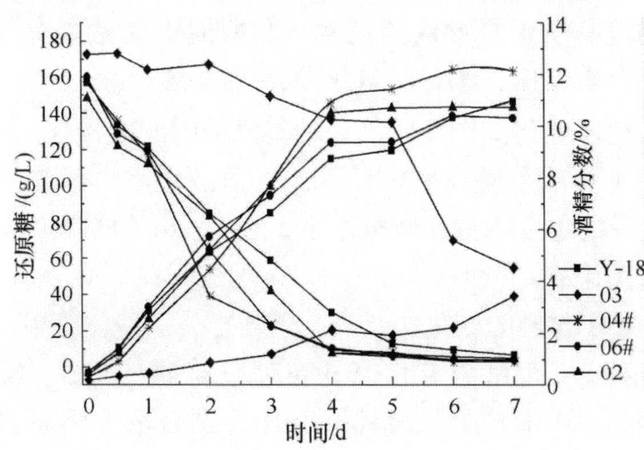

图 5 发酵过程中的还原糖、酒精度变化曲线

Fig. 5 The curve of reducing sugar and alcohol concentration in fermentation

性增长，主发酵进行到第5d后还原糖量和酒精分数趋于平缓。通过与对照菌株比较可以发现，03菌株发酵能力较弱，不适合苹果酒发酵，而Y－18菌株的发酵度平缓，能更好地防止杂菌污染，发酵结束后酒精度达到11%左右，是优良的酵母菌种。

2.3.2 发酵过程中甘油含量的变化

甘油是酵母菌酒精发酵过程中的副产物，具有甜味，可用于平衡酒中的酸感，增加口感复杂性，是高品质果酒的重要成分。由图6可知，酵母菌在第1d甘油含量迅速增加，之后波动较小。菌株Y－18发酵结束后，发酵液中甘油含量为5.6g/L，为对照菌的1.5～2倍。研究表明，当酵母细胞处于高渗透压环境时，甘油被诱导合成以提高胞内渗透压，其对细胞中的酶和生物大分子的结构进行较大程度的保护。因此，发酵过程中能生产甘油的酵母通常具有一定的渗透压耐受能力[20]。

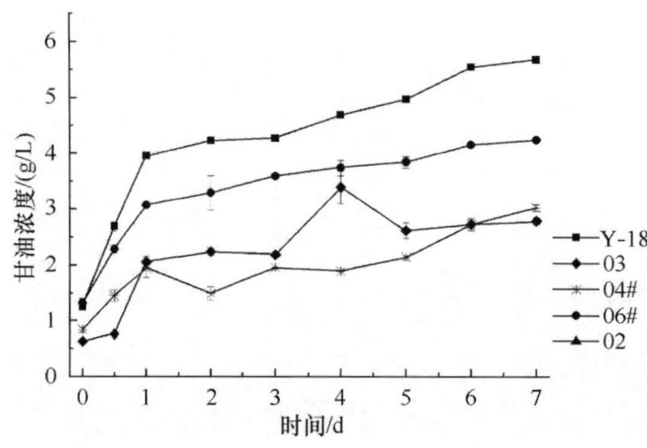

图6 发酵过程中的甘油含量变化曲线

Fig. 6 The curve of glycerin content in fermentation

2.3.3 发酵过程中色度的变化

在果酒发酵过程中，既有酶促褐变又有非酶促褐变。酶促褐变主要发生在果酒发酵的前期，参与酶促褐变的酶主要是多酚氧化酶（PPO），它能催化酚类物质氧化成醌类物质，醌类物质易进一步聚合形成黑色素。非酶促褐变主要有美拉德反应、焦糖化反应、抗坏血酸氧化分解反应、多元酚氧化缩合反应等[21]。

苹果酒发酵液的色度变化如图7所示。随着发酵时间的推移，4株对照菌发酵液的色度呈先下降后趋于平缓的趋势，Y－18菌株发酵液色度下降趋势显著。在发酵过程中，Y－18菌株发酵液的色度维持在较低水平，在第5d色度降低40.4%，发酵结束后色度显著低于其余对照菌株。

2.3.4 发酵过程中GSH含量的变化

在苹果酒发酵过程中，发酵液中GSH含量处于动态变化中，GSH主要由酵母菌代谢产生，其参与发酵过程中的抗氧化过程，GSH可结合酚类物质氧化后生成的醌，形成无色的羟醌类物质，对果酒褐变的抑制及抗氧化性的提高影响显著。由图8可以看出，不同酵母菌发酵苹果酒中GSH质量浓度各不相同，但趋势较为一致，在第2d，GSH含量达到最高值，Y－18菌株发酵液中GSH含量最高，含量为14.39mg/L。发酵

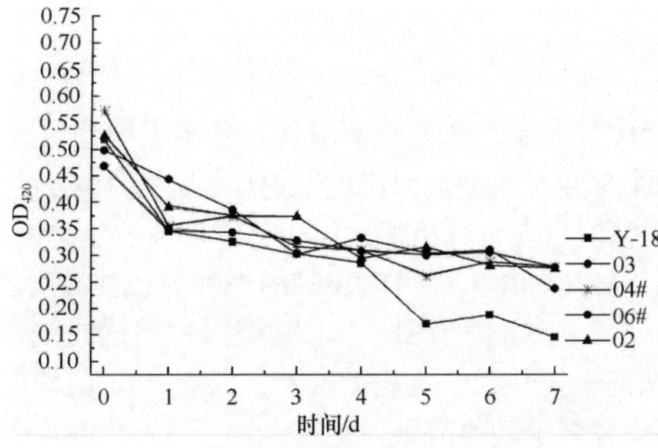

图 7　发酵过程中的色度变化曲线

Fig. 7　The curve of color value in fermentation

结束后 Y－18 菌株发酵苹果酒的 GSH 含量也高于其他对照菌株。

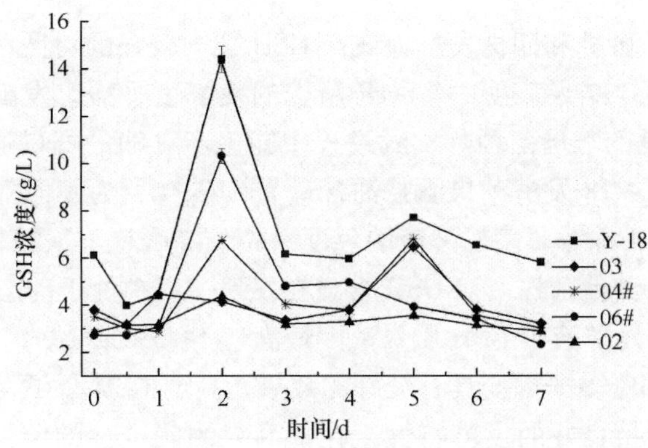

图 8　发酵过程中的 GSH 含量变化曲线

Fig. 8　The curve of GSH content in fermentation

2.3.5　不同酵母菌发酵苹果酒的感官特征

表 2　不同酵母菌发酵苹果酒感官分析

Table 2　Organoleptic evaluation of the cider brewed by different yeast strains

酵母菌	外观	香气	口感
Y－18	淡黄色，澄清透明	果香浓郁，谐调性较好	口感清爽，绵长谐调
03	浅黄色，澄清透明	酒香不足	异味较重，味较酸
04#	中黄色，澄清透明，有光泽	果香味一般	口感绵长，后味较弱
06#	浅黄色，澄清透明	酒香明显，果香较弱	酒体醇厚，较丰富
02	金黄色，微带橙色	酒香浓郁，果香明显	酒体清爽，口感平衡

3 结语

本试验考察了 GSH 对多酚褐变的抑制效应。结果表明，与常用护色剂 SO_2、Vc、L－cys 相比，GSH 抑制苹果汁褐变能力仅次于 SO_2，是一种很强的还原剂。

本试验以 14 株果酒酵母为备选菌株，比较了酵母菌的发酵力、耐酒精、耐 pH 能力，结果表明，菌株 Y1401、01、Y－18、06#的发酵力较强。耐乙醇能力较强的酵母菌为 01、06#、Y1403、Y－18、02 菌株。pH 是微生物生长的一个重要的环境条件，在 pH 2.0～3.0，酵母菌的生长受到一定程度抑制，而 Y－18 菌株对 pH 的耐受性较强，对酸性环境的适应能力较强于其他菌株。

通过对 14 株酵母菌产 GSH 能力进行比较，结果发现，在 pH3.5 条件下，酸性环境刺激酵母菌向胞外分泌 GSH，发酵液中 GSH 含量及 GSH 总量较高的菌株为 Y－18、03、04#、01、02、Y－RW、06#、07#，其中 Y－18 及 03 菌株发酵液的 GSH 含量显著高于其他菌株。综合以上指标，选择 Y－18 作为高产 GSH 的果酒酵母菌株，用于苹果酒发酵试验。

本试验对 Y－18 菌株和四株发酵力或产 GSH 能力较强的对照菌 03、04#、06#、02 进行苹果酒发酵试验。结果表明，Y－18 菌株的发酵度平缓，发酵结束后酒精分数达到 11%左右，是优良的酵母菌种。发酵过程中能生产甘油的酵母通常具有一定的渗透压耐受能力，菌株 Y－18 发酵苹果酒甘油含量为 5.6g/L，为其他菌株的 1.5～2 倍。随着发酵时间的推移，4 株对照菌发酵液的色度呈先下降后趋于平缓的趋势，Y－18 菌株发酵液色度显著低于其他菌株。而 GSH 含量在发酵过程中处于动态变化，在第 2d 达到最高值，Y－18 菌株发酵液中 GSH 质量浓度最高达 14.39mg/L。

综上，GSH 对抑制多酚褐变具有较好的效果，高产 GSH 果酒菌株 Y－18 能在降低果酒褐变值的同时保持良好的发酵特性，在提高果酒安全性的前提下利用生物方法减少褐变对果酒品质的影响，从而为高品质果酒的开发提供新的思路和参考。

参考文献

[1] 阮士立，王西锐，等．苹果酒的开发研究进展．食品与发酵工业，2000，20（4），27－29

[2] 舒念辉．野木瓜发酵褐变机理及控制研究．重庆：西南大学，2012

[3] Engela C, Florian F, et al. Role of Glutathione in Winemaking: A Review. Food Chemistry, 2013, 61 (2), 269－277

[4] Piergiorgio C, Roberto Z. Biotechnological strategies for controlling wine oxidation. Food Engineering Reviews, 2013, 5 (4), 217－229

[5] 胡靖，谢邦祥，等．果酒发酵中褐变机理及其控制的研究进展．食品与发酵科技，2013，49（6），94－98

[6] 张洁，董文宾，等．果酒行业中减少或替代二氧化硫方法的研究进展．酿酒科技，2010（3），96－102

［7］ Maria S, Stamatina K, et al. A natural alternative to sulphur dioxide fur red wine production: influence on colour, antioxidant activity and anthocyanin content. Journal of Food Composition and Analysis, 2008, 21, 660 –666

［8］ 唐贵芳，赵秋艳，乔明武．苹果汁酶促褐变抑制方法的比较．食品科学，2008，24（10），122 –126

［9］ Izawa S, Inoue Y, et al. Oxidative stress response in yeast: effect of glutathione on adaptation to hydrogen peroxide stress in Saccharomyces cerevisiae. FEBS Lett, 1995, 368, 73 –76

［10］ 杨海麟，张玉然，等．啤酒酵母谷胱甘肽的高效抽提方法．食品与生物技术学报，2010，29（6），895 –900

［11］ 陈坚，卫功元，等．微生物发酵法生产谷胱甘肽．无锡轻工大学学报，2004，23（5），104 –110

［12］ Vanessa W, Sandra V D. Effect of glutathione addition in sparkling wine. Food Chemistry, 2014, 15, 391 –398

［13］ 赵祥杰，涂国全，等．一株桑椹果酒酵母的分离筛选及耐性测定．酿酒科技，2007，(1)，28 –35

［14］ 王晓娜，徐晓敏，等．高效液相色谱法测定 L02 细胞中还原型及氧化型谷胱甘肽［J］．石河子大学学报，2013，31（4）：484 –488

［15］ 黎明，池娇，等．高产谷胱甘肽酵母菌筛选及发酵条件研究．食品与发酵科技，2013，49（2），9 –13

［16］ Rwabahizi S, Woflstad R E. Effect of Mold Stability of Strawberry Juice and Concentrate［J］. Journal of Food Science, 1988, 53 (3), 857 –858

［17］ 黄海涛，杨力佳，等．高效液相色谱法测定果酒中的糖、甘油和乙醇．云南大学学报，2002，24（5），375 –377

［18］ 高愿军，南海娟，等．鲜切苹果品质保持研究．食品科学，2006，27（8），254 –258

［19］ Pablo M R, Cecilia l. Muglia, et al. Glutathione is involved in environmental stress responses in Rhizobium tropici, including acid tolerance. Journal of Bacteriology, 2000, 182 (6), 1748 –1753

［20］ 薛军侠，徐艳文，等．葡萄酒中酵母菌高产甘油的研究进展．微生物学杂志，2008，28（5），77 –82

［21］ 郝惠英，赵光鳌．苹果酒中多酚及其褐变．酿酒，2002，29（2），63 –65

酶解啤酒糟提取阿魏酰低聚糖的研究

蔡国林[1,2]，张秋培[3]，曹钰[1,3*]，马素梅[3]，孙士勇[3]，陆健[1,2]
1. 江南大学 工业生物技术教育部重点实验室，江苏 无锡 214122
2. 江南大学 粮食发酵工艺与技术国家工程实验室，江苏 无锡 214122
3. 江南大学 生物工程学院，江苏 无锡 214122

摘　要：通过比较不同商品酶对酶解啤酒糟提取阿魏酰低聚糖的影响，选择 9 号酶来提取阿魏酰低聚糖。通过单因素试验和响应面分析实验，确定了 9 号酶酶解啤酒糟提取 FOs 的最佳条件：pH 6.58，温度 37.22℃，底物浓度 16.08g/L，酶解时间 7.54h，加酶量 128.48U/g 底物，此条件下提取到的 FOs 为 22.37μmol/g 底物。

关键词：啤酒糟，阿魏酰低聚糖，酶解，响应面分析

Extraction of feruloyl oligosaccharides from brewer's spent grain by enzymatic hydrolysis

Cai Guolin[1,2], Zhang Qiupei[3], Cao Yu[1,3*], Ma Sumei[3], Sun Shiyong[3], Lu Jian[1,2]
1. The Key Laboratory of Industrial Biotechnology, Ministry of Education, School of Biotechnology, Jiangnan University, Wuxi 214122, China
2. National Engineering Laboratory for Cereal Fermentation Technology, Jiangnan University, Wuxi 214122, China
3. School of Biotechnology, Jiangnan University, Wuxi 214122, China

Abstract: The effect of different commercial hydrolase on yields of FOs using the pretreated BSG was compared. And the 9th enzyme was finally selected for FOs extraction. The optimum process conditions of 9th enzyme was determined by single factor experiments and response surface methodology, which was adding 28.48 U/g substrate of 9th enzyme to the solution containing 16.08 g/L of substrate to hydrolyze under pH 6.58, 37℃ for 7.54 h. With this optimum extraction process, the yield of FOs could get to 22.37 μmol/L BSG.

Key words: Brewer's spent grain, feruloyl oligosaccharides, enzymolysis, response surface methodology

阿魏酰低聚糖（feruloyl oligosaccharides，FOs）为阿魏酸和低聚糖经酯键连接形成

的化合物，兼具阿魏酸和低聚糖的功能特性，如对肠道益生菌的增殖作用[1]；可抑制红细胞中谷胱甘肽的耗竭、脂质过氧化、高铁血红蛋白和羰基蛋白质的形成，提高大鼠血液的抗氧化活性[2-4]；人类淋巴细胞的DNA氧化性损伤也能被FOs在一定程度上抑制[5]；显著降低糖基化总产物，其有望成为有效的糖尿病抑制剂[6]。阿魏酸和低聚糖通过酯键连接，又使某些生理功能有所增强[7]，OU等[8]用灌胃法饲喂患有糖尿病的小鼠FOs，来研究FOs的抗氧化性能，研究表明FOs具有比阿魏酸钠和维生素C更好的减轻氧化损伤的能力。FOs潜在的优越的功能特性和生物活性，具有十分广阔的应用前景，引起了国内外研究者的广泛关注。

啤酒糟为啤酒生产过程中最大宗的副产物，富含蛋白和纤维成分，被广泛利用和研究，但目前还只限于粗加工和半成品，其价值潜能并未被充分挖掘出来，利用现代生物技术将啤酒糟的价值最大化显得格外重要。啤酒糟富含纤维类物质，纤维素比例约11.5%，木质素比例约11.9%，半纤维素比例约40%[9,10]，啤酒糟是提取FOs的丰富原料，啤酒糟细胞壁多糖被适度的酸或多糖水解酶作用，可获得不同聚合度的功能性物质FOs。目前，主要采用两种方法提取FOs，即酸法和酶法。如用草酸和三氟乙酸进行提取[11]，但条件比较剧烈，也不利于回收残渣；酶法提取一般采用崩溃酶、纤维素酶、和木聚糖酶等，条件比较温和，受到国内外研究者的青睐，许多研究者均使用酶法制得了FOs[12-15]。另外，除酸法和酶法制备FOs外，还有用糖类酯化[16]、生物法[17,18]等制备FOs。

本文旨在以啤酒糟为原料，研究不同商品酶酶解啤酒糟提取FOs的效果，从而选择最优酶，并采用单因素实验和响应面分析法对最优酶提取FOs的酶解工艺条件进行研究，进而获得酶解啤酒糟提取FOs的最佳条件，为酶解啤酒糟制备FOs奠定基础，希望将啤酒糟开发成具高附加值的产品，改善环境，提高效益，并对FOs的工业化生产提供理论和技术支持。

1 材料与方法

1.1 材料

1.1.1 样品

啤酒糟由青岛啤酒上海松江有限公司提供。

1.1.2 主要试剂

中性蛋白酶购买于杰能科（中国）生物工程有限公司。葡萄糖、木糖、D-半乳糖醛酸、苯酚、酒石酸钾钠、亚硫酸钠和滤纸，均购自中国国药集团，规格为分析纯。MOPS、木聚糖、果胶，购自Sigma公司，实验过程中所用到的9种酶分别购自帝斯曼（中国）（6种）、赛诺（3种），9种商品酶的酶活组成见表1。

1.2 啤酒糟的预处理

将湿啤酒糟（含水量60%）经过60℃干燥成为啤酒糟原样。机械预处理方式为刀片粉碎和刀片粉碎后球磨，将适量样品刀片粉碎3min，刀片粉碎后的啤酒糟再球磨 30min。

表 1　　不同商品酶的酶活组成

Table 1　　Enzymatic activity of different commodity enzyme

酶的种类	木聚糖酶活力 /（U/g）或（U/mL）	纤维素酶活力 /（U/g）或（U/mL）	β-葡聚糖酶活力 /（U/g）或（U/mL）	果胶酶活力 /（U/g）或（U/mL）
1	6689.64	0	13.97	178.16
2	1395.66	8.37	65.37	9.53
3	951.71	24.94	1635.93	183.24
4	75.65	14.90	127.02	194.39
5	224.80	1.42	406.61	2.64
6	786.35	1.17	1927.40	78.87
7	98.58	0.52	71.71	109.98
8	22781.54	8.93	155.55	5.37
9	3142.37	57.16	7089.55	277.69

称取刀片粉碎后球磨 30min 的啤酒糟 30g，加入 300mL 蒸馏水，加入 100μL 中性蛋白酶，50℃下水浴搅拌，连续反应 2h，100℃灭酶 10min，然后过滤，弃去上清，固体部分用 60～70℃的热水重复洗涤，悬浮液澄清后，结束洗涤，冷却，过滤，滤渣摊开放于 40℃烘箱，烘至干燥。去蛋白啤酒糟用于酶解实验。

1.3　酶活的测定

1.3.1　木聚糖酶活力的测定

按照 GB/T 23874—2009《饲料添加剂　木聚糖酶活力的测定　分光光度法》进行木聚糖酶活力的测定。

1.3.2　纤维素酶活力的测定

按照 GB/T 23881—2009《饲用纤维素酶活性的测定　滤纸法》进行纤维素酶活力的测定。

1.3.3　β-葡聚糖酶活力的测定

按照 NY/T 911—2004《饲料添加剂　β-葡聚糖酶活力的测定　分光光度法》进行β-葡聚糖酶活力的测定。

1.3.4　果胶酶活力的测定

果胶酶活力的测定参考顾佳佳等[19]的测定方法。

1.4　不同商品酶对酶解效率的影响

分别检测实验室现存的 9 种酶对于提取 FOs 的不同效果。对于固体酶，分别用 MOPS 缓冲液（100mmol/L，pH 5.0）配制成酶液，酶解体系为：pH 5.0，50℃，底物浓度 20g/L，加酶量 50U/g 底物（按商品酶中所含木聚糖酶活力添加），酶解 6h。对于液体酶，酶解体系为：pH 5.0，50℃，底物浓度 20g/L，加酶量 50U/g 底物（按商品酶中所含木聚糖酶活力添加），酶解 6h。酶解结束后分别检测酶解液中 FOs 的含量。

1.5 单因素实验

1.5.1 温度对提取阿魏酰低聚糖的影响

准确称取 0.2g 预处理之后的啤酒糟，加入到 25mL 具塞比色管中，按 50U/g 底物添加酶液，底物浓度 20g/L，分别于 30℃、35℃、40℃、45℃、50℃、55℃、60℃水浴酶解 4h，然后 100℃下灭酶 10min，6000r/min 离心 10min，取上清，检测 FOs 的含量，确定酶解体系的最佳温度。

1.5.2 pH 对提取阿魏酰低聚糖的影响

控制其他条件不变，控制 pH 分别为 4.0、4.5、5.0、5.5、6.0、6.5、7.0、7.5、8.0，比较不同 pH 下 FOs 的提取效果。

1.5.3 加酶量对提取阿魏酰低聚糖的影响

控制其他条件不变，控制加酶量分别（按木聚糖酶活力添加）为 0、10U/g、20U/g、30U/g、40U/g、50U/g、60U/g、70U/g、80U/g、90U/g、100U/g、110U/g、120U/g、130U/g、140U/g、150U/g 底物，比较不同加酶量下 FOs 的提取效果。

1.5.4 底物浓度对提取阿魏酰低聚糖的影响

控制其他条件不变，控制底物浓度分别为 10g/L、20g/L、30g/L、40g/L、50g/L、60g/L、80g/L、100g/L、120g/L，比较不同底物浓度下 FOs 的提取效果。

1.5.5 酶解时间对提取阿魏酰低聚糖的影响

控制其他条件不变，控制酶解时间分别为 2h、4h、6h、8h、10h、12h、16h、20h、24h、30h、36h，比较不同酶解时间下 FOs 的提取效果。

1.6 响应面设计实验

以提取的 FOs 含量为指标，在单因素实验确定的相对最佳的酶解体系条件的基础上，设计 5 因素 3 水平响应面分析实验，从而找到最有利的酶解条件，以制备到最多的 FOs，处理组共 46 个，其中零水平为 3 个处理组。每个实验做三个平行，响应面实验各因素与水平的设计见表 2。

表 2　5 因素 3 水平响应面实验因素水平表

Table 2　The response surface experiment factors level table of 5 factors, 3 levels

因素	水平		
	-1	0	+1
温度/℃	35	40	45
pH	6.0	6.5	7.0
底物浓度/（g/L）	15	20	25
酶解时间/h	4	6	8
加酶量/（U/g 底物）	100	120	140

2 结果与讨论

2.1 不同商品酶对酶解效率的影响

不同商品酶的酶解效果见表3：9 号酶的酶解效果相对最优，结合表1 的酶活结果，9 号酶中含有相对较高的木聚糖酶活力和纤维素酶活力，更有利于木聚糖酶和纤维素酶的协同作用，同时该酶含有的β－葡聚糖酶活力和果胶酶活力也最高，在机械预处理的基础上，纤维素酶、β－葡聚糖酶和果胶酶使细胞壁遭到更剧烈的破坏，木聚糖更充分的暴露出来，从而更有利于木聚糖酶的作用，对 FOs 的提取大为有利。因此选择 9 号酶进行 FOs 的制备。

表 3　不同商品酶的酶解效果

Table 3　Enzymatic hydrolysis efficiency of different commodity enzyme

酶	1	2	3	4	5	6	7	8	9
FOs/（μmol/g 底物）	9.71	11.04	13.83	20.90	11.19	15.62	12.68	7.15	21.95

注：不同商品酶按 50 U 木聚糖酶活力/g 底物添加。

2.2 酶解工艺条件的研究

2.2.1 酶解体系温度对提取 FOs 的影响

设置七组实验，除温度不同外，其他酶解条件固定，为：加酶量 50U/g 底物，底物浓度 20g/L，pH 5.0，酶解时间 4.0 h。不同温度对 FOs 提取的影响如图 1 所示。

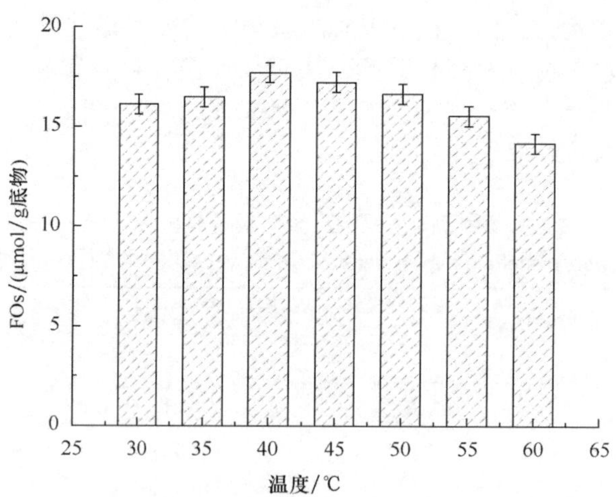

图 1　温度对提取 FOs 的影响

Fig. 1　Effect of temperature on the production of FOs

由图 1 可知，FOs 的提取量先增加后降低，当温度在 40℃时，FOs 的检测量达到最大，因此选择40℃作为酶解体系的温度。

2.2.2 酶解体系pH对提取FOs的影响

设置九组实验，除pH不同外，其他酶解条件固定为：温度40℃，加酶量50U/g底物，底物浓度20g/L，酶解时间4.0h。不同pH下的提取结果如图2所示。

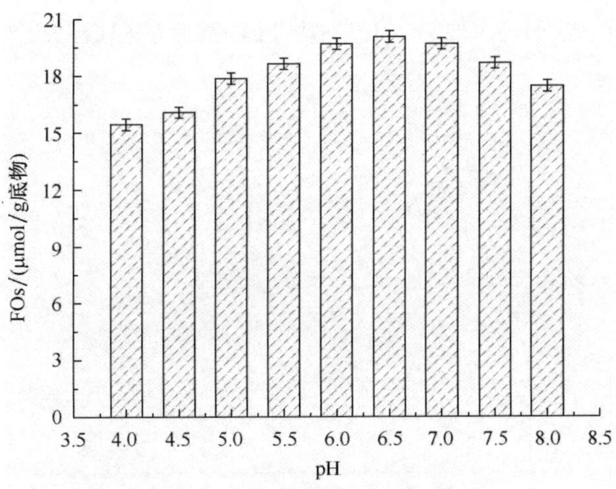

图2 pH对提取FOs的影响

Fig. 2 Effect of pH on the production of FOs

特定的酶有其最适宜的pH，非最佳pH条件下，酶活性便会降低或失活。由图2可以看出，pH 6.5是FOs提取量的中心点，因此，pH 6.5是所用酶的最佳pH。

2.2.3 加酶量对提取FOs的影响

设置十六组实验，除加酶量不同外，其他酶解条件固定为：pH 6.5，温度40℃，底物浓度20g/L，酶解时间4.0h。不同加酶量的提取结果如图3所示。

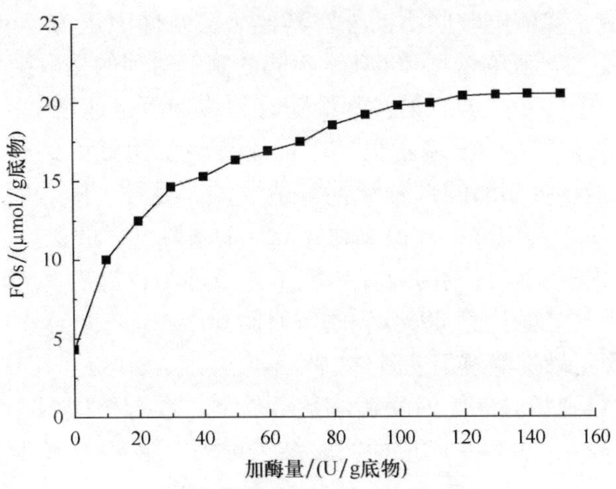

图3 加酶量对提取FOs的影响

Fig. 3 Effect of enzyme concentration on the production of FOs

由图 3 可知，加酶量为 120U/g 底物时检测到的 FOs 含量最高，在 0～120U/g 底物范围时，FOs 的提取量逐渐增大，当继续提升加酶量时，FOs 提取量趋于稳定，选择加酶量为 120U/g 底物。

2.2.4　底物浓度对提取 FOs 的影响

设置九组实验，除底物浓度不同外，其他酶解条件固定为：pH 6.5，温度 40℃，加酶量为 120U/g 底物，酶解时间 4.0h。不同底物浓度的提取结果如图 4 所示。

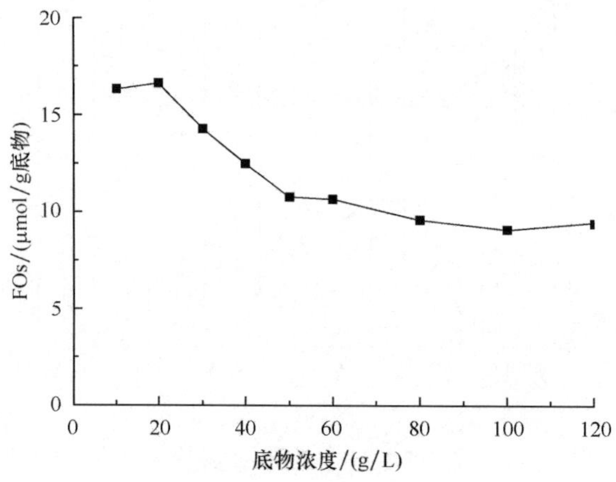

图 4　底物浓度对提取 FOs 的影响

Fig. 4　Effect of substrate concentration on the production of FOs

由图 4 可知，在底物浓度为 0～20g/L 时，FOs 的检测量也随底物浓度增加而增大，在底物浓度为 20g/L 时达到最大值，而后，FOs 的提取量随底物浓度增加反而减少，底物浓度为 80g/L 时 FOs 的提取量基本趋于稳定。因此，选择底物浓度为 20g/L。

2.2.5　酶解时间对提取 FOs 的影响

设置 11 组实验，除酶解时间不同外，其他酶解条件固定为：pH 6.5，温度 40℃，加酶量为 120U/g 底物，底物浓度 20g/L。不同的酶解时间的提取结果如图 5 所示。

由图 5 可知，在 0～6h，FOs 的检测量随时间增加而迅速增加；6～16h，FOs 的量随之减少；16h 之后，FOs 的量基本恒定。可能是随着酶解的进行，底物浓度逐渐降低，或产物的生成能够抑制酶的部分活性等造成的，另外，随着时间的延长，酶也可能会进一步分解 FOs 为阿魏酸，使提取到的 FOs 的量降低，故选择酶解时间为 6h。

综上，通过单因素实验得到的最佳酶解工艺条件为：温度为 40℃，pH 6.5，加酶量为 120U/g 底物，底物浓度为 20g/L，酶解时间 6h。

2.2.6　响应面法确定最优酶解工艺条件

在单因素实验得到相对最优的酶解体系条件下，进行 5 因素 3 水平的响应面分析实验，具体结果见表 4。由表 4 响应面实验结果可知，第 30 次实验，即酶解体系条件为：温度 40℃，pH 6.5，底物浓度 15g/L，酶解时间 8h，加酶量 120U/g 底物时所提取到最多的 FOs，为 22.18μmol/g 底物，第 33 次实验，即酶解条件为：温度 40℃，pH 6.0，底物浓度 25g/L，酶解时间 6h，加酶量 120U/g 底物时提取率最差，为

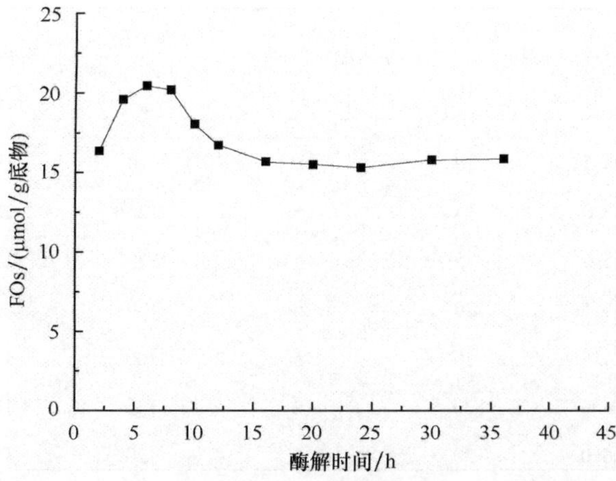

图5　酶解时间对提取 FOs 的影响

Fig. 5　Effect of hydrolysis time on the production of FOs

16. 54μmol/g 底物。

表4　响应面设计实验结果

Table 4　The result of response surface design

试验编号	温度/℃ A	pH B	底物浓度/（g/L） C	酶解时间/h D	加酶量 /（U/g 底物） E	实验值 FOs /（μmol/g）	预测值 FOs /（μmol/g）
1	45	6. 5	20	8	120	18. 29	18. 00
2	40	6. 5	20	6	120	20. 77	21. 07
3	40	7. 0	15	6	120	19. 55	19. 44
4	45	7. 0	20	6	120	17. 01	17. 06
5	40	6. 5	15	6	140	21. 30	21. 50
6	35	7	20	6	120	21. 30	20. 96
7	35	6. 5	15	6	120	21. 45	21. 65
8	40	6. 5	25	6	140	20. 79	20. 46
9	35	6. 5	20	6	100	20. 44	20. 50
10	45	6	20	6	120	17. 07	16. 85
11	40	6	20	8	120	17. 53	18. 00
12	40	6. 5	15	6	120	20. 41	20. 44
13	40	6. 5	25	8	120	19. 35	19. 31
14	40	7	20	8	120	20. 44	20. 70
15	40	6. 5	20	6	120	20. 71	21. 07

续表

试验编号	温度/℃ A	pH B	底物浓度/（g/L） C	酶解时间/h D	加酶量 /（U/g 底物） E	实验值 FOs /（μmol/g）	预测值 FOs /（μmol/g）
16	40	6.5	20	8	100	19.64	19.93
17	40	6.0	15	6	120	20.81	20.60
18	40	6.5	25	4	120	19.90	20.29
19	40	6.5	20	6	120	21.63	21.07
20	45	6.5	20	6	100	17.27	17.22
21	40	6.0	20	6	140	18.40	18.56
22	35	6.0	20	6	120	19.19	18.59
23	40	6.5	20	8	140	21.36	20.89
24	40	7.0	25	6	120	20.17	20.58
25	35	6.5	25	6	120	20.44	20.29
26	40	6.5	15	6	100	20.75	20.65
27	40	7.0	20	6	100	18.76	18.72
28	40	6.0	20	4	120	19.25	19.23
29	40	6.5	20	4	100	19.24	19.59
30	40	6.5	15	8	120	22.18	21.78
31	45	6.5	25	6	120	17.48	17.52
32	35	6.5	20	6	140	20.69	21.16
33	40	6.0	25	6	120	16.54	16.84
34	40	6.0	20	6	100	18.49	18.61
35	40	6.5	20	6	120	20.92	21.07
36	40	6.5	20	6	120	21.65	21.07
37	35	6.5	20	8	120	20.91	21.09
38	45	6.5	15	6	120	18.39	18.78
39	40	6.5	25	6	100	19.71	19.08
40	40	7.0	20	4	120	19.34	19.11
41	40	7.0	20	6	140	21.01	21.02
42	40	6.5	20	6	120	20.76	21.07
43	35	6.5	20	4	120	20.47	20.64
44	45	6.5	20	4	120	18.39	18.09
45	45	6.5	20	6	120	18.44	18.81
46	40	6.5	20	4	120	21.28	20.87

将表4中的46次实验所获得的响应值运用多维非线性回归分析，回归方程的系数用 F - 检验法进行显著性分析。各项的方差分析、显著性分析主要结果见表5。

表5 实验结果的方差分析

Table 5 Test results and variance analysis

误差来源	平方和	自由度	均方和	F 值	P 值
Model	89.46	20	4.47	24.86	<0.0001
A - 温度	31.78	1	31.78	176.63	<0.0001
B - pH	6.63	1	6.63	36.85	<0.0001
C - 底物浓度	6.84	1	6.84	38.01	<0.0001
D - 酶解时间	0.13	1	0.13	0.7	0.4106
E - 加酶量	5.03	1	5.03	27.95	<0.0001
AB	1.18	1	1.18	6.54	0.017
AC	2.50E-03	1	2.50E-03	1.40E-02	0.9071
AD	7.30E-02	1	7.30E-02	0.41	0.5302
AE	0.21	1	0.21	1.18	0.2885
BC	5.98	1	5.98	33.22	<0.0001
BD	1.99	1	1.99	11.05	0.0027
BE	1.37	1	1.37	7.61	0.0107
CD	1.35	1	1.35	7.48	0.0113
CE	0.07	1	0.07	0.39	0.5378
DE	0.026	1	0.026	0.14	0.7092
A^2	13.76	1	13.76	76.47	<0.0001
B^2	18.43	1	18.43	102.42	<0.0001
C^2	0.57	1	0.57	3.19	0.0862
D^2	1.13	1	1.13	6.28	0.0191
E^2	1.35	1	1.35	7.53	0.0111
残差	4.5	25	0.18		
失拟项	3.51	20	0.18	0.89	0.6214
纯误差	0.99	5	0.2		
总误差	93.96	45			

用 Design - Expert. 8.0.6 软件对实验数据进行回归方程分析，得出回归方程为：$Y=21.07-1.41A+0.64B-0.65C+0.089D+0.56E-0.54AB+0.025AC-0.14AD+0.23AE+1.22BC+0.71BD+0.58BE-0.58CD+0.13CE-0.080DE-1.26A^2-1.45B^2-0.26C^2-0.36D^2-0.39E^2$，由表6可知，回归模型 $P<0.0001$，检验极显著，另外模型

相关系数 $R^2=0.9521$，两项参数证明该模型分析预测的值与实际情况比较相符，即拟合度高；而模拟失拟项 $P=0.6214>0.05$，不显著，证明干扰项对实验结果影响小，实验误差影响不大，能够反映 FOs 提取量与各因素之间的关系。综上，用此模型分析和预测酶解啤酒糟制备 FOs 的工艺条件是可行的。统计分析结果表明，一次项中，除酶解时间对 FOs 的提取影响不显著（$P<0.05$）外，其他因素影响均极显著（$P<0.0001$），二次项中，只有底物浓度影响不显著（$P<0.05$），交互项中，BC（pH 和底物浓度）影响最显著（$P<0.0001$）。主要的响应面曲面图如图 6 所示。

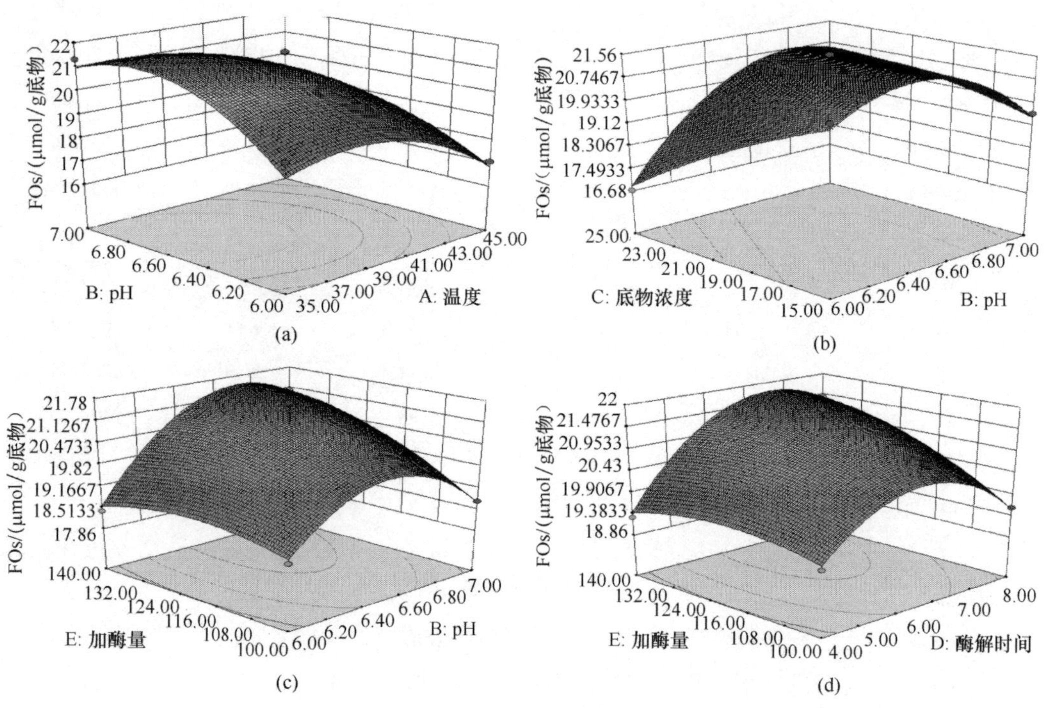

图 6 不同交叉项对 FOs 提取量的曲面响应图

Fig. 6 Response surface plot showing the effect of different cross terms on the production of FOs

由图 6 所示不同交叉项对 FOs 提取量的曲面响应图可知，交互项 AB（pH 和温度）、BC（pH 和底物浓度）、BE（pH 和加酶量）、BD（pH 和酶解时间，图未列出，与 BE 相似）对 FOs 的提取影响显著，其中 pH、温度与 FOs 提取量呈抛物线，底物浓度对 FOs 的提取量呈线性关系，影响较大。

综上，通过响应面法得到的最佳酶解体系条件为：pH 6.58，温度 37.22℃，底物浓度 16.08g/L，酶解时间 7.54h，加酶量 128.48U/g 底物，此条件下，模型预测 FOs 的提取量为 22.22μmol/g 底物。为检验模型预测与实际情况的相符性，在最佳条件下进行酶解，所得实验值为 22.37μmol/g 底物，说明该模型是可行的。

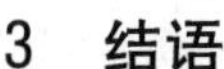

3 结语

通过检测实验室中 9 种商品酶中的木聚糖酶、纤维素酶、β - 葡聚糖酶及果胶酶的活力，并且以木聚糖酶活力为添加标准，对九种商品酶酶解啤酒糟制备 FOs 的效果进行研究，实验结果表明，9 号商品酶的酶解效果相对最优。通过考察酶解体系 pH、温度、底物浓度、酶解时间、加酶量五个单因素对提取 FOs 的效果的影响，进一步采用 5 因素 3 水平响应面分析实验得到 9 号酶的最佳工艺条件为：pH 6.58，温度 37.22℃，底物浓度 16.08g/L，酶解时间 7.54h，加酶量 128.48U/g 底物，此条件下，提取到的 FOs 为 22.37μmol/g 底物。为酶解啤酒糟制备 FOs 奠定了基础。

参考文献

[1] Yuan X P, Wang J, et al. Feruloyl oligosaccharides stimulate the growth of *Bifidobacterium bifidum* [J]. Food microbiology, 2005, 11 (4): 225 – 229

[2] Wang J, Sun B G, et al. Protection of wheat bran feruloyl oligosaccharides against free radical – induced oxidative damage in normal human erythrocytes [J]. Food and Chemical Toxicology, 2009, 47 (7): 1591 – 1599

[3] Wang J, Sun B G, et al. Wheat bran feruloyl oligosaccharides enhance the antioxidant activity of rat plasma [J]. Food Chemistry, 2010, 123 (2): 472 – 476

[4] 黄汝清，何蓉蓉，等. 玉米皮阿魏酰低聚糖酯体外抗氧化能力 [J]. 食品科学，2013，34 (11): 113 – 116

[5] Wang J, Sun B G, et al. Inhibitory effect of wheat bran feruloyl oligosaccharides on oxidative DNA damage in human lymphocytes [J]. Food Chemistry, 2008, 109 (1): 129 – 136

[6] Wang J, Sun B G, et al. Protein glycation inhibitory activity of wheat bran feruloyloligosaccharides [J]. Food Chemistry, 2009, 112 (2): 350 – 353

[7] 葛丽花. 阿魏酰低聚糖的制备及其抗氧化性质的研究 [D]. 哈尔滨，东北林业大学，2007

[8] Ou S Y, Jackson G. M, et al. Protection against Oxidative Stress in Diabetic Rats by Wheat Bran Feruloyl Oligosaccharides [J]. Journalof Agricultural and Food Chemistry, 2007, 55 (8): 3191 – 3195

[9] Szwajgier D, Waśko A, et al. The use of a novel ferulic acid esterase from *Lactobacillus acidophilus* K1 for the release of phenolic acids from brewer's spent grain [J]. Journal of the Institute of Brewing, 2010, 116 (3): 293 – 303

[10] Xiros C, Topakas E, et al. Evaluation of *Fusarium oxysporum* as an enzyme factory for the hydrolysis of brewer's spent grain with improved biodegradability for ethanol production [J]. Industrial Crops and Products, 2008, 28 (2): 213 – 224

[11] Saulnier L, Vigouroux J, et al. Isolation and partial characterization of feruloylated

oligosaccharides from maize bran [J] . Carbohydrate Research, 1995, 272 (2): 241 - 253

[12] Sorensen H R. , Pedersen S, et al. Characterization of solubilized arabinoxylo - oligosaccharides by MALDI - TOF MS analysis to unravel and direct enzyme catalyzed hydrolysis of insoluble wheat arabinoxylan [J] . Enzyme and Microbial Technology, 2007, 41 (1): 103 - 110

[13] Katapodis P, Christakopoulos P. Enzymic production of feruloyl xylo - oligosaccharides from corn cobs by a family 10 xylanase from *Thermoascus aurantiacus* [J] . Food Science and Technology, 2008, 41 (7): 1239 - 1243

[14] Katapodis P, Vardakou M, et al. Enzymic production of a feruloylated oligosaccharide with antioxidant activity from wheat flour arabinoxylan [J] . European Journal of Nutrition, 2003, 42 (1): 55 - 60

[15] Fang H Y, Chang S M, et al. Purification and characterization of a xylanase from *Aspergillus carneus* M34 and its potential use in photoprotectant preparation [J] . Process Biochemistry, 2008, 43 (1): 49 - 55

[16] Vafiadi C, Topakas E, et al. Structural Characterisation by ESI - MSof Feruloylated Arabino - oligosaccharides Synthesised by Chemoenzymatic Esterification [J] . Molecules, 2007, 12 (7): 1367 - 1375

[17] Yu X H, Gu Z X. Direct production of feruloyl oligosaccharides and hemicellulase inducement and distribution in a newly isolated *Aureobasidium pullulans* strain [J] . World Journal of Microblology and Biotechnology, 2014, 30 (2): 747 - 755

[18] Ferreira P, Diez N, et al. Release of acid and feruloylated oligosaccharides from sugar beet pulp by *Streptomyces tendae* [J] . Bioresource Technology, 2007, 98 (8): 1522 - 1528

[19] 顾佳佳，刘正初，等. CXJZ95 - 198 菌株果胶酶活力检测方法研究 [J] . 中国麻业科学，2006, 28 (6): 309 - 312

溶剂及非溶剂萃取结合 GC－O/MS 分析威代尔冰酒中的香气物质

唐柯[1]，马玥[1]，徐岩[1*]，李记明[1,2]

1. 食品科学与技术国家重点实验室、工业生物技术教育部重点实验室、江南大学生物工程学院酿酒微生物与酶技术研究室，江苏　无锡，214122

2. 烟台张裕葡萄酿酒股份有限公司，山东　烟台，264000

摘　要：以威代尔冰葡萄酒为研究对象，利用搅拌棒吸附萃取法（SBSE）及固相萃取法（SPE）提取冰葡萄酒中香气化合物，通过气相色谱－闻香法（GC－O）结合气相色谱质谱（GC－MS）对香气化合物进行分析。结果表明：在威代尔冰葡萄酒样品中共检测出65种对冰酒香气有贡献的化合物，其中酯类、醇类、萜烯类、硫化物、呋喃酮类及内酯类是重要的香气物质，主要表现为水果味，植物清香，花香，烘焙类香气及甜香。在所有已知的香气化合物中，异丁酸乙酯、2－甲基丁酸乙酯、庚酸乙酯、辛酸乙酯、异戊醇、1－辛烯－3－醇、顺式－玫瑰醚、3－甲硫基丙醛、脱氢芳樟醇、β－大马酮及菠萝酮对冰酒的香气贡献较大。

关键词：冰葡萄酒，威代尔，气相色谱－闻香法（GC－O），搅拌棒吸附萃取，固相萃取，香气化合物

Analysis of Odor－Active Volatile Compounds in Vidal Icewine by Solvent and non－Solvent Extraction and GC－O/MS

Tang Ke[1], Ma Yue[1], Xu Yan[1*], Li Jiming[1,2]

1. State Key Laboratory of Food Science and Technology; Key Laboratory of Industrial Biotechnology, Ministry of Education; Centre for Brewing Science and Enzyme Biotechnology, School of Biotechnology Jiangnan University, 1800 Lihu Ave, Wuxi, Jiangsu, 214122, China

2. Center of Science and Technology, ChangYu Group Company Ltd., Yantai 264001, Shandong, PR China

---

作者简介：唐柯（1981—），男，副教授，研究方向为葡萄酒风味化学。

*通讯作者：徐岩，Tel：0510－85918201；Fax：0510－85918201；E－mail：yxu@jiangnan.edu.cn。

基金项目：国家863计划项目（2013AA102108）；山东省泰山学者计划。

Abstract: The aroma – active compounds of Vidal icewine were investigated in this study. Stir bar sorptive extraction and solid phase extraction was used for aroma enrichment, and gas chromatography – olfactometry (GC – O) combined with gas chromatography – mass spectrometry (GC – MS) analysis were conducted to identify the aroma active compounds. A total of 65 aroma compounds were sniffed in Vidal icewine. In these 65 compounds, esters, alcohols, terpenes, sulfides, furanones and lactones are the most important aroma compounds, giving Vidal icewine fruits, fragrant plants, flowers, bakery and caramel flavors. In all of the known aroma compounds, ethyl isobutyrate, ethyl 2 – methylbutyrate, ethyl heptanoate, ethyl octanoate, isoamyl alcohol, 1 – octen – 3 – ol, cis – rose oxide, methional, hotrienol, β – damascenone and furaneol made great contributions to icewine aroma.

Key words: Icewine, Vidal, gas chromatography – olfactometry (GC – O), stir bar sorptive extraction, solid phase extraction, aroma compounds

冰葡萄酒（Icewine）又被称作冰酒，是以自然结冰的葡萄为原料，采用特殊酿造工艺而成的一种甜型葡萄酒[1,2]。冰葡萄酒酸甜平衡，香气浓郁，呈现出蜂蜜、桃子、焦糖、杏等香气特征[3,4]，其独特的风味受到很多消费者的喜爱。

葡萄酒的风味在很大程度上取决于葡萄酒中的香气成分，葡萄酒香气也是葡萄酒品质中重要的评价指标。目前对冰酒的香气研究主要集中在对不同国家、地域及不同葡萄品种的感官评价及挥发性成分的检测上。加拿大及德国是主要的冰酒生产国，其中加拿大冰酒具有水果及花香味，而德国冰酒则具有明显的坚果香[4,5]。在冰葡萄酒中已检测到 360 余种挥发性成分，其中主要包括酯类、醇类、酸类、醛酮类、萜烯类、硫化物、呋喃类、内酯类及芳香族化合物[6]。每一类甚至每一种化合物对于葡萄酒香气贡献都不相同，在这些化合物中，目前仅发现几十种化合物对冰酒香气有重要贡献，其在不同的冰酒中也具有不同的表现[3]。目前我国冰酒的香气研究则主要集中在挥发性化合物检测上。王玉峰等采用溶剂萃取法在赤霞珠冰葡萄酒中获得了 38 种挥发性成分，其中，乙酸乙酯、2 – 羟基丙酸乙酯、3 – 甲基丁醇、苯乙醇、2，3 – 丁二醇等含量较高[7]。李艳霞等采用固相微萃取技术，在威代尔冰酒中定性到 59 种挥发性成分[1]。王蓓等采用搅拌棒吸附萃取了威代尔冰酒中的挥发性成分，定性得到 108 种挥发性化合物[8]。

由于不同化合物的阈值不同，高含量的化合物其感官贡献并不一定高，有些低阈值化合物在仪器上也无法检测到。采用气相色谱 – 闻香法（GC – O）结合气相色谱质谱法（GC – MS）分析样品中风味化合物可以用于寻找对样品香气贡献较高的化合物。GC – O 分析中常用到时间强度法、稀释分析法与频次法[9]。本研究以我国辽宁桓仁的威代尔冰酒为研究对象，采用搅拌棒吸附萃取法（SBSE）及固相萃取法（SPE）对香气进行富集，通过 GC – O 结合 GC – MS 分析来确定威代尔冰酒中重要的香气成分，为指导冰酒的酿造及品质控制提供理论依据及支撑。

1 材料与方法

1.1 材料与试剂

2010年产威代尔冰葡萄酒（烟台张裕葡萄酿酒股份有限公司）。甲醇、乙醇、二氯甲烷（上海安谱，色谱纯），无水硫酸钠（上海国药集团，分析纯），无水氯化钠（上海国药集团，分析纯），C_5-C_{30}烷烃标样（天津光复精细化工研究所，色谱纯）。

1.2 仪器与设备

Gerstel ODP2 闻香装置（德国 Gerstel 公司），气相色谱质谱联用仪 GC 6890N - MSD 5975（美国 Agilent 公司）、萃取固相小柱为 LiChrolut EN（0.5g 填料，Merck 公司）。

1.3 实验方法

1.3.1 固相萃取方法

固相萃取柱润洗活化后，以 1 mL/min 的速率上样，样品体积为60mL。样品吸附结束后，20mL 超纯水洗去柱子上可能残存的糖、色素等小分子极性化合物，用 10mL 二氯甲烷洗脱柱上吸附的香气化合物。用氮气将萃取有机相浓缩至250μL，进行 GC - O 及 GC - MS 分析。

1.3.2 搅拌棒吸附萃取方法

利用气相仪进样口的高温去除搅拌子外层包裹的聚合物薄膜（PDMS）上的杂质，在250℃下老化20min。

将搅拌子放入酒样中，磁力搅拌器使磁性的搅拌子转动进行酒样中香气物质的吸附。萃取在室温下进行，10mL 样品置于 20mL 的带有硅胶垫的旋盖瓶中，将搅拌棒浸入酒样中，在1200r/min 转速下萃取 90min。用超纯水将搅拌棒表面上的酒液冲净。

1.3.3 分析条件

GC - O 分析：采用时间 - 强度（OSME）法，选 2 名经过闻香训练的闻香员在 DB - FFAP 柱上闻香，同时记录保留时间和香气特征，并对闻到的香气化合物香气强度进行七点打分（0 = 无香气，1.5 = 香气适中，3 = 香气强烈）每个人闻香 3 次。两人在三次闻香中超过两次闻到则保留该香气，结果取平均值，记为闻香强度值。

极性色谱柱 DB - FFAP（60m × 0.25mm i. d. × 0.25μm，美国 Agilent 公司）。柱温采用程序升温，初温 50℃保持 2min，以 6℃/min 速率升温至 230℃并保持 15min；进样口温度为 250℃；不分流进样，进样量 1μL；载气为氦气，流速 2mL/min。

质谱条件：电子轰击（EI）离子源；电子能量 70eV；离子源温度 230℃；质量扫描范围 m/z 35 ~ 500。

1.3.4 定性方法

香气活性成分的定性通过与 NIST 05 质谱库（Agilent Technologies Inc.）中标准谱

图匹配、与文献报道的保留指数比对、香气化合物香气特征及标准品来确定。保留指数根据改进的 Kovats 法计算得到，在待测酒样中加入 $C_5 \sim C_{30}$烷烃的混标，进 GC－MS 分离，通过烷烃的保留时间来计算未知化合物的 RI。

2 结果与分析

2.1 GC－O 嗅辨分析及 GC－MS 定性分析结果

采用非溶剂萃取 SBSE 及溶剂萃取 SPE 2 种不同的萃取方法对同一个冰酒样品进行香气萃取，并对萃取样品进行 GC－O 方法中的 OSME 分析，共获得 65 种香气物。通过定性分析，检测得到酯类化合物 15 种、萜烯及降异戊二烯类 13 种、醇类化合物 11 种、呋喃及内酯类化合物 5 种、酸类化合物 4 种、芳香族化合物 4 种、醛酮类化合物 3 种、酚类化合物 3 种、硫化物 2 种、吡嗪类化合物 1 种及未知化合物 4 种（表 1）。由表 2 统计结果可知，2 种不同萃取方法中，SPE 在冰酒的闻香检测中可检测香气总数较 SBSE更多。

表 1　两种不同萃取方法萃取威代尔冰葡萄酒香气物质闻香强度比较

Table 1　Comparison of Osme Value of Two Extraction for Vidal Icewine

编号	DB－FFAP		化合物	闻香强度值		香气描述
	文献 RI	计算 RI		SBSE	SPE	
			酯类			
1	839	875	乙酸乙酯	1.7	1.3	水果
2	944	949	丙酸乙酯	0.5	1.2	水果
4	973	978	异丁酸乙酯	2.0	2.4	菠萝
5	1018	1002	乙酸异丁酯	1.2	1.0	水果
6	1040	1029	丁酸乙酯	2.4	2.0	甜瓜
7	1060	1041	2－甲基丁酸乙酯	2.0	1.5	苹果
8	1068	1048	异戊酸乙酯	2.3	2.1	菠萝
10	1125	1126	乙酸异戊酯	1.8	2.1	香蕉
11	1138	1147	戊酸乙酯	1.5	1.7	葡萄
15	1238	1232	己酸乙酯	2.1	2.1	苹果皮
20	1331	1336	庚酸乙酯	1.3	1.2	果干
27	1438	1414	辛酸乙酯	1.5	1.8	水果
32	1453	1467	己酸异戊酯	1.3	1.0	菠萝
41	1528	1545	壬酸乙酯	1.0	1.1	水果
63	2252	2251	十六酸乙酯	0.8	—	花香

续表

编号	DB－FFAP		化合物	闻香强度值		香气描述
	文献 RI	计算 RI		SBSE	SPE	
			萜烯及降异戊二烯类			
12	1175	1130	松油烯	1.3	1.0	松树
13	1169	1130	1，4－桉叶素	1.3	—	松树
16	1258	1252	γ－松油烯	1.4	—	松树
22	1356	1378	顺式－玫瑰醚	3.0	2.1	荔枝/玫瑰
33	1457	1500	反式－里那醚	—	1.3	花香
42	1457	1535	里那醇	1.5	1.0	薰衣草
43	1584	1615	4－萜烯醇	1.0	1.0	香料
44	1623	1687	脱氢芳樟醇	—	1.0	花香
46	1677	1728	松油醇	1.2	—	香料
47	1700	1743	香芹烯酮	—	1.3	香料
48	1772	1766	环氧芳樟醇	0.9	1.3	花香
51	1802	1859	β－大马酮	3.0	3.0	蜂蜜
52	1836	1830	香叶醇	1.5	1.4	玫瑰
			醇类			
9	1097	1095	异丁醇	1.3	1.0	醇香
14	1215	1192	异戊醇	1.7	2.7	指甲油
21	1358	1349	己醇	1.6	1.7	松子
23	1346	1370	反式－3－己烯－1－醇	0.8	0.4	松柏
24	1361	1393	顺式－3－己烯－1－醇	1.8	2.1	青草
25	1395	1423	3－辛醇	0.8	1.3	坚果
26	1430	1418	2－辛醇	0.8	—	蘑菇
30	1456	1450	1－辛烯－3－醇	1.5	2.0	蘑菇
34	1460	1464	1－庚醇	1.2	1.7	脂肪
37	1484	1522	2－乙基己醇	0.5	1.0	花香
38	1487	1543	3－庚烯醇	0.5	0.3	松树
			呋喃及内酯类			
55	2043	2009	菠萝酮	0.5	2.1	焦糖
58	2112	2091	酱油酮	—	1.5	焦糖
59	2103	2116	γ－癸内酯	1.5	1.5	杏桃
61	2194	2176	δ－癸内酯	0.9	1.3	杏桃
64	2270	2196	桃醛	1.0	1.4	杏桃

续表

编号	DB－FFAP		化合物	闻香强度值		香气描述
	文献 RI	计算 RI		SBSE	SPE	
			酸类			
31	1435	1470	乙酸	1.0	1.3	醋
45	1686	1671	3－甲基丁酸	1.0	1.4	酸
57	2060	2075	辛酸	1.0	1.0	酸
62	2270	2231	癸酸	—	0.4	酸
			芳香族			
40	1528	1483	苯甲醛	1.0	0.9	杏仁
49	1785	1808	苯乙酸乙酯	1.4	1.0	苹果
50	1831	1856	乙酸苯乙酯	1.9	2.0	花香
54	1903	1913	苯乙醇	2.0	2.0	花香
			醛酮类			
3	960	984	2，3－丁二酮	0.5	1.3	奶油
18	1333	1320	1－辛烯－3－酮	1.2	1.3	蘑菇
36	1492	1502	癸醛	0.8	1.1	青草
			酚类			
53	1875	1875	愈创木酚	0.7	1.5	烟熏
60	2187	2213	4－乙烯基愈创木酚	1.0	1.8	烟熏
65	2301	2299	2，4－二叔丁基苯酚	0.2	0.8	花香
			硫化物			
28	1377	1426	4－巯基－4－甲基－2－戊酮	1.0	1.2	黑醋栗芽苞
35	1458	1490	3－甲硫基丙醛	0.9	2.7	煮土豆/干果
			吡嗪类			
19	1355	1331	2，3－二甲基吡嗪	0.5	1.3	坚果
			未知			
17	—	1248	未知	0.5	1.2	黑醋栗芽苞
29	—	1215	未知	—	1.5	坚果
39		1531	未知	—	1.0	花香
56	—	2036	未知	—	1.5	焦糖

注：“—”表示没有闻到。

表2 不同萃取方法闻香检测化合物种类比较（单位：种）

Table 2 Comparison of compounds between different extraction methods

化合物	SBSE	SPE	总计
酯类	15	14	15
萜烯及降异戊二烯类	10	10	13
醇类	11	10	11
呋喃及内酯类	4	5	5
酸类	3	4	4
芳香族	4	4	4
醛酮类	3	3	3
酚类	3	3	3
硫化物	2	2	2
吡嗪类	1	1	1
未知	1	4	4
总计	57	60	65

2.2 不同活性香气化合物分析

2.2.1 酯类

酯类化合物是发酵类饮品中重要的香气化合物，由醇及酸通过酯化反应产生。在葡萄酒中，酯类化合物可分为通过酶促反应产生的以及在低 pH 环境下储藏过程产生的两类[10]。

威代尔冰酒样品中共闻到 15 种酯类化合物，其主要表现为水果香。其中乙酸乙酯（苹果）、异丁酸乙酯（菠萝）、丁酸乙酯（甜瓜）、己酸乙酯（苹果皮）及辛酸乙酯（水果）的闻香强度值较高。这几种酯类除了已酸乙酯外，其他几种在 Bowen 等人对加拿大威代尔冰酒的重要香气研究中没有闻到[3]，这可能是由于地域性差异造成的。

2.2.2 醇类

醇类化合物是酒中重要的风味化合物，醇类化合物是酒精发酵、氨基酸转化及亚麻酸降解物氧化的主要产物。威代尔冰酒中共闻到 11 种醇类化合物，其主要表现为植物清香。其中异戊醇、己醇、顺式 -3 - 己烯 -1 - 醇及 1 - 辛烯 -3 - 醇对冰酒的香气贡献较为明显，其闻香强度不低于 1.6，特别是异戊醇，在醇类化合物中对冰酒的香气贡献最大，表现为类似指甲油一样的清香。异戊醇在葡萄酒中的含量很高，其在冰酒中含量超过 10mg/L[5]。己醇表现为松子或坚果味，1 - 辛烯 -3 - 醇表现为蘑菇味。

2.2.3 萜烯类

萜烯类化合物是葡萄酒中微量成分，具有较低的阈值，对葡萄酒的香气贡献较大。萜烯化合物的种类及含量与葡萄品种、土壤、气候及葡萄栽培有很大关系[11]。

在威代尔冰酒中共闻到 11 种萜烯类化合物。在 11 种萜烯类化合物中，对香气贡献最大的是顺式－玫瑰醚及β－大马酮，这2种香气在两种萃取方法下的闻香强度均不低于2.1。顺式－玫瑰醚表现为荔枝或玫瑰香。β－大马酮是威代尔冰酒中重要的香气化合物，具有近似蜂蜜的甜香味，在所有物质中的闻香强度值最大。β－大马酮在食品及葡萄酒香气成分分析中已被广泛报道，其具有极低的觉察阈值，仅为0.05μg/L。顺式－玫瑰醚及β－大马酮皆具有怡人的甜香，在Bowen等人对加拿大威代尔冰酒的研究中同样也发现其是重要的香气化合物[3]。

2.2.4 硫化物

威代尔葡萄酒中共闻到2种硫化合物，无法通过质谱检测到，是由极性柱的保留指数定性及独特的香气特征匹配得到的，推测其为4－巯基－4－甲基－2－戊酮及3－甲硫基丙醛。其中贡献最大的是3－甲硫基丙醛，表现为煮土豆味。4－巯基－4－甲基－2－戊酮的香气特征是典型的黑醋栗芽孢味。

2.2.5 呋喃及内酯类

呋喃是食品中重要的风味化合物，在葡萄酒香气的研究中，呋喃类化合物也被广泛地报道，呋喃类化合物在食品中的形成途径可分为3种，包括碳水化合物的热解，美拉德反应及焦糖化反应[12,13]。研究仅得到3种内酯化合物，分别是γ－癸内酯、δ－癸内酯及桃醛。这三种内酯的香气特征比较相似，皆表现为杏桃的香气特征。

菠萝酮（furaneol），酱油酮（homofuraneol）是葡萄酒中两种重要的呋喃酮类香气化合物，在红葡萄酒、白葡萄酒及贵腐酒中皆有检出[14－16]。在本研究中，菠萝酮和酱油酮其香气表现为焦糖类的甜香，在SPE下的闻香强度均较高。美拉德反应是一种还原糖与氨基酸在一定的水分条件下发生的羰氨反应。在冰酒体系中，其糖含量很高，并且主要以还原糖为主，而总氨基酸含量也在1g/L以上[17]。因此，美拉德反应可能是造成冰酒中这两种呋喃酮类化合物高香气强度的原因。

2.2.6 其他类

除了酯、醇、萜烯、硫化物、呋喃酮及内酯类化合物，威代尔冰酒中还有芳香族、酚类、酸类及醛酮类化合物，也对其香气存在一定贡献。

威代尔冰酒中重要的芳香族化合物有苯乙酸乙酯、乙酸苯乙酯及苯乙醇，其分别表现苹果及花香。曾有研究认为苯乙醇是威代尔冰酒的特征香气[2]，本实验结果也验证了此观点。威代尔冰酒中还闻到3种酚类化合物。本研究中对冰酒香气有一定贡献的有愈创木酚及4－乙烯基愈创木酚，其表现为烟熏烟草类的刺激味。酸是酒中重要的组成部分，其在酒的挥发性化合物含量中也占有较高比例，但是由于酸的觉察阈值也较高，其对冰酒的香气贡献只起到辅助作用。本研究结果显示对冰酒香气有贡献的酸包括乙酸、辛酸、3－甲基丁酸及癸酸。此外在威代尔冰酒样品中还闻到4种未知化合物，分别表现出黑醋栗芽孢、坚果、花香和焦糖的香气特征。

3 结语

本实验采用SBSE及SPE两种萃取方法结合GC－O及GC－MS分析，通过化合物在极性柱上的闻香结果，保留指数计算及质谱库匹配来确定威代尔冰酒中的重要香气化合物。实验共检测到65种对冰酒香气有一定贡献的化合物，包括酯类15种、萜烯及降异戊二烯类13种、醇类11种、呋喃及内酯类5种、酸类4种、芳香族4种、醛酮类3种、酚类3种、硫化物2种、吡嗪类1种及未知化合物4种。其中酯类、醇类、萜烯类、硫化物、呋喃酮类及内酯类是威代尔冰酒中重要的香气物质，主要表现为水果味，植物清香，花香，烘焙类香气及甜香。在所有已知的香气化合物中，异丁酸乙酯、2-甲基丁酸乙酯、庚酸乙酯、辛酸乙酯、异戊醇、1-辛烯-3-醇、顺式-玫瑰醚、3-甲硫基丙醛、脱氢芳樟醇、β-大马酮及菠萝酮对冰酒的香气贡献较大。

参考文献

[1] 李艳霞，马丽艳，等．威代尔冰葡萄酒香气测定［J］．中外葡萄与葡萄酒，2006，3：10-15

[2] 杨晓，李红娟，等．威代尔葡萄特征性香气成分2-苯乙醇的合成机制探讨［J］．中国食品学报，2011，11（6）：193

[3] Bowen A. J. , A. G. Reynolds. Odor potency of aroma compounds in Riesling and Vidal blanc table wines and icewines by gas chromatography – olfactometry – mass spectrometry [J] . Journal of Agricultural and Food Chemistry, 2012, 60 (11): 2874 – 2883

[4] Nurgel C. , G. J. Pickering, et al. Inglis. Sensory and chemical characteristics of Canadian ice wines [J] . Journal of the Science of Food and Agriculture, 2004, 84 (13): 1675 – 1684

[5] Cliff M. , D. Yuksel, et al. Characterization of Canadian Ice Wines by Sensory and cional analyses [J] . American Journal of Enology and Viticulture, 2002, 53 (1): 46 – 53

[6] Setkova L. , S. Risticevic, et al. Rapid headspace solid – phase microextraction – gas chromatographic – time – of – flight mass spectrometric method for qualitative profiling of ice wine volatile fraction. II: Classification of Canadian and Czech ice wines using statistical evaluation of the data [J] . Journal of Chromatography A, 2007, 1147 (2): 224 – 240

[7] 王玉峰，杨华锋，等．赤霞珠冰葡萄酒香气成分分析［J］．酿酒科技，2010，1：107

[8] 王蓓，唐柯，等．搅拌棒吸附萃取-气质联用分析威代尔冰葡萄酒挥发性成分［J］．食品与发酵工业，2012，38（11）：93-98

[9] 叶国注，何群仙，等．GC-O检测技术应用研究进展［J］．食品与发酵工业，2010，36（4）：154-159

[10] Sumby K. M. , P. R. Grbin, et al. Microbial modulation of aromatic esters in wine: Current knowledge and future prospects [J] . Food Chemistry, 2010, 121 (1): 1 – 16

[11] Vilanova M. , C. Sieiro. Determination of free and bound terpene compounds in Albariño wine [J] . Journal of Food Composition and Analysis, 2006, 19 (6 – 7): 694 – 697

[12] Perestrelo R. , A. S. Barros, et al. In – Depth Search Focused on Furans, Lactones, Volatile Phenols, and Acetals As Potential Age Markers of Madeira Wines by Comprehensive Two – Dimensional Gas Chromatography with Time – of – Flight Mass Spectrometry

Combined with Solid Phase Microextraction [J]. Journal of Agricultural and Food Chemistry, 2011, 59 (7): 3186 - 3204

[13] Langen J., Y. W. Chen, et al. Quantitative analysis of γ - and δ - lactones in wines using gas chromatography with selective tandem mass spectrometric detection [J]. Rapid Communications in Mass Spectrometry, 2013, 27 (24): 2751 - 2759

[14] Ferreira V., N. Ortín, et al. Chemical Characterization of the Aroma of Grenache Rose' Wines: Aroma Extract Dilution Analysis, Quantitative Determination, and Sensory Reconstitution Studies [J]. Journal of Agricultural and Food Chemistry, 2002, 50: 4048 - 4054

[15] Sarrazin E., D. Dubourdieu, et al. Characterization of key - aroma compounds of botrytized wines, influence of grape botrytization [J]. Food Chemistry, 2007, 103 (2): 536 - 545

[16] Genovese, A., A. Gambuti, et al. Sensory properties and aroma compounds of sweet Fiano wine [J]. Food Chemistry, 2007, 103 (4): 1228 - 1236

[17] Tang, K., J. M. Li, et al. Evaluation of Nonvolatile Flavor Compounds in Vidal Icewine from China [J]. American Journal of Enology and Viticulture, 2012, 64 (1): 110 - 117

啤酒酵母双乙酰代谢调控和菌种选育

石婷婷，肖冬光*

天津科技大学生物工程学院，天津 300457

摘　要：双乙酰是啤酒中重要的风味物质，也是啤酒成熟的重要标志。当啤酒中双乙酰的含量超过阈值就会产生一种令人不愉快的馊饭味，影响啤酒的感官质量。应用分子生物学方法构建工程菌株，是从根本上解决双乙酰生成的最直接手段。本文综述了双乙酰的形成机制和代谢途径，以及通过分子生物学方法选育低产双乙酰菌株的研究进展。

关键词：啤酒，双乙酰，基因工程

Diacetyl metabolic regulation and breeding in beer yeast strains

Shi Tingting，Xiao Dongguang*

Tianjin University of Science and Technology，Tianjin 300457，China

Abstract：Diacetyl is an important component of beer flavor，and it is also an significant index to estimate the beer quality. It can produce an unpleasant butter – like flavor when the content of diacetyl in beer is over the threshold and affect the sensory quality of beer. It is most direct means to solve the diacetyl generated fundamentally by building engineering strains with the Molecular biology methods. This article reviewed the formation mechanism and metabolic pathways of diacetyl and the progress of study on building engineering strains with lower diacetyl by Molecular biology methods.

Key words：beer，diacetyl，genetic engineering

1　啤酒双乙酰

双乙酰，又称 2，3 – 丁二酮，其分子式为 $CH_3CO—COCH_3$，是啤酒发酵过程中的

* 通讯作者：肖冬光，教授，Tel：+86 – 022 – 60601667；Fax：+86 – 022 – 60602298；E – mail：xdg@tust. edu. cn。

重要副产物，也是判断啤酒是否成熟的重要标志。

双乙酰与2，3－戊二酮合称为连二酮，连二酮是影响啤酒风味成熟的重要物质。啤酒中2，3－戊二酮的含量远低于双乙酰，但是2，3－戊二酮的风味阈值（1mg/L）又大大高于双乙酰（0.1～0.15mg/L），因此，双乙酰是决定啤酒风味成熟的重要物质，当啤酒中双乙酰的含量超过阈值就会产生一种令人不愉快的馊饭味，严重破坏啤酒的风味，并影响啤酒的感官质量[1-8]。在啤酒生产中，如何降低双乙酰在发酵液中的含量，提高啤酒的质量，一直是啤酒生产企业关注的实际问题，也是相关科研人员的重要研究课题[9,10]。

2 双乙酰的形成及代谢途径

2.1 双乙酰的形成

啤酒中的双乙酰最初被认为是啤酒中污染的链球菌所产生的[11]，后来随着酵母纯种发酵的广泛普及，人们认识到双乙酰是啤酒酵母自身产生的代谢产物。随着对酵母代谢组学的不断研究，人们认为啤酒中的双乙酰主要是由啤酒酵母细胞通过缬氨酸代谢途径产生的α－乙酰乳酸（α－acetolactate）分泌至细胞外，再经过非酶促的氧化脱羧反应自生合成的[12]。这一反应取决于麦汁的质量（α－氨基氮含量）、发酵时的温度、pH以及发酵液中的溶氧量。

发酵啤酒的过程中，双乙酰的变化大致会分为以下三个阶段：α－乙酰乳酸的形成及积累、双乙酰的形成、双乙酰的消除（还原）。

如图1所示，双乙酰在啤酒发酵过程中的整体趋势是先增加后逐渐减少。在发酵前期发酵液中的双乙酰含量几乎呈指数增长，并在4～6d达到峰值，随后随着发酵时间的增长双乙酰的的含量逐渐减少，最后趋于稳定。这也验证了酵母细胞在发酵过程中通过自身的调节对双乙酰含量变化的影响。

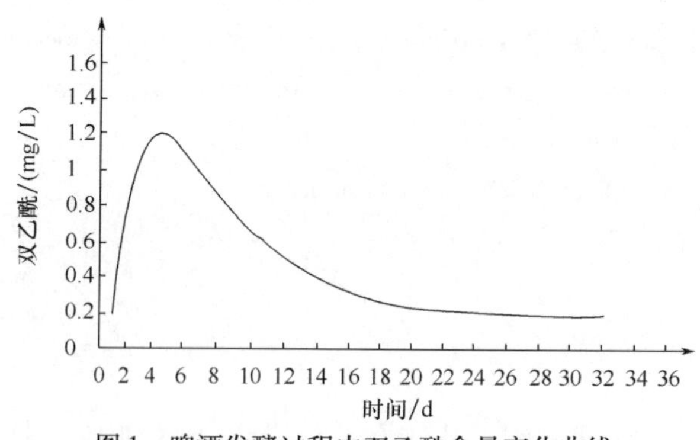

图1 啤酒发酵过程中双乙酰含量变化曲线

2.2 双乙酰的代谢途径

双乙酰是由啤酒酵母细胞通过缬氨酸代谢途径产生的α－乙酰乳酸产生的，α－乙

酰乳酸是双乙酰的前体物质，酵母繁殖过程中细胞内的丙酮酸经过乙酰羟酸合成酶（AHAS）的作用转变为α－乙酰乳酸，一部分α－乙酰乳酸留在细胞内，而一部分α－乙酰乳酸被分泌到酵母细胞外。细胞内的α－乙酰乳酸经过羟酸还原异构酶（RI）的作用生成α，β二羟基异戊酸，再生成α－酮异戊酸，最终生成缬氨酸。分泌至细胞外的α－乙酰乳酸经过经过非酶促的氧化脱羧反应自生合成双乙酰，生成的双乙酰被酵母重新吸收，在双乙酰还原酶的作用下被还原成乙偶姻，乙偶姻被乙偶姻还原酶进一步还原成2，3－丁二醇，再次分泌至细胞外[13－15]，乙偶姻和2，3－丁二醇在啤酒中的阈值都远高于双乙酰，对啤酒风味的影响不大。具体的代谢途径如图2所示[16]。

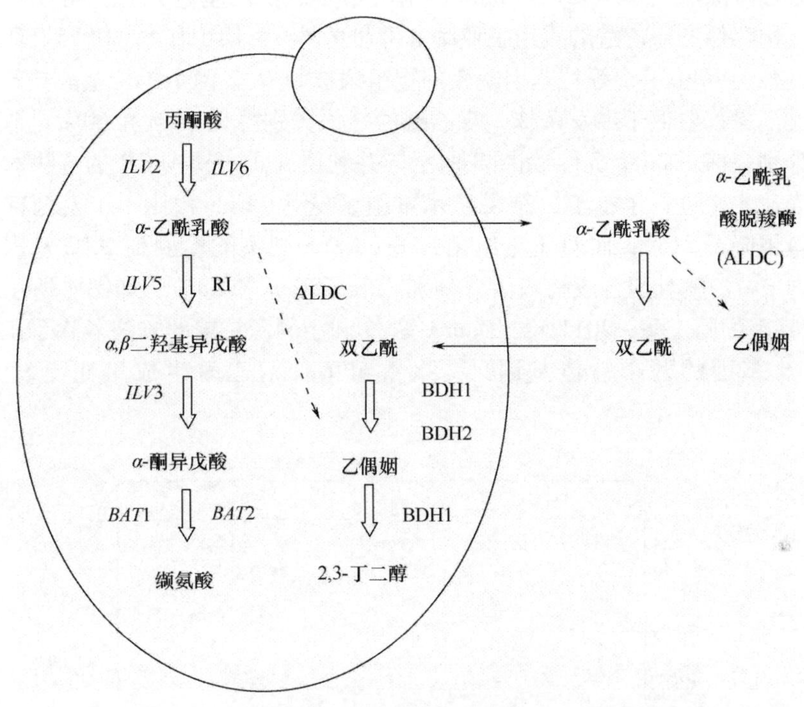

图2　啤酒酵母中双乙酰的生成和还原的代谢流程图

注：虚线代表引入外源基因 *ALDC* 产生的代谢途径

3　分子育种构建低产双乙酰酵母基因工程菌株

从代谢网络分析，结合双乙酰的形成机制和代谢途径，控制啤酒中双乙酰的含量主要应从双乙酰代谢途径合成和分解来考虑：一是减少α－乙酰乳酸的生成；二是加速α－乙酰乳酸的降解；三是加快双乙酰的还原[17,18]；四是在酿酒酵母中引入乙酰乳酸脱羧酶基因以改变α－乙酰乳酸的代谢途径，进而降低双乙酰产量。

随着现代生物技术的发展，应用分子生物学方法构建工程菌株，是从根本上解决双乙酰生成的最直接手段，也成为控制啤酒发酵液中双乙酰含量的首选手段。

3.1 减少 α－乙酰乳酸的合成

丙酮酸生成α－乙酰乳酸的关键酶是乙酰乳酸合成酶，由*ILV2*基因编码，敲除*ILV2*基因，可使乙酰乳酸合成酶的效率降低，减少α－乙酰乳酸的生成，从而减少双乙酰的生成。张吉娜等[19]通过基因中断方式破坏了啤酒酵母α－乙酰乳酸合成酶基因（*ILV2*），发酵结果表明双乙酰生产量降低了25%，其发酵周期缩短了3d。母茜等[20]用3－磷酸甘油酸激酶基因PGK1启动子和α－factor基因取代α－乙酰乳酸合成酶基因*ILV2*构建了工程菌株，在12d时乙偶姻含量降至40μmol/L。卢君等[16]通过分子生物学的方法分别敲除酿酒酵母*ILV2*（编码乙酰乳酸合成酶的基因）一条等位基因和两条等位基因，构建低产双乙酰的重组工业啤酒酵母菌株S－CL5和S－CSL5。研究表明在啤酒发酵过程中*ILV2*一个等位基因缺失的重组菌株和*ILV2*两个等位基因缺失的重组菌株的双乙酰产量都要低于出发菌株，双乙酰的峰值分别降低34%和60%，双乙酰还原的时间也分别提前了2d和3d，如图3所示。并利用real－time PCR的方法对酵母*ILV2*基因的的表达水平进行了检测，结果显示重组菌株S－CL5相比于出发菌株，其*ILV2*基因表达量下降了51%，而对于重组菌株S－CSL5则不能检测到*ILV2*基因的转录信号，其胞内α－乙酰乳酸合成酶酶活力分别降低了28%和58%，如图4所示。*ILV6*基因是*ILV2*基因的同工酶，2011年，Duong等[21]利用同源重组的方法敲除了工业啤酒酵母菌株*ILV6*基因的两个等位基因，结果重组菌株双乙酰生成量比出发菌株降低了65%。

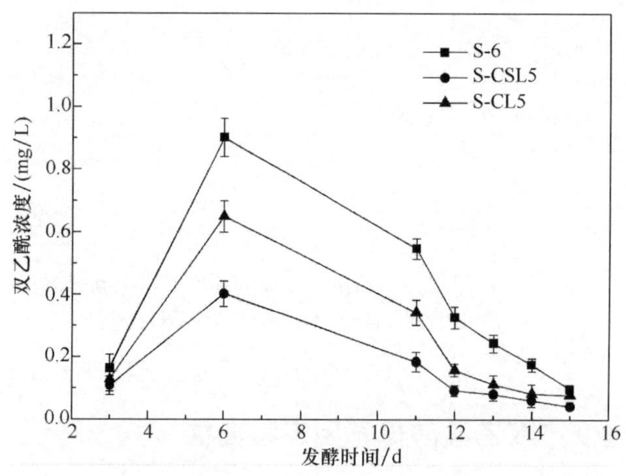

图3 发酵过程中重组菌株与出发菌株双乙酰峰值对比

3.2 加速 α－乙酰乳酸的降解

α－乙酰乳酸分解的作用酶是羟酸还原异构酶，它是由*ILV5*基因编码，增加*ILV5*的基因拷贝数，可提高羟酸还原异构酶的产量，使α－乙酰乳酸转化成缬氨酸，减少双乙酰的生成。Villanueba等[22]和Villa等[23]人在啤酒酵母中过表达了*ILV5*，结果重组菌

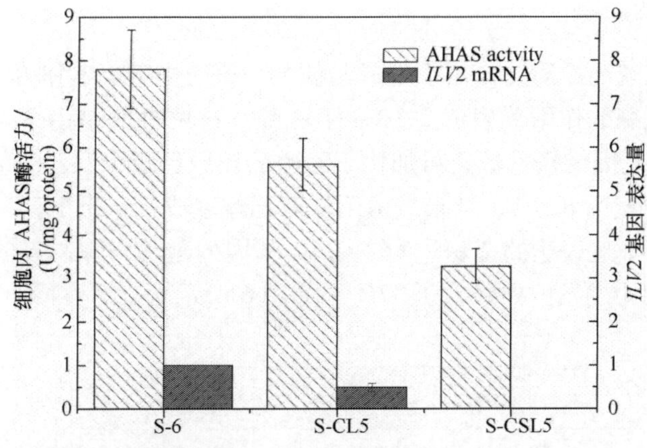

图 4 重组菌株与出发菌株胞内 AHAS 酶活力及 *ILV2* 基因表达量对比

株双乙酰生成量比出发菌株降低了 70%；李艳等[24]将 *ILV5* 基因在工业啤酒酵母基因组上进行了整合表达，发现 *ILV5* 的拷贝数增加能够明显的降低菌株双乙酰的生成量，重组菌株的双乙酰的生成量比出发菌株降低了 40% 左右。卢君等[16]通过分子生物学的方法过表达 *ILV5* 基因，对比了 *ILV5* 基因过表达同时 *PEP4* 基因一个等位基因缺失的重组菌株 S－CIK12，*ILV5* 基因过表达同时 *PEP4* 基因两个等位基因缺失的重组菌株S－CSIK12 细胞内的羟酸还原异构酶酶活力。实验结果显示，重组菌株 S－CIK12 和重组菌株 S－CSIK12 相比于出发菌株，其胞内羟酸还原异构酶酶活力分别提高到原来的 1.56 倍和 1.63 倍，同时利用 real－time PCR 的方法对酵母 *ILV5* 基因的表达水平进行了检测，结果显示重组菌株 S－CIK12 和重组菌株 S－CSIK12 相比于出发菌株，其 *ILV5* 基因的表达水平分别提高到原来的 1.86 倍和 1.88 倍，见图 5。在此伦理基础上，我们在另一株啤酒酵母 S2 中过表达了 *ILV5* 基因，啤酒发酵结果显示，重组菌株的双乙酰峰值和最终含量分别比出发菌株降低了 50% 和 56.7%。

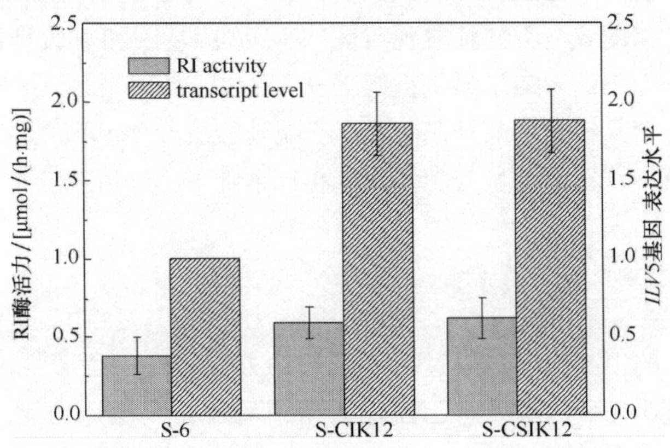

图 5 重组菌株与出发菌株胞内 RI 酶活力及 *ILV5* 基因表达量对比

3.3 加快双乙酰的还原

双乙酰在双乙酰还原酶的作用下生成乙偶姻，该酶由 *BDH*1 和 *BDH*2 基因编码，乙偶姻在乙偶姻还原酶的作用下生成 2，3－丁二醇，这两种酶是由 *BDH*1 基因编码，增加 *BDH*1 和 *BDH*2 基因的拷贝数，可加快双乙酰的还原，减少双乙酰的含量。我们通过分子生物学方法过表达 *BDH*1，结果重组菌株双乙酰生成量比出发菌株降低了 33.77%。同时，我们对 *BDH*1 过表达的菌株进行了 *ILV*2 基因的敲除，啤酒发酵结果显示，重组菌株的双乙酰含量比出发菌株降低了 37%，如图 6 所示。

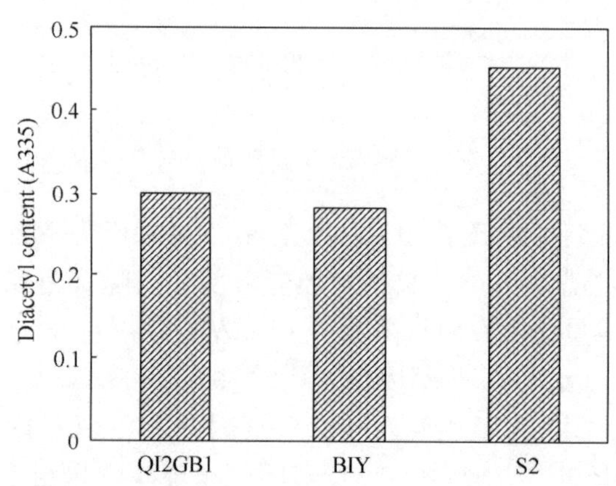

图 6　发酵结束时重组菌株与出发菌株双乙酰含量对比

3.4 引入 α－乙酰乳酸脱羧酶基因

α－乙酰乳酸脱羧酶（*ALDC*）可直接将双乙酰的前体物质——α－乙酰乳酸催化分解，还原成乙偶姻，可以避免和减少双乙酰的生成，大大缩短双乙酰的还原时间。但是酵母本身并不存在 α－乙酰乳酸脱羧酶，Sone 等[25]人和 1990 年 Suihko 等[26]人分别将来源于产气肠杆菌的 α－乙酰乳酸脱羧酶（*ALDC*）基因和克氏杆菌的 *ALDC* 基因在工业啤酒酵母中进行表达，结果显示重组菌株双乙酰产量明显低于出发菌株。张沛[27]等成功构建了含有食品级醋化醋杆菌的 α－乙酰乳酸脱羧酶基因的啤酒酵母工程菌株，该工程菌株发酵液中双乙酰的量与受体菌株相比下降了 1/3 左右。

4 结语

随着科学技术的不断发展，通过基因改造的方法构建工程菌株已成为一种直接而高效的手段。通过研究酿酒酵母双乙酰代谢相关基因（产物）功能，探明其关键代谢酶系，完善双乙酰代谢机理，在此基础上，通过工业酿酒酵母定向基因组改造调控双乙酰代谢，选育适合于工业应用的低产双乙酰酿酒酵母优良基因工程菌种。因为酵母本身没有 α－乙酰乳酸脱羧酶基因，通过转基因的手段来获得该工程菌，对于食品饮料行业，转基因食品存在一定的不安全性，涉及人类的安全和健康，因此通过转基因手段获得基因工程菌减少啤酒中双乙酰含量的方法并不合适。而自体克隆技术由于在DNA重组过程中不涉及到外源的基因，因此其安全性和性状稳定等方面的优势越来越受到研究人员的重视，必将成为今后工作和研究的热点。另外，可构建减少α-乙酰乳酸产生同时加快其降解或加快双乙酰还原的多重效果的酵母基因工程菌株，对降低酿酒工业粮耗、缩短发酵周期、改善啤酒品质，提高设备的利用率和降低成本，提高我国酿酒工业的生产技术水平和国际竞争力具有重要意义。

参考文献

[1] Saison D, De Schutter DP, et al. Contribution of staling compounds to the aged flavour of lager beer by studying their flavour thresholds [J]. Food chemistry, 2009, 114 (4): 1206-1215

[2] Meilgaard MC. Flavor chemistry of beer: Part II: Flavor and threshold of 239 aroma volatiles [J]. MBAA Technical Quarterly, 1975, 12 (3): 151-168

[3] Blomqvist K, Suihko ML, et al. Chromosomal integration and expression of two bacterial α-acetolactate decarboxylase genes in brewer's yeast [J]. Applied and environmental microbiology, 1991, 57 (10): 2796-2803

[4] Dequin S. The potential of genetic engineering for improving brewing, wine-making and baking yeasts [J]. Applied microbiology and biotechnology, 2001, 56 (5-6): 577-588

[5] Polaina J. Brewer's yeast: genetics and biotechnology [J]. Applied Mycology and Biotechnology, 2002, 2: 1-17

[6] Hansen J, Kielland-Brandt MC. Brewer's yeast: genetic structure and targets for improvement [M]. Functional genetics of industrial yeasts. Springer Berlin Heidelberg, 2003: 143-170

[7] Davydenko SG, Yarovoy BF, et al. A new yeast strain for brewery: Properties and advantages [J]. Russian Journal of Genetics, 2010, 46 (11): 1295-1305

[8] Casey GP. Yeast selection in brewing [J]. Yeast Strain Selection (ed. CJ Panchal), 1990: 65-111

[9] 唐晓达，张秀丽，等. 化学诱变选育低双乙酰啤酒酵母菌株的研究 [J]. 食品科学. 2003, 24 (11): 81-83

[10] 母茜，王肇悦，等. 关于抗老化低双乙酰啤酒酵母的研究进展 [J]. 酿酒科技，2007, 9: 83-85

[11] 励建荣，等. 啤酒酿造中的双乙酰及酶法控制研究进展 [J]. 现代食品科技，2007, 9: 65-68

[12] 孙美玲. 啤酒中双乙酰成分的形成和控制 [J]. 酿酒，2007, 4: 67-68

[13] Nakatani K, Fukui N, et al. Kinetic analysis of ester formation during beer fermentation [J]. Journal of the American Society of Brewing Chemists, 1991, 49 (4):

152 - 157

[14] Ohno T, Takahashi R. Role of wort aeration in the brewing process. Part 2: The optimal aeration conditions for the brewing process [J]. Journal of the Institute of Brewing, 1986, 92 (1): 88 - 92

[15] Ormrod IHL, Lalor EF, et al. The release of yeast proteolytic enzymes into beer [J]. Journal of the Institute of Brewing, 1991, 97 (6): 441 - 443

[16] 卢君. 菌种改造提高纯生啤酒泡沫稳定性的研究 [D]. 天津科技大学, 2013

[17] Enari TM. One hundred years of brewing research [J]. Journal of the Institute of Brewing, 1995, 101 (7): 3 - 33

[18] 吴天祥, 杨海龙, 等. 应用包埋 α - 乙酰乳酸脱羧酶改进啤酒发酵及控制的模型研究 [J]. 酿酒, 2002, 29 (1): 47 - 48

[19] 张吉娜, 何秀萍, 等. 低双乙酰抗老化啤酒酵母工程菌的构建 [J]. 生物工程学报, 2005, 21 (6): 942 - 946

[20] 母茜, 蔡勇, 等. 采用自克隆技术构建高 SOD、低双乙酰的啤酒酵母工程菌 [J]. 食品科学. 2009, 30 (19): 248 - 251

[21] Duong CT, Strack L, et al. Identification of Sc - type *ILV6* as a target to reduce diacetyl formation in lager brewers' yeast [J]. Metabolic engineering, 2011, 13 (6): 638 - 647

[22] Villanueba KD, Goossens E, et al. Subthreshold vicinal diketone levels in lager brewing yeast fermentations by means of *ILV5* gene amplification [J]. Journal of the American Society of Brewing Chemists, 1990, 48 (3): 111 - 114

[23] Villa KD, Lee S, et al. Control of vicinal diketone production by brewer's yeast. I. Effects of *ILV5* and *ILV3* gene amplification on vicinal diketone production and ILV enzyme activity [J]. American Society of Brewing Chemists, 1995, 53 (2): 49 - 53

[24] 李艳, 张博润, 等. 羟酸还原异构酶基因在啤酒工业酵母中的整合表达 [J]. 无锡轻工大学学报, 2003, 22 (3): 53 - 61

[25] Sone H, Fujii T, et al. Nucleotide sequence and expression of the Enterobacter aerogenesalpha - acetolactate decarboxylase gene in brewer's yeast [J]. Appl Environ Microbiol 1988 Jan; 54 (1): 38 - 42

[26] Suihko M I, Blomqvist K, et al. J. Biotechnol. 1990, 14: 285 - 300

[27] 张沛, 张博润. 含 α - 乙酰乳酸脱羧酶基因的啤酒酵母工程菌的构建 [J]. 酿酒, 2004, 31 (3): 97 - 99

黄酒酿造中氨基酸态氮的形成来源分析

曹钰[1,2*]，潘慧青[2]，马素梅[2]，孙士勇[2]，陆健[1,3]

1. 江南大学工业生物技术教育部重点实验室，江苏　无锡 214122

2. 江南大学生物工程学院，江苏　无锡 214122

3. 江南大学粮食发酵工艺与技术国家工程实验室，江苏　无锡 214122

摘　要：氨基酸态氮既影响酿造过程中酵母的生长和风味物的形成，也是终产品的质量指标，对黄酒发酵过程和产品质量均有重要意义。通过系列模拟实验考察了黄酒酿造过程中蛋白酶活的留存情况，分析了原料米、麦曲、酵母自溶对氨基酸态氮形成量的贡献。源于麦曲中的酸性蛋白酶前4d 酶活基本保持稳定，即使是在发酵25d 后仍有25%以上酶活，能继续酶解蛋白形成氨基酸态氮；米是黄酒酿造中蛋白质的最主要提供者，米蛋白酶解形成的氨基酸态氮达1. 30g/L；麦曲中非酶蛋白质对氨基酸态氮形成的贡献甚小，但麦曲中的酶系则起到至关重要的作用；酵母自溶直接释放氨基酸态氮及其内源性蛋白酶降解产生氨基酸态氮的含量分别仅为0. 03g/L 和0. 085g/L。结果表明，黄酒酿造中氨基酸态氮的形成主要源于整个发酵周期中原料米在麦曲中蛋白酶分解下形成的，酵母自溶对氨基酸态氮的贡献有限。

关键词：氨基酸态氮，原辅料，麦曲，酵母自溶，黄酒

The Sources of Amino Acid Nitrogen Generating During Chinese Rice Wine Brewing

Cao Yu[1,2*], Pan Huiqing[2], Ma Sumei[2], Sun Shiyong[2], Lu Jian[1,3]

1. The Key Laboratory of Industrial Biotechnology, Ministry of Education, School of Biotechnology, Jiangnan University, Wuxi 214122, China

2. School of Biotechnology, Jiangnan University, Wuxi 214122, China

3. National Engineering Laboratory for Cereal Fermentation Technology, Jiangnan University, Wuxi 214122, China

Abstract: Amino nitrogenis an important indicator, not only affect yeast growth and the formation of some flavor components during the Chinese rice wine brewing, but also as a quality index of wine. Series of simulation experiments were designed to understand the contribution to amino nitrogen from which aspects, raw materials' protein digest and yeast autolysis. The result showed that acid protease from wheat *Qu* has good stability under simulated fermentation condition, the activityonly lost 4% at first 4 days, and the remaining enzyme activity was more than 25% even after 25 days. It implied protein could be decomposed continuously through the whole post fermentation process. The rice protein is the primarysubstrate to be hydrolyzed during Chinese rice wine brewing, which can be released amino nitrogen up to 1.30g/L at the end of fermentation. The enzymes from wheat *Qu* has significant influence on fermentation, while the non – enzyme protein has barely effect on amino nitrogen. The content of amino nitrogen released by yeast autolysis was barely 0.03g/L in a simulated wine system after 15 days. Furthermore the amino nitrogen content increased to 0.085g/L by intracellular protease released at autolysis after adding rice protein. However, it only account for 8% of final amino nitrogen content, which means yeast autolysis has a few contribution to amino nitrogen of rice wine.

Key words: amino nitrogen, raw materials, wheat Qu, yeast autolysis, Chinese rice wine

氨基酸态氮，也称为氨基氮或氨态氮，对黄酒发酵过程和产品质量有重要影响。在酿造过程中氨基酸态氮不仅会影响酵母的生长，也是一些风味物质形成的前体物，还是评价终产品的质量指标之一，国标对不同类型、不同等级黄酒中的氨基酸态氮含量有明确的要求。

黄酒酿造工艺采用边糖化边发酵的半固态发酵，酿造原辅料中的蛋白质是生成氨基酸态氮的基础。用量占80%以上的原料米中蛋白质含量在8%～10%，作为黄酒酿造重要辅料的麦曲用量为原料米的15%～19%，蛋白质含量12%左右。通常增加麦曲用量能提高氨基酸态氮的含量，但由于麦曲不仅提供多种酶，还发挥着生香、增味、成色等功能，同时也会带入一定量的营养物质。这种相关性究竟是由于麦曲中蛋白酶、肽酶的酶活增加还是非酶蛋白质含量变化的影响，至今仍未见实验辨析。

除原辅料中的蛋白质在蛋白降解酶作用下分解为氨基酸态氮，酵母细胞自溶也能释放出氨基酸态氮。通常黄酒酿造后期氨基酸态氮的升高往往被推测是酵母自溶导致的[1,2]，但由于酿造体系中的复杂性至今尚无相关实验证实。

氨基酸态氮是发酵醪液中的蛋白质经蛋白酶、肽酶逐步分解而形成的，受原辅料中蛋白质含量、蛋白降解酶系组成以及酶作用条件的复杂影响。经麦曲中蛋白酶、肽酶作用产生的氨基酸态氮，一部分作为营养物质被微生物吸收利用，一部分被代谢转化为风味物质，剩余的残留在发酵醪液中。因此，在黄酒发酵过程中，氨基酸态氮呈现出不断被消耗、转化同时又产生的复杂状况，有关黄酒酿造中氨基酸态氮形成仅有个别文字推论[2,3]。本文拟通过系列模拟实验考察原料米、麦曲、酵母自溶对氨基酸态氮产生量的贡献，明确黄酒酿造中氨基酸态氮的形成来源，为加深酿酒机理认识、保障黄酒质量奠定基础，为黄酒行业依据产品需求调整氨基酸态氮含量提供依据，有助于促进黄酒的优质化发展。

1　材料与方法

1.1　菌种与材料

Saccharomyces cerevisiae N85：由浙江古越龙山绍兴酒股份有限公司提供。糯米购于无锡市滨湖区华润万家超市，生、熟麦曲均由浙江古越龙山绍兴酒股份有限公司提供。糖化酶、淀粉酶、酸性蛋白酶均由帝斯曼中国有限公司提供。

1.2　实验方法

1.2.1　米汁培养基的制备

糯米室温浸渍2~3d，使米浆水pH达3.8~4.1，沥干米浆水蒸饭20min。将蒸熟米饭放入糖化杯，加一定比例水，添加淀粉酶于85℃液化0.5h，用碘液检测是否液化完全。冷却，使温度降为60℃，添加糖化酶恒温4h，用水稀释至糖度为13°Bx，乳酸调pH为4.2±0.1，121℃高压灭菌15min，备用。

1.2.2　酵母扩大培养

从试管中挑取一环酿酒酵母接入5mL无菌米汁培养基中，30℃ 200r/min振荡培养24h，以10%接种量转接50mL无菌米汁培养基中，相同条件继续培养24h，血球计数板计数备用。

1.2.3　黄酒发酵试验

浸米：称取600g糯米，添加1200mL自来水，室温浸渍2d左右，pH达到4.0~4.3。

蒸饭：纱布沥干米浆水，常压蒸煮，至有大量蒸汽后维持20min至米粒均匀、内无白心、熟而不黏、软而不烂，然后摊凉至60℃左右。

加麦曲拌饭：拌入生麦曲84g（米质量14%）、熟麦曲18g（米质量3%），投入3L三角瓶。

接种：添加30mL（米质量5%）酵母扩培液、水900mL，摇匀，塞上发酵栓，放入生化培养箱。

主酵：28℃，每天开耙一次，4d后转入后酵。

后酵：15℃发酵17d，2~3d开耙一次。

1.2.4　试验指标和测定

酶活测定：淀粉酶、糖化酶、酸性蛋白酶的测定按照QB/T 1803—1993《工业酶制剂通用试验方法》执行。

酵母计数：直接取发酵醪液，采用YPD平板菌落计数法及时测定酵母数量。

取一定体积的发酵醪液，8000 r/min离心10 min，测定上清液中蛋白质和氨基氮含量。主酵期样品离心后若仍有浑浊，需再经滤纸过滤，可－20℃储存待测。

蛋白质含量测定：采用Bradford方法测定[4]。

氨基酸态氮的测定：按照GB/T 13662—2008《黄酒》中规定方法执行。

1.2.5　模拟黄酒后酵溶液

采用50mmol/L的乳酸/乳酸钠缓冲体系，pH为4.2，酒精度为14%vol的溶液。

1.2.6　麦曲浸提液

称取一定质量生熟麦曲，按料水比1∶5添加模拟黄酒后酵溶液，于40℃水浴锅中浸提1h，滤纸过滤后，将滤液用0.22μm的有机滤膜再次过滤，除去滤液中的微生物，备用。

1.2.7　酿造中蛋白酶酶活的留存模拟实验

用模拟黄酒后酵溶液溶解商品酶并适当稀释，以及按1.2.6制备麦曲浸提液，然后15℃生化培养箱放置25d，不定时取样，测酸性蛋白酶活，考察商品酸性蛋白酶和麦曲浸提液中蛋白酶在模拟黄酒后酵条件下酶活损失情况。

1.2.8　无微生物利用时米蛋白释放的氨基酸态氮情况

称取米质量的14%生麦曲、3%熟麦曲混合，按1.2.6制备麦曲浸提液，将浸提液添加到米汤培养基中，28℃静置4d，15℃放置17d，不定时取样测氨基酸态氮含量。

1.2.9　麦曲对氨基酸态氮的影响模拟实验

设计三组实验：①正常添加麦曲发酵，按1.2.4进行黄酒发酵；②无麦曲加酶发酵：用淀粉酶、糖化酶和酸性蛋白酶代替麦曲中的酶系进行黄酒发酵，各酶的添加量与麦曲中各酶活相当，测得各酶活见表1；③麦曲灭菌并加酶发酵：将麦曲灭菌后，添加淀粉酶、糖化酶和蛋白酶进行黄酒发酵。黄酒发酵的其他条件相同，定时取样测酵母数量、氨基酸态氮和蛋白质含量。

表1　麦曲和商品酶制剂的酶活

Table 1　The activities of wheat *Qu* and commercial enzymes

酶活	样品状态	液化力/(U/g或U/mL)	糖化力/(U/g或U/mL)	蛋白质分解力/(U/g或U/mL)
淀粉酶	液体	2996.00	—	—
糖化酶	液体	—	175387.80	—
酸性蛋白酶	固体	—	—	67068.25
生麦曲	固体	1.05	325.97	6.26
熟麦曲	固体	12.43	722.81	108.83

注："—"表示未检测；固体样品酶活以U/g计，液体样品酶活用U/mL计。

1.2.10　酵母自溶对氨基酸态氮影响

按照黄酒发酵试验，酵母接种量5%接入米汁培养基中，28℃静止培养4d，离心收集酵母，无菌水洗涤两次，将酵母重悬于模拟黄酒后酵溶液中，平均分为两份，其中一份加入米蛋白（纯度在90%以上），均放置15℃培养箱，隔3~4d取样测酵母数量、氨基酸态氮含量，考察酵母自溶释放氨基酸态氮量及自溶释放的内源蛋白酶分解米蛋白产生氨基酸态氮量。

2 结果与讨论

2.1 酿造过程中蛋白酶酶活的留存情况

在黄酒酿造过程中，来源于生熟麦曲中的蛋白酶分解原料米（饭）和小麦蛋白产生氨基酸态氮化合物。酵母经过主发酵（28℃，4d）结束时，乙醇含量已经达到14%vol，酸度在6.1g/L以下，发酵醪液pH在4.2~4.3[5]，而进入后酵阶段，温度降低至15℃继续发酵21d，蛋白酶是否仍然保有酶活，能够继续分解蛋白质，至今尚无研究报道。

为考察后酵阶段的蛋白酶酶活留存情况，在模拟后酵醪溶液中，分析麦曲中蛋白酶和商品酸性蛋白酶在15℃不同时间下的酸性蛋白酶酶活残留情况，结果如图1所示。

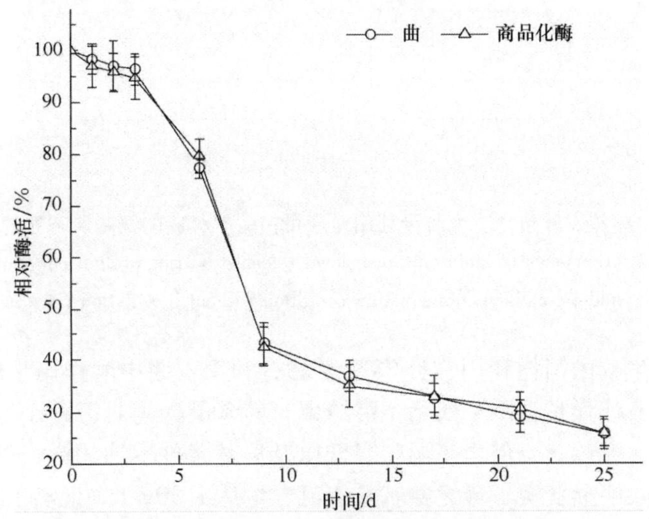

图1 在模拟后酵条件下商品化酸性蛋白酶和麦曲蛋白酶的酶活变化

Fig. 1 Remainedactivities percentage of acid protease of commercial enzyme and wheat *Qu* under simulated fermentation condition

从图中可见，随着时间延长，两种来源的酸性蛋白酶活力都呈下降趋势，且两者在相同时间酶活损失相当。在前4d酶活基本保持稳定，麦曲酸性蛋白酶和商品酸性蛋白酶酶活分别仅降低了4%和7%；在4~9d，酶活力出现大幅快速降低，10d之后降幅显著减缓。21d后麦曲中蛋白酶活仍有30%以上，放置25d仍有25%的活性，暗示在黄酒后酵末期醪液中的蛋白质仍可以继续被酶分解。

2.2 无微生物利用时米蛋白释放的氨基酸态氮情况

米饭和麦曲等原辅中的蛋白是黄酒酿酒的主要蛋白质来源，在麦曲中的蛋白分解酶的作用下形成氨基酸态氮化合物，在发酵过程中被酵母的生长利用和代谢转变，对最终酒体中的氨基酸态氮及一些风味物质的生成有重要影响。

以麦曲浸提液作为酶源，膜过滤除菌排除微生物对氨基酸态氮的影响，经糖化、液化后的米饭悬浮液为底物，模拟黄酒发酵条件进行主酵（28℃，4d）、后酵（15℃，21d），在不同时间取样测得氨基酸态氮含量，结果如图2所示。

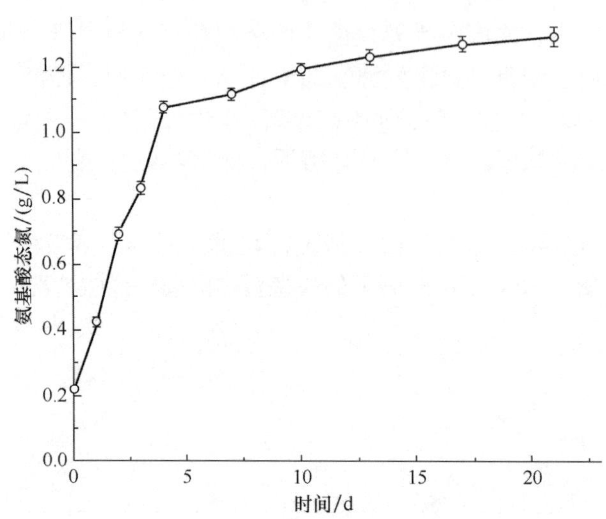

图2　模拟发酵条件下无酵母利用时米蛋白酶解释放的氨基酸态氮的变化

Fig. 2　Dynamics of amino nitrogen level released by rice protein enzymolysis under simulated fermentation condition without inoculation yeast

由于没有微生物的消耗利用，且28℃主酵有利于麦曲中酶作用于底物，因此生成的氨基酸态氮呈直线增长，图2所示主酵结束时其含量高达1.07g/L；进入后酵氨基酸态氮仍然一直呈升高趋势，但由于温度降低以及后酵条件下酶的活力损失造成的影响，氨基酸态氮的增长明显变缓，最终氨基酸态氮含量达1.30g/L。证实了在后酵中麦曲中酶作用于底物继续形成氨基酸态氮化合物。

而作为对照，将麦曲浸提液在相同条件下放置测定氨基酸态氮的变化，结果显示含量始终保持0.13~0.14g/L，说明在麦曲浸提液中由酶解小麦蛋白质带入的氨基酸态氮的含量有限。

2.3　麦曲对氨基酸态氮的贡献

麦曲是黄酒酿造的糖化剂，不仅为黄酒酿造提供各种酶以及制曲过程中微生物代谢所形成的赋予黄酒独特风味的物质，同时也带入一些营养物质，如蛋白质和淀粉等。已有研究显示发酵生清酒中氨基酸态氮的含量随着麦曲用量的增加一倍而提高46%[6]，但研究并没有明确此时氨基酸态氮含量提高是与蛋白酶酶活的增加有关还是与带入的蛋白质增多引起的。

以常规的加麦曲黄酒发酵（用N表示）为对照，比较无麦曲加酶发酵（以商品酶——淀粉酶、糖化酶和酸性蛋白酶替代麦曲，用E表示）和麦曲灭菌并加酶发酵

（即灭活麦曲中酶并外加商品酶进行发酵，用 M 表示）的差异，探讨麦曲中酶系和非酶蛋白质对黄酒酿造中氨基酸态氮形成的影响，追踪分析了整个发酵过程中发酵醪液的蛋白质、酵母数、氨基酸态氮的变化情况，结果如图 3 所示。

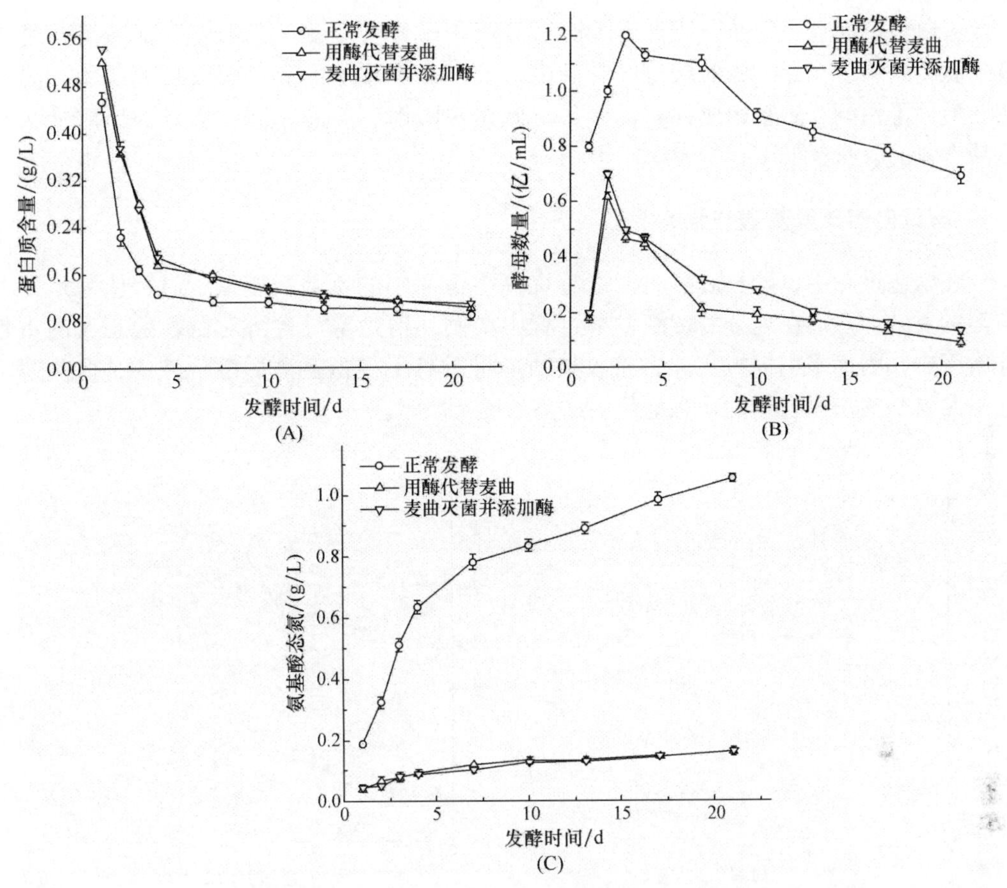

图 3 麦曲中的酶系和非酶蛋白质对黄酒酿造中氨基酸态氮形成的影响

Fig. 3 The effect of enzymes and wheat protein of wheat *Qu* on amino acid nitrogen during the brewing

如图 3 所示，在无麦曲加酶发酵和麦曲灭菌并加酶发酵过程中，蛋白质、酵母数、氨基氮的变化情况基本相似，但两者完全不同于常规加麦曲发酵过程。

如图 3（A）所示随着发酵的进行，三种发酵过程中蛋白质的变化趋势类似，蛋白质的降解主要发生在主酵阶段，进入后酵阶段醪液中蛋白质降解逐渐趋于平稳。分析认为麦曲中微生物分泌的蛋白酶，以及添加的商品酸性蛋白酶，在主酵 28℃的条件下适宜于作用底物，降解蛋白速率较快，这与图 1 中酶活在前酵阶段比较稳定相一致。从图 3（B）（C）中可见酵母数量在主酵第 2/3 天达到最大值后死亡数量逐渐增多，氨基酸态氮在整个发酵过程中含量都呈现逐步增加趋势，但正常发酵过程的酵母数量和氨基酸态氮含量远远高于无麦曲加酶发酵和麦曲灭菌并加酶发酵的情况。

无麦曲加酶发酵和麦曲灭菌并加酶发酵中醪液的蛋白质和氨基酸态氮的含量变化无差别，反映出麦曲中的非酶蛋白的影响微乎其微，但两者与常规加麦曲发酵的巨大差异反映出麦曲中的酶系对发酵的影响极其显著。张波[7]在研究绍兴麦曲宏蛋白质组学时发现的酶蛋白有三十多种，其中所含的蛋白酶包括生熟麦曲皆含有酸性蛋白酶、中性蛋白酶，而且熟麦曲中还含有米曲霉分泌的碱性蛋白酶、二肽酶、氨肽酶、丙氨酰二肽基肽酶、亮氨酸氨肽酶等多种肽酶。而实验中添加的商品酶仅有糖化酶、淀粉酶和酸性蛋白酶，酶系组成种类的差异导致蛋白降解程度的不同，酵母的形成量和氨基酸态氮的含量远低于正常发酵。

2.4 酵母自溶对氨基酸态氮的贡献

在酿造过程中，延长后酵时间能够提高生清酒中的氨基酸态氮，通常认为是酵母自溶的贡献，然而在复杂的黄酒发酵过程中要阐述清楚酵母自溶对氨基酸态氮的贡献非常困难，因而采用模拟实验，将收集的酵母重悬于模拟黄酒后酵溶液中，监测酵母数量及氨基酸态氮含量的动态变化，结果如图4所示。

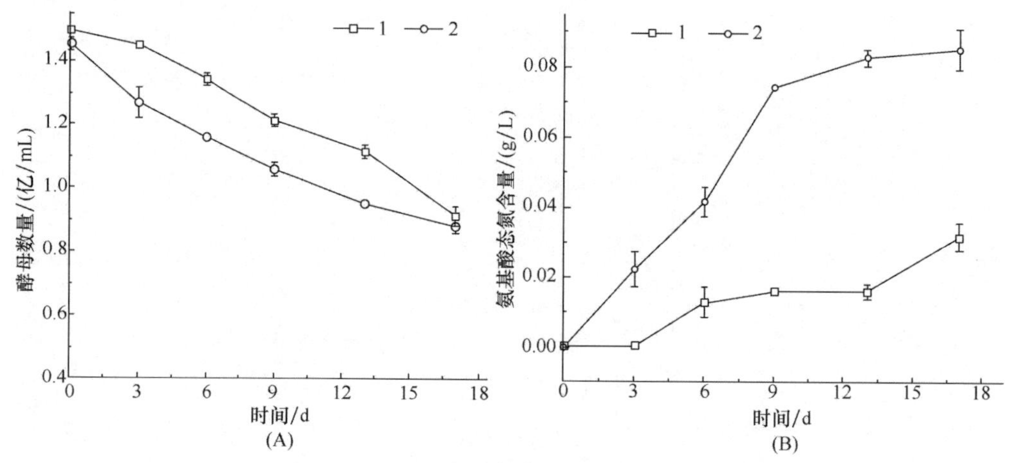

图4 模拟后酵条件下酵母自溶对氨基酸态氮的影响

Fig. 4 The effect of yeast autolysis on amino acid nitrogenunder simulated fermentation condition

注：（A）酵母数量，（B）氨基酸态氮；1为酵母重悬在模拟黄酒后酵液中，2为酵母重悬在含20g/L米蛋白的模拟黄酒后酵液中。

在最初3d内虽有部分酵母死亡，但由于数量较少，溶液中氨基酸态氮含量未检测出，而在添加了米蛋白底物的模拟体系中则检测到很低的氨基酸态氮含量，说明此时已经有内源性蛋白质酶释放出来。随着时间的延长，在模拟体系中酵母死亡自溶数量越来越多，氨基酸态氮含量也随之增高。至17d时，死亡酵母数达到0.58亿/mL，氨基酸态氮含量增加了0.03g/L。而在含有米蛋白的模拟体系中，死亡酵母数达到0.69亿/mL，氨基酸态氮含量增加了0.085g/L。结果显示酵母自溶释放氨基酸态氮含量非常低，而释放的酵母内源性蛋白酶作用于底物进一步产生氨基酸态氮。

类似的模拟起泡酒中酵母自溶的研究结果也证实酵母自溶释放形成的氨基酸态氮的含量有限。在30℃下15d酵母自溶过程中，先释放出MW>10kD的化合物，随后降解为<10kD的多肽，随着自溶时间的延长最终释放的氨基酸含量仅为315.56g/L[8]，折算为氨基酸态氮是36mg/L，虽然不同酵母菌株释放量和组成不同，最多仅升高50mg/L[9]。

3　结语

氨基酸态氮既影响酿造过程中酵母的生长和风味物的形成，也是终产品的质量指标，对黄酒发酵过程和产品质量均有重要意义。通过模拟实验考察了黄酒酿造过程中蛋白酶酶活的留存情况，前4 d酶活基本保持稳定，25 d后仍有25%以上酶活，证实在酿造末期源于麦曲中的酸性蛋白酶仍保有一定的酶活，使得发酵后期醪液中的蛋白质仍可被继续酶解形成氨基酸态氮；对黄酒酿造原料和酵母自溶对氨基酸态氮贡献的分析发现，米是黄酒酿造中蛋白质的主要提供者，在模拟实验中无微生物利用时，米蛋白在麦曲中酶作用下释放的氨基酸态氮含量可达1.30g/L；麦曲中非酶蛋白对氨基酸态氮形成的贡献甚小，但麦曲中的酶系则起到至关重要的作用；模拟试验显示酵母自溶能直接释放氨基酸态氮，以及由自溶释放的内源性蛋白酶降解蛋白产生氨基酸态氮的含量均很低。

综上可以得出明确结论：黄酒酿造中氨基酸态氮的形成主要源于整个发酵周期中原料米在麦曲中蛋白酶分解下形成的，酵母自溶对氨基酸态氮的贡献有限。

参考文献

[1] 赵梅，冷云伟，等．黄酒发酵过程分析及关键点的控制［J］．江苏调味副食品．2009（05）：30－34

[2] 陈靖显．论黄酒中氨基酸态氮含量的相关因素［J］．食品与发酵工业．1992，18（2）：83－88

[3] 周建弟．浅谈黄酒中的氨基酸及其含量的控制［J］．酿酒科技．2002（4）：73－74

[4] Bradford MM. A rapid and sensitive method for the quantitation of microgram quantities of protein utilizing the principle of protein－dye binding［J］. Analytical Biochemistry. 1976，72（1－2）：248－254

[5] 谢广发．黄酒酿造技术［M］．北京：中国轻工业出版社．2010

[6] 张兴亚，高梦莎，等．糖化发酵剂对黄酒中高级醇含量的影响［J］．中国酿造．2012（01）：130－133

[7] 张波，管政兵，等．绍兴黄酒麦曲制曲过程的宏蛋白质组学研究［J］．食品与发酵工业．2012，38（1）：1－7

[8] Martínez－Rodríguez AJ，Polo MC. Characterization of the nitrogen compounds released during yeast autolysis in a model wine system［J］. Journal of agricultural and food

chemistry. 2000, 48 (4): 1081 -1085

[9] Martínez - Rodríguez AJ, Carrascosa AV, et al. Influence of the yeast strain on the changes of the amino acids, peptides and proteins during sparkling wine production by the traditional method [J]. Journal of Industrial Microbiology and Biotechnology. 2002, 29 (6): 314 -322

产阿魏酸酯酶菌株的筛选及其发酵特性研究

李翠翠，毛健*，姬中伟，刘双平，徐菁苒
江南大学食品学院，无锡 214122

摘　要：从黄酒麦曲中初筛出 9 株具备产阿魏酸酯酶能力的菌株，对初筛得到的株菌用麦麸培养基复筛，进一步筛选出高阿魏酸酯酶活性的菌株，对该菌株进行形态观察、rDNA ITS1 - 5. 8S - ITS2 序列比对，系统发育树构建分析，鉴定为枝状枝孢霉菌株。菌株在 28℃、pH6. 5、150r/min 培养 72h，达到生长最旺期。菌株麦麸发酵培养基产阿魏酸的最适温度 30℃、最适 pH4. 8、最适接种量 4%、最适麦麸添加量 5%。目前国内外还未见枝孢霉产阿魏酸酯酶的相关报道，这对产阿魏酸酯酶微生物研究具有重要意义，并对枝孢霉在阿魏酸生产中的应用提供理论基础。

关键词：阿魏酸酯酶，鉴定，发酵特性

Studies on Isolation and identification offeruloyl esterase producing strain and its Fermentation Characteristics

Li Cuicui, Mao Jian*, Ji Zhongwei, Liu Shuangping, Xu Jingran
School of Food Science and Technology, Jiangnan University, Wuxi 214122, China

Abstract: Nine strains , producing feruloyl esterases, was isolated from Chinese rice wine wheat Qu. It was cultivated in the Wheat bran medium to screen high feruloyl esterase activity strain. It was identified as *Cladosporium cladosporiodes* strain by study of morphology and rDNA ITS1 - 5. 8S - ITS2 sequence and phylogenetic analysis. Aften cultivating for 72h under 28℃, pH 6. 5, 150 r/min, the Strains reached the exuberant period. The optimum conditions for its Cereal Fermentation were 30℃, pH4. 8 with 5% inoculum, 5% Wheat bran. To our best knowledge, this is the first observation of feruloyl esterase activity in the species *Cladosporium cladosporiodes*. This study has important significance for the study of feruloyl esterase activity strain, and provides a theoretical basis for the production of ferulic acid.

作者简介：李翠翠（1992—），女，山西，硕士研究生，黄酒酿造及微生物学研究。
*通讯作者：毛健，男，教授，Tel：13951579515；E - mail：biomao@263. net。
基金项目：国家自然科学基金面上项目（31571823）。

Key words: Feruloyl Esterases, Identification, Fermentation Characteristics

阿魏酸酯酶（FEA，EC 3.1.1.73）是羧酸酯水解酶的一个亚类，属胞外酶，根据氨基酸序列及底物特异性，将其分为A、B、C、D四类[1]。阿魏酸酯酶主要生物功能是水解多糖与阿魏酸（FA）连结的酯键，从而将阿魏酸及其他苯丙烯酸释放出来[2]。与化学处理方式不同，使用阿魏酸酯酶作用木质纤维素释放酚类化合物更加环保。因此，阿魏酸酯酶作为植物废弃物综合利用的生物催化剂具有重大潜力[3]。

阿魏酸酯酶的来源广泛，可以从多种微生物的胞外酶中分离得到，真菌、细菌和酵母等都可以分泌出阿魏酸酯酶。目前，报道的产阿魏酸酯酶的菌株约有30株，其中主要包括黑曲霉、米曲霉、土曲霉、黄曲霉、黄柄曲霉、泡盛曲霉、塔宾曲霉、构巢曲霉、宇佐美曲霉、根霉、青霉、嗜热侧孢霉、尖孢镰刀菌、层出镰刀菌、粗糙脉孢菌 、米黑根毛霉、柄篮状菌、变绿红菇、杏鲍菇、出芽短梗霉、新美丽丝菌、荧光假单胞菌、溶纤维丁酸弧菌、嗜酸乳酸杆菌、粪堆梭菌、热纤梭菌、链霉菌[4-8]等，但是这些菌株产阿魏酸酯酶的活力普遍较低，不足以满足工业应用[9]。因此很有必要进一步选育新的高产阿魏酸酯酶的菌株。本文报道了从黄酒麦曲中分离筛选出产阿魏酸酯酶活力较高的菌株，对其进行了形态鉴定和rDNA ITS1－5.8S－ITS2序列分析，并探讨了该菌株发酵产阿魏酸酯酶的最适培养条件。

1 材料与方法

1.1 材料

1.1.1 样品材料

黄酒麦曲来源于浙江塔牌绍兴酒有限公司。

1.1.2 化学试剂

阿魏酸乙酯、反式阿魏酸标准品购自阿拉丁试剂公司；DNA凝胶回收试剂盒来自AXYGEN公司；TaqDNA聚合酶来自上海桑尼生物科技有限公司；DNA marker来自Takara公司；其他常规试剂均为国产或进口分析纯。麦麸，购自无锡米市。

1.2 试验方法

1.2.1 培养基

斜面培养基：马铃薯琼脂固体培养基（PDA固体培养基），马铃薯200g，蔗糖20g，琼脂18g，蒸馏水1000ml，pH自然，121℃灭菌20min。

种子培养基：液体PDA培养基，不加琼脂，pH自然，121℃灭菌20min。

初筛培养基：NaCl 0.3g，$(NH_4)_2SO_4$ 1.3g，$MgSO_4 \cdot 7H_2O$ 0.3g，K_2HPO_4 0.3g，琼脂粉18g，15mL阿魏酸乙酯（溶于体积分数10%二甲基甲酰胺），蒸馏水1000mL，pH自然，115℃灭菌20min。

复筛培养基：NaCl 0.3g，$(NH_4)_2SO_4$ 1.3g，$MgSO_4 \cdot 7H_2O$ 0.3g，K_2HPO_4 0.3g，

蒸馏水 1L，pH 6.5。在 250mL 三角瓶中称取 10g 麦麸，再加入 100mL 液体部分，于 121℃灭菌 20min。将培养 24h 的种子液按体积比为 4% 的接种量接种到 100mL 发酵培养基中，于 30 度，200r/min 下培养一定时间[10]。

1.2.2 菌株筛选

麦曲预处理：取麦曲 10g，放置在含 90ml 无菌蒸馏水与玻璃珠的 250mL 三角瓶中，封口，在振荡仪上 200r/min 振摇 30min，使其中微生物充分分散，制成 10^{-1} 倍样品稀释液。

单菌落透明圈初筛：在超净工作台上用梯度稀释法得到 10^{-2}、10^{-3}、10^{-4}、10^{-5}、10^{-6}、10^{-7} 倍样品稀释液，取 10^{-4}、10^{-5}、10^{-6}、10^{-7} 四个稀释梯度样液各 0.2mL 涂布于初筛培养基，放置在 28℃培养箱内培养 1 ~5d 后，观察透明圈大小。

产阿魏酸酯酶菌株的纯化：初筛培养后，根据初筛培养基上菌落周围透明圈的大小，挑取透明圈大的菌落进行梯度稀释，涂布于初筛平板上，28℃培养箱内培养 1 - 3d，得到产阿魏酸酯酶的微生物单菌落。取单菌落接种于 PDA 培养基，28℃培养箱内培养 3d，甘油 -80℃保种，斜面 4℃保种。

高阿魏酸酯酶活性菌株的复筛：通过分离纯化的初筛菌株接种于复筛培养基中，通过测定复筛培养基中阿魏酸含量高低进行复筛。

1.2.3 阿魏酸测定[11]

1.2.3.1 标准溶液的制备

准确称取反式阿魏酸标品 0.01g，用乙醇定容至 10mL 得到 1g/L 的标准贮备液。分别吸取 90μL，130μL，170μL，210μL，250μL，330μL，410μL，用乙醇定容到 25mL 容量瓶，配制成 3.6mg/L，5.2mg/L，6.8mg/L，8.4mg/L，10.0mg/L，11.6mg/L，13.2mg/L，14.8mg/L，16.4mg/L 于 280nm 下测定吸光度值。

1.2.3.2 色谱条件

色谱柱：XBridgeTM C18（4.6 ×250mm，5μm）

流动相：（B：0.01% 冰乙酸水溶液；流动相 D：纯乙腈）。流速 1.0mL/min。

梯度洗脱方法：起始时间，B 溶液流量 80%，D 溶液流量 20%，维持 2min；8min，B 溶液流量 72%，D 溶液流量 28%；13min，B 溶液流量 42%，D 溶液流量 58%；19min，B 溶液流量 80%，D 溶液流量 20%，维持 6min，结束。得到的线性曲线为：$Y = 2.79 \times 104X + 6.65 \times 103$，$R^2 = 0.9982$.

1.2.3.3 样品阿魏酸含量测定

取发酵液 25mL，加入 20mL 乙酸乙酯分两次萃取，合并乙酸乙酯相，挥干乙酸乙酯，无水乙醇 25mL 容量瓶定容，过 0.22μm 有机滤膜测定。

1.2.3.4 阿魏酸酯酶活性测定[12,13]

测定步骤：取 250μL 发酵粗酶液，加入 250μL、pH 6.0 $Na_2HPO_4 - C_6H_8O_7$ 缓冲溶液配制的阿魏酸甲酯溶液，在 50℃反应 10min 后加入 500μL 10% 冰乙酸（V/V），4℃、10000r/min 离心 20min，过 0.22μm 滤膜，HPLC 法测定阿魏酸含量。

空白对照为蒸馏水 250μL 代替阿魏酸甲酯溶液，其他反应与测定组相同。

酶活定义：在 50℃、pH 6.0 条件下，每分钟酯解阿魏酸甲酯，生成 1μmol 阿魏酸所需酶量定义为 1 个酶活力单位（U）。

1.2.4 菌种形态观察

将复筛得到的菌株在 PDA 平板培养基上培养，观察菌落外观形态、菌丝生长情况等。

1.2.5 菌株的分子鉴定

菌株在液态 PDA 中培养 72h，收集菌丝体，采用液氮研磨法[14]提取基因组 DNA，用 Fungi Identification PCR Kit 进行 PCR 扩增菌株 rDNA ITS1－5.8S－ITS2 区。采用 ITS 通用引物：ITS1：5’－TCCGTAGGTGAACCTGCGG－3’，ITS4：5’－TCCTCCGCTTATT-GATATGC－3’。PCR 扩增程序：94℃ 5min；95℃ 0.5min，58℃ 0.5min，72℃ 1min，35 个循环，72℃ 7min。送上海桑尼生物科技有限公司纯化后测序。

1.2.6 菌株生长曲线测定

将纯化后的菌株斜面孢子接种于 PDA 液体培养基中，培养 120 h，每隔 12 h 定量取发酵液，4℃，10000r/min 离心 10min，洗涤沉淀，相同条件下离心，沉淀部分 105℃烘干至恒重，测菌丝重量。以培养时间为横坐标，菌丝干重为纵坐标，绘制菌株的生长曲线。

1.2.7 菌株麦麸培养基发酵条件优化

采用单因素法，考察温度、pH、接种量、麦麸添加量等因素对菌株麦麸培养基发酵过程中产阿魏酸的影响，并对发酵条件进行优化（每次试验中只变化 1 个因素的水平，其他因素的水平保持固定不变）进行单因素轮换，得到每个因素的最优水平用于后续试验，逐一考察每个因素对产酶的影响，最终得到最优的发酵条件。

1.2.7.1 产阿魏酸最适温度优化

麦麸发酵培养基 pH 6.5，转速 200r/min，接种量 4%，麦麸加量 10%，分别放在 24℃、26℃、28℃、30℃、32℃、34℃、36℃、38℃条件下培养 3d，发酵液体部分，离心，取上清液测定阿魏酸含量。

1.2.7.2 产阿魏酸最适 pH 优化

麦麸发酵培养基转速 200r/min，接种量 4%，麦麸加量 10%，pH 分别为 3.5、4.0、4.5、4.8、5.1、5.3、5.6、6.0、6.5、7.0，在 1.2.7.1 所测得的最优条件下，培养 3d，发酵液体部分，离心，取上清液测定阿魏酸含量。

1.2.7.3 产阿魏酸最适接种量优化

麦麸发酵培养基转速 200r/min，麦麸加量 10%，接种量分别为 1%、2%、3%、4%、5%、7%、9%、15%，在 1.2.7.1 和 1.2.7.2 所测得的最优条件下，培养 3d，发酵液体部分，离心，取上清液测定阿魏酸含量。

1.2.7.4 产阿魏酸最适麦麸添加量优化

麦麸发酵培养基转速 200r/min，麦麸添加量分别为 1%、2%、3%、4%、5%、7%、10%、15%，在 1.2.7.1、1.2.7.2 和 1.2.7.3 所测得的最优条件下培养 3d，发酵液体部分，离心，取上清液测定阿魏酸含量。

2 结果与分析

2.1 菌株初筛及平板分离纯化结果

根据初筛菌株能够产生透明圈，初步确定以下15株菌具备产阿魏酸酯酶的能力。各菌株产生透明圈情况见表1。在初筛培养基上28℃培养3d后，根据菌落透明圈的大小，发现菌株S1、S11、S13透明圈最大，铺满了整个平板，说明这3株菌生长能力旺盛，能够分泌阿魏酸酯酶，利用阿魏酸乙酯作为碳源，在此底物培养基上迅速繁殖生长。根据透明圈与菌落大小的比值，发现菌株S2、S3、S5、S8、S10、S12比值均大于2，初步判断这几株菌分解利用阿魏酸乙酯的能力相对较强。

表1 菌株的初筛结果

Table 1 Initial screening results of strains

菌株	透明圈大小/cm	菌落大小/cm	比值
S1	9.01	9.01	1.00
S2	1.26	0.51	2.47
S3	1.33	0.61	2.18
S4	1.24	0.68	1.82
S5	0.95	0.32	2.97
S6	1.71	1.20	1.42
S7	1.52	1.0	1.52
S8	1.32	0.51	2.59
S9	1.35	0.75	1.80
S10	1.22	0.58	2.10
S11	8.87	8.87	1.00
S12	1.49	0.58	2.57
S13	8.65	8.65	1.00
S14	1.71	1.05	1.63
S15	1.69	0.95	1.78

利用PDA固体培养基对所筛15株菌进行分离纯化，最终根据单菌落形态的不同，确定以下9株菌具备较高的产阿魏酸酯酶能力。另外，从菌落形态及特征可以看出大部分可能是霉菌，只有菌株S13白色绒毛菌落凸起生长10mm，生长旺盛，怀疑可能是放线菌。

表 2　菌落形态记录

Table 2　Observation of colony shape feature

菌落形态记录						
Strain number	Size/cm	Shape	Dry or Moist	Height	Transpa - rency	Color and Etc
S1	7	圆形	干燥	平	不透明	黄绿色毛绒针尖状
S2	0. 6	圆形	干燥	隆起	不透明	青灰色绒毛针尖状
S3	0. 62	圆形	干燥	平	不透明	青色绒毛针尖状
S4	—	不规则	干燥	平	不透明	黑色绒毛针尖状
S8	—	不规则	干燥	隆起	不透明	灰黄色绒毛状，产黄色素，不规则
S10	—	圆形	干燥	平	不透明	灰色绒毛状，不产色素，不规则
S12	1. 5	圆形	干燥	隆起	不透明	白色绒毛针尖状
S13	—	不规则	干燥	隆起	不透明	白色绒毛菌落凸起生长 10mm
S15	0. 6	圆形	干燥	隆起	不透明	青色毛绒状，背面黄绿色

2. 2　菌株复筛实验结果

表 3　菌株的复筛实验结果

Table 3　Result ofthe second screening

菌株	3d FA 含量/（mg/L）	4d FA 含量/（mg/L）	5d FA 含量/（mg/L）
1	3. 756	3. 35	3. 484
2	11. 338	6. 278	6. 549
3	1. 884	2. 052	2. 078
4	2. 655	2. 472	2. 927
8	5. 212	2. 363	3. 185
10	2. 017	9. 197	2. 193
12	7. 753	2. 801	3. 319
13	5. 4	3. 112	3. 368
15	3. 609	2. 144	3. 052
黑曲 ATCC16404	3. 062	2. 511	2. 928

根据复筛培养基中阿魏酸含量的多少可以间接表征阿魏酸酯酶活力的高低，菌株复筛实验直接测定了发酵液第 3 天、第 4 天、第 5 天阿魏酸的含量，初步判定菌株 S2 产阿魏酸酯酶能力较强，这与初筛实验结果是相一致的，并测定其粗酶活为 30U/L。

并在同样的培养条件下，测定了商业模式菌株黑曲霉 ATCC16404 发酵液阿魏酸含

量，发现在发酵第3d，菌株S2产阿魏酸量是黑曲霉ATCC16404的3.7倍，由此可见，本实验所筛菌株对阿魏酸酯酶微生物的研究具有重要意义。

2.3 菌株的鉴定

菌落形态观察：图1为S2菌株在初筛平板上的形态，根据菌株能够分解阿魏酸乙酯产生透明圈判断菌株具备产阿魏酸酯酶能力。图2为S2菌株在PDA平板上分离纯化后的结果，菌落团呈绒毛针尖状，且有大量分生孢子产生，分生孢子面呈青灰色，反面呈棕绿色。

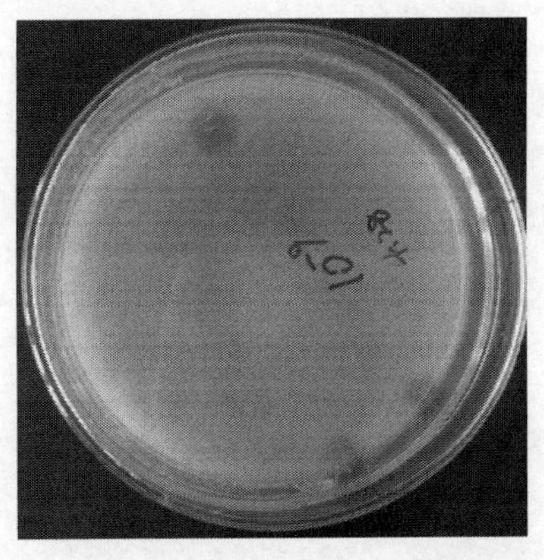

图1 S2菌株在初筛培养基上的菌落形态

Fig 1 Colony morphology of S2 strain on the Initial screening plate

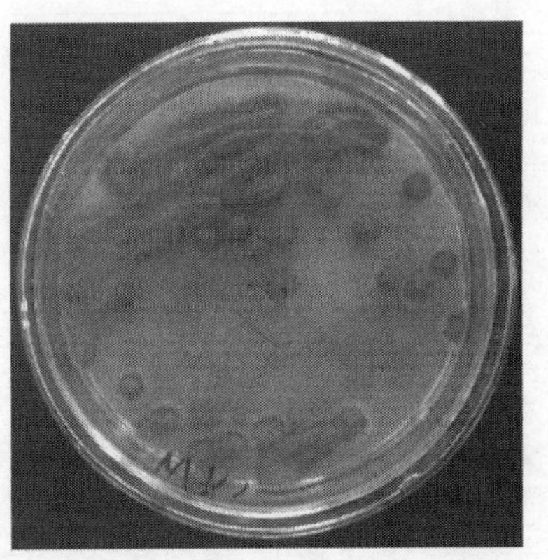

图2 S2菌株PDA分离纯化后的菌落形态

Fig 2 Colony morphology of S2 strain on the PDA plate after Purification

菌株ITS1－5.8S－ITS2扩增：提取菌株S2总DNA作为模板，PCR扩增rDNA ITS1－5.8S－ITS2区，经测序目的基因序列长度为525 bp，GenBank序列号：KP900248.1。菌株S2的rDNA ITS1－5.8S－ITS2序列与10株菌株的同一性（Identity）均在90.0%以上，且与其中的*Cladosporium cladosporiodes* strain FR5－SAR1同一性达到100%，构建的分子进化树见图3，菌株S2与*Cladosporium cladosporiodes*在构建的进化树的同一分枝上，结合菌株的形态鉴定及rDNA ITS1－5.8S－ITS2序列分析结果，判定菌株S2为枝状枝孢霉菌株。目前国内外还未见此菌株产阿魏酸酯酶的相关报道，这对产阿魏酸酯酶微生物研究具有重要意义。

2.4 菌株生长曲线

从图4可知，S2菌株在0～24h内，菌株处于适应期，菌体数量稍有波动，但还是处于一个比较低的菌密度。24～72h内，菌株进入快速生长时期，此时期营养充足，菌株生长速率远远大于死亡速率，菌体数目大量增加。72h以后，菌体数量的增加导致营养物质的不足及大量代谢产物的积累，使得生长受到抑制，菌株生长进入衰亡期。

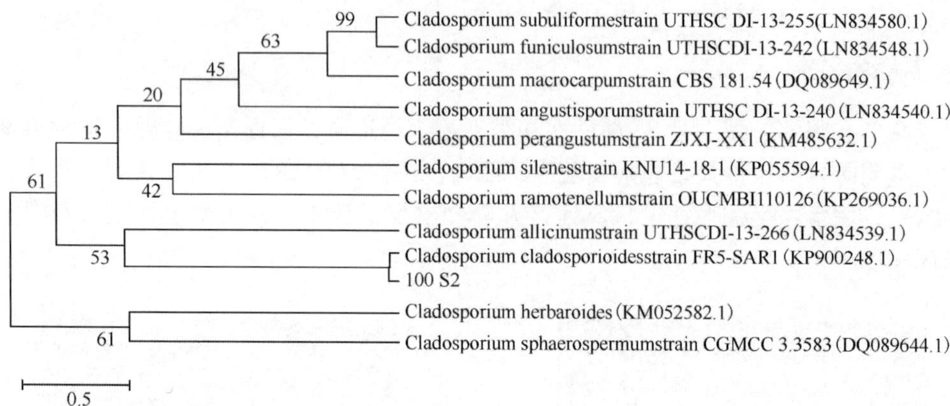

图 3 菌株 S2 的 rDNA ITS1 - 5.8S - ITS2 序列的系统发育树分析

Fig 3 Phylogenic tree analyze based on rDNA ITS1 - 5.8S - ITS2 sequences of strain S2

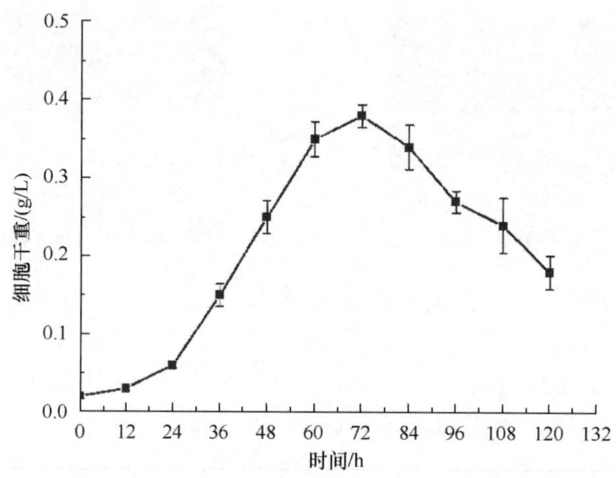

图 4 S2 菌株的生长曲线

Fig 4 The growth curve of strain S2

2.5 发酵条件对阿魏酸产生量的影响

2.5.1 产阿魏酸最适温度优化

温度的控制是保证微生物正常生长、产物正常合成的必要条件，在 30℃ 条件下，该菌株在麦麸发酵培养基中产阿魏酸能力达到最高，发酵效果最好。各种微生物在一定条件下都有一个最适的温度范围，随温度上升，菌体易于衰老，发酵周期缩短，微生物细胞中对温度较敏感的组成成分（如蛋白质、酶、核酸等）会受到不可逆的破坏。发酵温度过低，会使微生物生长缓慢，产物产量降低。

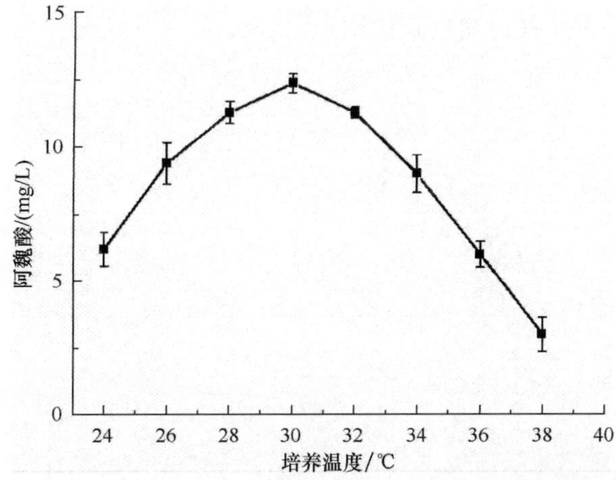

图5　培养温度对产阿魏酸的影响

Fig. 5　Effect of cultivation temperature on ferulic acid production

2.5.2　产阿魏酸最适 pH 优化

和胞内酶不同，初始 pH 对胞外酶的影响较大。该菌株在 pH 3.5～7.0 的条件下均能产生阿魏酸酯酶，且产酶量变化较大，在 pH 为4.8 时，产酶能力达到最高。弱酸条件有利于该菌体的发酵产酶，偏中性条件会导致产酶量急剧下降，而碱性环境对酶的生产是否有抑制作用，还需进一步研究[15]。

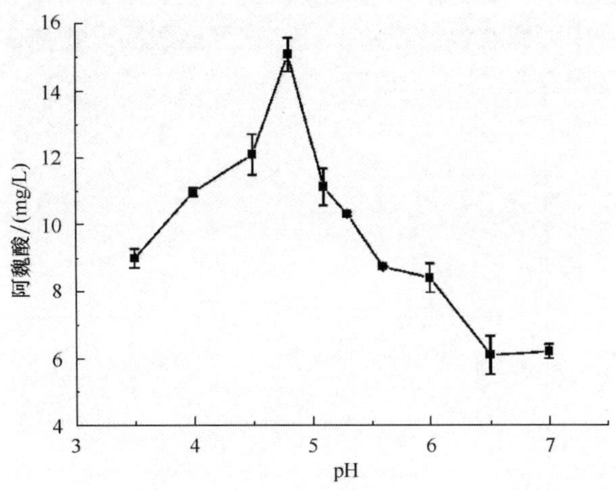

图6　pH 对产阿魏酸的影响

Fig. 6　Effect of pH on ferulic acid production

2.5.3　产阿魏酸最适接种量优化

在接种量4%条件下，菌株在麦麸发酵培养基中产阿魏酸能力达到最高，随着接种量的增加，产阿魏酸能力下降，出现这一结果的原因可能是较少的接种量接种时会延迟菌体产酶的时间。较高的接种量会使菌体快速达到稳定期，对营养的利用和代谢废物的产生也加快，导致其衰亡期也较快到来[9]。

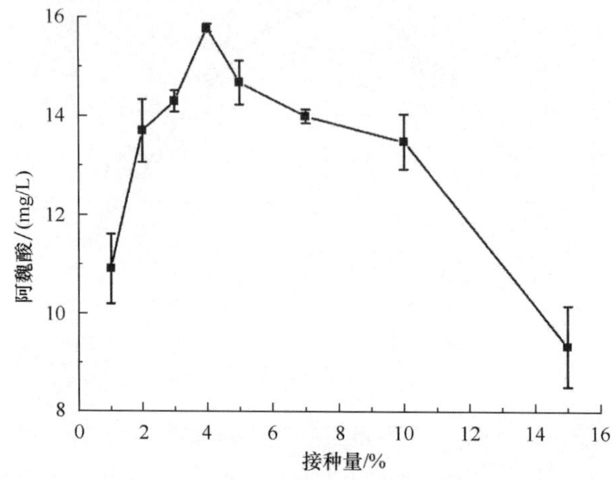

图7　接种量对产阿魏酸的影响

Fig. 7　Effects of bacteria concentration on ferulic acid production

2.5.4　产阿魏酸最适麦麸添加量优化

在麦麸添加量5%的情况下，菌株在麦麸发酵培养基中产阿魏酸能力达到最高，出现这一结果可能的原因是当麦麸含量达到5%以上时，发酵体系中微生物生长所需要的碳源、氮源充足，已经不再成为菌株生长及产酶的主要限制因素。随着麦麸添加量的继续增多，发酵体系中阿魏酸含量开始下降，这可能跟固形物增多影响发酵体系的溶氧及基质的传递速度等有关[16]。

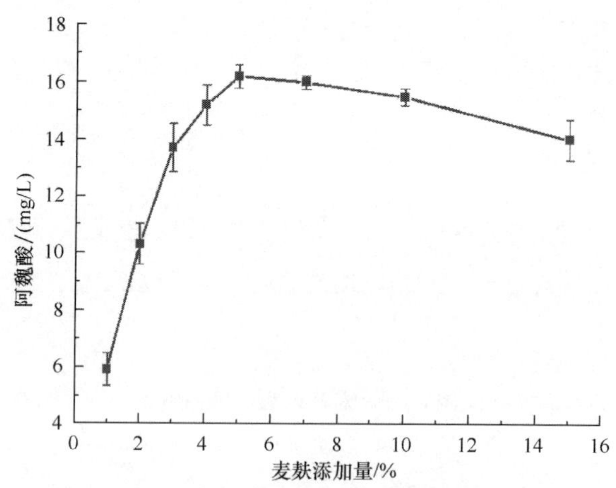

图8　麦麸添加量对产阿魏酸的影响

Fig. 8　Effects of Wheat bran content on ferulic acid production

3 讨论

食品工业中，从自然界分离出来的高性能阿魏酸酯酶菌株可能要比通过转基因手段得到的更让消费者放心。黄酒麦曲含有复杂的微生物体系[17]，并且根据现有报道，黄酒中含有一定量的阿魏酸[18]，这说明了黄酒麦曲中有可能存在产阿魏酸酯酶的微生物。所以本研究从黄酒麦曲入手，通过初筛复筛手段，首次从黄酒麦曲中筛选出能够产阿魏酸酯酶的枝状枝孢霉菌株，目前国内外还未见此菌株产阿魏酸酯酶的相关报道，这对产阿魏酸酯酶微生物研究具有重要意义。通过对筛选出的枝状枝孢霉产阿魏酸条件进行初步优化，进一步提高了其在普通麦麸发酵培养基中产阿魏酸的能力，这进一步提高了枝孢霉菌株在阿魏酸生产中的应用。

本研究复筛及麦麸发酵条件优化实验中，由于麦麸发酵体系中发酵粗酶液酶活较低，造成了直接测量酶活的误差加大，实验中尝试过对发酵粗酶液进行真空浓缩再进行测定，但由于操作过程不稳定性因素，同样导致了酶活测定的其他误差。本研究根据阿魏酸含量的高低能够反应发酵体系中阿魏酸酯酶能力的高低，直接以发酵液中阿魏酸含量为检测指标，使得实验既简便又准确。

本研究中未对枝状枝孢霉菌株产生的阿魏酸酯酶进行分离纯化实验，这是后序研究中需要进一步研究的重点内容。

参考文献

[1] Zeng Y, Yin X, et al. Expression of a novel feruloyl esterase from *Aspergillus oryzae* in *Pichia pastoris* with esterification activity. Journal of Molecular Catalysis B: Enzymatic, 2014, 110: 140 - 146

[2] 李夏兰，胡雪松，等. 一株产阿魏酸酯酶青霉菌株的筛选、鉴定及生长特征. 微生物学通报, 2010, 37 (11): 1588 - 1593

[3] Jiao AH, Xu ZS, et al. Screening and identification of a feruloyl esterase producing bacteria *Burkholderia fungorum* A216. Journal of Chemical and Pharmaceutical Research, 2014, 6 (4): 1040 - 1046

[4] Mathew S, Abraham T, et al. Studies on the production of feruloyl esterase from cereal brans and sugar cane bagasse by microbial fermentation. Enzyme and Microbial Technology, 2005, 36: 565 - 570

[5] Johnson KG, Silva MC, et al. Microbial degradation of hemicellulosic materials. Applied Biochemistry and Biotechnology, 1989, 20 - 21 (1): 245 - 258

[6] Topakas E, Vafiadi C, et al. Microbial production, characterization and applications of feruloyl esterases. Process Biochemistry, 2007, 42 (4): 497 - 509

[7] Yu XH, Gu ZX. Direct production of feruloyl oligosaccharides and hemicellulase inducement and distribution in a newly isolated *Aureobasidium pullulans* strain. World Journal of Microbiology and Biotechnology, 2014, 30 (2): 747 - 755

[8] 许晖，孙兰萍，等. 微生物阿魏酸酯酶的研究进展. 中国酿造，2008，10（5）：11－15

[9] 李干. 产阿魏酸酯酶菌株筛选、培养条件及酶学性质研究. 南京林业大学，2011

[10] Crawford DL. Lignocellulose decomposition by selected *streptomyces* strains. Applied and Environmental Microbiology，1978（6）：1041－1045

[11] Uno T，Itoh A，et al. Ferulic Acid Production in the Brewing of Rice Wine（Sake）. Journal of the Institute of Brewing，2009，115（2）：116－121

[12] Shin HD，Chen RR. Production and characterization of a type B feruloyl esterase from *Fusarium proliferatum* NRRL 26517. Enzyme and Microbial Technology，2006，38（3）：478－485

[13] Donaghy J，Kelly PF，et al. Detection of ferulic acid esterase production by *Bacillus spp.* and *lactobacilli.*. Applied Microbiology and Biotechnology，1998，50（2）：257－260

[14] Penttilä M，Nevalainen H，et al. A versatile transformation system for the cellulolytic filamentous fungus *Trichoderma reesei*. Gene，1987（61）：155－164

[15] 范韵敏，李夏兰，等. 阿魏酸酯酶产生菌的培养条件优化. 华侨大学学报（自然科学版），2010，31（4）：426－429

[16] 张璟. 黑曲霉液体发酵法产酶制备阿魏酸和低聚糖的研究. 暨南大学，2004

[17] 张中华. 绍兴黄酒麦曲中微生物群落结构的研究. 江南大学，2012

[18] Mo XL，Xu Y. Ferulic Acid Release and 4－Vinylguaiacol Formation during Chinese Rice Wine Brewing. Jounal Of The Institute Of Brewing，2010，3（116）：304－311

白酒底锅水培养大秃马勃菌丝体的研究

周守叙[1]，朱文优[2]*

1. 宜宾职业技术学院，四川　宜宾 644003

2. 宜宾学院生命科学与食品工程学院

固态发酵资源利用四川省重点实验室，四川　宜宾 644000

摘要：以浓香型白酒副产物底锅水为基液，对大秃马勃菌丝体的培养基和培养条件进行了优化研究，确定了大秃马勃菌丝体培养的最佳工艺参数。结果表明，最佳培养基为：土豆粉 2g/100mL、玉米粉 1.5g/100mL、硫酸铵 1g/100mL、酵母粉 0.6g/100mL、碳酸钙 0.05g/100mL 和硫酸铜 0.02g/100mL；最佳培养条件是：初始 pH 为 6.0、接种量为 12%、培养温度为 26℃、转速为 150r/min、培养时间为 4.5d。

关键词：底锅水，大秃马勃，菌丝生物量，培养基优化，培养条件优化

Study on culture of *Calvatia gigantea* mycelia with distillery wastewater

Zhou Shouxu[1], Zhu Wenyou[2]*

1. Yibin Vocational and Technical College, Yinbin, 644003, China

2. Solid – state Fermentation Resource Utilization Key Laboratory of Sichuan Province, college of Biotechnology Industry, Yibin University, Yibin, 644000, China

Abstract: Using the distillery wastewater that the byproduct in the production of Luzhou-flavor liquor as base material, the medium and cultural process conditions of the *Calvatia gigantea* are optimized by the single factor and orthogonal test, so as to determine the best technical parameters of the *Calvatia gigantea* mycelia culture. The conclusions are as follows: the spent wash are added potato flour 2 g/100mL, corn powder 1.5 g/100mL, $(NH_4)_2SO_4$ 1 g/100mL, yeast powder 0.6 g/100mL, $CaCO_3$ 0.05g/100mL, $CuSO_4$ 0.02g/100mL, adjusted initial pH to 6.0 and mixed with 12 % *Calvatia gigantea*, and then cultured 4.5 d at

作者简介：周守叙，实验师。

*通讯作者：朱文优，副教授，E – mail：zhuwenyou1105@163.com。

基金项目：四川省属高校白酒生产技术创新团队建设计划。

26℃ with rotate speed 150 r/min.

Key words：distillery wastewater，*Calvatia gigantea*，Mycetial biomass，Optimum medium，Optimum cultural conditions

大秃马勃，属伞菌纲、伞菌目、马勃科真菌，含有多种具有抗炎、抗菌、抗癌、抗衰老、提高免疫力及防辐射等医疗保健功效的活性物质[1~6]。由于大秃马勃尚不能规模化人工栽培，仅靠野生资源无法实现对其大规模开发利用，而液体深层发酵是一个很好的途径[7]。底锅水是白酒蒸馏过程中水蒸气蒸发遇酒醅冷凝回落形成于锅底的蒸浆水[8]。底锅水中积淀有大量的酸、酯、醇及淀粉等有机成分，其COD高达12000mg/L，SS高达8000mg/L，是白酒企业的主要污染源[9]。目前，底锅水少量用于培养己酸菌[10]、生产乳酸[11]或单细胞蛋白[12]，大部分直接排放，造成环境污染和资源浪费。本文旨在通过底锅水培养大秃马勃菌丝体的工艺研究，为底锅水的资源化利用提供有益参考。

1 材料和方法

1.1 材料

实验菌种：大秃马勃，固态发酵资源利用省重点实验室提供。

底锅水：宜宾叙府酒业有限公司提供。

1.2 培养基

液体种子培养基：PDA液体培养基；发酵培养基：取新鲜底锅水，按试验方案调整其营养组成和初始pH，然后取50mL装于250mL三角瓶中，121℃下灭菌30 min。

1.3 试验方法

1.3.1 种子制备

按照同心圆取样方法，在平板上挑取2小块0.5cm的菌丝体接种到液体种子培养基。培养条件为摇瓶装液量50mL/250mL三角瓶，150r/min、26℃培养4d。

1.3.2 培养培养基

按试验方案，将液体种子按不同接种量接种于培养培养基中，置于不同条件下摇床培养。

1.3.3 还原糖、淀粉和蛋白质含量的测定

分别按照GB/T 5009.7—2008《食品中还原糖的测定》、GB/T 5009.9—2008《食品中淀粉的测定》和GB 5009.5—2010《食品中蛋白质的测定》规定方法进行测定。

1.3.4 酒精度的测定

采用蒸馏法，按GB/T 15038—2006《葡萄酒　果酒通用分析方法》规定方法进行测定。

1.3.5　菌丝体生物量测定

用的确良布将培养液过滤，菌丝体经蒸馏水清洗至洗涤水完全清澈，于70℃下烘干至恒重，电子天平称量。

1.4　试验方案

1.4.1　起始 pH 对菌丝体生物量的影响

在装液量50mL/250mL三角瓶、温度26℃、接种量10%（体积分数）、摇床转速150r/min的条件下，分别考察pH为3.0、4.0、5.0、6.0、7.0、8.0和9.0时对菌丝体生物量的影响，培养时间为4.5d。

1.4.2　培养培养基单因子试验

在装液量50mL/250mL三角瓶、温度26℃、接种量10%（体积分数）、摇床转速150r/min的条件下，分别考察碳源（分别按1g/100mL底锅水添加玉米粉、麦芽糖、小麦粉、葡萄糖、蔗糖、红薯粉、土豆粉）、氮源（分别按1g/100mL底锅水添加蛋白胨、酵母膏、酵母粉、牛肉膏、硝酸钾、硫酸铵）、无机盐（分别向100mL底锅水添加0.01g硫酸镁、0.02g硫酸锌、0.01g碳酸钙、0.05g硫酸铜、0.05g磷酸氢二钾、0.05g磷酸二氢钾、0.02g乙酸锌）对菌丝体生物量的影响，pH调节到1.4.1所得最佳值、培养时间为4.5d。

1.4.3　培养基正交试验

根据1.4.2结果和相关文献[13,14]，在装液量50mL/250mL三角瓶、温度26℃、接种量10%（体积分数）、摇床转速150r/min的条件下，选取土豆粉、玉米粉、硫酸铵、酵母粉、碳酸钙、硫酸铜等6因素，采用L_{25}（5^6）正交试验设计，以菌丝体生物量为指标确定最适培养培养基。pH调节到1.4.1所得最佳值、培养时间为4.5d。因素水平见表1。

表1　培养基优化正交试验因素水平表

Table 1　The table of factor and level for orthogonal test of optimization medium

水平	因素					
	A 土豆粉/(g/100mL)	B 玉米粉/(g/100mL)	C 硫酸铵/(g/100mL)	D 酵母粉/(g/100mL)	E 碳酸钙/(g/100mL)	F 硫酸铜/(g/100mL)
1	0.5	0	0.2	0	0	0
2	1	0.5	0.6	0.3	0.01	0.02
3	1.5	1	1	0.6	0.05	0.05
4	2	1.5	1.4	0.9	0.1	0.08
5	2.5	2	1.8	1.2	0.4	0.11

1.4.4　培养时间对菌丝体生物量的影响

按1.4.3和1.4.1中的最适条件配制培养基，在装液量50mL/250mL三角瓶、温度26℃、接种量10%（体积分数）、摇床转速150r/min的条件下，分别考察培养时间为

2.5d、3d、3.5d、4d、4.5d、5d、5.5d、6d、6.5d及7d对对菌丝体生物量的影响。

1.4.5　培养条件正交实验

按1.4.3和1.4.1中的最佳结果配制培养基，根据1.4.4结果和相关文献[7,13]，选取转速、温度、培养时间、接种量等4因素，采用L_9（3^4）正交试验设计，以菌丝体生物量为指标确定最适培养条件，因素水平见表2。

表2　培养条件优化正交试验因素水平表

Table 2　The table of factor and level for orthogonal test of optimization cultural conditions

水平	因素			
	A转速/（r/min）	B温度/℃	C接种量/%	D培养时间/d
1	120	23	8	4
2	150	26	10	4.5
3	180	29	12	5

2　结果与分析

2.1　底锅水的理化性质

经过测定，此次试验所用的底锅水（灭菌后）酒精度0.82%vol，粗蛋白为0.22g/100mL，淀粉为1.38g/100mL，还原糖为1.21g/100mL，pH为3.38。

2.2　初始pH对马勃菌丝生物量的影响

按1.4.1进行试验，初始pH对马勃菌丝生物量的影响如图1所示。

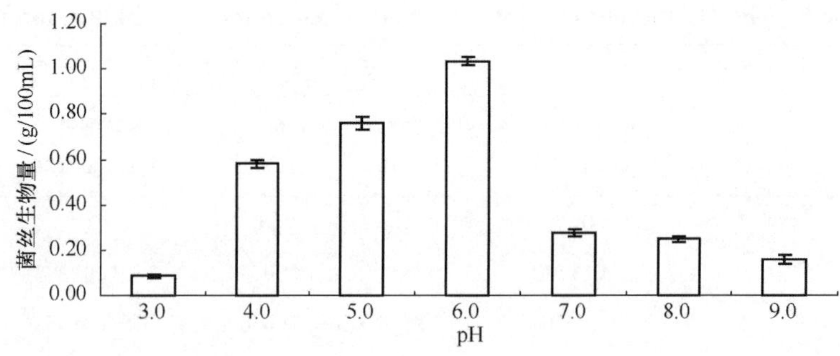

图1　初始pH对大秃马勃菌丝生物量的影响

Fig. 1　Effect of initial pH on*C. gigantea* mycelial biomass

从图1可知，随着初始pH增大，菌丝体生物量先提高而后降低，当初始pH为6时菌体生长最好，培养液中菌丝体稠密，达到最大生物量，为1.0492g/100mL。因此初始 pH 应以 6 为宜。

2.3 碳源对马勃菌丝生物量的影响

按 1.4.2 进行试验，不同碳源对马勃菌丝生物量的影响如图 2 所示。

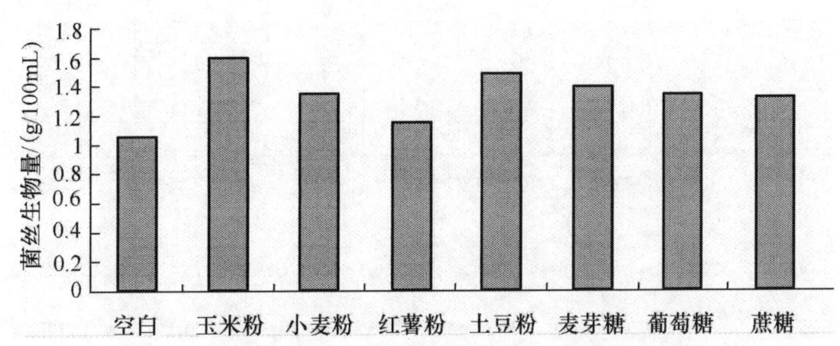

图 2 不同碳源对大秃马勃菌丝生物量的影响

Fig. 2 Effects of different carbon source on*Calvatia gigantea* mycelial biomass

从图 2 可知，选用的 7 种碳源均有助于供试菌株的生长，其中土豆粉和玉米粉得到的菌丝产量最高。故将土豆粉和玉米粉作为碳源添加到底锅水中培养大秃马勃菌丝体。

2.4 氮源对马勃菌丝生物量的影响

按 1.4.2 进行试验，不同氮源对马勃菌丝生物量的影响如图 3 所示。

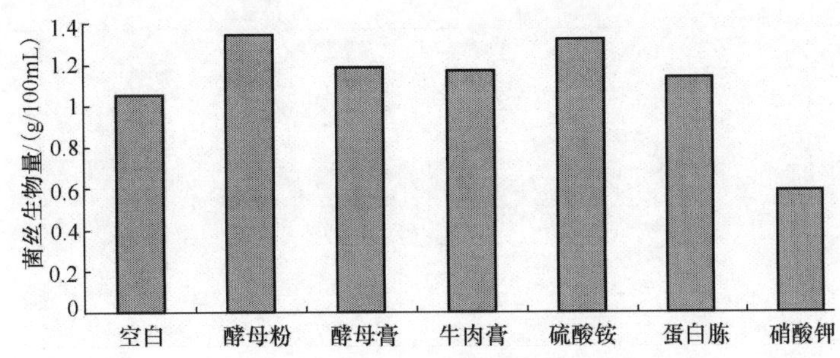

图 3 不同氮源对大秃马勃菌丝生物量的影响

Fig. 3 Effects of different nitrogen source on*Calvatia gigantea* mycelia biomass

由图 3 可知，除硝酸钾外，选用的其他 5 种氮源均有助于供试菌株的生长，其中酵母粉得到的菌丝产量最高，硫酸铵比酵母粉略小。从成本和菌丝体产量综合考虑，将酵母粉和硫酸铵作为氮源添加到底锅水中培养大秃马勃菌丝体。

2.5 无机盐对马勃菌丝生物量的影响

按 1.4.2 进行试验，不同无机盐对马勃菌丝生物量的影响如图 4 所示。

由图 4 可知，适当添加无机盐有利于菌体的生长，其中添加硫酸铜和碳酸钙对菌

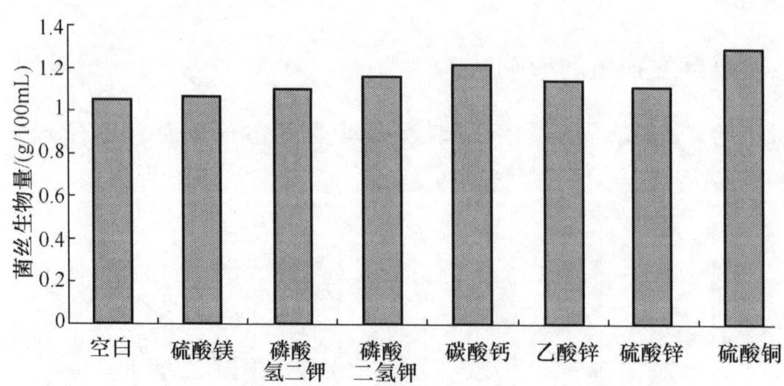

图4 无机盐对大秃马勃菌丝生物量的影响

Fig. 4 Effects of different bitter salt on*Calvatia gigantea* mycelial biomass

丝体产量有显著作用。因此选取硫酸铜、碳酸钙作为无机盐添加入底锅水中培养大秃马勃菌丝体。

2.6 培养培养基正交试验

按1.4.3进行试验，培养培养基正交试验结果见表3。

表3 培养基优化正交试验及结果分析

Table 3 Results of orthogonal test of optimization medium and range analysis

试验号	A	B	C	D	E	F	菌丝干重/(g/100mL)
1	1	1	1	1	1	1	1.1377
2	1	2	2	2	2	2	1.6611
3	1	3	3	3	3	3	1.7799
4	1	4	4	4	4	4	2.0309
5	1	5	5	5	5	5	1.7933
6	2	1	2	3	4	5	1.4445
7	2	2	3	4	5	1	1.6256
8	2	3	4	5	1	2	1.7271
9	2	4	5	1	2	3	1.9175
10	2	5	1	2	3	4	2.0882
11	3	1	3	5	2	4	1.6184
12	3	2	4	1	3	5	1.6326
13	3	3	5	2	4	1	1.5706
14	3	4	1	3	5	2	2.3108
15	3	5	2	4	1	3	1.8643
16	4	1	4	2	5	3	1.5878

续表

试验号	A	B	C	D	E	F	菌丝干重/(g/100mL)
17	4	2	5	3	1	4	1.6125
18	4	3	1	4	2	5	1.5132
19	4	4	2	5	3	1	2.1202
20	4	5	3	1	4	2	2.3626
21	5	1	5	4	3	2	1.7129
22	5	2	1	5	4	3	1.4446
23	5	3	2	1	5	4	1.5081
24	5	4	3	2	1	5	2.1690
25	5	5	4	3	2	1	2.0138
k_1	1.6806	1.5003	1.6989	1.7117	1.7221	1.6936	
k_2	1.7606	1.5953	1.7396	1.8153	1.7448	1.9549	
k_3	1.8193	1.6198	1.9111	1.8323	1.8668	1.7588	
k_4	1.8393	2.1097	1.7884	1.7694	1.7706	1.7516	
k_5	1.7897	2.0444	1.7314	1.7407	1.7651	1.7105	
R	0.2587	0.6094	0.2122	0.1206	0.1447	0.2613	

如表 3 所示，$A_4B_4C_3D_3E_3F_2$为最佳组合，即 100mL 底锅水中加入土豆粉 2g、玉米粉 1.5g、硫酸铵 1g、酵母粉 0.6g、碳酸钙 0.05g 和硫酸铜 0.02g，此条件下验证试验得到菌丝体生物量为 2.4637g/100mL。极差分析表明，玉米粉、硫酸铜、土豆粉、碳酸钙、硫酸铵和酵母粉对马勃菌丝生物量的影响依次减小，其中玉米粉为主要影响因素。

2.7 培养时间对马勃菌丝生物量的影响

按 1.4.4 进行试验，培养时间对马勃菌丝生物量的影响如图 5 所示。

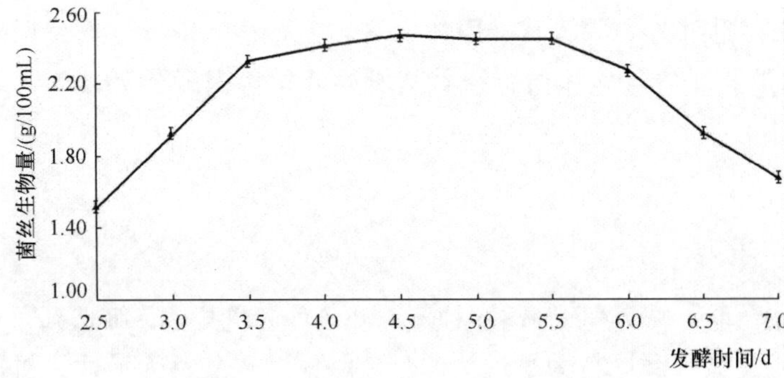

图 5 发酵时间对大秃马勃菌丝生物量的影响

Fig. 4 Effects offermentation time on *Calvatia gigantea* mycelial biomass

由图 5 可知，培养时间为 4. 5d 时最为适宜，此时菌丝体生物量可达 2. 4671g/100mL。培养时间超过 6d 后，培养液变浑浊，菌丝体开始自溶，菌丝球迅速减少。

2.8 培养条件的正交实验

按 1. 4. 5 进行试验，研究了培养条件对大秃马勃菌丝的影响，其结果见表 4。

表 4 培养条件的正交试验及结果分析

Table 4 Results of orthogonal test of optimization cultural conditions and range analysis

试验号	A	B	C	D	菌丝体
1	1	1	1	1	2. 0831
2	1	2	2	2	2. 3336
3	1	3	3	3	2. 3789
4	2	1	2	3	2. 4460
5	2	2	3	1	2. 5852
6	2	3	1	2	2. 3725
7	3	1	3	2	2. 2663
8	3	2	1	3	2. 0265
9	3	3	2	1	2. 1533
k_1	2. 2652	2. 2651	2. 1607	2. 2739	
k_2	2. 4679	2. 3151	2. 3110	2. 3241	
k_3	2. 1487	2. 3016	2. 4101	2. 2838	
R	0. 3192	0. 0500	0. 2494	0. 0502	

从表 4 中可知，$R_A > R_C > R_D > R_B$，即转速、接种量、培养时间、温度对马勃菌丝生物量的影响依次减小，其中转速为主要因素。最佳组合为 $A_2B_2C_3D_2$，即转速为 150r/min、接种量为 12%、培养温度为 26℃、培养时间为 4. 5d。此条件下菌丝体生物量可达 2. 6102g/100mL，比蒲岚[15]等人直接用黄水培养大秃马勃菌丝生物量提高了 108. 8%，也比王涛[13]和张华山[14]等人用组合培养基所得菌丝量提高了 77. 6%，节省了大量原料，降低了成本。

3 结语

通过单因素试验，从 7 种碳源、6 种氮源和 7 种无机盐中，筛选到土豆粉、玉米粉为最适碳源，硫酸铵、酵母粉为最适氮源，硫酸铜、碳酸钙为最适无机盐。通过正交试验，获得最佳培养基组成为：100mL 底锅水中加入土豆粉 2g、玉米粉 1. 5g、硫酸铵 1g、酵母粉 0. 6g、碳酸钙 0. 05g 和硫酸铜 0. 02g，最佳培养条件：转速为 150r/min、接种量为 12%、培养温度为 26℃、培养时间为 4. 5d，菌丝体干重为 2. 61g/100mL 左右。

参考文献

［1］赵会珍，胥艳艳，等．马勃的食药用价值及其研究进展［J］．微生物学通报，2007，34（2）：367－369

［2］邓志鹏，孙隆儒．中药马勃的研究进展［J］．中药材，2006，(9)：996－998

［3］NgTB Calcaelin. a new protein with translation－inhibiting，antiproliferative and antimitogenic activities from the mosaic puffball mushroom *Calvatia caelata*［J］. Planta Med，2003，69（3）：212－217

［4］游洋，包海鹰．不同成熟期大秃马勃子实体提取物的抑菌活性及其挥发油成分分析［J］．菌物学报，2011，30（3）：477－485

［5］Rasser F. Terpenoids from Bovista sp. 96042［J］. Tetrahedron，2002：7785－7789

［6］Monika W，Alberto G，et al. Unusual Pulvinic Acid Dimers from the Common Fungi Sclerodermacit Rinum and Chalciporus Piperatus［J］. Angew. Chem. Int. Ed，2004，(43)：186－188

［7］张华山，肖加福．白马勃液体深层培养工艺条件初探［J］．湖北农业科学，2006，(3)：205－207

［8］宋柯，杜岗，等．白酒发酵副产物丢糟、黄水、底锅水中提取香味成分在酒用香料中的应用［J］．酿酒，2008，(4)：82－84

［9］钟玉叶，宋杰书．白酒酿造的清洁生产［J］．酿酒科技，2003，(6)：105－106

［10］谢国排．用曲酒生产的底锅水培养已酸菌［J］．酿酒科技，2006，(9)：58－59

［11］冯天炜．酿酒底锅水生产乳酸中自动化控制的应用［J］．宜宾科技，2005，(3)：20－23

［12］赵东，龙万裕，等．利用酒厂废水生产单细胞蛋白的研究［J］．酿酒科技，1992，(4)：70－73

［13］王涛，田文，等．大秃马勃深层培养条件初探［J］．食用菌，2009，(2)：13－14

［14］张华山，余响华，等．土豆粉在白马勃液体培养中的应用研究．［J］武汉工业学院学报，2006，(3)：40－42

［15］蒲岚，王涛，等．黄水培养大秃马勃菌丝体条件初步研究［J］．中国酿造，2009，(9)：27－30

基于全二维气相色谱－飞行时间质谱对古井贡酒风味成分的剖析研究

周庆伍，李安军，汤有宏*，徐祥浩，刘国英，高江婧，姜利
安徽古井贡酒股份有限公司，安徽　亳州　236820

摘要：应用全二维气相色谱－飞行时间质谱联用仪（GC×GC－TOFMS）结合顶空固相微萃取技术（HS－SPME）首次全面分析了古井贡酒中的风味成分。结果显示，在古井贡酒中鉴定出包含醇类、酸类、酯类、醛酮类以及健康功能成分在内的挥发性风味成分800余种，正是在这些物质的共同作用下，才赋予了古井贡酒集风味、口感、健康于一体的完美品质。另外，与一维气相色谱相比，全二维气相色谱飞行时间质谱具有高分辨率和高灵敏度特性，可用于白酒特征风味分析，为白酒风味产生机理、品质控制等领域提供理论依据。

关键词：全二维气相色谱－飞行时间质谱，顶空固相微萃取，古井贡酒，风味化合物，健康成分

Research on Volatile Flavor Components in Gujing Gongjiu Liquor by Two Comprehensive Dimensional Gas Chromatography-time of Flight Mass

Zhou Qingwu, Li Anjun, Tang Youhong*, Xu Xianghao,
Liu Guoying, Gao Jiangjing, Jiang Li
Anhui GujingGongjiu Co. Ltd., Bozhou, Anhui 236820, China

Abstract: The volatile compounds in Gujing Gongjiuliquor were first timecomprehensiveanalyzed by headspacesolid－phase micro－extraction (HS－SPME) combined with comprehensive twodimensional gas chromatography－time of flight mass spectrometry (GC×GC－

作者简介：周庆伍，男，高级工程师，国家白酒评委，硕士，安徽古井贡酒股份有限公司总经理，从事酿酒发酵技术管理与研究，发表论文十多篇。

*通讯作者：汤有宏，高级工程师，安徽古井贡酒股份有限公司技术中心，Tel：13515681550；E－mail：tyouh@163.com。

TOFMS）. The results showed thatGujingGongjiuliquor containesmore than800kinds ofvolatile flavor components including alcohols, acids, esters, aldehydes, ketones, healthy compositions and so on. It is in the common effect of these substances, giving GujingGongjiuliquor a perfect quality inflavor, taste and health. In addition, The resolution andsensitivity of GC × GC – TOFMS enabled the separation and identification of a higher number of volatile compounds compared to GC – MS, allowing a deeper characterization of liquor. Therefore, GC × GC – TOFMS could be used as a very powerful tool forunderstanding the flavor formation mechanism, which would provide a theoretical basis for quality control of the Chineseliquor.

Key words: GC × GC – TOFMS, HS – SPME, GujingGongjiu Liquor, Volatile Flavor Compounds, Healthy Ingredients

中国传统白酒是中华民族历史悠久的特有产物，是世界六大蒸馏酒之一，在国内外受到了诸多赞誉。由于自然环境、酿酒原料、生产工艺等因素的不同，形成了不同风味、口感的中国白酒。按香型可以将中国白酒分为浓香型、酱香型、清香型、米香型以及其他香型，而古井贡酒则作为浓香型白酒的典型代表。古井贡酒作为中国老八大名酒之一，其“色清如水晶、香醇似幽兰、入口甘美醇和、回味经久不息”的独特风格[1]，赢得了海内外的一致赞誉。

从化学组成来看，白酒中约98%为水和乙醇，其余2%左右的微量成分决定了白酒的风格特点。白酒微量成分复杂，按种类可以分为醇类、酸类、酯类、醛类、酮类、醚类、杂环类等。过去人们应用气相、气质联用、液相、液质联用等设备从白酒中分离出了数百种微量成分[2,3]，但是这对于全面剖析白酒微量成分、探索微量成分对白酒风味的贡献还远远不够。因此，借助其他分离设备及手段进一步剖析白酒微量成分是今后中国传统固态白酒风味研究的重点课题[4,5]。

要全面、准确分析白酒中的微量成分，必须借助合适的样品前处理方式。目前，常用到的样品前处理方式主要有液液萃取[6-9]、固相萃取、固相微萃取以及搅拌吸附萃取[10-12]等。固相微萃取（SPME）技术是20世纪90年代兴起的一项新颖的样品前处理与富集技术，是一种集采样、萃取、浓缩和进样于一体的无溶剂样品微萃取新技术。与固相萃取技术相比，固相微萃取操作更简单，携带更方便，操作费用也更加低廉；另外克服了固相萃取回收率低、吸附剂孔道易堵塞的缺点。因此，成为目前样品前处理技术中应用最为广泛的方法之一。

近年来，由于白酒复杂体系分离分析的需要，多维联用技术成为研究的热点。全二维气相色谱具分辨率高、灵敏度高、峰容量大等优势，十分适合于复杂体系的分析研究；飞行时间质谱具有很高的采集频率，能够实现与全二维气相色谱的最佳配合。再加上仪器自带的高性能数据处理软件，具备自动峰识别以及图谱去卷积解析功能，大大提高了检测分析的灵敏度[13-14]。本研究借助全二维气相色谱 – 飞行时间质谱（GC ×GC – TOFMS）结合顶空固相微萃取（HS – SPME）样品前处理技术，深入剖析古井贡酒中的微量风味成分，以期为相关工作的开展提供数据支撑。

1 实验部分

1.1 仪器与试剂

全二维气相色谱-飞行时间质谱联用仪（GC×GC-TOFMS），美国力可公司；多功能样品前处理平台，德国Gerstel；固相微萃取纤维头（美国Supleco公司，PDMS/DVB/CAR）；20mL带盖顶空瓶；无水乙醇（色谱纯）。

1.2 实验方法

1.2.1 样品前处理

用去离子水将待测酒样稀释至最终酒精含量10%vol，吸取稀释后的酒样8mL于20mL顶空瓶中，并加入3g NaCl，旋紧顶空瓶盖，采用全自动固相微萃取和全自动进样方式进行样品的吸附和解析[15]。

1.2.2 顶空固相微萃取条件

固相微萃取纤维头：DMS/DVB/CAR；萃取时间：40min；萃取温度：50℃；解析温度：230℃；解析时间：5min。

1.2.3 全二维气相色谱-飞行时间质谱条件

进样口解析温度230℃，解析时间5min，进样口温度230℃；柱温箱升温程序：一维柱温箱初始温度40℃，保持2min，然后以2℃/min的升温速率升温至100℃，再以4℃/min的升温速率升温至180℃，最后以6℃/min的升温速率升温至230℃，保持15min，二维柱温箱初始温度45℃，保持2min，然后以2℃/min的升温速率升温至105℃，再以4℃/min的升温速率升温至185℃，最后以6℃/min的升温速率升温至235℃，保持15min；柱系统：采用60m×0.25mm×0.25μm DB-wax为一维柱，2m×0.18mm×0.18μm Rtx-200为二维柱，两根色谱柱通过毛细管柱连接器以串联方式连接；调制器补偿温度：10℃；调制器设置：调至周期6s（冷喷2s，热喷1s），冷却剂为液氮，热调制气体为压缩空气，冷调制气体为氮气；质谱条件：质谱检测器为飞行时间质谱，EI离子源温度200℃，电离电压：-70V，传输线温度250℃，采用全扫描方式，质量采集范围30~400amu，采集频率100张全谱图/s，检测器电压1470V。

1.2.4 数据统计分析

所得数据再经Pegasus 4D的工作站自动处理，定性所用的图谱库为NIST/EPA/NIH Version 2.0，所得数据再经进一步处理得到最终结果。

2 结果与讨论

2.1 古井贡酒风味成分总体轮廓分析

通过全二维气相色谱-飞行时间质谱图谱计算得到的结果对古井贡酒进行定性分

析，得到它的二维轮廓图（图 1）。通过对其化学成分分析，结合其总离子流图（TIC）以及 NIST 图谱库，以各种成分的相似度数据为参考，在古井贡酒中共鉴定出匹配度较高（相似度≥800）的成分 800 多种，其中醇类物质 150 余种，酸类物质 100 余种，酯类物质 250 余种，醛酮类物质 100 余种，其他物质 150 余种。正是在这些呈味物质的共同作用下，形成了中国名酒古井贡酒“色清如水晶、香醇似幽兰、入口甘美醇和、回味经久不息”的典型滋味特色。

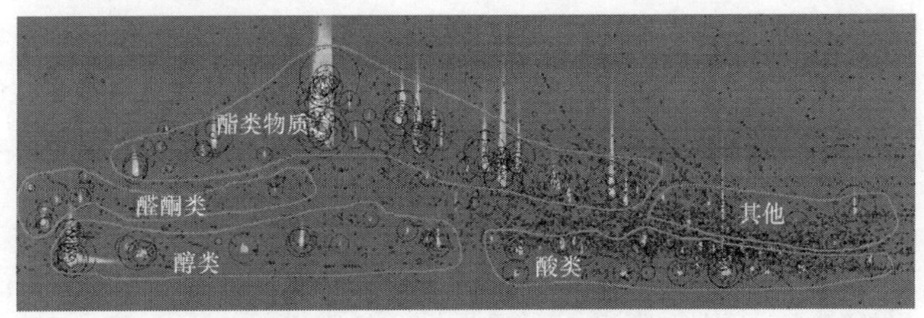

图 1　古井贡酒风味成分二维轮廓图

采用同样的前处理方式，运用 GC – MS 对古井贡酒的挥发性风味成分进行定性分析，只鉴定出 400 余种挥发性风味成分，远远少于 GC × GC – TOFMS 技术所鉴定出的风味成分，这说明 GC × GC – TOFMS 具有峰容量大、灵敏度高、分辨率高，非常适合像中国传统白酒这种复杂体系的分析研究。

2.2　古井贡酒中醇类化合物的鉴定分析

表 1 中列举出了部分醇类物质。醇类在浓香型白酒中有着重要的地位，它们是酒中醇甜和助香的主要物质，也是形成香味物质的前驱体。浓香型白酒中的醇类，除以乙醇为主外，还有甲醇、丙醇、仲丁醇、异丁醇、正丁醇、异戊醇、正戊醇、己醇、庚醇、辛醇、丙三醇、2，3 – 丁二醇等。通常讲的高级醇主要为异戊醇、异丁醇、正丁醇、正丙醇，其次是仲丁醇和正戊醇。

表 1　GC × GC – TOFMS 鉴定出古井贡酒中的醇类化合物

Table 1　Volatile alcohols in GujingGongjiu Liquor indentified by GC × GC – TOFMS

序号	中文名称	CAS 号	化学式	序号	中文名称	CAS 号	化学式
1	癸醇	112 – 30 – 1	$C_{10}H_{22}O$	7	正己醇	111 – 27 – 3	$C_6H_{14}O$
2	（2S，3S）–（+）– 2，3 – 丁二醇	19132 – 06 – 0	$C_4H_{10}O_2$	8	丙烯醇	107 – 18 – 6	C_3H_6O
3	乙二醇	107 – 21 – 1	$C_2H_6O_2$	9	S –（–）–2 – 甲基 – 1 – 丁醇	1565 – 80 – 6	$C_5H_{12}O$
4	（S）–1，2 – 丙二醇	4254 – 15 – 3	$C_3H_8O_2$	10	4 – 壬醇	5932 – 79 – 6	$C_9H_{20}O$
5	正辛醇	111 – 87 – 5	$C_8H_{18}O$	11	3 – 甲基 –3 – 丁烯 – 1 – 醇	763 – 32 – 6	$C_5H_{10}O$
6	庚醇	111 – 70 – 6	$C_7H_{16}O$	12	异丁醇	78 – 83 – 1	$C_4H_{10}O$

续表

序号	中文名称	CAS 号	化学式	序号	中文名称	CAS 号	化学式
13	4－甲基－1－戊醇	626－89－1	$C_6H_{14}O$	32	2－癸醇	1120－06－5	$C_{10}H_{22}O$
14	4－庚醇	589－55－9	$C_7H_{16}O$	33	3－己烯－1－醇	544－12－7	$C_6H_{12}O$
15	2－己醇	626－93－7	$C_6H_{14}O$	34	顺－3－壬烯醇	10340－23－5	$C_9H_{18}O$
16	2－壬醇	628－99－9	$C_9H_{20}O$	35	2－甲基－1－丁醇	137－32－6	$C_5H_{12}O$
17	3－辛醇	589－98－0	$C_8H_{18}O$	36	3－甲基－2－丁烯－1－醇	556－82－1	$C_5H_{10}O$
18	2－庚醇	543－49－7	$C_7H_{16}O$	37	2－甲基－3－己醇	617－29－8	$C_7H_{16}O$
19	丙醇	71－23－8	C_3H_8O	38	(S)－(+)－2－庚醇	6033－23－4	$C_7H_{16}O$
20	正丁醇	71－36－3	$C_4H_{10}O$	39	(R)－(－)－2－己醇	26549－24－6	$C_6H_{14}O$
21	正戊醇	71－41－0	$C_5H_{12}O$	40	(2R，3R)－(－)－2，3－丁二醇	24347－58－8	$C_4H_{10}O_2$
22	2－辛醇	123－96－6	$C_8H_{18}O$				
23	(S)－(+)－2－戊醇	26184－62－3	$C_5H_{12}O$	41	香叶基香叶醇	24034－73－9	$C_{20}H_{34}O$
24	(S)－(+)－2－己醇	52019－78－0	$C_6H_{14}O$	42	2，3－二甲基戊醇	10143－23－4	$C_7H_{16}O$
25	叔丁醇	75－65－0	$C_4H_{10}O$	43	3－甲基－2 庚醇	31367－46－1	$C_8H_{18}O$
26	2－戊醇	6032－29－7	$C_5H_{12}O$	44	顺－2－戊烯－1－醇	1576－95－0	$C_5H_{10}O$
27	3－甲基－1－戊醇	589－35－5	$C_6H_{14}O$	45	苯甲醇	100－51－6	C_7H_8O
28	6－甲基－2－庚醇	4730－22－7	$C_8H_{18}O$	46	2－甲基－1－戊醇	105－30－6	$C_6H_{14}O$
29	3－己醇	623－37－0	$C_6H_{14}O$	47	1－壬烯－4－醇	35192－73－5	$C_9H_{18}O$
30	4－甲基－2－戊醇	108－11－2	$C_6H_{14}O$	48	2－丁烯醇	6117－91－5	C_4H_8O
31	3－戊醇	584－02－1	$C_5H_{12}O$				

浓香型白酒中含有少量的高级醇可赋予酒特殊的香味，并起衬托酯香的作用，使香气更完满。这些高级醇在浓香型白酒中既是芳香成分，又是呈味物质，大多数似酒精气味，持续时间长，有后劲，对浓香型白酒风味有一定作用。

2.3 古井贡酒中酸类化合物的鉴定分析

表 2 所示部分酸类物质。白酒必须也必然具有一定的酸味物质，酸味是由氢离子刺激味觉而引起的。酸是酒的重要风味物质，酸量少，酒味淡，后味短；酸量大，酸味露头，酒味粗糙。适量的酸可对酒起缓冲作用，并在储存过程中能缓慢地形成香脂。酸对酒的甜度也有影响，太酸的酒使酒的“回甜”减小。优质白酒的酸含量较高，一般高于普通白酒 1 ~2 倍。

表 2　GC×GC－TOFMS 鉴定出古井贡酒中的酸类化合物

Table 2　Volatile acids in GujingGongjiu Liquor indentified by GC×GC－TOFMS

序号	中文名称	CAS 号	化学式	序号	中文名称	CAS 号	化学式
1	L－乳酸	79－33－4	$C_3H_6O_3$	13	异戊酸	503－74－2	$C_5H_{10}O_2$
2	2－甲基丁酸	116－53－0	$C_5H_{10}O_2$	14	棕榈酸	1957/10/3	$C_{16}H_{32}O_2$
3	十一酸	112－37－8	$C_{11}H_{22}O_2$	15	甘氨酸	56－40－6	$C_2H_5NO_2$
4	苯甲酸	65－85－0	$C_7H_6O_2$	16	亚麻酸	60－33－3	$C_{18}H_{32}O_2$
5	壬酸	112－05－0	$C_9H_{18}O_2$	17	十四酸	544－63－8	$C_{14}H_{28}O_2$
6	癸酸	334－48－5	$C_{10}H_{20}O_2$	18	2，2－二甲基丙酸	75－98－9	$C_5H_{10}O_2$
7	丁酸	107－92－6	$C_4H_8O_2$	19	4－羟基丁酸	591－81－1	$C_4H_8O_3$
8	月桂酸	143－07－7	$C_{12}H_{24}O_2$	20	十五酸	1002－84－2	$C_{15}H_{30}O_2$
9	庚酸	111－14－8	$C_7H_{14}O_2$	21	草酸	144－62－7	$C_2H_2O_4$
10	异丁酸	79－31－2	$C_4H_8O_2$	22	十三酸	638－53－9	$C_{13}H_{26}O_2$
11	丙酸	1979/9/4	$C_3H_6O_2$	23	3，3－二甲基丙烯酸	541－47－9	$C_5H_8O_2$
12	甲酸	64－18－6	CH_2O_2	24	2－甲基戊酸	97－61－0	$C_6H_{12}O_2$

2.4　古井贡酒中酯类化合物的鉴定分析

表 3 所示部分酯类物质。浓香型白酒中物质种类最多的就是酯类物质，另外，在浓香型白酒的微量成分中，酯类物质也占有绝对含量，像浓香型白酒香味的主体香成分己酸乙酯具有浓郁的水果香味；乳酸乙酯、乙酸乙酯、丁酸乙酯、丙酸乙酯、戊酸乙酯等酯类，具有各种各样的水果香气，对浓香型白酒的香气组成具有突出的贡献。

表 3　GC×GC－TOFMS 鉴定出古井贡酒中的酯类化合物

Table 3　Volatile esters in GujingGongjiu Liquor indentified by GC×GC－TOFMS

序号	中文名称	CAS 号	化学式	序号	中文名称	CAS 号	化学式
1	2－戊烯酸乙酯	24410－84－2	$C_7H_{12}O_2$	11	2－甲基戊酸乙酯	39255－32－8	$C_8H_{16}O_2$
2	2－甲基丁酸 2－甲基丁酯	2445－78－5	$C_{10}H_{20}O_2$	12	丁酸戊酯	540－18－1	$C_9H_{18}O_2$
3	十五酸乙酯	41114－00－5	$C_{17}H_{34}O_2$	13	辛酸己酯	1117－55－1	$C_{14}H_{28}O_2$
4	3－甲基丁酸己酯	10032－13－0	$C_{11}H_{22}O_2$	14	异戊酸乙酯	108－64－5	$C_7H_{14}O_2$
5	己酸己酯	6378－65－0	$C_{12}H_{24}O_2$	15	乙酸戊酯	628－63－7	$C_7H_{14}O_2$
6	戊酸乙酯	539－82－2	$C_7H_{14}O_2$	16	异丁酸异丁酯	97－85－8	$C_8H_{16}O_2$
7	乙酸乙酯	141－78－6	$C_4H_8O_2$	17	戊酸丙酯	141－06－0	$C_8H_{16}O_2$
8	3－甲基丁酸戊酯	25415－62－7	$C_{10}H_{20}O_2$	18	己酸－2－庚酯	6624－58－4	$C_{13}H_{26}O_2$
9	丁酸丁酯	109－21－7	$C_8H_{16}O_2$	19	戊酸甲酯	624－24－8	$C_6H_{12}O_2$
10	2－甲基丁酸丁酯	15706－73－7	$C_9H_{18}O_2$	20	月桂酸乙酯	106－33－2	$C_{14}H_{28}O_2$

续表

序号	中文名称	CAS 号	化学式	序号	中文名称	CAS 号	化学式
21	丁酸己酯	2639-63-6	$C_{10}H_{20}O_2$	52	丙酸乙酯	105-37-3	$C_5H_{10}O_2$
22	棕榈酸乙酯	628-97-7	$C_{18}H_{36}O_2$	53	丙酸丁酯	590-01-2	$C_7H_{14}O_2$
23	异戊酸丙酯	557-00-6	$C_8H_{16}O_2$	54	丁二酸二乙酯	123-25-1	$C_8H_{14}O_4$
24	戊酸丁酯	591-68-4	$C_9H_{18}O_2$	55	异戊酸丁酯	109-19-3	$C_9H_{18}O_2$
25	十四酸乙酯	124-06-1	$C_{16}H_{32}O_2$	56	异丁酸戊酯	2445-72-9	$C_9H_{18}O_2$
26	乙酸异戊酯	123-92-2	$C_7H_{14}O_2$	57	丙酸戊酯	624-54-4	$C_8H_{16}O_2$
27	丁酸甲酯	623-42-7	$C_5H_{10}O_2$	58	戊酸-2-甲基丁酯	55590-83-5	$C_{10}H_{20}O_2$
28	乙酸苯乙酯	103-45-7	$C_{10}H_{12}O_2$	59	乙酸糠酯	623-17-6	$C_7H_8O_3$
29	辛酸丙酯	624-13-5	$C_{11}H_{22}O_2$	60	丙酸仲丁酯	591-34-4	$C_7H_{14}O_2$
30	丙酸己酯	2445-76-3	$C_9H_{18}O_2$	61	异戊酸异丁酯	589-59-3	$C_9H_{18}O_2$
31	乙酸己酯	142-92-7	$C_8H_{16}O_2$	62	辛酸正丁酯	589-75-3	$C_{12}H_{24}O_2$
32	乙酸辛酯	112-14-1	$C_{10}H_{20}O_2$	63	苯甲酸甲酯	93-58-3	$C_8H_8O_2$
33	丁酸-2-丁酯	819-97-6	$C_8H_{16}O_2$	64	丁酸辛酯	110-39-4	$C_{12}H_{24}O_2$
34	庚酸甲酯	106-73-0	$C_8H_{16}O_2$	65	乳酸丁酯	138-22-7	$C_7H_{14}O_3$
35	异丁酸丁酯	97-87-0	$C_8H_{16}O_2$	66	甲基-γ-丁内酯	1679-47-6	$C_5H_8O_2$
36	己酸甲酯	106-70-7	$C_7H_{14}O_2$	67	苯丙酸甲酯	103-25-3	$C_{10}H_{12}O_2$
37	癸酸乙酯	110-38-3	$C_{12}H_{24}O_2$	68	4-苯丁酸乙酯	10031-93-3	$C_{12}H_{16}O_2$
38	丁酸丙酯	105-66-8	$C_7H_{14}O_2$	69	乙酸苯甲酯	140-11-4	$C_9H_{10}O_2$
39	L（-）-乳酸乙酯	687-47-8	$C_5H_{10}O_3$	70	丁酸庚酯	5870-93-9	$C_{11}H_{22}O_2$
40	乙酸庚酯	112-06-1	$C_9H_{18}O_2$	71	甲酸庚酯	112-23-2	$C_8H_{16}O_2$
41	乙酸丁酯	123-86-4	$C_9H_{18}O_2$	72	2-丙烯酸乙烯酯	2177-18-6	$C_5H_6O_2$
42	2-甲基丁酸乙酯	7452-79-1	$C_7H_{14}O_2$	73	3-甲基苯乙酸乙酯	40061-55-0	$C_{11}H_{14}O_2$
43	辛酸甲酯	111-11-5	$C_9H_{18}O_2$	74	2-甲基丁酸-2-苯乙酯	24817-51-4	$C_{13}H_{18}O_2$
44	乙酸异丁酯	110-19-0	$C_6H_{12}O_2$	75	戊酸苯乙酯	7460-74-4	$C_{13}H_{18}O_2$
45	乙酸甲酯	79-20-9	$C_3H_6O_2$	76	十六酸甲酯	112-39-0	$C_{17}H_{34}O_2$
46	庚酸-3-甲基丁酯	109-25-1	$C_{12}H_{24}O_2$	77	3-己烯酸乙酯	64187-83-3	$C_8H_{14}O_2$
47	苯甲酸乙酯	93-89-0	$C_9H_{10}O_2$	78	3-辛烯酸乙酯	1117-65-3	$C_{10}H_{18}O_2$
48	丁酸异丁酯	539-90-2	$C_8H_{16}O_2$	79	甲酸己酯	629-33-4	$C_7H_{14}O_2$
49	甲酸乙酯	109-94-4	$C_3H_6O_2$	80	丁二酸甲酯乙酯	627-73-6	$C_7H_{12}O_4$
50	丙酸丙酯	106-36-5	$C_6H_{12}O_2$	81	苯甲酸丁酯	136-60-7	$C_{11}H_{14}O_2$
51	乙酸丙酯	109-60-4	$C_5H_{10}O_2$	82	γ-戊内酯	108-29-2	$C_5H_8O_2$

2.5 古井贡酒中醛、酮类化合物的鉴定分析

表4所示部分醛、酮类物质，研究结果表明：3～4个碳原子的醛、酮类物质易挥发，并且阈值较低，这部分物质对酒体的放香起重要作用；5～9个碳原子的醛、酮类物质多数具有油香、脂香气味；分子量更高的醛、酮类物质有着类似橘子皮的香味，支链醛、酮类物质则具有愉快的甜味或水果香味，这些物质赋予了酒体特殊的风味。

表4 GC×GC－TOFMS鉴定出古井贡酒中的醛、酮类化合物

Table 4 Volatile aldehydes and ketones in GujingGongjiu Liquor indentified by GC×GC－TOFMS

序号	中文名称	CAS号	化学式	序号	中文名称	CAS号	化学式
1	正戊醛	110－62－3	$C_5H_{10}O$	23	4－壬酮	4485－09－0	$C_9H_{18}O$
2	苯乙醛	122－78－1	C_8H_8O	24	香叶基丙酮	3796－70－1	$C_{13}H_{22}O$
3	椰子醛	104－61－0	$C_9H_{16}O_2$	25	2－己酮	591－78－6	$C_6H_{12}O$
4	壬醛	124－19－6	$C_9H_{18}O$	26	2－戊酮	107－87－9	$C_5H_{10}O$
5	丁醛	123－72－8	C_4H_8O	27	2－丁酮	78－93－3	C_4H_8O
6	反式丁烯醛	123－73－9	C_4H_6O	28	2－庚酮	110－43－0	$C_7H_{14}O$
7	己醛	66－25－1	$C_6H_{12}O$	29	大马士酮	23726－93－4	$C_{13}H_{18}O$
8	2－甲基丁醛	96－17－3	$C_5H_{10}O$	30	3－辛酮	106－68－3	$C_8H_{16}O$
9	辛醛	124－13－0	$C_8H_{16}O$	31	2－十一酮	112－12－9	$C_{11}H_{22}O$
10	3－甲基丁醛	590－86－3	$C_5H_{10}O$	32	2－壬烯－4－酮	32064－72－5	$C_9H_{16}O$
11	乙缩醛	105－57－7	$C_6H_{14}O_2$	33	3－辛烯－2－酮	18402－82－9	$C_8H_{14}O$
12	丙醛	123－38－6	C_3H_6O	34	3－甲基－2－丁酮	563－80－4	$C_5H_{10}O$
13	异丁醛	78－84－2	C_4H_8O	35	环戊酮	120－92－3	C_5H_8O
14	2－甲基－2－丁烯醛	1115－11－3	C_5H_8O	36	4－庚酮	123－19－3	$C_7H_{14}O$
15	2－庚烯醛	57266－86－1	$C_7H_{12}O$	37	3－戊烯－2－酮	625－33－2	C_5H_8O
16	反－2－辛烯醛	2548－87－0	$C_8H_{14}O$	38	2－辛酮	111－13－7	$C_8H_{16}O$
17	3－甲基苯甲醛	620－23－5	C_8H_8O	39	大马酮	23696－85－7	$C_{13}H_{18}O$
18	十六醛	629－80－1	$C_{16}H_{32}O$	40	正戊基2－呋喃酮	14360－50－0	$C_{10}H_{14}O_2$
19	肉桂醛	104－55－2	C_9H_8O	41	二氢－β－紫罗兰酮	17283－81－7	$C_{13}H_{22}O$
20	反式肉桂醛	14371－10－9	C_9H_8O	42	羟基丙酮	116－09－6	$C_3H_6O_2$
21	3，5－二甲基苯甲醛	5779－95－3	$C_9H_{10}O$	43	3，5－二烯－2－辛酮	30086－02－3	$C_8H_{12}O$
22	2－壬酮	821－55－6	$C_9H_{18}O$	44	2，3－戊二酮	600－14－6	$C_5H_8O_2$

2.6 古井贡酒中健康功能化合物的鉴定分析

表5所示部分古井贡酒中的健康功能成分，主要包括内酯、萜烯及吡嗪三大类。内酯类物质除了具有甜香、坚果香等令人愉快的香气，多数还是人体的健康功能成分，如当归内酯，它可通过不同途径拮抗化学因素引发的免疫抑制作用，它是一种新的生物反应免疫调节剂[16,17]；萜烯类物质及其衍生物是一类具有较强香气和生理活性的天然化合物，如抗菌活性、抗病毒活性、抗氧化活性、镇痛作用等，萜烯类物质已经成为研究天然产物和开发新药的重要来源[18]。

表5 GC×GC－TOFMS 鉴定出古井贡酒中的健康功能化合物

Table 5 Volatile healthy compositions in GujingGongjiu Liquor indentified by GC×GC－TOFMS

序号	名称	CAS 号	化学式	序号	名称	CAS 号	化学式
1	丙位庚内酯	105－21－5	$C_7H_{12}O_2$	24	（+）－香橙烯	489－39－4	$C_{15}H_{24}$
2	丙位辛内酯	104－50－7	$C_8H_{14}O_2$	25	（+）－β－柏木烯	546－28－1	$C_{15}H_{24}$
3	a－戊基－γ－丁内酯	104－61－0	$C_9H_{16}O_2$	26	（－）－罗汉柏烯	470－40－6	$C_{15}H_{24}$
4	丙位癸内酯	706－14－9	$C_{10}H_{18}O_2$	27	（+）－喇叭烯	21747－46－6	$C_{15}H_{24}$
5	丁位己内酯	823－22－3	$C_6H_{10}O_2$	28	β－花柏烯	18431－82－8	$C_{15}H_{24}$
6	丁位辛内酯	698－76－0	$C_8H_{14}O_2$	29	（－）－α－新丁香三环烯	4545－68－0	$C_{15}H_{24}$
7	2（5H）－呋喃酮	497－23－4	$C_4H_4O_2$	30	香叶基丙酮	3796－70－1	$C_{13}H_{22}O$
8	（+）－雪松醇	77－53－2	$C_{15}H_{26}O$	31	7，8－二氢紫罗兰酮	31499－72－6	$C_{13}H_{22}O$
9	2－蒎烯	80－56－8	$C_{10}H_{16}$	32	大马酮	23696－85－7	$C_{13}H_{18}O$
10	氧化石竹烯	1139－30－6	$C_{15}H_{24}O$	33	柏木烯	469－61－4	$C_{15}H_{24}$
11	茴香脑	104－46－1	$C_{10}H_{12}O$	34	4－甲基－2（H）－呋喃酮	6124－79－4	$C_5H_6O_2$
12	α－松油醇	98－55－5	$C_{10}H_{18}O$	35	丁子香烯	6753－98－6	$C_{15}H_{24}$
13	呋喃它酮	139－91－3	$C_{13}H_{16}N_4O_6$	36	长叶烯	475－20－7	$C_{15}H_{24}$
14	茶螺烷	36431－72－8	$C_{13}H_{22}O$	37	石竹烯	87－44－5	$C_{15}H_{24}$
15	香叶醇	106－24－1	$C_{10}H_{18}O$	38	吡嗪	290－37－9	$C_4H_4N_2$
16	（R）－氧化柠檬烯	1195－92－2	$C_{10}H_{16}O$	39	2－甲基吡嗪	109－08－0	$C_5H_6N_2$
17	异龙脑	124－76－5	$C_{10}H_{18}O$	40	2，3－二甲基吡嗪	5910－89－4	$C_6H_8N_2$
18	左旋樟脑	464－48－2	$C_{10}H_{16}O$	41	2，5－二甲基吡嗪	123－32－0	$C_6H_8N_2$
19	芳樟醇	78－70－6	$C_{10}H_{18}O$	42	2，6－二甲基吡嗪	108－50－9	$C_6H_8N_2$
20	β－紫罗酮	79－77－6	$C_{13}H_{20}O$	43	2，3，5－三甲基吡嗪	14667－55－1	$C_7H_{10}N_2$
21	甲基麦芽酚	118－71－8	$C_6H_6O_3$	44	2，3，5，6－四甲基吡嗪	1124－11－4	$C_8H_{12}N_2$
22	曲酸	501－30－4	$C_6H_6O_4$	45	异龙脑	124－76－5	$C_{10}H_{18}O$
23	香叶基香叶醇	24034－73－9	$C_{20}H_{34}O$	46	罗勒烯	502－99－8	$C_{10}H_{16}$

国内外研究表明吡嗪类物质具有良好的人体健康功能，其中四甲基吡嗪对扩张血管、轻度降压、改善组织微循环、提高组织血液灌注、抑制血小板黏附聚集和血栓形成、抑制平滑肌细胞、调节脂质代谢以及抗脂质过氧化均有一定的治疗作用[19]。

3 结语

全二维气相色谱是一个崭新的分离分析技术，它能够将传统一维色谱柱难以分离的组分进行再次分离，从而具备峰容量大、灵敏度高的优点。GC×GC－TOFMS 因其优越的性能，可对中国白酒这一传统发酵型风味食品的挥发性风味化合物进行准确定性、定量，更全面、更准确地了解了白酒的特征挥发性风味成分，为白酒风味的形成机理研究以及品质控制提供了可靠的理论依据。

本文应用全二维气相色谱－飞行时间质谱结合顶空固相微萃取技术，首次全面分析了古井贡酒酒体中的挥发性风味成分，古井贡酒富含的800多种挥发性风味成分不仅赋予了其“色清如水晶、香醇似幽兰、入口甘美醇和、回味经久不息”的典型滋味特色，同时也为古井贡酒酒体载入了多种有益人体健康的功能性成分，这类物质的存在充分证明了古井贡酒中含有丰富的与人体健康密切相关的生理活性物质成分，适量饮用是有益健康的。

参考文献

[1] 周庆伍，穆文斌，等．淡雅型古井贡酒生产工艺探讨［J］．酿酒，2009，36（2）：48－50

[2] 黄艳梅，卢建春，等．采用气相色谱－质谱分析古井贡酒中的风味物质［J］．酿酒科技，2006（7）：91－94

[3] 陆久瑞，胡国栋．气相色谱法分析白酒的挥发性含硫化合物［J］．酿酒科技，1994（1）：23－25

[4] 徐占成，陈勇，等．利用 SBSE 和全二维气质联用（GC×GC－TOFMS）新技术解析白酒香味物质的研究［J］．酿酒科技，2012（7）：50－55

[5] 王保兴．SBSE－TDs－GC－MS 测定白酒中酯类成分的方法研究［J］．食品工业科技，2008（7）：250－253

[6] 张媛媛，孙金沅，等．扳倒井芝麻香型白酒中含硫风味成分的分析［J］．中国食品学报，2012，12（12）：173－179

[7] 郑杨，赵纪文，等．扳倒井芝麻香型白酒香成分分析［J］．食品科学，2014，35（04）：60－65

[8] 王柏文，李贺贺，等．应用液－液萃取结合 GC－MS 与 GC－NPD 技术对国井芝麻香型白酒中含氮化合物的分析［J］．食品科学，2014，35（10）：126－131

[9] 孙啸涛，张锋国，等．芝麻香白酒中3－甲硫基丙醇的 GC－FPD 分析［J］．食品科学技术学报，2014，32（5）：27－34

[10] Lluís B，Rosalia T，et al. Mass spectrometry identification of alkyl－substituted

pyrazines produced by Pseudomonas spp. isolates obtained from wine corks [J]. Food Chemistry, 2013, 138: 2382-2389

[11] Laura C, Ana E, et al. Multidimensional gas chromatography-mass spectrometry determination of 3-alkyl-2-methoxypyrazines in wine and must a comparison of solid-phase extraction and headspace solid-phase extraction methods [J]. Journal of Chromatography A, 2009, 1216: 4040-4045

[12] Philippus A, Maria A S, et al. Survey of 3-Alkyl-2-methoxypyrazine content of south African sauvignon blanc wines using a novel LC-APCI-MS/MS method [J]. Journal of Agricultural and Food Chemistry, 2009, 57: 9347-9355

[13] 季克良. 全二维气相色谱/飞行时间质谱用于白酒微量成分的分析 [J]. 酿酒科技, 2007, (3): 100-102

[14] 郭琨. 全二维气相色谱-飞行时间质谱联用技术分析重馏分油中芳烃组成 [J]. 色谱 2012, 30 (2): 128-134

[15] 张明霞, 赵旭娜, 等. 顶空固相微萃取分析白酒香气物质的条件优化 [J]. 食品科学, 2011, 32 (12): 49-53

[16] Cooke RC, Capone DL, et a1. Qnan-tification of Several 4-Alkyl Substituted gamma-Lactones in Australian Wines [J]. Journal of A gricultural and Food Chemistry, 2009, 57 (2): 348-352

[17] 王保兴. SBSE-TDs-GC-MS 测定白酒中酯类成分的方法研究 [J]. 食品工业科技, 2008 (7): 250-253

[18] Venkatramani. C J, Xu. J, et al. Separation orthogonalityin temperature-programmed comprehensive two-dimensional gas chromatography [J]. Anal. Chem. 1996; 68 (9): 1486-1492

[19] Dallüge J, Beens J, et al. Comprehensive two-dimensional gas chromatography: a powerful and versatileanalytical tool. [J]. Chromatogr. A. 2003, 1000 (1-2): 69-108

黄酒麦曲微生物总 DNA 提取方法比较

薛景波，毛健*，刘双平
江南大学食品学院，无锡 214122

摘要：为得到高质量提取麦曲总 DNA 的方法，对 SDS 法、氯化苄法、CTAB 法、超声波法、Soil DNA kit 法、SDS 高盐法及 SDS - CTAB 法对黄酒麦曲中总 DNA 的提取效果进行了比较，通过凝胶电泳、PCR、紫外分光光度计及 Real - time PCR 对不同方法提取产物进行分析得出 7 种方法中 SDS - CTAB 法对于提取麦曲总 DNA 效果最好，蛋白、多糖及小分子等污染较少，DNA 提取的质量浓度达到 149.6 ng/μL，相对于 SDS 法，细菌和真菌模板数分别达到其 2.343 和 1.753 倍。

关键词：麦曲，DNA 提取，凝胶电泳，实时定量荧光 PCR

Comparison of Total Microbial DNA Extraction Methods of Wheat Qu

Xue Jingbo, Mao Jian*, Liu Shuangping
School of Food and Science Technology, Jiang nan University, Wu xi 214122

Abstract: In order to isolate high quality DNA from Wheat Qu the effect of DNA isolation by seven different methods were evaluated. The extracted DNA was analysised by gel electrophoresis, PCR, ultraviolet spectrophotometry, and real - time fluorescent PCR, respectively. The results showed that SDS - CTAB method has the best effect on the isolation of total DNA of Wheat Qu. This method' products showed less contamination from protein and polysaccharide, the yield of the DNA was reached 149.6 ng/μL and its' relative account of template is almost 1.753 and 2.343 times in fungi and bacteria respectively compared to SDS method.

Key words: Wheat Qu, DNA isolation, gel electrophoresis, Real - time PCR

---

*通讯作者：毛健，教授，Tel：0510 - 85328273；E - mail：biomao@263.net。

基金项目：国家自然科学基金（31571823）。

1 前言

"以麦制曲，用曲酿酒"是中国黄酒的特色，黄酒麦曲是以轧碎的小麦为原料，经过加水拌曲、压块成型并堆放在一定的温度和湿度条件下，富集培养酿酒有益微生物制得的糖化发酵剂[1]。麦曲在黄酒制作中不仅提供各种酶系，同时还是黄酒酿制的主要微生物来源，这些微生物在黄酒制作过程中共同作用，最终形成了黄酒独特的风格，因此黄酒麦曲有着"酒之骨"的美誉[2-4]。

黄酒麦曲中微生物的研究一直是麦曲的研究重点，传统的分离培养不仅工作量大，耗时耗力，而且无法全面的了解微生物的组成，利用分子手段研究麦曲则能够避免传统方法的不便。利用分子手段分析一定环境下微生物群落结构时，基因组DNA提取的质量对后续的分析有着很大的影响[5]，高质量的提取麦曲中的总DNA对全面的剖析麦曲微生物群落结构有着重要作用。

麦曲的制作在自然开放的环境中完成，且制曲时间较长（3个月左右），微生物来源广泛（制曲用水、小麦、空气微生物等）[6]，造就了麦曲复杂的微生物体系。汪建国在相关研究中将麦曲制作过程中微生物的生长变化分为孢子发芽期、生长繁殖期和产酶成熟期3个阶段[7]，之后麦曲还要经过长时间的放置过程，随着水分含量的降低，麦曲中的大量霉菌、细菌产生成孢子、芽孢，而且小麦中丰富的蛋白、淀粉等杂质易混入提取过程，这些都为基因组的提取带来困难。所以麦曲是一种含有真菌、细菌的营养体、孢子和芽孢的复杂体系，在进行群落结构解析时需要同时获得它们的基因组，然而目前少有专门针对黄酒麦曲中宏基因组提取法方法的报道，为此本研究通过综合比较现有方法优化出一种高质量提取麦曲中总DNA方法。

2 材料与方法

2.1 材料

2.1.1 麦曲样品

麦曲样品取自浙江古越龙山绍兴酒股份有限公司，取样后分装于-80℃保存。

2.1.2 主要试剂

本实验所用蛋白酶K、Taq PCR master mix购于宝生物工程有限公司；E. Z. N. A. © Soil DNA Kit，购于OMEGA公司；溶菌酶、十六烷基三甲基溴化铵、十二烷基硫酸钠、RNA酶购于上海生物工程股份有限公司；引物由南京金斯瑞生物科技有限公司合成；氯化钠、盐酸、EDTA、氯化苄、三氯甲烷等购于国药集团；iTaq™ Universal SYBR Green Supermix，购于美国伯乐公司。

2.1.3 主要仪器

PCR仪，美国life公司；5804R台式高速大容量离心机，德国Eppendorf公司；DYY-6C电泳仪，北京六一仪器厂；伯乐DC XR+凝胶成像仪，美国伯乐公司；CFX

Connect 实时定量 PCR 仪，美国伯乐公司；NANODROP 2000 Spectrophotometer，美国 Thermo 公司。

2.2 麦曲总 DNA 提取及纯化方法

2.2.1 麦曲样品预处理

取 5 g 麦曲样品加 15mL ddH_2O 置于 50mL 离心管中，加入适量玻璃珠，充分振荡 5min；4℃条件于 KQ 700E 超声波清洗器中超声振荡 5min；200g 离心 5min，取上清，10000g 离心 10min；收集沉淀，加 2mL ddH2O 混悬均匀转移至 2ml EP 管；10000g 离心 10min，得菌沉淀。

2.2.2 麦曲总 DNA 提取方法

方法一：SDS 法，参考 zhou 等报道方法[8]，具体步骤如下：

菌沉淀加入 0.5 mL DNA 抽提液（100 mmol/L Tris - HCl，pH 8.0，100 mmol/L EDTA，pH 8.0，100 mmol/L Na_3PO_4，1.5 mol/L NaCl）混悬，液氮条件下充分研磨菌体，之后加入 10 μL 溶菌酶（50 mg/mL），37℃条件下放置 30 min；加入 125 μL 10% SDS，立即加入 5 μL 蛋白酶 K（20 mg/mL），混匀后 65℃水浴 2h（每隔 10min 上下颠倒混匀样品）；6000g 离心 10 min，取上清。

方法二：氯化苄法，参照文献［9］进行操作。

方法三：CTAB 法，参考文献［10］略有改动，具体具体方法如下：

菌沉淀加入 0.5 mL DNA 抽提液混悬，液氮条件下充分研磨菌体，之后加入 700 μL CTAB 提取缓冲液（2% CTAB，1.4 mol/L NaCl，1 mol/L Tris - HCl，0.5 mol/L EDTA），其余操作与方法一同。

方法四：超声波法，参考文献［11］进行操作。

方法五：Soil DNA kit 提取法，菌体加入 0.5 mL ddH_2O 混悬后，后续提取操作参照 E. Z. N. A. © Soil DNA Kit 说明书。

方法六：SDS 高盐法，DNA 抽提液中 NaCl 浓度提高为 2.5 mol/L，其余操作与方法一同。

方法七：SDS - CTAB 法，SDS 法 65℃水浴处理样品 1h 后加入 700 μL CTAB 缓冲液，混匀后再进行 65℃水浴 1h，其余操作与方法一同。

2.2.3 DNA 纯化方法

提取的 DNA 除了方法 5 以外，其他方法参考文献[12]对 DNA 进行纯化操作。

2.3 麦曲总 DNA 质量检测

2.3.1 电泳检测

用 0.8% 琼脂糖对所得麦曲总 DNA 进行电泳实验，跑胶完成后用伯乐 DC XR + 凝胶成像仪进行拍照观察。

2.3.2 纯度检测

不同方法处理得到的样品用紫外分光光度计于波长 260nm、280nm 及 230nm 处测定吸光值 A_{260}、A_{280} 及 A_{230}，计算比值 A_{260}/A_{280} 及 A_{260}/A_{230} 检测样品纯度。

2.3.3　PCR 检测

将得到的麦曲总 DNA 进行 Touch PCR 扩增，对其中真菌的 18S rDNA 区进行扩增，对细菌的 16S rDNA 区进行扩增。真菌采用张霞等在相关研究中所用通用引物[13]，上游引物序列为 NS1：5′－GTAGTCATATGCTTGTCTC－3′，下游引物序列为 NS8：5′－TCCGCAGGTTCAC-CTACGCGA－3′，扩增片段大小为 1.7 kb 左右；细菌采用 Delong 在相关研究中所用通用引物[14]，上游引物序列为 27f：5′－AGAGTTTGATCCTGGCTCAC－3′，下游引物序列为 1492r：5′－TACGGCTACCTTGTTACGACTT－3′，扩增片段大小为 1.5bp 左右。

真菌 PCR 反应体系如下（20 μL）：Taq PCR master mix 10μL，上下引物各 0.2μL，模板 1μL，补无菌水至 20μL。相应 PCR 反应条件为：95℃预变性 5min；94℃变性 30s，60℃退火 30s，72℃延伸 2min（Touch down PCR，10 个循环，每个循环降低 1℃）；94℃变性 30s，58℃退火 30s，72℃延伸 2min（20 个循环）；72℃终延伸 7min。细菌 PCR 反应体系如下（20μL）：Taq PCR master mix 10μL，上下引物各 0.4μL，模板 1μL，补无菌水至 20μL。相应 PCR 反应条件为：95℃预变性 5min；94℃变性 30s，57℃退火 30s，72℃延伸 2min（Touch down PCR，10 个循环，每个循环降低 1℃）；94℃变性 30s，55℃退火 30s，72℃延伸 2min（20 个循环）；72℃终延伸 7min。PCR 产物用 0.8% 琼脂糖凝胶电泳检测。

2.3.4　Real－time PCR 检测

采用伯乐 CFX Connect 实时定量 PCR 仪对总 DNA 进行 Real－time PCR 扩增。为比较不同处理方法得到的总 DNA 样品中真菌和细菌相对模板数的大小，本实验以 SDS 法提取得到的总 DNA 样品作为参考制作稀释曲线，稀释倍数分别为 10、50、100、200、500、1000，细菌 Real－time PCR 采用引物 Eub338F：5′－ACTCCTACGGGAGGCAGCAG－3′及 Eub518R：5′－ATTACCGCGGCTGCTGG－3′进行扩增[15]，反应体系参考文献［15］进行操作；真菌 Real－time PCR 采用引物 ITS1F：5′－CTTGGTCATTTAGAGGAAGTAA－3′及 ITS2：5′－GCTGCGTTCTTCATCGATGC－3′进行扩增[16]，参反应体系考文献[16]进行操作。

3　结果与分析

3.1　不同提取方法电泳结果比较

7 种不同方法提取麦曲总 DNA 样品以 0.8% 琼脂糖进行电泳得到的图谱如图 1 所示。不同方法得到的 DNA 片段唯一，片段较为完整，没有杂带，大小 1.5kb 左右，但不同方法得到的条带在上样量相同的条件下亮度不同，其中 SDS 法、CTAB 法、SDS 高盐法及 SDS－CTAB 法得到的条带较亮且清晰。

3.2　不同提取方法纯度比较

DNA 样品的纯净程度影响着后续 PCR 的结果，由表 1 可以看出，不同处理方法得到的 DNA 样品在纯度的得率上面有着较大的差别。Soil DNA kit 提取法得到的总 DNA

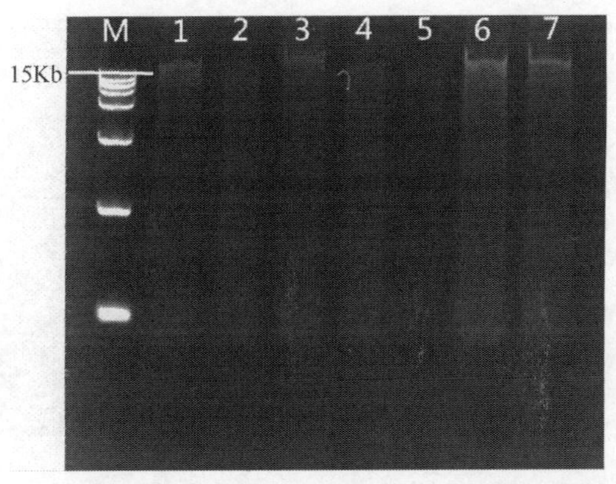

图1 7种不同方法提取麦曲的总DNA凝胶电泳分析

Fig. 1 Electrophoresis analysis of total DNA isolated from Wheat Qusamples using 7 different methods.

注：M：DL 15Kb Marker；1：SDS法；2：氯化苄法；3：CTAB法；4：超声波法；5：Soil DNA kit法；6：SDS高盐法；7：SDS－CTAB法。

样品的 A_{260}/A_{280} 及 A_{260}/A_{230} 值都偏小，DNA质量浓度较低，说明此种方法提取的总DNA有着蛋白、多糖及各种盐离子的污染，并且提取效果不佳[17]；SDS法提取得到的总DNA样品质量浓度较高，但 $A_{260}/A_{280}<1.7$，$A_{260}/A_{230}<2.0$，说明存在着蛋白、多糖、盐离子等的污染；氯化苄法、超声波法及SDS高盐法提取得到的总DNA样品 A_{260}/A_{280} 值在1.8左右，$A_{260}/A_{230}<2.0$，说明样品中蛋白去除较为彻底，但存在着多糖等的污染；CTAB法及SDS－CTAB法提取得到的总DNA样品 A_{260}/A_{280} 及 A_{260}/A_{230} 值相对较为合适，得到的DNA质量浓度较高。

表1 7种不同方法提取的总DNA产量及纯度

Table 1 Yield and purity of total DNA extracted by 7 different methods

样品	A_{260}/A_{280}	A_{260}/A_{230}	DNA质量浓度/（ng/μL）
SDS法提取得到的总DNA	1.57	1.08	134.9
氯化苄法提取得到的总DNA	1.87	1.40	88.1
CTAB法提取得到的总DNA	1.84	1.94	108.3
超声波法提取得到的总DNA	1.74	0.78	73.5
Soil DNA kit法提取得到的总DNA	1.64	0.66	11.5
SDS高盐法提取得到的总DNA	1.73	0.81	110.5
SDS－CTAB波法提取得到的总DNA	1.93	1.84	149.6

3.3 不同提取方法PCR结果比较

分别利用细菌引物27f、1492r及真菌引物NS1、NS8对细菌16S全序列及真菌的18S全序列进行PCR扩增，扩增结果进行0.8%琼脂糖凝胶电泳得到谱图如图2、图3所示。

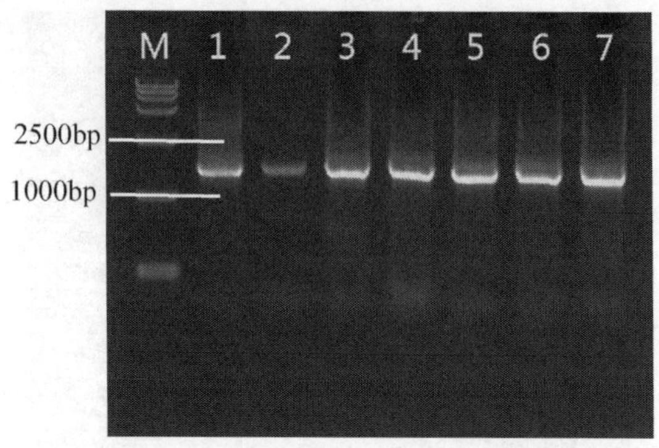

图2　7 种不同方法提取的麦曲总 DNA 进行细菌 PCR 扩增电泳图

Fig. 2 Agarose gel ectrophoresis of PCR products of bacteria insamples extracted by 7 different methods

注：M：DL 15Kb Marker；1：SDS 法；2：氯化苄法；3：CTAB 法；4：超声波法；5：Soil DNA kit 法；6：SDS 高盐法；7：SDS - CTAB 法。

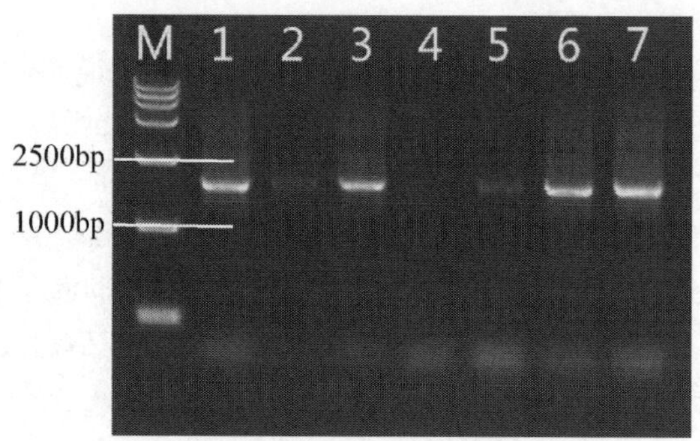

图3　7 种不同方法提取的麦曲总 DNA 进行真菌 PCR 扩增电泳图

Fig. 3 Agarose gel ectrophoresis of PCR products of fungi in samples extracted by 7 different methods

注：M：DL 15Kb Marker；1：SDS 法；2：氯化苄法；3：CTAB 法；4：超声波法；5：Soil DNA kit 法；6：SDS 高盐法；7：SDS - CTAB 法。

从图中可以看出，细菌和真菌相应片段扩增后电泳得到的条带单一，无杂带，说明各自所选通用引物合适，同时细菌扩增条带大小为 1500bp 左右，真菌扩增条带大小为 1700 左右，与相关文献相符[13,14]。7 种方法得到的产物进行细菌 PCR 扩增后都能得到清晰明亮的条带，但进行真菌 PCR 得到的结果有着较大的差别，其中超声波法提取得到的样品在真菌 PCR 时没有得到相应条带，同时氯化苄法及 Soil DNA kit 法提取得到的样品进行真菌 PCR 得到的条带较弱。SDS 法、CTAB 法、SDS 高盐法及 SDS - CTAB 法在细菌和真菌 PCR 结果中都有着亮而清晰的条带，说明这 4 种方法对真菌和细菌的提取效果相对于其他 3 中方法较好。

3.4　不同提取方法 Real - time PCR 结果比较

对 SDS 法提取的总 DNA 进行梯度稀释，稀释倍数分别为 10、50、100、200、500、

1000，进行细菌和真菌 Real - time PCR 绘制熔解曲线和稀释曲线如图 4、图 5 所示。

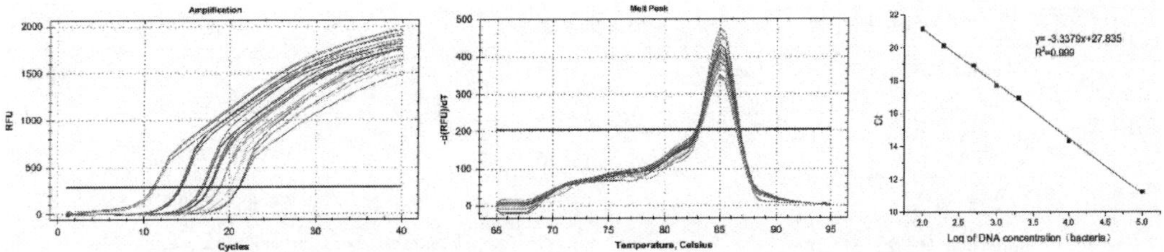

图 4　SDS 法提取总 DNA 进行细菌 Real - time PCR 得到的熔解曲线和稀释曲线

Fig. 4　Melting curve and dilution curve constructed by bacteria Real - time PCR using DNA templates obtained by SDS method

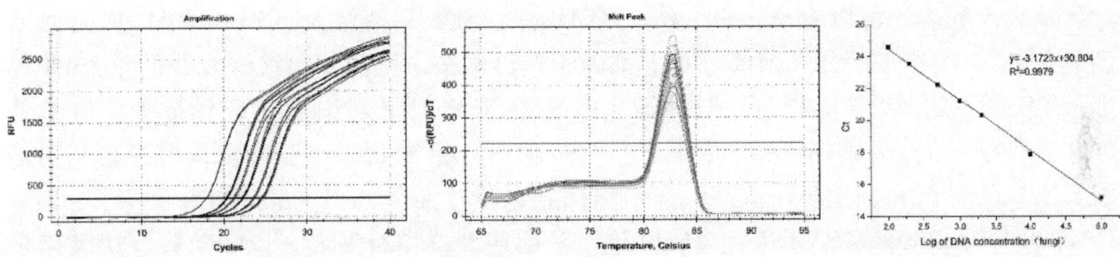

图 5　SDS 法提取总 DNA 进行真菌 Real - time PCR 得到的熔解曲线

Fig. 5　Melting curve and dilution constructed by fungi Real - time PCR using DNA templates obtained by SDS method

由图 4、图 5 可知，以 SDS 提取的总 DNA 进行细菌和真菌 Real - time PCR 所用引物特异性较好，细菌 Real - time PCR 稀释曲线为 $Y = -3.3379X + 27.835$，$R^2 = 0.999$，扩增效率为 99.3%；真菌 Real - time PCR 稀释曲线为 $Y = -3.1723X + 30.804$，$R^2 = 0.998$，扩增效率为 106.6%，均符合后续分析需求。

将不同提取方法所得样品稀释 10 倍后进行细菌和真菌 Real - time PCR 测定 Ct 值比较相对模板量如表 2 和表 3 所示。

表 2　不同提取方法所得样品中细菌相对模板量

Table 2　Relative bacteria template amount in the samples extracted by 7 different methods

不同方法对应的稀释样品	Ct 值（细菌）	相对模板量
SDS 法	14.32	$1 * M_b$
氯化苄法	16.59	$0.233 * M_b$
CTAB 法	14.62	$0.91 * M_b$
超声波法	17.76	$0.104 * M_b$
Soil DNA kit 法	17.27	$0.146 * M_b$
SDS 高盐法	16.45	$0.258 * M_b$
SDS - CTAB 法	13.67	$1.753 * M_b$

注：M_b 为 SDS 法提取麦曲总 DNA 中细菌的模板量。

表3 不同提取方法所得样品中真菌相对模板量

Table 3 Relative fungi template amount in the samples extracted by 7 different methods

不同方法对应的稀释样品	Ct值（真菌）	相对模板量
SDS法	17.85	$1*M_f$
氯化苄法	19.30	$0.423*M_f$
CTAB法	18.36	$0.837*M_f$
超声波法	31.59	$5.652*10^{-5}*M_f$
Soil DNA kit法	21.41	$0.091*M_f$
SDS高盐法	18.37	$0.831*M_f$
SDS-CTAB法	16.31	$2.343*M_f$

注：M_f为SDS法提取麦曲总DNA中真菌的模板量。

从表5和表6可以看出，SDS法、CTAB法、SDS高盐法及SDS-CTAB法提取得到的总DNA中在细菌和真菌模板量上都处于较高水平，虽然超声波法提取的总DAN在细菌PCR时条带较亮且清晰，但进行实时定量PCR时得到细菌模板量最少，可能是PCR条件的不同及引物不同的原因，其中Soil DNA kit法提取得到的真菌模板量相对最少，这与真菌PCR的结果相符，综合不同样品真菌及细菌Real-time PCR结果，SDS-CTAB法提取得到的样品不论在真菌和细菌的模板数都相对最多，说明两种方法联用更能有效的提取麦曲中的总DNA。

4 结语

黄酒麦曲的制作在开放的自然环境中完成，微生物种类多且体系杂，作为黄酒制作的主要微生物来源，高质量的提取麦曲中微生物的总DNA对于分析麦曲微生物组成从而为提高黄酒品质奠定基础有着重要作用。

在提取DNA时，菌体细胞的裂解是提取的关键步骤，菌体裂解方法一般有以下3种：物理法；化学法；酶解法[18]。本文比较的7种方法中对3种裂解方法都有涉及，其中溶菌酶是专门作用于微生物细胞壁的水解酶，对于破坏革兰氏阳性菌的细胞壁有着重要作用。SDS是一种亲水性的表面活性剂，能够溶解细胞膜上面的脂类和蛋白质，从而破坏细胞膜，并且能够解离细胞中的核蛋白，与其结合形成沉淀。蛋白酶K能够很好地水解与DNA结合的蛋白，在SDS的溶液里面更能够很好地发挥作用。CTAB是一种阳离子表面活性剂，在高离子强度的溶液中（>0.7mol/L NaCl），CTAB与蛋白质和多聚糖形成复合物，只是不能沉淀核酸，通过有机溶剂抽提，去除蛋白、多糖、酚类等杂质后加入乙醇沉淀即可使核酸分离出来[19]。

本文中SDS法和超声波法比较了超声波破碎和液氮研磨对菌体细胞壁及真菌孢子壁的破碎效果，通过提取率、PCR验证及Real-time PCR分析说明超声波法对于细菌具有一定的提取效果，但对于真菌的提取效果并不显著，可能实验所用的超声波强度不能产生对真菌尤其是以孢子形式存在的真菌细胞壁很好的破壁效果，从而阻碍了后续总DNA的提取，且提取得到的样品有较为严重的多糖及其他小分子的污染。土壤与麦曲都是真菌、细菌混杂的微生物体系，有相关文献[20]以 Soil DNA kit 对麦曲中总DNA 进行提取，本实验对其提取效果进行比较发现 Soil DNA kit 对麦曲总 DNA 的提取效率较低，其提取纯度只有 11.5ng/μL，在 7 中提取方法中显著偏低，相对于超声波法，Soil DNA kit 法提取对真菌和细菌都有一定的效果，但真菌的提取效率也处于较低水平。张中华等人以氯化苄法对麦曲进行了总 DNA 的提取[21]，本实验参考其做法并对提取产物进行检测，纯度检测表明氯化苄法能够很好地除去提取中的蛋白，但对多糖的清除效果一般，通过提取率检测、PCR 验证及 Real - time PCR 分析表明氯化苄法对麦曲中真菌和细菌都有一定提取效果，这与文献报道相一致。SDS 法对麦曲总 DNA 的提取有着较好的效果，说明 SDS 适用于各种较为复杂的体系，这与 zhou 的研究相符[8]，但由于麦曲以轧碎的小麦为原料，小麦中的淀粉进入提取体系，在 DNA 提取过程中经过 65℃水浴操作，淀粉糊化产生大量多糖干扰提取效果，使得 SDS 法提取的样品有着较多的多糖污染，说明 SDS 法对含有多糖的体系除去多糖效果较差。CTAB 法对于含有多糖等杂质的提取环境有着很好的提取效果，本文对 CTAB 法提取麦曲总 DNA 效果进行考察表明，相对于 SDS 法，CTAB 法得到的样品澄清透亮，从纯度分析可知，CTAB 法大幅度地减少了多糖对样品的污染，且蛋白污染也较少，提取率较高，对于麦曲是一种较好的总 DNA 提取方法。相关文献[22]指出高盐条件下提高了多糖在乙醇溶液中的溶解度，从而达到除去多糖的效果，实验中比较了 SDS 法以及 SDS 高盐法提取效果，结果发现提高了提取体系的盐浓度后多糖的污染并没有减少，反而更加严重，这与文献结果不相同，但该方法总 DNA 提取率依然处于较高水平。SDS - CTAB 法结合了 SDS 法和 CTAB 法的优势，结果表明，SDS - CTAB 不仅增强了对样品的处理程度，使得得到的总 DNA 在质量浓度和模板数都有显著提高，同时很大程度上减少了多糖对样品的污染，但是两种方法联合并没有单独用 CTAB 法更具去除多糖的效果，可能是由于 65℃水浴 1h 时更多的淀粉糊化溶解在体系形成更大量的多糖。通过对纯度检测、PCR 验证以及 Real - time PCR 分析都表明，SDS - CTAB 法对于麦曲体系的提取综合效果最好，是最为合适的提取方法。

综上，本研究通过对 7 中不同提取方法作用于麦曲效果进行比较表明，SDS - CTAB 法联用能够对麦曲起到最佳的提取效果，最终得到总 DNA 样品中 DNA 质量浓度达到 149.6 ng/μL，蛋白、多糖等污染较少，PCR 扩增后电泳得到条带单一明亮，Real - time PCR 结果表明相对于 SDS 法，细菌和真菌模板数分别达到其 2.343 和 1.753 倍，是一种适合于黄酒麦曲总 DNA 提取的优良方法。

参 考 文 献

[1] 周家骐. 黄酒生产工艺 [M]. 第 2 版. 北京：中国轻工业出版社，1996：59 - 118

[2] 曹钰，陆健，等. 绍兴黄酒麦曲中真菌多样性的研究 [J]. 食品科学，2008，29 (03)：277 - 282

[3] 陈亮亮. 黄酒麦曲制曲工艺的优化研究 [D]. 江南大学，2013

[4] 余培斌. 改善绍兴黄酒麦曲品质的初步研究 [D]. 江南大学，2013

[5] Zhang D, Li W, et al. Evaluation of the impact of DNA extraction methods on BAC bacterial community composition measured by denaturing gradient gel electrophoresis [J]. Letters in Applied Micrology, 2011, 53 (1): 44 - 49

[6] 曹钰，陈建尧，等. 黄酒麦曲天然发酵中真菌群落的成因初探 [J]. 食品与生物技术学报，2008，27 (05): 95 - 101

[7] 汪建国. 传统麦曲在黄酒酿造中的作用和特色 [J]. 中国酿造，2004 (10): 29 - 31

[8] Zhou J Z, Bruns M A, et al. DNA recovery from soils of diverse composition [J]. Applied and Environmental Microbiology, 1996, 62 (2): 316 - 322

[9] 朱衡，瞿峰，等. 利用氯化苄提取适于分子生物学分析的真菌 DNA [J]. 真菌学报，1994，13 (01): 34 - 40

[10] Soares S, Amaral J S, et al. Improving DNA isolation from honey for the botanical origin identification [J]. Food Control, 2015, 48: 130 - 136

[11] 李鹏，毕学军，等. DNA 提取方法对活性污泥微生物多样性 PCR - DGGE 检测的影响 [J]. 安全与环境学报，2007，7 (02): 53 - 57

[12] 倪峥飞，许伟，等. 镇江香醋固态发酵醋醅中微生物总 DNA 提取方法比较 [J]. 微生物学报，2010，50 (01): 119 - 125

[13] 张霞，武志芳，等. 贵州浓香型白酒大曲中霉菌的 18S rDNA 系统发育分析 [J]. 应用与环境生物学报，2011，17 (03): 334 - 337

[14] Delong E F. Archaea in coastal marine environments [J]. Proceedings of the National Academy of Sciences of the United States of America, 1992, 89 (12): 5685 - 5689

[15] Guo X, Xia X, et al. Real - time PCR quantification of the predominant bacterial divisions in the distal gut of Meishan and Landrace pigs [J]. Anaerobe, 2008, 14 (4): 224 - 228

[16] Nicolaisen M, Justesen A F, et al. Fungal communities in wheat grain show significant co - existence patterns among species [J]. Fungal Ecology, 2014, 11: 145 - 153

[17] 曹楠楠，平宝红，等，真菌通用引物结合高分辨熔解曲线分析检测鉴定常见曲霉菌 [J]. 热带医学杂志，2012，12 (05): 589 - 592

[18] 倪峥飞. 镇江香醋固态发酵过程中酿造微生物强化及醋醅总 DNA 提取方法的初步研究 [D]. 江南大学，2009

[19] 杨模华，李志辉，等. 马尾松针叶 DNA 提取方法研究 [J]. 中南林业科技大学学报，2008，28 (03): 39 - 44

[20] 叶光斌，李丹宇，等，PCR - DGGE 解析浓香型大曲发酵、储藏过程真菌群落的演替规律 [J]. 四川理工学院学报（自然科学版），2013，26 (04): 5 - 9

[21] 张中华. 绍兴黄酒麦曲中微生物群落结构的研究 [D]. 江南大学，2012

[22] Wulff E G, Torres S, et al. Protocol for DNA extraction from potato tubers [J]. Plant Mol Bio Rep, 2002, 20 : 187

清香白酒酿造用酵母菌的聚类分析

张红霞，韩振华，徐林丽，张秀红*
（山西师范大学生命科学学院，临汾，041000）

摘要：【目的】从清香大曲及酒醅中分离发酵相关的酵母菌，分析其生物多样性并进行聚类分析，获取相关的群落信息。【方法】分离得到48株酿酒相关酵母，活化后接种于WL培养基上培养5天，观察记录菌落形态。对48株酵母进行磷脂脂肪酸（PLFAs）图谱测定并进行SPSS聚类分析。结合前两种聚类结果，取各类代表菌株进行26SrDNA D1/D2区进行测序。【结果】通过WL培养基培养后主要展示出5种不同的菌落特征，磷脂脂肪酸（PLFAs）图谱结合26SrDNA D1/D2区进行测序，得到*Saccharomyces cerevisiae*、*Issatchenkia orientalis*（*Candida krusei / Pichia kudriavzevii*）、*Cryptococcus uzbekistanensis*、*Rhodotorula mucilaginosa*、*Wickerhamomyces anomalus* 5个类群。进一步分析其PLFAs发现，16:1 Cis 9（w7）和18:2 CIS 9，12/18:0a与酵母可以作为特征磷脂脂肪酸区分酿酒酵母与非酿酒酵母。【结论】WL培养基能直观地展示酵母菌之间的菌落差异，26SrDNA、PLFA与WL培养基结果较为吻合，本试验表明WL培养基能较好地对酿酒相关酵母进行分类。PLFA得到的纯菌指纹图谱为将此法应用于不同时期酒醅的免培养的生态学分析提供了数据支持。

关键词：酵母，聚类分析，WL培养基，PLFA，26SrDNA

Clustering analysis of Yeasts for light – fragrant Chinese liquor brewing

Zhang Hongxia, Han Zhenhua, Xu Linli, Zhang Xiuhong*
School of Life Science, Shanxi Normal University, Linfen, 041004

Abstract: [Objective] In order to understanding the yeasts community involved in light – fragrant Chinese liquor brewing, biodiversity and cluster analysis were executed for yeasts isolated from Daqu and fermented sorghum. [Methods] 48 yeasts isolated were inoculated into WL agar, incubated for 5 days, and then the colonies were observed and recorded. The PLFAs were abstracted; alignmented with database, meanwhile cluster analysis of these PLFAs were finished by SPSS. Representative strains from every cluster were identified by molecular biology methods. [Results] Altogether 5 kinds of colony characterizes of yeasts were found. Combination of

PLFAs and molecular biology methods, also 5 clusters were found which were *Saccharomyces cerevisiae*, *Issatchenkia orientalis*, *Cryptococcus uzbekistanensis*, *Rhodotorula mucilaginosa* and *Wickerhamomyces anomalus*. It were found that 16:1 Cis 9 (w 7) and 18:2 CIS 9, 12/18:0a could be the characteristic PLFA for classification of Saccharomyces yeasts and Non - Saccharomyces yeasts. [Conclusion] WL culture medium could intuitively show the differences of different yeasts, and the results were coincide with molecular methods and PLFAs, showing that it could classify yeasts for light - fragrant Chinese liquor brewing. PLFA fingerprint of pure colony could provide support for culture - free analysis of fermented grains during different periods.

Key word: Yeast, cluster analysis, wallerstein laboratory nutrient agar, PLFA, 26SrDNA

中国名优白酒工艺中的制曲酿酒全过程实质上属于开放性生产，在这个过程中有多种酵母菌共同存在并相互作用[1]，在决定发酵速度、酒的风味和质量方面发挥着突出的作用[2,3]。不同酵母菌产生的酶种类、活力和代谢产物各不相同[4,5]，对发酵的生态环境的影响也不尽相同。因此，获取发酵环境中酵母菌的群落信息，对酿酒生产者来说至关重要。

WL 培养基是基于菌落颜色及菌落形态来区分酵母的一种初步鉴定培养基[6,7]，广泛用于葡萄酒酿造过程中酵母的分类研究[6-8]。在白酒酿造中，酵母菌同样是影响产量和质量的重要的微生物类群，有必要了解其在 WL 培养基上的菌落特征及类群。PLFA[9,10]是能定量定性分析微生物群落的不多的方法之一，而且方法简单快捷，目前主要用于对不同样品细菌的群落结构进行分析。酿酒过程中的大曲及酒醅则主要是对酵母菌群落结构分析[11]，目前关于酵母菌 PLFA 的报道还较少。分子生物学方法是目前常用的微生物菌种鉴定的方法之一，对于酵母菌而言，26SrDNA 的 D1/D2 区域位于大亚基的5’端，序列长度在600bp 左右，GUTELL 等研究表明这段区域具有较高的变异率，可以用于亲缘关系较近的菌株之间的分类研究[12]。

本实验筛选了清香白酒酿造环境中大量酵母菌，通过分析其 WL 培养基上的菌落特征、特征 PLFAs，并结合分子生物学方法，对其进行聚类分析。旨在全面了解酿酒环境的酵母菌类群，为大曲及酒醅常规分析提供重要信息。

1 材料和方法

1.1 材料

1.1.1 材料

实验用清香型大曲和酒醅由山西省杏花村汾酒厂股份有限公司提供。材料取得后立即保存于4℃冰箱备用。

培养基：麦氏培养液用于大曲样品中酵母菌增殖；YPD 培养基用于酵母菌的分离纯化；WL 培养基用于酵母菌的初步分类[8]。

1.1.2 主要仪器

Agilent7890 气相色谱仪；石英毛细管柱；氢火焰离子检测器；Applied Biosystems

2720 Thermal cycler PCR 仪；Eppendorf 5804R 离心机；Applied Biosystems 3730 - XL 测序仪；Tanon 2500 凝胶成像系统（天能公司）。

1.2 方法

1.2.1 酵母菌的分离和纯化

参照周德庆等[13]，采用稀释平板菌落计数法，具体操作如下：大曲样品先经麦芽汁培养基增殖，酒醅样品则直接经过逐级稀释后，涂布于添加硫酸链霉素的 YPD 平板中多次培养分离至纯种后，接种斜面冰箱保存备用。

1.2.2 酵母菌的分类鉴定

1.2.2.1 WL 鉴别培养基初步分类

将保藏的菌株活化，让它们尽量处于同一个生长状态，然后划线接种于 WL 营养培养基上，28℃培养 5d 后，观察记录菌落的颜色、形态，然后根据菌落的形态、颜色将所采集的菌株进行初步分类。

1.2.2.2 酵母菌 PLFA 菌种鉴定及指纹图谱分析

酵母菌 PLFA 提取及测定方法主要根据 MIDI 公司生产的微生物自动鉴定系统说明书进行。PLFA 的测定采用美国 MIDI 公司生产的微生物自动鉴定系统（Sherlock Microbioal Identification System Sherlock MIS4. 5）完成，包括 Agilent7890 气相色谱仪，全自动进样装置、石英毛细管柱及氢火焰离子检测器；色谱条件：二阶程序升高柱温，170℃起，5℃/min 升至于 260℃，之后 40℃/min 升温至 310℃，维持 90s；汽化室温度 250℃，检测器温度 300℃；载气为 H_2（2mL/min），尾吹气为 N_2（30mL/min），柱前压 68. 95kPa，进样量为 1uL，进样流分比 100∶1。Sherlock MIS4. 5（Microbial Identification System）和 LGS4. 5（Library Generation Software）鉴定并定量各类磷脂脂肪酸。

1.2.2.3 酵母菌的分子 26SrDNA 鉴定

酵母基因组 DNA 的提取：将待测菌株接种于麦芽汁平板上，培养 3 ~ 5d 后，酵母菌基因组 DNA 提取参照周小玲等的方法进行[14]。

酵母菌 26S rDNA 基因 PCR 扩增：上游引物是 26sF GCATATCGGTAAGCGGAGGAAAAG，下游引物是 26sR GGTCCGTGTTTCAAGACGG；50ul PCR 反应体系：模板 1μL，10 × Buffer（含 2. 5mM Mg^{2+}）5. 0μL，Taq 聚合酶（5U/μL）1. 0μL，dNTP（10mM）1. 0μL，26SF 引物（10μM）1. 5μL，26SR（10uM）1. 5μL，ddH_2O 39μL。轻弹混匀，瞬时离心收集管壁上的液滴至管底，在 PCR 扩增仪上进行 PCR 反应，反应参数如下：预变性 95℃，5min；变性 95℃ 30s；退火 58℃ 45s；延伸 72℃ 1min；终延伸 72℃ 5min；共 35 个循环。PCR 产物用 AxyPrep DNA 凝胶回收试剂盒回收，具体操作按试剂盒说明书进行。取各个菌种纯化后的 PCR 产物，使用测序仪 ABI3730 - XL 进行 DNA 测序。

2 结果与分析

2.1 酵母菌的分离纯化

酿酒环境中酵母菌种类并非单一种类[15]，本实验对清香白酒生产中用到的三种大曲采用多次富集培养的方法；酒醅样品则采取分阶段取样，不同时期样品取样后进行了 2 ~3 次的分离。取得菌悬液后，通过平板稀释法结合四区划线法，培养单个菌落，观察，将不同菌落特征的单个菌落挑取少量镜检，纯且可以初步定为酵母菌，则继续四区划线于培养基上 28℃培养，如此分离 2 ~3 次，共分离得到 48 株有差异的菌株。

2.2 WL 培养基初步分类

通常情况下，各类饮料自然发酵过程中存在的微生物菌群可以用 WL 琼脂培养基进行检测。WL 培养基中包含溴甲酚绿[8]，该物质是一种酸碱指示剂，pH =3.8 时显黄色，pH =5.4 时呈蓝绿色，pH =4.5 时开始有颜色的明显变化，因此不同的菌株在 WL 培养基上显示不同的颜色和形态特征。

根据在该培养基上酵母的菌落形态，本实验筛选的 48 株酵母菌株可分为 12 类。如表 1 所示，与 Cavazza（Cavazza et al. 1992）描述的菌落特征对照可知：一、二、三、四组共 22 株菌株，推测可能为酿酒酵母，只是菌落颜色有略微的差别；十组为隐球酵母；十一组为红酵母；十二组为汉逊酵母；五、六、七、八、九组均未提及，因此不能鉴别。经观察五、六、九组酵母菌落形态相近，只是菌落颜色有差别，推测其属于同一类群的酵母；七、八组也应是属于同一类群酵母。每组代表菌株在 WL 培养基上的菌落形态如图 1 所示。

表 1　酿酒相关酵母在 WL 培养基上的菌落特征

Table 1　Description of different type of yeast isolates on WL medium

组别	菌落颜色		菌落形态	菌株编号
	背面	正面		
一	黄色，中心带绿	乳白色，中间黄绿色	锥形凸起，表面光滑，边缘整齐，不透明奶油状	J2 -1，J2 -2，J2 -8，J2 -9，J7 -3，J7 -7，J12 -3，J12 -6，J12 -7
二	黄色，中心带绿	乳白色，中间淡绿色	锥形凸起，表面光滑，边缘整齐，不透明奶油状	J2 -3，J2 -4，J7 -2，J10 -2，J10 -3，J10 -4，J15 -15
三	黄色，中心带绿	乳白色，中间深绿色	锥形凸起，表面光滑，边缘整齐，不透明奶油状	J11 -1，J12 -1，J15 -1，Q4 -5
四	黄色	纯白色	锥形凸起，表面光滑，边缘整齐，不透明奶油状	J2 -7，J10 -1
五	深绿色	中心灰绿色，周围雪白色	火山状，较扁平，中间灰绿色突起，周围雪白色，面粉状，较干燥	J4 -1，J4 -3，J7 -1，J7 -6，J11 -2，J12 -2，Q4 -1，Q4 -2，Q4 -4
六	深绿色	中心灰白色，周围雪白色	火山状，较扁平，中间灰绿色突起，周围雪白色，褶皱面粉状，较干	Q1 -2，Q2 -2，Q2 -3
七	黄绿色	中心绿色，边缘白色	扁平表面褶皱粗糙中间火山状	J15 -2
八	深绿色	中间草绿色，边缘白色	扁平表面粗糙，中间火山状，面粉状	J15 -4

续表

组别	菌落颜色		菌落形态	菌株编号
	背面	正面		
九	深绿色	颜色呈同心圆变化，中心灰绿色，次外圈雪白色，再一圈淡青绿色，最外圈白色略带透明圈	火山状，较扁平，干燥，边缘不整齐，绒毛状	J4－2，Q1－3，Q3－1，Q3－3，Q3－4
十	绿色	绿色	球形凸起，表面光滑，不透明	Y3－3
十一	绿色	红色	球形凸起，表面光滑，不透明	Y3－7
十二	边缘淡绿色，中间深绿色	边缘白色，中间青灰色	菌落平坦，表面光滑，边缘整齐，不透明奶油状	J2－5，J12－4

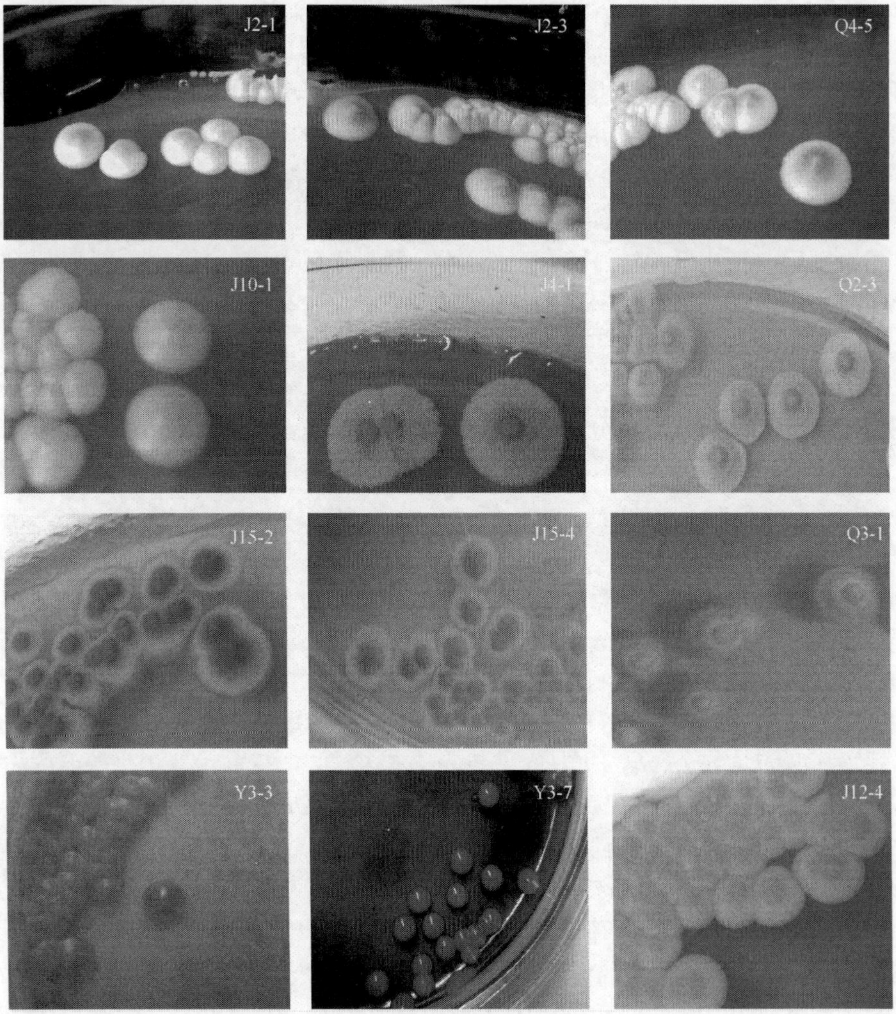

图 1　每类群代表酵母菌的在 WL 培养基上的形态

Fig. 1　Description of representative isolates on WL medium

2.3 PLFA 鉴定及指纹图谱分析

样品脂肪酸经气相色谱检测，系统，数据通过 Sherlock 特征识别软件，进行峰的整合、校准和命名，样品的脂肪酸组成状况与系统谱库中的标准菌株数值匹配计算相似度（Similarity Index，SI），从而给出一种或几种可能的菌种鉴定结果。样品的 SI 值在 0.500 或更高且第一和第二的选择大于 0.100 时，则视为良好的比对结果；数值低于 0.300 时可能数据库中没有此菌种的数据，但软件将指示出最接近相关的菌种。由此可知，菌株 J2-1，J2-2，J2-3，J2-4，J2-7，J2-8，J2-9，J7-2，J7-3，J7-7，J10-1，J10-2，J10-3，J10-4，J11-1，J12-1，J12-2，J12-3，J12-6，J12-7，J15-1，J15-15，Q4-5 被鉴定为 *Saccharomyces cerevisiae*。菌株 J4-1，J4-2，J4-3，J7-1，J7-6，J11-2，J12-2，J15-2，Q1-2，Q1-3，Q2-1，Q2-2，Q2-3，Q3-1，Q3-3，Q3-4，Q4-2，Q4-3，Q4-4 被鉴定为 *Candida krusei*。Q3-2 被鉴定为 *Candida acidothermophilum*，SI 值为 0.878。Y3-3，Y3-7 均鉴定为 *Rhodotorula rubra*，SI 值分别为为 0.568，0.490。而 J2-5 和 J12-4 两株菌鉴定不成功。

利用 SPSS 软件对 48 株酵母菌脂肪酸色谱结果进行聚类分析，结果如图 2 所示，当选取欧氏距离不同时，所分脂肪酸类群也不同。样品的欧氏距离（Euclidian distance）在 25 或以上时所有酵母为同一类群；当 $\lambda=11$ 时，48 株酵母被分成三个脂肪酸类群；当 $\lambda=5$ 时，可分成 5 个脂肪酸类群。结合 WL 培养基分类情况，在 WL 培养基上菌落形态相似的 J12-4 和 J2-5，J15-2 和 J15-4 被分别聚成一类，聚类结果与相应的 WL 培养类型所反映的信息是一致的。菌株 J2-1，J2-2，J2-3，J2-4，J2-7，J2-8，J2-9，J7-2，J7-3，J7-7，J10-1，J10-2，J10-3，J10-4，J11-1，J12-1，J12-3，J12-6，J12-7，J15-1，J15-15，Q4-5 在 WL 培养基上菌落形态相似，推测为酿酒酵母，在 PLFA 聚类分析中这类酵母被聚在一起。此结果与图 2 中当欧氏距离为 15 时 48 株酵母菌分成两大类——酿酒酵母和非酿酒酵母的结果相一致。

2.4 酵母菌的分子鉴定及系统进化树分析

根据酵母菌 PLFA 聚类分析结果，选取 $\lambda=3$ 时，可分成 18 个类群，从中随机选取代表菌株进行 26S rDNA D1/D2 区域测序。将所得菌株的 26S rDNA D1/D2 区域序列在 GenBank 核酸序列数据库中进行同源序列搜索，测定结果如表 2 所示。从表二可知，18 株供试菌株与相应的模式菌株同源性为 99%～100%，其中 11 株 *Saccharomyces cerevisiae*，3 株 *Issatchenkia orientalis*（*Pichia kudriavzevii*），1 株 *Cryptococcus uzbekistanensis*，1 株 *Rhodotorula mucilaginosa*，2 株 *Wickerhamomyces anomalus*，共属于 5 个类群。

J15-2、Q3-3、J7-6 三株酵母的 26SrDNA 序列与 NCBI 数据库比对，结果显示其同时与 *Issatchenkia orientalis* 和 *Pichia kudriavzevii* 有同等高度的相似性。从其种属关系我们可知，*Issatchenkia orientalis* 是 *Pichia*（属）里面的种，因此 *Issatchenkia orientalis* 和 *Pichia kudriavzevii* 可能是相同的菌株。对于 J4-1 等菌株，PLFA 方法鉴定结果为 *Candida krusei*（克鲁斯假丝酵母）与 26SrDNA 鉴定结果为 *lssatchenkia orientalis*（东方伊萨酵母），这两个名称可能是同物的异名[16]。所以这三个名称 *Issatchenkia orientalis*、*Candi-*

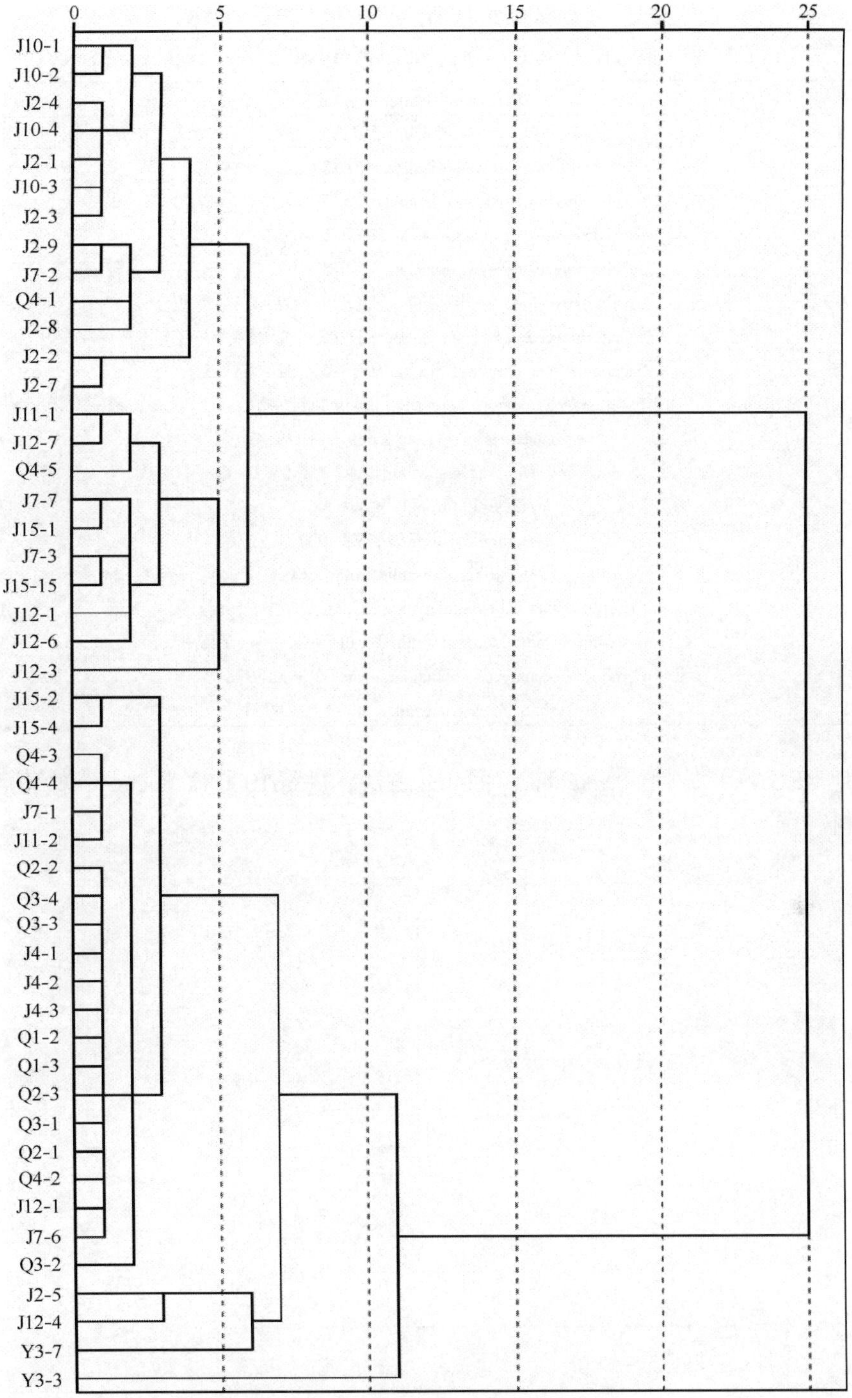

图 2　PLFAs 对酵母菌进行聚类分析

Fig. 2　Cluster analysis of yeast by PLFA

da krusei 和 *Pichia kudriavzevii* 可能是同一酵母的不同命名。

表 2 根据 26S rDNA D1/D2 区域序列鉴定结果

Table 2 Identification results based on 26S rDNA D1/D2 region sequence

ID No.	DNA identification results	Identities
J12 - 3	Saccharomyces cerevisiae isolate DEST5 - D2 - T4 - 3	100%
J12 - 6	Saccharomyces cerevisiae isolate DEST5 - D2 - T4 - 3	100%
J12 - 7	Saccharomyces cerevisiae isolate DEST5 - D2 - T4 - 3	100%
J2 - 1	Saccharomyces cerevisiae isolate DEST5 - D2 - T4 - 3	99%
J2 - 2	Saccharomyces cerevisiae isolate DEST5 - D2 - T4 - 3	99%
J7 - 2	Saccharomyces cerevisiae isolate DEST5 - D2 - T4 - 3	99%
J7 - 7	Saccharomyces cerevisiae isolate DEST5 - D2 - T4 - 3	99%
J15 - 15	Saccharomyces cerevisiae isolate DEST5 - D2 - T4 - 3	99%
J2 - 7	Saccharomyces cerevisiae strain JNIT - 2	99%
J12 - 1	Saccharomyces cerevisiae strain SYHHS - 3	99%
Q4 - 5	Saccharomyces cerevisiae strain CEC RMab - 1 - 40	99%
J7 - 6	Issatchenkia orientalis WL2002	99%
Q3 - 1	Issatchenkia orientalis WL2002	99%
J15 - 2	Issatchenkia orientalis isolate229	99%
Y3 - 3	Cryptococcus uzbekistanensis isolate HAI - Y - 556	100%
Y3 - 7	Rhodotorula mucilaginosa strain DY115 - 21 - 1 - Y46	99%
J12 - 4	Wickerhamomyces anomalus strain DMic 113928	99%
J2 - 5	Wickerhamomyces anomalus strain P42B001	99%

采用 MEGA5.0 软件的 Neighbor - joining 方法，进行 1000 次 Bootstrap 检验后构建系统发育树（图 3）。

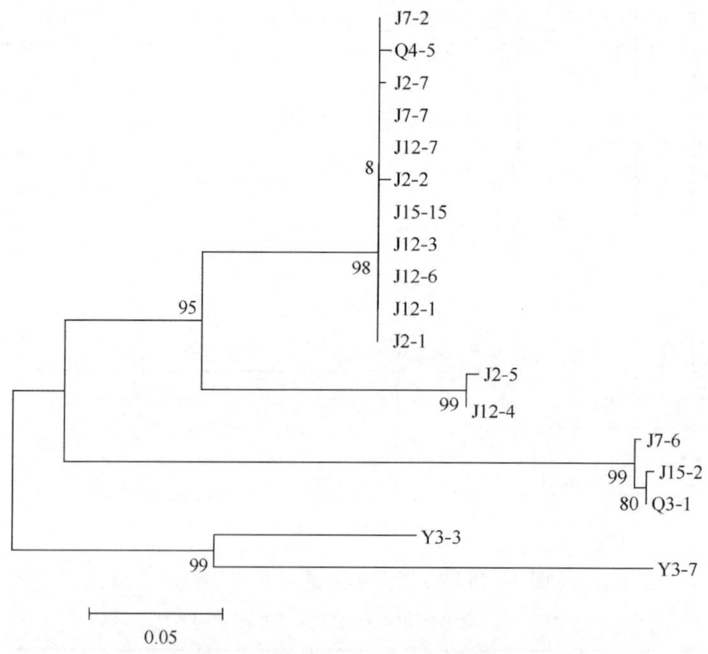

图 3 根据 26S rDNA D1/D2 区域序列绘制系统树

Fig. 3 Dendrogram resulting from cluster analysis of the26S rDNA D1/D2

2.5 酵母菌株的特征磷脂脂肪酸分析

在鉴定的18株酵母菌菌株中，含量相对较高的脂肪酸分布图如图4所示。脂肪酸16：00在所有酵母菌中均存在，除两株 *Wickerhamomyces anomalus* 含量在20%左右外，其余酵母菌株的含量稳定在10%左右。图中J2－1到Q4－5均为酿酒酵母，J7－6到J12－4均为非酿酒酵母，可见，脂肪酸16∶1 Cis 9（w 7）在11株酿酒酵母中的含量在40%～60%，而其他非酿酒酵母含量在10%以内，显著低于酿酒酵母属。Sum in feature 8的含量与16∶1 Cis 9（w 7）的含量呈现相反的趋势，其在非酿酒酵母中的含量略微高于酿酒酵母；而脂肪酸18∶2 CIS 9，12/18∶0a在酿酒酵母中没有检测到，而在非酿酒酵母中含量在20%～40%。由此推测脂肪酸16∶1 Cis 9（w 7）和18∶2 CIS 9，12/18∶0a可以作为特征磷脂脂肪酸区分酿酒酵母与非酿酒酵母的特征性脂肪酸。

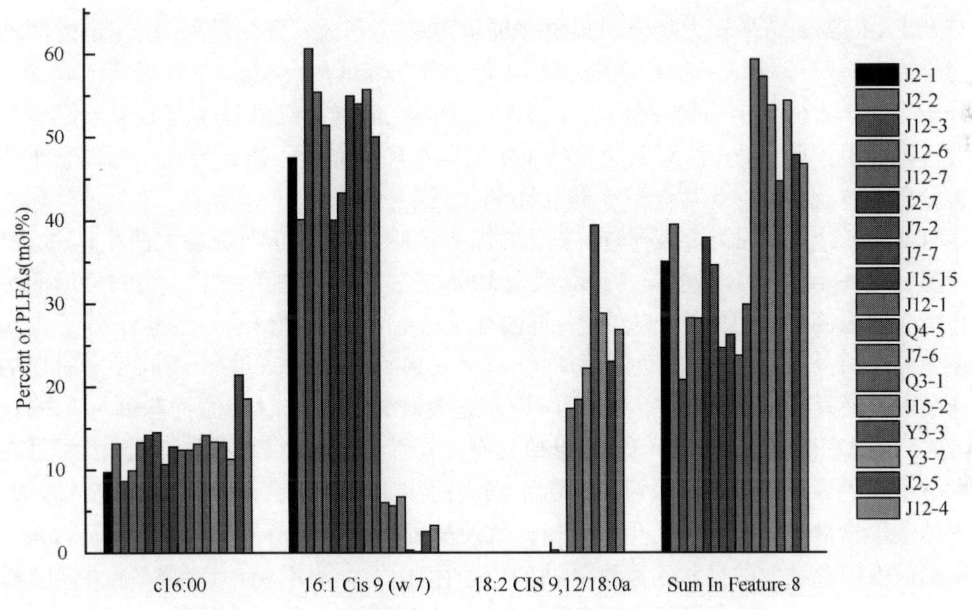

图4 各酵母菌含量较高的脂肪酸分布图

Fig. 4 Distribution of the abundant fatty acid of yeast strains

3 讨论

酵母菌是酿酒过程中的主要微生物类群。由于白酒采用生料制曲及开放生产，酿酒过程涉及的酵母菌种类也不只一种[17]。本实验从清香白酒生产用曲及不同发酵阶段的酒醅中共分离到48株酵母，不仅包括产酒的酿酒酵母，还有异常州汉逊酵母和东方伊莎酵母，甚至分离到了较小的隐球酵母和红酵母。

WL培养基能直观地展示酵母菌之间的菌落差异，本实验中酵母菌展示出明显不同的特征，能简单快捷地对清香白酒生产中的酵母菌进行分类。其中 *Saccharomyces cerevisiae*

为球形突起，表面光滑，不透明，菌落边缘呈奶油色，中心淡绿色到绿色；*Issatchenkia orientalis*（*Pichia kudriavzevii*）为火山状，同心圆蔓延，较扁平，中间灰绿色或草绿色突起，周围雪白色，面粉状，较干燥；*Cryptococcus uzbekistanensis* 为绿色球形凸起，表面光滑，不透明；*Wickerhamomyces anomalus* 为不透明奶油状，菌落平坦，边缘白色，中间青灰色，表面光滑，边缘整齐。结合 PLFA 与分子鉴定结果，进一步证明，WL 显色培养基对酵母菌分类与种类初步鉴定，表现出了较高的准确度与精确度[18]。

本研究将 PLFA 技术引入到清香型白酒酿造相关酵母菌鉴定及聚类分析中。通过对纯的酵母菌 PLFAs 组分分析与数据库比对，鉴定的 *Saccharomyces cerevisiae*，*Candida kruse* 的 SI 值范围分别为 0. 559 – 0. 862，0. 615 – 0. 898，*Candida acidothermophilum* 的 SI 值高达 0. 878，还鉴定了 *Rhodotorula rubra*，只菌株 J2 – 5 和 J12 – 4 两株菌鉴定不成功。原因是 PLFAs 鉴定微生物的主要是细菌，真菌数据库则较少，还有待进一步开放补充。同时，对各酵母菌根据 PLFAs 组分进行聚类分析，并取代表进行分子生物学鉴定。结果与 PLFA 得到的结果较为吻合。酿酒酵母鉴定结果完全一致，PLFA 没鉴定的两株菌均为维克汉逊酵母。Y3 – 7 用两种方法均鉴定为红酵母属，只是种名不同；对 Y3 – 3 用分子生物学方法鉴定为隐球酵母，PLFA 鉴定为红酵母。红酵母本身是属于隐球酵母科的，因而也说明 PLFA 法对真菌菌种鉴定的数据库不完全，需要补充。通过分子测序聚类分析也发现，Y3 – 3 与 Y3 – 7 进化距离较近。

有研究指出，大曲中酿酒酵母并不是优势菌株，原因可能是在大曲生产过程中，培养温度最高可达 55℃，水分含量降低至 10% 左右，这样的条件下，酿酒酵母的生长和存活受到限制[19]。因此在成熟的大曲含有较低数量的酿酒酵母，这也解释了本次研究在大曲中只分离到两株酿酒酵母 Q4 – 5、Q4 – 1，而在所取的各个不同发酵时期的酒醅样品中共同存在的是酿酒酵母，所以说它是发酵过程各个时期的优势酵母。26S rDNA 分子鉴定表明，酒醅中的酿酒酵母菌具有多样性，同时也再次证实了酿酒酵母在酒精发酵中的主导地位。其原因可能是由于当大曲用于酿酒时，由于高粱、辅料的加入，曲中的微生物被激活，优势菌生长迅速，致使酿酒体系中的菌群结构发生显著改变[20]，在发酵过程中存在发酵糖和乙醇耐受性的竞争生长[21]，耐酒精、产酒精能力强的酿酒酵母以其优越的性能被保留下来。据金耀光等人的研究，酿酒酵母的细胞膜含有更多的长链脂肪酸可以增加疏水区的表面积和范德华相互作用力，降低膜疏水区的极性，从而恢复细胞膜的渗透性功能，同时，长链脂肪酸可以增加疏水区的厚度，阻止乙醇进入疏水区[22]从而产生高的耐酒精性。分离所得的非酿酒酵母[23,24]，如 *I. Orientalis* / *P. kudriavzevii* 和 *W. Anomalus* 具有较强的酯合成能力[25]，能够产生特殊的酯香味物质，继而影响酒的特殊风味形成[26,27]。本次实验分离得到酒曲中丰富的酵母种类，为以后利用酒曲中的酿酒酵母属酵母来提高发酵力和酒精度，以及利用非酿酒酵母属酵母来改善清香型白酒的整体风味品质提供重要菌种来源。

参 考 文 献

[1] Pennisi E. Wine Yeast's Surprising Diversity [J]. Science, 2005, 309

[2] Clavijo A, Calderón IL, et al. Diversity of Saccharomyces and non – Saccharomy-

ces yeasts in three red grape varieties cultured in the Serranía de Ronda (Spain) vine - growing region [J]. International journal of food microbiology, 2010, 143: 241 - 245

[3] Lv X. C., Huang X. L., et al. Yeast diversity of traditional alcohol fermentation starters for Hong Qu glutinous rice wine brewing, revealed by culture - dependent and culture - independent methods [J]. Food Control, 2013, 34 (1): 183 - 190

[4] Ciani M, Comitini F. Yeast interactions in multi - starter wine fermentation [J]. Current Opinion in Food Science, 2015, 1: 1 - 6

[5] Capece A, Fiore C, et al. Molecular and technological approaches to evaluate strain biodiversity in Hanseniaspora uvarum of wine origin [J]. Journal of Applied Microbiology, 2005, 98: 136 - 144

[6] Reensr, Graypp. A differential procedure applicable to bacteriological investigation in brewing [J]. Wallerstein Comm, 1950, 13: 357 - 366

[7] Cavazzaa, Grandoms, et al. Rilevazione della floramicrobica dimostie vini [J]. Vignevini, 1992, 9: 17 - 20

[8] 杨莹，徐艳文，等. WL 营养琼脂对葡萄酒相关酵母的鉴定效果验证 [J]. 微生物学杂志，2007，27 (5): 75 - 78

[9] Amrit Kaur AC, Amarjeet Kaur, R. et al. Phospholipid fatty acid - A bioindicator of environment monitoring and assessment in soil ecosystem [J]. Current Science, 2005, 89 (7): 1103 - 1112

[10] 张秋芳，刘波，等. 土壤微生物群落磷脂脂肪酸 PLFA 生物标记多样性 [J]. 生态学报，2009，29 (8): 4127 - 4137

[11] 刘琨毅，陈帅，等. 基于 PLFA 指纹图谱表征浓香型酒糟醅微生物群落结构 [J]. 应用生态学报，2012，23 (6): 1620 - 1628

[12] 唐玲，刘平，等. 酵母的分子生物学鉴定 [J]. 生物技术通报，2008，5: 84 - 87

[13] 周德庆. 微生物学教程 [M]. 北京：高等教育出版社，2012

[14] 周小玲，沈微，等. 一种快速提取真菌染色体 DNA 的方法 [J]. 微生物学通报，2004，31 (4): 89 - 92

[15] Cordero - Bueso G, Arroyo T, et al. Influence of the farming system and vine variety on yeast communities associated with grape berries [J]. International journal of food microbiology, 2011, 145 (1): 132 - 139

[16] 张晓娟，王柱，周光燕，宋萍. 西南菌种站 20 株酵母菌种基于 26SrDNA D1/D2 区序列分析研究 [J]. 四川食品与发酵，2008，44 (3): 1 - 4

[17] 苏龙，刘树文，等. 东北山葡萄酒自然发酵酵母菌群的研究 [J]. 食品与生物技术学报，2007，26 (3): 110 - 115

[18] CHRISTINA L P, JAMES A B, et al. Use of WL medium to profile native flora fermentations [J]. American Journal of Enology and Viticulture, 2001, 52 (3): 198 - 203

[19] Zheng X. W., Yan Z., et al. Complex microbiota of a Chinese "Fen" liquor

fermentation starter (Fen－Daqu), revealed by culture－dependent and culture－independent methods [J]. Food microbiology, 2012, 31 (2): 293－300

[20] 吕旭聪，翁星，等. 红曲黄酒酿造用曲及传统酿造过程中酵母菌的多样性研究 [J]. 中国食品学报，2012，12 (1): 182－190

[21] Li X. R., Ma E. B., et al. Bacterial and fungal diversity in the traditional Chinese liquor fermentation process [J]. International journal of food microbiology, 2011, 146 (1): 31－37

[22] 金耀光. 酿酒酵母酿造特性的研究 [D]. 江南大学，2008，756

[23] Fernando Viana, José V. Gil, et al. Rational selection of non－Saccharomyces wine yeasts for mixed starters based on ester formation and enological traits [J]. Food microbiology, 2008, 25: 778－785

[24] Hong Y. A., Park H. D.. Role of non－Saccharomyces yeasts in Korean wines produced from Campbell Early grapes Potential use of Hanseniaspora uvarum as a starter culture [J]. Food microbiology, 2013, 34: 207－214

[25] Comitini F, Gobbi M, et al. Selected non－Saccharomyces wine yeasts in controlled multistarter fermentations with Saccharomyces cerevisiae [J]. Food microbiology, 2011, 28 (5): 873－882

[26] 徐亚男，刘秋萍，等. GC－MS 对非酿酒酵母菌发酵赤霞珠葡萄酒香气成分的检测 [J]. 中国酿造，2014，33 (6): 135－139

[27] Wu Q., Chen L., et al. Yeast community associated with the solid state fermentation of traditional Chinese Maotai－flavor liquor [J]. International journal of food microbiology, 2013, 166 (2): 323－330

关于规范黄酒术语英译名的建议

谢广发

中国绍兴黄酒集团有限公司　国家黄酒工程技术研究中心，浙江　绍兴　312000

曾写过《黄酒走向世界需统一英文名称》的文章，当时没有引起业界重视。但从最近发生的两件事中又感到有旧事重提的必要：一是近来发现科技期刊中有关白酒术语的英译名统一了，且多采用中文音译，如白酒（Baijiu）、大曲（Daqu）；二是一位高校教授来电询问黄酒和酒药的英译名，说最近想写黄酒论文，发现黄酒和酒药的英译名五花八门，不知到底该用什么译名好。

中国黄酒和白酒在世界酿酒业中独树一帜，是我国独具特色的民族产业。白酒是世界上产量最大的蒸馏酒，其用酒曲发酵、固态发酵、固态蒸馏等酿造技艺与西方的威士忌和白兰地不同，从而具有独特的酒质。Liquor 是蒸馏酒、烈性酒的统称，国外蒸馏酒如威士忌（Whisky）、白兰地（Brandy）、伏特加（Vodka）、朗姆酒（Rum）、金酒（Gin）都有专有名称。以 Baijiu 作为白酒的英译名体现了我国白酒界的成熟和自信。

目前黄酒相关术语的英译名庞杂混乱。"黄酒"有 6 种以上的英译名，在国内外发表的论文译名主要有 yellow rice wine、Chinese rice wine、yellow wine、rice wine 等，宣传材料还有 huang jiu、lao jiu 等。英译名庞杂混乱，不利于外国人了解和认识黄酒。

黄酒要推向世界，必须规范相关术语的英译名。目前黄酒的英译名多带有 wine，wine 意为葡萄酒、果汁酒，不能体现黄酒的本质特点和文化内涵。日本清酒源于中国黄酒，是真正的米酒，其英文名称为 sake，而不用 rice wine。

限于水平，探索黄酒术语的英译力不从心，但作为一名从业多年的科技人员，出于对黄酒业的热爱，斗胆在此抛砖引玉，推荐部分黄酒相关术语英译名（表 1）。建议黄酒英译名采用"Laojiu"，先在 Laojiu 后标注"（Chinese rice wine）"，待普遍接受后直接用 Laojiu。理由如下：

首先，Laojiu 对应中文"老酒"。老酒一词已被消费者广泛接受，如绍兴老酒、上海老酒、即墨老酒、福建老酒。并且老酒一词比黄酒更能概括中国黄酒的特色：黄酒是我国最古老的酒种，也是世界三大最古老的酒种之一，老酒的含义可理解为古老的、岁月历练的酒；黄酒酿造周期一般较长，且越陈越香，越陈其味越醇，老字的含义有"陈"的意思。

作者简介：谢广发，教授级高工，主要从事黄酒研发工作，Tel：0575 - 85170463；Fax：0575 - 85176032；E - mail：xiegf632@ 126. com。

其次，音译法符合规范和惯例，已被广泛采用，如宣纸（Xuan paper）、武术（Wushu）、中国的许多大学名称都采用音译法。早在1977年，联合国第三届地名标准化会议就通过了按照《汉语拼音方案》拼写中国地名的决议。

再次，Laojiu为单个词，简洁且发音响亮。Laojiu一词外国人不存在拼读障碍，中国的两个名人老子和毛泽东的英译名分别为Laotse和Mao Tse－Tung，都含Lao或ao。

西方酿酒不用酒曲，因而没有对应的酒曲英文名称，中国酒曲英译名多年来一直采用日本清酒曲的koji。中国白酒大曲和黄酒麦曲无论原料、制作工艺，还是微生物与风味物质的多样性都与清酒曲不同。更为重要的是，酒曲是中国古代的伟大发明，对世界发酵工业的发展做出了重要贡献，日本著名微生物学家坂口谨一郎认为可与中国古代的四大发明相媲美，而日本酒曲源于中国。因此，用koji作为大曲和麦曲的英译名，不能准确反映中国酒曲的特色和文化内涵。江南大学陆健教授和笔者于2006年在国际期刊*Journal of the Institute of Brewing*上首次使用wheat－*Qu*，现已有了较高的接受度。为了与白酒大曲的Daqu对应，建议今后黄酒麦曲英译名采用Wheatqu。

表1　黄酒术语建议英译名

术语	现译名	建议译名
黄酒	yellow rice wine，yellow wine，Chinese rice wine，rice wine，huangjiu，laojiu	Laojiu［加标注：（Chinese rice wine）］
麦曲	wheat starter，wheat koji，maiqu，koji，koji starter，wheat－*Qu*	Wheatqu
酒药（小曲）	Starter，wine drug，xiaoqu	Xiaoqu
酒母	yeast wine，yeast，yeast starter	yeast starter
淋饭酒母	Lin－fan rice wine yeast，Lin－fan yeast starter，Lin－fan rice wine starter，rice－sprinkling wine yeast	Lin－fan yeast starter

“中国黄酒，天下一绝”，中国黄酒及其酿制技艺作为传承数千年的国之瑰宝，术语的英译名必须与其地位和内涵相匹配。建议由中国酒业协会及黄酒分会出面广泛征集，经专家评定后，发布公告。

中国淡雅型白酒生产技术探讨

张金修

安徽省亳州市涡阳县酿酒研究所，安徽　亳州　233667

摘要：从原料、工艺、储存、勾调等方面介绍了浓香淡雅型白酒的生产方法，针对提高浓香与淡雅的高度和谐，需要强化传统工艺，重视香型融合，提高勾兑水平，才能做到酸与酯的平衡香与味的和谐。

关键词：白酒浓香，淡雅，和谐

The discussion on Chinese elegant type liquor production technology

Zhang jinxiu

Wine Institute of Guoyang County in Anhui Bozhou province，Anhui Bozhou 233667

Abstract：The quietly elegant aroma type liquor was introduced from the aspects such as the raw material，process，storage and blending，the production methods. To improve the harmonious with the height of quietly elegant aroma，we need to strengthen the traditional process and the attention to the fusion，improving the level of blending，then we can attain the balance of acid and ester aroma and taste of harmony.

Keyword：The aroma of White wine，quietly elegant，harmonious

白酒是中华民族工业的传统产品，以其源远流长的历史博大精深的酿造工艺，成为世界上一颗璀璨的明珠，其以天然的多种微生物、开放式固态发酵等独特的生产工艺，形成不同香型的独特风格。发展至今已有十二大香型白酒，业内人士都知道，白酒的主要成分是乙醇和水（占总量的98%～99%），而溶于其中的酸、酯、醇、醛等种

* 作者简介：张金修，安徽省亳州市高炉镇人，涡阳县酿酒研究所所长兼济南红高粱酒业公司总工程师，《中国白酒》技术专家组常务委员，国家一级品酒师，高级酿造师，白酒第一网专家栏目权威技术专家，从事白酒品评勾调和新产品研发工作30余年，先后在《酿酒》《酿酒科技》《中国白酒》发表科技论文多篇，其中《白酒中微量成分对人体的作用》获中国酒业征文全国三等奖。E－mail：921559856@qq.com。

类众多的微量有机化合物（占总量的1% ~2%）作为白酒的呈香呈味物质，但是这些极微量的成分却决定着白酒的典型风格。

影响白酒微量成分因素虽然很多，但是主要由自然条件与地理环境、原料、工艺、储存、勾兑技术等方面，自然因素与地理环境决定酿酒工艺，适宜的自然环境加上独特的酿酒工艺形成中国白酒百花齐放、各有千秋的风格。在众多名优白酒中浓香型仍然占据着龙头老大的位置，深受消费者的厚爱，就其风格而言，存在以下两种不同的流派：一派是以泸州老窖、五粮液为代表的“浓中带陈”或称“浓中带酱”的流派，从区域上界定为川派，这个流派的浓香型白酒“重香”，闻香以窖香浓郁，香味丰满而著称；在口味上突出绵甜；气味上带有“陈香”或所谓的“老窖香”，似乎又带有微弱的“酱香气味”特征。另一派是以洋河大曲、古井贡、双沟大曲为代表的“纯浓型”或称淡雅浓香型的流派，这个流派的浓香型白酒以味为主，从区域上可界定为江淮派，该流派的特点是突出以己酸乙酯为主题的复合香气，而且口味纯正，以绵甜爽净而著称。

由于现代生活节奏的加快，工作的繁忙，人们紧张的心情需要放松，消费者的口感也发生了转变，更加倾向于口味柔和淡雅的白酒，低酒精度和健康型白酒成了消费者的最新追求，所以淡雅白酒受到了许多消费者的喜欢，原来“香气浓、冲、爆、辣”等刺激性很大的白酒口感，已不再适用于消费者的需求，他们对白酒的口感有了更高的要求；在香气上要求“幽雅、细腻、柔和、舒适”，口感上要“不冲、不辣、不燥，入口绵软，后味爽净”，不要香气过浓，后味不要求悠长，要净爽，说起来简单，既要浓香，又要淡雅，既矛盾又互相统一[1]。做淡容易，做雅很难，淡与雅的高度和谐和统一，是淡雅型白酒典型风格的完美体现。

怎样才能做到白酒浓香与淡雅的高度和谐，这是对中国白酒的一次考验与创新，厂家能不能生产出来广大消费者需要的产品，取决于酒厂的综合实力；调酒师的水平；白酒生产工艺的创新和融合，以及先进的检测仪器和净化设备。一些无生产能力的小企业，也纷纷打起“年份、柔和、淡雅”等标示，来吸引广大消费者，酒质既不“柔”，也不“雅”，甚至还带有水味，影响了消费者的购买力，他们只有选择一些大的生产厂家的白酒和知名品牌，其中，以江苏的“洋河”“双沟”“今世缘”，山东的“泰山”“古贝春”“扳倒井”，河南的“宋河”“张弓”“仰韶”，安徽的“古井贡”“迎驾”“皖酒王”等品牌为代表的白酒新贵，引领了浓香型白酒的发展方向，他们将制曲、酿酒工艺进行创新和融合，结合当地地域环境、消费习惯等情况进行创新，形成各具特色的“淡雅”香型，成为消费者的首选。

为了使企业生产出更好的浓香淡雅型白酒，本人根据安徽省涡阳县酿酒研究所“赢杯传奇”淡雅型白酒的研制方法与大家共同探讨。

1 原料

1.1 “水是酒之血”

“名酒产地，必有佳泉”，这是古代对水质与酒质关系问题做出的结论，现代的分

析技术证实了这一结论是科学的[2]在白酒的酿造过程中，水既是一种主要生产原料，又是白酒的主要组成部分，酿造用水由于参与发酵，并经高温蒸馏，一般不需要净化处理，要求无色透明，无悬浮物，无沉淀，凡是呈现微黄、浑浊、悬浮的小颗粒的水，必须经过处理才能使用；在口味上要求味净微甘、具有清爽气味，不能够有异杂味，pH6～8（中性）为好，这样的水质才是符合酿酒要求。

1.2 “曲是酒之骨”

曲是酒中香味物质的主要来源，采用中温大曲、高温大曲和少量麸曲混合使用，中温大曲可以提高出酒率，高温大曲可以增加酒的香味，麸曲微生物种类少、酶系单一，大麸结合及多微共酵，是白酒风格多样化的基础，注意它们之间的配比，如麸曲用量过大，是造成白酒香味物质单一，酒体欠丰满细腻的主要原因。

1.3 “粮是酒之肉”

从生产原料及质量入手：酿酒原料质量的好坏直接影响到白酒的质量和出酒率。制定和完善了原料的采购标准和验收程序，坚决杜绝不合格原料进入生产工序，从而保证了所酿白酒的优良品质。所用粮食必须籽粒饱满，颜色鲜艳，无虫蛀，无霉味，杂质≤2%，水分≤13%，农药残留成分必须符合国家标准。辅料稻壳选用金黄色，杂质少，新鲜，无霉变的粗糠，利于糟醅的疏松和保水。由单粮酿造改为多粮酿造，精选优质五粮，因“高粱产酒香、玉米产酒甜、糯米产酒绵、小麦产酒燥、大米产酒净”，按五粮液的原料配比，即高粱 36%、大米 22%、糯米 18%、小麦 16%、玉米 8%，此配方是经过千年演变最终形成的，十分符合人体对五谷杂粮营养成分的需求，如高粱的内多为淀粉颗粒，外包一层由蛋白质及脂肪等组成的胶粒层，易受热分解。高粱的半纤维含量约为3%，高粱壳中的单宁含量在2%以上，其微量的单宁及花青素等色素成分经蒸馏和发酵后，衍生物为香兰酸等酚类化合物，能赋予白酒特殊的香气，但单宁含量过多，会抑制酵母菌发酵并在大气蒸馏时带入酒中。小麦含有碳水化合物、蛋白质、脂肪、纤维素、灰分等成分。小麦的蛋白质组分以麦胶蛋白和麦谷蛋白为主，麦胶蛋白中以氨基酸为多，这些蛋白质可以在发酵过程中形成香味成分，为美拉德反应提供基础。大米的淀粉含量高，蛋白质和脂肪含量较少，有利于低温缓慢发酵，成品酒也较醇净。同时，大米在混蒸混烧的白酒蒸馏中可将饭的香味成分带到酒中，使酒质更加爽净。玉米含有较多的植酸，可发酵为环己六醇及磷酸，磷酸也能促进丙三醇的生成，其中的多元醇具有明显的甜味，故玉米酒较为醇甜。糯米含有蛋白质、脂肪、糖类、钙、磷、铁、维生素 B 族及淀粉成分，其酿造出的原酒口感细腻[3]。多粮酿酒有利于弥补单粮发酵所存在的不足，充分发挥各种原料的优势，汲取各种粮食的精华，达到互补作用，为丰富味觉提供了较为全面的物质基础。淡雅型“赢杯传奇”白酒的研制人员，经过对比试验，多次品尝，一致认为在同样条件下，五种粮食所产的原酒比用单一粮食所产原酒相比，在闻香上更加丰满、细腻、幽雅，复合香气较优美，口感也比单粮饱满、细腻、柔润。从增加复杂成分的复杂度和复杂性上来讲，生产淡雅型白酒应采用多种粮食为原料。

2 工艺

“生香靠发酵，提香靠蒸馏”道出蒸馏是酿酒的一个重要操作阶段[4]。可见蒸馏技术在白酒生产中可以提升酒质，增加出酒率。淡雅浓香型“赢杯传奇”白酒采用中、高温曲和少量麸曲混合使用，酿造工艺以浓香型混蒸混烧工艺为主，并将茅台酒的高温堆积法融入其中，发酵期控制在45d左右，大火蒸粮，缓火蒸酒，掐头去尾，量质摘酒，分级储存。具体方法如下：①采用回窖翻砂发酵法，回窖发酵是糟醅在发酵时增加一些物质参与发酵，并能提高主体香味物质的一种方法，就目前而言，回窖发酵包括回酒发酵、回泥发酵、回糟及翻糟发酵等。②融合茅台酒的高温堆积发酵法，这样做可以起到二次制曲的作用，增加糟醅中微生物的复杂度，其目的是使酒糟中的淀粉、蛋白质酶解成糖和氨基酸，进行反应而生成香味物质。有人理解为高温堆积，仅是富集网络空气中的微生物，而有利发酵。但实践证明，没有堆积工艺，就没有传统的酱香、芝麻香、兼香型白酒。酒糟堆积时间增长，堆积温度也逐渐升高，如果温度达到50℃左右时，则酒糟中发出明显而悦人的复杂香气，入池发酵、蒸馏而溶入酒体。这儿特别要指出的是，美拉德反应底物氨基酸的来源有植物性蛋白和动物性蛋白。实验证明，植物性蛋白以麸皮为最佳，而动物性蛋白以酵母自溶物为好。有的厂家生产原料中加入麸皮可增加蛋白质含量，且不改变蛋白质的组分，使酒体中杂环化合物种类单纯。另一方面因麸皮中的阿魏酸含量高，当制曲温度升至60℃以上时，阿魏酸逐步释放，在微生物的作用下生成香草醛、香草酸、香草酸酯、4-乙基愈创木酚、4-甲基愈创木酚、愈创木酚、4-乙烯基愈创木酚等酚类化合物，此工艺所生产的浓香型白酒与原工艺相比，己酸乙酯的含量增加了50~80mg/100mL，以己酸乙酯为主的复合香气更加明显，酒体相对绵软，丰满，幽雅，细腻。味长尾净。

3 储存

储存是白酒老熟重要手段，可以提高酒的质量，减少新酒的刺激感和辛辣味，去除怪杂味，使酒体绵软并出现陈味，所以人们普遍认为酒是陈的香，其实不同的白酒有不同的储存期，必须科学合理。白酒储存并非越陈越好，当白酒酯化反应平衡后，如果继续储存，会使酒精度数减少，酒味变淡，挥发损耗也会增大。一般白酒的储存期在一年到三年最为理想，储存容器以陶坛为最好，一是陶坛在烧结过程中形成微孔网状结构，这种结构在储酒过程中形成毛细作用，将外界氧气缓缓导入酒中，促进基础酒的酯化和其他氧化还原反应，使酒质逐渐变好，二是陶土本身含有多种金属氧化物，在储酒过程中逐渐溶于酒中，与酒体中的香味成分发生络合反应，对酒的陈酿老熟有促进作用[5]。注意：储存温度在25度以下，密封、避光为好。

4 勾调

精心勾兑和调味是稳定和提高产品质量的关键工序，是塑造白酒典型风格的重要手段[6]。淡雅型白酒在进行酒体设计时；应降低骨架成分的含量，即醇、醛、酸、酯等20多种骨架成分的总量，相应地增加复杂成分的含量和种类，即复杂量和复杂度。我们知道决定酒品质优劣的关键，不是骨架成分含量的高低，而是含量极微的复杂成分的含量和种类，尽管他们的含量极低，有的甚至是使用现有的检测设备也无法检测到，但对酒的品质却起着决定性的作用[7]，遵循以味为主，主要体现甜、绵、软、净，香气上以柔雅、飘逸为主原则，合理利用多种调味酒。具体方法：①淡雅型白酒的度数大都在38% ~52% vol，因降低酒精度数是减少暴辣的主要手段。②降低总酯含量，因总酯含量过大，增加白酒的辣度，总酯含量应低于2. 5g/L，高度酒向国标的下限靠，低度酒向国标的上限靠，③适当增加总酸的含量，使其控制在0. 8 ~1. 6g/L，增大酸度可以适当延缓水解。④确定了骨架成分已酸乙酯 > 乳酸乙酯 ≥ 乙酸乙酯 > 丁酸乙酯 > 戊酸乙酯，降低酒的已酸乙酯含量，适当增加乳酸乙酯的含量，注意已乳比不要太大。⑤白酒在加浆降度的过程中，往往会出现酒体浑浊的现象，而且酒度越低浑浊现象也就越严重。解决这一问题的办法，通常有两个方法：一是对加浆用水进行加工处理，以消除水中的金属离子；二是对降度后的白酒通过吸附装置进行处理，去除部分醇溶水不溶的成分。根据我们的实践经验，如果直接使用原水（未经任何处置的深井水）对白酒进行加浆降度，会导致酒中固形物的超标，并且产品在货架期内容易析出沉淀物，为妥善解决这一问题，我们选用了徐州水处理研究所生产的“浅除盐水处理设备”，其原理主要以离子交换为主要手段，通过离子交换设备的不同组合，降除水中总硬度离子及盐分等，使水达到软化、除盐（纯水）的目的。使用该设备处理后的水对白酒进行加浆降度，既解决了固形物超标问题，又满足了低度酒口感方面的基本要求（经品评对比，口感上要比使用电渗析水或反渗透水勾调的酒丰满、醇厚得多）。在解决降度白酒产生浑浊现象的问题上，我们采用的是“颗粒活性炭柱”吸附法，效果比较理想。淡雅型白酒“赢杯传奇”具体操作如下；选择储存期在2年以上的老窖酒为基础酒，通过品尝和理化检验，确定基础酒香味成分的含量和风格特点，安徽省涡阳县酿酒研究所科研人员针对基础酒的缺陷选择以下调味酒；陈年调味酒、浓香调味酒、酱香调味酒、芝麻香调味酒、酸醇调味酒、酒尾调味酒、清香调味酒，特别是芝麻香调味酒和酱香调味酒，因采用高温堆积，高温发酵，发生了美拉德反应，产生大量杂环类化合物，这些物质可以使白酒香气优雅，口味细腻柔和，酒体丰满圆润，是生产淡雅型白酒重要的调味酒。安徽省涡阳县酿酒研究所研究人员对淡雅型白酒“赢杯传奇”勾调工艺流程；选择基础酒→净化基础酒→分析化验→小样勾兑→色谱分析→调味→品评鉴定→大样勾兑→净化除浊→调味→理化分析→储存→品评鉴定→调味→再储存→品尝检验→风格定型合格后装瓶。

5 结果与分析

理化检验结果见表1。

表1 42%vol 赢杯传奇白酒理化指标 单位：mg/100mL

检验项目	检验结果	检验项目	检验结果
总酸	89	丁酸乙酯	9.34
总酯	201	戊酸乙酯	3.77
己酸	41	正丙醇	9.42
乙酸	42.98	异丁醇	2.54
丁酸	0.87	正丁醇	1.43
己酸乙酯	151.8	异戊醇	11.56
乙酸乙酯	48.91	乙醛	11.09
乳酸乙酯	58.34	乙缩醛	9.55

安徽省涡阳县酿酒研究所技术人员对淡雅浓香型“赢杯传奇”白酒进行品尝，一致认为此酒具有“香气幽雅细腻，入口柔绵圆润，酒体谐调雅致，后味爽净”，喝过口不干，头不痛，醉得慢，醒得快，饮后舒适度较好。

6 结语

综上所述，淡雅型白酒是一种在香气上呈现出幽雅、飘逸、细腻、诱人的自然发酵的复合香气，这种香气清淡而又雅致，飘飘渺渺，使人闻之而欲速饮之为快。在口感上柔绵而不浓艳，细腻、圆润，有柔软而无骨之感。在风格上既淡而又雅，是淡和雅的高度和谐、高度统一，使人感到有清雅而脱俗之美。要做到白酒浓香与淡雅的高度和谐，需强化传统工艺，提高勾兑技术水平，使用多香融合技术来补充单一香型酒的不足，既保持自己产品的风格，又融合其他香型酒的长处，根据不同地区消费者的口感，找出最佳的味觉转变点，做到酸与酯的高度平衡，香与味的高度和谐，只有这样才能生产出消费者喜爱的淡雅产品。

参考文献

[1] 张金修. 论白酒的浓香与淡雅. 华夏酒报·中国酒业新闻网，2012.1.1

[2] 余乾伟. 传统白酒酿造技术. 北京：中国轻工业出版社，2010

[3] 徐希望. 苏鲁豫皖浓香型曲酒典型风格特点及工艺技术创新浅析. 华夏酒报，2009.2：4

[4] 王明跃，廖洪梅．皖北浓香型淡雅风格白酒成因初探．酿酒，2010，4
[5] 王延才，等．全国酿酒行业职业技能鉴定统一培训教程．白酒一级品酒师
[6] 张金修．新型白酒技术研讨与市场分析．酿酒科技．2014，4
[7] 高传强．对淡雅型浓香型白酒的认识．酿酒科技．2006，3

黄酒糟二次固态发酵生产糟烧白酒的初步研究

钱斌，谢广发*，王兰

中国绍兴黄酒集团有限公司　国家黄酒工程技术研究中心，浙江　绍兴　312000

摘　要：黄酒糟为黄酒生产副产物，经过第一次固态发酵蒸馏糟烧后的残糟，干糟中的粗淀粉含量仍高达 15% ~20%，为使残糟得到进一步利用，本研究将残糟进行第二次固态发酵生产糟烧白酒，在不增加发酵场地的情况下，使糟烧得率从 17%左右提高到40%以上。

关键词：黄酒糟，二次固态发酵，糟烧白酒

Arak Production With Chinese Rice Wine Lees By Twice Solid – state Fermentation

Qian Bin，Xie Guangfa*，Wang Lan

National Engineering Research Center for Chinese Rice Wine,

China Shaoxing Rice Wine Group Co.，Ltd. Shaoxing 312000，China

Abstract：Chinese rice wine lees is a byproduct of the production，the starch content of the residues was still as high as 15% ~20% after the first solid – state fermentation and distillation. In order to study the further usage of the lees，this study focused on the second solid state fermentation of the lees to produce arak without increasing ferment space，as a result，the yield of arak increased from 17% to 40%.

Key words：Chinese rice wine lees，twice solid – state fermentation，arak

黄酒糟为黄酒生产副产物。发酵成熟后的黄酒醪经压榨，分离出酒液后的固形物，称为酒糟。黄酒的出糟率因酒的品种、原料和操作方法不同而有较大的差别，一般元红酒的出糟率为28% ~29%，加饭酒的出糟率为30% ~31%。酒糟中不但含有酵母、酶、酒精、淀粉和糖分、蛋白质等，而且还带有黄酒的香味成分。酒糟中的淀粉含量因酒的品种、原料和操作方法不同差别较大。绍兴加饭酒由于大量使用生麦曲和控制

作者简介：钱斌，国家级黄酒评酒委员，主要从事黄酒生产技术和质量管理工作，Tel：0575 – 85176032；Fax：0575 – 85176032；E – mail：380156191@qq. com。

较低的出酒率，干酒糟中的粗淀粉含量高达30%左右。

酒糟主要用于生产糟烧白酒，糟烧具有无色或微黄透明、香气浓郁悠久、口味醇厚柔顺、饮后回味悠长的特点，深受当地消费者及行家的喜爱，产品供不应求。蒸馏糟烧后的残糟或直接出售，或用于生产食用酒精。因生产食用酒精会产生大量的酒精糟水，以前可直接卖给农民，但近年来只能经固液分离，干糟出售给饲料企业，糟水必须经厌氧处理。对黄酒企业而言，酒精糟水处理成本高、操作繁琐。因此，目前绝大多数黄酒企业将酒糟经蒸馏糟烧后直接以低价出售。经过第一次蒸馏的残糟，干糟中的粗淀粉含量仍高达15% ~20%，为使残糟得到进一步利用，本研究将残糟进行第二次固态发酵生产糟烧白酒，提高了糟烧白酒得率。

1 材料与方法

1.1 材料

黄酒糟：本公司机械化黄酒车间的加饭酒酒糟。

酿酒曲：由安琪酵母股份有限公司提供。

1.2 试验方法

黄酒二次固态发酵生产糟烧白酒的工艺流程如图1所示，操作步骤和方法如下：

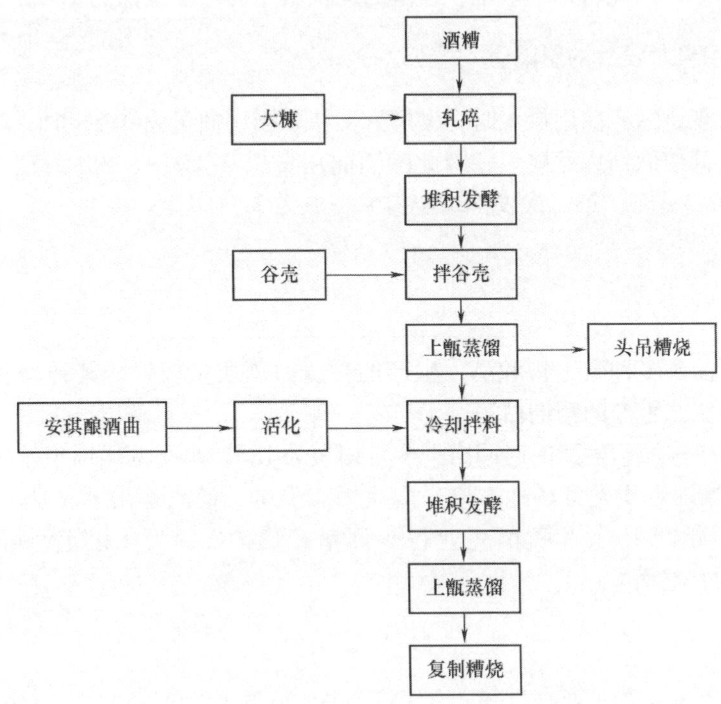

图1 黄酒糟生产糟烧白酒工艺流程

轧碎：将黄酒糟中加入5% ~7%大糠，用轧碎机轧碎，使其成疏松细粒状。

堆积发酵：将轧碎的酒糟堆积发酵，堆积高度为1m左右，稍加压实，用塑料薄膜盖住糟面，并用大糠将四周密封，使酒糟不透气。密封发酵时间为18d。

蒸馏：将酒糟取出，拌入6%的谷壳，上甑蒸馏。上甑要求：撒料要轻，料层要疏松，厚薄要均匀、平整，不压汽，不跑汽。流酒温度要控制在35℃以下。

冷却拌料、堆积发酵：将出甑的酒糟经冷却至30 ~35℃，按质量比0.2% ~0.6%添加安琪酿酒曲。酿酒曲要先经活化，活化方法：每kg酿酒曲加10 ~20倍33 ~35℃温水，充分搅拌，静置活化15 ~20min后使用。将活化后的酿酒曲均匀喷洒入糟中，翻拌均匀，控制水分在53% ~56%，摊凉至28 ~30℃时堆积发酵，适当踩紧、封严，发酵12d结束。

第二次蒸馏：发酵12d后将酒糟取出，上甑蒸馏。

2 结果与分析

2.1 第一次堆积发酵时间对出酒率的影响

按原糟烧生产工艺，黄酒糟第一次堆积发酵的时间为一个月左右。如果不缩短第一次堆积发酵时间，两次堆积发酵需要增加一倍的堆积场地。试验发现，黄酒糟第一次堆积发酵18d时，糟烧得率为16.5%左右，略低于与堆积发酵30d的17%左右。为不增加堆积场地，因此将第一次堆积发酵时间由一个月左右缩短为18d。

2.2 酿酒曲用量对发酵的影响

经试验发现，酿酒曲用量大时，发酵升温快，当用曲量为0.6%时，第二温度达到40℃，温度过高使酒精挥发损失，因此酿酒曲用量以0.2% ~0.3%为宜。当酿酒曲用量为0.2% ~0.3%时，第二次发酵糟烧得率一般为22%以上。

3 结语

安琪酿酒曲含多种微生物和酶，生产的糟烧白酒质量较好，其香气和口感均优于酵母+糖化酶工艺生产的糟烧白酒。

由于将第一次堆积发酵的时间由1个月缩短为18d，由于两次堆积发酵时间不超过1个月，无需增加堆积发酵场地。通过两次固态发酵，使酒糟出酒率从17%左右提高到38%以上。年产10万t黄酒企业每年酒糟产量为1.5万t以上，可多生产糟烧3150t，经济效益显著。

参考文献

周家淇．黄酒生产工艺学（第二版）．北京：中国轻工业出版社，1996

黄酒中生物胺的检测方法改进

彭金龙[1,2*]，胡健[1,2]，张凤杰[3]，肖蒙[1,2]，叶小龙[1,2]，倪斌[1,2]
1. 上海金枫酒业股份有限公司，上海 201501
2. 上海石库门酿酒有限公司，上海 201501
3. 中国食品发酵工业研究院，北京 100027

摘要： 本研究在国标 GB/T 5009.208—2008《食品中生物胺含量的测定》基础上简化样品前处理条件和步骤，改进检测黄酒中生物胺的方法。经方法学验证，8 种生物胺得到了较好分离，标准品线性关系良好，RSD 值均小于 2%，回收率均在 92% ~ 106%，方法具有良好的重复性和回收率。与 GB/T 5009.208—2008《食品中生物胺含量的检测方法》相比，本检测方法操作简单、快速，并且检测结果可靠。

关键词： 黄酒，生物胺，高效液相色谱法，检测

Improvement of determination of biogenic amine in Chinese rice wine

Peng Jinlong[1,2*], Hu Jian[1,2], Zhang Fengjie[3], Xiao Meng[1,2], Ye Xiaolong[1,2], Ni Bin[1,2]
1. Shanghai Jinfeng Wine Co., Ltd., Shanghai 201501, China
2. Shanghai Shikumen Wine Co., Ltd., Shanghai 201501, China
3. China National Research Institute of Food and Fermentation Industries, Beijing 100027, China

Abstract: In this study, we have improved the detection method of biogenic amines in Chinese Rice Wine by simplifying the pre - processing conditions and steps of sample on the basis of the national standard GB/T 5009.208—2008. By the verification of methodology, eight biogenic amines get a better separation, RSD value is less than 2%, the recovery was 92% ~ 106%, this method has good linearity, repeatability and recovery. Compared with the detection method of biogenic amines in GB/T 5009.208—2008, this detection method is simpler, faster, and detection results accurately.

* 通讯作者：彭金龙，助理工程师，Tel：021 - 67355629；Fax：021 - 67355629；E - mail：jlpeng1987@163.com。

基金项目：国家科技支撑计划（2012BAK17B11）。

Key words: Chinese rice wine; biogenic amine; HPLC; Detection

生物胺（biogenic amines，BA）是一类含氮的低分子质量碱性有机化合物的总称。生物胺存在于多种食品中，尤其是发酵食品中，如葡萄酒、啤酒、发酵香肠和黄酒等[1-2]。它是动物、植物和多数微生物体内活性细胞中必不可少的组成部分，但是，高浓度的生物胺不仅会严重影响食品的风味甚至改变其成分，还会对人体有着严重的毒害作用，如引起诸如头痛、恶心、人神经系统和心血管系统损伤等，严重的可危及生命[3-6]。现有研究表明，黄酒在发酵过程中产生生物胺，每个批次每个品种的黄酒中生物胺种类和含量有很大不同[7-8]，鉴于生物胺具有毒性，因此对于黄酒生产企业追踪检测每批次黄酒中生物胺的含量必不可少。

根据现有报道，生物胺含量的测定方法有很多，如高效液相色谱法（high - performance liquid chromatography，HPLC）、离子色谱法（ion chromatography，IC）、气相色谱法（gas chromatography，GC）、毛细管电泳法（capillary electrophoresis，CE）、薄层色谱法（thin layer chromatography，TLC）、生物传感器法（biosensor method）、酶联免疫法（enzyme linked immunosorbent assays，SLISA）等[9-11]。目前，食品中生物胺含量的测定国标 GB/T 5009.208—2008《食品中生物胺含量的检测方法》中采用 HPLC 法。用国标法测定黄酒中生物胺含量，由于国标法是针对所有食品中生物胺测定而制定的，实际操作时发现，国标法制备样品操作复杂、步骤繁琐、非常耗时，测定一个样品需要一个工作日时间，用此方法对于一个每日都生产黄酒的企业追踪检测酒中生物胺含量非常不便。

鉴于此，本研究在 GB/T 5009.208—2008《食品中生物胺含量的检测方法》国标方法基础上修改部分处理方法，建立一种黄酒中8种常见生物胺的检测方法。主要修改如下：首先将国标法中样品前处理中的净化和萃取步骤删除，改为将黄酒稀释的方式，简化了前处理步骤；其次，待样品衍生步骤完成之后，本研究修改了国标法中氮气吹干和萃取的步骤，节省了部分操作时间；同时，本研究对衍生时试剂添加量进行了调整，使反应体系在最佳 pH 和浓度下进行，并对后续色谱分离条件进行了修改。故本研究旨在前人研究和国标法的基础上简化前处理条件和步骤，建立一种简单、快速、准确、安全的黄酒中主要的8种生物胺的检测方法。

1 材料与方法

1.1 材料与试剂

黄酒：由上海金枫酒业股份有限公司提供；纯净水：购于杭州娃哈哈集团有限公司。

色胺（try）、β - 苯乙胺（phe）、腐胺（put）、尸胺（cad）、组胺（his）、酪胺（tyr）、亚精胺（spd）、精胺（spm）标样（色谱纯）、丹磺酰氯（色谱纯）、1，7 - 二氨基庚烷（色谱纯）、乙腈（色谱纯）：美国 Sigma 公司。无水碳酸钠、氢氧化钠、碳酸氢钠、盐酸、谷氨酸钠均为分析纯：国药集团药业股份有限公司。

1.2 仪器与设备

Waters 2695 高效液相色谱仪（配紫外检测器）：美国 Waters 公司；XW－80A 旋涡混合器：上海青浦沪西仪器厂；DKZ 系列电热恒温：上海一恒科技有限公司；BS210S 分析天平：北京赛多利斯天平有限公司；0.45μm 针头微孔滤膜过滤器：上海安谱科学仪器有限公司。

1.3 方法

1.3.1 色谱条件

色谱柱：安捷伦 C_{18} 柱（5μm，150mm×4.6mm）；柱温：30 ℃；流速：1.0mL/min；进样 10.0μL；紫外检测波长为 254nm；流动相 A：乙腈溶液，B：超纯水；采用梯度洗脱，洗脱程序见表 1。

表 1 HPLC 梯度洗脱程序

Tab. 1 Gradient elution program of HPLC

组成	时间/min						
	0	9	23	32	37	38	47
流动相 A	50	63	65	100	100	50	50
流动相 B	50	37	35	0	0	50	50

1.3.2 样品的衍生

1mL 预处理好的样品，加入 50μL 1，7－二氨基庚烷（0.1g/L，0.1mol/L HCl 溶液配制）内标工作液，然后加入 0.5mL 的饱和 $NaHCO_3$ 溶液进行缓冲，再加入 1mL 的衍生试剂丹磺酰氯溶液（10g/L，丙酮溶液配制），混匀后，避光置于 60℃ 的水浴中保温 30min，中间取出震荡一次。衍生完后，加入 100μL 的谷氨酸钠（50g/L，饱和碳酸氢钠溶液配制）溶液中断反应，并置于 60℃ 水浴锅中继续保温 15min 去除多余的丹磺酰氯。最后用乙腈调整到 5mL，再将其用 0.45μm 的有机滤膜过滤，待测。

1.3.3 标准溶液的制备

准确称取各种生物胺标准品，用 0.1mol/L HCl 溶液配制成质量浓度为 1000mg/L（以生物胺单体计）的标准储备液，4℃ 冰箱保存。使用前，分别吸取各生物胺单组分标准储备液 1mL，置于 10mL 容量瓶中，用 0.1mol/L HCl 溶液定容至刻度，配制成 100mg/L 的 8 种生物胺混合标准品工作液，4℃ 保存待用。

1.3.4 样品预处理

将黄酒酒样 5mL（黄酒发酵醪液需过滤）与 5mL 0.1mol/L HCl 混合均匀，取 1mL 混合好的样品液按照以上方法衍生待测（稀释倍数为 2 倍）。

1.3.5 标准曲线的制作和检出限

100mg/L 的混合标准品工作液，用 0.1mol/L HCl 分别稀释至 0.1mg/L、0.5mg/L、

1. 0mg/L、2. 0mg/L、5. 0mg/L、10. 0mg/L、20. 0mg/L、40. 0mg/L，然后按照上述方法衍生，待测。按照各标准品峰面积与内标峰面积的比值对相应的标准溶液浓度作标准曲线，计算标准曲线的回归方程及相关系数。

对质量浓度为 0. 1mg/L 的混合标准品衍生物用乙腈适当稀释，以信噪比（S/N）>3 作为检出限的判断标准。

1. 3. 6　精密度和加标回收试验

取某一种黄酒样品，先用本研究所述的方法测定其生物胺的含量，再取 5mL 此黄酒样品置于 10mL 容量瓶中，再加入 8 种生物胺标准混合溶液 0. 05mL（单体质量浓度为 100mg/L），相当于添加 5mg/L 的含量，用 0. 1mol/L HCl 溶液定容至刻度，进行 5 次重复回收试验，扣除样品中空白试验生物胺的含量，求得其添加回收率，并计算添加相对标准偏差（relative standard deviation，RSD），即重复性。

各种生物胺的回收率 =（实际测定添加量/实际添加量）×100%

1. 3. 7　对标试验

将黄酒样品按照国标 GB/T 5009. 208—2008《食品中生物胺含量的检测方法》中所述方法测定其生物胺含量，平行测定 3 次，并与本研究所述方法的测定结果相对比。

1. 3. 8　数据处理

利用 SPSS Statistics 17. 0 和 Excel 2010 等软件进行数据分析，检测结果采取均值 ± 标准差形式。本文检测结果表中，同一列数据上不同字母上标标记表示在 $P<0.05$ 水平上进行方差（ANOVA）检验，差异显著。

2　结果与分析

2.1　标准曲线的回归方程和检出限

按 1. 3. 3 中所述方法配制标准溶液，再按照 1. 3. 2 所述方法衍生，通过 HPLC 分析，生物胺分离高效液相色谱如图 1 所示，以生物胺质量浓度（X）为横坐标，峰面积为（Y）为纵坐标，求得标准曲线的回归方程和相关系数见表 2。

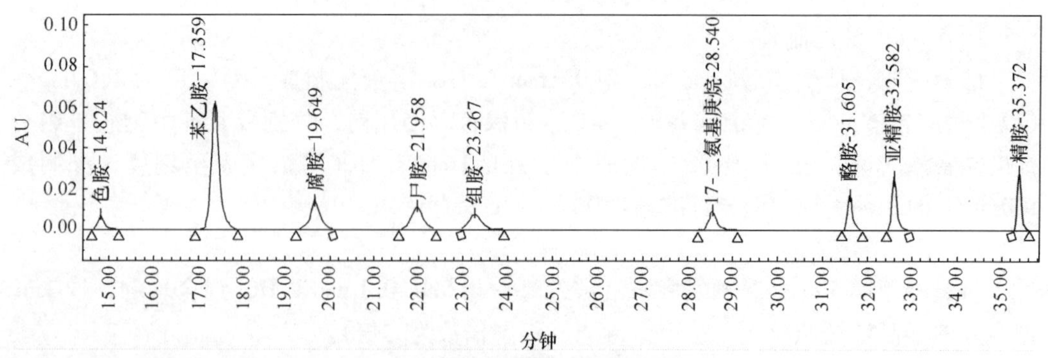

图 1　生物胺标准色谱图

Fig1. Standard chromatogram of BA

表2　生物胺标准曲线的回归方程、相关系数、线性范围和检出限

Tab. 2　Regression equations, correlation coefficients, linearity range and detection limits of BA

生物胺	线性回归方程	相关系数 R	线性范围/（mg/L）	检出限/（mg/L）
色胺	$Y=1\ 130X+859$	0.999 9	0.1～40.0	0.03
苯乙胺	$Y=145\ 000X+3\ 510$	0.999 9	0.1～40.0	0.04
腐胺	$Y=36\ 600X+9\ 230$	0.999 3	0.1～40.0	0.06
尸胺	$Y=32\ 200X+1\ 400$	0.999 0	0.1～40.0	0.01
组胺	$Y=25\ 200X+1\ 250$	0.9995	0.1～40.0	0.05
酪胺	Y=19 900X+1510	0.9994	0.1～40.0	0.06
亚精胺	Y=23 200X+2570	0.9983	0.1～40.0	0.03
精胺	Y=17 800X+2230	0.9985	0.1～40.0	0.03

由图2可知，8种生物胺得到较好分离，并且其与内标峰无重叠。由表2可知，8种生物胺的峰面积与其相应质量浓度呈线性关系，相关系数均>0.998 0，其中色胺和苯乙胺的相关系数达到0.999 9，线性范围为0.1～40.0mg/L，结果表明，可以满足样品测定的要求。

以信噪比（S/N）>3作为检出限的判断标准，尸胺的检测限为0.01mg/L，色胺、亚精胺、精胺的检测限为0.03mg/L，苯乙胺的检测限为0.04mg/L，组胺的检测限为0.05mg/L，腐胺和酪胺的检测线为0.06mg/L。结果表明，该方法的灵敏度高，可以满足测定样品的要求。

2.2　精密度和加标回收试验

8种生物胺的添加回收率的测定结果见表3。表3结果表明，8种生物胺的回收率分别为色胺96.0%、苯乙胺98.0%、腐胺102.0%、尸胺104.0%、组胺98.0%、酪胺100.0%、亚精胺92.0%、精胺106.0%，可见该方法的准确度高。对添加标准样品后的黄酒样品连续进样5次的试验中，色胺、苯乙胺、腐胺、尸胺、组胺、酪胺、亚精胺、精胺测定结果的RSD值分别为1.64%、0.43%、0.59%、0.14%、1.23%、0.53%、0.94%和0.26%，8种生物胺的RSD值均<2%，故测量方法的重复性好，精密度符合样品检测的要求。

表3　8种生物胺的回收率的测定（$n=5$）

Tab. 3　Recovery rate for eight kinds of BA（$n=5$）

样品	本底值/（mg/L）	加入量/（mg/L）	检测值/（mg/L）	回收率/%	RSD/%
色胺	0	5	4.8	96.0	1.64
苯乙胺	0	5	4.9	98.0	0.43
腐胺	29.0	5	34.1	102.0	0.59
尸胺	8.8	5	14.0	104.0	0.14

续表

样品	本底值/（mg/L）	加入量/（mg/L）	检测值/（mg/L）	回收率/%	RSD/%
组胺	10.9	5	15.8	98.0	1.23
酪胺	35.1	5	40.1	100.0	0.53
亚精胺	0.3	5	4.9	92.0	0.94
精胺	0.3	5	5.6	106.0	0.26

2.3 样品的检测试验

对某一黄酒样品，将国标法测定的生物胺结果与本研究所述方法测定的结果相比较，见表4。

表4 国标方法与本方法测定黄酒样品中生物胺的含量（mg/L）

Tab. 4 National standard method and this method for determining the content of BA in Chinese Rice Wine sample

生物胺种类	色胺	苯乙胺	腐胺	尸胺	组胺	酪胺	亚精胺	精胺
国标测定法结果	0	0	28.2 ±0.3	8.9 ±0.1	10.7 ±0.3	27.8 ±0.4	0.4 ±0.1	0.5 ±0.1
本研究方法测定结果	0	0	27.1 ±0.5	9.1 ±0.2	11.5 ±0.4	26.1 ±0.4	0.3 ±0.1	0.3 ±0.1

由表4可知，通过两种方法所测得的此黄酒样品只含有6种生物胺，分别是腐胺、尸胺、组胺、酪胺、亚精胺、精胺。对比两种方法检测的生物胺含量，通过ANOVA检验可知：两种方法测定样品中的生物胺含量，所测结果差异不显著，并且所有结果的标准差均在0.5以内，说明此色谱工作性能稳定。

3 结语

采用国标法GB/T 5009.208—2008《食品中生物胺含量的检测方法》检测黄酒中生物胺，黄酒样品需要进行净化、萃取，并且衍生完后还需去杂质等步骤，这需要耗费大量时间以及需要用到有毒试剂，这不利于黄酒企业生产实时追踪检测产品中的生物胺。本研究在前人研究的基础上，以丹磺酰氯为衍生试剂，1，7－二氨基庚烷为内标，采用HPLC法，通过稀释简化样品前处理条件和步骤，改进了检测黄酒中生物胺的方法。

通过本研究所述方法分析主要的8种生物胺，经方法学验证，8中生物胺可得到较好分离，各生物胺标准品的衍生物线性关系良好（$R>0.9980$），各生物胺回收率在90.0%～110.0%，本方法具有良好的准确度、重复性和精密度。对于检测黄酒样品中的生物胺，与GB/T 5009.208—2008《食品中生物胺含量的检测方法》中所述的生物胺检测方法相比，本检测方法操作更简单、快速，并且检测结果如实。

参考文献

[1] 孔维府，范春艳，等．论葡萄酒中生物胺生成的影响因素及其检测方法［J］．中国酿造，2010，29（6）：18－21

[2] 王颖，邱璠，等．食品中的生物胺及其检测方法［J］．中国酿造，2011，30（10）：1－5

[3] ONAL A. A review：current analytical methods for the determination of biogenic amines in foods［J］. Food Chemistry，2007，103（7）：1475－1486

[4] 何庆华，吴永宁，等．食品中生物胺研究进展［J］．中国食品卫生杂志，2007，19（5）：451－454

[5] SHALABY AR. Significance of biogenic amines to food safety and human health［J］. Food Research International organizations，1996，29（7）：675－690

[6] 李志军，栾同青，等．发酵型饮料酒中生物胺研究进展［J］．食品研究与开发，2013，34（12）：111－115

[7] Lu Yongmei，Lu Xin，et al. A survey of biogenic amines in Chinese rice wines［J］. Food Chemistry，2007，100（4）：1424－1428

[8] 栾同青．黄酒酿造过程生物胺变化规律及其产生菌株研究［D］．济南：齐鲁工业大学硕士论文，2013

[9] 范春艳，孔维府，等．葡萄酒中8种生物胺的RP－HPLC检测方法的研究［J］．中国酿造，2010，29（11）：168－171

[10] Loukou Z，Zotou A. Determination of biogenic amines as dansyl derivatives in alcoholic beverages by high－performance liquid chromatography with fluorimetric detection and characterization of the dansylated amines by liquid chromatography－atmospheric pressure chemical ionization mass spectrometry［J］. Chromatography A，2003，996（1）：103－113

[11] Anli RE，Vural N，et al. The determination of biogenic amines in Turkish red wines［J］. Food Composition and Analysis，2004，17（1）：53－62

[12] 谢铭．黄酒中生物胺的分析研究［J］．广州化工，2010，38（4）：139－141

[13] 陆永梅，董明盛，等．高效液相色谱法测定黄酒中生物胺的含量［J］．食品科学，2006，27（1）：196－199

[14] 玉澜，谢济运，蓝峻峰．黄酒中生物胺的测定［J］．安徽农业科学，2012，40（11）：6498－6500

[15] 华永有，周芬霞，等．HPLC－FLD法检测黄酒中9种生物胺［J］．中国卫生检验杂志，2014，24（6）：761－764

[16] 陆永梅，董明盛，等．高效液相色谱法测定黄酒中生物胺的含量［J］．食品科学，2006，27（1）：196－199

酿酒工艺对黄酒中生物胺的影响

俞剑燊[1,2*]，张凤杰[3]，王德良[3]，李红[3]，胡健[1,2]，彭金龙[1,2]
1. 上海金枫酒业股份有限公司，上海 201501
2. 上海石库门酿酒有限公司，上海 201501
3. 中国食品发酵工业研究院，北京 100027

摘要：采用高效液相色谱技术，针对黄酒酿造工艺，模拟实际生产，分析了微生物、工艺参数和冷热等处理对黄酒中生物胺含量的影响，结果表明，酵母 Y 可使生物胺总量降低；霉菌 M 可使生物胺总量增加；细菌对生物胺总量影响不大；在培养温度 32℃，培养时间 3d，pH 为 3.5，酒精体积分数 15% 的条件下，生物胺总量为 48.19mg/L；煎酒使生物胺含量增加，冷冻过滤技术因有效降低酪胺含量使生物胺总量大幅降低。

关键词：黄酒，生物胺，微生物，工艺，冷热处理

Effects of Brewing Process on Biogenic Amines of Chinese Rice Wine

Yu Jianshen[1,2*], Zhang Fengjie[3], Wang Deliang[3], Li Hong[3], Hu Jian[1,2], Peng Jinlong[1,2]
1. Shanghai Jinfeng Wine Co., Ltd., Shanghai 201501, China;
2. Shanghai Shikumen Wine Co., Ltd., Shanghai 201501, China;
3. China National Research Institute of Food and Fermentation Industries, Beijing 100027, China

Abstract: The research adopts high performance liquid chromatography (HPLC) technique, in view of the rice wine brewing process, simulating the actual production, analysis the effects of microorganism, the technological parameters and hot and cold processing on the biogenic amine content in Chinese Rice Wine. The results showed that the Yeast Y has basically no effect on the biogenic amine content; the Mould M produce a small amount of tyramine; bacteria, especially Lactobacillus brevis, significantly increase content of biogenic amine in

* 通讯作者：俞剑燊，高级工程师，Tel：021 - 67355629；Fax：021 - 67355629；E - mail：yjs@jinfengwine.com。

基金项目：国家科技支撑计划（2012BAK17B11）。

the fermented mash; The influence of process parameters on the biogenic amine content is complex, and different substrates (fermented mash) is the key factor because Microbial growth and metabolism of biogenic amines is associated with matrix of sugar, alcohol, acid and other nutritional conditions, Fried wine increase the content of biogenic amines, freezing filtration technology makes the total biogenic amine greatly reduced for effectively reducing tyramine content.

Key words: Rice wine, Biogenic amine, Microbes, Process, Hot and cold processing

黄酒是我国历史上最古老的酒种之一，其发酵方式为传统的开放式，且多菌种参与酿造过程，这使黄酒营养丰富，但同时也会存在微量的有害物质（如生物胺）。生物胺是一类含氮低分子量有机化合物（如色胺、β-苯乙胺、腐胺、尸胺、组胺、酪胺、亚精胺和精胺等），积累到一定浓度时，会引起不良反应（如头痛、呼吸紊乱、心悸等[1-3]）。

目前，研究者已经对黄酒中生物胺的检测方法做了大量研究[4-8]，也有研究者对黄酒发酵液中产生物胺乳酸菌进行了分离鉴定与评价[9]。张凤杰等[10]对黄酒生产过程中生物胺含量的变化进行了跟踪分析，认为黄酒中生物胺主要来自发酵过程，并推测丰富的氨基酸不是限制发酵过程中生物胺形成的因素，而产生物胺的复杂菌群随基质条件的变化而相应变化是生物胺形成的关键。

因此，本实验采用高效液相色谱法（high performance liquid chromatography, HPLC）研究黄酒酿造工艺对黄酒中生物胺的影响，主要为温度、pH、时间、酒精度及酒体冷热处理等对生物胺变化的影响，为控制和降低黄酒中生物胺含量提供理论基础。

1 材料与方法

1.1 材料与试剂

黄酒发酵液：上海金枫酒业股份有限公司；酵母Y、霉菌M：均从上海金枫酒业股份有限公司提供的黄酒发酵醪液中分离所得；细菌：中国食品发酵工业研究院实验室保藏[11]。

化学试剂：8种单体生物胺标样（色胺、β-苯乙胺、腐胺、尸胺、组胺、酪胺、亚精胺、精胺），18种氨基酸标样，1，7二氨基庚烷（内标），丹磺酰氯（衍生剂）：美国Sigma公司产品；异硫氰酸苯酯、三乙胺，三氯甲烷、正丁醇、正己烷、三氯乙酸、丙酮、甲醇、乙腈（色谱纯）：国药集团药业股份有限公司。

1.2 仪器与设备

Perkin Elmer Series 200高效液相色谱仪（配紫外检测器）：美国Waters公司；UV-2401 PC分光光度计：尤尼克（上海）仪器有限公司；LRH-250生化培养箱：上海恒科仪器有限公司；DC-12氮吹仪、0.45 μm针头微孔滤膜过滤器：上海安谱科学仪器有限公司；KQ520 超声波清洗器：昆山市超声仪器有限公司；L80－2 离心沉淀机：上海跃进医疗器械厂；PHS－3C 精密 pH 计：上海精密科学仪器有限公司；XW－80A 旋涡混合器：上海青浦沪西仪器厂；LDZX－50KBS 立式电压力蒸汽灭菌器：上海申安医疗器械厂；DKZ 系列电热恒温：上海一恒科技有限公司；BS210S 分析天平：北京赛多利斯天平有限公司；SW－CJ－2FD 型双人单面超净工作台：苏州净化设备有限公司。

1.3 方法

1.3.1 样品前处理方法

黄酒发酵液：从黄酒酿造车间取样，两层纱布灭菌后，滤纸过滤，121 ℃灭菌 15 min 保存。

1.3.2 生物胺测定方法

参照 GB/T 5009.208—2008《食品中生物胺含量的测定》。

1.3.3 酒精度、总酸、总糖、pH 测定

参照 GB/T 13662—2008《黄酒》。

1.3.4 微生物在酿造过程对生物胺含量影响的测定方法

取不同时间的黄酒发酵醪，按照 1.3.1 所述方法处理后，接种从黄酒发酵醪液中分离出来的经过活化的菌株（酵母 Y 和霉菌 M 及 10 种细菌，接种量为 0.5%），30℃培养 5d，测定培养液中生物胺含量的变化，并选出使黄酒发酵醪中生物胺降低最多的菌株。

1.3.5 酿造工艺参数对生物胺含量影响的测定方法

选取上述黄酒发酵醪中生物胺降低最多的菌株为试验菌株，以生物胺总量含量为指标，按照 4 因素 3 水平进行正交试验，测定不同基质、温度、氧气和时间对生物胺含量的影响。

1.3.6 冷热处理对黄酒中生物胺含量影响的测定方法

采用煎酒、低温长时间储存和冷冻三种方式来处理黄酒，通过测定处理前后黄酒中的生物胺含量，分析这三种处理方式对黄酒中生物胺含量变化的影响。

2 结果与分析

2.1 微生物在酿造过程对生物胺含量的影响

酵母、霉菌和细菌共同参与了黄酒酿造过程。栾同青等[12,13]研究提出黄酒中有些乳酸菌会产生生物胺，最新研究表明，有些植物乳杆菌会产生胺氧化酶，分解生物胺，研究者利用此特性来降低葡萄酒中的生物胺[14]。目前，并没有黄酒酿造酵母和霉菌对生物胺影响的报道，葡萄酒酿造酵母是否产生生物胺也存在一定争议[15,16]。为模拟工业化黄酒酿造，研究黄酒中的这些微生物最终对生物胺含量产生怎样的影响，从黄酒酿造车间，按照 1.3.4 中所述方法测定培养液中生物胺含量前后变化，结果见表 1 ~ 表 3。

表1　酵母和霉菌对第二天发酵醪中生物胺含量变化的影响

Tab. 1　Effects of Yeast and Mold on the change of biogenic amine content of the fermented mash on the second day

单位：mg/L

项目	色胺	苯乙胺	腐胺	尸胺	组胺	酪胺	亚精胺	精胺	生物胺总量
第二天发酵醪	6.07 ± 0.13a	6.44 ± 0.33a	21.10 ± 0.57a	3.64 ± 0.09a	10.12 ± 0.31a	33.28 ± 0.48a	0.20 ± 0.01a	0.28 ± 0.01a	81.13
酵母 Y	5.80 ± 0.11b	7.06 ± 0.68b	21.03 ± 0.81b	3.95 ± 0.17a	8.45 ± 0.22b	33.55 ± 0.88a	0.33 ± 0.02a	0.23 ± 0.01b	80.40
霉菌 M	5.34 ± 0.25b	8.47 ± 0.76c	21.03 ± 0.67b	4.16 ± 0.11b	10.03 ± 0.54c	57.52 ± 0.84b	0.24 ± 0.01b	0.44 ± 0.02c	112.24

注：$n=3$；同列数据尾注字母空白为 a，其他不同字母表示与空白在 $P<0.05$ 时统计学差异显著，下同。

表2　酵母和霉菌对第四天发酵醪中生物胺含量变化的影响

Tab. 2　Effects of Yeast and Mold on the change of biogenic amine content of the fermented mash on the forth day

单位：mg/L

项目	色胺	苯乙胺	腐胺	尸胺	组胺	酪胺	亚精胺	精胺	生物胺总量
第4天发酵醪	5.09 ± 0.05a	8.75 ± 0.22a	25.46 ± 0.49a	5.23 ± 0.07a	15.85 ± 0.84a	36.85 ± 0.40a	0.22 ± 0.01a	0.31 ± 0.02a	97.76
酵母 Y	4.74 ± 0.09b	9.20 ± 0.77b	26.79 ± 0.72b	5.43 ± 0.14a	8.27 ± 0.49b	34.77 ± 0.88b	0.31 ± 0.02b	0.65 ± 0.02b	91.15
霉菌 M	5.33 ± 0.33a	8.41 ± 0.59c	23.59 ± 0.73c	4.26 ± 0.11b	15.71 ± 0.38c	47.79 ± 0.59c	0.23 ± 0.01a	0.34 ± 0.00a	105.67

表3　细菌对发酵醪中生物胺含量变化的影响

Tab. 3　Effects of Bacteria on the change of biogenic amine content of the fermented mash on the forth day

单位：mg/L

项目	色胺	苯乙胺	腐胺	尸胺	组胺	酪胺	亚精胺	精胺	生物胺总量
第4天发酵醪	6.13a	8.57a	20.06a	1.93a	8.21a	44.93a	0.27a	0.60a	95.95
Lactobacillus brevis L5	6.46b	9.01a	21.48b	2.06b	9.76b	45.40a	0.24 a	0.19b	102.38
Lactobacillus brevis L11	6.57b	8.90a	27.02b	2.04b	7.31b	64.04b	0.19b	0.26b	123.93
Lactobacillus brevis L19	7.29b	10.16b	21.17a	2.43b	6.07b	61.39b	0.32b	0.26b	115.80
Lactobacillus brevis L21	6.54b	9.37b	21.83b	2.06b	10.61b	54.04b	0.24b	2.90b	115.55
Lactobacillus plantarum L9	6.44a	9.26b	22.42b	2.09b	10.17b	41.01b	0.26a	0.18b	97.44

续表

项目	色胺	苯乙胺	腐胺	尸胺	组胺	酪胺	亚精胺	精胺	生物胺总量
Lactobacillus plantarum L16	6. 24a	9. 30b	23. 85b	2. 25b	9. 20b	44. 71a	0. 21b	0. 19b	104. 08
Lactobacillus casei L46	6. 53b	10. 18b	24. 26b	2. 16b	9. 55b	43. 65a	0. 26a	2. 25b	104. 45
Lactobacillus casei L45	6. 90b	10. 68b	24. 78b	2. 23b	6. 47b	47. 32b	0. 20b	2. 10b	107. 74
Lactobacillus coryniformis L29	6. 48b	9. 46b	24. 20b	2. 36b	9. 31b	44. 38a	0. 29a	1. 51b	103. 77
Pediococcuspentosaceus L04	6. 56b	10. 35c	24. 35b	2. 59b	7. 25b	31. 28b	0. 31b	1. 69b	89. 98
Pediococcusethanolidurans L38	6. 35a	9. 55b	23. 11b	2. 47b	8. 81a	40. 04b	0. 23b	1. 59b	98. 13
Acetobacter lovaniensis L42	6. 57b	9. 32b	24. 04b	2. 14b	10. 49b	36. 60b	0. 37b	2. 17b	99. 30
Bacillus amyloliquefaciens L47	6. 83b	9. 06a	24. 70b	2. 25b	11. 51b	47. 85b	0. 33b	0. 25b	108. 19

表 1 和表 2 结果表明，酵母 Y 在第 2 天发酵醪和第 4 天发酵醪中培养生物胺总量降低；霉菌 M 在第 2 天发酵醪和第 4 天发酵醪中培养后生物胺总量增加。

表 3 结果表明，多数细菌使发酵醪液中生物胺含量增加，只有戊糖片球菌 L04 因分解酪胺而使生物胺总量明显降低。

2.2 酿造工艺参数对生物胺总量的影响

选择第 4 天发酵醪为培养液，酵母 Y 及戊糖片球菌 L04 为试验菌株，大瓶、不密封、早晚摇匀的溶氧方式，以生物胺总量为指标，进行 4 因素 3 水平正交试验，分析培养温度、培养时间、pH 及酒精体积分数对生物胺总量的影响，正交试验因素水平见表 4，试验结果和分析见表 5。

表 4 酿造工艺参数控制生物胺总量正交试验因素及水平

Tab. 4 Factors and levels of orthogonal experiment of amine produced through different brewing process

水平	A 培养温度/℃	B 培养时间/d	C pH	D 酒精体积分数/%
1	18	3	3. 5	0
2	25	5	4. 0	5
3	32	7	4. 5	15

表 5 酿造工艺参数控制生物胺总量正交试验的结果

Tab. 5 The results of orthogonal experiment of amine produced through different brewing process

试验号	A	B	C	D	生物胺总量/(mg/L)
1	1	1	1	1	69. 12
2	1	2	2	2	83. 34
3	1	3	3	3	91. 35
4	2	1	2	3	75. 18

续表

试验号	A	B	C	D	生物胺总量/(mg/L)
5	2	2	3	1	90.49
6	2	3	1	2	87.24
7	3	1	3	2	62.54
8	3	2	1	3	64.89
9	3	3	2	1	92.87
K1	243.81	206.84	221.25	252.48	
K2	252.91	238.72	251.39	233.12	
K3	220.30	271.46	244.38	231.42	
R	10.87	21.54	10.05	7.02	

由表 5 可知，影响生物胺总量顺序的因素依次为 B > A > C > D，但对于黄酒酿造来说，生物胺总量越低越好，故最佳条件为 $A_3B_1C_1D_3$，在此条件下，做验证试验得出生物胺总量为 48.19mg/L。

2.3 冷热处理对黄酒生物胺含量的影响

黄酒本身是一个成分复杂的不稳定胶体，不同的酒样有其稳定的 pH 和等电点，打破胶体的平衡，某些成分会析出以达到新的平衡。这是黄酒中非生物浑浊产生的原因，浑浊包括冷浑浊、氧化浑浊和热浑浊，通常采用煎酒、低温长时间储存和冷冻处理来澄清黄酒[20-21]。因此通过试验分析这三种处理方式对生物胺含量的影响。

煎酒前后生物胺含量变化如图 1 所示。由图 1 可知，高温处理使生物胺含量增加，增加最多的为酪胺、其次为腐胺。这与栾同青[12]提出的“储存温度越高，生物胺增幅越大”类似，也可能与高温蒸发有关。

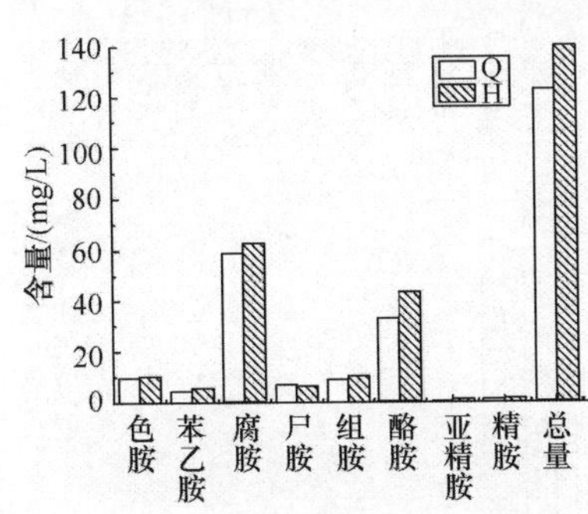

图 1　煎酒前后生物胺含量变化

Fig. 1　the change of biogenic amine content before and after Fried wine

（Q 为煎酒前，H 为煎酒后）

不同年份坛装黄酒上部清酒和酒脚中生物胺的差异如图 2 所示。酒脚部分酪胺较上部清酒少，色胺、组胺、尸胺和腐胺在酒脚部分却略高于上部清酒，从生物胺总量来看，坛装黄酒上下部分没有规律性差异。由图 2 可知，酒脚部分酪胺较上部清酒少，色胺、组胺、尸胺和腐胺在酒脚部分却略高于上部清酒，从生物胺总量来看，坛装黄酒上下部分没有规律性差异。

三批酒样置于 -2 ~0 ℃冻放 4d，其生物胺含量变化如图 3 所示。冷冻过滤之后，生物胺总量降低，特别是酒样 2，生物胺降低 50.82mg/L，主要表现为酪胺的减少，但腐胺有少量增加，其他胺变化无规律。

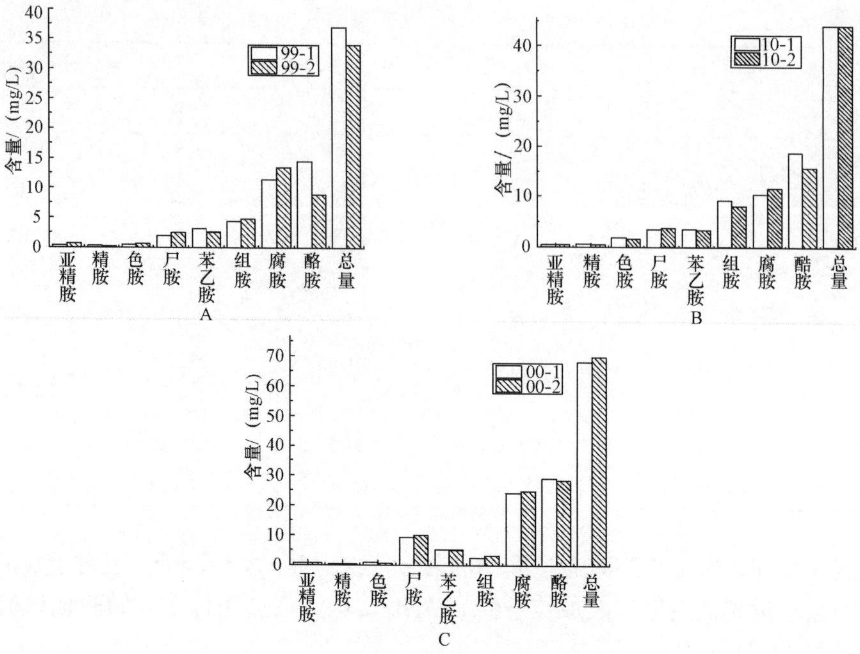

图2　长时间储存对黄酒中生物胺的影响

Fig. 2　effects of long time storage on the biogenic amine content of Chinese Rice Wine

（99－1为1999年装坛上部清黄酒，2为酒脚；10－1为2010年装坛上部清黄酒，2为酒脚；00－1为2000年装坛上部清黄酒，2为酒脚）

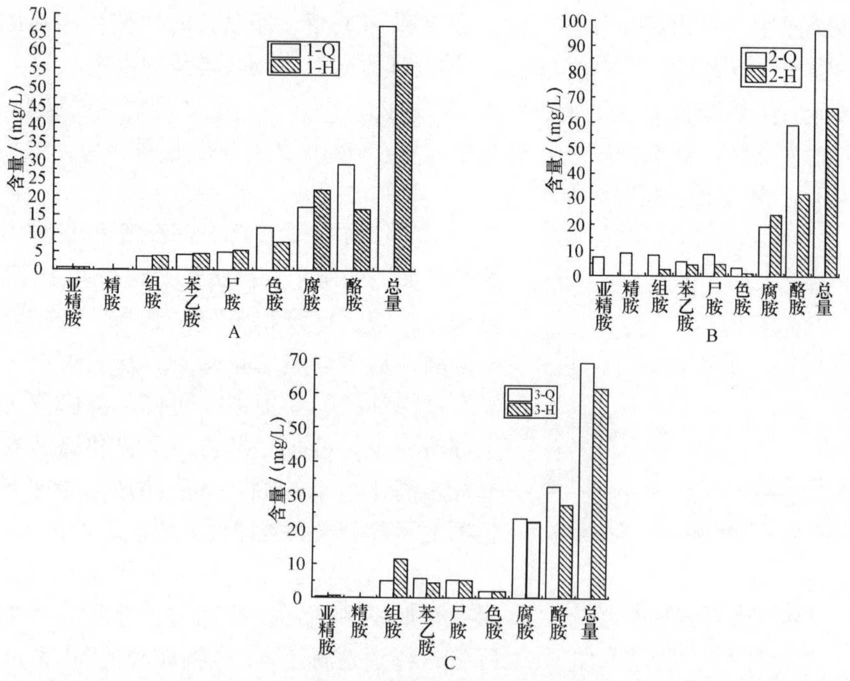

图3　冷冻过滤前后生物胺差异分析

Fig. 3　the variance analysis of biogenic amine before and after Frozen filtering

（1、2、3为三批酒样，Q为冷冻之前，H为冷冻过滤之后）

由此看来，煎酒、自然沉淀、冷冻处理对每种生物胺的影响并没有明显规律性，这可能与不同酒体中各种生物胺的含量不同，从而使胶体状态不同有关。但煎酒使生物胺含量增加，冷冻过滤技术因有效降低酪胺含量使生物胺总量大幅降低。

3　结语

采用HPLC技术分析了酵母、霉菌和细菌对黄酒生产过程中生物胺含量变化的影响；通过两个正交试验探究了酿造参数对生物胺含量变化的影响；同时，分析了煎酒、自然沉淀、冷冻过滤三种工艺对生物胺含量的影响。

综合分析，黄酒中的生物胺主要来自微生物代谢，特别是部分细菌，如短乳杆菌。酿酒工艺（如不同基质）因影响这些微生物的生长和代谢而影响生物胺含量。另外，试验发现有些乳酸菌不产生物胺，甚至能分解部分生物胺。在不影响黄酒口味和营养的前提下，如何通过调整酿造工艺，使这部分优势菌株发挥其优良的酿造特性，并抑制其他菌株的代谢，可以控制和降低黄酒生物胺。黄酒的机械化和现代化酿造是行业发展的方向，利用生物胺安全性好且发酵性能优良的菌株或菌系组合可以从根本上控制生物胺。谢广发等[22]的研究已经证明了将植物乳杆菌应用于浸米过程，可降低浸米水中的生物胺。

温度对黄酒生物胺的影响表现为发酵温度和储存温度[12]。越高越利于生物胺的积累；高温煎酒使生物胺含量增加；低温冷冻使生物胺含量大幅降低。由此可见，如何控制好温度，不仅是黄酒酒体质量的关键，也是控制和降低生物胺的重要措施之一。

参 考 文 献

［1］ AP NK，LI O，et al. Response mechanisms of lactic acid bacteria toalkaline environments：A review［J］. Critical Reviews in Microbiology，2012，38（3）：185－190

［2］ PANCONESI A. Alcohol and migraine：trigger factor，consumption，mechanisms. A review［J］. J Headache Pain，2008，9（1）：19－27

［3］ FERREIRA I M，PINHO O. Biogenic amines in Portuguese traditional foods and wines［J］. J Food Prot，2006，69（9）：2293－2303

［4］ ZHONG JJ，YE XQ，et al. Determination of biogenic amines in semi－dry and semi－sweet Chinese rice wines from the Shaoxing region［J］. Food Control，2012，28（1）：151－156

［5］ HUANG KJ，WEI CY，et al. Ultrasound－assisted dispersive liquid－liquid microextraction combined with high－performance liquid chromatography－fluorescence detection for sensitive determination of biogenic amines in rice wine samples［J］. Journal of Chromatography A，2009，1216（38）：6636－6641

［6］陆永梅，董明盛，等．高效液相色谱法测定黄酒中生物胺的含量［J］．食品科学，2006，27（1）：196－199

［7］彭祺，边威，等．液质联用法测定黄酒中生物胺含量［J］．酿酒科技，

2014，2：79 – 82

［8］华永有，周芬霞，等. HPLC – FLD 法检测黄酒中 9 种生物胺［J］. 中国卫生检验杂志，2014，24（6）：761 – 764

［9］周韩玲，杜丽平，等. 黄酒发酵液中产生物胺乳酸菌的分离鉴定与评价［J］. 食品与发酵工业，2011，37（08）：47 – 50

［10］张凤杰，薛洁，等. 黄酒中生物胺的形成及其影响因素［J］. 食品与发酵业，2013，39（02）：62 – 68

［11］张凤杰，褚小米，等. 黄酒酿造过程中细菌群落组成及发酵特性研究［J］. 酿酒科技，2013，12：32 – 35

［12］栾同青. 黄酒酿造过程生物胺变化规律及其产生菌株研究［D］. 济南：齐鲁工业大学硕士论文，2013

［13］LÓPEZ R，TENORIO C，et al. Elaboration of Tempranillo wines at two different pHs. Influence on biogenic amine contents［J］. Food Control，2012，108（25）：583 – 590

［14］CAPOZZI V，RUSSO P，et al. Biogenic amines degradation by Lactobacillus plantarum：toward a potential application in wine［J］. Front Microbiol，2012，2（3）：122

［15］BOVER – CID S，SCHOPPEN S，et al. Relationship between biogenic amine contents and the size of dry fermented sausages［J］. Meat Science，1999，51（4）：305 – 311

［16］LANDETE JM，FERRER S，et al. Biogenic amine production by lactic acid bacteria，acetic bacteria and yeast isolated from wine［J］. Food Control，2007，18（12）：1569 – 1574

［17］MARQUES AP，LEITÃO MC，et al. Biogenic amines in wines：Influence of oenological factors［J］. Food Chemistry，2008，107（2）：853 – 860

［18］于英，李记明，等. 酿酒工艺对葡萄酒中生物胺的影响［J］. 食品与发酵工业，2011，37（11）：66 – 70

［19］张敬，赵树欣，等. 葡萄酒中生物胺含量的影响因素研究［J］. 中国酿造，2012，31（10）：18 – 21

［20］谢广发. 黄酒酿造技术［M］. 北京：中国轻工出版社，2010

［21］高恩丽，帅桂兰，等. 微滤及冷冻技术在黄酒生产中的应用［J］. 无锡轻工大学学报，2001，20（4）：338 – 390

［22］谢广发，曹钰，等. 应用生物酸化浸米技术生产黄酒［J］. 食品与生物技术学报，2014，33（2）：217 – 223

新型伏安型电子舌及其在食品中的应用

游水平，朱继梅*
上海瑞玢智能科技有限公司，上海　20000

摘要：本文介绍了一种新型伏安型电子舌－多频脉冲伏安型电子舌，重点介绍了这种新型伏安型电子舌的组成，总结了其在辨识基本味物质、酒类研究、茶饮料区分辨别、乳制品抗生素残留检测、肉制品品质及新鲜度评价以及霉菌区分中的应用，并对其在食品中的应用前景进行了展望。

关键字：多频脉冲伏安型电子舌，食品，应用

Multifrequency Pulse Voltammetry Electronic Tongue and Its Application In Food

You Shuiping，Zhu Jimei*
Shanghai Ruifen Intelligent Technology Ltd

Abstract：Multifrequency Pulse Voltammetry Electronic Tongue is a new type of Voltammetry Electronic Tongue. This review focuses on what it consists of and summarizes its application in the basic taste identification，wines research，beverage distinction，antibiotic residues detection in dairy products，meat products quality and freshness evaluation and mucedine differentiation. In addition，the prospect of its application in food is mentioned in this paper.

Key words：Multifrequency Pulse Voltammetry Electronic Tongue，food，application

通常，食品的品质是通过气味、外观、质地、滋味和营养等方面来综合评价的。滋味作为评价食品品质的一个重要指标，它是由食品中的呈味物质吸附于受体膜表面，并刺激味觉感受体，味觉感受体将感受到的信息通过神经感觉系统传递到大脑的中枢神经，最后通过大脑的综合神经中枢系统分析感知出来的[1,2]。食品滋味的改变往往与其品质的变化密切相关，因而通过分析食品的滋味能够对食品的品质进行评价和检测。

对食品滋味的评价，传统上大多由具有专业味觉判别能力的感官分析人员来感官

*通讯作者：朱继梅，技术总监，Tel：021－64758270；Fax：021－64758273；E－mail：isenso@163. com。

评定[3,4]，但这种评定方法人为因素影响大且重复性差，无法满足工业化大生产的要求，需要一种客观、快速、重复性好的检测手段来对食品的滋味进行评估。电子舌是20世纪80年代发展起来的一种分析、识别液体的新型智能仿生仪器，被定义为“具有非专一性、弱选择性、对溶液中不同组分（有机和无机、离子和非离子）具有高度交叉敏感特性的传感器单元组成的传感器阵列，结合适当的模式识别算法和多变量分析方法对阵列数据进行处理，从而获得溶液样本定性定量信息的一种分析仪器”[4]。它能够模拟人类味觉感受机制，以传感器阵列检测样品信息，结合模式识别对被测样品的整体品质进行分析。与化学方法不同的是，传感器输出的并不是样品成分的分析结果，而是一种与试样某些特征有关的信号模式，这些信号通过计算机的模式识别分析后能够得出对样品味觉特征的整体评价[5]。它能够克服人为因素或环境等因素的影响，快速地给出对食品品质客观、可靠的评价结果。由于电子舌具有客观性、可靠性和重现性好等优点，已经引起国内外科研人员的广泛关注。

目前国内外使用和研究较多的电子舌包括基于多通道味觉传感器的电位型电子舌、基于伏安分析传感器的伏安型电子舌和基于阻抗谱型传感器的电子舌[6]。它们的主要区别在传感器的灵敏性、选择性、多面性和重复性方面[5]。本文将介绍一种基于电化学三电极体系的多频脉冲伏安型电子舌，并对其在食品中的应用进行综述，以期对这种新型电子舌的性能和应用领域有一个系统的了解。

1　多频脉冲伏安型电子舌

多频脉冲伏安型电子舌其主要由电极组阵列、多频脉冲扫描仪和电脑三部分构成[7,8]（图1）。这种新型伏安型电子舌与传统的电子舌相比最大的区别在于新型伏安型电子舌是以惰性金属电极为传感器阵列，利用多频脉冲信号的特点，将溶液组分的化学性质转化为电流信号[9]。而传统电子舌一般以味觉传感器[10,11]为基础，直接将溶液的基本味觉信息转换为电信号。

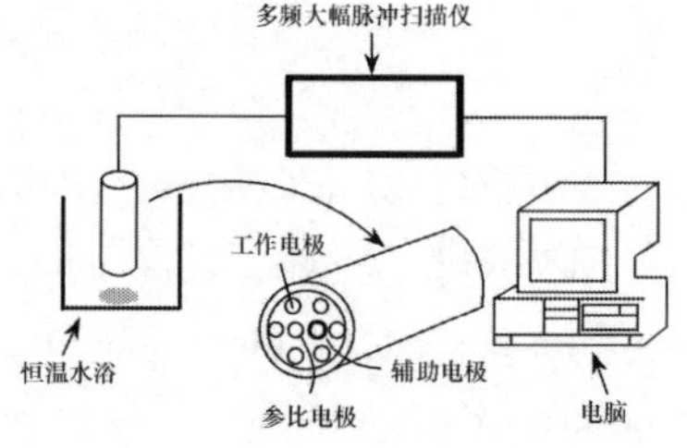

图1　电子舌系统示意图

Fig. 1　Schematic diagram of the electronic tongue system

1.1　电极组阵列

电极组阵列采用标准的三电极系统，分别选用直径为2mm的铂电极（Pt）、金电极（Au）、钯电极（Pd）、钛电极（Ti）、钨电极（Wu）和银电极（Ag）6种不同的非修饰惰性金属电极作为工作电极，以1mm×5mm的铂柱电极为辅助电极，以银/氯化银（Ag/AgCl）作为参比电极，外盐桥使用饱和氯化钾。在这种电化学体系中，各金属电极虽不能对某个组分高选择的响应，但能够对溶液中的分析组分产生重复稳定的响应。该电极组阵列最大的特点是在稳定性、重复性和使用寿命等方面都大大优于修饰电极。

1.2 多频脉冲扫描仪

多频脉冲扫描仪也称信号激励与采集装置。它以常规伏安法的激励信号为基元模式，每个脉冲频率段的大幅脉冲的脉冲幅度均采用相同脉冲幅度变化，从 +1.0V 开始，然后每次变化 0.2V，一直到 -1.0V。同时增加了 1Hz、10Hz 和 100Hz 三个频率段的变化，前后激发的脉冲电位的电化学反应不会相互影响，前后脉冲电位电化学反应过程的交互感应，使得三电极体系在反映物质不同电势下电化学特征的同时，还能反映物质在不同频率下的响应特征[12]。特别是对于混合物质体系，由于不同的物质组分在不同的频率下会有各自特定的响应信号，因此，多频大幅脉冲电势相比于常规大幅脉冲成倍地增加了检测信息量[13]（图 2）。

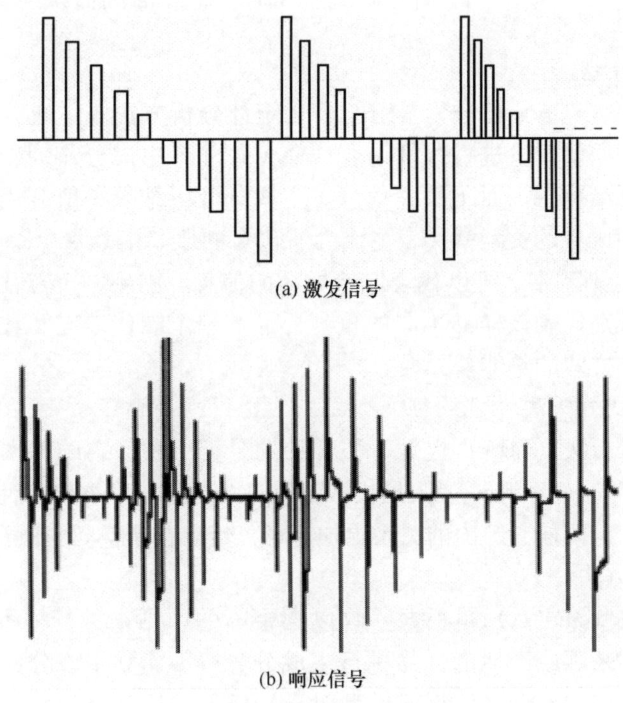

(a) 激发信号

(b) 响应信号

图 2　大幅脉冲激发电势和电流响应信号

Fig. 2　Electric potential and current response signal inspired by large amplitude pulse

1.3 数据处理方法

1.3.1 样品响应特征值提取

由于仪器的采集速率为每隔 0.001 s 采一个点，整个传感器采集的数据量比较大，对于一般的模式识别数据处理比较困难，因此在对原始数据进行数据分析以前，必须先对数据进行特征值提取。电子舌的特征值提取采用峰值拐点法（图 3），提取每一个脉冲的响应电流信号中反映溶液带电离子特性的顶点和氧化还原组分特性的拐点值作为响应电流信号的物理化学特征值，将提取到的特征值进行相应的数据分析就可以得到直观的数据结果[14]。

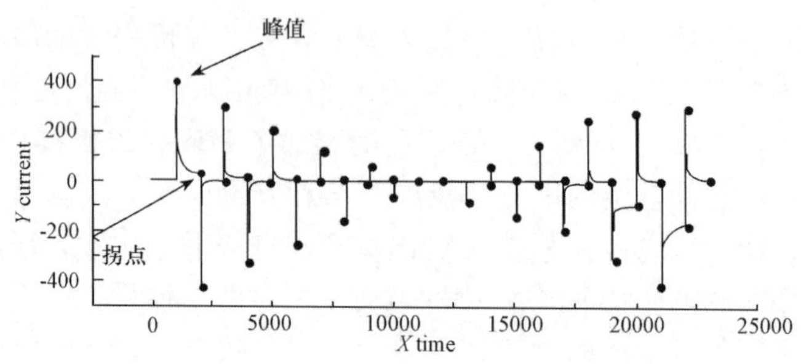

图3　特征值提取方法

Fig. 3　Method of extracting data from original data

1.3.2　主成分分析法

主成分分析法（PCA）是最为常用的多元统计分析方法。主成分分析能够将多元变量进行转换，将原始变量进行线性组合，使少数几个主成分作为新变量尽可能多地表征原变量的数据结构特征而不丢失信息。主成分分析结果一般利用前两个主成分的得分图表征，图中成分的贡献率代表主成分所包含的原始信息量[15]。当主成分的累积贡献率大于85%，则基本上可以代表原始样品的信息。图中一个点代表一个样品，圈内不同的记号点分别代表该样品不同的重复样品。一个圈代表同类或同种样品，圈之间的距离代表样品之间的整体差异性。

1.3.3　线性判别式分析法

线性判别式分析法（LDA）也是一种常见的分类方法，它的基本思想是投影，首先找到特征向量 W，将 K 组 m 元数据投影到另一个更低维的方向，使得投影后组与组之间尽可能地分开，而同一组内的关系更加密切，然后在新空间中对样本进行分类[16]。

1.3.4　聚类分析方法

聚类分析方法（SIMCA）是根据“物以类聚”的原则来进行样本的分类。SIMCA方法首先针对不同来源或产地的样品进行主成分分析，建立主成分回归类模型，用未知样品与标准模型进行拟合，依据该模型对未知样品进行分类识别，以判别其来源或产地[17]。

1.3.5　判别因子分析方法

判别因子分析方法（DFA）[18]是专门根据若干因素对预测对象进行分类的一种方法，通过分析可以建立用于定性预测的数学模型。用判别分析方法处理样品时，通常要给出一个衡量新样品与已知组别接近程度的描述指标，即判别函数，同时指定一种判别规则，借以判定新样品的归属。

1.3.6　偏最小二乘法

偏最小二乘法（PLS）[19]是一种高效抽提信息的方法，在建模过程中集中了主成分分析，典型相关分析和线性回归分析方法的特点，因此在分析结果中可以提供一个更为合理的回归模型，已作为一种标准的多元建模工具。它能够快速准确的对食品进行

定性定量分析，是电子舌数据处理过程中常用的一种方法。

2 新型伏安型电子舌在食品中的应用

2.1 在辨识基本味物质中的应用

味觉虽然存在相同的感受机制，但是不同的人种、性别、区域等因素，使人们对味觉物质的感受程度存在明显的差异。张素平等利用多频脉冲伏安型电子舌对基本味物质 Q－HCl、HCl、MSG、NaCl 和蔗糖的检测浓度进行研究，通过主成分分析对这五种基本味物质不同浓度进行辨识，结果表明多频脉冲伏安型电子舌对基本味觉物质的辨识效果较好；另外，将偏最小二乘法用于这五种物质的定量研究，结果证实这种新型伏安型电子舌具有定量检测的能力，虽然 Q－HCl 的最低检测浓度 0.45mmol/L 高于人的阈值，但 HCl、MSG、NaCl 和蔗糖的最低检测浓度分别为 0.62mmol/L，0.43mmol/L，2.74mmol/L，0.99mmol/L，均明显低于人的阈值。这一研究表明多频脉冲伏安型电子舌不仅能够辨别不同浓度的基本味物质，而且还能够对基本味物质进行定量研究。

2.2 在酒类研究中的应用

在葡萄酒方面，李华等[20]应用多频脉冲伏安型电子舌对昌黎原产地不同品种、不同年份的干红葡萄酒进行了检测。所有酒类在室温（20℃）下随机检测，每瓶酒取样三次，每次 50 mL，分别在脉冲频率 1Hz、10Hz、100Hz 下测试 3 次，记录葡萄酒在不同频率下的响应特征数据。用主成分分析法分析数据，结果发现新型伏安型电子舌能很好地将昌黎原产地不同品种（赤霞珠、西拉、梅尔诺和佳美）和不同年份（1992 年、1993 年、2001 年、2004 年和 2005 年）的葡萄酒很好地区分开；另外，田师一和邓少平[13]将多频脉冲电子舌用于 6 种不同品牌（长城、张裕、茅台、皇轩、正大路易）赤霞珠干红葡萄酒的区分和辨别。主成分分析结果表明多频脉冲电子舌能对这 6 种不同品牌干红葡萄酒进行初步的辨识区分。同时，田师一等[8]成功将多频脉冲电子舌应用于长城干葡萄酒酒龄的区分。

在黄酒方面，周牡艳等[21]利用这种新型伏安型电子舌对五个不同厂家的绍兴黄酒五项重要理化指标：酒精度、非糖固形物、总糖、总酸和氨基酸态氮进行分析。将从电子舌中采集到的各指标特征感应信号用于 PLS 模型拟合，从模型拟合情况来看，传感信号与五种指标均显示出较好的相关性。同时将拟合的 PLS 模型用于未知样各指标结果的预测，将预测的结果与国标检验方法所得到的相关数据进行比对，发现智舌对黄酒中总酸含量以及一定范围内的酒精度含量预测结果较为准确，而对于非糖固形物、总糖和氨基酸态氮未能实现准确预测。同时，多频脉冲伏安型电子舌可用于不同产地的黄酒的区分辨别[14]。新型伏安型电子舌主成分分析法能将地理标志绍兴黄酒、非地理标志绍兴产其他黄酒、浙江省内黄酒以及浙江省外黄酒这 4 块不同区域的黄酒很好地区分开，为黄酒产品的地理标志产地鉴别建立客观、快捷、重复性好指纹识别数据库，对遏制黄酒的假冒伪劣有着重要意义。另外，在不同厂家生产的黄酒口感方面，周牡艳等[22]研究了新型电子舌检测数据与感官分析数据的相关性并对未知样进行了预测。将不同厂家生产的黄酒醇和度、甜度、鲜爽度、酸度和谐调性得分值与电子舌的检测值通过PLS进行模型拟合并对未知样进行预测，从拟合的结果来看各模型的拟合效果都较好，但在对未知样的预测结果来看，甜度模型预测效果最好，酸度和醇和度的模型预测效果也比较好，而鲜爽度和谐调性的模型预测效果则比较差。

在白酒方面，王茹等[15]用多频脉冲电子舌对21种白酒产品进行了检测，白酒酒样均未做任何前处理，都在常温下进行检测，检测获得的数据通过主成分分析法进行分析，结果证实多频脉冲伏安型电子舌不仅能够将浓香、酱香、清香和米香白酒很好地区分开，而且在同一香型不同品牌白酒上也有很好的区分效果。总而言之，多频脉冲电子舌在白酒区分辨别上取得了很好的效果，在白酒领域的广泛应用打下了良好的基础。

以上研究表明多频脉冲电子舌在酒类中品牌的区分、产地的保护、品质的鉴定和口感的评价等方面都得到了很好的应用。

2.3 在茶饮料区分辨别上的应用

茶饮料的味道是其重要的品质指标。牛海霞[23]尝试用多频脉冲电子舌用于市售六种不同的茶饮料（康师傅绿茶、康师傅冰红茶、康师傅大麦香茶、康师傅茉莉清茶、王老吉、统一乌龙茶）的区分辨别。测试前均未做任何前处理。六种茶饮料均在室温下检测，每一种饮料四瓶待测。每次取50mL饮料检测一次，每瓶饮料检测三次，三次结果求平均即为该瓶饮料的测试结果。结果显示，主成分分析中钛10Hz钨100Hz组合电极能够对六种茶饮料有较好的区分辨识效果。可见，多频脉冲电子舌在饮料的区分、辨别真伪方面有很大的潜力。

另外，田师一等[7]将多频脉冲电子舌应用于七种龙井茶的区分辨别，电子舌能将春季和夏季的龙井茶区分开，但来自双峰和梅家坞的两个夏季龙井茶不能区分开，而来自龙井的龙井茶、来自福建的龙井茶和来自温州、千岛湖和丽水的龙井茶之间能相互区分开。

2.4 在乳制品抗生素残留检测中的应用

牛奶中抗生素的残留严重危害人体的身体健康和生命安全；从乳制品加工的角度来看，原料乳中抗生素残留物严重干扰发酵乳制品的生产，抗生素可严重影响干酪、黄油、发酵乳的起酵和后期风味的形成[24]。谈国风等[25]利用多频脉冲电子舌系统检测掺入奶粉溶液的抗生素，并以新霉素为例探索电子舌在乳制品中抗生素残留定性和定量检测能力。结果表明电子舌对相同质量浓度的金霉素、大观霉素、红霉素、林可霉素、新霉素和庆大霉素六种抗生素以及不同质量浓度的新霉素具有很好的区分能力，而且对新霉素的定性分析能够达到国家最高残留限量标准，PLS定量分析发现新霉素最适检测质量浓度范围在300～1100μg/L附近。

2.5 在肉制品品质及新鲜度评价中的应用

为了能用仪器快速客观地评价鱼肉的品质和新鲜度，韩剑众等[26]利用多频脉冲电子舌，对鲈鱼、鳙鱼、鲫鱼3种淡水鱼和马鲇鱼、小黄鱼、鲳鱼3种海水鱼进行了评价试验。结果表明：鱼在不同时间点的品质特性可以用电子舌加以有效区分，据此可以较准确地表征鱼类新鲜度的变化；电子舌不仅可以有效区分淡水鱼和海水鱼，而且还可以辨识不同品种淡水鱼或海水鱼之间的差异。同时韩剑众等[27]还对宰后猪肉和鸡肉的品质和新鲜度进行了电子舌研究。宰后猪肉检测结果表明：电子舌不仅能辨别杜大长猪和金华猪之间的差异，而且能有效区分同一种猪的背最长肌和半膜肌；另外，在室温（15℃）和冷藏（4℃）条件下，生鲜肉品在不同时间点的肉品特性也可以在电子舌中加以区分。对三黄鸡、AA鸡的检测也证实，电子舌在鸡肉品质的区分和新鲜度辨识评价中也有很好的效果。

王鹏等[28]选用40日龄快长型白羽肉鸡、120日龄黄羽肉鸡和200日龄老母鸡的胸肉和腿肉，制作熟肉和鸡汤，然后采用多频脉冲电子舌系统对产品进行检测，结果表明同一品种鸡的煮制鸡胸肉和鸡腿肉之间对电子舌响应差异明显。对煮制鸡胸肉、煮制鸡腿肉或鸡汤来说，单电极对不同品种的区分效果不理想。经过优化后的复合电极可实现以3种不同原料肉加工的煮制鸡腿肉或鸡汤的区分。

2.6 在霉菌区分上的应用

为了能监测霉菌液体培养物的综合信息，赵广英等[29]引入多频脉冲伏安型电子舌，并结合主成分分析法对曲霉、青霉、根霉和毛霉四类霉菌进行区分研究，得到最佳电极及其频率段组合，同时引入距离 d 作为区分的判别依据，并确定能很好地区分2类菌的 d_{min}。结果表明多频脉冲伏安型电子舌能将曲霉、青霉、根霉和毛霉这四类霉菌很好地区分开，且区分效果好的电极及其频率段组合，即金电极的1Hz、10Hz、100Hz三个频率段、钯电极的1Hz、10 Hz、100Hz三个频率段和银电极的1Hz频率段；在本试验条件下，能够作为区分判别依据的定量值 $d > 2.000$。研究结果显示多频脉冲电子舌具备区分不同霉菌的能力，展现了很好的持续深入和广泛研究的价值。

3 结语

多频脉冲伏安型电子舌将常规脉冲拓展到多频率脉冲联用，直接采用商品化非修饰电极组成传感器阵列，结合特征值提取和主成分分析等方法，具有结构简单、性能稳定、信息量丰富、易智能化、使用寿命长和成本低廉等独有的特点。目前，多频脉冲伏安型电子舌在辨别基本味物质，酒类中品牌的区分、产地的保护、品质的鉴定及口感的评价，茶饮料的区分辨别，乳制品抗生素残留检测，肉制品品质及新鲜度评价和霉菌区分中得到了很好的应用，但在食品中的应用还不够多，不够好，不够全面。随着多频脉冲伏安型电子舌的不断推广和宣传，不断地被科研工作者所熟悉和了解，这种新型伏安型电子舌将具有更加广阔的应用前景，将在食品的科学研究、工业发展和安全监控等方面发挥越来越多的作用。

参 考 文 献

[1] Sue C K. Taste transduction: linkage between molecular mechanisms and psychophysics. Food Quality and Preferences, 1996, 3 (7): 153 - 159

[2] 朱国斌，鲁红军. 食品风味原理与技术. 北京：北京大学出版社，1996

[3] 陈冬梅，周媛. 电子舌技术及其在食品工业中的应用. 现代农业科技，2010，7：26 - 29

[4] 黄星奕，张浩玉，等. 电子舌技术在食品领域应用研究进展. 食品科技，2007，7：20 - 24

[5] 高瑞萍，刘辉. 电子鼻和电子舌在食品分析中的应用. 肉类研究，2010，12：61 - 67

[6] 林科. 电子舌研究进展及其在食品检测中的应用研究. 安徽农业科学，2008，36 (15)：6602 - 6604

[7] Shi - Yi Tian, Shao - Ping Deng, et al. Multifreqency large amplitude pulse voltammetry: A novel electrochemical method for electronic tongue. Sensor and Actuators B, 2007, 21: 1049 - 1056

[8] Shi - Yi Tian, Shao - Ping Deng, et al. Discrimination of red wines age by a voltammetric electronic tongue based on multifrequency large amplitude voltammetry and pattern recognition method. Sensors and Materials, 2007, 18: 287 - 298

[9] 张素平，田师一，等. 智舌对基本味物质辨识能力的实验研究. 中国食品学报，2009，9 (5)：111 - 116

[10] Toko K. Electronic tongue. Biosensors & Bioelectronics, 1998, 13: 701 - 709

[11] Toko K. Taste sensor. Sensors and Actuators B, 2000, 64: 205 - 215

[12] 张夏宾，王晓萍，等. 新型伏安型多频脉冲电子舌及其应用. 浙江大学学报，2008，42 (10)：1706 - 1709

[13] 田师一，邓少平. 多频脉冲电子舌对酒类品种区分与辨识. 酿酒科技，2006，(11)：24 - 26

[14] 周牡艳，郑云峰，等. 智能电子舌对地理标志产品绍兴黄酒的区分判别研究. 2012，12：23 - 26

[15] 王 茹，田师一，等. 智舌在白酒区分辨识中的应用研究. 2008，11：54 - 56

[16] Berrueta L A, Alonso - Salces R M, et al. Supervised pattern recognition in food analysis. Journal of Chromatography A, 2007, 1158 (1/2): 196 - 214

[17] 胡晓晖. 电子鼻实验平台的设计与构建研究. 杭州：浙江工商大学，2011

[18] Duchene J., Leclercq S.. An optimal transormation for discrimination principal component analysis [J]. 1EEE Transon Pattern Analysis and Machine Intelligence, 1988, (6): 978 - 983

[19] 梁逸曾，俞汝勤. 化学计量学. 北京：高等教育出版社，2003：191 - 219

[20] 李华，丁春晖，等．电子舌对昌黎原产地干红葡萄酒的区分辨识．食品与发酵工业，2008，3：130－132

[21] 周牡艳，陈扉然，等．应用电子舌技术测定绍兴黄酒风味成分．酿酒科技，2013，12：58－60

[22] 周牡艳，胡晓晖，等．黄酒口味感官品评指标与智舌定量预测方法研究．酿酒科技，2012，(11)：39－45

[23] 牛海霞．基于多频脉冲电子舌的茶饮料区分辨识．食品工业科技．2008，(6)：124－128

[24] Jones G M. On－farm test for drug residues in milk. Virginia cooperative extension, Knowledge for the common wealth, Virginia Polytechnic and StateUniversity, U. S. A. 1999, (5)：401－404

[25] 谈国凤，田师一，等．电子舌检测奶粉中抗生素残留．农业工程学报．2011，27 (4)：361－365

[26] 韩剑众，黄丽娟，等．基于电子舌的鱼肉品质及新鲜度评价．农业工程学报. 2008，24 (12)：141－144

[27] 韩剑众，黄丽娟，等．基于电子舌的肉品品质及新鲜度评价研究．中国食品学报，2008，(3)：125－132

[28] 王鹏，张岩，等．应用电子舌区分不同原料鸡肉加工的产品．中国农业工程学会 2011 年学术年会论文集．2011

[29] 赵广英，林晓娜，等．智舌对四类霉菌的区分研究．传感技术学报，2009，22 (4)：451－454

一种葱姜料酒的开发

肖蒙，徐建芬，黄媛媛，彭金龙，毛严根，俞剑燊
上海金枫酒业股份有限公司，上海　201501

摘要： 当前市场上的料酒产品普遍添加了食用酒精，而且几乎没有香辛料的香味。所以为了开发一款不添加酒精且香味显著的葱姜料酒，同时降低生产成本，优化工艺，本实验先通过单因素试验对葱姜比例、浸提温度、浸提时间等分别进行研究，确定了葱姜汁液的制作工艺，然后对葱姜汁液、基酒、鲜味剂进行正交试验，确定了料酒的勾兑配方，最终将配方确定如下：1kg 葱姜汁液、5kg 的 3 年陈加饭酒、2.4g 鲜味剂、1.2% 食用盐。

关键词： 料酒，工艺，配方

The development of a kind of cooking wine with chives and ginger

Xiao Meng, Xu Jianfen, Huang Yuanyuan, Peng Jinlong, Mao Yangen, Yu Jianshen
Shanghai Jingfeng Wine Co., Ltd., Shanghai 201501, China

Abstract: There are edible alcohol in cooking wine products on the market at present, and almost no spice aromas, so the experiment invented a kind of cooking wine which no edible alcohol and more significant fragrant, at the same time, reduced the production cost and optimized the technology. The first, the research devised a process of chives and ginger juice by the single factor test and made sure of the prescription by orthogonal test. The prescription as follows: 1kg of chives and ginger juice, 5kg of rice wine, 2.4g of monosodium glutamate, 1.2% of edible salt.

Key words: Cooking wine, technology, prescription

料酒主要是以发酵酒、蒸馏酒或食用酒精为主体，添加食用盐（植物香辛料）等配制而成的液体调味品。在菜肴烹调过程中，料酒中的酒精与食物中的羧酸反应产生芳香且有挥发性的酯类化合物，起到去腥的作用，同时料酒中的氨基酸、糖、肽、有机酸等与食物相互作用，丰富了食品的滋味[1]。

当前市面上的料酒主要分为勾兑料酒和原酿料酒，其中勾兑料酒主要是以黄酒和食用酒精为主体，故其酒味清淡，营养价值低；而原酿料酒则采用陈年原酿黄酒为主体，故其酒味香醇浓郁，在菜肴烹饪使用时质量明显优于勾兑料酒。因此本实验以开发一款增香去腥的姜葱原酿料酒用于菜肴烹调。

1 材料与方法

1.1 材料与仪器

生姜，香葱，食用盐，味精，1～5年陈加饭酒，红烧肉，酱油。

C21－SC001电磁炉（九阳）。

1.2 实验方法

1.2.1 黄酒年份的确定

选用1～5年陈的加饭酒，称取红烧肉5份，每份255g，各加水900mL、生姜3g、食盐10g、酱油10mL、白糖30g和不同年份的加饭酒60mL。采用电磁炉具，入铁锅煮15min，爆炒5min，闷滚25min，然后出锅，共5份，分别进行感官评尝，从中确立调味料酒的加饭酒陈酿年份[2]。经过8人采用计分品评法（色泽20分、香味30分和口味50分）品评得知：调味料酒基酒随着陈酿年份的增加质量也不断增加，由于陈酿年份长的黄酒，香味更加醇厚，所以其在食物增香方面效果最为显著，但成本也相应更高。其中，1年陈加饭酒有明显的新酒味，酒香味很淡，不宜做调味料酒的基酒，2年陈加饭酒已经有明显的醇厚感，但还是有淡淡的新酒味，3年陈加饭酒香味浓郁且醇厚，已经没有新酒味，出于对品质、成本和料酒市场的综合考虑，确定生产出一款性价比高的料酒为此实验的研究方向，所以最终选定3年陈加饭酒为调味料酒的基酒。

1.2.2 葱和姜比例的确定

将葱粉和姜粉分别按照0.5∶10、1∶10、2∶10的比例将其混合，并将3种配方的姜葱粉分别放入坛中。由于考虑到料酒生产工艺的简单性，在生产中完全可以将酿造的新加饭酒用来浸提香辛料，使料酒制作工艺与黄酒制作工艺流畅的衔接上，然后向坛子中加入80℃的新加饭酒，使其香辛料浓度达到5%，密闭浸泡4d，最后压榨，得到葱姜汁液。经过8人采用计分品评法（色泽20分、透明度30分和香味50分）品评得知：3个配方的汁液都很澄清，其中葱姜比例为0.5∶10的葱姜汁液生姜味很明显，但葱味不明显；葱姜比例为2∶10的葱姜汁液生姜味不明显，葱味很明显，且发现葱味浓度过高能明显产生不愉悦的气味；葱姜比例为1∶10的葱姜汁液生姜味和葱味比较协调，所以最终确定葱和姜的比例为1∶10。

1.2.3 生姜粉或生姜片的确定

先将40目的生姜粉末、100目的生姜粉末和生姜片分别放入坛中，然后向坛子中加入80℃的3年陈加饭酒，使其香辛料浓度达到5%，密闭浸泡4d，最后对粉末浸提的汁液压榨，得到生姜汁液，同时对生姜片浸提的汁液取出生姜片得到生姜汁液。经过 8 人采用计分品评法（色泽 20 分、透明度 30 分和香味 50 分）品评得知：2 种生姜粉末浸提液香味差异性不大，但都略优于生姜片浸提液，同时在压榨中发现 100 目生姜粉浸提液压榨难度略高于 40 目生姜粉的压榨难度，所以最终确定采用 40 目生姜粉。由于葱姜汁液中葱的比例很小，所以葱粉也采用 40 目的粉末，方便生产的进行。

1.2.4　浸提温度的确定

将 3 份 40 目的葱姜粉倒入坛中，然后分别加入 50℃、65℃、80℃ 的 3 年陈加饭酒，使其香辛料浓度达到 5%，密闭浸泡 4d，最后对浸提的汁液压榨，得到葱姜汁液。经过 8 人采用计分品评法（色泽 20 分、透明度 30 分和香味 50 分）品评得知：65℃ 和 80℃ 条件下的浸提效果差异性不大，但略优于 50℃，所以从节能等方面考虑，采用 65℃ 为浸提温度。

1.2.5　浸提时间的确定

将 3 份 40 目的葱姜粉倒入坛中，然后分别加入 65℃ 的 3 年陈加饭酒，使其香辛料浓度达到 5%，分别密闭浸泡 2d、4d、6d，最后对浸提的汁液压榨，得到葱姜汁液。经过 8 人采用计分品评法（色泽 20 分、透明度 30 分和香味 50 分）品评得知：浸提效果差异性不大，但随着浸提时间的延长，会发现汁液的酸度也在不断的增加，若从批量生产采用大不锈钢罐考虑，浸泡 2d，汁液的温度还难以降低到 20℃ 左右，不利于压榨，浸泡 6d，则汁液的酸度较高，难以保证成品的质量，所以综合考虑 4d 最恰当。

1.2.6　成品的调配

根据对当前料酒市场的研究，发现料酒配方主要由香辛料、黄酒、鲜味剂和食用盐组成，食盐的含量基本都在 1.2% 左右，差异性不大，所以成品调配在葱姜汁液、3 年陈加饭酒、鲜味剂上进行三因素三水平的正交试验，将调配得到的料酒进行过滤，灌装，灭菌得到成品。试验结果采用 8 人计分品评法（色泽 20 分、香味 30 分和味道 50 分）。

表 1　正交试验因素水平表

水平	A	B	C
	葱姜汁液/kg	3 年陈加饭酒/kg	鲜味剂/g
1	1	4	1.2
2	1.3	4.5	1.8
3	1.6	5	2.4

2　结果与讨论

2.1　葱姜汁液制作工艺的确定

对葱姜汁液制作工艺中的各个主要因素进行研究，将葱姜汁液制作工艺确定如下：

将40目的葱姜粉倒入不锈钢罐中，然后加入65℃的3年陈加饭酒，使其香辛料浓度达到5%，密闭浸提4d，最后对浸提的汁液压榨，得到葱姜汁液，以此葱姜汁液为原料直接进行调配，能省去灭菌灌坛和陈酿的步骤，简化工艺，降低成本。

2.2 葱姜料酒配方的确定

由表2可得知，香辛料、基酒、鲜味剂对葱姜料酒的影响次序：基酒 > 香辛料 > 鲜味剂，而且很明显的发现基酒对料酒品质的影响与其他因素对料酒品质的影响差异性很大，这可能与这款料酒中未添加水和食用酒精，黄酒含量超过97%有关。配方的最佳组合为 $A_1B_3C_3$，即3年陈加饭酒用量5kg，葱姜汁液用量1kg，鲜味剂用量2.4g，食用盐按照料酒总量的1.2%添加。

表2　正交试验结果 L_9 (3^3)

试验号	因素			品评得分
	A	B	C	
1	1	1	1	89.7
2	1	2	2	91.2
3	1	3	3	94.0
4	2	1	2	89.6
5	2	2	3	90.9
6	2	3	1	92.9
7	3	1	3	87.7
8	3	2	1	90.8
9	3	3	2	93.5
K1	91.6	89.0	91.1	
K2	91.1	91.0	91.4	
K3	90.7	93.5	90.9	
R	0.9	4.5	0.5	

3 结语

通过单因素实验、正交实验和感官品评确定这款葱姜料酒的生产工艺和配方如下：将40目的葱姜粉倒入不锈钢罐中，然后加入65℃的3年陈加饭酒，使其香辛料浓度达到5%，密闭浸提4d，最后对浸提的汁液压榨，得到葱姜汁液。以此1kg葱姜汁液、5kg的3年陈加饭酒、2.4g鲜味剂、1.2%食用盐为配方进行调配并过滤，最后灭菌灌装，即得到质量优良的葱姜料酒。将此料酒用于海鲜、鱼类的烹调中，能明显起到去腥、增香的作用。

总的来说，由于省去了香辛料汁液的灭菌、灌坛和陈酿的步骤，整个生产流程能控制在 7d 以内，所以此葱姜料酒的生产工艺简单可行，大大降低了成本。

参 考 文 献

［1］孙国昌，张水娟．用黄酒丢糟代替部分大米制料酒的研究［J］．中国酿造，2004，7：29－30

［2］汪建国，沈玉根，等．陈府九香料酒的研发［J］．江苏调味副食品，2011，28（3）：15－16

白酒质量安全检测技术的研究进展

马蓉，蒋厚阳，秦辉，杨平，徐前景，蔡小波，田殿梅，杨甲平
泸州老窖股份有限公司，四川　泸州　646000

摘要：我国是白酒生产和消费大国，白酒的质量安全关系到消费者的生命健康，因此必须对白酒中质量安全指标进行检测。随着科技发展，白酒检测技术也有了新突破。本文从白酒检测技术发展历程、白酒质量安全指标控制及检测方法几个方面综述了白酒检测技术的现状，并对其发展进行了展望。

关键词：白酒，安全，检测

Development of Safety Determination Technologies in Liquor

Ma Rong，Jiang Houyang，Qin Hui*，Yang Ping，Xu Qianjing，
Cai Xiaobo，Tian Dianmei，Yang Jiaping
Luzhou Laojiao Co.，Ltd，Sichuan Luzhou 646000

Abstract：Chinese – liquor has great production and consumption power in China，so its safety indexes which have done great harm to human's health are necessarily determined. In recent years，Chinese – liquor's detecting techniques has new breakthroughs with the scientific and technological development. In this article，the present status of China – Liquor's detection technologies were summarized from aspects of development course，security metrics' control and detection methods. And the detection technologies' development was also prospected.

Key words：liquor，safety，determination

中国白酒酿造历史悠久、文化底蕴深厚，是世界六大蒸馏酒之一，被广大消费者所青睐[1]。随着经济水平的提高，居民消费能力显著提升，使我国白酒酿造产业呈现快速发展。截止2014年年末，全国拥有2602家规模以上的酿酒企业，其中大中型酿酒企业占617家，行业拥有总资产9000.25亿元，比2010年增长84.70％；2014年酿酒总产量达到7528.27万kL，比2010年增长15.82％；进出口总额为36.85亿美元，比2010年增长71.96％，实现了白酒行业的跨越式发展[2]。在产业高增长的同时，白酒

* 通讯作者：秦辉，博士，E – mail：qinhui@lzlj.com。

质量安全更需要高度重视，如 2012 年的“塑化剂”事件就对消费者的信心和整个白酒行业产生较大的影响[3]，因此加强白酒质量安全控制是重中之重。近年来，在白酒研究方面采用的新技术、新方法也带来不少新成果，从而进一步推动了白酒检测技术的发展，对提高白酒安全，推动白酒产业健康发展奠定了基础。

1 白酒检测技术发展历程

20 世纪 60 年代，原轻工业部在贵州茅台和山西汾酒开展了科学试点工作，这是白酒检测技术发展的里程碑[4]。发展至今，白酒检测技术先后经历了初期、稳定期、成熟期及新发展四个阶段。

发展初期，检测设备简陋，操作复杂，检测技术分析方法简单，其特点主要以定性和半定量为主。尽管当时检测技术比较落后，但为当时白酒行业检测技术的发展奠定了基础，如气相色谱仪在白酒成分分析中第一次使用[5]，第一次将 DNP 填充柱气相色谱法用于白酒成分监控[6]等。

稳定期，我国开始从国外引进先进的检测设备和方法，着手对白酒中微量化合物多组分的定量分析研究，开创了白酒检测技术的新局面，取得了众多成果，比如气相色谱技术的普及对白酒质量控制的影响，并出台了一系列新的国家标准和行业标准等。特别是标准的推出，如 GB 2757—2012《蒸馏酒及其配制酒卫生标准》、GB 10343—2008《食用酒精》等，为规范白酒的生产、加强白酒监管提供了保障。

成熟期，这个阶段重点放在了对白酒基本成分的分析上，从偏重于定性分析转到高效分离准确定量，在研究工作中，考虑更多的是如何把握定量的准确性和用作产品质量控制分析的实用性。在此期间，不仅色谱技术、光谱技术得以普及应用，而且白酒相关标准得以进一步完善，促进了白酒行业检测技术的快速发展[7]。

新发展，这个阶段有别于前三阶段，最大差异是白酒行业快速发展，白酒检测分析开始提出新的课题。基于香味物质研究、饮酒与健康的研究、更加严格的食品安全控制的分析检测方法进一步加强，新技术、新方法的应用成为新的时代特征[7]。

2 白酒质量安全指标控制及检测方法

GB 2757—2012《蒸馏酒及其配制酒》对甲醇和氰化物、GB 2762—2012《食品中污染物限量》对污染物、GB 2761—2011《食品中真菌毒素限量》对真菌毒素等指标做了严格的规定。这些质量安全指标分为内源性和外源性，内源性安全指标是白酒酿造过程中产生的副产物，如甲醇、氰化物等，外源性安全指标包括塑化剂、重金属等，构成了白酒安全最大的威胁。

2.1 内源性危害物控制及检测方法

2.1.1 甲醇

甲醇，果胶质在酸、热、碱和酶的作用下，经水解生成甲氧基，甲氧基被还原生成甲醇[8]。白酒酿造过程中，甲醇主要来源于原料的蒸煮糊化过程、糖化过程、发酵过程、蒸馏过程。甲醇毒性极强，摄入过量甲醇可导致人体中枢神经系统麻痹和视网膜病变[9-10]，当摄取量为5g时，会导致人体中毒，当摄入量超过12.5g，就会导致人体中毒死亡[11]。甲醇的超标将会给消费者带来巨大的安全隐患，食品安全国家标准GB 2757—2012《蒸馏酒及其配制酒》对此做了相关要求，粮谷类≤0.6g/L，其他≤2.0g/L。

分光光度计比色法检测白酒中甲醇的含量是《蒸馏酒与配制酒卫生标准的分析方法》GB/T 5009.48—1996至今（GB/T 5009.48—2003）常用的方法，但比色法稳定性较差、操作繁琐、时间长、精度低。不过经科研学者的试验，此方法也得到了进一步优化[12,13]。随着科技进步，色谱技术的普及，气相色谱法（GC）逐渐成为白酒中甲醇含量测定的首选，其操作简便，结果准确性高[14,15]。近年来，随着无损检测技术的发展，近红外光谱分析技术也逐渐用于白酒甲醇含量的检测，其分析检测方便、效率高[16]。

2.1.2　氰化物

氰化物通常与糖分子结合，并以含氰糖苷的形式存在于木薯等酿酒原料中，在发酵过程中，氰糖苷经水解产生氢氰酸，这是白酒氰化物的主要来源[17]。氰化物毒性强，在人体内析出的氰离子能阻止氧化酶中的三价铁还原，抑制细胞呼吸而导致组织缺氧窒息。因此，GB 2757—2012《蒸馏酒及其配制酒》要求氰化物≤8.0mg/L（以HCN计）。

国标GB/T 5009.48—2003《蒸馏酒与配制酒卫生标准的分析方法》中采用比色法检测白酒中氰化物含量，但易受显色剂加入后出现浑浊影响，且操作复杂、检出限偏高[18]，后续经过试验，逐渐获得了改进[19]。随着检测技术的发展，荧光法、原子吸收光度法在检测白酒氰化物含量也逐渐成熟，检测限也在μg/L级，适合微量氰化物的测定[20]。电化学法在白酒氰化物的检测中，受干扰因素较多，检测结果不理想[21]。如今，色谱技术高效率、高灵敏度等特点，逐渐在白酒氰化物检测中广泛应用，也是检测技术发展的方向。阎冠洲[22]等采用顶空气相色谱法测定白酒中氰化物，该方法相对标准偏差（RSD）小，回收率高，检出限低，且准确度高。

2.1.3　氨基甲酸乙酯

氨基甲酸乙酯（EC）是酒精饮料在酿造过程中形成的天然副产物[23]，毒性较强。相关研究表明，氨基甲酸乙酯能导致癌症发生，如肺癌、淋巴癌、肝癌等，而且乙醇对氨基甲酸乙酯的致癌性有促进作用。2007年，国际癌症研究机构（IARC）将氨基甲酸乙酯改为2A类致癌物，并强调饮用调酒精时，摄入氨基甲酸乙酯过量可能对健康造成危害[24]。因此，在各种酒精饮料中，各国家对氨基甲酸乙酯有了限定标准，如加拿大、日本蒸馏酒中限量为150μg/L、白兰地限量为400μg/L；法国、瑞士蒸馏酒中限量为150μg/L、白兰地限量为1000μg/L[25]。但目前，对于我国酒精饮料中氨基甲酸乙酯的检测，食品安全国家标准尚处于征求意见阶段。

目前，在白酒氨基甲酸乙酯的检测中，以气相色谱（GC）、液相色谱（HPLC）、气-质联用（GC-MS）等技术为主。其中，多个国家、相关组织官方方法和我国进出口商品检验行业标准 SN/T 0285—2012《出口酒中氨基甲酸乙酯残留量测检方法气相色谱 - 质谱法》等均是采用气 - 质联用（GC - MS）法，该方法具有高灵敏度、准确度和精密度的特点[26]。针对 SN/T 0285 - 2012 中气 - 质联用（GC - MS）存在的操作费时繁琐、回收率不稳定的问题，王健等[27]利用专用氨基甲酸乙酯固相萃取柱进行提取净化，同位素内标法进行定量，该方法灵敏度高，操作快速简便、有较好的稳定性和回收率，并且对二氯甲烷要求量不高，安全性强。陈达炜等[28]利用 HPLC - FLD 法对不同酒精度白酒中氨基甲酸乙酯含量进行测定，并与 45% vol 酒精建立了氨基甲酸乙酯峰面积相对校正系数，与气相色谱质谱联用（GC - MS）相比，提高了准确性，且更适合于大批量样品的检测。

2.1.4 生物胺

生物胺是一类具有生物活性含氮的低分子量有机化合物的总称，在发酵食品和饮料酒中广泛存在[29,30]。当人体摄入过量的生物胺时，会引起过敏反应，如头痛、恶心、血压异常、呼吸紊乱等，特别严重的时候还可能危及性命[31]。生物胺中，以组胺毒害性最大，多个国家规定了在葡萄酒中组胺的限量标准，德国为 2mg/L、法国为 8mg/L、瑞士为 10mg/L、比利时为 5 ~ 6mg/L[32]。

1965 年首次对饮料酒中生物胺进行研究，当时利用色谱检测分析葡萄酒中有毒物质时，检测到组胺。目前，生物胺的研究以葡萄酒、啤酒、黄酒居多，已经检测到如组胺（histamine）、酪胺（tyramine）、苯乙胺（2 - phenylethylamine）等几十种。而在白酒中，生物胺的研究却较少。2012 年，杜木英等[33]研究了青稞酒中生物胺在发酵过程中的变化，利用液相色谱法进行测定，但测定回收率不是很理想。2013 年，温永柱等[34]在利用液液萃取（LLE）技术与气相 - 质谱（GC - MS）联用技术研究白酒中生物胺的鉴定时，建立了测定白酒中生物胺的方法。并第一次在中国白酒中鉴定出乙胺、甲胺、异戊胺等 9 种生物胺。同一年，温永柱[35]等利用紫外检测 - 反相高效液相色谱（RP - HPLC）检测技术，建立了白酒中多种生物胺的定量方法，该方法准确度高、检测线低、回收率高。

2.2 外源性危害物控制及检测方法

2.2.1 重金属

白酒中重金属来源包括蒸酒设备、输酒管道及储酒容器等与白酒接触的器具，糟醅的蒸馏过程，及勾兑调配中加浆水的污染[36]。人体摄入过量重金属，会危害人体健康，因而国标 GB 2757—2012《蒸馏酒及其配制酒》规定，白酒中铅含量≤1mg/L。

在重金属离子的检测中，检测总砷和无机砷主要是利用氢化物原子荧光光度法，检测铅含量主要是采用原子吸收石墨炉方法，检测总汞主要是采用原子荧光光度法，但这些检测方法均较繁琐，设备贵且耗时长。2011 年，张莹等[37]对 ICP - MS 在线内标法测定白酒中五种重金属元素方法的研究，凸显出了优势，该方法检出限更低、灵敏度更高、并可同时检测出多种金属元素。2013 年，张建等[38]也利用电感耦合等离子体质谱法（ICP - MS）检测白酒中 28 种元素，也体现出操作简单快速、精密度高、准确度好、检出限低等特点。

2.2.2 邻苯二甲酸酯类塑化剂

2012 年“塑化剂”事件，引起了消费者、监管部门和白酒企业的高度重视。白酒中的塑化剂来源主要包括白酒在酿造和储运过程中与含邻苯二甲酸酯类的塑料或橡胶等制品接触，以及蒸馏过程中从原料中迁移进入酒体。邻苯二甲酸酯对动物体的正常激素分泌有影响，具有生殖和发育毒性，如基因突变、胚胎致畸等[39]，因此必须对白酒中的塑化剂进行控制与检测。我国卫生部将邻苯二甲酸酯类物质列入食品中可能违法添加的非食用物质和易滥用的食品添加剂名单，而且规定了邻苯二甲酸二丁酯（DBP）最大残留量为 0.3 mg/kg、邻苯二甲酸二（2－乙基）已酯（DEHP）最大残留量为 1.5 mg/kg 和邻苯二甲酸二异壬酯（DINP）的最大残留量为 9.0 mg/kg[40]。

白酒中邻苯二甲酸酯类主要采用气－质联用技术（GC－MS）进行检测，但白酒中乙醇浓度对邻苯二甲酸酯的提取有干扰，使得检测结果准确度、回收率偏低。后续经过优化，通过氮吹或旋转蒸发[41]、降低白酒酒精度[42]等可以降低乙醇对提取效果的干扰。2014 年，孙海燕等[43]采用液液萃取，萃取后利用固相微萃取法，降低了乙醇干扰，提高了精确度。同一年，彭丽英等[44]利用离子迁移谱技术筛查白酒中痕量邻苯二甲酸酯，该方法无需样品前处理，可以快速定性筛查和初步定量白酒中的邻苯二甲酸酯类，具有一定的推广价值。

2.2.3 真菌毒素

真菌毒素是由丝状真菌（霉菌）产生的一类对人和动物有毒害作用的次级代谢产物，目前为止，已经发现 500 多种真菌毒素，黄曲霉毒素、赭曲霉毒素、单端孢酶稀族类化合物、伏马毒素等是常见且毒性较大的真菌毒素，可以损害肝脏、肾脏、神经组织，甚至致癌、致畸、致突变等[45]。在酿酒生产中，如果使用被真菌毒素污染的原料，将会给白酒的质量安全带来隐患[46]。食品安全国家标准 GB 2761—2011《食品中真菌毒素限量》对酒类中青霉素规定要求≤50μg/kg。

目前，白酒中对真菌毒素检测的研究相对较少。2009 年，孙林超[47]将免疫亲和柱－高效液相色谱应用于白酒中赭曲霉毒素 A 的检测，但回收率偏低；2013 年，罗惠波等[48]利用酶联免疫试剂盒对浓香型白酒中黄曲霉毒素 B_1 进行了测定，样品中黄曲霉毒素 B_1 可测定的范围在 1～81μg/kg；2014 年，韩现文[49]利用固相萃取－高效液相色谱净化分析方法对三种真菌毒素（AFB1、OTA、DON）进行测定，测定结果表明，该方法在准确性、精密度、检出限方面优于免疫亲和层析柱－高效液相色谱法，且操作简单、成本较低。

3 白酒质量安全检测技术的展望

进入 21 世纪，随着科技进步，检测仪器在不断的更新换代，而且已经不再简单局限于某个单一领域。目前，在白酒行业，通过技术创新，一些成熟检测仪器逐渐进入白酒行业的视野。全二维气相色谱，源于普通气相色谱，但是全二维气相色谱分辨率、灵敏度、峰容量却优于普通气相色谱，对于多组分系统的分析检测，优势强于普通气相色谱仪。原子力显微镜，主要用于白酒胶体结构分析，能直观解析白酒胶体性质。

近红外光谱仪，聚类分析功能较强，在白酒的模糊分析方面具有巨大的潜力，而且检测快速高效，并可以定性定量。色谱型电子鼻，是将色谱分析技术和化学计量学方法相结合，可以准确对白酒感官进行模拟，开辟了白酒分析检测的新途径。从白酒检测技术发展方向来看，近红外光谱仪，不仅可以定性定量，而且具有快速、高效、无损的特点，将是白酒行业分析检测仪器的新宠。

白酒检测仪器的发展是白酒检测的硬件设施，需要新技术和新方法等软件与其配套，因此新技术和新方法对白酒检测技术的发展同样具有重要的意义。近年来，色谱技术的普及与发展，联用技术在白酒检测中开始广泛应用，如气-质联用技术、气相-电子鼻联用、液相-质谱联用等，联用技术的发展起步时间不长，随着科研能力增强，该技术的深入研究将会使白酒检测技术更加高效、方便、快捷。在色谱进样技术中，除了采用传统的直接进样技术外，目前多采用顶空进样技术、固相微萃取技术、闻香识别技术等技术，进一步提高白酒检测的精确度。

我国白酒行业在“169”“158”计划的大力推动下已经取得了卓越的成效，并且正在实施的“3C计划”及联盟的构建将更进一步的推动我国白酒行业的发展[50]。在白酒行业发展的同时，加强科技创新，促进白酒质量安全检测技术的进步，将推动我国白酒行业健康向前发展。

参考文献

[1] 秦辉．基于可视化仿生嗅觉系统的白酒检测研究［D］．重庆：重庆大学，2011，1-2

[2] 王延才．中国酒业协会第四届理事会工作报告（上）［J］．酿酒科技，2015，(6)，1-5

[3] 郑校先，俞剑燊，等．白酒“塑化剂”食品安全风波分析及白酒包装材料问题［J］．酿酒科技，2013，(10)：62-64

[4] 熊子书．中国三大香型白酒的研究（二）酱香·茅台篇［J］．酿酒科技，2005，(4)：25-30

[5] 胡国栋．气相色谱法在白酒分析中的应用现状与回顾［J］．食品与发酵工业，2003，(10)：65-69

[6] 沈尧绅，曾祖训．白酒气相色谱分析［M］．北京：轻工业出版社，1986

[7] 汪地强，严腊梅．白酒分析检测发展［J］．酿酒，2007，34（2）：28-31

[8] 宫可心．红枣白兰地甲醇的控制方法初探［D］．河北：河北农业大学，2013

[9] 时应理，乔瑞．白酒中甲醇含量的检测进展［J］．科技向导，2012，(11)：30-31

[10] 李永生，齐娇娜，等．酒中甲醇测定方法的研究进展［J］．酿酒科技，2006，(1)：84-89

[11] 朱丽霞．白酒中甲醇测定的毛细管柱气相色谱法［J］．微量元素与健康研究，2015，32（1）：54

[12] 路纯明，徐卫河，等．对白酒中甲醇含量国标测定方法的改进［J］．化学

研究，2004，15（2）：39－41

［13］周薇，羊语梅，等．品红－亚硫酸比色法测定酒中甲醇的方法改进［J］．中国卫生检验杂志，2004，14（5）：647

［14］孙伟，汪清美．气相色谱法测定白酒中的甲醇和杂醇油［J］．信阳农业高等专科学校学报，2014，24（2）：109－111

［15］刘兴平，张良．食用酒中甲醇气相色谱分析方法研究（二）［J］．酿酒科技，2001，（4）：79

［16］余辉，袁卫杰，等．基于近红外光谱的白酒甲醇超标快速无损检测［J］．食品科学，2012，33（24）：202－204

［17］胡明燕，车明秀，等．白酒中氰化物含量定性检测方法的研究［J］．酿酒科技，2014，（10）：105－107

［18］周韩玲，练顺才，等．白酒中微量氰化物检测方法的比对与探讨［J］．酿酒科技，2015，（3）：90－92

［19］王慧，张静，等．白酒中氰化物测定方法的改进［J］．酿酒科技，2013，（9）：59－60

［20］向双全，张志刚．原子吸收石墨炉法测定白酒中的氰化物［J］．酿酒科技，2015，（3）：127－129

［21］李源栋，樊林，等．酒中氰化物测定方法的研究进展［J］．酿酒，2009，36（6）：16－19

［22］阎冠洲，钟其顶，等．顶空气相色谱测定白酒中氰化物方法研究［J］．酿酒科技，2013，（3）：89－92

［23］包志华，娜仁高娃，等．气相色谱－质谱法测定白酒中氨基甲酸乙酯的分析［J］．农产品加工（学刊），2013，（12）：64－66

［24］易啸．气质联用法测定白酒中的氨基甲酸乙酯及其含量分析［D］．泸州：泸州医学院，2014，5－8

［25］王欢，胡峰，等．白酒中氨基甲酸乙酯的研究进展［J］．酿酒科技，2014，（9）：88－91

［26］易啸，赵金松，等．固相微萃取气质联用法测定白酒中的氨基甲酸乙酯［J］．酿酒，2014，41（2）：42－45

［27］王健，艾涛波，等．固相萃取和同位素内标法检测白酒中氨基甲酸乙酯［J］．中国酿造，2015，34（1）：115－117

［28］陈达炜，苗虹，等．酒精度对高效液相色谱－荧光法分析白酒中氨基甲酸乙酯含量的影响［J］．色谱，2013，31（12）：1206－1210

［29］Beneduce L，Romano A，et al. Biogenic amine in wines［J］. Annals of Microbiology，2010，60（4）：573－578

［30］Almeida C，Fernandes J O，et al. A novel dispersive liquid－liquid microextraction（DLLME）gas chromatography－mass spectrometry（GC－MS）method for the determination of eighteen biogenic amines in beer［J］. Food Control，2012，25（1）：380－388

[31] Bodmer S, Imark C, et al. Biogenic amines in foods: Histamine and food processing [J]. Inflamm Res, 1999, 48 (2): 296 - 300

[32] Martin - Alvarez P J, Marcobal A, et al. Influence of technological practices on biogenic amine contents in red wines [J]. Eur Food Res Technol, 2006, 222 (3 - 4): 420 - 424

[33] 杜木英，陈宗道，等. 青稞酒发酵过程中生物胺动态变化 [J]. 食品科学, 2012, 33 (3): 163 - 167

[34] 温永柱，范文来，等. GC - MS 法定性白酒中的多种生物胺 [J]. 酿酒, 2013, 40 (1): 38 - 40

[35] 温永柱，范文来，等. 白酒中 5 种生物胺的 HPLC 定量分析 [J]. 食品工业科技, 2013, 34 (7): 35 - 37

[36] 万益群，潘凤琴，等. 电感耦合等离子体原子发射光谱法测定白酒中 23 种微量元素 [J]. 光谱学与光谱分析, 2009, 29 (2): 499 - 503

[37] 张 莹，夏于林，等. 应用 ICP - MS 在线内标法测定白酒中五种重金属元素方法研究 [J]. 中国酿造, 2011, (4): 169 - 170

[38] 张建，田志强，等. 电感耦合等离子体质谱法检测白酒中 28 种元素 [J]. 食品科学, 2013, 34 (22): 257 - 260

[39] Mariko Matsumoto, Mutsuko Hirata - Koizumi, et al. Potential adverse effects of phthalic acid esters on human health: A review of recent studies on reproduction [J]. Regulatory Toxicology and Pharmacology, 2008, (50): 37 - 49

[40] 中华人民共和国卫生部. 卫生部办公厅关于通报食品及食品添加剂中邻苯二甲酸酯类物质最大残留量的函 (卫办监督函 [2011] 511 号) [Z]. 2011

[41] 李春扬，张晓磊，等. 白酒中邻苯二甲酸酯检测方法的选择和优化 [J]. 酿酒科技, 2013, (2): 102 - 106

[42] 荣维广，阮华，等. 气相色谱 - 质谱法检测白酒和黄酒中 18 种邻苯二甲酸酯类增塑剂 [J]. 分析实验室, 2013, 32 (9): 40 - 45

[43] 孙海燕，王冬冬，等. 固相萃取 - 气相色谱质谱法快速测定酒类产品中的邻苯二甲酸酯 [J]. 信阳师范学院学报: 自然科学版, 2014, 27 (1): 84 - 87

[44] 彭丽英，王卫国，等. 离子迁移谱快速筛查白酒中痕量邻苯二甲酸酯的研究 [J]. 分析化学, 2014, 42 (2): 278 - 282

[45] 马莉，李珊，等. 固相萃取 - 高效液相色谱检测啤酒中赭曲霉毒素 A [J]. 中国卫生检验杂志, 2007, 17 (8): 1345 - 1346

[46] 杜阳锋. 基于三维荧光光谱的食品中真菌毒素检测方法 [D]. 杭州: 浙江大学, 2011

[47] 孙林超. 免疫亲和柱 - 高效液相色谱在白酒赭曲霉毒素 A 检测中的应用 [J]. 酿酒科技, 2009, (3): 113 - 115

[48] 罗惠波，杨晓东，等. 酶联免疫法验证黄曲霉毒素 B_1 在浓香型白酒生产中的安全性 [J]. 酿酒科技, 2013, (4): 92 - 94

［49］韩现文．三种真菌毒素分析方法的建立及其在白酒生产中的应用［D］．天津科技大学，2014

［50］萤子，晓文．2014 年中国酒业协会白酒分会技术委员会（扩大）会议暨“中国白酒产业技术创新战略联盟”［J］．酿酒科技，2014，（11）：76

浅析吡嗪的健康作用及其在白酒中的研究进展

涂荣坤，王孝荣，秦辉*，杨平，杨甲平，蔡小波，田殿梅，徐前景
泸州老窖股份有限公司，四川 泸州 646000

摘要：健康消费已经成为了现在的消费主题，白酒作为我国重要的酒精饮料，对其健康价值的研究是有必要的。本文以吡嗪类化合物为主题，对其健康价值进行讨论，并对其在白酒中的研究现状进行概述，旨在为白酒中健康因子的研究提供一定的参考。

关键词：白酒，吡嗪，健康

A Brief Analysis about Pyrazine Compounds' Healthy Function and Research Progress in Chinese - liquor

Tu Rongkun, Wang Xiaorong, Qin Hui*, Yang Ping, Yang Jiaping,
Cai Xiaobo, Tian Dianmei, Xu Qianjing
Luzhou Laojiao Co. Ltd., Luzhou, Sichuan 646000, China

Abstract: These days, health has becoming the consumption theme. As a kind of important alcoholic beverage in China, the study of its health value is necessary. This paper talked about the pyrzine compounds' effects on human health, and summarized the research status of them in Chinese - liquor, in order to provide some reference to the study of health factors in Chinese - liquor.

Key word: Chinese liquor, pyrazine, health

随着社会的不断进步，人们对于健康饮酒的要求越来越高。法国悖论指出适当饮用葡萄酒能够降低心血管疾病的发病率，同时大量的研究报道也指出适量饮用葡萄酒对高血压[1,2]、冠心病[3]、心力衰竭[4]等疾病有很好的防治效果。啤酒作为“液体面包”富含丰富的蛋白质，维生素和寡糖类物质[5,6]。白酒中含有上千种微量成分[7]，这些微量成分共同构成了白酒的口感、香气、风格及健康价值[8]。吡嗪类化合物作为白酒中重要的微量成分，不仅赋予了白酒一定的感官性质，同时也具有一定的生理功能，具有很高的营养价值。本文对白酒中吡嗪类化合物研究现状及生理功能进行讨论总结，

*通讯作者：秦辉，博士，E - mail：qinhui@ lzlj. com。

试图为白酒健康价值的研究提供一定的参考依据。

1 吡嗪类化合物概述

图1显示了吡嗪的基本结构，是一类含有1，4－二氮杂苯环化合物[9]，呈弱碱性，其余四个碳原子上可以发生取代反应（氧合取代、酰基取代、碳氢取代、巯基取代）。吡嗪类化合物具有易挥发，香气阈值低等特点，是一些食品中的香味物质。

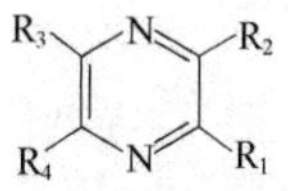

图1 吡嗪基本结构

Fig 1. Structure of pyrazines

2 吡嗪类化合物的健康作用

2.1 心脑血管系统的健康作用

孙建华[10]通过给急性脑梗死患者注射四甲基吡嗪溶液，观察患者血压、CVDI、心率等参数，结果显示用药前后患者平均血流量增加45.39%，平均血流速度增加23.33%，最大血流速度增加44.64%，最小血流速度增加185.20%，血压增加97.12%。证明四甲基吡嗪对脑缺血等损伤有一定的保护作用。杨艳艳[11]等利用蛋白激酶G抑制剂KT－5823和蛋白激酶A抑制剂H－89对猪冠状动脉平滑肌细胞进行处理，通过内面向外和膜片钳细胞贴附式方法观察四甲基吡嗪对细胞钙激活钾通道的处理效果，结果表明四甲基吡嗪能够直接对冠状动脉平滑肌BK_{Ca}通道进行激活，对冠状动脉血管扩张起到重要作用。张英[12]将患有心肌缺血的病人分为两组，治疗组病人给予四甲基吡嗪240g加入5%葡萄糖注射液500mL中静脉滴注，对照组给予单硝酸异山梨醇酯20mg口服，结果表明四甲基吡嗪对心率、收缩压和率压乘积都有明显影响，且副作用小。

2.2 中枢神经的健康作用

阮琴[13]等采用腹腔注射的方式向小鼠腹腔注射一定量的阿魏酸和四甲基吡嗪，对小鼠的活动进行观察记录，结果表明四甲基吡嗪和阿魏酸对小鼠的中枢神经有一定的镇静和抑制作用，同时高浓度的四甲基吡嗪和戊巴比妥钠具有协同催眠效果。赵琳[14]等利用腹腔注射和灌胃方式给小鼠添加四甲基吡嗪，结果显示四甲基吡嗪能够使得小鼠逃避潜伏期缩短，脑组织中AChE活性分别降低16%和19%，SOD活性分别提高50%和39%，MDA含量分别降低27%和34%。

2.3 呼吸系统的健康作用

段国贤[15]等通过Pulsinelli等方法建立大鼠急性全脑缺血/再灌注模型，观察四甲基吡嗪对灌注后肺损伤的影响。结果表明四甲基吡嗪能够减轻肺水肿，增加自由基清除酶活性，降低胞浆酶漏出，抑制组织脂质过氧化的发生，对肺损伤具有保护作用。

刘丽[16]通过四甲基吡嗪调价白细胞介素（IL）－5和GATA－3，研究其抑制致敏大鼠气道炎症和气道重塑的机制，结果表明四甲基吡嗪能够和地塞米松有效地减少哮喘肺组织嗜酸性粒细胞数量和减轻平滑肌厚度。

2.4 消化系统的健康作用

王丽娟[17]等利用吲哚美辛通过幽门结扎法制作大鼠和小鼠的胃溃疡模型，用以探讨川芎提取物对胃溃疡的影响。结果表明川芎提取物能够有效地减小溃疡面积，降低胃液量，提高胃液pH，溃疡的抑制率达61.5%。

2.5 泌尿系统的健康作用

王桂彬[18]通过比较诺和灵30R联合四甲基吡嗪与单纯使用诺和灵30R对糖尿病肾病的治疗效果进行比较，结果表明治疗后尿微量白蛋白排泄量降低分别为48.6%和29.5%，诺和灵30R联合四甲基吡嗪对糖尿病肾病的治疗效果更佳。董家明[19]等利用5－Fu联合四甲基吡嗪对急性胰腺炎进行对比实验，结果表明联合使用药物组能够降低血淀粉酶和白细胞数，有效提高炎症的控制效率。

3 白酒中吡嗪类化合物的研究进展

3.1 生成机理

目前对于白酒中吡嗪类化合物的生成途径主要集中在四甲基吡嗪上，关于其生成途径主要分为微生物发酵合成[20]和美拉德化学反应[21,22]两种观点。吴建峰[20]从细菌曲中分离出产四甲基吡嗪菌株*B. subtilis* S12，通过固态培养发酵对四甲基吡嗪的合成机制进行探究。实验结果表明在发酵过程中四甲基吡嗪的合成主要分为两个阶段，在第一阶段中*B. subtilis* S12利用发酵底物进行3－羟基丁酮的合成（四甲基吡嗪合成前体物质），同时氨基酸在脱氢酶的作用下生成氨。在第二阶段中3－羟基丁酮和氨在反应条件下生成四甲基吡嗪，在第二阶段的反应过程中温度的升高有利于反应的进行。该研究还证实葡萄糖和氨基酸，3－羟基丁酮和氨基酸不能通过美拉德反应生成四甲基吡嗪。

3.2 检测方法及白酒中含量

目前对于酒精饮料中吡嗪类化合物的检测方法主要有气相色谱－闻香法[23]（GC－O）、气相色谱－质谱法[24]（GC－MS）、气相色谱－火焰热离子法[25]（GC－FTD）。在样品的处理上主要采用直接进样[26]、离子交换萃取浓缩进样[27]、液－液萃取浓缩进样[28]、固相微萃取进样等方法[29]。

Fan[25]等利用GC－MS和GC－FTD法对中国12种典型白酒中吡嗪类物质进行定性和定量分析（表1），结果对2，3，5，6－四甲基吡嗪，2－甲基吡嗪等8种吡嗪化合物进行定量分析，同时得出在不同白酒香型中酱香型白酒中吡嗪化合物含量最高，浓香型白酒中吡嗪化合物含量其次，清香型白酒中吡嗪化合物含量最低的结论。

表1　不同白酒中吡嗪化合物浓度[25]

Table 1. Concentration of pyrazines in Chinese liqiuor

吡嗪类化合物	MT		LJ		MTYB		GJG		SF		YHLS		FJ		ST		WLY		DJ		JNC		JSY	
	浓度	SD	浓度	SD	浓度	SD	浓度	SD	浓度	SD	浓度	SD	浓度	SD	浓度	SD	浓度	SD	浓度	SD	浓度	SD	浓度	SD
吡嗪	34.57	5.67	ND		365.88	66.19	ND		ND		ND		ND		ND		ND		ND		ND		ND	
2-甲基吡嗪	125.05	4.53	122.36	4.98	150.50	23.26	39.19	2.25	ND		1011.55	34.85	ND		ND		247.64	8.92	ND		179.66	9.33	ND	
2,5-二甲基吡嗪	56.61	0.13	67.72	1.44	53.10	3.69	<0.63		ND		ND		ND		ND		<0.63		<0.63		<0.63		182.15	12.34
2,6-二甲基吡嗪	395.11	8.03	414.72	8.42	1012.94	26.23	70.74	4.07	21.77	1.07	67.33	1.57	20.34	0.91	47.53	0.14	143.48	4.07	80.62	2.13	179.12	8.98	1057.46	46.77
2-乙基吡嗪	60.31	4.71	40.25	2.50	101.70	7.42	23.94	1.33	ND		ND		ND		ND		20.56	0.15	19.52	0.08	20.58	0.09	ND	
2,3-二甲基吡嗪	79.47		108.27		116.78	10.18	<0.47		ND		ND		ND		ND		79.05	5.40	ND		<0.47		ND	
2-乙基-6-甲基吡嗪*	639.86	56.04	ND		51.94	1.03	ND		ND		ND		ND		ND		ND		ND		ND		220.19	10.33
2-乙基-5-甲基吡嗪*	87.25	3.65	225.02	12.35	1836.52	38.91	ND		ND		ND		ND		ND		ND		ND		ND		ND	
2-乙基-3-甲基吡嗪*	47.21	3.03	96.92	10.38	180.17	7.42	54.53	1.88	ND		ND		ND		ND		143.36	19.92	ND		ND		897.49	22.11
2,3,5-三甲基吡嗪	474.95	20.55	538.96	37.50	34.53	0.19	0.41	0.01	6..12	0.83	ND		ND		ND		15.31	3.25	ND		ND		2327.95	110.23
2,6-二乙基吡嗪*	ND		ND		1621.30	16.12	84.85	6.39	ND		907.97	71.30	ND		ND		274.06	27.71	1178.95	39.32	286.68	50.61	ND	
2,5-二甲基-3-乙基吡嗪*	171.68	7.59	ND		516.45	9.90	ND		ND		ND		ND		ND		ND		20.76	0.41	ND		ND	
2,3-二甲基-5-乙基吡嗪*	12.65	0.54	ND		37.44	0.08	ND		ND		ND		ND		ND		38.80	1.54	ND		ND		ND	
3,5-二甲基-2-乙基吡嗪*	545.58	34.84	41.12	1.79	167.38	2.09	ND		ND		114.72	11.18	ND		ND		80.89	7.89	ND		ND		ND	
2,3,5,6-四甲基吡嗪	440.01	11.70	178.40	8.26	1657.84	45.28	ND		ND		ND		ND		ND		ND		<1.56		ND		247.61	11.87
3,5-二乙基-2-甲基吡嗪*	46.15	1.19	279.96	24.19	420.37	13.77	96.17	7.69	69.80	7.03	114.81	7.82	10.49	0.47	ND		ND		9.84	0.53	ND		ND	
2,3,5-三甲基-6-乙基吡嗪*	50.92	2.81	67.49	4.76	35.82	0.04	ND		ND		ND		ND		ND		41.00	2.47	16.30	1.27	ND		ND	
2,5-二甲基-3-异丁基吡嗪*	ND		ND		92.94	2.08	24.86	1.58	ND		ND		ND		ND		29.86	4.11	49.71	8.24	ND		ND	
2-甲基-6-乙烯基吡嗪*	ND		ND		ND		8.50	1.40	ND		92.03	8.74	ND		ND		ND		172.25	6.21	ND		ND	
2-乙酰基-3-甲基吡嗪*	127.31	1.19	93.59	1.95	75.78	3.23	ND		27.41	0.33	137.76	9.04	ND		ND		ND		ND		46.80	0.10	ND	
2-丁基-3,5-二甲基吡嗪*	66.56	2.82	53.92	1.04	ND		15.42	0.50	ND		ND		ND		ND		ND		101.91	10.88	ND		ND	
2-乙酰基-6-甲基吡嗪*	906.82	70.12	ND		ND		ND		ND		ND		ND		ND		118.57	4.05	134.07	9.11	ND		ND	
2-甲基-6-丙烯基吡嗪*	41.86	0.83	450.76	75.14	349.52	27.62	ND		ND		57.04	1.72	ND		ND		ND		62.52	4.23	213.30	25.24	136.2	8.28
2-乙酰基-3,5-二甲基吡嗪*	337.90	6.72	291.21	13.91	149.88	4.74	190.69	12.67	ND		ND		ND		ND		38.56	4.60	75.70	4.81	ND		ND	
2,5-二甲基-3-戊基吡嗪*	61.97	1.34	60.45	3.60	ND		ND		ND		ND		ND		ND		ND		ND		ND		ND	
2,3-二甲基-5-丙烯基吡嗪*	217.78	0.65	15.23	0.83	ND		ND		ND		ND		ND		ND		ND		ND		ND		ND	
合计	5027.60		3146.35		9028.80		608.51		125.11		2503.20		30.83		47.53		1271.14		1922.15		926.14		5069.05	

注：SD表示标准偏差，ND表示未检出，*表示半定量化合物。

4 结语

目前还没有关于通过美拉德反应生成白酒中吡嗪类物质的动力学研究，同时贺铮怡[30]通过研究发现醋在发酵过程中，美拉德反应是生吡嗪类物质的主要原因，所以关于美拉德反应对白酒发酵过程中吡嗪类物质生成的影响还有待进一步研究。

虽然对于吡嗪类化合物的检测技术已经相当成熟，但是仍没有对其快速检测的方法，所以快速检测方法的建立对于在酿酒过程中吡嗪种类及含量的实时分析具有重要的意义。

目前对于吡嗪类化合物的生理活性作用研究主要集中在四甲基吡嗪上，对于其他甲基类吡嗪的健康性研究较少，所以对白酒中其他吡嗪化合物的活性进行研究，有助于进一步发掘白酒在健康方面的价值。

参考文献

［1］Forman J. P. , Stampfer M. J. , et al. Diet and lifestyle risk factors associated with incident hypertension in women. Journal of American Medical Association, 2009, 302: 401 -411

［2］Sesso H. D. , Cook N. R. , et al. Alcohol consumption and the risk of hypertension in women and men. Hypertension, 2008, 51: 1080 -1087

［3］Chiuve S. E. , McCullough M. L. , et al. Healthy lifestyle factors in the primary prevention of coronary heart disease among men: benefits among users and nonusers of lipid - lowering and antihypertensive medications. Circulation, 2006, 114: 160 -167

［4］Djoussè L. , Driver J. A. , et al. Relation between modifiable lifestyle factors and lifetime risk of heart failure. Journal of American Medical Association, 2009, 302: 394 -400

［5］郝秋娟，张美香，等．啤酒营养保健［J］．啤酒科技，2007，10：9

［6］刘静波，林松毅．浅谈啤酒的营养价值及特殊保健功效［J］．酿酒，2002，5：58 -60

［7］徐岩，张荣，等，白酒中生物活性物质脂肽类化合物的鉴定及其功能的研究［J］．酿酒科技，2014，12：1 -7

［8］范来文，徐岩．中国白酒风味物质研究的现状与展望［J］．酿酒，2007，4（34）：31 -37

［9］张温清，王永军，等．宣酒芝麻香型白酒中吡嗪类健康功能因子的分析研究［J］．酿酒科技，2014，8：37 -42

［10］孙建华．脑梗死患者脑循环动力学改变和川芎嗪对急性缺血性脑损伤的保护作用［J］．中国中西医结合急救杂志，2005，12（4）：249 -250

［11］杨艳艳，杨艳，等．川芎嗪对猪冠状动脉平滑肌细胞大电导钙激活钾通道的作用［J］．生理学报，2006，58（1）：83 -89

［12］张英，梁高勇．川芎嗪治疗无症状心肌缺血54例临床观察［J］．湖南中医

杂志，2010，26（5）：13－14

［13］阮琴，何新霞，等．川芎中阿魏酸、川芎嗪对小鼠神经系统的影响［J］．中国医院药科学杂志，2007，27（8）：1088－1090

［14］赵琳，魏敏杰，等．川芎嗪对阿尔采末病模型小鼠学习记忆能力的影响及其机制初探［J］．中国药理学通报，2008，24（8）：1088－1092

［15］段国贤，门秀丽，等．川芎嗪对脑缺血/再灌注后所致肺损伤的影响［J］．中国应用生理学杂志，2006，22（3）：361－362

［16］刘丽，吴世满．川芎嗪对致敏大鼠气道炎症气道重塑的影响和作用机制［J］．中国药物与临床，2009，9（5）：378－380

［17］王丽娟，王键，等．川芎对实验性胃溃疡的影响［J］．天津商业大学学报，2008，28（3）：7－8

［18］王桂彬．诺和灵联合川芎嗪治疗早期糖尿病肾病的临床观察［J］．药物与临床，2012，33（16）：3431－3432

［19］董家明，张瑞．5－Fu 联合川芎嗪治疗急性胰腺炎［J］．河南外科学杂志，2012，18（3）：41－43

［20］吴建峰，徐岩．白酒细菌酒曲固态培养条件下 *B. subtilis* S12 产四甲基吡嗪的合成机制［J］．食品与生物技术学报，2014，33（1）：8－15

［21］贺铮怡，敖宗华，等．镇江香醋中川芎嗪的测定及生成机理的研究［J］．中国调味品，2004，2：36－39

［22］谭光迅，韩兴林，等．蒸馏过程中的美拉德反应［J］．酿酒科技，2010，11：61－64

［23］Fan W. L.，Qian M. C.. Headspace solid phase microextraction and gas chromatography－olfactometry dilution analysis of young and aged Chinese "Yanghe Daqu" Liquors［J］. Journal of Agricultural and Food Chemistry，2005，53：7931－7938

［24］Allen M. S.，Lacey M. J.，et al. Determination of methoxypyrazines in red wines by stable isotope dilution gas chromatography－mass spectrometry［J］. Journal of Agricultural and Food Chemistry，1994，42：1734－1738

［25］Fan W. L.，Xu Y.，et al. Characterization of Pyrazines in some Chinese liquors and t heir approximate concentrations［J］. Journal of Agricultural and Food Chemistry，2007，55：9956－9962

［26］王莉，吴建霞，等．气象色谱－质谱－离子扫描联用法快速检测白酒中 4 种吡嗪类化合物［J］．中国酿造，2009，3：148－150

［27］陆懋荪，关家锐，等．大孔径阳离子交换树脂用于富集白酒中碱性含氮化合物的研究［J］．色谱，1989，7（6）：334－337

［28］Fan W. L.，Qian M. C.. Characterization of aroma compounds of Chinese "Wuliangye" and "Jiannanchun" Liquors by aroma extract dilution analysis［J］. Journal of Agricultural and Food Chemistry，2006，54：2695－2704

［29］Sala C.，Mestres M.，et al. Headspace solid－phase microextraction analysis of

3 - alkyl - 2 - methoxypyrazines in wines [J]. Journal of Chromatography A, 2002, 953: 1 - 6

[30] 贺铮怡，敖宗华，等. 镇江香醋中川芎嗪的测定及生成机理的研究 [J]. 中国调味品，2004，2：36 - 39

清香型小曲白酒中产酯酵母的筛选和应用

刘源才，杨强，杨生智，唐洁，夏金阳
劲牌有限公司，湖北 大冶 435100

摘要：从酒曲中分离的多株酵母中，通过液态发酵初筛、小试固态发酵复筛获得高产乙酸乙酯酵母。将产酯酵母应用于生产中，研究其对清香型小曲白酒发酵的影响。采用高粱汁液态发酵，结合风味物质初筛出 7 株产乙酸乙酯性能较好的酵母菌株。在实验室模拟小曲白酒生产工艺搭建小试固态发酵平台，通过对 7 株酵母小试固态发酵复筛，测定发酵结束后蒸馏液中乙酸乙酯含量，获得了 4 株高产乙酸乙酯的产酯酵母，均比对照组提高了近 4 倍以上。并将复筛获得的 3 株酵母扩大培养制备成酵母麸皮种，按比例添加至公司酒曲中，应用于中试车间生产，与对照酒曲（不添加产酯酵母）相比，出酒率均未受添加产酯酵母影响而下降。其中，添加 Y29 和 Y42 两株酵母产酒中乙酸乙酯含量分别为 2.004 g/L、1.523 g/L，比对照组提高了 99.4% 和 51.5%，正丙醇分别下降了 44.2% 和 42.7%，而 Y29 高级醇含量提高了 16.5%，其他色谱指标无明显差别。

关键词：产酯酵母，乙酸乙酯，清香型小曲白酒，酒质酒率，酿酒生产

Screening and application of ester - producing yeast strains in the production of light aroma type liquor

Liu Yuancai，Yang Qiang，Yang Shengzhi，Tang Jie，Xia Jingyang
Jing Brand Co.，Ltd，Hu bei Province，Da ye 435100，China

Abstract：In this study，ester - producing yeast strains with high - yield of acetic esters，which were obtained by liquid fermentation screening，small scale solid state fermentation re-screening from liquor Qu，were applied in the production of light aroma type liquor. Combined volatile compounds，seven yeast strains producing good performance of ethyl acetate were screened out in sorghum juice medium. We simulated production techniques of light aroma type

* 作者简介：刘源才，男，博士，劲牌有限公司技术总监，主要从事保健酒研发和天然提取物方面的研究；唐洁，女，发酵工程硕士，劲牌有限公司工程师，主要从事酿造微生物方面研究。Email：tjjnan@163.com。

liquor to build a small scale solid state fermentation platform in laboratory. Measuring the ethyl acetate content of the distillate after the fermentation, we got four high - yield production of ethyl acetae of esters of yeast in the platform , increased by more than about 4 times than the control group. 3 yeast strains that were obtained after rescreening, were enlarged and prepared to the yeast bran species. According to the proportion of yeast bran species were added to liquor Qu and applied to production of pilot plant. Compared with pure liquor Qu, the yield of liquor was not lowered. Ethyl acetate content of the distillate after the fermentation respectively increased by 99% to 2.004g/L and 51.5% to 1.523 g/L for fermentation by Y29 and Y42. N - propanol content was decreased by 44.2% and 42.7%, while higher alcohol content was increased by 16.5% by Y29. And Other chromatography data showed no significant difference.

Key words: ester - producing yeast strains, ethyl acetate, light aroma type liquor, liquor yield and liquor quality, Liquor - making

酯类作为呈香物质，在白酒的香气形成中具有极其重要的作用，是区别于其他蒸馏酒的主要特征之一。乙酸乙酯是小曲白酒中重要的风味化合物，是清香型小曲白酒的特征香味成分之一。乙酸乙酯在酯类物质中处于主导地位，其含量高低很大程度决定着清香型白酒的质量及风格。在小曲原酒中，乙酸乙酯含量高的酒香味好，提高乙酸乙酯含量有利于提高原酒质量。与大曲酒相比，清香型小曲原酒中的酯含量较低，具有较大的提升空间。通过进一步提高小曲原酒中乙酸乙酯含量，有利于提高小曲白酒质量，从而提升产品竞争力。同时，可以解决困扰小曲白酒行业原酒中酯低的难题，促进行业的发展，对于小曲白酒的传统技术的改造和提升都有积极的现实价值。

1 材料与方法

1.1 材料

1.1.1 菌种来源

酵母菌株：从实验室收集酒曲、酒醅中分离得到。

1.1.2 培养基

WL培养基：酵母浸粉0.4%，蛋白胨0.5%，葡萄糖5%，磷酸二氢钾0.055%，氯化钾0.0425%，氯化钙0.0125%，氯化铁0.00025%，硫酸镁0.0125%，硫酸锰0.00025%，溴甲酚绿0.0022%，琼脂2%，pH为6.5，121℃灭菌20min。

YPD培养基：2%葡萄糖；2%蛋白胨；1%酵母膏；2%琼脂；121℃灭菌20min。

液体YEPD培养基：葡萄糖2%，酵母膏1%，蛋白胨2%。

高粱汁培养基：高粱∶水=1∶4，然后水浴糖化，过滤、稀释到10°Bx。

1.2 方法

1.2.1 酵母菌株的分离纯化

称取10g酒醅于90mL无菌生理盐水的三角瓶中（装有玻璃珠），200r/min，振荡浸提30min，吸取上清液，稀释到合适浓度，一般稀释3个浓度梯度，取200μL涂布，所有平板作3次重复。30℃，培养5d后，利用酵母在WL培养基的不同形态特征进行初步分类。待长出菌落后，选择具有典型酵母菌菌落特征的单菌落进一步划线分离2～3次，经镜检为纯种后分别转入YPD固体斜面，低温保存。

1.2.2 液态发酵初筛

将分离纯化后的酵母以相同的接种量的酵母（1×10^7 CFU/mL）分别接入装有50mL的高粱汁培养液中，然后装发酵栓并称重，置于30℃培养箱中恒温培养，每隔24h振荡并称重，记录失重量，当失重量小于0.2g时，停止培养。发酵结束后，测发酵液理化指标及风味物质。

1.2.3 小试固态发酵复筛

实验室模拟小曲白酒生产工艺搭建小试固态发酵平台，具体工艺流程：泡粮、初蒸、闷粮、复蒸、撒曲、糖化、发酵，其中蒸粮结束后要求粮食开口好，完全透心，一致性好，水分在55%左右。发酵7d结束后，固态蒸馏，馏液经GC测乙酸乙酯含量。

1.2.4 生产应用

酵母通过试管种、摇瓶培养、发酵罐培养至种曲机扩大培养制备成酵母麸皮种，再按比例添至酒曲中作为酒曲应用于中试车间进行发酵，出酒后经GC测挥发性风味物质，并进行感官品评。

2 结果与讨论

2.1 液态初筛结果

根据酵母的作用，大致可将酵母分成两大类。一类是酿酒酵母，主要完成酒精发酵，具有较高的发酵速率和完全的发酵能力。另一类是非酿酒酵母，虽然其发酵效率较低，但能够合成多种酶，将原料中的前体物质转换成风味物质如酯、酸、高级醇和醛等产物，影响酒的感官品质。通过考察不同酵母菌对糖的利用率及CO_2失重情况可判断该菌株发酵性能的好坏，考察酵母菌株产乙酸乙酯含量鉴别菌株是否为产酯酵母，见表1。

表1 各种属酵母发酵能力比较

Table 1 Compare of the fermentation capability of different yeasts

菌株名称	CO_2失重/g	残糖/（g/L）	乙酸乙酯/（mg/L）	杂醇油/（mg/L）
Y4	1.66	18.00	703.50	59.50
Y6	1.70	16.00	781.80	61.05
Y9	1.49	8.65	271.40	150.4
Y10	1.70	8.22	350.30	53.40
Y29	1.67	16.50	686.30	70.80

续表

菌株名称	CO_2失重/g	残糖/（g/L）	乙酸乙酯/（mg/L）	杂醇油/（mg/L）
Y32	1.80	6.40	8.27	91.99
Y33	1.85	5.75	7.53	94.71
Y34	1.67	5.25	—	82.67
Y35	1.01	17.50	—	49.76
Y36	0.80	18.50	—	10.44
Y38	0.72	19.12	—	52.71
Y39	0.72	19.05	—	56.02
Y40	0.89	18.25	—	69.58
Y41	0.68	20.50	—	55.32
Y42	1.09	5.12	1042.14	46.85
Y43	1.15	5.05	17.305	128.96
Y44	0.42	15.25	—	36.36
Y45	1.05	5.50	7.23	134.68
Y46	0.41	17.50	886.09	12.82
Y47	0.58	8.20	129.16	49.30
Y48	0.33	9.20	—	26.88
Y49	0.40	8.80	89.10	23.18
Y50	0.34	9.20	145.24	18.50
Y53	0.75	19.05	—	63.38
Y54	0.71	19.1	—	61.63
Y55	0.63	21.22	—	45.00

注："—"表示未检出。

从表1可看出，Y32、Y33两株酵母产气较强，且残糖也较低，代谢产乙酸乙酯含量低，说明该两株酵母对糖利用率较高、发酵性能好，并不是产酯酵母；Y42产乙酸乙酯能力最强，发酵液中乙酸乙酯含量为1.04g/L，其次是Y46，乙酸乙酯含量为0.89g/L。此外，Y6、Y4、Y29、Y10和Y9产酯性能也较好。可判定此7株酵母为产酯酵母，且除Y46外，其余6株酵母也具有一定的发酵能力。

2.2 小试固态发酵复筛

将液态发酵初筛产酯性能较好的7株酵母制备成麸皮二级种，再按比例配成酒曲，对照曲为不添加产酯酵母的酒曲。经过泡粮、蒸粮、闷粮、糖化、发酵、蒸馏，发酵结束后蒸酒，酒样色谱结果中乙酸乙酯含量见表2。

表 2 酵母菌的产酯情况

Tab. 2 Ester produced of microzyme

菌株编号 \ 乙酸乙酯含量/(g/100g)	1	2	3	平均值
Y4	43. 80	54. 11	71. 70	56. 54
Y6	53. 53	54. 28	57. 77	55. 2
Y9	25. 91	26. 89	31. 96	28. 25
Y10	128. 38	216. 95	174. 26	173. 19
Y29	267. 78	184. 47	184. 21	212. 15
Y42	247. 20	258. 04	307. 80	271. 01
Y46	240. 59	258. 67	266. 11	255. 13
对照曲	35. 19	34. 64	35. 54	35. 12

乙酸乙酯含量取平均值如图 1 所示。

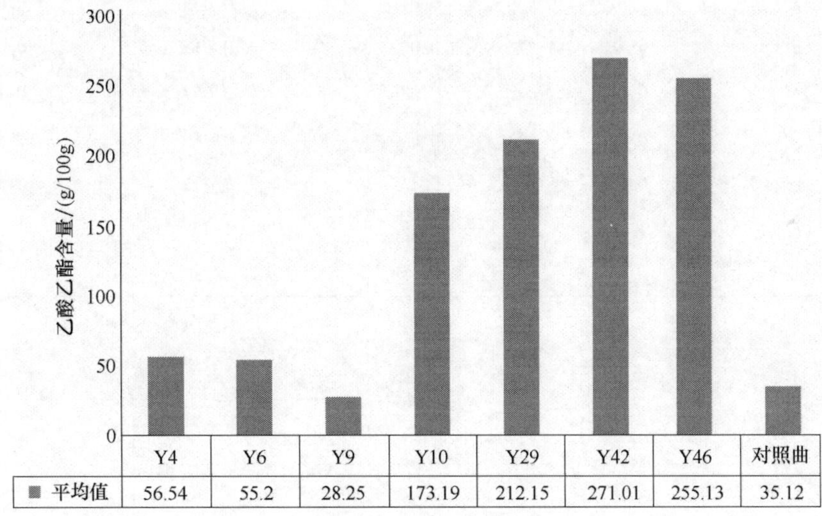

图 1 酵母菌的产酯情况

Fig. 1 Ester produced of microzyme

根据色谱结果分析，与对照相比，Y4、Y6 和 Y9 三株酵母在小试固态发酵产酒中乙酸乙酯含量与对照组相当，提高不明显。Y42 产乙酸乙酯含量最高，平均为 271. 01 g/100g，其次为 Y46，乙酸乙酯浓度为 255. 13 g/100g，这与液态发酵该两株酵母产酯一致。此外，Y10、Y29 两株酵母代谢产乙酸乙酯能力也较好，四株酵母产酯性能均比对照组提高了近 4 倍以上。

2.3 中试车间应用

小试发酵确定的 4 株酵母用种曲机扩大培养制备成酵母麸皮种后，按比例添加至酒曲中作为酒曲应用于中试车间进行发酵，并以公司生产所用酒曲为对照。每天投粮量 180kg，每株菌连续投料 3 批，发酵 16d，与当月酒曲产酒进行色谱指标平均值及酒率（折 55°）做比较，得出数据（表 3，图 2）。

表 3 不同酵母应用于中试车间产酒主要风味物质

Tab. 3 Main volatile compounds of different yeast strains in pilot workshop

曲种	对照曲	对照曲 + Y10	对照曲 + Y29	对照曲 + Y42
乙醛/（g/L)	0. 152	0. 269	0. 2	0. 149
甲醇/（g/L)	0. 106	0. 109	0. 114	0. 106
正丙醇/（g/L)	0. 905	0. 427	0. 505	0. 519
乙酸乙酯/（g/L)	1. 005	1. 249	2. 004	1. 523
仲丁醇/（g/L)	0. 093	0. 029	0. 047	0. 085
异丁醇/（g/L)	0. 325	0. 347	0. 417	0. 314
乙缩醛/（g/L)	0. 029	0. 073	0. 045	0. 032
正丁醇/（g/L)	0. 01	0. 012	0. 013	0. 016
乙酸/（g/L)	0. 012	0. 038	0. 057	0. 158
异戊醇/（g/L)	0. 838	0. 845	0. 938	0. 939
乳酸乙酯/（g/L)	0. 575	0. 255	0. 433	0. 542
杂醇油/（g/L)	1. 163	1. 192	1. 355	1. 253
酒率/%	57. 78	55. 83	58. 38	57. 84

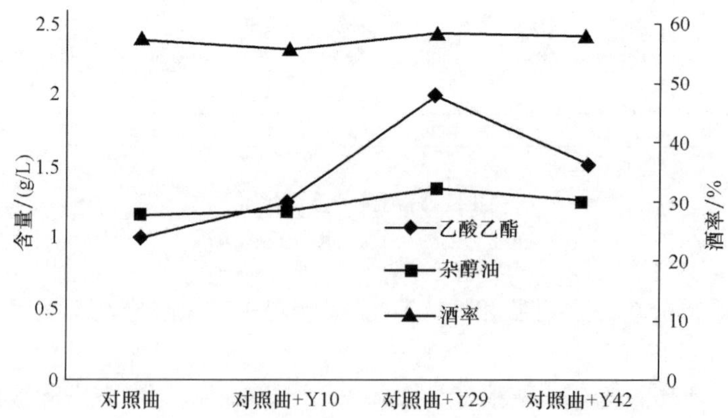

图 2 不同酵母应用于中试车间酒质酒率情况

Fig. 2 Liquor yield and Liquor quality of different yeast strains in pilot workshop

从表3和图2可知，酒曲中添加产酯酵母Y10出酒率下降了3.37%，而添加Y29和Y42对酒率无影响；添加产酯酵母，产酒中乙酸乙酯含量均有不同程度的提高，以添加Y29乙酸乙酯含量最高，为2.004g/L，比不添加提高了99.4%；Y42添加酒曲产酒中乙酸乙酯浓度为1.523 g/L，比对照组提高了51.5%，而添加Y10的酒曲出酒乙酸乙酯比对照组提高了24.3%。另外，添加产酯酵母后正丙醇含量均比对照组减少，Y10、Y29和Y42分别下降了52.8%、44.2%和42.7%，这对降低原酒中缺陷性成分-正丙醇有所贡献；添加产酯酵母后，杂醇油稍微有所提高，其中Y29高级醇含量提高了16.5%。将原酒进行感官品评，添加产酯酵母的酒曲产出的原酒清香纯正、入口醇甜、较干净，比对照曲酒体风味更优。因此，在酒曲中添加产酯酵母，对于提高小曲白酒的乙酸乙酯含量有一定的作用，在不影响酒率情况下，进一步提升了原酒质量。

3 结语

通过液态发酵初筛、小试固态发酵复筛从酒曲中获得4株高产乙酸乙酯酵母菌株，并将其中3株应用于中试车间，出酒后，乙酸乙酯含量均比不添加产酯酵母的酒曲有所提升，其中编号Y29乙酸乙酯含量提高了99.4%，且添加产酯酵母后正丙醇含量均比对照组减少。酒率方面，除添加编号Y10酵母略有下降外，其余两株无影响。后期可以调整产酯酵母的添加比率来消除对酒率的影响。感官品评，添加产酯酵母后，比对照组酒体风味更优。因此，将产酯酵母制备麸皮种添加至酒曲中应用于小曲白酒生产，可以有效地改善小曲白酒酯低的缺点，进一步提升了小曲白酒酒质。

参考文献

[1] 胡家俊. 高产乙酸乙酯酵母的菌种选育 [J]. 食品与发酵科技，2010 (6)：81-83

[2] 严锦. 小曲中产酯酵母的分离鉴定及其在酿酒生产中的应用 [J]. 酿酒科技，2014，2：48-52

[3] 董士伟. 豉香型白酒中产酯酵母的筛选与应用 [J]. 中国酿造，2012 (2)：125-128

[4] 唐洁. 酿酒酵母和异常毕赤酵母混菌发酵对白酒液态发酵效率和风味物质的影响 [J]. 微生物学通报，2012，7：921-930

籼米的清酒酿造特性及挥发性物质研究

吴赫川[1]，林艳[1]，马莹莹[1]，周健[1]，张宿义[2]，杨建刚[1*]
1. 四川理工学院生物工程学院，四川 自贡 643000
2. 泸州老窖股份有限公司，四川 泸州 646000

摘要：以籼米为原料，米曲霉（*Aspergillus oryzae*）为菌种制曲，应用清酒酵母制备酒母，发酵酿造籼米清酒。实验结果表明，籼米经过精米后，适合制备米曲，其糖化酶活力达608.895 U/g，液化酶活力达187.08 U/g。精白后的籼米曲用于制备超短期酒母，其还原糖含量（10.16 g/100mL）和酵母数（5.11 亿个/mL）均达到清酒中高温糖化酒母的理化指标要求（还原糖8.9 g/100mL，酵母数2 亿个/mL）。这种籼米曲酿制的清酒酒度达15%vol左右，其酒体中共检出18 种挥发性成分，主要为醇类和酯类物质，其中以异戊醇、苯乙醇和辛酸乙酯相对百分比含量较高。

关键词：籼米，清酒，挥发性物质，米曲霉

Study on the Brewing Characteristics and Volatile Components of Sake by Using Indica Rice as Row Material

Wu Hechuan[1], Lin Yan[1], Ma Yingying[1], Zhou Jian[1], Zhang Suyi[2], Yang Jiangang[1*]
1. College of Bioengineering, Sichuan University of Science & Engineering, Zigong 643000
2. Luzhou Laojiao Co. Ltd.

Abstract: Indica rice was used as raw material, and *Aspergillus oryzae* and *Saccharomyces* were used for koji – making and sake starter – making respectively. Then sake was produced by unique brewing process of Japanese sake. The results showed that polished indica rice was especially suitable for koji – making, and the saccharifying and liquifying enzymic activity were 608.895 U/g and 187.08 U/g respectively. Sake starter was made rapidly with polished indica rice as row material to make steamed rice, rice koji and water, and both the reducing sugar content (10.16 g/100mL) and the number of yeast (511 million / mL) of sake starter

作者简介：吴赫川（1992—），研究生，研究方向为发酵工程。
*通讯作者：杨建刚，Email：jgyang29@163.com。
基金项目：四川省科技创新苗子工程（2014093）。

achieved the requirement of high – temperature saccharification rapid brewing sake starter（reducing sugar content，8.9 g/100mL，number of yeast，200 million / mL）. This kind of Indica rice sake was content of 15%（v/v）of alcohol. 18 kinds of volatile components were identified in the sake. Most of the volatile components were esters，alcohols and others. Furthermore，the results showed that the oamyl alcohol，phenylethyl alcohol and octanoic acid ethyl ester were the main components.

Key words：indica rice，sake，volatile components，*Aspergillus oryzae*

近年来，随着人们健康保健意识地增强，人们对食品的营养保健作用越来越重视。适度饮酒能够促进体内血液循环，增进食欲，缓解压力，现如今广大的消费者倾向于选择有益于身体健康的发酵酒，因为其营养丰富且酒精度低。清酒作为以大米为主要原料的发酵酒之一，含有过百种微量成分，认为对癌细胞的增殖有抑制作用，也有令女性保持肌肤水润的效果，清酒在国内国际的知名度得到显著提升[1]。

大米是我国的主要粮食，同时也是我国传统的酿酒原料之一。水稻作为四川的主要经济农作物之一，种植面积广，尤其是籼稻的播种面积（9.8%）排列全国前几位[2]。由于籼米的米粒结构松散、黏性差、膨胀性大、食用品质差，籼米库存过大，造成粮食资源的浪费和巨大的经济损失[3,4]。因此开发附加值高的籼米副产品，是加强原料综合利用节约成本的有效途径。清酒和黄酒都是以大米为原料的发酵酒，大米的品种与清酒的酒质、风味关系密切，因此，在清酒的酿造过程中对米种的选择比较讲究，优质的清酒就用清酒生产的专用米[5-9]。清酒酿造中多是采用粳米，而黄酒的酿造可以是籼米、粳米、糯米。黄酒虽有“中国酒中的瑰宝”的美誉，但却不及日本清酒在市场上的影响力。原因就在于我国黄酒中氨基甲酸乙酯问题尚待解决，它对我国黄酒产品的质量有着极其重大的影响。其次，我国黄酒酿造方法独特，在酿造过程中加入了一定的中药成分来增加它的营养保健作用，这对于年轻的消费群体来说，它几乎没有优势。因为如今年轻的消费者更青睐于清新自然的东西，而这正是日本清酒所推崇的理念。日本清酒现在具有广泛的国内及国际市场，近年来我国进口清酒量不断增加，新一代群体嗜好的演变，促使日本清酒在我国国内市场占有越来越大的比例。因此，开发出一种中国式清酒来调节我国的酒类饮料市场已迫在眉睫。日本的科学家们对清酒的酿造原料与工艺的研究还在不断地深入，就育种科学家们培育出的清酒的酿造用米品种就达数百种之多，这也就是好酒出自好原料的原因之所在。“好酒”即好的口味、好的风味，现如今酒的风味质量成为当前酿酒界最关心的问题，如白酒专家徐岩撰文指出，白酒风味物质研究分析引领白酒基础研究前言[10]。不同品种大米酿造的酒产生的风味不同，选择何种大米有助于提高产品风味质量，这是酿造师与研究学者们正在努力的方向。迄今虽已有部分学者对大米的酿酒特性有一定的研究，但其酿造工艺大多是借鉴黄酒酿造工艺，本课题以籼米为原料，以米曲霉菌为唯一制曲菌种，借鉴日本清酒酿造工艺，酿造出中国式籼米清酒，为探索开发一种新型低酒精度饮料奠定一定的基础，以期为调节我国的酒类饮料市场做出一些贡献。

1 材料与方法

1.1 材料

1.1.1 菌种

米曲霉（*Aspergillus oryzae*）A52820121203，实验室保藏；清酒酵母，实验室保藏。

1.1.2 原料

大米：南方市售籼米，籼米原料分不经过精米处理的籼米与经过精白处理的精米籼米（精白度70% ~80%）；酿造用水，符合GB 5749—2006《生活饮用水卫生标准》。

1.1.3 试剂和仪器

恒温培养箱（LHP - 250）：常州普天仪器制造有限公司；高温蒸汽灭菌锅（SYQ - DSX - 280B）：申安医疗器械厂；气相色谱 - 质谱联用仪：安捷伦公司6890 GC和5975 MS；色谱柱DB - WAX（60m × 250μm × 0.25μm）（美国Angilent公司）；SPME手动进样手柄及萃取头，购于上海安谱科学仪器有限公司；萃取头为50/30UM DVB/CAR on PDMS，由美国Supelco公司制造。TM05精米机：佐藤机械（苏州）股份有限公司。

1.2 方法

1.2.1 精米及米曲霉种曲的制备

精米籼米经精米机（TM05）精米得到精白度70% ~80%的精白米籼米（下称精白籼米）和不经过精米机处理的籼米（下称籼米），用于制曲及酿造原料。

工艺流程：原料（籼米）→淘洗→浸泡→沥水→分装三角瓶→蒸米→接种米曲霉菌悬液→培养→扣瓶→孢子长满米粒→培养结束→计孢子数。

工艺说明：洗米：洗去米粒表面的杂质。浸米：由于籼米的吸水性较差，需浸泡时间15h以上，浸泡完成后，籼米捞出，沥干水后分装蒸米。蒸米：用高压蒸汽灭菌锅蒸米，条件为110℃，40min。使蒸出的籼米熟而不烂，内无白心生米。接种：以无菌操作的方式用接种环将米曲霉菌种斜面上的孢子轻轻刮下制成合适浓度的孢子悬液，接种时，以孢子悬液的形式进行接种。添加木灰：以无菌操作的方式加入1%木灰，拌匀。种曲培养：接种后第1天为米曲霉孢子的萌发阶段，温度为31 ℃，相对湿度为75%，第2天温度为35 ℃，相对湿度75%，第三天温度为30℃，相对湿度75%，第四天温度为30℃，相对湿度75%至培养结束，培养时间共5 ~6d，培养结束时一般肉眼可观察到大量黄绿色米曲霉分生孢子的生成。扣瓶：米曲霉是一种好氧性微生物，其菌丝在生长时会相互缠绕，造成米粒结块，导致曲料内部缺氧，因此需及时扣瓶，将结块的米粒打散。本试验的扣瓶频率为每12h一次，当有孢子萌发时停止扣瓶。

1.2.2 米曲霉酒曲的制备

工艺流程：原料（籼米）→淘洗→浸泡→沥水→分装三角瓶→蒸米→降温→接种米曲霉种曲→培养→扣瓶→培养结束→测定酶活力。

工艺说明：接种：大米蒸好后，取出冷却至35℃，以无菌操作的方式，加入0.25%的种曲。培养：培养温度为37 ℃，相对湿度75%，培养56h。扣瓶：本试验的扣瓶频率为每12 h一次。

1.2.3 酒母的制备

制曲：使用精米机，将籼米精白，使其精米率在70%～80%，采用1.2.2中制曲工艺，制备（精白）籼米曲和制备籼米曲用。糖化：首先将籼米精掉20%～30%，然后淘洗、分装三角瓶、蒸米、冷却后，加入一定量上述制备好的米曲和蒸馏水（饭米:曲米约为1∶1，总米∶水=1∶1），拌匀，50～60℃糖化12～18h，再冷却至室温，制得籼米的糖化液。液态试管酵母的制备：试管中加液态马铃薯葡萄糖培养基、121℃高压灭菌20～40min，冷却至室温，在超净工作台中无菌条件下接种酿酒酵母，28～30℃培养36～48h；酒母的制备：在超净工作台中无菌条件下将培养好的液态试管酵母震荡均匀后加入制得的糖化液（糖化液量为100mL/L酿造水）中，再加入乳酸（乳酸的用量为6～7mL/L酿造水）拌匀，28～30℃培养24h。

1.2.4 三次喂饭法发酵

第一次喂饭：大米洗净，加一定量的水后分别蒸饭，冷却后于无菌条件下将培养好的酒母、几种大米的米曲和一定量的水加入，拌匀，然后置于18℃下培养50h。第二次喂饭：大米洗净，加一定量的水后分别蒸饭，冷却后于无菌条件下将其加入发酵罐中，再加入一定量的水和几种大米的米曲，拌匀，然后置于12℃下培养24h。第三次喂饭：大米洗净，加一定量的水后分别蒸饭，冷却后于无菌条件下将其加入发酵罐中，再加入一定量的水和几种大米的米曲，拌匀。第三次添加完之后，将醪液的发酵温度设定在8～10℃，然后以每天升高1℃的速率使醪液温度逐步达到15℃。在此之后，将醪液的温度一直保持在15℃左右，直至发酵结束。

1.2.5 测定方法

种曲孢子数测定（采用SB/T 10315—1999《孢子数测定法》）：样品稀释→制片→观察计数，孢子数（个/g）$=N/80\times4\times106\times n$。式中：$N$：80小格内孢子总数，个；$n$：稀释倍数。

糖化酶活力测定：待测酶液制备（采用白酒曲中糖化酶浸提法[11]）：称取相当于2g干曲的米曲，放在100mL烧杯中，加水（36－2×水分%）mL，缓冲液4mL，在40℃水浴中浸出1h，每15min搅拌一次，干滤纸过滤，丢弃最初5mL，余下澄清滤液备用。测定：采用GB 8276—2006《食品添加剂　糖化酶制剂》中规定的方法对米曲的糖化酶活力进行测定。

液化酶活力测定：待测酶液制备（采用白酒曲中液化酶浸提法[11]）：称取相当于2g干曲的米曲，放在100mL烧杯中，加入预热到40℃缓冲液（10－2×水分%）mL，在40℃水浴中浸出1h，每隔15min搅拌一次，干滤纸过滤，弃去最初2mL，接余下澄清滤液备用。测定：采用GB 8275—2009《食品添加剂α－淀粉酶制剂》中规定的方法对米曲的液化酶活力进行测定。

酸性蛋白酶活力测定：待测酶液制备（采用白酒曲中蛋白酶浸提法[11]）：称取相当于2g干曲的米曲，放在100mL烧杯中，加入缓冲液（20－2×水分%）mL，在40℃

水浴中浸出30min，每隔15min搅拌一次，用干滤纸过滤，最初2mL滤液不要，接余下澄清滤液备用。测定：采用GB 23527—2009《食品添加剂　蛋白酶制剂》中规定的方法对米曲的酸性蛋白酶活力进行测定。

酒母理化指标检测：酒母醪液用纱布过滤，测定滤液中酵母数量、出芽率、酸度、还原糖。酵母数：取一定量滤液，稀释一定倍数后，用血球计数板计数。酸度[12]：酵母菌在生长繁殖过程中产生一定量的有机酸，酒母醪中适量的酸度能抑制杂菌的生长，若酸度过大，则说明产酸杂菌污染严重，因此，检测酸度也是为了了解杂菌污染的程度。还原糖：残还原糖的含量也是酒母醪成熟与否的重要依据。

挥发性风味物质测定：萃取条件，在20mL的顶空瓶中装入约1/2瓶的酒母样品，在50℃平衡2min，然后于50℃下吸附40min，进样时，于250℃下解析2min。气相色谱-质谱条件，起始温度45℃，保持1min，然后以5℃/min的升温速率升温到190℃，保持15min，再以10℃/min的升温速率升温到230℃，保持5min。进样口和检测器温度均为250℃；载气为He，流速为1mL/min。

2　结果与讨论

2.1　米曲霉种曲制备

2.1.1　米曲霉菌形态学观察

米曲霉菌丝初呈白色，随着生长时间的延长，逐渐有孢子产生，菌落呈现淡黄色，随后转变为黄色，再继续培养，菌落颜色又变为黄绿色。由图1可知米曲霉菌落外观呈圆形，菌落区域表面覆盖有一层黄绿色的孢子，且菌落中心颜色较菌落边缘颜色更深。由图2可以看出，分生孢子头放射状，顶囊近似球形或烧瓶形，菌丝没有分节。

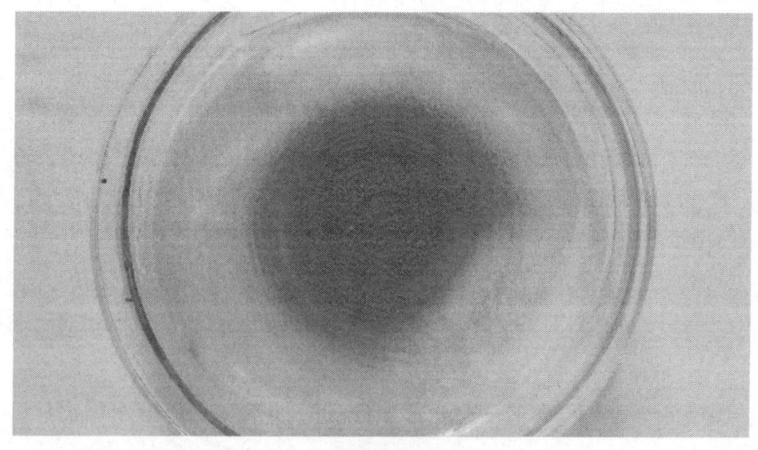

图1　米曲霉菌落

Fig. 1　Bacterial colony of *Aspergillus oryzae*

2.1.2 种曲孢子数

制备种曲是制曲的前提，而孢子数是种曲质量好坏的一个重要指标。有文献中指出添加适量的草木灰有助于提高种曲质量，锰对孢子的形成有促进作用[13]。因此为了提高米曲霉种曲的传代性能，在本实验种曲制备过程中加入了1%的木灰。实验制得的种曲孢子数为9×10^8个/g。

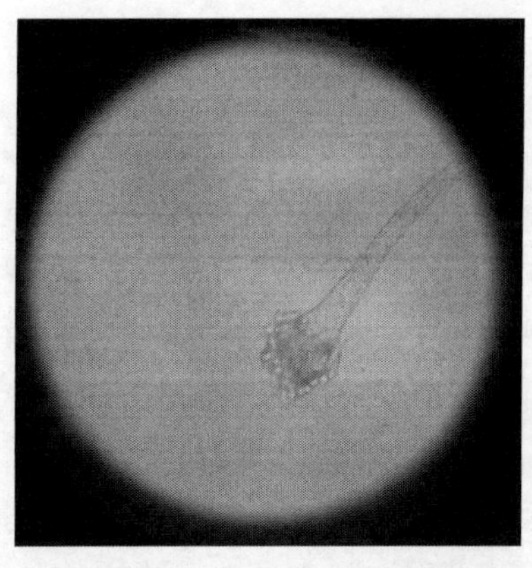

图2 米曲霉在40倍物镜下的微观形态

Fig. 2 The micromorphology of *Aspergillus oryzae* at 40 - fold objective

2.2 米曲霉酒曲酶活力分析

精米："米越白越能酿出好酒"，日本清酒生产中，原料米多是采用粳米，用于酿造的米，通常碾去糙米表层，优质清酒几乎是采用"米心"进行酿造。糙米的外层含有大量的蛋白质、灰分、脂肪等。蛋白质可因曲菌的蛋白质分解酶分解成氨基酸，氨基酸可形成清酒呈味的一部分，但如果过多就造成杂味，还会引起储藏着色和日光着色；灰分中的铁和锰是与清酒着色有关的物质；脂肪中的脂肪酸与清酒香气成分酯的生成有关[14]。另外，精米后的米粒吸收水更均匀、更快，蒸饭时易糊化，有助于提高酒的品质。中国黄酒与日本清酒的酿造工艺相似，但黄酒的酿造原料可以采用糯米、粳米和籼米，且酿造米的精米率一般在90%以上，蛋白质含量较高为6%～8%。本研究中将籼米精掉20%～30%，使其精米率在70%～80%，以提高酒的品质。

从表1可以看出，（精白）籼米曲的糖化酶活力远远高于籼米曲糖化酶活力，（精）籼米曲的糖化酶活力达到608.895 U/g。（精白）籼米曲的液化酶的活力也高于籼米曲液化酶活力，达187.08 U/g。（精白）籼米曲的蛋白酶活力为籼米曲的两倍之多，达37.302 U/g。其酶活力高低差异的原因可能与大米的结构有关，米曲霉的在利用上存在差异。陈曾三[14]研究指出，米的钾含量和曲中菌体量、酶活性之间有正相关关系，米中钾含量低时制曲酶活性也低。此外，还和米的吸水性及米粒内部组织结构也有重要关系。

表1 米曲的酶活力比较

Table. 1 The comparison of enzymatic activity in rice koji 单位：U/g

项目 \ 米种	籼米	（精）籼米
糖化酶	185.568	608.895
液化酶	139.77	187.08
蛋白酶	15.791	37.302

2.3 酒母理化指标

酒母，即为“酒之母”，它是以大米等淀粉为原料的半液态双边发酵酿酒的基础。只有培养出优良的酒母，才有可能提高酒精发酵率和淀粉利用率[15]，而如何才能培养出高质量的成熟酒母以供发酵用的菌种是解决这一问题的关键。因此，测定和控制酒母醪的质量，对指导生产具有十分重要的意义。

毛青钟[16]等对几种黄酒酒母的特性比较中表明，糖化酒母成熟时其酸度小于等于3.0g/L，酵母数大于2.0×10^8个/mL，出芽率在20%以上。刘杰[17]等用响应面法优化黄酒高温糖化酒母的制备工艺中得出，在最佳的物料配比下，其酵母数达到2.37亿/mL，出芽率达到24.9%。清酒的高温糖化酒母[18]，使用时其酸度为1.7（mmol/L），还原糖8.9（g/100mL），酵母数为2.0×10^8个/g。籼米曲所制备的酒母，其理化指标见表2。

表2　米曲制备的酒母的理化指标

Table.2　The physical and chemical indicators of yeast by rice koji

指标＼米种	籼米	（精白）籼米
酸度/（mmol/L）	1.1	1.1
还原糖/（g/100mL）	8.8	10.16
酵母数/（×10^8个/mL）	5.3	5.11
出芽率/%	18	20.25

由表2可知，籼米曲制备的酒母，除酸度稍微偏小外、还原糖与酵母数均达到了清酒中高温糖化酒母的理化指标。籼米与（精白）籼米制备的酒母还原糖和酵母数也均达到黄酒中糖化酒母的理化指标要求，出芽率在20%左右。（精）籼米制备的酒母中还原糖含量高于籼米曲制备的酒母中还原糖含量，这一数据间接地证明了（精白）籼米曲的糖化酶活力高于籼米曲的糖化酶活力。

2.4 酒母挥发性风味物质分析

酒母作为酒精发酵的菌种，其风味对酒的质量有着重要的影响。本实验通过HP-SPME-GC-MS共检出米曲制得酒母中的17种挥发性化合物（表3）。

由表3可知，（精白）籼米曲和籼米曲制备的酒母中共检测出17种挥发性化合物，其中主要为醇类和酯类。酯类有14种，它是酒体香味成分中非常重要的一类化合物，由酸和醇在酯化酶的作用下进行酯化反应而产生的，在酒中酯类呈现出水果的香气。籼米曲酒母中挥发性化合物共12种，醇类1种（11.299%）、酯类10种（65.317%）、其他（2.772%），（精白）籼米曲酒母中共15种，醇类2种（6.292%）、酯类12种（55.417%）、其他1种（1.484%）。

表 3　米曲制得酒母中挥发性物质检测结果

Table. 3　Results of volatile components in the yeast by rice koji

序号	类别	化合物名称	峰面积占总面积的相对百分含量/%	
			籼米	（精）籼米
1	醇类	3，7－二甲基－2－辛烯－1－醇	—	0.173
2		苯乙醇	11.299	6.119
3	酯类	乙酸异戊酯	—	0.534
4		正己酸乙酯	3.698	—
5		辛酸乙酯	31.012	29.397
6		壬酸乙酯	0.495	0.314
7		甲酸辛酯	0.317	—
8		癸酸乙酯	16.466	14.521
9		9－癸烯酸乙酯	—	0.452
10		乙酸苯乙酯	2.333	1.233
11		月桂酸乙酯	3.342	3.086
12		十四酸乙酯	1.787	1.213
13		棕榈酸乙酯	4.975	2.817
14		9－十六碳烯酸乙酯	—	0.541
15		油酸乙酯	—	0.259
16		亚油酸乙酯	0.892	1.05
17	其他	甲氧基苯基肟	2.772	1.484

从检测结果还可知，（精白）籼米曲和籼米曲酒母的挥发性化合物中所共有的物质成分有苯乙醇、辛酸乙酯、壬酸乙酯、癸酸乙酯、乙酸苯乙酯、月桂酸乙酯、十四酸乙酯、棕榈酸乙酯和亚油酸乙酯，这些化合物也是王家林[19]等研究黄酒中风味物质的种类时得出的结论中含有的物质，这也说明了酒母风味对酒的特征风味是有一定的贡献。籼米曲酒母中的苯乙醇含量最高，苯乙醇具有新鲜的面包香、清甜的玫瑰花香，它是稻米类发酵酒的特征性香味物质，新酒中苯乙醇的含量过高，则会使酒体的苦涩味增强，陈酿有助于苦涩味的下降，使其香味呈现出来。

2.5　酒体感官评价、理化指标及挥发性物质分析

2.5.1　酒体感官评价、理化指标

日本清酒色泽淡黄或无色、酒体清亮透明，口味纯正，绵柔爽口，酒体谐调，芳香怡人，酒精度一般为 14% ~20% （体积分数）。

从表 4 可以看出，本研究的评价指标共包括 1 个综合指标和 5 个小指标。其中，5 个小指标分别指酒精度、色泽、香气、滋味和风格 5 个方面，而综合指标则是根据 5 个小指标的加权计算结果来确定的。首先，找来 5 位专业品酒人员，通过对比表 4 中

的评价标准为样品的5个小指标依次打分，然后计算出5个小指标的算数平均值，最后再通过加权计算确定该样品的综合成绩。这5个小指标的权重是根据特尔菲法来确定的，在本实验中分别为0.3、0.2、0.2、0.2、0.1。

表4　评价标准

Table. 4　Evaluation criterion

指标及权重	描述	等级	品评标准
酒精度（0.3）	使用酒精计对酒液进行测定	优秀（10）	酒精度16%（v/v）以上
		良好（8）	酒精度12%～16%（v/v）
		合格（6）	酒精度8%～12%（v/v）
		不合格（4）	酒精度5%～8%（v/v）
		劣质（2）	酒精度5%（v/v）以下
色泽（0.2）	色泽清亮，无沉淀、杂质	优秀（10）	色泽澄清透明，无沉淀、杂质
		良好（8）	色泽较为澄清，无沉淀、杂质
		合格（6）	基本澄清，有少许沉淀，无杂质
		不合格（4）	浑浊，有沉淀，无杂质
		劣质（2）	浑浊，有沉淀、杂质
香气（0.2）	具有纯正、优雅、和谐的酒香、醇香，无异香	优秀（10）	具有清酒特有的浓郁醇香，无异香
		良好（8）	清酒特有的醇香较浓郁，无异香
		合格（6）	具有清酒特有的醇香，无异香
		不合格（4）	无明显的醇香
		劣质（2）	香气缺乏，有异香
滋味（0.2）	醇厚，柔和鲜爽，酸甜谐调，回味绵长，无异味	优秀（10）	醇厚，柔和鲜爽，酸甜谐调，回味绵长，无异味
		良好（8）	醇厚，较柔和鲜爽，酸甜谐调，无异味
		合格（6）	有一定醇厚感，无异味
		不合格（4）	口味淡薄
		劣质（2）	有杂味
风格（0.1）	酒体谐调，具有清酒的典型风格	优秀（10）	酒体极为谐调柔和，具有清酒的典型风格
		良好（8）	酒体谐调柔和，具有清酒的典型风格
		合格（6）	酒体尚谐调，有清酒的典型风格
		不合格（4）	酒体不太谐调，风格不突出
		劣质（2）	酒体不谐调，难以接受

从表5可以看出，籼米清酒酒体尚谐调，有清酒的典型风格。籼米曲与（精白）籼米曲酿制的清酒感官评价得分都相对较低，主要体现在香气不足和滋味欠佳，相比之下，（精白）籼米酿制的酒感官评价得分稍高，距离优质的清酒还有一点的差距，生产工艺仍需改进。

清酒的日本酒度一般在－2～12，平均＋4左右，其数值用于清酒甘辛味的参考与判断，度数越高，则酒液越干，反之越甜。日本酒度计是根据清酒比重设计而成，比重大则日本酒度低，反之则高。日本酒度计是通用的甜型、干型酒判断仪器[5]。不同大米曲的酒体的理化指标结果见表6。

表5 米曲对酒质的影响

Table. 5 Effect of rice koji on sake quality

米	酒精度	色泽	香气	滋味	风格	综合得分
籼米	8	6	6	4	6	6.0
(精白)籼米	8	6	6	6	6	6.6

表6 米曲的酒体的理化指标

Table. 6 The physical and chemical indicators of wine by rice koji

米种 指标	籼米	(精白)籼米
酒精度	14.3	15.5
日本酒度	14	15
酸度/(g/L)	2.3	2.1
总酸/(g/L)	3.798	4.023
氨基酸态氮/(g/L)	1.477	1.302
还原糖/(g/100mL)	0.22	0.386
总糖/(g/100mL)	2.06	2.28

由表6可知,米曲所酿造的酒,其日本酒度均较高,属于偏干型清酒。酒精度在15°左右,总酸大于3,总糖大于2g/L,氨基酸态氮大于1g/L,已达到传统型半干黄酒的优级标准。另外,从表中还可知,虽然酒精度稍高的是(精白)籼米,但与籼米曲酒差距不大,还原糖仍具有一定含量,若继续延长发酵时间其酒精度会有一定的提高。

2.5.2 酒体挥发性物质分析

由表7可以看出,大米曲所酿酒的酒体中挥发性成分共检出18种,醇类、酯类、醛类和其他分别为7、9、1、1种,籼米曲酒体中挥发性化合物共13种,醇类7种(96.45%)、酯类6种(2.703%),(精白)籼米曲酒体中共14种,醇类5种(93.177%)、酯类7种(4.128%)、醛类1种(0.032%)、其他1种(0.045%)。

另外,从表中还可知,米曲酒体中检出物共有的物质包括,乙醇、丙醇、异丁醇、异戊醇、苯乙醇、乙酸异戊酯、辛酸乙酯、癸酸乙酯、乙酸苯乙酯这9种化合物,而这些物质成分在酒母的挥发性化合物中也有检出,其中苯乙醇、辛酸乙酯、癸酸乙酯、乙酸苯乙酯也是米曲酒母的挥发性化合物共有成分。(精白)籼米曲酒母的挥发性成分中含有苯甲醛,苯甲醛具有特殊的杏仁气味,它被认定为优质浓香型大曲香味体系的组成部分。

表7 米曲所酿酒的挥发性物质检测结果

Table. 7 Results of volatile components in the wine by rice koji

序号	类别	化合物名称	峰面积占总面积的相对百分含量/%	
			籼米	（精）籼米
1	醇类	乙醇	88.111	85.63
2		丙醇	0.42	0.607
3		异丁醇	0.356	0.352
4		异戊醇	4.271	4.436
5		异辛醇	0.03	—
6		1-辛醇	0.061	—
7		苯乙醇	3.201	2.152
8	酯类	乙酸异戊酯	0.322	0.425
9		己酸乙酯	0.516	—
10		乳酸乙酯	0.031	—
11		辛酸乙酯	0.789	2.639
12		癸酸乙酯	0.028	0.24
13		苯甲酸乙酯	—	0.047
14		9-癸烯酸乙酯	—	0.02
15		乙酸苯乙酯	1.017	0.757
16		己二酸二辛酯	—	0.726
17	醛类	苯甲醛	—	0.032
18	其他	甲氧基苯基肟	—	0.045

3 结语

采用南方市售籼米制备米曲霉种曲，孢子数达到实际需求。精制后的籼米适合制备酒曲，糖化酶活力高达608.895 U/g，液化酶活力高达187.08 U/g。利用籼米快速制取酒母，其还原糖含量达到清酒、黄酒中高温糖化酒母的理化指标要求（还原糖8.9 g/100mL，酵母数2亿个/mL），精白后的籼米其还原糖含量达10.16 g/100mL，酵母数5.11亿个/mL。籼米曲酿制的清酒整体评分来看酒体尚谐调，有清酒的典型风格，但香气亦有不足和滋味欠佳。这种籼米曲酿制的清酒酒度达15%vol左右，其酒体中共检出18种挥发性成分，主要为醇类和酯类物质，其中以异戊醇、苯乙醇和辛酸乙酯相对百分比含量较高。相比之下，（精白）籼米酿制的酒感官评价得分稍高，距离优质的清酒还有一点的差距，生产工艺仍需改进。为解决南方市售籼米挤压、增加籼米的附加值产品，酿制籼米清酒具有一定的实际意义。

参 考 文 献

[1] 谢广发. 日本清酒保健功能研究现状及其对我国黄酒的启示 [J]. 中国酿造, 2009, 208 (07): 10-11

[2] 王芳. 我国籼米贸易及其竞争力分析 [J]. 中国稻米, 2004, (06): 38-40

[3] 傅金泉. 糯米、粳米、籼米的分析及其酿酒实验 [J]. 酿酒科技, 1982 (02): 6-9

[4] 谢新华. 稻米淀粉物性研究 [D]. [硕士学位论文]. 陕西: 西北农林科技大学, 2007

[5] 方建清. 日本清酒生产发展基本知识概述 [J]. 酿酒科技, 2011, 207 (09): 112-117

[6] 陆建. 日本清酒及其研究 [J]. 酿酒, 2001 (05): 32-33

[7] 山本昭久. 中国绍兴酒与日本清酒 [J]. 上海调味品, 2000, (02): 01-04

[8] 汪芳安. 中国黄酒与日本清酒的比较及一种新型黄酒的特性分析 [J]. 中国酿造, 2002, 118 (02): 3-4

[9] 陈兰. 日本清酒与绍兴酒的比较分析 [J]. 产业与科技论坛, 2012, 24 (11): 118-119

[10] 徐岩, 范文来. 风味技术导向白酒酿造基础研究的进展 [J]. 酿酒科技, 2012, 211 (01): 17-23

[11] 沈怡方. 白酒生产技术全书 [M]. 北京: 中国轻工业出版社, 2014

[12] 吴国峰, 李国全, 等. 工业发酵分析 [M], 北京: 化学工业出版社, 2006, (6): 10-12

[13] 鲁梅芳, 綦伟, 等. 米曲霉 A100-8 种曲的培养工艺研究 [J]. 中国酿造, 2009, 206 (05): 20-23

[14] 陈曾三. 日本清酒酿造用米品质要求 [J]. 酿酒科技, 2002, 112 (04): 75-76

[15] 李大锦. 食醋生产中怎样制取优良的酒母 [J]. 上海调味品, 1984 (02): 19-20

[16] 毛青钟, 宣贤尧, 等. 几种黄酒酒母的特性 [J]. 酿酒科技, 2006, 147 (09): 65-67

[17] 刘杰, 蒋启海, 等. 响应面法优化黄酒高温糖化酒母制作条件的研究 [J]. 酿酒科技, 2011, 208 (10): 72-76

[18] 石川雄章. 清酒酿造技术 [M]. 日本: 日本酿造协会

[19] 王家林, 张颖, 等. 黄酒风味物质成分的研究进展 [J]. 酿酒科技, 2011, (8): 96-98

遮放贡米酒传统工艺与新工艺的对比研究

黄婷[1]，敖宗华[1,2,3*]，王松涛[4]，刘文虎[4]，丁海龙[2]，张方[1]
1. 四川理工学院，四川 自贡 643000
2. 泸州老窖股份有限公司，四川 泸州 646000
3. 国家固态酿造工程技术研究中心，四川 泸州 646000
4. 泸州老窖养生酒业公司，四川 泸州 646000

摘要：以米香型白酒酿造工艺为研究对象，糖化品温、淀粉糖化率、总酯和出酒率为指标，对比研究新工艺和传统工艺。结果表明，采用糖化 2d，发酵 13d 的新工艺可以在保持品质的前提下，提高生产效率。

关键词：米香型白酒，酿造工艺，生产效率

Contrastive Study on Brewing Process of Traditional Rice – flavor Wine and new – type Rice – flavor Wine in Zhefang

Huang Ting[1], Ao Zonghua[1,2,3*], Wang Songtao[4],
Liu Wenhu[4], Ding Hailong[2], Zhang Fang[1]
1. Sichuan University of Science & Engineering, Sichuan Zigong 643000
2. Luzhou Laojiao Co., Ltd, Sichuan Luzhou 646000
3. National Engineering Research Center of Solid – State Brewing, Sichuan Luzhou 646000
4. Luzhou Laojiao Group Health Liquor Co., LTD, Sichuan Luzhou 646000

Abstract: Rice as raw materials, this study compares traditional rice – flavor wine and new – type rice – flavor wine with saccharifying temperature, starch glycation rate, total ester and the yield of liquor as indexes. The results showed that the new – type rice wine of saccharifying time 2 days and fermentation time 13 days could maintain quality and improve production efficiency.

作者简介：黄婷，在读硕士研究生，主要从事酿酒技术生产研究，E – mail：287118216@ qq. com。
*通讯作者：敖宗华，博士，硕士生导师，正高级工程师，Tel：0830 – 2398904。

Key words: new - type rice wine, brewing technology, production efficiency

遮放贡米，取云南德宏潞西市特殊气候、水土、生态之灵气，色泽白润如玉，米饭清香可口，软滑适中，黏而不稠，冷不回生，营养丰富。遮放贡米酒厂采用遮放贡米酿造的米酒更是米香纯正、入口绵甜，蜜香优雅[1]。遮放贡米酒虽然品质优良，却存在着发酵周期长，出酒率低的问题，生产成本高和生产效率低下的情况严重制约着酒厂的发展。本文将可以改变遮放米酒厂现状的新工艺与其传统工艺通过理化指标进行比较，为传统工艺的改进提供理论依据。

1 材料与方法

1.1 材料与试剂

贡米：以云南省潞西市遮放镇的贡米作为实验材料。

菌种：金塔酒曲，芒市遮放贡米集团提供；银荔酒曲，桂林银荔酒业有限公司。

其余试剂均为分析纯。

1.2 主要仪器与设备

电热干燥箱、0.1mg 电子天平、烧杯、电磁炉、三角瓶、干燥器（变色硅胶作干燥剂）、1000mL 容量瓶、50mL 碱式滴定管、50mL 酸式滴定管，陶坛。

1.3 工艺流程[2-3]

选米→浸泡→洗米→蒸饭→摊饭→拌曲→糖化→投水发酵→蒸酒→储藏→过滤→包装

传统工艺：1.2% 金塔酒曲，自然糖化 7d，自然发酵 21d（冬季发酵 30d）。

新工艺：0.45% 银荔酒曲，自然糖化 2d，自然发酵 13d。

1.4 指标测定方法

淀粉与还原糖的测定：斐林试剂法[4]；酒度的测定：酒度计；乙酸乙酯测定：气相色谱。

2 结果与讨论

2.1 糖化时间对品温的影响

糖化时间对品温的影响如图 1 所示。

由图 1 可以看出传统工艺和新工艺坛内米醅温度先降低再快速升高，达到顶温后开始缓慢下降。前期快速降温是由于拌曲后入坛温度高于室温，微生物还未开始繁殖

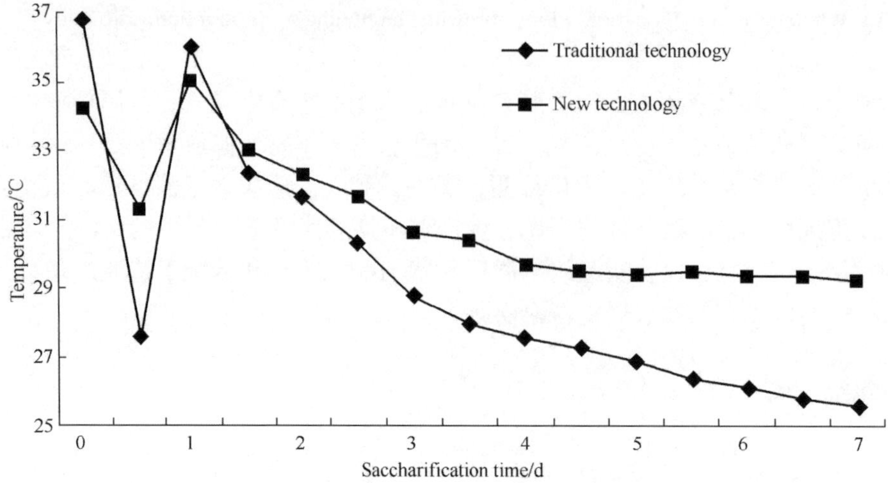

Fig. 1　Effects of saccharification time on temperature

升温，温度散失趋向室温。6h 后随着微生物逐渐增殖，米醅品温伴随呼吸作用放出的热量上升。27h 后传统工艺和新工艺米醅品温均达到顶值，随后品温逐渐降低。随着品温的降低，可以初步判定根霉和酵母菌经过前 26h 的主发酵期，随着糖化醪液浓度的增加，微生物活力受到抑制。

2.2　糖化时间对米醅中残留的还原糖和淀粉含量影响

糖化时间对米醅中残留还原糖和淀粉含量影响如图 2 所示。

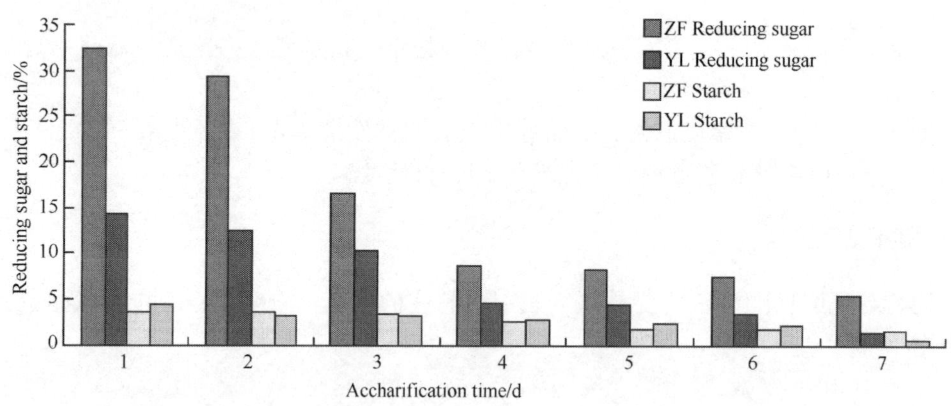

Fig. 2　Effects of saccharification time on the residual reducing sugar and starch content

由图 2 可以看出两种工艺糖化米醅中残留淀粉含量没有显著差异，糖化一天后，传统工艺使用的金塔酒曲米醅中残留的还原糖含量高达 33%，是传统工艺使用的银荔酒曲含量的 2 倍。糖化 2d 后，新工艺米醅中的残留还原糖只有 10% 左右，而传统工艺糖化第 4d 才使得米醅残留还原糖低于 10%，相同时间内，银荔酒曲比金塔酒曲糖化更彻底，效果更好。传统工艺为了大米得到更好的利用，就必须通过延长糖化时间来达到较好的糖化效果，但长时间的糖化会使得酵母因为长时间处于高温和高渗透压下而降低活力，最终导致出酒率较低。

2.3 发酵时间对总酯含量影响

发酵时间对总酯含量影响如图 3 所示。

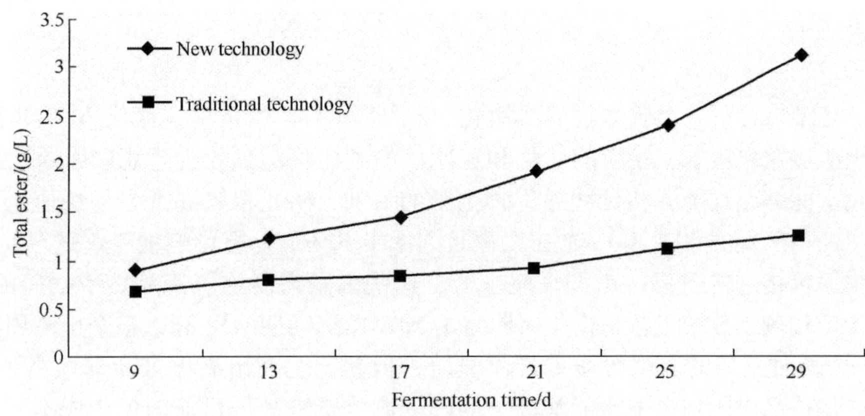

Fig. 3 Effects of fermentation time on total ester

由图 3 可以看出无论是传统工艺还是新工艺，总酯含量都随着发酵时间的延长而升高，相同发酵时间，新工艺的总酯含量始终高于传统工艺。总酯升高是因为随着发酵时间不断延长，原料中的淀粉逐渐被利用完全，有机酸和醇类相互作用积累形成酯类，香味物质开始富集[5]。新工艺的产酯能力高于传统工艺，是由于新工艺采用的银荔酒曲是药曲，在产酯能力方面优于传统工艺使用的金塔酒曲。

2.4 发酵时间对出酒率影响

发酵时间对出酒率影响如图 4 所示。

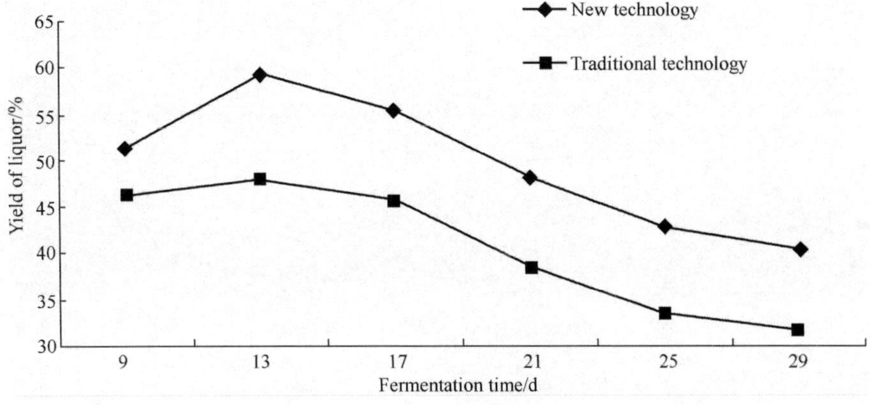

Fig. 4 Effects of fermentation time on the yield of liquor

由图4可以看出，随着发酵时间的增加，出酒率呈先升高后降低的趋势，在发酵时间13d时达到最大值。发酵时间过短，会导致原料利用率低，发酵不完全，在蒸馏时会出现跑糟现象，严重影响米酒质量。发酵时间过长，原料中的淀粉逐渐被利用完全，香味物质开始富集，在长时间的发酵过程中酒精散失，严重影响出酒率。从各项指标来看，原料发酵13d较为适宜。

3 结语

从上述结果可以看出微生物的在糖化6h后进入对数生长期，糖化2d后米醅的窝洞中出现明显糖化窝水，淀粉的转化和还原糖的利用均达到较为理想的效果，此时对糖化醅投水能够起到降温和延缓微生物生长的目的，防止根霉和酵母的快速老化。传统工艺生产一般发酵20～30d，故出酒率长期低于40%，严重影响生产效率，生产成本过高，销售价格随之升高，市场反应平淡，这些因素均制约着遮放贡米酒厂的发展。新工艺生产相较于传统工艺，糖化周期缩短5d，发酵周期缩短8d，整个生产周期共缩短13d，而两种工艺的总酯含量差异不显著，但新工艺在出酒率方面却提高了20%，新工艺在保持品质的前提下，能够极大的降低遮放贡米酒厂目前的生产成本，提高生产效率。

参考文献

［1］沈怡方. 白酒生产技术全书［M］. 北京：中国轻工业出版社，1998

［2］王民俊. 小曲米酒生产工艺（一）［J］. 酿酒科技，2003，(5)：104－106

［3］黄名扬，曾钧，等. 传统小曲米香型白酒生产的工艺技术探讨［J］. 现代食品科技，2013，(4)：845－847

［4］王福荣. 酿酒分析与检测［M］. 北京：化学工业出版社，2005

［5］余有贵，罗俊，等. 浓香型白酒主要发酵产物生成与微生物类群的动态变化［J］. 食品科学，2012，(1)：170－173

文化与市场篇

葡萄美酒与丝绸之路的酒文化遗产

柯彼德
德国　美因兹大学

Magnificent Grape Wine and the Heritage of Alcohol Culture along the Silk Road

Peter Kupfer
Mainz University · Germany

Abstract: The analysis of ceramic vessels from the Neolithic site of Jiahu, Henan, from 7,000 BC brought to light humanity's earliest traces of alcoholic beverages, most probably wild grapevine was used as a fermentation catalyst. Up to now, Jiahu proves to be the most evident and mankind's oldest example of the co – occurrence of fermentation culture and the emergence of human civilization. The findings from Jiahu, as well as other recent research results from different fields of archaeological, historical, cultural, social, literary and linguistic studies in China and all along the historical Silk Roads across Eurasia lend credence to the following assumptions:

1. The *Palaeolithic Hypothesis* (*Drunken Monkey Hypothesis*): It can be assumed that the Palaeolithic population in these latitudes were already able to produce a fermented drink from wild grapes long before engaging in agriculture and grain growing.

2. The *Quantum Leap Hypothesis*: In general, the discovery and use of fermentation by prehistoric man can be regarded as a quantum leap in the history of evolution and civilization, similar to the discovery of fire.

3. The *Inspiration Hypothesis*: The mastery of fermentation processes promoted almost all the achievements of civilization in a more or less direct way, including religious believes, music, art, language, literature and writing.

4. The *Beer – Before – Bread Hypothesis*: Granoculture was primarily developed for the purpose of producing alcoholic beverages, i. e. prototypes of beer, thousands of years before cultivating barley and wheat for baking bread. The simultaneous cultivation of barley most probably exclusively for this purpose in the Middle East and in China is no coincidence.

5. The *Wine – Before – Beer Hypothesis*: In primeval societies living in temperate zones, the natural fermentation of grapes seems to have initiated and set off the production of more

complex fermentation processes and alcoholic beverages later on.

6. *The Eurasian Hypothesis*：The production and use of similar ceramic drinking vessels around 10,000 years ago all over the Eurasian continent prove the creation and trade of fermented beverages, including grape wine, in all rising civilizations between East and West. The recent research on the so – called "Silk Roads" reveals more and more evidence about the significance of this giant Eurasian network for the material and immaterial exchange between prehistoric societies and ancient civilizations, including fermentation technologies and production of alcoholic beverages across the Eurasian continent.

From its beginning Chinese civilization has been deeply shaped by alcohol culture and the symbolism of *jiu*（酒）throughout its long continuous history. More and more findings in tombs in Central China confirm the central role of alcoholic beverages in funerary rituals and as burial objects. The significance and symbolism of fermented beverages at the dawn of Chinese civilization is not only reflected in the abundant Shang and Zhou bronze vessel as well as ritual system, but even in the Chinese writing system.

Key words：Jiahu, Palaeolithic Hypothesis, Quantum Leap Hypothesis, Inspiration Hypothesis, Beer – Before – Bread Hypothesis, Wine – Before – Beer Hypothesis, Eurasian Hypothesis, Silk Roads

从地理的角度来看，自远古以来欧亚是一个统一的大陆，是一个面积巨大、跨越万里、不可分裂的整体。史前人类的祖先早已遍及欧亚大陆，逐渐定居开垦殖民地，并组成原始社会团体和文明。在大约一万年以前新石器时代和人类文明启蒙期间，欧亚大陆各地之间已经开展了不同社会的物质和思想交流。这种文化交融促进了各个民族文明的发展，大力推动了精神创造力和创新成果。尤其最近的考古发现表明，史前不同民族的迁移、他们之间的接触和沟通以及相互融合的现象早已存在。但是，在大四五千年以前各种文明中形成规模大小不同的部落和小国的时候，欧亚各个社会当中呈现各自具特色的民族性质、民俗习惯、民间音乐、穿衣和饮食习惯、宗教和道德风俗、历史传统和文字记载——就类似于圣经中“巴别塔”的传说中原来人类的统一突然变成语言和文化的分裂，在欧亚大陆上形成不同的势力和文明范围，并创造“欧洲”和“亚洲”，“西方”和“东方”，“近东”“中东”和“远东”等人造概念。

然而，两三千年以前在欧亚大陆出现了另一趋势：跨越大陆一万多公里的东西两端之间兴起了新的历史潮流。遥远距离的贸易关系和文明交流开始活跃起来，在中国的汉代和唐代达到了鼎盛和繁荣。联络欧亚许多帝国和小王国、世界历史上独一无二的交通网络在 19 世纪被德国的地理学家 Richthofen 命名为“Seidenstraße”，就是“丝绸之路”。

归根结底，欧亚大陆不但是地理的整体，而且历来是众多民族、文化、宗教、语言经常迁移和来往的独一无二的“桥梁”。所谓的“东方”和“西方”不能当作绝对的概念，只是这一整体的两端而已。尤其是最近几年的考古发现越来越清楚地表明，中亚地区以及“丝绸之路”至少从新石器时期起是欧亚大陆各民族、各大小国、各不同文化世世代代进行接触、交流和融合的枢纽地带，早已实现了“多元化”和“全球化”。数千年以来欧洲、近东、南亚、中亚和东亚民族之间不但横跨大陆的贸易往来和货物交换持续不断，思想和知识交流也源源不绝。其中，有些令人惊异的踪影显出，关于酿酒发明和技术、饮酒、祭酒各方面在欧亚大陆不同地区和民族之间同时出现了同样的物质文明上和人类进化史上的现象，甚至表明，一个社会发展得越繁荣，自己酒文化的传统越悠久。从这个角度来看，中国是最好的例证：它不但是人类历史最长的连续性文明，而且在丰富多彩的酒文化方面是世界上独一无二的。在中国河南省贾湖遗址发现的 9000 年以前的酿酒痕迹是人类进化史与酒文化发展密不可分的最好证据。

把注意力放在欧亚的西部地区，根据历来的理论，格鲁吉亚、亚美尼亚、伊朗北部和土耳其东部不但是人类最早的文明起源地之一，也是人类最古老的葡萄酒发源之地。但是，贾湖的发现才提供了欧亚大陆在史前早已有东西方酿酒技术和知识交流的新论证，甚至可以说，带来了有关人类酒文化研究的新突破。

我在 2008 年、2012 年和 2014 年沿着丝绸之路旅行考察的时候发现，欧亚各地的史前和古代酒文化有着不少令人瞩目的共同点。近东、中亚和南亚地区的不同文化和宗教古迹一般表明同葡萄酒文化的密切联系，有些相距几千公里的地区至今保留了数千年之久栽培葡萄和酿酒的传统。从土耳其、格鲁吉亚、亚美尼亚和伊朗到中亚五个国家以及巴基斯坦和印度的考古发掘地都证明，史前的萨满教和人类最古老的宗教之一——拜火教，此后沿着丝绸之路蔓延的犹太教、原始基督教、景教、摩尼教等都把葡萄酒当作最重要的祭祀和社交礼仪饮料，甚至佛教与葡萄酒原来有着密切的关系。从古代以来，这些文化和宗教已传播到中国，对中国文化产生了深远的影响。

本论文的主要意向在于指出一些新发现、背景和论点，以进一步证明最晚在新石器时代已经有了一座比“丝绸之路”早七八千年横跨欧亚大陆，联系不同民族和文化的物质和思想交往的“桥梁”。最近一些举世轰动的发现和一些中国学者的研究结果表明，河西走廊和中原地区早在 4000 ~ 5000 年以前已经存在与欧亚西部地区的紧密文化交流，这确实比张骞出使西域开拓所谓的“丝绸之路”早 2000 ~ 3000 年。举例来说，在安阳殷墟所发现的很多玉器鉴定为新疆和田玉的，在春秋和战国时代中国内地已经从波斯进口玻璃和各种器皿等。这样，我们能否进一步假设说，贾湖与欧亚其他原始社会之间早已存在联系和交流？所谓的“新石器革命”和欧亚大陆各地同时爆发的文明兴起是偶然的、各自独立发生的，还是自然而然地在思想和物质交换的情况下发生和互相影响的？

1 欧亚大陆西部的酒文化兴起

在公元前 4000 ~ 3000 年古代埃及、巴勒斯坦和两河流域的美索不达米亚已经开始大量地酿造和储存葡萄酒，并开始葡萄酒的进出口贸易。从那个时候起，葡萄酒业得到了快速发展。一方面，葡萄酒成为商品，装在专用的陶缸内运输到别的国家做贸易。另一方面，葡萄种植和酿酒工艺也传播到欧洲和中亚其他地区。

在亚美尼亚、格鲁吉亚和高加索山区可以追溯人类种植葡萄，酿造葡萄酒的最悠久的历史。距今至少有7000年持续不断的酿酒、饮酒的传统。新石器时代的葡萄籽和许多其他的出土文物为此提供了充分的证据，如一座青铜饮酒的人像制作于公元前7~前6世纪，相当于中国西周时代。他的右手握着牛角用作饮酒器。到今天为止，格鲁吉亚人在举行饮酒礼仪的时候仍然习惯使用这种牛角酒器。关于牛角酒器在欧亚各地的发现，我们在下边进一步讨论。

到最近在亚美尼亚和格鲁吉亚仍然经常发掘了新石器时代的酿酒工具和酒器，差不多与中国的贾湖遗址同时。考古学家出土了大量距今有3000~6000年历史的葡萄酒陶器，这相当于中国的商代，夏代和史前的文化。甚至欧亚西部发现的许多陶器与中亚和中国发掘的陶器很相似。

虽然格鲁吉亚这个国家比较小，人口只有450万人，但是，这个国家有世界上种植葡萄、酿造葡萄酒的最悠久的历史，而且有世界上最多的葡萄种类，一共500个品种。因此格鲁吉亚有着“葡萄酒文化摇篮”的美名。

穿过格鲁吉亚的丝绸之路黑海支线上的贸易至少有3000多年的历史。大的和小的高加索山脉之间的地区卡赫季州（Kakheti）早已被称为“葡萄酒之故乡”，从这儿葡萄酒业也普及到中亚。而且正好，在这个地区养蚕业和丝纺工业的传统也可以追溯到古代，这就是表明，通过丝绸之路格鲁吉亚和中国有着古老的往来。在酿酒工艺方面也必定有交流。

在20世纪90年代美国著名的考古化学和酒文化专家麦戈文（Patrick E. McGovern）对在伊朗西北部出土的、新石器时代的陶缸里边淡黄色的痕迹进行了分析，发现是葡萄酒的遗迹。这是到那个时候所发现的人类最早的酿酒证据。Hajji Firuz Tepe遗址离亚美尼亚和格鲁吉亚不远，只有200~300km。

2 欧亚大陆东部的酒文化兴起

2004年McGovern和中国的考古学家采用样本化学分析和先进技术的检测证明，在河南省贾湖新石器时代遗址发掘的陶器上，除了稻米、蜜蜂、大麦和植物树脂的痕迹以外，还包含酒石酸和酒石酸盐成分。McGovern在美国著名科学杂志PNAS上于2004年12月发表了有关文章。人类在9000年，而且在农业经济发展以前已经掌握酿酒工艺的新闻轰动了全球的学术界。

专家们推测，陶器上的酒石和酒石酸盐成分可能有两种来源：山楂和葡萄。山楂在中国很普遍，但是野生葡萄从几百万年以来在中原和北部地带也十分普遍。另外，在贾湖遗址除了其他炭化植物遗存正好也出土了炭化葡萄籽，但是好像没有找到山楂的遗存。从欧亚的综合角度来推论，原始社会采用野生葡萄酿酒的可能性较大。假如中国的祖先大约在9000年以前确实掌握了利用野生葡萄果实酿造混合型酒的工艺，那么这个发现动摇长期以来所提出的近东和高加索是葡萄酒发源地的理论。总之，贾湖人所酿造的就是人类最早的酒，也包括葡萄酒当作发酵剂。

生物学家早已鉴定，土地辽阔的中国从几百万年以来都有40多种土生土长的野生葡萄，占世界各大洲的一半以上。虽然汉武帝时张骞从西域引进葡萄和酿造葡萄酒工艺的传说比较流行，但是从《诗经》和《周礼》记载中和一些地区如山西和陕西的民间传说都可以知道，在3000年以前中国许多地方长有野生葡萄，显然也有人工培育的葡萄。用葡萄作为酵母和糖的来源，以便系统地催化发酵过程，这种技术显然是在中国很早所发现和操作的。中国东北最流行的、抗寒很强的山葡萄品种 *Vitis amurensis* 仍旧在吉林通化用作酿葡萄酒，并在世界其他国家的葡萄栽培研究中心用以做杂交试验。

到了唐代的时候，葡萄酒文化不但在西域和河西走廊，甚至在中原非常流行。在乌鲁木齐新疆自治区博物馆里可以看到唐代的吐鲁番阿斯塔那墓葬出土的葡萄籽和葡萄干样本。

从贾湖遗址至今的发掘和检测结果可以得出结论认定，中国原始社会的酿酒工艺相当发达，并且发酵的发明，跟发明运用火一样，对中国文明的萌芽至关重要，甚至引起了原始社会的质变。这样才可以解释说明，在仰韶文化、大汶口文化、龙山文化等中国领土上的史前遗址所发掘的酿酒、藏酒、饮酒用的多种多样的陶器和以后商朝很相似的青铜酒器，再加上甲骨文有关酒的记载，这都说明为什么那时就已经达到了相当高的发展水平。可以很清楚地认识到，从全球的规模来看，中国的酒文化发展得最早最丰富。

但是，我们目前还不了解，并需要多研究的议题是，酒在史前社会当中的祭祀、丧葬、宴席、社交等各种礼仪活动中究竟发起过什么作用。最有意思的是，跟格鲁吉亚、地中海周边、近东和中亚一些史前遗址一样，在贾湖遗址除了陶器以外同时还出土了中国最早的农作物，如稻米、其他稻谷、大豆、莲藕等植物，还出土了中国最古老的乐器，就是用丹顶鹤翅膀骨头制造的笛子。另外发现了在龟甲上的中国最早的文字符号，比商代的甲骨文早5000多年！这都表明原始社会的酒文化和其他文明成就的发展关系是密不可分的。

有意思的是，欧亚西部在一些原始社会女巫师墓葬里也发现了龟甲，比如在德国的 Bad Dürrenberg，距今8700～9000年，和以色列的 Hilazon Tachtit，距今12000年。试问，这些离中国大约一万公里的遗址和贾湖的巫师墓葬同样利用龟甲，是否偶然的？不过，德国和以色列的龟甲上没找到任何符号。那时龟甲是比较珍贵的材料，为什么作为陪葬品？在贾湖墓葬里的龟甲旁边发现了卵石。显然巫师把龟甲当作摇鼓之类的乐器，与笛子一样，在进行舞蹈和敬神礼仪使用。另外，乌龟很有可能早在几千年前已经是长寿的象征。制造笛子为什么用丹顶鹤的骨头？大概是因为丹顶鹤具备其他鸟类很少有的特征，除了体态优雅、颜色分明，身体和翅膀细长等特点，它的千姿百态的交尾舞蹈很出色，大概早已诱惑史前的人和巫师。

在贾湖遗址和中国以及东亚其他类似的古文明遗址的发现表明，崇拜神灵和祭祀祖先的萨满巫师典礼经常与奠酒和饮酒礼仪有密切的关系。同时，音乐和歌舞也是礼仪活动的组成部分。中国和东亚有些少数民族仍然保留了一边向祖先奠酒，一边巫师在举行宗教活动时自己饮酒的习俗。

3 酿酒与人类进化的关系

McGovern 在他于2003年发表的书“古代葡萄酒”（*Ancient Wine*）中明确地阐述了人类文明在经济、宗教、社会、医学、政治等各方面和自远古以来被当作欧亚大陆最奇妙的水果——葡萄及其酿造产品——葡萄酒之间的密切关系：

“The history of civilization, in many ways, is the history of wine. Economically, religiously, socially, medically, and politically, the domesticated grapevine has intertwined itself with human culture from at least the Neolithic period and probably long before that. We recapitulate that history every time we pick up a glass of wine and savor the fruit of a Eurasian plant that has been cloned, crossed, and transplanted again and again from its beginnings in the near East more than 7000 years ago.” [Patrick E. McGovern: *Ancient Wine*, 2003, p. 299]

McGovern 在前几年发表了另一本重要的学术著作：“拔除历史的瓶塞”（*Uncorking the Past* 2009）。他分析了世界五洲各地的原始社会和酒文化的关系，提供了很丰富的资料，并提出了新颖的见解证明，酒与人类文明的起源和发展有着密不可分的关系。我认为，贾湖和中国其他史前的考古遗址都是很理想的直观教具，到处都可以发现人类最早的酒文化的痕迹，值得将来从这个角度多进行深入地研究。

为了开辟新的研究议题，我在下面列出一些值得讨论的假设：

3.1 “旧石器时代酿酒假设”（*Palaeolithic Hypothesis*），包括“猴醉酒假设”（*Drunken Monkey Hypothesis*）

这个假设是早已由一些学者所提出的，如 Dudley（2004）和 McGovern（2009）。在世界所有的大文化当中，水果酒比粮食酒的发明肯定早得多。野生水果曾是采集经济社会里的重要食品，长期存放在一个地方，就容易发酵变成果酒。而葡萄，由于糖分较高，酵母菌在果皮上也自然存在，自然发酵成酒的过程就比较快。粮食酒，也包括啤酒，是农业和酿酒技术相当发达，粮食开始成为主要食品的结果。原始文明的考古发现证明，果酒——其中最重要的、成分最丰富的就是葡萄酒——是比粮食酒更早一阶段的文化饮料，因此是人类共同的遗产，而不是个别文化的成就。猴子和其他动物采集水果故意酿酒的故事，在中国西南和非洲都有。生活几万年以前的猿人更是如此。

3.2 人类进化质的飞跃假设（*Quantum Leap Hypothesis*）

发酵技术的发明和应用带来了人类进化史和文明史的质的飞跃。火的发现和使用带来了食物制作技术的革命，而发酵技术则使得饮料制作技术有了革命性跨越过程。两者共同作用带来了古人饮食卫生状况的改善、食物和饮料多样性与质量的提高，终于也促进了人类创造力的发展。我们甚至可以认为，发酵技术的应用对人类历史上所有文明成果的诞生都有着间接和直接的影响。最明显的文明进程之一就是所谓的“新石器时代革命”：在这一阶段，以狩猎和采集为主的原始人逐渐开始定居、开垦农耕和制作工具的生活，随后社会分工和阶层结构开始形成。这一时期，在气候适宜地区定居的原始社会居民通过发酵葡萄来酿造不同的酒精饮料。其中让人惊讶的现象是，欧亚大陆东西两端发酵技术的创造和运用是同步进行的。

3.3 灵感假设（*Inspiration Hypothesis*）

越深入地研究中国的酒文化，就可以越清楚地认识到，“酒”这个字所包含的象征意义贯穿了中国社会和文化的整部发展史——无论是技术和物质文化、经济社会发展、神话与宗教，还是语言和文艺。我们可以大胆地假设：是酿酒技术的发展和人们将酒作为精神饮料，对激发中国文化所有领域的创造力起到了决定性作用。这个假设颠覆了以往的相反的看法：物质水平发展和社会文化进步才是人们饮酒的前提。发酵技术质的飞跃直接或间接地推进了语言、文字、巫术、神话、宗教、哲学、音乐、舞蹈、文学、艺术等领域的创造和发展。

3.4 粮食酒在先面包在后假设（*Beer - Before - Bread Hypothesis*）

近几年以来，有些学者提出新的看法说，人类开始种植谷物的主要目的在于酿酒，而不是首先为了生产食物。比如 Reichholf 指出，古人在美索不达米亚培植的最早的谷类是大麦，可以追溯到距今 12500 年，但是生产面包才有 6500 年的历史，比酿酒晚 6000 年。他还提出一系列论证强调，当时在大自然存在丰富的肉类和植物，在狩猎采集社会的时候用谷物制造食品的过程太复杂、太费事，因此第一发展阶段是浸泡大麦或其他谷物酿造营养价值较高的“原始啤酒”。值得多研究的是，除了美索不达米亚和近东之外，大麦在欧亚大陆其他地区尤其中国在人类进化历史上起了怎么样的作用。

3.5 葡萄酒在先粮食酒在后假设（*Wine - Before - Beer - Hypothesis*）

如上所述，在欧亚大陆的温带很可能原始人掌握用很简单的方法收藏野生葡萄酿造“原始葡萄酒”的工艺。由此可以得出结论说，葡萄酒肯定比粮食酒（啤酒）出现得早多了，甚至早几万年。因此，葡萄酒（果酒）是人类最古老的文化饮料。到了新石器时代，古人很可能开始利用葡萄作为酵母和糖的来源，以便系统地催化发酵过程，逐渐发展到越来越复杂的酿造技术，并添加不同的原料和配料，终于生产“贾湖酒”之类的混合酒。有意思的是，欧亚东西不同的酒文化中，都发现了一些共同的配料，比如蜂蜜、树脂以及各种草本植物和药草。

3.6 欧亚假设（*Eurasian Hypothesis*）或“丝绸之路”以前的“葡萄酒之路”（“Wine Road” before “Silk Road”）

大约一万年以前，东亚开始生产大量的陶器，其中好像相当大一部分是藏酒、斟酒和饮酒用的，与以后商代青铜器的模样很像。不久以后，在近东和中亚许多地区也出现了类似的酒器。这是不是证明，作为人类最古老的文化饮料的葡萄酒和酿酒工艺，在欧亚大陆东西两端之间的交流早在新石器时代已经发挥了重要作用？关键的问题就是，葡萄酒文化的发展是在东方和西方独立和分开，但是同步进行的，还是东方和西方的物质和知识交流是早在史前时期已经开始的？能不能设想，中国和格鲁吉亚的居民在大约一万年以前已经有一定的联系和互相影响？我认为，对不久以来在欧亚大陆各地所发现的遗物进行比较和总结，我们就可以论证，史前早已存在比“丝绸之路”更古老的横跨欧亚大陆的“葡萄酒之路”。毫无疑问，在距今4000～5000年前一直到商、周代的时候，不但在中国也是在中亚、近东和地中海周边，酒，尤其是葡萄酒在宗教和社交生活中占有决定性的地位。而且，在欧亚大陆野生葡萄“黄金地带”的不同民族、文明和宗教的葡萄酒文化显然都存在许多共同点。不但是中华文化的祭祀天地和祖先，也是波斯和中亚的古老宗教——拜火教、印度教、希腊的多神教、欧亚北部的萨满教以及以后兴起的道教、佛教、摩尼教、景教、基督教、伊斯兰教等，酒文化不同程度地都成为各种宗教活动中的组成部分。但是，到目前为止，有关发酵和酿酒技术在欧亚不同文化之间的共性和互相影响的研究还远远不够。与欧洲和近东同样，葡萄酒文化对中国的宗教思想也发起了一定的推动作用。魏晋南北朝兴起的道教和黄老思想，对“道”和“真”的追求，“炼丹服药，乞求长生不死的求仙术”等观念，再加上那时传播到中国的佛教的一定影响，都是与唐朝的葡萄酒文化和文学成就分不开的。在这一方面，将来应该开展多角度和跨学科的更广泛、更深入的探索和研究，包括考古学、历史学、人类学、宗教学、语言学、文学等领域。

下面简单地介绍德国进化生物学家Reichholf（2008）的一些基本论点。他说：

- 麻醉品是人类文明兴起的必不可少的因素。
- 酒精（乙醇）是人类最自然、最常用的麻醉品。
- 饮用酒类的萨满教巫师是原始社会的核心人物，为祭祖敬神担负主导任务，他们是语言和文字的发起人。
- 大麦是人类最早的谷类作物，早在史前已用作酿酒（啤酒），较晚才制作面包等食物（“先啤酒后面包”）。
- 酿酒业在先，农业和定居在后。狩猎采集社会在开始农业经济很早以前已经掌握发酵和酿酒工艺。饮酒的习惯给他们带来了卫生、保暖、消化、提神、生殖等优点。

4 葡萄酒与语言文字

- “wine”这个词的来源和多种语言的演变：最早的好像是格鲁吉亚语的ღვინო ghwino，然后变成gini（亚美尼亚语）、gwin（威尔士语）、yayin（希伯来语）、οἶνος oínos（希腊语）、vinum（拉丁语）、vino（西班牙语、意大利语）、vin（法语）、Wein（德语）等。如果追溯汉字“酉”和“酒”的古代发音（jiu / yeo / iu / tsiu / kiu ?），那么，我们能不能推测一下，这个早在商代甲骨文中已经流行的字和格鲁吉亚语的ghwino有没有同一来源？
- 在中国的古代文学，如《诗经》和《周礼》中有关于野生葡萄的记载，如葛藟 *gélěi*（Vitis flexuosa），蘡薁 *yīngyù*（Vitis adstricta）。这些名称有可能跟古代汉语里的许多联绵字一样是其他语种的外来词。

• “葡萄”的来源是古波斯语的 bāde，原来表示“葡萄果实”和“葡萄酒”两种意思。这表明，葡萄早已专门为了酿酒所种植。

• “葡萄”在古代中文有不同拼写法：蒲陶、蒲萄、蒲桃、葡桃。

• 《史记·大宛列传》有关于西域生产葡萄酒的记载：“宛左右以蒲桃为酒，富人藏酒至万余石，久者数十年不败。”在两千多年前“大宛”位于今天的费尔干纳盆地，在乌兹别克斯坦东部，是亚历山大留下来的后裔，也是深受希腊文化影响的国家。“宛”这个字从前也念“yuan”，是从希腊语“Ion”借过来的，古时是其他民族对希腊的称呼。据说，亚历山大沉迷于葡萄酒，并经常举办酒席。他的后裔把葡萄酒文化也带到了中亚和中国的西域。

• 蜂蜜在欧亚不同地区经常用作酒的配料，有时也单独当作酒的原料酿造蜂蜜酒。欧亚大陆的不同语种都用类似的词汇标明“蜂蜜”或“蜂蜜酒”，如 madhu（梵文）、mit（吐火罗语）、madu（古波斯语）、Met（德语）、mead（英语）、miel（法语）、medus（立陶宛语）、mei（现代波斯语）、蜜 mi（汉语）等。

5 葡萄酒与丝绸之路

两千多年以前跨越欧亚大陆一万多公里的东西两端之间贸易关系和文明交流开始活跃起来，从汉代到唐代达到了繁荣时期。所谓的“丝绸之路”联络欧亚许多大小国家和民族成为世界历史上独一无二的交通网络。从公元前 6 ~ 前 5 世纪开始，古希腊、波斯和中国编纂最早的历史记载，逐渐揭开了欧亚大陆史前民族之间关系和来往的神秘面纱。许多历史记载和考古发掘证明，大汉帝国和罗马帝国之间已经建立了各种外贸和外交关系。其中，在格鲁吉亚丝绸之路的北分支，就是往黑海的路线，在丝绸贸易和奴隶交易方面也活跃起来了。关于当时葡萄酒贸易的资料和研究结果还比较少。

从格鲁吉亚沿着丝绸之路，途经亚美尼亚、伊朗、土库曼斯坦、乌兹别克斯坦、塔吉克斯坦、哈萨克斯坦和中国西域，也是阿富汗和巴基斯坦北部一些地方，各地都可以找到自古以来延续到今天的种植葡萄、生产葡萄酒、饮酒礼仪的痕迹。这种传统同时表明，当地的葡萄酒文化与经济和政治生活、宗教信仰、文学和科技发展有过密切的关系。这些地区的压榨葡萄、酿酒和藏酒设备与技术，都具有许多令人惊讶的共同点，难以相信，各地的葡萄酒文化历来都是独立和分开地发展起来的，显然有了悠久的来往。

6 葡萄酒与宗教

如上所述，世界大宗教与葡萄酒都有着一定的缘分。尤其在犹太和基督教的圣经中，葡萄酒的象征比比皆是。佛教和伊斯兰教也不例外，两个宗教在历史上也有饮酒的习俗，而且从偶尔严禁饮酒的规定就可以看出来酒对人们的吸引力和人们对酒的乐趣。中国的道教与酒更有不解之缘。

格鲁吉亚和亚美尼亚是世界上最古老的基督教国家，成立于公元 4 世纪。在这两个国家，以后也在欧洲的其他国家，葡萄酒业在基督教修道院的垄断下进入兴盛时代，长达将近一千年之久。在10到15世纪，许多地方的教团和修道院成为出名的葡萄酒生产基地，中世纪的修道士把葡萄栽培和葡萄酒酿造工艺推进到前所未有的高潮。一直到了今天，在欧洲和中东各地都可以发现这个传统的痕迹。如今在格鲁吉亚和亚美尼亚葡萄酒文化和宗教生活依然有密不可分的关系。古老修道院的周围至今保留了一片葡萄园，葡萄的符号到处都可以发现，在十字架碑刻上，在圣母和耶稣的手里。

亚美尼亚最有名的Noratus墓地一共有500多座古代和近代的、雕刻艺术别具风格的墓碑。上边雕刻的几乎都是与葡萄和葡萄酒有关的题材，最古老的刻画描写民族在盛宴上饮酒的情景。

伊朗的葡萄酒文化至少有6000～7000年的历史。古代波斯的宗教、文学、音乐、舞蹈、艺术等与葡萄酒文化都纠缠在一起。当前，在伊朗的宫殿和博物馆仍然可以看到斟酒和饮酒情景的壁画。与中国六朝与唐代相同，古波斯的著名诗歌也受到了酒的深厚影响。比如在11～14世纪，Omar Khayyam、Rumi、Hafez等著名的诗人都赞颂了葡萄酒在宗教和哲学中的作用。到目前为止，在中亚和中国新疆，尤其是在维吾尔民族地区，仍然可以发现古伊朗葡萄酒文化的影响。就是从1979年起，伊朗伊斯兰共和国成立后，马上实现了严禁酿酒、卖酒和饮酒的规律，这样首次中断了几千年之久的光荣葡萄酒文化。

在公元前后位于巴基斯坦北部的健驮逻地区（Gandhara）不但是佛教和古希腊文化交叉的地方，而且几千年以来已经有繁荣昌盛的葡萄酒文化。考古学家在那儿发掘了一系列葡萄酒文化的古老痕迹，比如5000年以前的葡萄树、陶器和青铜酒杯、青铜葡萄叶和男女乐酒的浮雕。有意思的是，佛教和葡萄酒文化是在健驮逻一起发展起来的，也是手牵手地进入了中国西域。

7 葡萄酒与考古学

在格鲁吉亚连续发掘的酿酒工具和酒器可以追溯到新石器时代，差不多与中国的贾湖文化同时。酿造和储藏葡萄酒用的大陶缸有的是3000多年以前制造的，相当于中国的商代，在格鲁吉亚语中称为“Kvevri”。

在土库曼斯坦，尤其是沿着丝绸之路要道，考古学家近几年来发掘了越来越多的史前遗址，就是所谓的“绿洲文化”。其中公元前2300年到1700年中亚青铜时代的文明尤其发达，早于中国的商代。但是到现在为止，关于这些文明的起源还没有具体的答案，并存在不同的论说，好像是原始印欧民族。他们受到了美索不达米亚，同时也有古印度和中国文明的影响。在这些遗址所发掘的大陶缸与古格鲁吉亚、希腊和埃及的葡萄酒缸很像。但是至今还没经过具体分析，是不是原来也装葡萄酒用的陶缸？据了解，Gonur Depe遗址是早期拜火教，也称祆教或琐罗亚斯德教的中心，这个宗教仪式的重要祭品原来也是葡萄酒。

古代帕提亚帝国（Parthia）是中亚在公元前3世纪到公元后3世纪之间的大国，同中国的汉朝曾有往来，在中国史料记载称为“安息帝国”。他的首府是位于当今土库曼斯坦首都阿什哈巴德附近的尼萨（Nisa）遗址。当时，尼萨也是拜火教的重要中心，同时保存了丰盛葡萄酒文化的遗迹，比如一个很大的葡萄酒酒窖（Madustan）、与格鲁吉亚很相似的酒缸（Hum）和2500个陶片（Ostraka），上边用亚兰字母（Aramaic）详细地记载了葡萄酒的商人姓名、业务日期、生产地和生产量。如今，在土库曼斯坦西南部的山脚下离尼萨遗址不远依然有辽阔的葡萄园。

在途径中国甘肃的丝绸之路主道旁边发掘了大量的史前陶器，例如：

• 大地湾文化的绳纹三足深腹罐，距今7000~8000年前制造的。

• 仰韶文化的所谓重唇口红陶尖底瓶，距今5600~6900年前制造的。

这样大量的史前陶器是在兰州博物馆，也是在沿着丝绸之路其他博物馆展出的，与贾湖差不多同样的时代。我在2012年在山西、陕西边界参观了戎子葡萄酒公司。在公司的博物馆也展出在那个地区挖出的三足罐，并解释说，陶罐的三足里边发现了葡萄籽。假如这些三足陶罐真是新石器时代的话，问题在于，葡萄籽到底是从哪里来的。另外，山西省有些民间传说，描写2500年以前，就是春秋时期本地农民采集野生葡萄酿酒的情景。

除了酒罐和酒缸以外，沿着丝绸之路出土的新石器时代陶瓷酒杯在欧亚东西各地的博物馆都可以看到。不管各遗址之间距离遥远，但是形状有时非常相似，例如：

• 在伊朗东部的烧城遗址（Shahre Sukhteh/Burnt City）出土了距今5000年前的酒杯。

• 在甘肃西部的四坝文化发掘了类似的酒杯，距今3400~3900年。

• 在印度北部摩腊婆文化的遗址也出土了酒杯，距今3300年。

值得多研究的是，除了河南和陕西的仰韶文化以外，还有山东龙山文化的黑陶制品，尤其是别具风格的高柄杯。龙山文化也以龟甲占卜巫术活动为名，而且化学分析表明在山东两城镇遗址巫师在祭祀典礼也用了与贾湖类似的，包括含葡萄酒的混合型酒。

在乌兹别克斯坦位于撒马尔罕郊区的Afrasiab古城在中国西汉时代已经开始繁荣，是公元前3世纪到公元后7世纪的粟特民族王国，考古发掘也包括酒器，比如陶瓷的葡萄酒杯。

另外，在健驮逻地区（巴基斯坦北部）出土了公元1~2世纪的青铜葡萄酒杯。

参观欧洲、中国和沿着丝绸之路的80多所博物馆和考古所之后，我认为，葡萄酒文化最有代表性、最有意思的符号是角状饮酒容器，也称“牛角酒器”或Rhyton（希腊语），中文翻译为“来通”。不但从地理范围，也是从历史范围来看都可以说，牛角酒器从北欧到东亚，从旧石器时代到现代都非常普遍，而且表现与葡萄酒文化的密切关系。牛角酒器最长的历史在格鲁吉亚，在举行酒席和招待会的时候格鲁吉亚人仍然高举牛角酒杯畅饮葡萄酒。

人类最早发现的牛角酒杯是法国南部罗塞尔维纳斯（Venus of Laussel）的雕刻，距今25000年。在东伊朗烧城遗址（Shahr－e Sukhteh / Burnt City）也找到了艺术水平较高的牛角酒器，是在公元前3200~2100年制造的。还有其他的许多例子：古希腊迈锡尼（公元前1250年）、叙利亚（公元前9~前7世纪）和乌拉尔图王国（公元前7世纪）的牛角酒器。

中国的史前考古结果不例外，也出土了大量的牛角酒器，比如：

• 河南新密裴李岗文化的牛角，距今7000~8000年。

• 在南疆且末扎滚鲁克墓地春秋早期的两个牛角酒器，距今2800年。

不知，在贾湖将来也能否发现牛角酒器?

公元前6至公元前4世纪，在波斯的阿契美尼德大帝国制造的牛角酒器尤其丰富多彩、艺术性别具匠心。德黑兰国立博物馆展出的陶瓷、黄金、白银和玻璃牛角酒器又夺目又珍贵。在古代波斯制造的牛角酒器达到了最高的艺术水平。除了格鲁吉亚以外，波斯酒器的风格从大约2500年以来遍布丝绸之路各地和全欧亚大陆。

公元前8至公元前2世纪，在东欧和东亚之间大草原上生活的古代印欧民族斯基泰人（Scythians）也到处留下了各种各样的牛角酒器，比如在高加索山区和在乌克兰，也就是在黑海附近的墓地里。显然也受到了波斯风格的影响。

在帕提亚帝国（Parthia）尼萨遗址（Nisa）出土的最宝贵的文物是40个象牙雕刻的牛角酒器，一边很像古波斯的样本，但是另一边同时深受希腊文化的影响。这些文物在土库曼斯坦首都阿什哈巴德国立博物馆展出。

在广州南越王墓博物馆又展出显示波斯风格的牛角酒器，是国王赵佗在公元前200年左右自己用的。博物馆其他的文物还包括中国最早从西亚波斯进口的玻璃和波斯风格的银盒。这都证明中国南方的南越国，另外也是楚国，早在先秦的时代与西亚有贸易关系和文化交流，很有可能包括葡萄酒在内。

汉代到唐代期间，中国西域沿着丝绸之路南分线葡萄文化很流行，也出土了牛角酒器，比如在和田附近的于阗王国遗址发现了三个牛角酒器嘴和显示出一个人握着牛角酒器饮酒的石雕。

从汉代起中原地区玉石和陶瓷牛角酒器是很广泛使用的，尤其在唐代非常流行，也正好是葡萄酒在中国最盛行的朝代。一直到宋、元、明、清各朝代贵族还比较喜欢用陶瓷、玉石、白银、犀角、竹子等各种材料制造的牛角酒杯。

欧洲也有相当长的牛角酒杯的传统。从中世纪和近代的样本仍然可以看出来2000多年以前的古波斯的艺术风格。

另外的与饮酒礼仪有关系的文物是所谓的“双联罐”，也称为“连杯”。这同样是欧亚和丝绸之路各地能找到的酒器。使用目的到处是一样的：备用两个人为了确认和平或友谊盟约以及婚姻契约而一起要喝的酒器。几千年以来双联罐各地的例子都能找到，比如在中国陕西的仰韶文化、甘肃的齐家文化、西南的少数民族和台湾原住民、蒙古的北方游民、叙利亚和欧洲的古代文化。当今，在中国举行婚礼的时候仍保留着“合卺”或者“交杯”的习俗。

受到波斯文化的影响，在唐代葡萄和葡萄藤也经常成为艺术装饰品，尤其在铜镜上。唐朝如果没有酒和葡萄酒文化，恐怕至少三分之一的诗文都不可能产生，也不可能有中国文学的“黄金时代”和李白等文学明星。

沿着伸展在欧亚草原的丝绸之路北分支可以发现矗立在野外的古代石人，上边雕刻人形，手握着酒杯。有学者认为，石人是由古代突厥牧民留下来的，是从乌克兰横跨欧亚大陆的荒原遍布到吉尔吉斯斯坦、中国阿勒泰山区和蒙古草原的一种常见的、奇特的文化遗迹。石人和酒杯的意思至今是一个未解开的谜团。但是这也足以证明人类文明与酒文化的不解之缘。

8 中国特色的酒文化

关于中国酒文化的历史和发展的介绍，学者们已经发表过许许多多的著作，无需赘言。下面只简要地概括一下一些基本论点：

• 如贾湖的发现证明，中华民族祖先在9000年前已经发明了发酵和酿酒工艺，可能是人类最早的。

• 大约3000年前，中国独立地创造了举世无双的酒麯文化。

• 从周礼和礼记等古代记载可以发现，中国发展了世界上最古老、最复杂的饮酒和祭酒礼仪系统。

• 中国自古以来产生了藏酒、斟酒、饮酒器皿的独一无二的多样性。

• 中国史前已经有果酒、奶酒、米酒、麦酒等若干种类。大约1000年以来白酒（蒸馏酒）成为中国最主要的传统酒类。

• 中国是世界上唯一的国家考古学家在一些古墓里发现了2000多年以前在青铜器保存良好的古酒液体。我在杨凌西北农林科技大学博的物馆里看到了一瓶战国时代的古酒。装酒的青铜器是蒜头壶。因为蒜头壶原来是波斯的文物，所以可以推测，先秦的中国与古波斯阿契美尼德帝国已经有了交流。古酒也是否含有葡萄酒，这还值得进行具体分析。

值得注意的是，商代的大部分青铜酒器都是按照新石器时代以来的陶瓷酒器模型制造的。因此可以推测，中华文明远古时期的酒用器皿系统——大概从贾湖文化开始——已经相当复杂和完备。而且各类器皿有自己的名称，如爵、角、斝、觚、觶、壶、尊、觥、卣、罍、瓿等。有意思的是，从酒器的形状，也是从汉字的形和音来看，一部分从史前到商、周代传下来的酒器好像都与“牛角”有关系，是从牛角酒器演变过来的。

另外可以大胆地说，与世界上其他文化相比，中国的语言和文字确实浸透酒味。请看：

• 《汉语大字典》所收容带有“酉”部件的汉字差不多有400个，电脑上用的Unicode一共有468个 。

• 到了商代和周代，酒类也特别丰富，除了“酒”这个字本身以外有许多个别汉字作为酒类饮料的名称。一共有60多个历代汉字表示不同的酒类，如：醴 *lǐ*、酪 *lù/luò*、醪 *láo*、鬯 *chàng*、醆 *zhǎn*、醅 *pēi*、醠 *àng*、醁 *lù*、酌 *zhuó* 等。另外，相当一部分由“酉”部首构成的汉字，指出各种各样的与酿酒和用酒有关的行动、方法、配料、产品、容器等。

• 400多个汉字中许多现代通用字的意义与酒只有间接的关系或者没有任何关系，比如：醫／医、醬、醒、配、酷、酸、酬、酋等。

最后邀请读者欣赏中国最早、最美丽的赞颂葡萄酒的诗歌。这首诗是 1700 年以前西晋著名文学家陆机（261—303 年）创作的。他描写葡萄酒的香味、美观和乐趣都与波斯、希腊、罗马和其他文化的诗人描写葡萄酒均无两样：

饮酒乐

蒲萄四时芳醇　琉璃千钟旧宾

夜饮舞迟销烛　朝醒弦促催人

参考文献

[1] Dudley, R. Ethanol, Fruit Ripening, and the Historical Origins of Human Alcoholism in Primate Frugivory. *Integrative and Comparative Biology*, 2004, 44 (4): 315 – 323

[2] Fragner Bert G, Kauz Ralph, et al. *Wine Culture in Iran and Beyond. Vienna* : With the editorial assistance of Bettina Hofleitner, 2014

[3] 韩胜宝. 华夏酒文化寻根. 上海：上海科学技术文献，2003

[4] 黄兴宗. 中国科学技术史. 北京：科学出版社，2008

[5] Kupfer Peter. *Wine in Chinese Culture – Historical, Literary, Social and Global Perspectives*. Berlin, 2010

[6] 李争平. 中国酒文化. 北京：时事出版社，2007

[7] Liu Li, Chen Xinggan. *The Archaeology of China – from the Late Palaeolithic to the Early Bronze Age*. Cambridge, 2012

[8] McGovern, Patrick E. *Ancient Wine: The Search for the Origins of Viniculture*. Princeton/Oxford, 2003

[9] McGovern, Patrick E. *Uncorking the Past. The Quest for Wine, Beer, and other Alcoholic Beverages*. Berkeley et al, 2009

[10] McGovern, Patrick E, et al. *The Origins of Ancient History of Wine*. London/New York, 2000

[11] McGovern, Patrick E, et al. Fermented beverages of pre – and proto – historic China. *Proceedings of the National Academy of Sciences*, 2004, 101 (51): 17593 – 17598

[12] Reichholf, Josef H. *Warum die Menschen sesshaft wurden. Das größte Rätsel unserer Geschichte*. Frankfurt a. M, 2008

[13] 王炎，何天正. 辉煌的世界酒文化. 成都：成都出版社，1993

[14] 应一民. 葡萄美酒夜光杯. 西安：陕西人民出版社，1999

恢复我国传统节日给黄酒带来契机

赵光鳌[1*]，沈振昌[2]
1. 江南大学生物工程学院，江苏　无锡 214122；
2. 中国酒业协会黄酒分协会

国家恢复传统节日：清明节、端午节、中秋节，加上春节，这些节日由来已久，每个炎黄子孙都铭记在心。

传统节日的基石是文化，我国五千年文明史造就了这些节日。每个节日都有美丽动听的传说和独特的习俗，这是民俗文化。

今天我们传承其精华，诸如“上善若水”“厚德载物”“尊师重教”“百行孝为先”等，给当今社会注入正能量。真是传奇中国节，缤纷“中国梦”。

1　黄酒首创独特的酿造技术

黄酒是世界三大古酒之一，它以曲作为糖化剂，区别于西方以发芽种子作为糖化剂（如啤酒）。曲的发明是中华民族的宝贵财富，与我国文明史戚戚相关，是中国酒文化的特色。独特的酿造技术酿造出独特的黄酒，可谓“中国黄酒，天下一绝”。

黄酒以酒度低、营养丰富、性温著称，今已与百姓生活有着密切联系。既可作为餐饮，又是养生、烹饪的好帮手。

2　家庭消费结构的变化

现今我国的家庭消费结构正在悄悄发生变化。过去单一以食为主，现在要安排旅游，不仅是国内旅游，还要到国外去看看。

小孩培养也已不是单纯的上学，兴趣技能培养正在兴起，如钢琴、书法、棋类、体操等。另外尚需购房、看病等。这些均需要家庭一定的资金投入，因此不会一味去追求价格昂贵的饮料酒。回顾 2013 年、2014 年酒类市场波动较大时，黄酒受到的影响相对较小，说明一般黄酒的价位相对处于较合理的区间。黄酒正为大众所熟悉，是较实惠、较合适的饮料酒。

* 通讯作者：赵光鳌，教授，Tel：13961716239；E－mail：gazhao@ jiangnan. edu. cn。

消费者消费能力一般规律如图1所示。黄酒也符合此逻辑，产品以中高端黄酒为主，少量的高端产品，以满足不同消费人群需求，但总量不会太多。

目前黄酒总体价格偏低，一方面是同质或“类同质”竞争激烈，另一方面人民生活水平有待提高。所谓“类同质”现象指实际质量有所不同，但表观不明显，类同质，其价格接近，消费者不易分辨，这是不合理的现象。

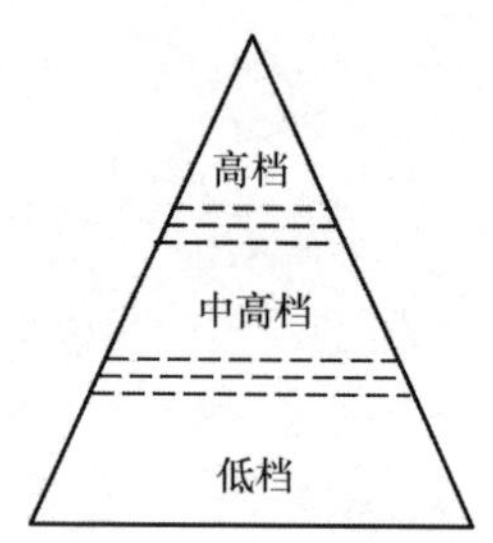

图1　消费者消费能力

3　家庭理念的回归

家庭是社会的基础单元，要提倡重视家庭建设，要重视亲情的人伦理念。每逢佳节，老人、子女、亲朋一起家庭式的聚餐（包括在餐饮店），餐桌就是一个交流平台。桌上一小杯温热的黄酒，温馨了气氛，温暖了亲情，拉近了人与人的距离。谈社会现象，聊聊家常，天伦之乐，其乐融融。

傅建伟先生说得好：“黄酒让您的生活慢下来。”慢生活，黄酒起着特殊的媒介作用。这种情况会多起来，和谐，祥和。

餐桌上丰盛的菜肴，其中也有黄酒作为料酒为之增添的色、香、味。

随着老年人口的增多，我国正步入老龄社会。老人们更注重保健养生，习惯常用中医、中药，黄酒则是不可缺少的药引。

故当今黄酒是最易进入千家万户的酒种。

4　休闲经济的崛起

休闲经济（旅游经济、节日经济、聚会经济等）是一个新兴产业，它以文化为纽带，把旅游文化、节日文化、饮食文化、酒文化融为一体，相互融合、补充。

因为有了法定节日，就意味着有假期，工作紧张的人们有了一个放松、休闲的机会，调节精神，由此必然产生消费的需求。

休闲经济的三大要素：吃（住）、逛、带。纪念品是人们日后对去过地方的回忆，它要求小、轻、特，地方特色产品便是首选。黄酒在有的地方是著名特产，在有的地方是非物质文化遗产，是纪念品的优选材料，这也是一种无声的宣传。

再则，深秋时节（中秋节）常言道：“菊黄、蟹肥、酒香。”这里的酒香是指当年新榨的首榨黄酒飘香。蟹是寒性，而黄酒是温性，更是理想的互补搭配。若与餐饮联手，那会相得益彰。

国人特别关注春节这个大节，合家欢乐的除夕年夜饭，炎黄子孙用黄酒来辞旧岁迎新春。春节也是拉动消费的黄金时机。休闲经济的崛起，表现得越来越明显。

5 结语

前面阐述了新时期的市场变化与契机。黄酒如何抓住这个契机？要用改革与创新的理念，包容与开放的心态，进行结构调整，深入进行市场调查，结合每个节日的主体含义，开发出适应市场的新产品。

中国传统节日，配中国传统黄酒！

Uncorking the past: the quest for China's ancient fermented beverages

Patrick E. McGovern
Biomolecular Archaeology Project
University of Pennsylvania Museum
Philadelphia, PA 19104
Tel.: 215 - 898 - 1164
FAX: 215 - 898 - 0657
e - mail: mcgovern@ sas. upenn. edu

Abstract

Following a tantalizing trail of archaeological and chemical clues from ancient China and other parts of Asia through the millennia, Patrick McGovern tells the compelling story of humanity's ingenious, intoxicating quest for the perfect drink in ancient China. Whether it be mind - altering, medicinal, a religious symbol, a social lubricant, or artistic inspiration, fermented beverages have not only been a profound force in history, but they may be fundamental to the human condition itself.

The speaker will illustrate the biomolecular archaeological approach by describing the discovery of the most ancient, chemically - attested alcoholic beverage in the world, dating back to about 7000 B. C. Based on the analyses of some of the world's earliest pottery from Jiahu in the Yellow River valley of China, a mixed fermented beverage of rice, hawthorn fruit/grape, and honey was reconstructed. He will also describe the historical background and analysis of Shang/Western Zhou Dynasty bronze vessels, which amazingly still held liquids, viz., millet and rice "wines" (more properly, beers) from 3000 years ago. They were recovered from magnificent tombs at Anyang and Changzikou in Henan province. Additives of tree resins and especially plants in the *Artemisia* family, mentioned in the earliest Chinese medical prescriptions (Mawangdui tomb texts dating to 168 B. C.) also have remarkable anti - cancer properties.

He will propose that cross - fertilization of ideas about domestication of plants and the process of fermentation between western and east Asia likely led to the mass production and precise formulation of a range of fermented beverages during the Neolithic period, following the last Ice Age, ca. 11, 000 BP. Even more specialized beverages emerged in later period, perhaps as early as the first Chinese dynasty of Xia (ca. 1900 – 1500 B. C.) or the ensuing Shang Dynasty. They were made of specific grains (especially rice and millet) whose carbohydrates were broken down into simple, fermentable sugars by mold saccharification or amylolysis, a uniquely Chinese contribution to alcoholic beverage – making. This traditional method exploits molds or fungi – including the genera *Aspergillus*, *Rhizopus*, *Monascus*, and others – which are unique to each region of China.

Some of these ancient beverages have been brought back to life by Dogfish Head Craft Brewery in Delaware, including the earliest alcoholic beverage from China ("Chateau Jiahu"). These re – created beverages, besides providing a taste sensation, shed light on how our ancestors made them and a means for us to travel back in time.

It's wonderful to be in China once again for the 2015 International Alcoholic Beverage Culture & Technology Symposium, and now giving a keynote address on ancient Chinese fermented beverages. I first attended this conference in 2000 in Xianyang – probably many in the audience were at that conference. It came at a time – quite crucial as it turned out——when I was just beginning to understand the details and nuances of this exciting and important subject. It came before our analyses of the early Neolithic Jiahu beverage, now the earliest chemically attested alcoholic beverage in the world, had been carried out and published, which I will be describing today. So, I took a backrow seat, as it were, and absorbed as much as I could about the history and technology of ancient Chinese fermented beverages.

I had a very knowledgeable mentor at my side, as well: Professor Cheng Guangsheng, the microbiologist *par excellence* from Beijing University and a co – author on our Jiahu paper, which was published in the *Proceedings of the National Academy of Sciences USA* in 2004. He's also in the audience today, and deserves equal billing with me since he provided me with an expansive view on fermentation systems in ancient China. It wasn't just about fermented beverages made from rice, millet or sorghum or about the molds and spices that went into *qu* either, but how the Chinese had pioneered many other fermented foods, especially those made from soybeans. He also gave me a practical perspective on the study when we traveled to Shaoxing and enjoyed rice wine——more correctly, rice beer because it is made from a cereal – and stinky tofu together.

Guangsheng was one of many Chinese scholars, archaeologists, and scientists who shared their knowledge, as well as excitement, about the prospect of discovering much more about ancient Chinese fermented beverages by applying modern scientific approaches.

Biomolecular Archaeology at Work in the Near East and China

But enough recent history. Let's turn back the clocks to ancient China as well as the

Near East. By the way, the image you see in my opening slide is of an ethnic group in southern China, who still drink their rice "wine" (technically, beer) through drinking – tubes or straws-but more about that later.

My recent book on*Ancient Wine* (2003/2007) is as good a place to start as any. After our ancestors came "out of Africa," they were confronted with a host of new plants, which they explored for their medicinal properties, learned how to ferment them, and eventually domesticated some of them. Specifically, what I hope to do today is give you a sense of how far we've come in understanding the origins of fermented beverages in Asia, both west and east, and then try to draw out some of the implications for a "prehistoric silk road." We' ll travel back to the origins of civilization and even prehistoric times, and talk about recent archaeological discoveries, do some DNA sleuthing, reexamine ancient art and writings, and draw in some ethnography and experimental archaeology as well.

My speciality is Archaeological Chemistry or Biomolecular Archaeology, which I have helped to pioneer over the past 20 years. A revolution in modern chemical techniques has made it possible to identify the fingerprint compounds of ancient organics and natural products, and even re – create ancient beverages and other foods.

My research into ancient fermented beverages really got going when I organized a conference on "The Origins and Ancient History of Wine" at the Robert Mondavi winery in the Spring of 1991 (McGovern, et al. 1995) . The star of the show at our 1991 Mondavi conference was this rather nondescript pottery jar from Godin Tepe, dated to about 3500 B. C. , that provided us with the earliest chemical evidence for wine at the time. That the vessel came from high up in the Zagros Mountains of Iran, which now outlaws alcoholic beverages, made it all the more intriguing!

Our analyses of the reddish residue inside the jar showed the presence of tartaric acid, the finger – print compound for grapes in the Middle East, and terebinth tree resin. In other words, we had a resinated wine. That's a grape wine to which a tree resin (usually terebinth or pine) has been added, to help preserve and give a special taste to the wine. Some of you have probably tried Greek *retsina*, and have some idea of what a resinated wine tastes like – definitely an acquired taste, but one easily come by while traveling in Greece.

This Godin Tepe jar inspired me to look for even earlier evidence of wine, so after the conference I decided to take a closer look at the Neolithic period, from about 8500 B. C. down to 4000 B. C. , when a revolution in food and beverage production occurred, likely including both beer and wine.

Here we see a typical Neolithic village being excavated at Hajji Firuz Tepe, also in the Zagros Mountains of Iran but farther north than Godin Tepe and dating back to 5400 B. C. These villages were a direct result of humans taking control of their food resources by domesticating a variety of plants and animals, leading to the first, permanent, year – round settlements. The invention of pottery around 6000 B. C. gave more impetus to the process of settling down, since special vessels for preparing and storing wine and other foods and beverages in stoppered jars could now be easily made. What can be termed a Neolithic cuisine emerged. A variety of food processing techniques——fermentation, soaking, heating, spicing——were developed, and Neolithic peoples are credited with first producing beer, bread, and undoubtedly an array of meat and cereal entrées that we continue to enjoy today.

My home – base at the University of Pennsylvania Museum was the ideal place to look for Neolithic evidence of wine, since it has one of the best collections of well – documented excavated artifacts in the world. The vessel you see here is now our earliest evidence for wine, and again it's resinated. This vessel and another five were found sunk down into the clay floor of a kitchen of a typical mudbrick house at Hajji Firuz – you can read more about this in my book on *Ancient Wine*. All the vessels appear to have held wine – altogether some 60 liters, quite a lot for an ordinary household.

Early Neolithic Jiahu: The Earliest Chemically Identified Fermented Beverage in the World

But the Near East wasn't the only place that revolutionary developments were occurring in the Neolithic period as people settled down and domesticated plants that could be used to make and enjoy a fermented beverage. Our most recent published discovery of what can also be described as a wine comes from an area that I would have considered implausible only a few years ago——on the other side of Asia in the Yellow River valley of China.

There, at the site of Jiahu (Henan Provincial Institute of Cultural Relics and Archaeology 1999), from around 7000 B. C. down to 5500 B. C. , the people were making, enjoying, and using a somewhat different kind of fermented beverage in their burial and religious ceremonies. And this turns out to have be the earliest chemically attested alcoholic beverage in the world, earlier even than any beverage we've yet discovered from the so – called "Cradle of Civilization" in the Near East.

Most of you will have seen or heard something about the discovery of our ancient Chinese "wine" – it made the front page of the *San Francisco Chronicle* and the *New York Times* story went around the world. In China itself, the main government paper, *Xinhua*, gave such prominence to the finding that my colleague in Beijing and one of my coauthors on the original scientific paper in *The Proceedings of the National Academy of Sciences*, Guangsheng wrote to say that "you are now a celebrity of the CCP – the Chinese Communist Party."

Later editorial comments in the news media put a damper on my celebrity status, however, when some people complained about these upstart Americans who had stolen the ancient recipe and were making money by re – creating it. Nothing could be farther from the truth. Most

Figure 1. Early Neolithic jars, with high flaring necks and rims, from Jiahu (Henan province, China), ca. ca. 6000 ~ 5500 B. C. Analyses by the author and his colleagues showed that such jars contained a mixed fermented beverage of rice, honey, and fruit (hawthorn fruit and/or grape). (Photograph courtesy of Z Juzhong, Z. Zhang, and Henan Institute of Cultural Relics and Archaeology, nos. M252: 1, M482: 1, and M253: 1 (left to right), height 20 cm. (leftmost jar).)

of my co – authors on the Jiahu paper were well – respected scholars and scientists – famous in their own right. Our results had been published for the world to see and marvel at early Chinese innovation. Anyone could read the paper and learn more by doing their own "experimental archaeology" to bring the past to life. In 2013 on the occasion of celebrating the 40th anniversary of the Jiahu excavations, I was privileged to taste a 25 – year – old Chinese version of the beverage, a pottery jar of which was specially opened and tasted for the occasion, at the Wuyang Winery, not far from the site itself. This beverage might well have shared many of the same microorganisms of the ancient Jiahu microclimate.

Since my principal area of interest is the Near East, how did it come about that I got involved in China? If anyone can be held responsible, it's Anne Underhill, an archaeologist at the Field Museum in Chicago who initiated one of the first recent American expeditions on the mainland and who is convinced that fermented beverages are intimately involved in the earliest Chinese culture, playing a similar role to what they do today in social relations, religious ceremonies, and feasts and celebrations. She proposed that I take part in the excavations of the late Neolithic site of Liangchengzhen in Shandong Province, and chemically analyze some of their vessels. At that time-only the year 2000 but it seems like ages ago – China was beginning to open up, and it seemed like too good an opportunity to pass up, even if I knew virtually nothing about ancient Chinese civilization and couldn't read a Chinese character to save myself. I took the leap, and then began considering other sites that I might sample ancient pottery from if I was going to be there anyway.

I was especially helped along during my travels by Changsui Wang, at the University of Science and Technology in China, one of the main research universities. Changsui was previously head of the archaeometry department there, and before I knew it, he had set up an extensive itinerary for me to visit leading archaeologists and scientists in Beijing and at sites along the Yellow River. He even accompanied me on overnight train trips, serving as my interpreter and boon companion, introducing me to modern Chinese life, its customs, and especially its cuisine. Banquets were a daily occurrence, and as the guest of honor, I was expected to take the first bite of the barbecued or baked fish with my chopsticks – if adeptly managed, I was roundly applauded. Toasting with fermented beverages was de rigeur at these meals – with distant roots in the past, as I was to discover – and good health and the success of our research were constant refrains. To avoid the potent high – alcoholic distilled beverages, made from sorghum or millet, I usually requested and got some milder, more aromatic rice wine. After all, I was studying a period before distillation was introduced.

Tight bonds of collegiality were the result, and paved the way for getting samples approved, through customs, and back to our lab in the Penn Museum. This is easier said than done in China, and it helps to have friends in the right places, and also to have colleagues who were as enthused and interested as I was in finding out more about ancient Chinese beverages by making use of the latest scientific instruments.

So just what did we discover at Jiahu? First of all, China began making pottery earlier than in the Near East (16, 000 B. C. versus 6000 B. C.), and this was crucial to our discovery. As people settled down and began domesticating various plants and animals and developing their unique cuisines, pottery enabled special vessels to be made for cooking, storing, and serving. At the same time, especially for liquids, the pores in the pottery absorbed the ancient organics and preserved them for us to analyze thousands of years later.

As you can see, the pottery that we analyzed were jars with high necks, flaring rims and handles, which were ideally shaped to hold and serve liquids. I won't go into all the details here – in the interests of the chemically challenged – except to say that a whole host of chemical methods were employed, including infrared spectrometry, liquid and gas chromatography coupled to mass spectrometry, isotope analysis, and more traditional wet chemical analyses (see McGovern, et al. 2004; also see McGovern, et al. 2010) .

Together with collaborators in China at the University of Science and Technology in China and at the University of Beijing, Europe (Max Planck Institute in Leipzig), and the U. S. (Dept. of Agriculture in Wyndmoor, PA), we focused on so – called finger – print compounds or biomarkers to ferret out the original ingredients of the fermented beverage. As we analyzed the extracts from one pottery vessel after another, the same chemical compounds kept showing up. The finger – print compounds of beeswax told us that one of the constituents was high – sugar honey, since beeswax is well – preserved and almost impossible to completely filter out during processing. Tartaric acid told us that grapes or hawthorn tree fruit, which has three times the amount of the acid than that in grapes, were the likely fruits. Finally, close chemical matches with other compounds (viz., phytosterol ferulate esters) pointed to rice as the third main ingredient.

You could call this extreme beverage a "Neolithic cocktail or grog." It was comprised of honey mead and a combined "wine" made from rice, grapes, and hawthorn fruit. I use the term "wine" in the sense of a relatively high – alcoholic beverage – say 9% ~ 10% compared to the 4% ~ 5% of beer – and for a beverage with pronounced aromatic qualities.

Such an extreme beverage might sound strange and unappetizing, but we have found that such mixed beverages very common in antiquity around the world, especially during Neolithic times when plants were domesticated and fermented beverages began to be "mass – produced."

We don't know yet whether hawthorn fruit or grape alone or in combination were used. After we announced that these were the most likely fruits based on our chemical results, a study of the botanical materials at the site yielded seeds of just those two fruits and no others were found. Although not helping us to decide whether either or both were used for the "wine," this provided excellent corroboration for our findings.

The Jiahu beverage contains the earliest chemically attested instance of grape being used in a fermented beverage anywhere in the world. Of course, the use of grape this early – likely a wild Chinese species such as *Vitis amurensis* with up to 20% simple sugar by weight – came as a great surprise. As far as we know – but continued exploration may change the picture – none of the many grape species found in China were ever domesticated. Yet, this is the earliest evidence of the use of grape in any fermented beverage. And high – sugar fruit, with yeast on its skins, is crucial in making the argument that the liquid in the vessels wasn't just some kind of weird concoction but actually was fermented to alcohol by the yeast.

The rice had morphological characteristics of both wild and domesticated and is some of the earliest yet found in China. It was the principal source of starches that needed to be broken down into simple sugars for making a fermented beverage. But how was the rice starch broken down into sugar at this early date? Modern ethnographic examples of chewing rice to break down the starches can be cited from Japan and Taiwan; like the method of making corn beer or *chicha* in the Americas, an enzyme (ptyalin) in human saliva acts to cleave the larger molecules into simple sugars. Rice can also be sprouted and malted like barley, or unique to China, the starches can be broken down by a special mold concoction (principally *Aspergillus*, *Rhizopus*, and *Monascus*), as is still done today to make rice wine and sake (Huang 2000).

However the rice was broken down and fermented, it still leaves lots of debris that floats to the surface, and the best way around that is to use a drinking – tube or straw, the tim – honored method to drink beer in ancient Mesopotamia and here rice wine in a traditional village of south China – it is what you might call extreme beverage – drinking.

The broader implications of the early Neolithic beverage discovery were equally exciting. Jiahu isn't just your run – of the – mill early Neolithic site. As ably excavated by the Chinese, it has yielded some of the earliest pottery in China, as well as some of the earliest rice. In addition, some 3 dozen bone flutes were recovered from many tombs at the site, with 2 to 8 holes carefully drilled into them.

Intriguingly, the flutes are all made from a specific wing bone, the ulna, of the red – crowned crane. This bird, with its snow – white plumage accented by black and red, engages in an intricate mating dance, replete with bows, leaps, wing extensions, and of course ringing musical notes. Perhaps, the musicians at the site who were buried with these flutes took their cues from the birds.

The 6 – holed instrument, as shown by experimental playing, yields the traditional pentatonic scale of Chinese folk music by covering all but one hole in turn. They are the earliest playable musical instruments ever found.

Jiahu has also produced what are arguably the earliest Chinese written characters ever found (Li, et al. 2003), incised on tortoise shells like those that occur at the fabulous Shang Dynasty capital cities, such as Anyang, thousands of years later. Such inscribed shells are believed to have been used by shaman – like priests to predict and assure a good future. We don't know if the Jiahu shells, assuming they bear some kind of early Chinese writing, have the same significance as later, but the hypothesis gains credibility from their association with the musical instruments and especially the mixed fermented beverage, all – important parts of later Chinese religious and funerary ceremonies.

From later texts (e. g., *Li Ji*, *Book of Records*, and *I Li*, *Book of Conduct/Yi Ki*; 1st c B. C. – 1st c. A. D., with traditions going back to the Shang and W. Zhou dynasties, we know that when a family member died, one person, called the *shi*, was selected to communicate with the ancestors (Paper 1995). The *shi* was to drink nine goblets of millet or rice wine. Assuming that Neolithic vessels were about the same size as this marvelous Shang Dynasty goblet and contained a beverage with about 10% alcohol, the liter and a half consumed by a Neolithic *shi* would certainly have been enough to cause inebriation.

But that was the whole idea. Like the shamans of the northern tundra, an altered state of consciousness enabled one to enter the spirit world. In the process of the *shi* getting drunk, it is said that "the spirts are all drunk." Music and drums signaled the end of the later ceremony, and it's not difficult to imagine the Neolithic bone flutes serving the same purpose.

Our re – created Neolithic beverage, which is called Chateau Jiahu, is of course named after the site in China where the pottery was excavated that led to our analysis and reconstructing the ancient recipe. Sam Calagione of Dogfish Head Brewery, whose experimental prowess is the equal of any Neoltihic beverage – maker, brought it back from the dead, along with his colleagues Mike Gerhart and Bryan Selders.

Its label clearly pushes the envelope visually, as does the extreme beverage inside the bottle. Fresh whole hawthorn fruit, muscat grapes (since we have not yet been able to obtain wild grapes from China), wild flower honey, and gelatinized rice malt with their hulls were brewed together and fermented with a sake yeast. It's strangely different, but immensely satisfying. Its sweet – and – sour flavor profile pairs very well with Asian cuisine.

The seemingly enigmatic tattoo that graces the lower back of our celebrant on the bottle is actually the Chinese sign for "wine" and other alcoholic beverages. It shows a jar with three drops of liquid falling from its lip. The sign dates back to the Shang Dynasty, from about 1600 to 1050 B. C., and has been in continuous use ever since.

Mold Saccharification: A Uniquely Chinese Contribution to Fermented Beverage – Making

Chewing or sprouting the rice might have been used in the Neolithic period, but by the beginning of the Chinese history in Shang Dynasty times, about 1600 – 1046 B. C., another method of saccharification had been uniquely developed in China. It made use of mold saccharification or amylolysis, which continues up until today to be the traditional method for making a rice wine. China is all about tremendously long traditions, whether in fermented beverages, writing, music or religion.

Amylolysis exploits the fungi of a range of genera *Aspergillus*, *Rhizopus*, *Monascus* and others, depending on environmental availability (and these differ markedly from one part of China to another), to break down the carbohydrates of rice and other grains into simple, fermentable sugars. A thick mold mycelium was grown historically on a variety of steamed cereals, pulses and other materials in making this material (often as very large cakes, here seen piled up), called *qu* in ancient Chinese. Rice, as an early domesticate and one of the principal cereals of prehistoric China, as we've seen at Jiahu, presumably was an early substrate. Yeast enters the process adventitiously, either brought in by insects or settling on to the large and small cakes of *qu* from the rafters of old buildings. As many as 100 special herbs, including *Artemesia argyi* in the wormwood family, and which I will be coming back to because of its powerful anti – cancer effects, are used today to make *qu*, and some have been shown to increase the yeast activity by as much as seven – fold.

Before such a complicated system as amylolysis fermentation was developed and widely adopted by the ancient Chinese beverage – maker, however, a more assured source of yeast would have been needed. Yeast naturally present in honey or on the skins of high – sugar fruits would have been essential in making the early Neolithic mixed fermented beverage with rice as its substrate at Jiahu.

Here, we also see other steps in the rice beermaking process, including steaming the rice

before the *qu* is added, filtering the wort, and transferring it to pottery jars, which are sealed with clay and cloth, marked with their date of production, and aged (sometimes for decades underground).

Complex urban life in Shang Dynasty China led to the development of highly specialized fermented beverages using this mold amylolysis system. We know this from very specific references to an herbal wine (*chang*) in the the earliest texts, the so – called oracle bone inscriptions. Officials in the Shang palace administration were charged with making this beverage and others: *jiu* (a fully fermented beer), *li* (probably a sweet, low – alcoholic rice or millet beverage), *luo* (likely made from a fruit) and *lao* (an unfiltered, fermented rice or millet beverage or the unfermented wort), which the king inspected.

As it turned out, the textual evidence dovetailed with our chemical evidence from the very well – made bronze vessels of the period. For example, at the site of Changzikou in another part of Henan province as Jiahu, an upper – class tomb was excavated that belonged to the later Shang Dynasty and Western Zhou dydnasties (ca. 1250 – 1000 B. C.). It yielded, as so many other tombs of the periods have, numerous bronze vessels: 90 in this instance, and what was amazing is that when the vessels were shaken, 52 were found to still contain a liquid from 3000 years ago. Because of the tight lids on the vessels, which had corroded to the neck, the liquid inside had only partly evaporated – down to about a third of its full capacity – and then had been hermetically sealed off until it was excavated thousands of years later.

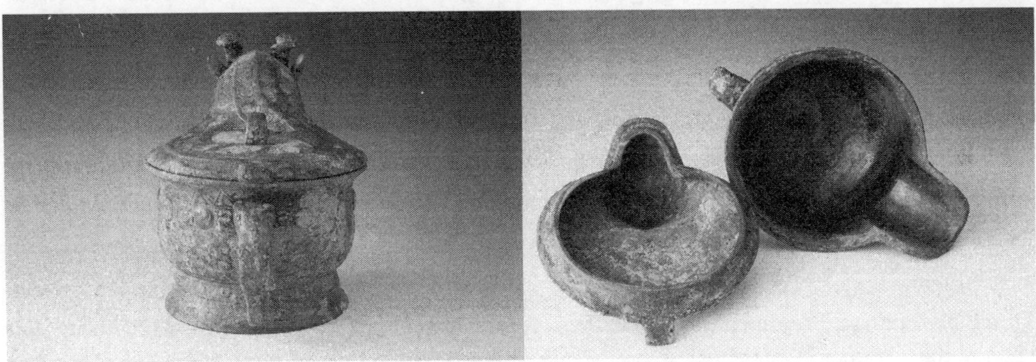

Figure 2. Bronze you jar (upper, lid in place; lower, lid removed), which contained an herbal rice wine that was still liquid when it was recovered in 1998 from the Changzikou Tomb, dated ca. 1050 B. C., in Luyi Country, eastern Henan Province. The biomolecular archaeological results pointed to Artemisia argyi as a key medicinal additive. Photograph courtesy of Z. Zhang and Institute of Cultural Relics and Archaeology of Henan Province.

Equally amazing, the liquid had the characteristic fragrance of a fine rice or millet beer made the traditional way, slightly oxidized like sherry but also perfumy and aromatic like an aged lambic beer. I can still remember on my inaugural trip to China when I first smelled these liquids in Zhengzhou and at Anyang. I had a very difficult time believing my nose, but my Chinese colleagues, who were excellent archaeologists, assured me the liquids were genuinely ancient and provided me with samples to carry back to the U. S. for testing.

Our chemical analyses nailed down the constituents. Stable ^{13}C and ^{15}N isotope measurements identified the beverage inside a *you* jar as rice – based. Using the highly sensitive technique of thermal desorption GC – MS for volatile aromatics, we discovered that the liquid in this vessel contained camphor and α – cedrene, along with benzaldehyde, acetic acid, and other short – chain alcohols characteristic of rice beers. Based on a thorough search of the chemical literature, these monoterpenes with fragrant aromas provided marker compounds for either a tree resin (particularly China fir), a flower such as chrysanthemum, or an herb in the *Artemisia* genus, the same genus that includes European wormwood used in making the very bitter absinthe) .

One of the open vessels in the tomb suggested how these compounds might have been incorporated into the beverage. A large vat had been filled with leaves of another aromatic tree – sweet *Osmanthus fragrans* – and held a ladle, implying that it had once been filled with a liquid. The leaves of this tree, which have a floral aroma, were apparently steeped in the liquid, not unlike how tea is made today and still commonly done for TCM (Traditional Chinese Medicine.) . The Artemisia species might well have been steeped in the rice beer, too.

The wormword herbs (specifically, *Artemisia annua* and *argyi*) are especially important. We have done anti – cancer testing on one compound they contain in particular (artemisinin or its derivative, artesunate) at the Penn Medical and Cancer centers, and it has been shown to be highly effective against all kinds of cancers, viz. , lung (Lewis lung carcinoma), colon (adenocarcinoma), eye, liver, ovary, nervous system, pancreas, and blood (McGovern, et al. 2010) . It is still undergoing clinical trials, but *annua* is available as an anti – malarial agent and *argyi* is widely available in China as a sexual and medicinal tonic and its leaves are also burned and applied to key acupuncture points of the body in a process called moxibustion.

Both*A. annua* (wormwood) and *A. argyi* (mugwort) remain important in TCM today and are usually equated with Qinghao and Ai Ye respectively. These same herbs are cited in the earliest Chinese medical prescriptions, the Mawangdui tomb texts dating to 168 B. C. They likely go back even earlier, perhaps to Neolithic times at Jiahu.

These Shang Dynasty beverages represent a further development from the mixed fermented beverage of the Neolithic period, and as yet we haven't re – created any of them. They likely represent one of the beverages described in the oracle bones, probably*jiu*, a fully fermented "wine" or *chang*, an herbal beverage.

East and West along the "Prehistoric Silk Road"

Let me conclude my talk with the question: "Who did develop the first fermented beverages on the earth?" So far, Jiahu is earlier than anything that we've analyzed from the Middle East, but the western side of Asia isn't out of the running yet. For instance, I mentioned the earliest chemically confirmed wine jar to date – that from Hajji Firuz in Iran.

Right now, we're engaged in a much larger project involving drinking and processing vessels from Georgia in the Caucasus and eastern Turkey, where fantastic sites dating back to 9000 B. C. , again early Neolithic like Jiahu, have been excavated. Some of the vessels date back before the invention of pottery at 6000 B. C. , and were made of highly absorbent stones, such as chlorite, a clay mineral. They have yielded copious amounts of ancient organics, which we are now analyzing by tandem LC – MS and other very sensitive techniques. These regions are where einkorn wheat, the Eurasian grape, and other founder plants (chickpea, barley, bitter vetch) were domesticated. A good case can be made that a driving force in their domestication was to make fermented beverages.

It is now known from DNA evidence that einkorn wheat, which might well have been used in the production of beer and was one of the 8 founder plants of the Near Eastern Neolithic food revolution, was first domesticated here, probably around 8000 B. C. (Heun, et al. 1997) . Bitter vetch and chickpea were likely domesticated here, as well. DNA studies (e. g. , Vouillamoz, et al. 2006) point to the nearby region of Georgia in Transcaucasia as where the Eurasian grape was first domesticated.

What are believed to be religious shrines or temples, which are stunningly adorned with stupendous 3 – dimensional sculptures, have been uncovered (see Özdoğan and Başgelen 1999) . Stone goblets and bowls with strange carvings of possible ceremonies (such as a male and female dancing with a turtle) especially intrigue me.

These bowls or goblets are made of chlorite, a clay mineral with highly adsorbent properties. They're never made in pottery, because the discovery of pottery – making is over 2000 years in the future around 6000 B. C. We are now in the progress of analyzing the copious amounts of ancient organics absorbed into the pores of this mineral by tandem LC – MS and other very sensitive techniques. These bowls could well be important as the earliest evidence for a grape wine or other kind of beverage having been prepared, drunk, and offered to the gods.

The upshot of these initial investigations is that we could well have evidence for a Near Eastern fermented beverage of approximately the same date as that from Jiahu. Yet, the use of rice and hawthorn fruit in the Chinese beverage makes it distinctly different, and suggests that ideas associated with domestication and making fermented beverages were being transferred – however fragmentary the process and at short distances over and over again – across the expanse of Central Asia, perhaps using a forerunner of the Silk Road. A good case might then be made that a driving force in sedentarization in both areas were how to make fermented beverages on a large scale.

If so, perhaps that would help to explain the marked similarity between our ancient Chinese alcoholic beverage pictogram of the jar with three drops to one of the earliest signs for beer in ancient Mesopotamiain – the proto – Sumerian pictogram*kaş* that dates back to 3500 B. C. The latter sign doesn' t have the drops, but the pointed – base form of the storage jar is quite similar to the Chinese one.

Moreover, how did it come about that ethnic groups in southern China still drink their rice beer through drinking – tubes, like the ancient Mesopotamian peoples did?

Obviously, we may never have answers to these questions without more exploration and excavation in Central Asia. My inclination is to believe that there was at least some short – range transmission of how to domesticate plants and make a fermented beverage in general that bridged this expanse, to account for the comparable experimentation at approximately the same time.

Let me conclude by stressing how innovative our ancestors and relatives in China have been in domesticating cereals there, discovering botanicals of great medicinal importance, and developing malting, mashing, and fermentation techniques, like the unique mold amylolysis system. If I had more time today, I could go on discuss the very real possibility that distillation was discovered in China, as perhaps best illustrated by this bronze vessels of the 1st – 2nd c. A. D. in a storeroom in the Shanghai museum.

When we next raise a glass of a fermented beverage to your lips, think of it as a liquid time capsule, recapitulating this dynamic and innovative history.

Selected Bibliography

Henan Provincial Institute of Cultural Relics and Archaeology

1999 *Wuyang Jiahu*. Beijing: Science.

Huang, H. T.

2000 *Biology and Biological Technology*, Part V: *Fermentation, and Food Science = Science and Civilisation in China* by J. Needham, vol. 6. Cambridge: Cambridge University.

Heun, M., Schäfer – Pregl, R., Klawan, D., Castagna, R., Accerbi, M., Borghi, B., and Salamini F.

1997 Site of Einkorn Wheat Domestication Identified by Dna Fingerprinting.

Science 278 (5341): 1312 – 1314.

Li, X., Harbottle, G., Zhang; J., and Wang, C.

2003 The Earliest Writing?: Sign Use in the Seventh Millennium B. C. at Jiahu, Henan Province, China. *Antiquity* 77 (295): 31 – 44.

McGovern, P. E.

2003/2007 *Ancient Wine: The Search for the Origins of Viniculture.* Princeton: Princeton University.

McGovern, P. E., S. J. Fleming, and S. Katz, eds.

1995 *The Origins and Ancient History of Wine.* Luxembourg: Gordon and Breach.

McGovern, P. E., M. Christofidou – Solomidou, W. Wang, F. Dukes, T. Davidson, and W. S. El – Deiry

2010 Anticancer activity of botanical compounds in ancient fermented beverages (Review). *International Journal of Oncology* 37: 5 – 14.

McGovern, P. E., A. P. Underhill, H. Fang, F. Luan, G. R. Hall, H. Yu, C. – s. Wang, F. Cai, Z. Zhao, and G. M. Feinman

2005 A Chemical Analysis of the Longshan Culture Fermented Beverage Unearthed from the Liangchengzhen Site in Rizhao City, Shandong: Also on the Cultural Significance of Fermented Beverages in Prehistoric Times. *Kaogu*, no. 3: 73 – 85. [Chinese]

McGovern, P. E., A. P. Underhill, H. Fang, F. Luan, G. R. Hall, H. Yu, C. – s. Wang, F. Cai, Z. Zhao, and G. M. Feinman

2005 Chemical Identification and Cultural Implications of a Mixed Fermented Beverage from Late Prehistoric China. *Asian Perspectives* 44: 249 – 275.

McGovern, P. E., J. Zhang, J. Tang, Z. Zhang, G. R. Hall, R. A. Moreau, A. Nuñez, E. D. Butrym, M. P. Richards, C. – s. Wang, G. Cheng, Z. Zhao, and C. Wang

2004 Fermented Beverages of Pre – and Proto – historic China. *Proceedings of the National Academy of Sciences USA* 101: 17593 – 17598.

Özdoğan, M., and Başgelen, N.

1999 *Neolithic in Turkey, The Cradle of Civilization: New Discoveries.* Istanbul: Arkeoloji ve Sanat.

Paper, J. D.

1995 *The Spirits Are Drunk: Comparative Approaches to Chinese Religion.* Albany, NY: State University of New York.

Vouillamoz, J. F., McGovern, P. E., Ergul, A., Söylemezo—lu, G., Tevzadze, G., and Grando, M. S.

2006 Genetic Characterization and Relationships of Traditional Grape Cultivars from Transcaucasia and Anatolia. *Plant Genetic Resources: Characterization & Utilization*, 4. 2: 144 – 158.

“酒品”知人 “诗品”知味
——论“中国诗酒文化”

肖向东

摘要：中国诗酒文化中，诗人与酒天然相伴，可谓诗是文中酒，酒是水中诗。诗人以酒放大了人性，其性格常以至真至诚的方式表现出来，给人以“酒品”知人、“诗品”知味的感觉，文章从“酒品”与诗人的精神气质、“诗品”与诗歌的精神境界、“诗心酒性”与“人生真味”三个方面，讨论中国诗酒文化中作为精神主体的诗人在诗歌创作中的主导作用，以之触摸中国诗酒文化内在的艺术驱力与思想精神，探寻诗酒文化产生的精神本源。

关键词：中国诗酒文化，酒品，诗品，知人，知味

文人好酒，诗人癫狂，在中国文化语境中几乎是一种通行的说法。披览中国文学数千年的历史，“酒”，确实可激发文人激扬的文思，启兴诗人澎湃的诗情，使他们在文学的王国里纵横驰骋，自由飞翔！借助酒的神力，其所创造的艺术之境，绮丽多姿，变化多端，令人神往。故有人说，诗是文中酒，酒是水中诗。诗人一旦有酒，进入文学创造的境界，放大了“人性”，其手中之笔，便神奇莫测、笔下生花；其笔下之情，亦写山山有意，画水水含情，其景、其情、其思、其辞、其态，全然与寻常不同，此时，作为创造主体的诗人完全处在一种至情至性的状态，诗人本真的性格以及其所追求的理想、其笔下的审美对象，必然会以一种至真、至诚、至美的方式表现出来，让我们真真切切地体会到“酒品”知人、“诗品”知味的道理，同时也应证了苏轼所谓“得酒情自成”的真言。由此可见，酒像一面镜子，可以将人内在的心灵世界映照与反射出来；又像一个擅施神技的法师，将人意识深层乃至潜意识的活动外显出来，而被映照与外显的对象如果是文人与诗人，透过其文情诗意，我们所看到的便是另一番神奇的“风景”、感受到的是别一种情致的“风韵”，其情景、其韵味，自然如“采菊东篱下，悠然见南山”般真切、生动，也必然如“两岸青山相对出，孤帆一片日边来”那样豁然、开朗。而在这样的审美活动中，人们所获得的亦常常是那种披文入情，秘响旁通的审美感知与精神合鸣。

1 “酒品”与诗人的精神气质

生活中，人们常常说：酒品看人品。以这句话论诗人，当是最为恰切的。诗人大

概是世界上真正具有“真性情”的人。古今以来，诗人要么胸怀大志，坚信“长风破浪会有时，直挂云帆济沧海”（李白《行路难·其一》）；要么心忧天下：“穷年忧黎元，叹息肠内热”（《自京赴奉先县咏怀五百字》）；要么愤世嫉俗：“三杯两盏淡酒，怎敌他、晚来风急?”（李清照《声声慢》）；要么远离尘世，心归田园：“开轩面场圃，把酒话桑麻”（孟浩然《过故人庄》）；要么慨叹时事、感叹世情：“烟笼寒水月笼沙，夜泊秦淮近酒家。商女不知亡国恨，隔江犹唱后庭花”（杜牧《泊秦淮》）；要么豪气干云、英雄无悔：“醉里挑灯看剑，梦回吹角连营。（辛弃疾《破阵子•为陈同甫赋壮词以寄之》）……。这里，不同的诗人，因身世经历、境遇遭遇、人生追求、精神气质的不同，在其诗中，所表达的思想情感与精神情怀自然各各不同，然而除却这些，诗人，就其“性情”而言，至少具备这样三种情愫：一是真情实感、直抒胸臆；二是率性天真、吐露真言；三是借酒寄兴、传达精神。也就是饮酒之后，诗人真实的性格、真切的思想、真挚的追求、真确的感受，尤其是其因现实生活的刺激以及诗人自身的个性追求难以实现而在心理上产生的牵挂、困扰、迷惑、追寻、失落、忧愤、感伤等等复杂的情感与心结，都会在诗人心中激起层层波澜，促使他们借酒寄兴，借诗抒情，而“酒”在这时，亦化身为诗人的“伴侣”或“朋友”，成为怀有深沉“孤独感”的诗人倾诉衷肠的对象主体，诚如李白在《月下独酌》中所描写的：“花间一壶酒，独酌无相亲。举杯邀明月，对影成三人”。在拟人化的遐想中，诗中的“人”、“酒”、“月”三位一体，构成了一幅意象生动的场景，此时，人酒合一，人月相望，彼此交欢，精神相融，故“我歌月徘徊，我舞影零乱”，“暂伴月将影，行乐须及春”，而乐极之时，诗人竟以无限向往之情生发出“永结无情游，相期邈云汉”的奇想，其浪漫的情思、清逸的品格、超脱的情怀，皆透过优美的诗句流泄出来。如果说从“酒品”看“人品”、以“酒品”识“人性”的话，此时，酒中的李白，可谓是至真至性，一派天真。诗人因为有酒相伴，从起初孤孤单单、落落寡合的“无相亲”到酒至微醺、谈笑风生的“成三人”，情绪的转换、情感的迁移，全因为“酒”的作用，在酒力的鼓舞下，一个生活在自己的精神世界里的纯粹的、浪漫的、抛却人间烦恼的“酒仙”与“诗仙”，是那样的洒脱、自在、豪放、飘逸，其浪漫飞扬的精神气质，其自由独立的精神品格，其不受世俗观念羁绊的无拘无束的个性，其孤傲无双、恣肆淋漓的狂放之情，活脱脱地从诗中溢出。捧读这样的诗歌，我们丝毫不感到诗人是遥遥千年之前的古人，而似乎是一个情感相投的“酒友”，一个精神相知的故人，或者说，那千年之前的“诗仙”竟会从邈邈的星汉向你冉冉飞飘而来。

当然，并非所有的诗人都如李白这样的潇洒、浪漫，人的精神气质，因客观条件及其社会经历与主观的精神心理以及个性差异而各各不同，诗人的精神气质，也因各自的遭遇境况与生命追求而不尽相同，如屈原的忧思激愤，阮籍的狂放不羁，嵇康的通脱放达，曹操的沉雄慷慨，曹植的愤慨哀怨，陶渊明的淡泊闲适，杜甫的沉郁顿挫，白居易的平和幽清，李清照的清丽婉转、苏轼的洒脱奔放、辛弃疾的深沉雄壮……，几乎所有诗人的精神气质，都灌注、附丽于其诗歌之中，形成了诗人特有的创作个性与艺术风格，在这些“气质”与“风格”的养成中，“酒”，成了诗人生活里不可缺少的重要内容。在今天的屈原故里秭归，有一幅意味深长的联语：“包谷酒白鹤茶滋补旷世奇才，蓑衣饭懒豆腐营养绝代佳人”。“绝代佳人”是指出自秭归香溪的古代美女王昭君，“旷世奇才”自然是说当年楚国伟大的爱国主义诗人屈原。在屈原的不朽诗篇《离骚》之中，诗人以奇异的遐想，澎湃的诗情，创造了一个神奇的世界，诗人上天入地，四处寻觅，驾驭龙凤，挥斥云霓，爱慕香草，追求美人，借助一个奇幻的世界，同时也借求爱的炽烈热情和失恋的深沉痛苦，象征自己对理想的热烈追求与现实的落寞失落。而在诗歌《天问》中，诗人更是情绪癫狂，思绪飞腾，一口气以173个问题，问天、问地、问人，表达了作者对宇宙、人生、历史乃至远古神话与传说的种种质诘与疑问，反映了诗人丰富的想象，大胆的怀疑，犀利的批判精神。此处如果无酒，其情其境，显然是不可想象的，联系其故里的这幅联语，世人完全可以蠡测与推想当年诗人的生活境况，“白鹤茶”养心，使诗人性情淡泊、练达洞世；“包谷酒”养性，使诗人性烈如火，激愤如怒潮，故而在其诗中，我们可感受到的常常是一种火山奔突似的激情，一种大海翻腾似的波涛，那炽热的火、奔涌的浪，不仅燃烧与激荡了诗人，复活了诗人的精神，而且也深深地感染着读者，与读者的情感息息相通，在遥隔千年的时空中产生心理的合鸣。

屈原之后，酒对于诗人，似乎成了燃烧精神的添加剂与催化剂。阮籍因为纵酒而常常放诞不羁、率意狂放，故王勃在《滕王阁序》中说“阮籍猖狂，岂效穷途之哭”。[1]魏晋奇才嵇康愤世嫉俗，在《与山居源绝交书》中自称性格慵懒，无心仕途，其通脱放达的精神，亦多借酒抒发：“酌酒一杯，弹琴一曲，志愿毕矣”，[2]因此其方有“临川献清酤，微歌发皓齿。素琴挥雅操，清声随风起”的雅兴逸致（嵇康《酒会诗》）。曹操乃一代枭雄，性格豪爽豁达，一生中南征北战，纵横天下，大部分时间都是在军旅中度过的，酒是其军旅生涯中必备之物，当其慨叹人生短暂、天下统一大业未竟而忧闷于心时，也在其《短歌行》中直截了当地感叹：“何以解忧？惟有杜康”，即唯有狂饮大醉，方可解脱心中的郁闷与块垒，酒中的世界，是诗人心灵得以栖息的最为安宁的港湾。而其最喜欢的爱子曹植，才高八斗，抱负远大，然在现实生活中却难以施展，政治失意，因此常常放浪形骸，有意纵酒作乐，“酒”也便成了诗人寄托情感，抒发愤慨哀怨的媒介之物，其《酒赋》所写饮酒者的流情纵逸：“献酬交错，宴笑无方。于是饮者并醉，纵横喧哗。或扬袂屡舞，或扣剑清歌，或嚬就辞觞，或奋爵横飞，或叹骊驹既驾，或称朝露未晞。于斯时也，质者或文，刚者或仁。卑者忘贱，窭者忘贫。和睚眦之宿憾，虽怨仇其必亲”。虽是迎合父亲曹操的禁酒之令，但其中描写的饮酒之人的种种情态与性状，一方面几近淋漓尽致，另一方面，也映照了作者曾亲历的那种奢华绮靡的贵族生活。至于陶渊明在淡泊闲适的田园生活中追求的自由自在的饮酒之乐；怀有深沉的人道情怀的杜甫对不平等的社会里“朱门酒肉臭，路有冻死骨”现象的痛斥，与其在忧时伤怀的心境下表白的“艰难苦恨繁霜鬓，潦倒新停浊酒杯”，以及闻官军收河南河北之后所表现出的“白日放歌须纵酒，青春作伴好还乡”的欣喜心情；寂寞独处、消损神魂的少妇李清照所吟唱的“东篱把酒黄昏后，有暗香盈袖。莫道不消魂，帘卷西风，人比黄花瘦”（《醉花阴》），皆从不同的生活侧面，反映了“酒”在诗人认识生活、评论时事、表达情感以及精神操守之养成方面所特具的社会功能，透过这些诗歌，诗人内在的情感与精神气质，亦活灵活现，使读者如见其人、如闻其声。因此说，“酒品”看“人品”，从诗人饮酒的情景、情境、情调、情怀、情趣、情味、情态、情状，我们完全可以触摸到诗人奕奕跳动的脉搏，感受到诗人生机勃勃的气息，体味到诗人鲜明独特的个性，进而感应到诗人鲜活而特异的精神气质。

2 “诗品”与诗歌的精神境界

诗应有情韵、有境界、有品位。好诗，当如钟嵘所说：“气之动物，物之感人”，[3]“使味之者无极，闻之者动心”。[3]中国古代诗歌中那些不朽的传世之作之所以历百代而不衰，让人常读常新，追思不已，其中至关重要的要素，就在于这样的诗歌是有内涵、有味道、有品质的精致之作，尤其是那些有“酒“的诗，常常词采华茂，骨气奇高，精神凌霜，高风跨俗，且奇章绝句，音韵铿锵，读之使人衅衅不倦、拍案称快！这样的诗，即如钟嵘所道：“故摇荡性情，形诸舞咏。照烛三才，晖丽万有，灵祇待之以致飨，幽微藉之以昭告。动天地，感鬼神，莫近于诗”。[3]中国现代诗人艾青在其《诗论》中讲得更为明确：“诗是由诗人对外界所引起的感觉，注入了思想感情，而凝结为形象，终于被表现出来的一种‘完成’的艺术”。[4]也就是说，真正的诗，是那种诗人在现实生活中因外界触媒而获得了灵感，其后又为诗人注入了思想与感情，进而在艺术的世界里完成了奇美的想象而创造出来的伟大作品。这样的作品“是一个心灵的活的雕塑”，[4]“每个字应该是诗人脉搏的一次跳动”。[4]其中，茹涵着诗人内在的精神，而这种精神凝结在诗歌之中，便构成了诗歌特有的精魂与境界，那些与“酒”相关的诗歌，诗的品格的高拔，诗的品质的高昂，无疑与酒内涵的高迈精神息息相通。解读这样的诗歌和领悟其品位，自然需要从“酒之精神”入手，亦即是西方文学所谓之“酒神精神”。

论及东西方文化，无论是从文化源流或是文化实质上说，彼此间存在着较大的差异性，但在“酒神精神”方面，却有着许多相通、相似的东西，西方酒神原则与狂热、狂欢、热烈、过度和不稳定联系在一起，从其源流上考察，源于古希腊神话中以司管、护育葡萄种植和葡萄酒之酿造为主事的酿酒之神狄奥尼索斯，后以之为象征，引申到古希腊悲剧中。将西方“酒神精神”上升到理论高度并进一步升华其艺术原则的是19世纪的德国哲学家尼采。尼采重视生命，此与其老师叔本华悲观主义哲学理论相背反，他认为，一个人倘若有健全旺盛的内在生命力，是不会屈服于悲观主义的，悲观主义是生命力衰退的表现，而“酒神精神”可以激励人的内在生命力的勃发，酒神精神喻示着情绪的发泄与精神的张扬，是一种抛弃传统羁绊与外在束缚而回归原始状态的生存体验，“人”——正是在这样的消失个体与世界合一的绝望痛苦的哀号中获得“生”的极大快意与对生命价值和意义的精神感悟。中国的酒神精神，以道家哲学为源头，史传孔子曾问礼于老子，老子以自酿“太清酒”出而待之，孔子醉，谓弟子曰：“惟酒无量，不及乱”。[5]孔子酒后悟出的道理——儒家的“饮酒观”，从此影响了国人2500余年。而孔子悟出的“道”，实际上就是“酒道”与“思想之道”。一口“太清酒”入口，立时觉出一个“精灵”在口中舞动，那种舌尖、咽喉、神经、五脏的反映，酒入人体的流动，使之通体舒泰，身心感应，是美的享受，是生命的滋润，是艺术在人的精神之上的舞蹈。道家思想发展到庄子时代，庄子主张，物我合一，天人合一，齐一生死，且崇尚绝对自由，倡导乘物而游，“游乎四海之外”，[6]“无何有之乡”，[6]庄子这种力倡“自由”的精神，当是“中国酒神精神”的精髓所在。因酒意微醺、意识朦胧而获得思想的张力与艺术的自由状态，这是中国古代的诗人们挣脱现实束缚获取灵感与艺术创造力的重要途径。得酒情自成，酒中有深味，志气旷达，以宇宙为狭的魏晋名士刘伶在《酒德颂》中描绘的“大人先生”饮酒之“境界”，可谓是中国酒神精神最为形象的注脚：“有大人先生，以天地为一朝，万期为须臾，日月有扃牖，八荒为庭衢。行无辙迹，居无室庐，幕天席地，纵意所如。”“兀然而醉，豁然而醒，静听不闻雷霆之声，孰视不睹山岳之形。不觉寒暑之切肌，利欲之感情。俯观万物，扰扰焉如江汉之载浮萍”。这种笼天地万物于形内、汇宇宙日月于精神、俯仰百代于一瞬、凝眸长天于眼前的“至上”、“至人”境界，无疑是中国酒神精神最为生动的体现。披阅中国诗歌史与艺术史，“酒神精神”流贯古今，代代承传，内化成了诗人与艺术家鲜活的血液，演变为艺术创造者们灵动而张扬的灵魂，或者说，整个中国诗歌史与艺术史几乎就是一部浸润着“酒的滋润”、渗透着“酒神精神”、跃动着“酒的舞蹈”的酒文化的历史。

如果说《诗经》时代的诗人爱酒体现的只是中国远古时期人们对酒的基本认识，进入中古时代的魏晋南北朝时期，社会经济的发展，酒的大量生产，酒与文人、诗人生活广泛而全面的结合，使人们对“酒”有了进一步的文化体认，这一时期，许多文人和诗人，如曹操、曹植、阮籍、嵇康、刘伶、王粲、应瑒、陆机、张载、嵇绍、陶潜、王羲之、赵整、何承天、范云、朱异、陈后主、陆瑜、张正见、岑之敬、庾信等，不仅爱酒、嗜酒，甚而把酒当作生命与精神的重要依托，且以酒为题写下了大量的诗歌，他们有的以酒言志（曹操）、有的因酒议论（曹植）、有的纵酒谈玄（阮籍）、有的借酒述怀（嵇康）、有的凭醉抒兴（刘伶）、有的寄酒人生（陶潜）、有的流觞雅逸（王羲之）、有的沉湎酒色（陈后主）……，尽管这些诗人各自的身份、经历、修养、精神、气质均不相同，在各自所处的时代以及生活境遇中也都有着基于客观现实而确立的自己的人生定位与理想追求，然而一旦他们的人生与酒结合起来，诗人自身鲜明的个性特征与精神气质无一不鲜活而自然地凸显出来，他们或豪兴勃发，或才情四溢，或狂放恣肆，或气韵儒雅，或醉观天地，或心境淡泊，或展志兴怀，或颓废消沉……，是“酒”的力量，将他们平素本不示人的一面，活脱脱地外显出来，而当这种内在的精神气质被熔铸在其诗歌之中时，其诗歌的精神境界与诗的品位也必然自成一格。

以曹操父子为例：在曹操现存的诗歌之中，《观沧海》可谓是其最显个性的名篇，这是诗人东征乌桓时所作。公元207年，曹操亲率大军北上，追歼袁绍残部，五月誓师，七月东临碣石，此时虽然秋风萧瑟，但百草丰茂，他跃马扬鞭，登山观海，面对洪波涌起的大海，不禁因景生情，挥笔写下：“日月之行，若出其中；星汉灿烂，若出其里”[7]这样壮丽的诗句，展现出一派吞吐宇宙的宏伟气象，亦暗含诗人宏大的政治抱负与建功立业的雄心壮志，极显了壮年曹操对前途充满信心的乐观气度，但是，当天下三分，雄图难成之时，英雄情结郁结于胸，其又抒发出“慨当以慷，忧思难忘。何以解忧？惟有杜康”[7]的感慨，表达出“烈士暮年，壮心不已”[7]的夙志，诗风气韵沉雄，慷慨悲凉，诗人抑郁未伸的情怀，壮志未酬的情结，老骥伏枥，志在千里的情操，无一不深蕴诗中，使得诗歌的品格峻拔高古，诗歌的境界气象宏伟。而其子曹植本来才华过人，抱负远大，由于屡遭长兄曹丕的压制与迫害，始终不得志，悲愤苦闷，慷慨不平，只好转而借酒消愁。《三国志》虽指其“任性而行，不自雕励，饮酒不节”，[8]但从其诗歌所表达的情感蠡测，无疑是其内藏的精神苦闷，因此其在《当来日大难》中写：“日苦短，乐有余，乃置玉樽办东厨。广情故，心相于，阖门置酒，和乐欣欣。游马后来，辕车解轮。今日同堂，出门异乡。别易会难，各尽杯觞”。诗人累遭贬迁，无所作为，郁郁寡欢，作为贵胄子弟，只能寄情杯中物，追求暂时的欢乐，但其内隐的愁绪与郁闷却可触可摸，历历可见。曹操与曹植，前后处于同一时代，一个胸怀天下，一个抱负远大；一个戎马倥偬、南征北战，气势如虹，一个富有才志，但却失意受挫、落寞孤寂；一个可挟天子以令诸侯，一个受到帝兄的排挤与打击，因而当他们因酒赋诗时，其诗歌的格调与气韵迥然不同，曹操的诗因酒而高亢激昂、清峻通脱，有一种时不我待的悲壮，曹植的诗则借酒遣怀、心绪茫然，有一种沉沦不遇的郁闷。一对父子，一样的饮酒，一样的作诗，为什么如此不同？这里，我们不从创作心理学的方面去追究诗人的身份、地位、禀性以及所处的环境、个人的际遇等因素在诗歌创作上的作用，单就“酒与诗人”的结合而造成的诗歌的“精神”与“品格”而论，曹操的诗凭酒而添英雄之气，曹植的诗则“借酒浇愁愁更愁”。曹操的诗气韵宏大，情感外露；曹植的诗气藏胸中，感情内敛。一个外向，一个内蕴，又都因酒而生，显现了不同的诗歌精神与美学品格，也让我们读出了不同的诗歌情韵。可见，酒能调动诗人真实的情感，酒与诗人个体情感的结合，对于诗歌美学品格的形成可发挥出重要的催化作用。曹氏父子如此，中国诗歌史上的其他诗人同样如此。唐宋之后，李白诗风的清新俊逸、苏轼诗风的豪放旷达，即为十分鲜明的注脚与明证。

3 “诗心酒性”与“人生真味”

以“诗酒文化”观中国文学，古往今来，吟诗不能无酒，有酒必生诗情。诗心酒兴，酒性诗情，似乎总是紧密相连，息息相通。举凡文学史上那些卓有成就的诗人，几乎没有不饮酒者，先秦的屈原、宋玉、荆轲、刘邦、项羽自不待说，两汉时的东方朔、司马相如、蔡邕也不用赘言，魏晋时期的“建安七子”、“竹林七贤”更是人人皆知，单以中国诗歌最为辉煌的唐代为例，初唐时期的王勃、卢照邻、陈子昂，中唐与盛唐时期的孟浩然、王维、崔颢、李白、杜甫、高适、岑参、张继、刘禹锡、柳宗元、白居易、元稹，晚唐的李贺、杜牧、李商隐、温庭筠、李煜等，均在其创作中以酒入诗，或以诗写酒，尤其值得关注的是，诗人不仅以形象的笔墨，叙写了自己的“诗酒人生”，以富有“真味”的“诗心”表达了他们浪漫的情感，而且从各自的观察视角以及所亲历的丰富多样的社会生活中，描写了他们所认知感悟的现实人生，让我们看到了唐代社会繁复多彩的社会镜像。

譬如“初唐四杰”之一的王勃在《滕王阁序》中写其公元675年（唐高宗上元二年）因前往交趾省亲，途经南昌，适逢都督阎公九月九日（重阳节）于滕王阁大宴宾客，得以赴宴，因之即席赋成《滕王阁序》与《滕王阁》诗，“诗”与“序”皆以精致的笔墨描写了宴会盛况：方时“十旬休假，胜友如云；千里逢迎，高朋满座”，而赴宴的人们“遥吟俯畅，逸兴遄飞。爽籁发而清风生，纤歌凝而白云遏。睢园绿竹，气凌彭泽之樽；邺水朱华，光照临川之笔”。宴会上饮酒之后的诗人才情并发，各献佳作，其境况堪比西汉梁孝王在睢园聚集文人雅士饮酒赋诗的场景，纵饮豪放的宾客又颇像彭泽令陶潜那样善饮，个个都似邺下风流的陈思王曹植和临川太守谢灵运般诗思泉涌、倜傥风光。此乃是写唐代上流社会钟鸣鼎食、繁花似锦的生活。而在白居易的《琵琶行》中，我们看到的则是另一种民间生活的景象：遭到贬谪的江州司马白居易夜送友人，江边饯行，因此诗人写道：“浔阳江头夜送客，枫叶荻花秋瑟瑟。主人下马客在船，举酒欲饮无管弦。醉不成欢惨将别，别时茫茫江浸月”。此写主客二人在深秋的夜晚于浔阳江边以酒饯别，此时枫叶荻花在秋季的晚风中瑟瑟抖动，当彼此举杯互道珍重之时，却无昔日欢宴中那美妙的音乐相伴，朦胧欲醉之中陡然醒觉彼此已到分手之际，茫然四顾，此时惟有江中那清冷的孤月与二人无语相向……，凄冷沦落的情景与王勃《滕王阁序》中所描述的盛大开宴的场面形成鲜明对照，而此时又“忽闻水上琵琶声”，使得“主人忘归客不发”，“寻声暗问弹者谁，琵琶声停欲语迟”。循着琴音消失之处“移船相近邀相见，添酒回灯重开宴”。一个“犹抱琵琶半遮面”的歌妓在千呼万唤下方始出来，接着，该女子既言说了自己令人同情的故事与遭遇，又低眉信手，轻拢慢捻，演奏出令人荡气回肠的“霓裳”与“六幺”之曲。此时，虽同样有音乐、美酒，但“琵琶女”凄惨的身世与诗人沦落的心情产生暗合，让彼此都感受到一种“同是天涯沦落人，相逢何必曾相识”的感伤之情。同样是文人饮酒、文人赋诗，王勃是青春浪漫，春风得意，彼时酒添诗兴，诗因酒起，因此诗酒互补，其诗、其文辞采飞扬、气韵生动；白居易则新遭贬谪，赋闲江州司马，抑郁苦闷，孤独无依，加之友人远去，此时虽欲借酒言欢，但又恰与沦落风尘的“琵琶女”邂逅相遇，不禁触景生情，感叹人生，伤感与幽怨之情溢于言表，加之幽情暗恨的音乐与秋江月夜凄清风景的衬托，更显出沦落之人人生的悲凉。可见，诗人好酒、爱酒、醉酒乃至因酒成诗，并不是单纯追求酒之美味，而是以酒寄情，借酒抒怀，醉翁之意，实深蕴其心，而“诗心酒性”的互动，则将诗人内在的情感与之感悟的“人生真味”活脱脱地揭示出来，这就是“酒”不可言说的魔力，也是诗人爱酒的真谛所在。酒中的诗人与有酒的诗人的人生，使其在饮酒之余将人性中最为本真的一面以一种鲜活的形态外显出来，故杜甫在《饮中八仙歌》中称：“李白斗酒诗百篇，长安市上酒家眠，天子呼来不上船，自称臣是酒中仙”。诗人自由洒脱的生命态度，豪放旷达的精神气质，不畏权贵且桀骜不驯的反抗性格，全因酒而生，因酒而出，一个高大奇伟、千古第一的浪漫诗人，在酒的力量之下，巍然而站立起来，成为古今傲视王侯、崇尚独立、敢于反叛的精神形象的艺术典范。

由此可见，酒，敞开了诗人的情怀，“酒性”放大了“人性”，真、善、美，假、恶、丑。一切的一切，在酒的作用之下，都会统统地映现出来，在王勃的眼中所映现的是上流社会生活的奢华风光；在白居易的眼中所映现的是民间底层人物生活的艰辛凄凉；在李白的眼中所映现的是权贵当道、世事不平；在杜甫的眼中所映现的是国事沦丧、民生多艰，在高适的眼中所映现的是边塞烽火、战士捐躯；在韦应物眼中所映现的是与故友意外相逢的喜悦欢聚之情；而在杜牧眼中所映现的则是秦淮商女不知亡国之恨的哀伤……。阅读古人这些因酒而成的诗歌，我们发现，酒在这里已不单是诗人的喜好之物，而是滋补诗人心灵与吸收天地力量，打通心性、获取慧眼的灵通之水，它与诗人心灵的结合，化作了一面观察社会、洞彻人间的多棱大镜，将人间百态与社会众生一一展现在我们眼前，而无论诗人描写什么样的生活，呈现什么样的画面，我们都可感受到诗人一颗跳荡的诗心与真诚的情感，品尝到经过诗人情感过滤与发酵的人生真味。这样的味道，随着酒味的飘香，穿越千年，流到今天，成为我们这个民族品评历史、感悟生活、感知人生的陈年古酿，品之、味之，是那样的醇厚芬芳、回味悠长。

参考文献

［1］王勃《滕王阁序》. 中华活页文选（五）. 北京：中华书局，1962
［2］嵇康：《与山居源绝交书》. 历代文选（上）. 北京：中国青年出版社，1962
［3］钟嵘：《诗品》. ［清］何文焕辑《历代诗话》（上）. 北京：中华书局，1981
［4］艾青. 诗论. 北京：人民文学出版社，1980
［5］孔子：《论语·乡党》. 诸子集成（一）. 北京：团结出版社，1996
［6］庄子：《庄子·逍遥游》. 诸子集成（三）. 北京：团结出版社，1996
［7］载林庚，冯沅君. 中国历代诗歌选. 北京：人民文学出版社，1964
［8］杜甫《饮中八仙歌》. 唐诗鉴赏辞典. 上海：上海辞书出版社，1983

基于《调鼎集·酒谱》论述清代绍兴酒成熟的酿造体系

胡普信
浙江工业职业技术学院黄酒学院

绍兴酒是中国酒的杰出代表，历史十分悠久，以酒入馔历史也同样久远。从《吕氏春秋·本味篇》到贾思勰的《齐民要术》；从谢讽的《食经》，到忽思慧的《饮膳正要》；从韩奕的《易牙遗意》到袁枚的《随园食单》，这些名重一时的学者，又精于饮食之道，留下了丰富而珍贵的烹饪文化。作为调料重器的酒，尤其是独具中国特色的黄酒，由于具有除腥怯臊增香的功效，被广泛应用于食谱。所以留存下来的历代食谱类典籍中，酒的记录便十分普遍。绍兴酒，发展到明清时期已相当成熟。清·梁绍壬《两般秋雨庵随笔》中说："绍兴酒各省通行，吾乡之呼之者，直曰：'绍兴'，而不系'酒'字……俱以地名，可谓大矣。"可见绍兴酒在明清时代已遍及华夏各地，且名声极大。然对绍兴酒的酿造与操作方法的记录与整理，很难见到完整的文献资料。《调鼎集》的发现，填补了绍兴酒清代成熟理论体系的空白。也为民国时期大肆推广"绍兴酒酿造法"奠定了基础。

《调鼎集》于20世纪70年代末，由学者张延年在北京图书馆善本部发现，全书为清代食谱手抄本，洋洋大观数十万字。后经张先生校注、编排出版。全书共有十卷，第一卷调和作料部，收录了制作各种鲜汁的方法二十八种，调香剂二十九种；第二卷铺设戏席部，介绍了各类筵席的规格、筵席程式和各类菜肴的择用；第三卷特牲杂牲部，收录了猪肉、猪内脏类的菜肴，分门别类，多达三百零七种；第四卷羽族部，收录了鸡类菜肴一百二十四种，鸭类菜肴一百二十六种，其他禽类菜肴四十种；第五卷江鲜部，收录了各种鱼、虾、蟹计二十三类，以水产品为原料的菜肴二百三十四种；第六卷衬菜部，收录了可以作为燕窝、海参、鱼翅、鲍鱼四种名贵原料作为陪衬的菜肴一百八十二种；第七卷蔬菜部，收录了竹笋、萝卜、青菜、黄芽菜、芥菜、菜、荠菜等二十四类蔬菜制作的菜肴三百三十五种；第八卷茶酒部，收录了二十五种茶和七十一种酒；第九卷点心部，将分散在各卷中的点心、饭、粥条目，皆编入此卷；第十卷果品部，收录了梅、樱桃、杏、枇杷、菱、梨、桃、山药、百合、苹果等四十余类果品二百六十种。书中尤其值得重视的是收录了许多关于烹饪原料、操作技艺、制作要领、保藏秘诀等方面内容，具有极重要研究价值。

其中第八卷茶酒部中，以"酒谱"为题，整章记录了绍兴酒的整个生产操作方法，及生产绍兴酒的所有器具与技术。且在酒谱的序中说明，此为"会稽北砚童岳荐书"。是迄今为止最早的、最为系统的、最完善的绍兴酒酿造专论。并在第一卷，第八卷的其他章节中还有许多关于绍兴酒、副产品酒糟及其他绍兴酒延伸产品的制作、使用经

验。文中不少的用词，多有直接使用绍兴本地方言的。

经考证，《调鼎集》系清代乾隆嘉庆年间扬州盐商绍兴人童岳荐选编撰著的，采取选编与撰写相结合的方法成书。童岳荐既采摘当时传世的诸家饮食著作，又记录了自己亲见亲闻的烹饪知识和菜点制作技术。即使是采摘他人著作，也增添了许多独立的见解，使内容的广度和深度都有很大发展。[1]

清代绍兴酒为当时中国第一大饮料酒，其声名独享天下。清·徐珂《清稗类钞·饮食类》中记载："越酿著称于通国，出绍兴，脍炙人口久矣，故称之者不曰绍兴酒，而曰绍兴"。童岳荐也说："我乡绍酒，明以上未之前闻。此时不特不胫而走，几遍天下矣"。

一个能称雄天下的绍兴酒，其酿造技术必有较为成熟的技术体系。传统绍兴酒酿造体系中，有六大核心技术，分别是：

原料——糯米的选择与精白

水——酿造用水的选择与处理

曲药——自然培养的麦曲、酒药及淋饭酒母的制作

配料比例——传统产品的配方

酿制——低温长时间的养胚（后发酵）

陈化——酒产品长时间的存储

而这六大方面，《调鼎集·酒谱》都作了精彩的论述，由此也可十分明显地发现当时绍兴酒的酿造已然有了成熟的酿制技术体系。

以下分别论述之。

1 原料

绍兴酒历来十分重视对原料的选择与处理，这在《调鼎集》中已十分明显。在对原料的重视中，作者从"论麦""论米""浸米"三方面进行阐述。

首先看论麦，绍兴酒中麦是制曲的原料，麦的好坏直接影响曲的质量，也就影响酒在酿制过程中的优劣。

麦有粗、细、圆、长之别。大凡圆者必粗，长者必细，总以坚实为主。最粗圆者不必舍盦曲，一则价钱重大，二则粉气太重，酒多浑脚。即或长细，而身子坚实，其缝亦细，斤两不致过轻。但恐力薄，每十担可加早米二担，磨粉另存。盦时每箱以加二搀和。

此文中最为难理解的是"盦（an)"。校注者张先生可能也没有理解，故多处出现的这个字没有作任何注解。查1979版《辞海》没有这个字；查《辞源》，"盦"解释为"器皿的盖""古器物名"。[2]此二解均不得要领。再查鸿篇巨制《汉语大词典》，其中第2点解释，取自段玉裁《说文解字注》，为"遮盖或封闭有机物，使变质发酵"。[3]终于释怀。原来就是绍兴当地酿酒工"制曲"的方言，"盦曲"念作"e（抑)

曲”。“酒谱”后文有专门论及制曲工艺的，便直接称作“盦曲”。

这样“论麦”，便很好理解。麦子要挑得粗细适宜，以坚实有硬度的为好。如果觉得麦子制成曲后，糖化力不够，可在制曲时掺20%的早米粉。这与现在绍兴酒制曲用麦的要求，“选用颗粒饱满的黄（红）皮当年小麦”基本相同。同时，颗粒太粗大的也不一定要用在制曲中，因为易轧碎，产生过多的粉质成分，会使酒的浑脚增多。只要是麦子本身干燥结实，哪怕是细长的也无妨。只要添加适量的早米粉就成。

接着又说，制曲的麦以嵊县最好，山阴、会籍次之。安徽、江苏淮河两地的麦最差。但有时因本地年成不好，有本地麦不及淮麦的现象，这种情况下，仍然会选用淮麦的。并说明产于淮地的麦宜选白皮的，产于本地的宜选红皮的。其经验之谈，不亚于当今的开耙头脑。其原文如下：

曲麦以嵊县者为最佳，山、会者次之，淮麦更次之。然有时因本地年岁不足，或身分有不及淮麦者，故用之（麦出淮者宜白，麦出南者宜红）。

再看“论米”。

在绍兴酒中，米为“酒之肉”，是极为讲究的。选米要求是重量大的、干燥的、无霉变与虫害的“变子”。绍兴酒所用的优质糯米，是呈粗圆的粳糯，并且米的胚乳是变了色的乳白色，俗称“变子”。而不是呈半透明玉色的“阴子”。童岳荐在他的酒谱中已讲得十分到位。

米色不同，必须捡择光圆、洁净者为第一，红斑、青秧者次之。尚有出处之分，变白、痴粳之别。大凡新、嵊所出者，变白居多，余、上所出者，虽亦变白，不能如新、嵊之光圆洁净也。山、会所出者，亦有变白，糠细缠谷，而且要和水，并有加咸鹾，最不堪也。粜时必须仔细斟酌。至于痴粳，亦有和水，不能如变白之多受。只恐粳米较贱，搀入在内。青秧则无力，红斑则不化。至于运槽丹阳所出之货，米骨稍松，而却无水。

宁波者有一种过海米，细而轻松，切不可用。新、嵊之晚米，其性虽不能如糯米之纯糯，而却有似乎糯米，竟可造酒。但只可现做现卖。

如果不是一个做酒的师傅，或者说没有经过深入细致的调查研究，是不可能说出上述对酿制绍兴酒原料的选用的。上述大意是：选米首先要选有光泽，纯净的圆粒米。有红色杂米、青色未熟透的米便差一些。还要讲究糯米的产地，是否变白与不变白。根据经验新昌、嵊县的糯米变白的多，余姚、上虞所产的米虽然也有变白的，但没有新昌、嵊县的米来得光圆与纯净。山阴、会稽虽然也有变白的糯米，但米中多米糠和瘪谷，而且米中有搀水的，最难承受的是甚至有加盐卤的。买米时要仔细看清楚。对于不变白的山阴、会稽产的糯米也有加水的，只是加水不能多到象变白米那样。这些不变白的糯米，或许可能是因为价格较便宜才故意掺入其中的。酿酒时，青色未熟透的糯米发酵不旺，杂米则不会发酵。那些从运河运来的丹阳米，米质吸水性好，且干

燥、含水率低。

宁波人有一种从海外船运来的米，细小并且粒重较轻，千万不要用来酿酒。新昌、嵊县的粳米，它的米质，虽然没有像糯米那样的糯性，但可以象糯米那样用酿酒，只不过是所酿的酒要现做现卖，不易保存。

这里把糯米的选择讲得很清楚，一要变子，阴子较差。二要选本地山区的糯米，可能是山区较为清凉，稻谷成熟时间长，米质好的缘故。但山阴、会稽的虽然也有好的，只是掺假使杂的太多了，让做酒的望而怯步。这可能也是后来民国时期的“绍兴酒酿造法”中，都说本地米质不如江苏丹阳等地的真正原因。

再看论浸米。

酿制绍兴过程中的浸米，并不单单要求干燥的大米进行吸水膨胀，便于蒸煮，而有着绍兴酒制作特别的要求，并与酒的风味有着直接的联系。故传统绍兴酒的浸米时间一般长达2~3周。然此酒谱中的浸米，并不是浸米的操作要求，而是浸米的配方及用工。

凡米三十担为一作，计二十缸。挑水、搧糠，并浸，共约二工。但路有远近，不可概论。东浦以上，二十缸为一作，亦有十缸为一作者，各家规例不同。

用米担半一缸，指本地家酒而言。京酒每缸加一，然米亦然。米亦有好歹、干湿不同，总以称饭为主。京酒每缸三百六十斤连箩、索，因京酒要赶粮船，日子不足，不过三十余天之内。家酒可停五、六十日之久，每缸连箩、索三百三十斤也。箩、索约重七斤。东浦养酒八十日之久，时多米白，作热水重镬煎，不取酒油，故佳。

上述文字不难理解，这里有两点需要说明，第一是“京酒”，这里的“京”并非指京城，与销本地的“家”相对，泛指销往外地。从字面上理解，京酒应该是发往外地的酒，因要赶运粮的便船，存放不足三十天，便要发货。这里的“京酒”与“京庄”还有一定的差别。京庄是指酒的品位高低，最高为太号花雕（大花雕）、次为仿样花雕（小花雕）、第三为京庄。且京装为二三年之陈品。[4]这里发往别处的是当年的新酒，所以质量比本地销的要好些。第二是“京酒每缸加一”，这个“一”只是一个大概数，不是确数。即约为一成（10%）。因为酿造京酒每缸用饭连器具总重为三百六十斤，而本地销的家酒为三百三十斤。后面注明器具重量“箩、索约重七斤”。从这里可以看出，当时绍兴酒遍天下是有其内在原因的，即销往外地的酒所用的原料更多，品质更高。其根本原因是销往外地的酒，由于车舟搬运晃荡，易使酒变质，只有更高的品质，才能保证送到各地都不变坏。

2 水

酿造绍兴酒，把水比作“酒之血”，可见对酿造用水的重视程度。其实，在童岳荐的酒谱中，是将水列为第一的，笔者根据本文编写需要，将其放在第二部分。

“论水”

造酒必藉乎水。但水有清、浊、咸、淡、轻、重之不同。如泉水之清者，可以煮茶；河水之浊者，可以常用；海水之咸者，可以烧盐。而皆不利于酒。盖淡，清者必过轻。咸、浊者必过重。何地无水？何处无酒？总不免过轻过重之弊。而且性有温寒之别。寒者必须用灰以调理，饮之者每多发渴。惟吾越则不然，越州所属八县，山、会、肖，诸、余、上、新、嵊，独山、会之酒，遍行天下，名之曰绍兴，水使然也。如山阴之东浦、潞庄，会稽之吴融、孙端皆出酒之，数其味，清淡而兼重，而不温不冷，推为第一，不必用灰。《本草》所谓无灰酒也。新、嵊亦有是酒，而却不同：新昌以井水，嵊县以溪水。井水从沙土而出，未免宁静。椇（临）缸开爬之时，冷热莫测，须留心制度，尚不致坏；溪水流而不息，未免轻箔（薄），造之虽好，不能久存。总不如山、会之轻清香美也。

浑水不能做酒。鄙见以白矾打之第，未曾试过。

井泉酒：越之新昌，以井水造酒。其性冷、热不常，倘一时骤势，不可过，须急去缸盖，用爬多擢。加顶好老酒，每缸一坛，或二坛亦可，总以温和、宁静为主。

这里，虽然论述了水的各种不同特性，但是没有提及“鉴湖”。作为绍兴人的童先生是不可能不知道鉴湖，鉴湖水的。可见当时对于酿造绍兴酒的优秀品质，所用之水是有区别的，但尚未明确是由于鉴湖水的缘故。当时越州的八县，唯山阴、会稽的绍兴酒，遍行天下，是水的原因。这种水酿出的绍兴酒用现在的评语来说就是清爽、醇厚、柔和，所以被推举为第一好酒。其他酒之所以不及绍兴酒，水是很重要的的原因之一。到民国时，周清的绍兴酒酿造研究中，也不单指鉴湖水。周清认为“我国绍兴地方之黄酒，多仰给于鉴湖、霞川、若耶溪等水，以水自群山万壑而来，经过土砂岩石，清化作用既盛，有害物质已少也。故无论为浸渍用，为发酵用，皆用河水，而不用井水，以绍地河流交错，湖水澄清，固勿必绠深汲短为也。”[5]

新昌，嵊县用井水、溪水酿酒做出酒虽然也不错，但不能长久存储，也不如山阴、会稽的来得清爽香醇。

这里特别点到了井水泉水酿的酒，发酵来得激烈旺盛，要及时去除缸盖，并且多加搅拌。再不行就加好酒每缸一至二坛，使其降温并减缓其发酵。作者虽然看到了这一现象，但没有说明其中的道理，受当时科学知识的限制。其实，井水、泉水由于矿物质含量较高，尤其是钾、钠等金属离子含量较高，易刺激酵母发酵加剧的缘故。

3 曲药

3.1 酒药

童岳荐在正文没只介绍了制曲，没有提及制酒药。但文末所附的“浙江鲁氏酒法”中且较为详细地介绍了酒药的制作方法：

造药饼，七八月以早稻米磨粉，用蓼汁为丸，梅子大，用新稻草垫，以蒿覆或以竹叶代，再加稻草密覆七日，晒干收储。

这个做法，与现在的酒药制作基本一致，只是现在制作酒药是用陈酒药作为微生物菌种进行接种后，经自然培养而成。而在作者的记录中，恰恰没有接种这一环。这应该不是作者的遗忘，而是原来制作酒药就是这样的，这样的酒药所使用的量要比现在多些，因其中的微生物菌种的含量不可能象接种那么丰富。

如果我们来对比一下，晋嵇含的《南方草木状》中的酒药制作，发现与《调鼎集·酒谱》中造药饼如出一辙。

草曲南海多矣。酒不用曲蘖，但杵以米粉，杂以众草叶，冶葛汁涤溲之。大如卵，置蓬蒿中，荫蔽之，经月而成。用此合糯为酒……[6]

可见，传统制作酒药并不用陈酒药接种，而是纯自然培养而成。

3.2 制麦曲

由于童岳荐是绍兴人，故在文中多处使用绍兴方言。其中最有代表性的方言除前面论米中的带青的米称为“青秧”（绍兴话念作“青 ang”）外，这里的制曲更是惟有绍兴的方言。写作“罨曲”。绍兴话将“罨”念作拼音“e（抑）”，已如前所述。罨是“遮盖或封闭有机物，使变质发酵”，太准确了。原来这个意思是从明代的《正字通》来的，而正字通的来源是《黄鄮山集》中有一篇《禁民罨谷为红曲榜文》，原来意思就是制曲，与绍兴酒的制曲意思完全相同。再看《调鼎集·酒谱》中的罨曲，则意思尽出。

造酒先须罨曲，罨曲必先置麦。五月间，新麦曲市。择其光、圆、粗大者收买，晒燥入缸。缸底用砻糠斗许，以防潮气。缸面用稻草灰煞口，省得走气。至七月间再晒一回，名曰“拔秋”。八月鸠工磨粉，不必太细。九月天气稍凉，便罨矣。以榨箱作套，每套五斗，加大麦粉二、三斗，不加亦可。每箱切作十二块，以新稻草和裹，每储曲四块，紧缚咸捆。以乱稻草铺地，次第直竖，有空隙处用稻草塞紧，不可歪斜，恐气不能上升，必致霉烂。酒味有湿曲之弊，即此之故。谚云：“曲得湿，竖得直。”信不诬也。如有陈曲，须将于春、夏之间晒好，舂碎，用干净坛盛储，封固，不致蛀坏，下半年可与新曲搀用。盖陈曲造酒，其色太红，且究竟力弱，是以只可与新搀用，用至十分之三足矣。京酒曲粉要粗；粗则吃水少，酒色必白，浑脚亦少。家酒曲粉要细，细则吃水多，色必红。因家酒喜红故也。

罨曲房以响亮、干燥之所为妙，楼上更好。

向例，罨曲原系用麦，价昂贵，将早米对和亦可。早米代麦，其粉要细，米有肉无皮，较麦性为坚硬，粗则不能吃水。水不吃则米不化，反有无力之病。然亦因麦少而代之，且酒多浑脚非造酒之正宗也。

这里有三点值得细究，一是虽为草包曲，已不至于烂曲，然做曲要有一定的水分，且这个水分要在发酵时，容易挥发。故专门列入一谚语："曲得湿，竖得直"。二是做曲时考虑到麦子比早稻米要贵，也可适量加入早米粉。但加入早米粉制出的曲，在酿酒中容易产生浑酒脚，虽也能酿酒且不是一个正确的做法。三是麦曲当年用不完下一年仍然可用，只是不能全用陈曲，而只能与当年新曲合用，且用量一般不超过 30%。众所周知，长时间存放的曲，其酶活力会下降，但留下来的霉菌会是生命力最强的菌种，并且菌系会更复杂，可能对自然培养的酶系会有一定的作用。

这里制曲的所有方法与近代绍兴酒生产过程中的制曲完全相同。

4 配方

所有酿酒过程中，其配方不可否认应为核心。《调鼎集·酒谱》十分详尽地介绍了酿造绍兴酒的配方。配方根据气候会有适当的变化。

4.1 米

米为绍兴酒之肉，醇厚的好酒绍兴人会说："肉头厚"。每缸用米前有所述为"用米一担半"，以一担 150 市斤计，约为 225 市斤。做酒为"讨彩头"将米量定为 288 市斤。蒸好饭后，饭为 330 市斤，如外卖的酒加饭 30 市斤。从这里看，绍兴酒的出饭率应该在 147% 左右。

4.2 曲

每缸"用曲四斗，酒娘二挽斗，春天折半"。以每斗 15 市斤计，每缸约用曲 60 市斤左右；以每挽斗 6 市斤计，则酒母用量为冬天 12 市斤左右、春天 6 市斤左右。

4.3 水

"先一日，将作水挑齐"。说明每缸中的水是提前一天放入缸内的，那么其放入的水是多少呢？酒谱中只记了"冬水，三浆三水；春水，三浆四水"。先看这浆水清水的比例，已非常明白地告诉大家，冬天浆水可多放些，春天浆水则适当减少些。目的是要保证米浆水的酸度在一定的范围之内，不能太低也不能太高。用没有酸度的清水进行调节。

那么每缸配方中究竟水为多少呢？

这里有二个参数可供参考，且比较可信。一是唐代韩鄂在《四时纂要·十二月》中的腊酒配方："造腊酒：腊日取水一石，置不津器中，浸曲末三斗，便下四斗米饭。至来年正月十五日，又下三斗米饭。又至二月二日，又下三斗米饭。至四月二十八日外开之。其瓮但露着，不用穰草，则三伏停之，不败。"[7] 这里的原料配比是，一石米，一石水，三斗曲。这个配方的米水比已经与现在的绍兴加饭黄酒相似了。再选一个参数是民国时期大学教科书，方乘编写的《农产酿造》，在第十五章，绍兴酒中对淋饭酒配方的水作了明确的阐述："加入与饭等重之冷开水，内和浸米的浆水七分之三，清水七分之四，即俗所谓三浆四水是也"。[8]这里的"与饭等重之冷开水"应该是"与米等重之冷水"，其中浸米的浆水七分之三，清水七分之四，也就是所谓的"三浆四水"。在对摊饭酒的配方水表述为："缸中先置三浆四水，或三浆三水，或三浆五水，依酿酒的品质而异"。[8]

为什么要选这二例，一是前一例时间较早，后一例为教科书，可信度较高。以此来推断童岳荐的"三浆三水""三浆四水"应该其水量与米量同，才不致于不作交待而让人费解。

5 酿制

绍兴酒的酿制技艺为国家第一批批准的非物质文化遗产，证明其酿造操作为绍兴酒之核心，需小心保护。除前面已列入的曲、药、配方外，还有独特的操作方法，《调鼎集·酒谱》中作了相当完整的论述与说明。

5.1 蒸饭、落缸

传统绍兴酒在蒸饭时，采用的是大铁锅，绍兴话称作"淘镬"或"淘锅"。这里说得十分清晰，蒸饭时米是渐次慢慢放入甑内的，不是一次加入，目的是防止蒸汽上汽不匀。文中的"曲先撒"不是指酿酒用的曲先撒好，而是竹箄上先撒点曲末，防止米饭粘在竹箄上的做法。文中的"开爬"即为现在的"开耙"，就是用竹耙对发酵醪进行搅拌。

先将淘镬水烧滚，垫好，以空柔（以下凡柔均以甑替）放镬上，先储米七、八斗，俟其气撺起，渐次加上，以满而熟为度。用簸匾盖之。曲先撒，去箄将饭倒出，用桦楫摊开，少顷转面，俟稍凉盛储于箩，每缸秤三百三十斤。如出外之酒，加上三十斤，用曲四斗，酒娘两搀斗，以小桦楫捣散饭之大块，次用大桦楫，前后左右，次第捣之，如稀饭一般便好。上用缸盖盖之，外面稻草围绕。春天不必。八、九个时辰，即能发觉（酵）。八、九个时辰亦寻常而言，热作三、四个时辰即可开爬（耙）。冷作十多日俱不可定，务须加意留神，预备火俱，灯笼，以便随时起看。其气触鼻，便是旺足，即用草肘（帚）将缸盖竖起二、三寸高，总看天寒、热，以定竖草之高（古云：下缸要热，揭饭要热。）

文中最为重要的一点是：热作、冷作的说明与现在绍兴酒酿造中的热作、冷作有明显的不同。这里指的热作，是指落缸温度较高，开头耙时间较短。冷作是指落缸温度较低，开耙时间较长。与现在绍兴酒酿制中的热作，指开头耙温度较高；冷作指开头耙温度较低不同。笔者认为热作酒就是适宜发酵的温度，冷作酒就是在落缸时没有掌握好落缸温度造成的。故后文有"热作酒气旺，故力足而味香。冷作酒气弱而味木。"应该说现在绍兴酒酿制中的说法还不如童岳荐的记述更准确。

5.2 发酵、开耙

开耙是绍兴酒酿制过程中，人为控制的关键。一个有经验的酿酒师傅，会根据前面的各道工序中的实际现象，调整发酵开耙的温度、时间与频率，以控制发酵正常进行。根据落缸后的实际现象，文中也通俗记录了此类现象。

开爬有热作、冷作之分。缸面有细裂缝，即是热作。或无裂缝，更热。先用手蘸尝味，甜时即可开爬。若到泚（涩）苦开爬，即酸矣。如果势太猛，叠次打爬，恐或误事，须用陈老酒倒入，以势乎为度。缸面裂缝太大，即是冷作。不可开动，甚至月余而开者，往往而有之。至于水管水，饭管饭，便为冻死。急用好烧酒一茶壶，四、五斤，炖热，连茶壶沉入缸底，自然起发如故。热作酒气旺，故力足而味香。冷作酒气弱而味木。

这里有几点是值得肯定的。一是观察热作与冷作看开耙前的“缸面”，即落缸后曲饭上表层的现象，温度适宜，必糖化发酵快，缸面的裂缝会较小或定时去观察时，连裂缝都看不到了。而落缸温度低，则糖化发酵慢，缸面裂缝会较大，且品温会较低。

然后，对于落缸温度太高、发酵太激烈的处理方法是缸中加入“陈老酒”。这样酿酒季节的陈老酒自然温度很低，能迅速调节发酵品温。且陈老酒不会含有其他不利发酵的杂菌。对于落缸温度过低，发酵不起来，便用“烧酒一茶壶”，加热后，沉入缸底让其品温上升，加快发酵。而烧酒中较高的酒精度又能抑制杂菌的感染程度。至于到开耙的时间，发现饭仍然与落缸时一样，水也同样不与饭一块融合发酵，则认为此缸酒已然冻死了，没有起死回生的办法了。

5.3 榨酒

在榨酒一节中，反映出清代绍兴酒酿制时，后酵时间比现在要短，外销的加饭酒投料四十日后即可开榨，可能是为了赶时间。销于本地的酒则可六十日压榨。而现在的传统绍兴酒酿造时间一般在六十天至九十天。

出外者已经加饭，四十日可榨。家酒六十日，先用小箩割清，次用绸袋盛储，以箬缚口，放入榨内，竹垫间之，加绸袋，多余之（置）顶，夫可用样签插边。俟其流榨套，样签可去。然后用千金加上蝴蝶，再等一回，逐渐加上石块，但必须次第加增，庶免裂破。追晚发出，解去其箬，将袋三摺，仍放入榨，竖起俟（挨）列，照前式。此次可将石块一齐压上，至榨桶之清水（酒）。须时时留心为妙。

或云：榨酒不宜割清，因浮面之酒无力，恐其色昏。如不割清，糟、酒一同榨出，统归澄清矣。此说亦可。

上述有几个词需要解释一下，“样签”为三、四厘米宽，五、六十厘米长，一端略尖的竹片、竹签。用来挡压榨机顶部的绸袋不致于滚落出榨箱，榨箱内的酒稍流一会，里面的绸袋便会下降，此时可除去竹签。目的是增加一榨的上榨量。“千金”是木制酒榨最上部的横杠，用来连接压石的升降杆。“蝴蝶”是榨箱内用来压绸袋的压板。

5.4 煎酒

成品黄酒的加热灭菌，习惯称“煎酒”。煎酒是一个重要的工序，包括对酒的调配、加热的温度、灌坛称重及对灭菌后酒坛口的密封。《调鼎集·酒谱》中的煎酒与当今传统绍兴酒的煎酒，除煎酒器具更换成连续式灭菌装置外，其余则完全相同。

煎酒之先一日，预炼黄泥，用蕴头糠和。如遇冰雪，用草盖之，并撒汤。灰白坛更将压底，放于清缸，不致浑脚泛上。即用镴坛，将酒盛储，以便起早举火。冬月三更起来，春日日长，只要亮时。每作两日，每日两人。如外出之酒，须加一人包泥。先将镴坛放于陶镬，以帽头盖好，用碗抽接油。油急而气直冲出，其酒自清而熟，可以抬起换生冷镴坛，放下即无过生、过熟之弊（即生“翻白花”之谓）如出外之酒，不宜去油。去其帽头，以镴盖盖之。

坛必烝（蒸）透，既透，用牌印写字号。以干净白布仔细擦抹。或坛于未烝时用印；有云，更清而坚。

灌酒时必须留心，不致倾泼于地。且必双灌，以免浅弊。灌酒之后，先用荷叶，次用竹箬，以篾缚紧，剪去四边，将黄泥泥好。其泥头如外出者，要高而大，家酒不拘。出外之酒，其坛要用瓦灯盏，亦有用瓦片者。

这里有几个词是绍兴的方言，有必要解释一下。“蕴头”是稻谷脱粒后，留在稻谷中的稻草残余部分，经风力扬吹后不是稻谷的那部分，是一些残存的碎稻草。拌入泥中能防止泥头干后开裂，也是废物利用。“糠”指砻糠。现在大生产，不可能有那么多的蕴头了，全用砻糠（谷壳）代替。“镴坛”是煎酒器，用锡制成，绍兴方言称“锡”为“镴”。这种锡制的煎酒器，外形象一只大酒坛，一次煎酒能煎一百多斤。当酒被锅中沸水烧开后，上部的锡盖会发生啸叫，里面的酒也就沸腾了。俗称“翻白花”。煎酒时这种煎酒器会有数个，轮流使用，以便连续作业。这种煎酒器盖上有一个装置，能收集酒液在加热过程中的酒蒸汽，俗称“酒油”，又称作“酒汗”或“汗酒”。销往外埠的将收集到的酒油加入所煎的酒中，以保证不变质。本地销的则可作为副产品。

酒坛外标识的牌印，可蒸坛后盖，也可蒸坛前盖。有人说，蒸坛前盖，能使牌印更清晰且坚固。其他则很容易理解。

5.5 医酒

这里的医酒，是指发酵不正常，酸度过高的酒的处理办法。传统黄酒酿造因为是纯手工的，其控制往往不能完全一样，如蒸饭的熟度、落缸的温度、开耙的次数、及其他的种种操作都会有异。所以，所酿的酒便不时会有酸酒，这里告诉了如何处理的一些办法。

酒有酸翻，亦有有力、无力之别。有力酸者，饭足水短，开爬不得其时，或天气冷热不均，致有此病。其酒轻味厚，交冬时候，将酒倒于缸内，尝其味之轻重，用燥粉治之。去其酸，加以酒油，与随常好者一样，仍用坛盛储，包泥，但急需发卖，春气动必致于坏也。无力酸者，酸味更重于有力，且有似乎将翻之状，治法同前，但须多加酒油翻之。有力者缘煎之不熟，或煎时误入生水，其色微白，气重有花。只要将花滤净，每大坛加黑枣八、九枚，一、二日内便发。若发卖迟则无救。至于无力之翻，状如桐油，色如米泔，气不可闻，无可救矣。好酒之闻者有翻意，无关有力、无力，此坛之不干净故也。

有用赤小豆一升，炒焦袋盛，入酒坛中，则如旧。

又，酸酒每坛用铅一、二斤，烧极热投酒，则酸气尽去。

这里有几个方言也需要解释清楚。“翻”绍兴方言，意思是发生变化，清酒受杂菌污染较轻时，先是发生浑浊。绍兴方言称为“翻浑”；再严重一点，酒在变混的同时，酒色看上去浅了些，绍兴方言称“翻白”；如果用嘴尝味道稍有了变化，绍兴方言称“翻味”。总之，这个“翻”字用处多多。这样解释后，上面的文字意义便很清晰了。这里的“燥粉”，指的是干燥的石灰粉，用来中和酸酒的。这一治酸酒的方法，一直沿用至今。

至于处理好的酒再用炒焦赤小豆放入酒中一定时间，杂味取消，这有点象现在的活性炭脱味的功效。

用铅一、二斤烧红浸入酒中除酸，则是利用铅的碱性金属特性，酸碱中和。但铅往往会以金属离子的形式游离于酒液中，给酒液带来铅中毒的风险。所以这个办法，至今没有人沿用。

6 陈化

晋《南方草木状》中有：“南人有女，数岁，即大酿酒，既漉。候冬陂池竭时，寘酒罂中，密固其上。瘗陂中。至春潴水满，变不复发矣。女将嫁，乃发陂取酒，以供宾客。谓之女酒。其味绝美”。[6]清袁枚说过：“绍兴酒如清官循吏，不掺一毫造作，而其味方真。又如名人耆英阅尽世故，而其质愈厚。”这两段话说明了一个道理，就是绍兴酒经多年储存，方得珍品。如何储存？《调鼎集·酒谱》中也给出了方法。

存酒房屋须明亮、临风，夕（亟）忌湿暗。地势宜高不宜低洼，泥地则不干，低洼恐遇大水，则搬移不及。先将地调停平稳，凸者去之，凹者补之处尚须舂实。以小样者作底，大样者居上。大酒每舂（椿，下同）三个，小酒每舂四个，均须平宜，不可歪斜。倘有空隙，用草肘塞紧，庶不致有卸舂之弊。每年过舂两次，五、六、八、九等月是也。霉烂、渗漏，均可捡出。霉烂者即发坛也。渗者浸润而不漏，其酒尚不至于坏。如大漏，则有翻不翻之患。

这里的“椿”也是绍兴方言，指的是酒坛直立堆叠一组三至四坛，为一椿。“卸椿”是由于地面不平，或堆叠不牢固所致的倒塌、破碎。“过椿”又称“翻椿”，一般每年两次，一在五六月份，二在八九月份。其主要作用是拣破漏的坛酒，以防进一步变质而造成损失。之后，又加了两个小经验。一是对陈酒的看法：“酒过八月无新陈，三、五年更佳。陈酒开时加浓茶一杯，无霉气”。二是对酒坛封口泥头的看法“黄泥有香气，其性柔；田泥有臭气，其性散。加砻糠炼则韧而软，故用黄泥而不用田泥者，此也。”

除上面介绍的绍兴酒酿造体系，童岳荐还在做酒的所有涉及到的工器具及相关的制曲、酿酒等都作了详尽的记录。如文中有“糟烧”、有泥头的做法、有怎么在酒坛外编篾络、有论缸、论坛、论灶及酿酒工器具、蒸馏糟烧的家伙等一应俱全。堪称绍兴酒酿制的大百科。

纵观上述六个方面，可以得出一个结论：绍兴人童岳荐在《调鼎集·酒谱》中用亲身经历与选择资料相结合的方法，完整地勾勒出清初绍兴酒酿造的整个技术体系。它与当今的绍兴酒酿造无论从原理上，还是所采用的酿造操作方法上；无论是工器具的制作与使用上，还是对酿酒过程出现的问题处理上，都与现代传统绍兴酒的酿制无二致。足以说明当时绍兴酒的酿造技术体系已相当成熟。

再观，清梁章钜在《浪迹续谈》卷四中有“今绍兴酒，通行海内。可谓酒之正宗。……至酒之通行，则实无他酒足以相抗。盖山阴会稽之间，水最宜酒，易地则不能为良。故他府皆有绍兴人如法制酿，而水既不同，味即远逊。即绍兴本地，佳酒亦不易得。唯所贩愈远则愈佳，盖非致佳者亦不能行远”。[9]这与《调鼎集》所述完全吻合。

绍兴酒在清代由于其已经有了足够的理论与实践的支撑，绍兴酒能遍行天下，便是情理之中的事。民国时期绍兴酒成为国人第一选用的酒种，而大肆推广，也就不难理解了。

参考文献

[1] 张延年校注，童岳荐编撰．调鼎集．北京：中国纺织出版社，2006

[2] 辞源（修订本）北京：商务印书馆，1988

[3] 罗竹风，汉语大词典．汉语大词典出版社，1991

[4] 赵燏黄．绍兴酒酿造法之调查及卫生化学的研究．国立中央研究院工程研究所十七年度报告，1919

[5] 周清 绍兴酒酿造法之研究 新学会社 中华民国十七年八月（1928 年）

[6] 五朝小说大观．上海：上海文艺出版社，1991

[7] 唐·韩鄂．四时纂要．缪启愉修订．北京：农业出版社，1981

[8] 方乘．大学用书《农产酿造》中华书局 民国二十八年（1939 年）

[9] 魏邦家．古代酒事文钞．北京：中国文史出版社，2007

温古知新：
［宋］陈元靓辑《新编纂图增类羣书类要事林广记》所载酒之史料标点及红曲与酒浅析

周立平

浙江工业大学，浙江　杭州　310000

《新编纂图增类群书类要事林广记》简称《事林广记》，是宋末元初文人陈元靓编纂的一部百科全书型的古代民间日用类书。它广泛采集资料，不但对当时的古人具有很高的实际应用价值，也为后人系统地保留了大量宋代社会生活史料，是学术界公认的研究中国古代日常生活的重要史料。本书首次在类书中附载大量插图，图文并茂便于阅读。现今流行的版本主要有元代至元六年（1340 年）庚辰良月郑氏积诚堂刊刻的《纂图新增群书类要事林广记》、元至顺年间（1330—1333 年）建安椿庄书院刻本和日本元禄十二年（1699 年）翻刻本等。

《事林广记》现存较具代表性之元刊本，1999 年由中华书局据中国元刻本和日本元禄十二年翻刻本影印影出版，但印数较少。

之后，江苏人民出版社于 2011 年 4 月刊行了《事林广记》耿纪朋译白话插图本，发行量较大。笔者一直关注《事林广记》中有关酒类的重要记载，对该部分内容自然十分在意。但细读相关酒类译作（白话），不能令人满意，更见到在“东阳酒曲方”中，将“曲温过高可能导致烧曲”之原意，译为：“……三五日后，将曲房上的窗纸扯去使其通风，不然可能会因曲房温度过高引起火灾”；在“造红曲法”之“造曲母”中，将“白糯米一斗，用上等好红曲二斗”译为“白糯米一斗，可制作上等的好红曲二斗”，皆大谬矣！

考虑到日后可能会有更多的酒界同仁关注《事林广记》涉及酒类之记载，笔者特将本书所涉“酒曲类”部分，标点如下：

《新编纂图增类羣书类要事林广记卷之八》［别集］

酒曲类醋酱鼓

（酒醴总叙）昔，仪狄造酒而美；进之于禹，禹饮而甘之，遂疏仪狄。然酒可以供祭祀，可以奉宾客，皆礼之所不废者。如诗所谓：“为酒为醴，以洽百礼”，又谓：“我有旨酒，以燕乐嘉宾之心”，皆是物也。至于养生伐病，世或资之；则日用饮食之间，亦不容阙。今取其品味之美者，载于前；酿法之良者，备于后。谅亦好事者之乐闻也。

造曲法

东阳酒曲方

白面一百斤、桃仁廿两、绿豆廿斤、杏仁三十两皆去皮研为泥，川乌廿两炮去皮脐，莲花二十朵、熟甜瓜十个去皮擂为泥，苍耳心二十斤、竦母藤嫩头二十斤、竦蓼嫩叶二十斤、二桑叶二十斤、淡竹叶二十斤，右将五叶皆装在大缸内，用水三担浸日，晒七日。用木杷如打淀壮打下，以罩篱漉去枝梗，用此水煮豆极烂。将生桃杏泥等与面、豆和成硬剂，踏成片，二桑叶裹，外再用纸裹，挂于不透风。三五日后，将曲房上窗纸扯去，令透风，不尔恐烧了此曲。自至元三十年，宣徽院差人就杭州路造十数万斤不绝，以为常例。

造红曲法 凡造红曲皆先造曲母

造曲母

白糯米一斗，用上等好红曲二斗。先将秫米淘净，蒸熟作饭，用水升合如造酒法，搜和匀下瓮。冬七日，春秋五日，夏三日，不过以酒熟为度。入盆中擂为稠糊相似。每粳米一斗，止用此母二升。此一料母，可造上等红曲一石五斗。

造红曲

白粳米一石五斗，水淘洗，浸一宿。次日蒸作八分熟饭，分作十五处，每一处入上项曲二斤，用手如法搓揉，要十分匀。停了，共并作一堆。冬天以布帛物盖之，上用厚荐压定，下用草铺作底，全在此时看冷热，如热则烧坏了。若觉太热，便与去覆盖之物，摊开；堆面微觉温，便当急堆起，依元覆盖；如温热得中，勿动。此一夜不可睡，常令照顾。次日日中时分作三堆，过一时分作五堆，又过一两时辰却作一堆，又过一两时分作十五堆。既分之后，稍觉不热又并作一堆，俟一两时辰觉热又分开，如此数次。第三日，用大桶盛新汲井水，以竹箩盛曲作五六分，浑醮湿便提起，醮尽又揔作一堆，似稍热依前散开，作十数处摊开。候三两时又併作一堆，一两时又撒开。第四日，将曲分作五七处，装入箩，依上用井花水中醮，其曲自浮不沉；如半沉半浮，再依前法堆起、摊开一日。次日，再入新汲水内醮，自然尽浮。日中晒干，造酒用。

东阳醞法

白糯米一石为率，隔日，将缸盛水浸米，水须高过米面五寸。次日将米踏洗，去浓泔。将箩盛起，放别缸上，再用清水淋洗净，却上甑中炊，以十分熟为度。先将前东阳曲五斤捣烂筛过，匀撒放团箕中，然后将饭倾出，摊去气。就将红曲二斗于箩内搅洗，再用清水淋之，无浑方止。天色暖，则饭放冷；天色冷，放温。先用水七斗倾在缸内，次将饭及曲拌匀为度，留些曲撒在面上。至四五日沸定，翻转。再过三日，上醡压之。

上槽

造酒寒，须是过熟，即酒清数多、浑头白、酵少。温凉时并热时，须是合熟便压，恐酒醅过熟，又槽内易熟，多致酸变。大约造酒，自下脚至熟，寒时二十四五日，温凉时半月，热时七八日便上槽。仍须均装停铺，手安压板，正下砧簟。所贵压得均干，并无湔失；转酒入瓮，须垂手倾下，免见濯损酒味。寒时用草荐、麦䴬围盖，温凉时去了，用单布盖之，候三五日，澄折，清酒入瓶。

收酒

上榨以器就滴，恐滴远损酒，或以小竹子引下亦可。压下酒须是汤洗瓶器，令净、控干，三二日次候折澄去尽脚，纔有白丝则浑，直候澄折得清为度，则酒味倍佳。便用蜡纸封闭，务在满装，瓶不在大，以物阁起，恐地气发动酒脚失酒味；仍不许频频移动。大抵酒澄得清、更满装，虽不煮，夏月亦可存留。

煮酒

凡煮酒，每斗入蜡二钱、竹叶五片、官局天南星员半粒，化入酒中。如法封系，直在甑中（秋冬用天南星丸，春夏用锁并竹叶），然后发火，候甑簟上酒香透，酒溢出倒流，便揭起甑盖，取一瓶开看，酒滚即熟矣，便住火。良久，方取下置于石灰中，不得频频移动。白酒须发得清，然后煮。煮时，瓶用桑叶冥之，庶使香气不绝。

止酸酒法

每酒一斗，瓶着生鸡子一个，石膏半两，捣细缩砂仁七枚，封三日便佳。

又法 每酒一埕，用黑锡一斤，炙令热，授于酒中。停于日，酸味尽去。其锡可再用。

又法 甘草一两，桂二铢，白芷、缩砂各一铢。右件并捣为末，取三铢入酒酸即去。

治酒不沸法

酿酒失冷有三四日不发者，即拨开饭中央，豁入成熟酒醅三四碗，须臾便发。如无酒醅，即将好酒倾入一二升，即时便有动意。不尔则作甜。

收杂酒成美酝法

如人家有喜庆事情，诸家携酒来庆，味之美恶不齐者，理必然也。共聚作一缸，折澄清。将陈皮一把三两许，撒入瓮内；浸三日，漉去，再撒入一把。如此三次，其味香美。

收酒不损坏法

将酒折澄极清，先于瓮底安好曲一块约一斤，在上以净物压定，将清酒欵欵倾入封闭，其味永不坏。

酒曲秘方

白面一百斤、绿豆五斗、辣蓼末五两、杏仁十两去皮研为末。右用蓼汁浸绿豆一宿，次日同煮极烂，摊冷，和曲，次入杏泥蓼末等作一处拌匀，踏成饼子，纸裹挂当风处。须三伏中造，四十余日，然后去纸衣尘土，极净，晒干收起。

淘米、浸米

每米须捣令极白，筛去碎者；用水如法淘洗净，淋见极清水方止。倾入缸，水浸过米二三寸，天气热浸五日，天凉浸七日。

浮饭

浸米时每一石约取二升，熟炊，略摊气过。用曲三两拌匀，用小箩盛了。将缸中米深开一孔，安上项箩子在内，准前法候饭浮动却发酵。

焙曲

发酵前一日，将曲捣碎，米筛筛过。焙笼中慢火焙去湿气，用手抄转，如觉燥即住，火不可太猛，恐焙过曲力，酒不能发。

酵

每造酒一石，先一日，取前所浸米五升许，炊饭摊冷，用焙曲四两、水五升、正发酒醅半碗，并前浮米饭，用小缸拌匀盖了。如次日醞酒早，则不须打转，晚则略打转。若造酒二石，则依此加用。

醞

发酵后一日，再沥取所浸米八斗许，炊饭摊，令温冷得所。天气热时则发冷，天气冷则放热。用曲二十三两、水四斗五升，捻饭令碎，入前酵拌匀，盖覆。或天气热，放开一边三二寸缝；或天气冷，则全盖定。约一昼夜打转（谓如午时造，则次日午时打）。如觉发得猛时，至晚打转一次；如不甚发，则晚间不须打转，次日天明再打一次，晚又打一次；如发得猛，午间再添打一次。每打转转时，须净拭瓮口边汗。

报饭（即投也）

第三日天明再打转了。至辰巳时间，却将所浸余剩米尽炊作饭，摊温冷得所，逐旋入缸，按开再打匀，如前盖定。若申酉间报，则晚间不须打转，第四第五日，各天明晚间打转十次，第六第七日只须天明打转一次，此后不须每日打。再候六七日后略打转一次，更过十日又打转一次，直至一月足方榨。

灰

每用炭灰如茶房中所卖炉灰尤洁净，纱帛罗过，饭饮团成盏样阴干，入灶内熟烧通红，取出候冷，研细再罗过。每米一石，入灰一茶盏拌匀，方上榨。

白酒曲方

木香、当归、缩砂仁、藿香、零苓香、川椒、白术，以上各一两；桂三两，檀香、吴茱萸、白芷、甘草各一两；杏仁一钱别研为泥。右件药味并为细末，用白糯米一斗，淘洗极净，舂为细末，入前和匀。用青辣蓼取自然汁搜拌，干湿得所，捣六七百杵，圆如鸡子大，中心捺一窍，以白药为衣，秆草去叶，觑天气寒暖盖闭一二日。有青白孛将草换了，用新草盖。有全孛将草去讫。七日聚作一处，逐旋放开，斟酌发干三七日。日用筐盛顿悬挂，日曝夜露。每糯米一斗一两五钱重，苏、湿、破者不用。

酿法

新白糯米不浆浸，陈糯米水浸一宿，淘以水清为度。烧滚锅，甑内气上，渐次装米蒸熟。不可太软，但如硬饭，取匀熟而已。饭熟，就炊单舁下，倾入竹差内，下面以木桶承之栈定，以新汲水浇。看天气，夏极冷，冬放温。浇毕，以曲先糁瓮中。如饭五斗，先用二斗曲末同拌极匀，次下米与曲拌匀。中心跑开见瓮底，周围按实。待隔宿，有浆来约一碗，则用小杓浇于四周；如浆未来，须待浆来而后浇。要辣，则随下水；欲甜，更隔一宿下水。每米一石，可下水六七斗，如此则酒味佳。天寒，覆盖稍厚。夏四日，冬七日熟。在瓮时，有浆来即浇，不限遍数，用小杓豁起浆在四边浇泼。下水了，不须浇。

用水法

每造米一石，内留五升，用水八斗半一起熬作稀粥，候冷投入醅内，此即用水法也。

候浆法

下了脚，须至一伏时，揭起于所盖荐。外听闻索索然有声，即是浆来了。后又隔两日下水，仍先将糟十字打开，翻过下水不搅，仍旧作窝，更待二三日方可上榨。

鸡鸣酒

甘泉六碗、米三升做粥，温和曲半斤、三两饧稀、二两酵、一抄麦蘖，要调匀。黄昏时候安排了，来朝便吃瓮头春。

右先将糯米三升净淘，水六升同下锅煮成稠粥，夏摊冷，春秋温，冬微热。曲、酵、麦蘖皆捣为末，同饧稀下在粥内，拌匀。冬五日，春秋三日，夏二日成熟为好酒矣。

［又法］就此料内加入官桂、胡椒、良姜、细辛、甘草、川乌炮、川芎、丁香以上各半钱为细末，和粥时一同搅匀在内，其味尤极香美。

莲花曲

面二十斤，莲花［开者连须去心一斤细切］，绿豆［一斗碾破、水浸去皮，辣蓼汁煮熟烂，漉出控干］，细辛、木香各一两为末，甜瓜三个，杏仁四两。右件一处拌匀，揉擦极细，团作拳大，布裹踏实。先将桑叶裹，次用纸一重裹，绳悬通风处。挂一月，干可用。再以日晒极干，妙。每米一斗，用曲四两，造依常法。

腊脚春酒

腊月内蒸两石浆米或白饭亦可，摊案上，冻得三五分。使曲四十斤为末，一齐糁在饭上，用宿熟水和匀。择不浸渗好瓮，将宿饭投入瓮中，以脚实踏之。以宿熟水三斗盖面，交冻定后，用盆盖，使泥泥了，令周密不得出了气。直候向去花发，开盆取醅分使用。一瓮分为十瓮，将十瓮醅分作百瓮，百瓮分作千瓮。醅熟醡下，酒清，一季内不酸，此法甚妙。若盛夏用此脚造酒，永不酸臭，秘惜可也。

秦中蜜醞

白沙蜜一斤，用面曲五两，搥碎。熟汤四碗放冷，匀蜜曲调，同入干净缾器中，密封七日熟。秦凤阶成龙文诸州并用此法。

蜜酝隔瓶香［长安道人传，试之极妙］

官桂，胡椒，良姜，红豆，缩砂仁［以上各研末为细］，好白沙蜜［二斤半，以水一斗慢火熬及百沸，以上掠去滓沫，沫尽为度］。

右熬下蜜水，依四时下之。先下前药末八钱，次下干曲末四两，后下蜜水。用油单子封，次笋叶等五七重密封。冬二七日，春秋十日，夏七日熟。

李仙醞

糯米五升淘净，入水一斗五升，煮如稠粥。伺冷入白蜜一斤半，干酵末、麦蘖各二两五钱重，川乌炮、胡椒、红豆各一钱半为细末，搅匀注缸中。以布盖，候发定，却封缸口，七日可熟。

蜜酒法

白沙蜜三斤，水一斗同煎，入瓶内。候温入细曲末二两，白酵二两，纸封口，放净处。春秋十日，夏七日，冬十五日，自然为上等好酒一斗。如夜静饮一二盏，以助道力兼除百病。此酒霍清甫侍御常造，余饮之二三次，极妙。

饼子酒法

糯米一斗熟蒸。生姜、杏仁合研烂，和面薄斡作饼，慢火转令香熟。却将饼焙干为末，淘饭。将饼末于箕上拌和入瓮，手压实，中留一窍至底。候浆满，却添水二升，放冷。入夏以纱绢片盖口，冬以单盖，五日取极妙。

羊羔酒［宣和化成殿方］

米一石，如常法浸浆。肥羊肉七斤，曲十四两。将羊肉切作四方块烂煮，杏仁一斤同煮。留汁七斗许拌米饭，曲用木香一两同醖，毋犯水。十日熟，味极甘滑。

荼蘼酒

法酒一斗，用木香一块，以酒一杯于砂盆内，约磨下半钱许。用细绢滤入瓶，密封包。临饮取荼蘼、百英浮沉酒面。人不能辨查花和露。红小蓓取十个，去枝叶，用生纱袋盛挂于瓶口，近酒面一寸许。密封瓶口，三两日可饮，或以汤柑皮旋滴汁数点于酒盏内，亦佳。

百花春色

沙蜜一斤，炼去糈米一升蒸作饭。以水五升，法曲四两同纳器中，密封之。五七日可漉，泛香味醇美甚佳。

洞庭春色

橙子取十分登熟者，净刮去穰白，取皮。每煮酒，临封，次以片许纳器中。开饮，香味可人。

鸡子线酒

薄酒锅内沸了，鸡子一个，开一小窍子入盐并椒末，皆用筋搅令匀。旋搅酒令转，倾鸡子入锅内迤逦，倾之令如线样，然后投好酒供之。

拙妇瓮酒法

陈糙米一斗，水浸过宿，炒作硬饭。大麦二升，慢火炒令微焦，二项趁热急用腊糟半瓮许拌匀，以汤满浇之。密封瓮口，至五七日后取食，味酽而香烈。腊水造尤佳。

以上《事林广记》珍贵酒类资料，值得酒界同仁深入研究。

众所周知，在［宋］陶穀（903～970）撰《清异录》卷下中馔羞中载有“酒骨糟”：孟蜀尚食掌《食典》一百卷，有赐绯羊，其法以红曲煮肉，紧卷石镇，深入酒骨淹透，切如纸薄，乃进。注云酒骨糟也。

流传较早的元人影印宋刻本［宋］庄绰《鸡肋编》卷下有载：江南、闽中公私酝酿，皆红曲酒，至秋尽食红糟，蔬菜鱼肉，率以拌和，更不食醋。信州冬月，又以红糟煮鲮鲤肉卖。鲮鲤，乃穿山甲也。

宋代酒风之盛之一例，让我们来看看当时江西抚州地方长官黄震（1213～1280）颁发的《六月二十八日禁造红曲榜》：

米所以救命，酒止于行礼，一日无食则死，百日无酒不妨，故古先圣人拳拳于民食至重，酒则除祭祀奉亲外余皆禁而不饮。后世官司以酒为利，纵民饮酒，糜坏米谷，此已大关世道，然所坏者犹止秫米耳。抚州风俗多饮，红酒不独酝酿秫米，又盦坏食米为红曲，此事最害民食，然间犹境内之用耳。临川崇仁接境一带，如白虎窒、如上城、如马岭、如航步、如众湖等处，专有一等曲户，坏食米为红曲，公然发贩与四方民旅，如衢州龙游遍卖邻路之状。是绝本州岛百姓之性命，以资四远无赖之狂昏，其为不仁莫此为甚。（黄震：黄氏日抄卷七十八上，《四库全书》子部十三·儒家类·总，上海，上海古籍出版社，1987）

这里记载了咸淳七年（1271 年）南宋时江西抚州的制曲酿酒的实况：抚州酿酒用糯米，而用粳米（食米）制造红曲，更是贩运至四方，所生产的红曲的远近闻名。

翻检其他历史文献，在北宋末年刊刻的朱肱著《酒经》中，未曾提及红曲与红曲酒；而迄至南宋末年，陈元靓撰写的《事林广记》已经十分详尽地记载了红曲的制造技术以及红曲酒的酿造过程。宋末元初，红曲与红曲酒已风靡江南，逐渐成为酿造米酒的主流。东阳酒（即金华酒）声名鹊起，开始成为米酒酿造的标杆。金华酒到明代成为通行全国的第一名酒，而这金华酒就是用红曲所酿。

各位若仔细研读陈元靓撰写的东阳酒曲方、造红曲法以及东阳醞法，一定会对中国的红曲与红曲酒有更深切的了解。有关中国红曲与红曲酒的技术与发展，笔者将有更详尽的阐述期望与诸位交流。谢谢！

参考文献

［1］［宋］陈元靓辑．事林广记．上海：中华书局，1999

［2］［宋］陈元靓编 耿纪朋译．事林广记．南京：江苏人民出版社，2011

［3］［宋］朱肱著．酒经．上海：中华书局，2011

［3］［宋］陶榖 吴淑撰．清异录 江淮异人录．上海：上海古籍出版社，2012

［4］［宋］庄绰 张端义 撰．鸡肋编 贵耳集．上海：上海古籍出版社，2012

［5］万伟成．李渡烧酒作坊遗址与中国白酒起源．北京：世界图书出版公司，2014

从中国传统文化看酿酒、饮酒与健康养生

潘兴祥

浙江塔牌绍兴酒有限公司，浙江　绍兴，312000

何谓美？何谓美酒？如何发现美、欣赏美？

美即健康！

而孟子曰："充实之谓美"。有审美之眼，才能觅见美。

有关美的定义和解释甚多，其中作家梁晓声讲得较为实在："美"是根植于内心的修养，无需提醒的自觉，以约束为前提的自由，为别人着想的善良。笔者以为：传统手工酿造出的绍兴酒无疑是符合这"美"之定义的。因为传统手工绍兴酒酿造过程中天人合一之技艺是绍兴酒"美"的先决条件，这可谓是一种"过程美"。

在日常生活中，人们常用"醇美"来形容美酒或者美事。醇美是纯正甜美、纯粹完美、淳朴美好之意。要让酒达到醇美的意境，其酿造的过程与是否符合自然的（受自然约束的）、天人合一的美有关。

几千年的中国传统文化，创造了很多具有中国特色的优秀物品，这些物品是中国历代先民用智慧和巧手制成的，其产品和制作技艺极具中国传统韵味和审美要求，并因之丰富了中国的传统文化。在这浩瀚的传统制作技艺文化中，绍兴黄酒传统酿制技艺当为是瑰宝之一。而成为瑰宝的核心，则是绍兴人民长期实践总结出来的传统的"冬酿"技艺。

我们知道，绍兴黄酒是温性的，但其酿制的环境却是在寒冷的冬季，而且往往是天越冷所酿的酒品越好，这种现象在中国传统文化中可谓"负阴抱阳"，也即"阴"孕育了"阳"。这是一种经典的、自然的、对立统一的造物法则，是符合中国人常说的阴阳平衡规律的。由这种法则制成的物品，对人而言是极其健康的，当然也是极其美的。对此，古人有云："天地合万物生，阴阳接变化起"。

美酒是为了祭祀及饮用而酿，是与生活密切相关的美的载体。倘若所饮之酒不美，人们的生活就可能失却些许亲切感和温和感。

美酒之所以成为美酒，其酿制过程必有其章法，其中一个重要的法则是受制于大自然，也即宜适时酝酿。在这一法则下，大自然是主宰，人则处于从属地位，是配角。在大多数的情形下，这样做十分自然，可以说这种顺应自然规律的食品制造之法是符合自然之道的。自然的法则存世少则千年，多则上亿，历经时间的磨砺，其酿法是一种顺应自然且为人类所乐见的酝酿之法。

绍兴黄酒之所以历经2500余年至今长盛不衰，与其在自然界冬酿制作技艺是分不开的。在黄酒酿造中，只有冬季酝酿的酒才是最美的；当然在整个制造过程中，酿者

的品性和技术也显得十分重要！只有酿酒匠人心中蕴有“为别人着想”的善之美德，其所酿的酒才会显得“美”，这就是“天人合一”罢；倘若人们脱离了天人合一，企图超越自然规律，那就谈不上“天人合一”的自然之作了，而背离自然制造法则制成的物件往往是缺少灵性的，如果是食物其美感也会是贫乏的。所以，作为食品生产者要讲：“制有序，食有味。”塔牌绍兴酒之所以坚持用传统的手工技艺来酿酒，是因为塔牌人认为：绍兴美酒，是塔牌酿酒师精湛酿酒技艺的演绎；精湛技艺的缘由，是塔牌人对自然规律的认同；在顺应自然规律认识的背后，则是塔牌人对过去、现在和未来的担当，以及对广大消费者追求“美”的生活品质的敬重。

讲了酒的酿造，现在来谈谈我们怎样饮酒？如何喝出健康？即享用醇酒之美吧。

“醇”表示纯正浓厚，醇酒就是美酒，饮醇酒是一种享受。当今时代我们在饮酒方面应该是返璞归真，回归传统，理性饮酒，不要把“喝醉”作为喝酒的唯一目的。

中医的最高境界是治未病，而治未病的实质是养生，而养生的一个重要方面是饮食，也就是吃什么、怎么吃的问题。就饮酒而言就是喝什么酒、怎么喝的问题。

1 喝酒要有原则，要有节制

饮少些，但要好。这是西方的饮酒方式。我们现在喝起了洋酒，但我们没有学会西方的喝酒方式。

我们绍兴人喝酒也讲究理性，讲喝酒的境界是：花看半开，酒饮微醉。这种喝酒的方式与西方是相通的。

在喝酒这个问题上，我们的先人在造字时已经做了明确的规定：我们分别来看一下三个字：醇、酗、醉。

上等饮酒以醇为美，醇者享也；

中等饮酒以酗致伤，酗者凶也；

下等饮酒以醉为害，醉者卒也。

只是当下我们喝酒的世风豪情满怀，举起酒杯忘了祖训，喝得醉生梦死。这绝不合乎我们的健康生活！真正的喝酒应当是有所品位地去喝，精致地享用美酒。

2 喝酒要讲究平衡

平衡之一：是人自身的平衡。由于地理及中华五千年的农耕文化，中国的传统主食是粮谷类而非肉食类，因此我们国人的体质以寒性见多，因而喝（吃）一些温性的食物来平衡是我们的饮食常识，而黄酒特别是传统手工冬酿的绍兴酒是最有效的。

平衡之二：物品自身的平衡。你所饮之酒其酿制过程是否符合阴阳平衡之规律，也就是说你喝的是什么酒十分重要。孔子曾告诫说：“不洁，不食；不时，不食”。就是讲不清洁的食物不吃，不符合时令的食物不吃。冬酿的黄酒其物性为温，是典型的“负阴抱阳”，是平衡的，是符合时令的，也是美妙的，所以传统的冬酿黄酒适合国人的体质。

我们饮酒一定要与养生结合在一起喝出健康、喝出美丽。养生的最高境界是顺应自然，天人合一，万物应法，效法自然，处阴而向阳，处阳而趋阴。若参悟此法，则延年益寿矣！

生活的本质应该是美的。在浮躁而喧嚣的现今，我们更应当放松心情，或三五知己，或亲朋好友，将美酒徐徐打开，袭着浓浓醇香，轻啜慢饮，细细品鉴个中滋味，享受醇美人生，这岂不快哉！

反思与镜鉴：中国古酒酿方流失海外案例分析

章群[1]，邓君韬[2*]，韩思放[2]，周璇[2]
1. （四川）中国白酒金三角发展研究院，西南财经大学，四川　成都　610074
2. 西南交通大学，四川　成都　611756

摘　要：美国企业根据中国新石器时期贾湖遗址出土的酒类残渍陶片及相关考古成果开发出啤酒并注册商标上市销售，被视为“中华文化遗产流失”的典型案例。以贾湖古酒酿方流失海外案例为背景，从作为事件核心的“古酒酿方”出发，分析知识产权法律框架下古酒酿方的权利保护及救济机制，提出完善酒类知识产权法律保护体系及增进中国酒品国际市场竞争力的对策建议。

关键词：古酒酿方，知识产权，贾湖遗址，传统知识，酒文化

Reflect and Reference: Analyzing the case that Chinese ancient wine recipe was lost abroad

Zhang[1] Qun, Deng Juntao[2*], Han Sifang[2], Zhou Xuan[2]
1. Development Research Institute of Chinese Liquor Golden Triangle, Southwestern University of Finance and Economics, Chengdu, Sichuan, 610074
2. Southwest Jiaotong University, 611756

Abstract: An American company has successfully launched a beer in the market according to analyzing the materials in pottery jars from the early Neolithic village of Jia – hu in Henan province in China. It has become a typical case that the Chinese cultural heritage was lost abroad. Against the background of this case, we focus on the specific protection methods and right relief channels from the perspective of intellectual property rights. In the end the proposals of perfecting the legal system of alcohol protection and enhancing the international market competitiveness of Chinese alcohol have been presented.

* 通讯作者：邓君韬，副教授，E – mail：joviat@ aliyun. com。

基金项目：川酒文化国际传播研究中心《知识产权视野下中国古酒酿方保护开发研究》项目（CJCB14 – 10）。

Key Words: ancient wine recipe, intellectual property rights, Jiahu, Traditional knowledge, Wine culture

中国河南舞阳贾湖新石器时期遗址距今约9000年，被确认为中国21世纪一百项重大考古发现之一，其考古成果被镌刻在北京“中华世纪坛”青铜甬道显要位置，垂青史册。2000年前后，美国宾夕法尼亚大学生物分子考古学家麦克格温（Patrick McGovern）参与了部分发掘工作，他从该遗址出土的陶片上检测出含有酒类饮料挥发后的酒石酸，并最终确定为葡萄、山楂、菊花和蜂蜜等物质成分，该成果与主导考古工作的中方学者共同署名发表于2004年12月的美国《国家科学院学报》，一举将人类酿酒史实证至公元前七千年。[1]美国角鲨头（Dogfish Head）酒厂据此研发出一款啤酒，主打“中国九千年古酒”“正宗古法酿制”概念、注册“贾湖堡”（Chateau Jiahu）商标上市销售并大获成功。该事件被视为“中华文化遗产流失”的典型案例。

我国幅员辽阔、历史悠久，随着城镇化建设推进及现代考古技术进步，越来越多的考古遗迹及其蕴含的历史文化资源将不断被发现。而非物质文化遗产、知识产权的跨国界、跨区域保护也日益为国际社会所重视。在2014年9月召开的第54届世界知识产权组织成员国大会（WIPO）上，我国代表团表示：应继续积极推动知识产权与遗传资源、传统知识和民间文艺政府间委员会（IGC）的工作，进一步凝聚共识，争取早日缔结具有约束力的国际法律文书。在知识产权视野下，以传统知识、地理标志保护等分析框架再次审视十余年前的该起典型案例，以补亡羊之牢。

1　贾湖遗址古酒“酿方”：细节与追问

真理往往隐藏于细节之中。时过境迁，我们尝试再次还原此事件潜隐的诸多细节，以探视作为问题核心的“古酒酿方”端倪。

中国贾湖遗址是9000年至7700年前的新石器时代文化遗址，位于河南省漯河市舞阳县贾湖村，遗址发掘出疑似酒类残留物的陶片。受限于20世纪我国科研技术发展水平，为了详细分析陶片中残留物的成分，从1999年开始中方陆续将部分陶片样本提供给美方专家以协助检验。美国宾夕法尼亚大学的麦克格温遂从中方合作者、中国考古学家张居中教授处获得部分陶片，在美国实验室采用包括气象色谱分析、傅立叶变幻红外光谱分析等在内的诸多方法，分析结果显示：这些沉淀物含有酒类挥发后的酒石酸，残留物还包含有山楂、蜂蜜等成分，并且呈现出稻米的化学特性，最终确认——这是迄今为止世界上最早的酒类饮料的沉淀物，也使得贾湖遗址成为世界上已知发现最早酿造酒类的古人类遗址。

成果公开发表不久，极具商业敏感性，且曾与麦克格温教授合作过的美国角鲨头酒厂从麦克格温教授处取得了贾湖酒类残渍配方，在其技术指导下试验、调制出一款新型啤酒，并注册“贾湖堡”商标。[2]至此，从中国考古遗址发掘的陶片及其上隐藏的酒类残渍，摇身一变成为美国啤酒并成功营销上市。问题在于：根据贾湖遗址陶片残渍的化学检验，是否能够真实还原出九千年古酒酿造的“配方”？

事实上，酒的酿造除了知晓各种原料的构成及其配比，还需要掌握一定工艺流程或技艺方法。酿酒常识告诉我们：酿酒不仅需要配方，还需要具体工艺，而酿制工艺显然不能从化学分析中得知。更何况，就目前人类技术水平而言，即便分子技术极为发达的美国，也仅限于通过化学方法检测出遗址陶片中曾经附着过的酒类液体的主要成分，而不可能得出该液体中各种成分的具体含量、配比。换言之，仅凭贾湖遗址的陶片残渍，根本无法“分析”得出新石器时期古酒各原料真实配比，更遑论“还原出”古人的酿造技艺。

综上所述，在贾湖遗址中国古酒酿方难以实证的情况下，该事件与其说是中国古酒酿方的流失，倒不如说是中国古酒被抢先注册、“品牌侵权”更为贴切。中美学者联合署名并公开发表科研成果后，极具商业头脑的美国酒企率先察觉“中国古酒”概念蕴含的巨大市场潜力以及“9000 年前东方古酿”“人类酒始祖”的文化价值，当其注册“贾湖堡”商标后，便可源源不断从该历史文化符号中获得品牌效应及相关市场收益。

2 知识产权语境下古酒酿方权利救济考察

知识产权是知识、技术与法律、文化的结晶。传统知识产权体系涵括著作权（版权）、商标权、专利权、商业秘密及反不正当竞争等相关法律制度。往者不可谏，来者犹可追，可将彼时典型案例放于今日知识产权保护视野下予以考察，以探寻可能的权利救济途径。

2.1 关于著作权

中美学者联合公开发表了与贾湖遗址陶片酒类残渍有关的科研论文，属于自然、社会科学性质的“文字作品”，中方考古学家和美国学者均对该作品享有著作权，是共同权利人。

按照我国《著作权法》相关规定，权利人享有发表权、署名权、修改权、保护作品完整权等多项权能。而美国酒企业从公开发表的文献上获悉贾湖遗址古陶片上酒类残留物的原料成分，并投入人力物力财力研究分析各种原料配比、试验组合并最终优化出酿制工艺程序，并未侵犯作为共同权利人中方学者的“著作权”——正如五粮液酒厂在产品成分表中公布了小麦、大米、玉米、高粱、糯米五种原料，其他酒厂也采用该五种原料进行酿造开发、上市经营的行为并不违法。

2.2 关于商业秘密

既然贾湖遗址酒类残渍是经过一番化学分析、科学检测才揭示出了可能原料成分，而中方科学家是该研究结论的共同署名作者，那么，未征得中方许可而由美方学者单方面联系美国酒企进行商业性合作并予以技术指导，有无可能侵犯中方享有的“商业秘密”？

我国《反不正当竞争法》界定的“商业秘密”是指不为公众所知悉、能为权利人带来经济利益、具有实用性并经权利人采取保密措施的技术信息和经营信息。可见，其具有秘密性、价值性，采取了相关保密措施三重属性。此外，美国《统一商业秘密法》排除了五种类型的侵权行为，并将这五类行为视为“正当手段”，包括：独立发现、以反向工程发现、在商业秘密所有人授予的使用许可项下发现、从公开使用或展出的产品中观察得来、从公开的文献中获取。

古酒原料具有价值性不言而喻，关键在于，根据案情中方考古学家与美方学者进行联合科研时并未签署任何保密协议，也未有证据表明双方之间曾有过相关口头约定，况且该成果也是公开发表的（任何公众均可获知）。因此，科研论文中关于古酒原料的科学结论不属于中、美法律所保护的“商业秘密”。

2.3 关于商标权

美国角鲨头公司于2012年3月完成了对“Chateau Jiahu”（贾湖堡）的注册。根据美国知识产权法律规定，若其他企业生产与该品牌相同或类似商品则构成侵权。那么中国酒企业还能否以“贾湖”相关为名进行酒品酒类开发营销?

美国角鲨头公司若只是对“Chateau Jiahu”单个商标进行注册，并未注册为防御商标，同时在商品类别中明确指出为啤酒，那么根据知识产权国际条约，中国企业只要申请非“Chateau Jiahu”字样及图案的商标，以及生产非啤酒类产品，即便在美国上市销售也不构成侵权。就国内来看，尽管美国公司目前尚未在中国境内注册任何与“贾湖”有关的商标，但是根据《商标国际注册马德里协定》规定：任何缔约国的国民，可以通过原属国的注册当局，向成立世界知识产权组织公约中的知识产权国际局提出商标注册申请，以在一切其他本协定参加国取得其已在所属国注册的用于商品或服务项目的标记的保护。而中美均为缔约国，故美国公司以“Chateau Jiahu”作为啤酒商标依然在中国受到保护——但这并不代表国内企业不能注册其他类别的、含有“贾湖”字样的商标，我们注意到，早至2001年以来，河南富平春酒业有限责任公司等国内企业和个人已经对“贾湖”“贾湖城”“贾湖古酒”“贾湖城酒庄”等系列商标进行了注册，注册的商品包含葡萄酒、果酒、清酒、啤酒、白酒等不同类型。

2.4 关于专利权

据公开报道，美国角鲨头公司就该啤酒已申请相关专利。美国专利共三种类型，分别为发明专利、植物专利与设计专利。其中，发明专利可以授予给创造或者发现有新颖性和实用性的过程、机器、产品、成分，或者是对以上任何一项有所改进的发明人。

如前所述，即使在美国，现阶段科技水平也只能从考古残片中分析出残留物主要成分，无法得出当时液体中各元素所含确切比例。可以推论，角鲨头公司所申请的“专利”只是该企业获取考古残留物主要成分后，结合自身加工技术所创造的某种酿酒技术——既然是现代工业技术自创的流程、技艺，该专利方法当然也并非是严格意义上的新石器时期“古酿方法”。显然，我国酒类企业结合贾湖考古发现、自主研发出各类酿酒技艺后，同样可以自己独创的酿酒生产新工艺在国内申请发明专利，也都受到我国专利法以及相关国际知识产权条约的保护。

2.5 关于地理标志

我国《商标法》将地理标志界定为：标示某商品来源于某地区，该商品的特定质量、信誉或者其他特征，主要由该地区的自然因素或者人文因素所决定的标志。地理标志的申请确认主要由《地理标志产品保护规定》予以规范。依照该规定要求，申报地理标志需具备“产品的理化、感官指标等质量特色及与产地的自然因素和人文因素之间关联性的说明”“产品生产技术资料，包括生产或形成时所用原材料、生产工艺、流程、安全卫生要求、主要质量特性、加工设备的技术要求等”等要件。

贾湖遗址陶片已证明含有酒类成分，贾湖遗址也被公认为迄今为止人类最早酿酒地。如果地方政府能在广泛调研、积极论证的基础上整合贾湖遗址保护区及其周边范围的酒企及原料供应商，将贾湖遗址保护区域出产的、符合原产地构成要件的酒类及相关农副产品（如遗址发现的作为酿酒原料的大米、山楂、蜂蜜等）申报为地理标志产品，必然会对弘扬贾湖遗址特有的珍贵历史文化资源有所助益，同时也可为当地带来经济效益。

值得注意的是：一方面，《与贸易有关的知识产权协议》（TRIPS）第23条规定：“每个成员应为有利害关系的各方提供法律手段防止把识别葡萄酒的地理标志用于不是产于该地理标志所表明的地方葡萄酒，或把识别烈酒的地理标志用于不是产于该地理标记所表明地方的烈酒，即使对货物的真实原产地已有说明，或该地理标记是经翻译后使用的，或伴有‘种类’‘类型’‘特色’‘仿制’或类似表述方式。”该条款是对葡萄酒和烈酒地理标志的额外保护，尽管美国酒企目前囿于法律约束（禁止使用山楂）及市场推广因素，只是推出了不含山楂成分的“贾湖堡”啤酒，未来是否如法炮制出“贾湖”品牌相关的葡萄酒或白酒，也未可知，值得国内酒企注意。

另一方面，我国《商标法》第16条规定“商标中有商品的地理标志，而该商品并非来源于该标志所标示的地区，误导公众的，不予注册并禁止使用；但是，已经善意取得注册的继续有效。”据此，如果我国相关企业取得了“贾湖”品牌的地理标志保护，美国企业与“贾湖”商标相关的产品能否继续在我国获得保护，答案便不是唯一且必然的了——首先，应对美国酒企是否“善意取得注册”予以审查；其次，我国《反不正当竞争法》第9条将对“产地”进行伪造、误导性宣传规定为不正当竞争行为之一，也给地理标志提供了配套保护。如此一来，至少可以将相关司法审查权掌握在国内，而不会如此前一般被动——正如贾湖村民初闻美国酒企“复制”中国古酒时的反应：“我们总感觉到自己的什么被侵犯了，被人拿走了，但又说不上，究竟是什么被拿走了。”

2.6 关于传统知识及非物质文化遗产

世界知识产权组织（WIPO）将传统知识界定为：基于传统产生的文字、艺术和科学作品，表演、发明、发现、外观设计、标志、名称和符号，保密信息，以及一切其他工业、科学和文艺领域里，根据传统创新和创造产生的智力成果；[3]联合国教科文组织《保护非物质文化遗产公约》将非物质文化遗产定义为：指被各群体、团体、有时

为个人所视为其文化遗产的各种实践、表演、表现形式、知识体系和技能及其有关的工具、实物、工艺品和文化场所。我国《非物质文化遗产法》界定的非物质文化遗产是指各族人民世代相传并视为其文化遗产组成部分的各种传统文化表现形式，以及与传统文化表现形式相关的实物和场所（包括传统技艺等）。

在历史考古、科技文化及广大科研工作者的共同努力下，如果能继续探索贾湖遗址的文化内涵及历史细节，结合历史遗存与考古实物对当时的酿造工艺予以还原或考证，[4]借鉴四川水井坊白酒传统酿造技艺、浙江绍兴黄酒酿制技艺成功申遗的经验，"贾湖古酿"也有可能成为受国内法律保护的非物质文化遗产，[5]进而成为被国际社会日益重视和接受的传统知识。

3 启示

前文结合知识产权相关法律框架探讨了贾湖古酒遗失海外的可能救济途径，该案例同时也给我们留下了诸多反思与镜鉴。

3.1 构筑商标、专利、非物质文化遗产、传统知识多维保护网

美国角鲨头公司抢先注册"贾湖堡"（Chateau Jiahu）为啤酒商标，导致我国企业不能再以"贾湖"为名生产啤酒销售；同时"贾湖"品牌内含的"9000 年前人类最早酿酒""来自神秘古老东方"等文化、商业价值也被美国企业抢占先机。

在后 TRIPS 时代，应最大限度利用国际公约、国内法律加强中国酒类企业的知识产权保护；当某处与人类酿酒史有关遗址作为考古成果面世后，除敏锐意识并积极注册相关商标外，可在条件成熟时整合遗址保护区范围内的相关酒企，以及原料供应商积极申报地理标志或集体商标。"地理标志保护模式不是纯学术问题，而是非常现实的利益衡量和选择的问题。选择地理标志保护模式应当以市场发展趋势的分析为依据，以在国际贸易中最大限度地谋求我国地理标志产品的利益为原则。"[6]

再以中华传统中医药资源为例，其也面临流失困境：如日本在我国"六神丸"基础上开发"救心丸"，韩国的"牛黄清心液"实际上源自我国的"牛黄清心丸"等。部分原因或源于相关药企法律保护意识缺失，使得我国大量传统资源、技艺流失海外。类似的，我国酒类企业在独立自主研发出创新酿造技术时应积极申请发明专利予以保护，在符合条件时申请非物质文化遗产加强保护；同时，还可利用媒体渠道及相关平台、资源，从传统知识的角度对中国酿酒技术及背后的悠久历史、深厚文化加以弘扬阐发，夯实中国酒文化软实力。

3.2 适时出台酒类知识产权保护专门法律

相较于西方国家数百年知识产权法律保护历史，我国 20 世纪 80 年代才相继颁行《商标法》《专利法》，初启知识产权法律保护大门。短短三十多年的时间，我国知识产权相关法律虽初具体系，但保护范围及程度仍有待提高。而在酒类领域除了部分省市颁行有地方性法规外（如《中国白酒金三角（川酒）地理标志产品保护办法》《四

川省酒类管理条例》)，国家层面尚无效力层次较高的法律法规予以专门规范。

其他国家，如法国建立了一整套严格和完善的葡萄酒分级与品质管理体系，并且制定出国家法律加以专门保护；再如印度，其颁布有《生物多样性法》和《生物多样性条例》等法律，并规定：任何人要就基于印度的多样性资源或相关的传统知识得到的研究成果获得知识产权，必须事先获得其生物多样性国家管理局的批准。而印度国家生物多样性管理局的职责之一是制止其他国家对印度的生物资源和知识授予知识产权，防止其他国家企业抢夺其知识专利。[7]

就现状而言，我国酒类市场多为地方性政府出台的对酒类生产、流通等领域的管理和监督，很少专门针对酒类知识产权予以特殊保护。我们建议，国家立法部门或行政机关在广泛调研论证、条件成熟时，可出台统一、效力层次较高的酒类知识产权保护法规或单行条例，结合各地因地制宜的地方性法规、规章，从而形成体系性法律保护网络。

3.3 探索“产－学－研－宣”有机结合路径

美国“贾湖堡”啤酒的成功、获得市场认可及商业价值，很大程度上取决于：前期敏锐地将考古科研成果与现代酿造技术有效嫁接，中期迅速工业化生产成品并推向市场，后期极力挖掘、营造出商品背后的悠久历史文化价值——从生物分子考古学成果、“中国上古时代佳酿”“正宗古法酿制”概念到极具东方情调的外包装宣传、“高大上”的精酿啤酒品鉴会，[8]步步为营抢占市场、洞悉消费心理、发挥营销技巧，而这些也正是我国酒类企业所欠缺的。

正如有学者指出：“国际酒业中存在着从产地、年份以及季节气候的随机因素，到品酒师培育和认证，品牌的培养、吹捧和商标崇拜，到酒类的年度评级和定价”的完整环节和庞大组织，[9]而“知识产权全球化也是知识产权美国化的过程，美国知识产权全球布局的战略利益日益彰显”。[10]面对国际酒业森严保护壁垒及其高度成熟的市场运作体系，中国政府及相关酒企更应吸取古酒酿方流失之教训，汇聚更多智慧，从法制体系完善到文化软实力打造等多方面积极应对、主动参与国际市场竞争。

参考文献

[1] Patrick E. McGovern, Juzhong Zhang, et al. Fermented Beverages Of Pre－ and Proto－historic China . Proceedings of the National Academy of the Sciences of the United States of America, 2004－12－21

[2] 尹训宁 . 9000 年前贾湖酿酒被美企抢先开发？中国知识产权报，2007－3－21

[3] The Protection of Traditional Knowledge , Including Expression of Folklore. International Bureau of WIPO, 2002, 1: 21－22

[4] 李正山 . 试谈文物成果的开发利用与保护——从贾湖古酒风波看文物商机 . 中国文物报，2007－3－30

[5] 傅金泉 . 我国酿酒技艺应该申报世界非物质文化遗产 . 酿酒科技，2009 (11)：150－151

［6］张玉敏．地理标志的性质和保护模式选择．法学杂志，2007（6）：6

［7］王明旭，张平川，等．印度对传统医药的保护及其对我国的借鉴．中国卫生事业管理，2008（9）：644－645

［8］马楠．美国拟酿造中国上古时代啤酒．中国民族报，2005－9－6

［9］何新．老饕美吃夜谈（之九）：中国酒业很古老，现状很悲凉．［EB/OL］．http：//blog. sina. com. cn/s/blog_ 4b712d230102e26u. html

［10］余盛峰．知识产权全球化：现代转向与法理反思．政法论坛，2014（6）：3

鹿児島大学における焼酎・発酵学教育の現状

高峯和則
鹿児島大学農学部附属焼酎・発酵学教育研究センター， 890－0065， 鹿児島市郡元1－21－24

摘要：焼酎など発酵食品に関する専門技術教育を受け今後の発酵産業を牽引していく人材を養成する目的で， 鹿児島県， 鹿児島県酒造組合， 鹿児島県下全酒造業者（ 110社） からの寄附金により鹿児島大学に2006年4月焼酎学講座が開設され， 2011年からは農学部附属焼酎? 発酵学教育研究センターとして， 学生並びに社会人教育に携わっている。 また， 中国四川大学錦江学院醸造工学部との学部間学術交流協定し留学生を受け入れている。
キーワード： 焼酎， 発酵， 人材教育， 社会人教育

Shochu and fermentation studies in Kagoshima University

Kazunori Takamine
Faculty of Agriculture Education and Research Center for Fermentation Studies Division of Shochu Fermentation Technology, Adress, 1－21－24 Korimoto Kagoshima 890－0065 Japan

Abstract: In April 2006, laboratory of *shochu* fermentation technology was established to educate graduates that able to be a leader in *shochu* and fermentation industry in Kagoshima. Kagoshima prefecture, Kagoshima distillers association, and all the distilleries in Kagoshima (110 companies) endowed to run this laboratory. After 5 years, it was reborn as education and research center for fermentation studies (ERCFS), and ERCFS is engaged in education of not only university students but also working people. In addition, ERCFS regularly welcome international students from brewing faculty of Sichuan University Jinjiang College, which has concluded the inter－faculty agreement on academic exchange with Kagoshima University.
Key words: *shochu*, fermentation, education

1 農学部附属焼酎・発酵学教育研究センター

本格焼酎は今や日本を代表する酒となり， 鹿児島県内においても県内経済の

牵引役となり関連産業への波及効果も大きなものである。　さらなる飛躍のためには，　本格焼酎に関する専門技術教育を受け今後の焼酎業界を牽引していく人材を養成すると共に本格焼酎の歴史とその文化の体系化などを行い，　世界の焼酎へと展開することが求められている。　本格焼酎は農工連携に基づく地域おこしのモデルでもあり，　その研究対象は多岐にわたる。　そこで総合大学としての鹿児島大学の総合力を生かし，　学内の研究拠点の形成や研究の一元化を図り，　焼酎学を通じて地域社会の振興・発展・活性化につながることを目的として，　鹿児島県，　鹿児島県酒造組合，　鹿児島県下全酒造業者（　110 社）　および関連業界からの寄附金により2006 年 4 月に焼酎学講座が開設され，　学生及び社会人教育に携わってきた。

本講座は2011 年 4 月から農学部附属焼酎・発酵学教育研究センター（　Fig. 1）　として，　引き続き学生並びに社会人教育に携わっている。　本センターは4 部門で構成され焼酎製造学部門と醸造微生物学部門は専任教員，　他の2 部門は生物資源化学科の教員や他学科他学部の兼任教員から構成されている。　焼酎製造学部門と醸造微生物学部門の研究概要をFig. 2に示す。　焼酎製造学部門ではGS/MSを使った焼酎の香気成分の解析や食品の機能性に関する研究を行っている。　醸造微生物学部門では醸造や発酵に用いられる酵母や麹菌などの微生物の機能を遺伝子レベルで解明を行っている。

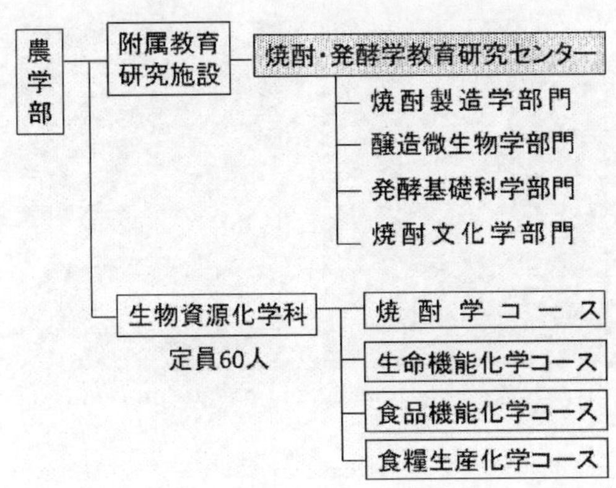

Fig. 1　Education and Research Center for Fermentation Studies.

焼酎製造学部門

①芋焼酎の特徴的な香気成分の同定と生成機構
②黒糖製造工程における黒糖風味の消長
③焼酎香味に及ぼす原料処理の影響
④焼酎粕に含まれる新規機能成分の検索
⑤発酵食品の機能性の検索

醸造微生物学部門

①セルラーゼ発現酵母の構築
②酵母の脂質合成酵素に関する研究
③焼酎酵母の特性解析及び宿主ベクター系の開発
④焼酎の多様化を可能とする醸造微生物の育種
⑤遺伝子組換え技法を用いない焼酎酵母へのマーカーの付与

Fig. 2　Overview of research themes

2　学生教育

学生教育の特色として，焼酎をはじめとする発酵に関連する座学はもとより，パッケージデザイン演習や実践経営論，週一回のきき酒実習，焼酎蔵での宿泊研修，サツマイモの植え付けから収穫，焼酎製造までの実習など実学教育(Fig. 3)にも時間を割き，即戦力となりうる人材の養成を行っている。現在，学部卒業生48人中（大学院進学者を除く）20人が焼酎会社に，8人が発酵関連企業に就職している。大学院修士課程では，再チャレンジ支援プログラムによる社会人学生の受入も積極的に行い，これまでに酒造会社の職員5名が修了している。大学院修了者19人中10人が焼酎会社に就職している。

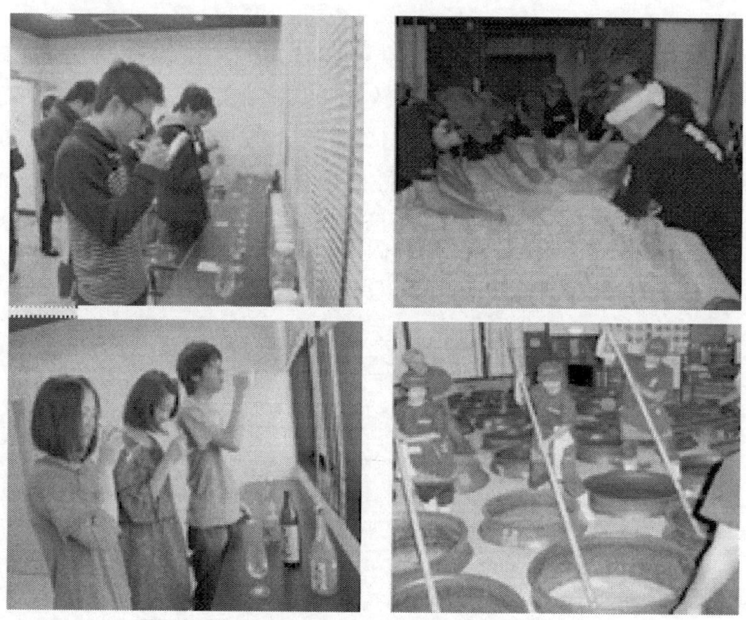

Fig. 3　Sensory training and practice in brewery.

3　社会人教育

社会人教育としては，地域産業界（焼酎業界）と消費者との接点に位置する社会人を対象に，職業上必要な専門的知識を有する人材の育成を目的に，附属焼酎・発酵学教育研究センター，鹿児島県，鹿児島県酒造組合，およびSSI（日本酒サービス研究会・酒匠研究会連合会）との連携により「焼酎マイスター養成コース」を2012年4月に立ち上げた。焼酎製造業に関わる人はもちろん，酒類販売や飲食業に携わる者，さらには観光業や自治体職員等，焼酎を通じて鹿児島の魅力を発信するすべての人を対象として人材教育を行っている。科目は，①焼酎学の基礎，②焼酎製造の実際，③焼酎の商品知識，④焼酎文化論，⑤焼酎マーケティング, ⑥焼酎検定の大きく6 つに大別される(Table 1)。 講義・実習は土曜日に行われ, 講義ごとにレポートの提出が義務付けられている。

Table 1 Curriculum of shochu Meister Training Course

クラス	講義・実習科目	コマ数
焼酎学の基礎	発酵の基礎、醸造酒と蒸留酒、焼酎ができるまで、黒糖焼酎、世界の酒、酒と微生物、麹づくり、酵素	10
焼酎製造の実際	製造方法と酒質、酒の原料、蒸留、熟成、焼酎粕処理、製造実習	10
焼酎の商品知識	きき酒、酒税法概論、焼酎の定義、商品表示、焼酎の原料とその多様化、焼酎の種類と産地、焼酎のおいしい飲み方、焼酎の取り扱い方	16
焼酎文化論	鹿児島の焼酎業界、焼酎の歴史、サツマイモの歴史、芋焼酎の歴史、薩摩の飲酒習俗、酒と社会、酒器・酒の肴、日本の酒類市場	9
焼酎マーケティング	酒と健康、鹿児島の特産品、プレゼンテーションスキル、セールスプロモーション、接客語学(中国語、韓国語)	25
焼酎検定演習	焼酎検定演習(受験希望者は全コマ習得のこと)	10

4 留学生

2011 年 12 月, 鹿児島大学農学部は中国四川大学錦江学院醸造工学部との学部間学術交流協定を結んだ。 醸造工学部は鹿児島大学焼酎学講座を手本にして2011 年に設立された。 本協定で研究者や学生の交流、 共同研究が可能となり, 2013 年 10 月と2014 年 10 月からそれぞれ1 年間錦江学院の3 年生 2 人ずつを交換留学生として受け入れている。 2013 年 10 月から1 年間留学した2 人の学生は2016 年 4 月から鹿児島大学農学研究科 (修士課程) に進学する予定である。

その他, 中国内モンゴルから修士課程に1 人, 天津市から博士課程に1 人が留学している。 また, 韓国から修士課程に留学した学生は, 鹿児島県内の焼酎メーカーに就職し活躍している。 更に, インドネシアから修士課程に留学している学生は, 2016 年 4 月から博士課程に進学予定である。

《酿造杂志》及其在近代酿酒科技发展史上的地位

黄蕴利[1]，郭旭[2]，黄永光[1,3*]

1. 贵州大学酿酒与食品工程学院，贵州　贵阳　550025

2. 茅台学院，贵州　仁怀　564500

3. 《酿酒科技》杂志，贵州　贵阳　550007

摘　要：《酿造杂志》是由中国酿造学社编辑出版的刊物，是近代中国重要的科技期刊之一，为近代酿酒科技的发展做出了突出贡献。在艰难的三年存续时间里，它刊载研究论著，推动酿酒科技研究；刊登调查报告，介绍行业产业发展；登载统计数据和其他资料，保存历史文献；刊登酒文化作品，增加刊物可读性。《酿造杂志》的短暂存在，为我们留下了很多有益的思考。它艰难创刊，存在时间较短，故而影响有限；依托企业，力图实现"学"以致"用"，却由于产业发展和科技研究的落后，难以实现；聚焦葡萄酒、啤酒，但研究深度不够；形成了稳定的作者群，但力量仍然薄弱。虽然存在着一定的局限，但《酿造杂志》在近代酿酒科技发展史和专业期刊出版史上的地位是不容忽视的。

关键词：《酿造杂志》，酿酒科技史，近代，酒文化

Journal of brewing and its status in modern wine making in the history of the development of science and technonly

Huang Yunli[1], Guo Xu[2], Huang Yongguang[1,3*]

1. Brewing & Food Engineering School, Guizhou University, Guiyang, Guizhou 550025

2. Maotai College, Renhuai, Guizhou 564500

3. Journal of Liquor - making Science & Technology, Guiyang, Guizhou 550007

Abstract: Journal of Chinese Society of Fermentation by China brewing society of editing and publishing journals, is one of the important journals of science and technology in modern Chi-

作者简介：黄蕴丽（1989—），女，在读研究生，研究方向：白酒酿造，食品安全与品质控制。

*通讯作者：黄永光（1976—），男，贵州人，研究员，博士，硕士生导师，贵州省酿酒工业协会副秘书长，贵州省白酒专家委员会专家，贵州省白酒评委，主要从事白酒微生物及其酶、白酒风味及其功能因子等基础研究及其应用、酿酒工艺、酒类食品安全、行业产业政策研究及酿酒科技传媒工作，发表学术论文 80 余篇，E - mail：772566120@ qq. com。

na, has made outstanding contributions to the development of modern winemaking technology. In the difficult three years duration, it publishes books on science and technology research, to promote the wine; published report, the industry development; published statistical data and other information, preservation of historical literature published works; wine culture, to increase the readability of the publications. Journal of Chinese Society of Fermentation short existence, leaving a lot of useful thinking for us. It is difficult, there is a short time, so the limited impact; relying on the enterprise, in order to realize the "learning" and "use", but due to industrial development and scientific and technological research lags behind, it is difficult to achieve; focusing Wine, beer, but the depth is not enough; the formation of a stable group of authors, but the strength is still weak. Although there are some limitations, but the "magazine" in the modern wine brewing technology development history and professional journals publishing history status can not be ignored.

Key words: Journal of Chinese Society of Fermentation, Wine history of science and technology, Modern times, The culture of wine

近代酿酒科技是中国酿酒科技发展史中的重要一环，是中国酿酒科技从传统经验走向现代科研的重要阶段。目前有部分研究触及了近代酿酒科技发展的情况，但总体上对近代酿酒科技的发展缺乏深入的了解和细致的分析。或只是摘录相关书目[1]，或是胪列近代微生物研究成果目录[2]，或粗略介绍研究机构和研究人员[3]，或介绍20世纪30、40年代学界对四川酿酒技艺的探讨[4]。本文拟以抗日战争时期出版的《酿造杂志》为中心，探讨中国近代酿酒科技的发展和酿酒知识的传播状况，为近代酿酒科技发展研究提供补充和借鉴。

1 《酿造杂志》缘起与出版概况

《酿造杂志》是中国酿造学社出版发行的专业期刊，1939年至1941年间断续出版八期，是一份登载和传播酿酒科技研究报告和相关知识的刊物。主编人为徐望之，由上海国光印书局印刷，张裕酿酒公司和烟台啤酒公司负责销售。

中国酿造学社以引用科学原理、研究酿造工业、增进民族健康为宗旨。社员不分性别，但需具有中国国籍，由社员二人以上介绍并经委员会通过，方能成为社员。下设总务、研究、编译三部，总务部办理文书会计等事项，研究部负责酿造工业有关的问题之研究，下分农艺、化学、细菌、机械四组，编译部负责各种杂志、丛书的编辑出版。社员每年缴纳会费2元，如在发酵学及酿造工业上有所发明或有特殊贡献者，由学社予以精神及物质上的奖励；社员享有接受赠阅刊物及借阅图书的权利；有参加国内外酿造工业学术集会的权利。经费主要来源为社员会费和国产酿造工厂的资助，社址设在上海静安寺路20号[5]。

随着近代科学技术的发展，酿造学在西方成为一门成熟的学科。“各国朝野人士，对于此学之研究，与时俱进，凡如酿造学院之建立，刊物之发行，无不扶植提倡，不遗余力，良以酿造工业，言其小则直接关系民食，论其大者，则以酿造为应用化学之一种，与国防上，声息相关，殊不容等闲忽视”。我国酿造历史悠久，但在技术方面因循守旧，固步自封，是为酿造界最大之不幸。随着酿造工业的发展，“亦有专设机关，从事研究，烟台张裕酒厂，亦已有酿造实验室之设备，但国人对酿造工业作学术之研究者，虽时有散见于各种刊物之论著，唯欲求一专刊，以研究酿造为目的，藉以沟通学术及实业两界，使其发生密切关系，而为酿造工业谋进步者，在我国尚未之前闻。”有鉴于此，故组织中国酿造学社，并编辑刊行《酿造杂志》。除就已有酿造工业进行技术上、学理上的研究外，还需改进我国发酵工业，增加产量，拓展原料来源，以产出优良产品。故中国酿造学社的组建和《酿造杂志》的刊行，主要有两个目的，一是“敦促国人注意，培植本国酿造人才”；二是“沟通学术与实业两界，使其密切合作，俾由经验中增长学术，由研究施诸实用”，从而推动中国酿造工业的发展。因知“能力绵薄，特开放本刊园地，莺声求友。凡海内外关心斯道者，均为本社同志，幸永不弃，广锡宏文专著，相互切磋，共谋中国酿造工业之革新改进，此不特是本社之幸，亦中国国计民生之幸”[6]。

而中国酿造学社的成立及《酿造杂志》的刊行，与张裕、烟台两厂总经理徐望之的支持分不开。徐望之认识到，中国酿造工业历史悠久，但科学研究则相当缺乏；每年洋酒在中国倾销，达数百万元之巨，而国人尚未重视及此。此二者都是由于酿造学术不昌，宣传不力，认识不清导致的。中国酿造工业之所以不能与他国抗衡，是由于如下几个原因：农产品类，不加整理；原料成分，不施检查；卫生设备，不甚讲求；成本会计，不易确立；内部机构，不尽健全；资本供给，不能充分。补救之法，唯有访求酿造人才，先从学术研究入手，做忠实的宣传，使得国人对酿造工业有真切的认识。故刊行《酿造杂志》。成为刻不容缓之举。自徐望之以中国银行烟台分行行长接管张裕酿酒公司和烟台啤酒公司后，发现两厂出品，均聘用外国技师。“闲尝疑问杯酒之饮，何以不能自酿？生产之权，何以操诸人手？”而酿造事业，又是关乎国计民生者，不能小觑。“故酿造界与学术界本应速取有效之联络，俾生产日趋学术化，而学术亦渐臻生产化。务使用与学，相得而益彰。”但国内酿造学者寥若晨星，研究著作不多。徐望之曾与学术机关合作研究，但没能取得预期效果；又拟选拔人才入厂实习，再派送国外留学，但此举非假以时日难以成功[7]。自 1936 年冬朱梅入烟台啤酒主管技术工作后，在徐望之的大力支持下，中国酿造学社的组织和《酿造杂志》的刊行提上了日程。

1939 年 1 月 1 日，《酿造杂志》刊行第 1 期，登载研究论著、调查报告、统计资料、酒类法规等各类文章 20 余篇。其后在 1939 年陆续刊行了第 2 ~ 4 期，1940 年刊行第 5、6 两期，1941 年刊行第 7、8 两期。三年间，《酿造杂志》共刊行 8 期，刊载学术文章、新闻稿件、调查报告及酿造相关文学艺术文章百余篇，其中大部分文章与酒相关。故《酿造杂志》虽以“酿造”为名，但可以看作是一份酿酒科技刊物，充分展现了近代酿酒科技的发展。

2 《酿造杂志》的内容特色

《酿造杂志》在征文启事中，就将稿件分为学术稿、新闻稿、调查稿和文艺稿四类。在实际登载的内容中，也大致可以归入这几类中。如以1940年刊行的第4期为例，刊载了朱梅《卫生当局与税收机关应有之责任》、徐望之与朱梅合译的《国际酒法》、孙卫《葡萄酒的病害》、文通译 Ieo Mallerstein 的《近代微生物酵素之工业制造及应用》、窥豹译 Dr. Carl Rach 的《啤酒之质地——制作与改良（二）》、谨切译《推销术的夸炫》等学术稿件，既有原作，也有译著；新闻稿有《美国葡萄酒药友会召开会议》《新陈啤酒》《葡萄酒可为瓜类生长之促进剂》《Bordeaux 葡萄酒中之乳酸量》《法国啤酒工业当前的问题》《葡萄酿造业摄成彩色电影》《比啤酒制造减少》《欧洲酒花状况》等篇，每篇篇幅较短，简单报道行业发展和科研方面的进展状况；调查稿如朱梅《欧洲酿造工业考察记》，是多期连载，内容丰富；文艺稿如曾昭抡《谈酒》《民国廿六-八年我国洋酒进口统计》等。《酿造杂志》所刊载的内容，主要为以下几个方面。

2.1 刊载研究论著，推动酿酒科技研究

在《酿造杂志》刊行的8期中，篇幅最大、内容最多者为酿酒科技研究论文。以葡萄酒、啤酒研究成果为最多，兼及蒸馏酒及其他酒种。葡萄酒酿造及其原料方面，有张勉新《葡萄源流史略及各国栽培之情形》（第1期），介绍中外各国葡萄栽培的历史和现状；孙卫《葡萄酒之类别》（第1期）介绍葡萄酒的种类及其产地；叔危《葡萄酒的化学成分》（第1期）介绍各种葡萄酒中化学成分及其差异；孙卫《张裕葡萄酒之分析及与各国葡萄酒之比较》《葡萄和葡萄酒中的维他命》（均第2期）、《葡萄酒之陈熟》（第3期）、《葡萄酒的破败及病害》（第4~6期连载）、《葡萄酒的酒窖管理》（第7期），朱梅《葡萄最适宜之肥料研究》（第6期）、《葡萄最适宜之土壤》（第7期）、《酿酒葡萄》（第8期）、《葡萄最主要之病害》（第8期）等。啤酒酿造及其原料方面，有朱梅《啤酒及其发酵菌给与人之影响》（第1期）、《啤酒的历史》（第2期）、《大麦》（第1期）、李茂《酒花种植法》（第1~4期）、孙卫《中国啤酒之分析及其比较》（第4期）、伯阳译《什么是啤酒》（第2期）、窥豹译 Dr. Carl Rach 的《啤酒之质地——制作与改良》（第4~6期）。蒸馏酒及其他酒种方面，有孙卫《蒸馏酒之制造及其成分》（第1期）、《烟台张裕酿酒公司白兰地酒之分析》（第3期）、许植方《中国各省各种酒之分析》（第2期）、朱梅《蜜酒制造法》（第3期）、叔危《酒中铁之几种分析方法》（第4期）等。

2.2 刊登调查报告，介绍行业产业发展

除了刊登研究论文外，《酿造杂志》还以很大的篇幅刊载了一系列的考察报告，向读者介绍行业产业发展。在这一系列考察报告中，篇幅最长、连载期数最多者，为朱梅的《欧洲酿造工业考察记》，从1939年第2期开始连载，到1941年第8期杂志终刊尚未连载完毕。1937年11月4日，朱梅奉烟台张裕酿酒公司和烟台啤酒公司之命，赴欧洲考察酿造工业状况。11月27日抵达意大利威尼斯，后去瑞士、法国、比利时、捷克、奥地利、英国，于1938年4月1日从法国马赛启程回国，5月13日返回烟台。据朱梅自述，因此行考察重点为葡萄园与葡萄酒及啤酒厂设备，所以在法国停留的时间较长。从刊登出的考察报告的内容来看，对法国葡萄酒及其酿造，朱梅着墨甚多。举

凡葡萄酒产地、种类、酿造方法、注意事项、储藏保存、市场销售等方面，都有所涉及。总的看来，朱梅主要是从技术层面来加以理解和描述的。这一系列的考察报告，所报道的也主要是当时欧洲各国葡萄酒、啤酒酿造方法与技术设备方面的情况。除了刊登国外酿酒工业考察报告外，《酿造杂志》也登载了介绍国内酿酒工业发展的文章。如第 1 期就有冰轮《张裕葡萄酿酒公司概况》一文，介绍张裕葡萄酿酒公司的历史沿革、公司内部组织、酿造技术流程、葡萄栽种情况、分析化验进展、出品种类等；第 2 期的《烟台醴泉啤酒公司概况》，介绍了醴泉啤酒公司的历史沿革、组织结构、酿造技术。这两篇文章，即可看作是厂商的广告与推介，也可看作是一篇具体企业的考察报告。且其出于厂方之手，较之一般广告或旁人的观察，所提供的信息自然详实可信得多。

2.3 登载统计数据和其他资料，保存历史文献

在各期《酿造杂志》中，还登载了大量的统计数据。这些统计数据是时人了解中国乃至全世界酿酒行业发展状况的重要资料，也是令人难得一见的历史文献。如第 1 期就有《1937 至 38 世界啤酒及酒花产量之统计》《国内酒类产量统计》《一九三五年全世界产酒额》《1934 至 1936 各国葡萄酒白兰地输入统计》，第 4 期有《1938 ~ 1939 世界啤酒及酒花产量之统计》《一九三八年世界酒花消费之统计》《德捷酒花三年来价格的比较》，第 5 ~ 6 期《民国廿六至八年我国洋酒进口统计》，第 7 期《1939 中日两国输入美国酒量之比较》等，可为了解 1930 年代中外酒业发展情况提供有益的信息和详实的数据。除了刊登统计资料外，《酿造杂志》还刊登了一些管理法规，也是重要的历史文献。如第 1 期的《洋酒类税暂行章程》《就厂征收洋酒类税暂行章程》《洋酒类税罚金规则》《洋酒类税稽查规则》等，因当时中国政府将葡萄酒、啤酒等酒类的税收管理，归入洋酒类税。故《酿造杂志》将这些规则刊登，具有重要的现实指导意义。另外，为了对中国酒类管理进行探讨，《酿造杂志》还刊登了部分国外酒类管理法规，以此为国内酒法制定的借鉴。徐望之和朱梅认为，中国对于酒只有“税法”而无“酒法”。其原因从酿造方面说，是关于酿造酒及其成品分析的原理未得建立，政府除了征税之外，对酒的质地、种类及地方特性、酒商利益保护等根本没有注意。所以中国没有诞生相应的酒法，大家对酒法也比较陌生。为了引起学术界、法律界及政府的关注，他们拟将 35 个国家所实行的《酒法》翻译刊登[8]。在第 5 ~ 6 期刊登了各国 1935 年 5 月 6 日在罗马通过的《在国际贸易中使用同一分析酒方法契约》，第 8 期开始登载《美国酒法》，介绍美国“联邦酒精管理处”及其发布的酒类管理条文。可惜《酿造杂志》停刊，否则按照最初规划，刊载各国酒类管理法规，对中国酒类管理制度的建设，当能产生更大的推动作用。

2.4 刊登酒文化作品，增加刊物可读性

在《酿造杂志》中，还登载了一系列酒文化作品，增加了刊物的可读性和趣味性。首先是对各种名酒种类的介绍，如第 2 期的《苏格兰的威士忌：苏格忌》，详细介绍了威士忌的历史文化、苏格兰威士忌的酿造方法、产地分布和主要生产

厂家；第 3 期《可雅白兰地酒》介绍的则是举世闻名的科涅克白兰地，文章从科涅克的历史和酿酒文化入手，介绍科涅克白兰地酿造流程、产地分布及白兰地在全世界范围内的分布情况；第 4 期《西印度群岛的蔗汁酒》，介绍的则是朗姆酒。其次是对各地酒文化的介绍。如在第 1 期中，就有一篇《捷克梅尔尼克古堡葡萄园巡礼》，这是一篇译文。跟随作者的笔触，能够自由的穿梭于这个距离希腊仅有 15 公里的捷克古城，徜徉于葡萄酒的海洋中。阵阵酒香，跃出纸面，扑鼻而来。这不但是一篇优美的游记，更是一篇葡萄酒文化的美文。第 4 期《饮酒在德国》，则介绍了德国酒文化的情况。第 4 期《陕西的酒》、第 6 期《行唐阜平的枣酒》等则是对国内酒文化的介绍。第三是刊登酒文化文章，如《酒话》（第 1 期）、《女性和葡萄酒》（第 2 期）、《酒颂》（第 3 期）、《劝君痛饮一杯酒》（第 4 期）、《谈酒》（第 5 期）、《英国啤酒诗歌》（第 6 期）以及第 7 ~ 8 期连载未完的朱梅所著《葡萄仙子》，都是值得一读的酒文化文章。另外，第 5 ~ 6 期的译文《推销术的夸炫》，搜罗了一些与酒的推销有关的小故事，亦颇可读。

3 《酿造杂志》的价值及其局限

在近代酿酒科技发展史上，《酿造杂志》的历史地位和价值是不容否认的，成为发布和传播酿酒科技知识的重要阵地。但由于受历史和时代的限制，不得不说《酿造杂志》存在着一定的不足和遗憾，留下了许多值得思考的问题。

3.1 艰难创刊，存在时间较短

徐望之在《发刊词》中说："本刊筹议经年，辄多梗阻，而终以实行"。他虽没有明确说明创刊的艰难，但从这简短的话语中，还是流露出了些许无奈。这篇《发刊词》作于 1937 年 5 月，一个多月后，中日战争全面爆发，未几烟台亦落入敌手。《酿造杂志》第 1 期终于在 1938 年 1 月 1 日于上海出版，也是不得已的选择。在这样的时代背景下，《酿造杂志》无论是创立还是发展，都是极为艰难的。1941 年年底，日军发动了太平洋战争，随后上海也完全落入敌手。《酿造杂志》自然难以为继，在 1941 年出版第 8 期后无果而终，留下了诸多遗憾。如徐望之和朱梅预备翻译的 35 国酒法，就只刊出了《美国酒法》的一部分，拟翻译出版的德国、巴西、丹麦、西班牙、法国、英国等国酒法，只能成为泡影。若非《酿造杂志》终刊，可以预见这些资料对中国酒类管理制度建设的重要意义。又如朱梅的《欧洲酿造工业考察记》，也并未登载完毕，也是极大的遗憾。

3.2 依托企业，力图实现"学"以致"用"

在《酿造杂志》第 1 期刊载的《酿造学社编辑部征文启事》中，编辑者言《酿造杂志》"除就本地酿造工业，作学理上技术上切实之研究，冀对我国新兴之酿造工业，能精益求精，日臻完善，以媲美欧美各国外，同时对我国从来一切发酵工业，如绍酒，高粱，酱油，腐乳，糟，醋之类，皆拟着手探求，俾得于生产数量，及原料质量两方面，均能发现最合理之处理方法，及最精良之出品。”“谋沟通学术与实业两界，使其密切合作，俾由经验中增长学术，由研究施诸实用，然后中国之发酵工业，方能发扬光大，日进无疆。”学以致用，成为《酿造杂志》刊行的主要目的。实际上，《酿造杂志》也多方依赖于企业。一方面，想要实现对经验的总结，并将之在企业生产实际中去运用。另一方面，《酿造杂志》又与企业的支持分不开。烟台葡萄酿酒公司与烟台醴泉啤酒公司不但直接为《酿造杂志》提供出版经费，负责杂志经销，其技术人员还大力撰写文章，从经费上、智力上乃至各方面都提供支持。《酿造杂志》的存续与烟台两酒厂和徐望之的大力支持分不开。但这两个企业毕竟力量有限，特别是在中日战争全面爆发、大片国土沦陷的环境下，企业自身经营都极为困难，杂志存续自然出现问题。而同样是由企业支持创办的《黄海发酵与菌学特辑》，因范旭东及其企业集团的强大财力，得以延续刊行至新中国成立后。另外，《酿造杂志》究竟对实际生产有多大的影响，在多大程度上实现了学以致用，还缺少相应的有力证据。

3.3 聚焦葡萄酒、啤酒，但研究深度不够

《酿造杂志》主要聚焦葡萄酒、啤酒，但研究深度不够。这与《酿造杂志》的出版是由张裕和烟台啤酒两公司支持下所创有关。标举学以致用的《酿造杂志》，更多的是为解决生产上遇到的问题，故其所刊载的文章，多聚焦于葡萄酒、啤酒酿造科技及其原料设备等方面。对于中国生产和消费量更大的白酒，较少涉及。这是《酿造杂志》的特色之一，但同时也是其局限之所在。在近代中国，葡萄酒和啤酒酿造都是新生事物。国人理解程度较低，消费较少，葡萄酒、啤酒产业发展落后。就葡萄酒而言，近代国人虽有意大力发展葡萄酒业，但产业发展仍然十分落后[9]。最大的厂商就是张裕葡萄酿酒公司，其次如山西清源、江苏无锡等地的零星葡萄酒厂。啤酒厂商较葡萄酒稍多，但在繁荣时期也不过十余家。除烟台醴泉啤酒公司外，有上海啤酒公司、英商怡和啤酒公司（上海）、青岛啤酒（英德商人创办，后为日资）、双合盛五星啤酒（北京）、明星啤酒汽水公司（天津）、惠泉啤酒汽水公司（无锡）等[10]。总体上中国近代葡萄酒和啤酒产业资本薄弱，产量有限，技术力量薄弱。葡萄酒、啤酒酿造技术操持在外国技师手中，中国酿酒科技研究界尚难以支撑起一个专业杂志。从研究的深度上言，《酿造杂志》也显得不够深入。这可能与杂志宗旨为学以致用，从经验上升到学理有关。《酿造杂志》多是对酿造工艺流程、原料制备、出品种类、成分分析等方面的介绍，对微生物学几乎没有触及。而同样创刊于1938年的《黄海发酵与菌学特辑》，主要关注的就是酿造微生物，研究深度不可同日而语。

3.4 形成了稳定的作者群，但力量仍然薄弱

《酿造杂志》的编辑出版，是依托于中国酿造学社和烟台两酒厂的，其作者群体也与此有关。《酿造杂志》的作者群，以烟台张裕、醴泉啤酒两公司的技术人员为主，朱梅、孙卫、张勉新等人是其核心。朱梅（1909～1991年），生于四川荣县，1925年中学毕业后，考入上海艺术大学，1929年毕业。1932年到1934年在比利时布鲁塞尔国立发酵工业学院学习酿造，1935年回国。先后任职于张裕葡萄

酿酒公司、烟台醴泉啤酒公司、青岛啤酒厂，新中国成立后加入国家酒类管理部门，为近代酿酒科技研究和酒业发展做出了突出的贡献[11]。作为张裕和烟台两厂的技术核心以及中国酿造学社的基本社员，《酿造杂志》上登载最多的，也是朱梅的文章。如多期连载的《欧洲酿造工业考察记》，至杂志终刊也未刊载完毕。1939年第1期的前几篇文章，就亮出了杂志的基本作者群体。首篇文章是朱梅的《啤酒及其发酵菌给予人之影响》，作者介绍为“烟台啤酒工厂技师兼厂长”；第二篇《蒸馏酒之制造及其成分》，作者孙卫，为“张裕酿酒公司化验室主任”；第三篇《葡萄酒源流史略及各国栽培之情形》，作者张勉新，是张裕公司园艺部主任。由徐望之主编的“中国酿造学社丛书”，预计出版十种，如朱梅《啤酒》《苹果酒》《果子酒精及普通酒精》《酒与宗教》（译作），助每（当亦是朱梅）编辑《细菌图解》，孙卫《葡萄酒》《葡萄酒病害研究》《普通管理》《中国酒分析》，李茂《酒花种植法》[12]。从其作者群体亦可知主要还是张裕、烟台两厂的技术人员。《酿造杂志》的作者群体是较为稳定的，但同时也限制了进一步的发展。毕竟中国酿造学社和烟台两厂的影响有限，不如中央工业试验所酿造试验室及黄海化学工业研究社发酵与菌学研究室两研究机构。前者有《工业中心》，后者创办有《黄海发酵与菌学特辑》，其作者群体与刊物影响力都较《酿造杂志》为大。

4 结语

《酿造杂志》是在张裕葡萄酿酒公司和烟台醴泉啤酒公司及中国银行烟台分行行长徐望之的大力支持下，由中国酿造学社编辑出版的酿酒研究杂志。虽然《酿造杂志》只存续了短短的三年时间，总共出版8期。但杂志标举学以致用、沟通学术界和产业界的伟大目标，在中国近代酿酒科技发展史和酿造杂志编辑出版史上的地位是不容忽视的。《酿造杂志》刊登了一系列的文章，刊载研究论著，推动酿酒科技研究；刊登调查报告，介绍行业产业发展；登载统计数据和其他资料，保存历史文献；刊登酒文化作品，增加刊物可读性。《酿造杂志》的短暂存在，为我们留下了很多有益的价值。它艰难创刊，存在时间较短，故而影响有限；依托企业，力图实现“学”以致“用”，却由于产业发展和科技研究的落后，难以实现；聚焦葡萄酒、啤酒，但研究深度不够；形成了稳定的作者群，但力量仍然薄弱。虽然《酿造杂志》有着这样那样的局限，但却开辟了酿酒科技研究期刊出版的先河。对今日酿酒科技研究和期刊编辑出版，有着一定的启发意义。

参考文献

[1] 傅金泉．民国时期酿造科技文献史料．酿酒科技，2010（9）：93－94，98

[2] 傅金泉．中国近代酿酒微生物研究史料．酿酒科技，2006（5）：82－88

[3] 傅金泉．黄海化学工业研究社与方心芳．酿酒科技，2000（4）：101－102

[4] 李大和．川酒技艺早期的研究．酿酒科技，2008（6）：43－48

[5] 中国酿造学社简章．酿造杂志，1939（1）：69－70

[6] 酿造学社编辑部征文启事. 酿造杂志，1939 (1)：71 -73

[7] 徐望之. 发刊词. 酿造杂志，1939 (1)：1 -2

[8] 徐望之，朱梅合译. 国际酒法. 酿造杂志，1940 (5)：3

[9] 朱更勇，张云峰，等. 陈炽酒业发展思想及启示. 酿酒科技，2014 (11)：122 -124，127

[10] 朱梅. 中国啤酒历史. 黄海发酵与菌学特辑，10 (5)，1949：132

[11] 青宁生. 我国现代酿酒技术的开拓者——朱梅. 微生物学报，49 (8)，2009：1126 -1127

[12] 徐望之. 中国酿造学社丛书出版预告. 酿造杂志，1939 (1)：53

中国传统黄酒技艺的传承与发展

胡普信
浙江工业职业技术学院黄酒学院

中国黄酒，以其悠久的历史、精湛的工艺和上乘的口感，数千年来一直长盛不衰。究其原因主要不外乎两个方面，一是品质优良，赢得酒类消费者的钟爱；二是有利可图，赢得生产经营者的中意。黄酒在不断得到传承与改良的发展进程中，似乎始终坚守着传统这一模式，由此也赢得了社会的认可与社会工作者的保护。尤其是代表着中国黄酒总体特色的绍兴酒更是这样，2006 年 5 月 20 日，国务院公布第一批国家级非物质文化遗产名录中，就有“绍兴酒传统酿制技艺”。

通常我们在保护文化多样性时，往往突出不同地域、族群、社区成员之间共享的宗教、婚丧习俗、语言、艺术的内容，往往忽视造物的习俗，尤其是忽视普通消费者与传统手工酿造者紧密的情感联系，以及这种消费者与酿造者情感积淀下的地方文化和地方习俗。由于现代社会的发展与变迁，人们逐渐淡化了对手工酿造的热情，年轻人受现代文明的影响，被工业化与信息化所左右，也逐渐疏远祖先留下来的这份宝贵遗产。非物质文化遗产的保护就是要唤醒人们心中曾经存在过的这份情感记忆，重新评估传统手工酿制技艺的人文价值与经济价值，重新评估黄酒传统手工酿造方式在当下现代文明中的社会意义，从而在一定程度上引导酒类消费者对不同工艺生产的黄酒产品的选择。

传统黄酒的人文价值体现在手工酿造的整体行为之中，这就是人们通常在讲的无形文化财产。它不局限在传统的酿造工艺与操作技能，而是以手工工艺表现出来的酿造哲学与文化内涵。它是超越物质层面上的，需要用心去领会与体会的，绍兴传统黄酒的这种人文内涵关系着绍兴地区长期以来形成的酿造群体或劳动者的精神个性，也是我们国家文化多样性的重要基础。历史上的中国是一个以农业和手工业为支撑国家，手工业在经济、文化的发展中起着极为重要的作用。“我们日常所见所用的手艺制品无论是青瓷、紫砂、银饰、金箔、玉雕、泥塑、剪纸、年画或是宣纸、徽墨、湖笔、端砚、白酒、黄酒、蒲扇、竹席，无不关系到国计民生，无一不既具有重大的历史价值又具有不容忽视的现代价值，并对维护我国文化命脉和民族特质有着不可替代的重要作用”。[1]

那么要如何才能比较正确地传承中国黄酒这一传统的工艺技术呢？笔者认为可从以下几方面入手。

1 清楚如何才是需要传承的传统酿制技艺

中国传统黄酒酿制技艺是一门需要传承的手工艺技术，需要有既了解黄酒的历史、文化、技艺与产品，又掌握黄酒酿造技能的师傅。只有正确的经验与知识的传授，才不至于让这一传统技艺失传、失真。

最近，位于绍兴鉴湖水系的湖塘，在较为宽阔的湖江边上的浙江塔牌绍兴酒有限公司，以传承传统绍兴酒为己任，试着恢复绍兴酒本来的总体特色与优秀品质，经过十余年的精心酿造与储存，终于在一代黄酒大师，绍兴酒酿制技艺国家级唯一传承人王阿牛的指导下，在现代酿酒大师、王阿牛的传人潘兴祥的精心呵护下，初步完成了传统绍兴酒本来的特色与品质。生产了一款以“本酒”为命名的黄酒精品。这是传统绍兴酒酿造的一个典范，是绍兴酒走出目前低迷徘徊的一个方向，是向所有绍兴酒酿造者展示的一款优质黄酒精品。它甚至没有添加国家标准中规定可以添加的焦糖色素，更不用说其他的添加物了。

塔牌的“本酒”从新产品的开发鉴定与今年商品的上市，笔者都有幸参与其中，深知其产品生产过程的历久弥新，产品品质的百般苛求。首先，它在酿造时遵循绍兴酒传统的酿制时令，全部在冬至以后立春以前，这一传统绍兴酒酿造最为理想的时间段。这一时间段中天所寒冷，空气中、水中有碍于绍兴酒发酵的微生物最少，水质也最为洁净，发酵时控制温度最为容易，因此，传统的手工作业最易酿得上等好酒。其次，在整个配方与酿造中始终遵循传统绍兴酒的配方，在最后灌入酒坛时均是自然发酵的产物，不添加任何非发酵物质，也不添加允许添加的焦糖色素。最后，经长达 10 年以上的储存，达到色、香、味俱佳的真正意义上的传统绍兴酒。经专家与不同消费者的品尝，认为“本酒”其色为典型的琥珀黄，晶莹剔透；其香已消除了焦糖香的干扰，远年绍兴酒特有的雅香浓郁芬芳，十分愉悦；其味醇厚、清爽、甘洌，回味长久；诸味谐调和顺，具有典型的绍兴酒风格特征。

中国人讲求天时、地利、人和，而传统黄酒的酿造，最能体现这三大特征。所谓天时，就是要对传统黄酒酿制选择最适时令季节，这就是立冬到立春这一季节，尤其是冬至前后为传统黄酒酿造的最佳季节。所谓地利，就是要对酿造传统传统黄酒选择一个合适环境，而黄酒与众不同的最大特点就是把水喻为“酒之血”，利用得天然鉴水源是黄酒传统酿造的一个特点，尤其是采用天然宽阔的湖面中心水是传统黄酒酿制历来强调的。现在天然水源由于受到周围工农业与生活的影响，许多天然水源已不能直接用来酿酒，需要经过处理。而采用源自天然水源的城市自来水，经除氯处理后，也不失为一个优质的水源。酿酒技艺中地利的另一个标志，就是土地上生长的适合于酿酒的谷物等原材料，要讲究质地与产地，方能酿出好酒。所谓人和，就是要对酿造传统黄酒的师傅有所要求，不仅要会酿酒，更要懂得如何才能酿出品质优秀的传统黄酒。这就要求酿酒师傅不仅要具有高超的酿酒技能，还必须要具有深厚的黄酒文化底蕴，方能真正领会中国黄酒的精妙与文化内涵。我国《礼记・学记》中有“良弓之子必学为箕，良冶之子必学为裘”的记述，意思是好的制弓手后代，必须学会制作箭袋；优秀的冶炼师后代必须学会制作鼓风的皮囊。目的是教育后人，只有学会与通晓手工技艺的全部过程与关键技巧，才能全面传承父辈的手工技艺。口传心授，历来是传统黄酒酿造中师徒相承的机制，具有非正规教育而得以传承的优势，但也存在过于神秘、封闭保守的缺陷，所以也应有所鉴别。

中国黄酒传统酿制技艺不仅仅是一种简单的酿酒技术，而是一种地方文化与哲学精神。它强调的是“天人合一”，依时而行。正如我国现存第一部传统手工技术规范《周礼·冬官考工记》中所述的：“天有时，地有气，材有美，工有巧。合此四者，然后可以为良”。只有合天时、地利，选优质原辅材料与具有高超技巧的酿酒师傅，方能酿造出传统意义上的中国黄酒。

目前，只有系统地整理传统黄酒的文献资料，老一辈酿酒大师的采访调查，以笔录、摄影、录音、录像等现代信息保存手段，尽可能详尽地保留记录和相关信息，才能有足够的第一手资料来传承这一古老的酿酒技艺。从当前某些黄酒酿造企业中有一些关键工序，已被人为地修改或以讹传讹，失去了本来的面目。传统黄酒酿制过程中的工器具的保存也显得支离破碎，难成完整的系统。而工器具恰恰能直观反映传统技艺的真实性与合理性。

培养人才是中国传统黄酒酿制技艺得以传承的重要组成部分，黄酒传统酿造的技术、工艺、文化研究现今大多来自于高等院校与科研院所，但在数量和学术水平上远不能满足实际传承的需要，有必要建立学术研究基地。浙江塔牌绍兴酒有限公司本承传统技艺，成立了以企业为主体，有专家学者参加的传统黄酒研究中心。2014 年 11 月 7 日，在浙江塔牌绍兴酒有限公司举行的传统酿酒冬酿仪式上，中国酒业协会将“中国黄酒传统酿制技艺研究中心”这块牌子，授予了“塔牌”。这标志着传统绍兴酒酿制技艺的传承正式进入了学术研究阶段，对培养专业研究人员、形成人才梯队、进行传统酿造技术专项研究、出版黄酒学术著作都会起到积极而重要的作用。

2 明白怎样才能掌握传统酿造技艺

中国的传统黄酒酿造是一门技术也是一种文化。如何才能完整地掌握这一技艺，是传承中最为重要的内核。如前所述，技艺包括技术与文化，那么完整的技术与完整的文化究竟是指哪些方面呢？下面从技术与文化分别进行阐述。

传统黄酒的酿造技术，重点在酿造工艺与手工作业，既然是手工技术，必强调其操作技能。而操作技能的高下完全在于酿造者个人的学习模仿与对造物的专心致志。主要表现在对酿酒的理解上，依托在以文化为基础的功底上。对酿酒的理解并非为酿酒而酿酒，而是要酿造出符合传统黄酒意义上的好酒。如上述的“本酒”，酒质很好，但是建立在酿造时的优秀品质的基础上的。用材、选料、配方、酿制、陈化等方面是酿酒师个人技能的体现。

传统的黄酒酿造，主要依靠酿酒师傅的实际操作经验，也可称作“手艺”或“手技”，而绍兴酒的酿造更重视“开耙”师傅的作用，将其称为“酒头脑”，也就是说传统黄酒在酿造过程中就赋予了酒以生命，黄酒的酿造是生命体的诞生与成长的过程，将酿造黄酒的原料糯米、鉴湖水、麦曲喻为生命体的肉、血和骨，即所谓的“米是酒之肉，水是酒之血，曲是酒之骨”是也。由此看来，中国黄酒乃血肉之躯。一位优秀的开耙师傅，是赋予酒优秀灵魂的设计师与创造师。这些比喻虽为酿酒人的自夸之词，但且道出了酿酒技艺的真谛。在生物学上，凡发酵体及发酵产物均是生命体的表现。可见，将中国黄酒比喻为生命体是有一定的科学道理的。所有这些都是中国黄酒地方文化内涵与精神的形象说明。

既然开耙师傅为酒头脑，而酒又是一个生命体的表现体，如何赋予传统黄酒一个优秀的灵魂实在是由开耙师傅的手艺所决定的。试想一个没有对酒有深厚情感的师傅，能带给酒灵气吗？

要成为一名出色的酒头脑，首先要懂得用料、选材，优秀产品必须有地道的原料。绍兴酒酿造的地道原料就是优质糯米配鉴湖水，以及优质的黄皮小麦。这些原料如何才能称得上优质？这里我摘录先人留下的富贵资料供参考借鉴。因为绍兴酒代表着中国黄酒的总体特色，所以在绝大多数文献中都把绍兴酒作为中国黄酒代表而加以专门论述，当然也有论述中国黄酒的另外称谓的“米酒”“土黄酒”，但都讲得十分的简单。

比较早的专业文献是民国十七年（1928 年），由绍兴人周清所著，上海新学会社发行的《绍兴酒酿造法之研究》，内中第二章讲到绍兴酒原料时就有“原料以水、糯米、大小麦、酒药为最重要。原料误用，虽熟练家亦难出良品也”。并从糯米的纯度、色泽、风味、腹白、容重、硬度、水分、虫类等九个方面给以鉴别。民国十八年吴承洛著的《今世中国实业通志》及十九年著的《酿造》，由商务印书馆发行，其中也比较详细地介绍了绍兴酒的酿造。

稍后是民国廿五年，由金培松所著，正中书局印行的《酿造工业》，内中第八章是绍兴酒，在介绍淋饭酒时，专门对米的处理进行了说明：“绍酒酿造用糯米，酿造前先经精白与浸渍二步”。“精白的目的，在除去外部的胚膜、胚子、而留着胚乳。胚膜与胚子含蛋白质与脂肪较多，每有害酒的气味，故必须除去。精白的方法多用水力或人力捣舂，捣白的成数，约有一成。”说明绍兴酒所用糯米原料，要去掉米的表皮与胚（胚芽），只留下米的胚乳部分。精白米的出米率在 90% 左右。

民国廿七年由杨大金所著，商务印书馆发行的《现代中国实业志》；廿八年，由方乘所著，中华书局发行的《农产酿造》，均详细介绍了绍兴酒的酿造方法，原料选择条件与周清相仿，只是九方面改为了八方面，纯度改为了“净度”，并去掉了“容重”。此二著作中最为显著的是对选料的述说，“绍兴酒虽为酒的名产地，然本地所产糯米不多，大有供不应求之势，大部分糯米原料，均从他处采购。大酿户购自江苏的金坛、溧阳、丹阳及无锡等处。此等县域所产的米，品质胜于绍兴土产，酿成的酒，质与量均较优良”。

以后出版的如周昌涛主编的《酿造工业》、陈騊声编著的《高等酿造学》《发酵工业》及新中国成立后轻工部科学研究院编著的《黄酒酿造》、浙江省轻工业厅编的《绍兴酒酿造》等著作，对黄酒原料的选择与处理，均以前述各书为蓝本。

从这些著作中，已能十分明显地看出与明白传统绍兴酒对原料糯米的要求。然，目光所及便能判断所购米的优劣，这便是开耙师傅的经验与本领。这里仅将原料的选

用与处理作为正确传承的例子。这些书中也包括了对水质，对麦曲，对酒药的具体要求与制作方法。中国黄酒以传统绍兴酒为代表的技艺要传承，必须从这些最为原始地科学资料中去寻找方法与技巧，同时拜访当地了解酿酒之年长者，在理论与实际的交互中，真切掌握传统黄酒的酿制技艺。这里之所以特别详细地列举了原料米的处理，是要让当今的开耙师傅知道，如何才是对黄酒原料选择与处理的技术传承。在正常的生产过程中，是否在按这种方法进行选择与处理。其他酿造工序也可举一反三地进行比对。

对于以绍兴酒为代表的中国黄酒传统工艺的具体操作，陈騊声的《高等酿造学》比较规范，浸渍、蒸熟、发酵、榨取、灭菌与储藏、后熟六大工序层次分明；轻工部科学研究院编著的《黄酒酿造》比较具体，绍兴酒从沿革、品种及名称、酿造工具、原料、微生物、酒药、麦曲、酒母、元红酒、加饭酒、善酿酒、香雪酒的酿造方法、出酒率及成品品质、副产物酒糟等组成著作的前十四章，后又详细介绍全国各地著名的黄酒十四种，如无锡老厫黄酒、宁波黄酒、江阴黑酒、丹阳甜黄酒、即墨老酒、兰陵美酒、福州红曲酒、金华踏饭酒等。有志于传承传统中国黄酒酿造技艺的，可有比较地注意选择、阅读、分析、研究。

2014 年由笔者主编，中国轻工业出版社出版的《黄酒酿造技术》《黄酒工艺技术》与《中国酒文化概论》是传统与现代相结合的黄酒专业技术教材，也是黄酒酿造企业技术人员，酿酒技师的参考资料，可以参照与借鉴。

以上是理论上的专业资料与实际操作指导。现场酿造过程中，尚需技艺高超的师傅进行指导与点拨。方能做到物质与精神的有机统一，理论与操作的有机融合。

中国黄酒的文化意义，是一种既抽象又具体的概念。今天，靠贬低现代工业化的意义来提升手工劳动的价值，这样做并不能真正让人们了解传统绍兴酒的价值，因为现在只有极少数的家庭酿酒是属于自产自用的，多数都是以商品化的形式存在。因此，在非物质文化保护工作中不应有意夸大手工劳动的传统特质，不能把手工劳动的哲学价值抬得过高。换句话说，就是不能过于理想化地看待手工艺形而上的意义，要重视手工劳动者的艰辛以及手工酿酒师现实处境的不容易。弘扬传统手工艺的非物质文化价值应该落到实处，应重点阐释具有中国特色的手工艺黄酒的独特价值追求。比如说，黄酒传统手工艺在对天然原辅材料上的讲究，生产时的因时制宜；开耙师傅懂得采用天然优质原辅材料、懂得在平衡天工与人巧的矛盾中获得一种造物的尺度感、懂得用传统的工艺发掘传统产品本身所蕴涵的美；开耙师傅在酿酒过程中，如养育孩子一样靠感观判断精心照料，像培养孩子一样让其有健康的生命，让其有骨力，在听、看、摸、尝、品中，在酿酒师身心的切肤感受中，赋予了酿造传统黄酒全部的生命内容。所有这些属于传统手工艺一以贯之的文化价值，是手工艺的灵魂，是我们传统文化中最具生命力的文化因子，这些才是需要我们大力宣传的内容。只有让普通百姓切实了解传统手工艺黄酒有诸如此类的内在精神品质，才能说清为什么手工黄酒是一种文化，而且是需要加以保护和发展的有长远价值的文化。

传统手工艺生产的工艺流程是相对稳定的，但工艺标准不可能像机器生产那样有明确的数据，而是掌握在每一位操作者的心里，表现和触觉上的分寸感。因此，有关手工艺的知识经验在民间最普遍的存在形式是主观的、即时性的，因材、因时、因地而异的，这里头人的因素、时间因素、空间因素、物质因素都是影响手工艺质量的变量。手工技艺的本质不是工具所蕴涵的技术性，而是个体的技能、技巧。尽管变化是手工艺的常态，但对于任何一门传统手工艺而言，变中总有相对不变的因素，否则就既没有什么传统可言，也没有它独立存在的价值。我把这种相对不变的内核称作决定某门手工艺独特性的“核心技艺”。[2]

尽管工业文明已经取代农耕文明的主导地位，但农耕文明时代发达的手工艺所积累的精神财富有些依然有现实的意义。人的“手工技艺”作为一种生产力，在手工作坊式的传统黄酒生产企业中没有被自动化机器所排挤，人没有被控制在流水线上。使用简单机械作为辅助手段的结果，是把人从低级、重复、繁重的工序中解放了出来，在最需要个体技能的工序中，如开耙、制曲、制酒药、制淋饭酒母等，得以发挥“手工技艺”的独特神韵。开耙师傅、酿酒技师主要依靠“手技”的生产力，用心酿造，尊重并善用原辅材料，传承着较好的工艺伦理。纯手工制品成本高，与人亲近，可以培养起消费者“惜物”的用物态度，是一种尊重自然和调节自我的双重实践。它无需，也无法取代工业生产，却能让现代人在消费中多一些追求美感的自由和选择个人风格的自由。[3]

这才是为什么要进行传承的要义所在。

3 懂得与消费者的消费习俗保持一致

中国黄酒酒酿制技艺既然要进行传承，就会有产品。而产品的生产是一个买卖双方的问题，只有消费需求，生产与供给才有意义。因此，黄酒酒产品，无论品质多好，文化底蕴多么的深厚，其终极目标是酒类消费者的需求与消费。非物质文化遗产从传承与可持续发展，是一个科学的动态的过程，需要传承人的用心与创新，需要有适合不同消费层次的产品，需要与消费者的消费习俗保持一致。只有这样才显得有生命力、有价值、有潜力。一个有生命力、有价值、有潜力的产品是一个不会被淘汰的产品。

中国是一个古老文明的国度，文化习俗众多，文化氛围极浓，它甚至在许多方面影响着全国乃至全球的文化基因。中国人在岁时节令都有深厚的文化习俗，与生俱来都受着黄酒文化的熏陶，在饮酒、品酒、酒俗中都有极高的造诣。

传统绍兴酒在传承的基础上要得到发展，首先要经得起国人的肯定的考验。中国人有句古训“己所不欲，勿施于人”。只有本地百姓喜欢的东西，才有施及推广的前提。尤其是传统的手艺产品。这是一个涉及产品营销与市场营销的问题，要求造物者在造物之始便考虑此问题，方不至于前功尽弃。

中国，作为全世界唯一生产黄酒的国家，有人把黄酒比作国粹也就顺理成章。如此优越的酒种，在全国酒类产量中不足3%，如此看来，黄酒在尊重消费者上，做得还是远远不够的。也使黄酒的地位，在世界酒林中，难有一席之地。黄酒的名声与文化，跟黄酒市场的实际表现大相径庭。如果拿单一的品牌与知名酒企业品牌进行对比更是惨不忍睹。这说中国的黄酒在传承与发展上，有待进一步的研究与提高，有待进一步的深化与实践，有待进一步的重新审视。

随着我国物质文化水平的不断提高，人们已经不再贪图对酒追求刺激，转而向在享受中寻求保健与养生，在生活中享受传统习俗的洗礼，在消费中追求个性化的文化符号。这三大层面上，国人都明白黄酒的养生与保健，且希望生理上能有快速消退的黄酒品种，于是乎，对低度酒开始产生兴趣，因为低度酒能营造气氛且不丧失理智。我国是一个文化底蕴极深厚的国家，要向走出国门，先走遍全国再说。要充分利用华夏民族悠久的历史文化氛围，做好文化酒这篇文章。在习俗上要十分注重酒与习俗文化的呼应，很明显的是岁时礼俗中，对酒的选用越来越偏向中高端，而不是原来一成不变的另拷、散装酒，另拷散装的酒壶已成为一种历史的陈设。代之是的逐渐向中高端转移的小包装。虽然，黄酒中有许多设计风格迥异的小包装，但黄酒的文化符号极不明显，缺少清晰的习俗符号元素。比如春节前的祭灶酒，年夜饭的团圆酒、福酒，春节的相聚酒，元宵赏灯酒，清明上坟酒，端午雄黄酒，七夕情人酒，中秋赏月酒，立冬开酿酒等都可以赋以文化的元素，并且历史上都是以黄酒来祭祀、祭祖、祭礼的。惟有黄酒才是对传统仪礼的传承。必须开发全新的黄酒品种，可惜的是黄酒只徘徊在四大品种，执着在“花雕”上做文章，导致许多文化习俗都被排斥在黄酒的品种之外，惜矣。唯有在对个性化消费的适应上，对个性化习俗研究的更深一步，才会引起华夏子孙的尊敬与兴趣。目前，虽然已有个性化的“出生酒”“生日酒”“结婚纪念酒”“喜酒”“寿酒”等，尤其是“喜酒”开始个性精细化生产，“塔牌”的喜酒对酒，以相同的文化，相殊的设计，相异的容量给喜宴文化送入一股高雅的文化风。但仍未普遍，没不见大张旗鼓地进行文化张扬。还须为其他文化习俗送上切准文化元素的黄酒产品。

以上只是举了可以引起传统消费的一个节俗黄酒产品的开发思路，涉及到黄酒的营销，这只不过是沧海一粟，黄酒这代表着人类文明的产物，其文化的遗传因子可以说是汗牛充栋。

中国传统习俗上，用中国特色的黄酒是一种自然天成的契合，中华民族传统的文化理所当然地融合在传统的黄酒这一媒介中。如此好的市场潜质，不发掘、不包装、不张扬，真有点太过淡定了。当然，所有的个性化包装设计的外衣下，酒的内涵品质必须十分注重，否则虚有其表，会被市场、会被消费者迅速淘汰，这点开发者是必须牢记的。有人说：消费者又不是品酒师，口味上有点小瑕疵并不会影响销售。要知道世界上，惟有消费者才是最伟大的鉴赏家，最伟大的品酒师。饮用嗜好品，讲究的是口感这一内在实质，而不是让消费者接受生产者徒具外表的包装概念。

4 知道如何肯定现代文明的成果

所谓传统黄酒工艺，前面已然提及，即为手工操作下的黄酒制作技艺。如果，我们过多地使用现代文明的成果，过多地采用机械、电子、信息控制等技术，那么传统的意义便会失去。难道生产绍兴酒只有完全按手工作业，才是真正的传统工艺吗？也不然。这里要分清传统工艺的核心成分与非核心因素。

其实传统绍兴酒酿制技艺中包括的酿造与制（操）作两大部分，这便是文化遗产的核心。这两部分中又以酿造为主，操作为辅。酿造包括原辅材料、酿造方法、工艺；操作或手工作业中包括酒药、麦曲、酒娘的制作以及传统的发酵器具与储存容器的作业。绍兴酒传统酿制技艺的核心技术应该包括：

（1）糯米的选择与精白。

（2）酿造用水的选择与处理。

（3）传统产品的配方。

（4）自然培养的麦曲、酒药及淋饭酒母的制作。

（5）低温长时间的养胚（后发酵）。

（6）酒产品长时间的存储。

如果能保持这六个方面，就是传承了传统的绍兴酒技艺。而所有这六个方面的操作与衔接，靠的是酒头脑清晰的计划与思路，准确的判断与调整，熟练的方法与操作。

随着社会化大生产的进程不断加快，单一靠传统的手工作业，并非是一种正确的传承方法，要学会肯定现代文明的成果，借鉴成果以提升生产效率，改善食品的安全现状。“我们今天所使用的器具，之所以会被发明，都是以史前时代的事物为基础。”[4]

所以，今天的传统绍兴酒酿制，首先是要坚持其核心技术，其次是要充分利用现代技术对操作工具与酿制器具进行改良与替换。如果不是以追求效益或效率的作坊，则尽可以按原始传统的手工作业进行酿制。但建议大多数企业，要进行技术革新与操作革命。尤其是当今占绝对主力的独生子女一代，他们不可能也不会再像先辈那样以一己之力进行繁重的体力劳动。所以，应尽可能地进行降低劳动强度，提高劳动生产率的操作设计。正如亨利·佩卓斯基所说的：“设计本身就是一种尝试拉近器具缺点与理想的过程”。要达到理想境界，还是要进行必要的设计与改造的。比如，今天大多企业将传统的木桶灶火蒸饭改为蒸汽蒸饭；将木制的用来酒、糟分离的榨机改用机械的；将传统的铁锅煮酒改为蒸汽的灭菌机等。我们不能认为这就不是传统的绍兴酒酿制工艺了。恰恰大家还是一致认为这是传统工艺。只有不断地将传统工艺中的缺点与酿造师的理想境界拉近，传承都会更有意义。这也是传统产品掌握潮流，调整步伐的具体体现。我们也不应反对纯粹传统手工的酿制，那是一种艺术作品，是至高无上的。如果社会上还存在着小型家庭式酿酒作坊的话，那融入机械会使手艺不得要令。这里所要阐述的是产品，是社会化大生产中的传统产品。

最后，再说明三点：

一是全国各地黄酒传统酿制技艺的传承主要是对传统的酿造技术、手艺技术的文化传承，而并非是对产品的传承。有了传统的酿制技艺，不愁没有传统的产品。

二是作为纯粹传承和发扬传统手工黄酒的特质与传统工艺本身的特点，传统手工黄酒生产企业不宜走大规模工业化的道路，那样或许有违遗产传承设计者及社会工作者的初衷。

三是各地尽可能创建黄酒“大师工作室”，在大师工作室中有传统的作坊，而作坊中的产品即为传统酿酒大师的典型手艺作品，其物质价值、经济价值和文化价值不辨自明。

可以看到，传统黄酒酿制是酿酒技师手艺的传承与发展问题，是一个具有典型意义的学术问题，传统黄酒稳定迟缓的发展，也碰撞到了现代化变革中的当代中国工业化进程，但随着后工业化时代的到来，传统手艺与文化产业、乡村家庭与全球化市场、文化传承与经济发展，这一系列并行的范畴和理念凸显出手工技艺命题的价值以及文化的深度。同时，传统酿酒技艺的产业化发展问题不只是一个本土化的学术命题，而且具有普遍的当代价值。因此，努力发掘传统黄酒酿制传承的策略和规律，深度辨析手工酿酒在现代生活中的功能和地位，从而达成了传统黄酒酿造，生产性保护、传承、发展的共识。中国黄酒，作为传统生活的酿造者，作为物化的民族智慧，历经悠久的历史积淀和深厚的文化洗礼，将迎来属于黄酒传统个性的新生。

参考文献

[1] 寥育群．传统手工技艺的保护和可持续发展．郑州：大象出版社，2009

[2] 邱春林．中国手工艺文化变迁．上海：中西书局，2011

[3] 邱春林．从一元到多元－传统工艺进入现代生产的多种方式．美术观察，2010，4

[4] [美] 亨利·佩卓斯基．丁佩芝，陈月霞译．器具的进化．北京：中国社会科学出版社出版，1999

发酵食品的健康性比较

李家民

四川沱牌舍得集团有限公司，四川　遂宁　629000

摘　要：发酵食品历史悠久，其良好的质地、风味及丰富的营养，深受消费者喜爱。本文综述了发酵食品所含有的有益、无益成分及其功能，阐述了发酵食品的健康性。

关键词：发酵食品，成分，功能，暗物质，暗能量

A comparison of healthiness between different fermented food

Li Jiamin

Sichuan Tuopai Shede Group Co. , Ltd.

Abstract: For the long history, high quality, various flavor and abundant nutrients, fermented food are popular in the world. In this paper , fermented food contain beneficial, useless components and its function were reviewed. Besides, a comparison of healthiness between different fermented food was made.

Key words: fermented food, components, function, dark matter, dark energy

发酵食品是天地人共酿的，具有独特魅力的食品，是21世纪的保健食品。它以其良好的质地、风味及丰富的营养，深受消费者喜爱，并享有众多美誉。有西方营养学家提出，发酵食品是饮食的最高境界[1]。韩国认为“泡菜是半个粮食”，并说：“如果你想优雅地老去，拥有美丽肌肤，就去吃韩国泡菜吧”。[1]在日本，“每天一碗大酱汤，不用开药方。”且在一次国际大会上，日本人说：“让纳豆来拯救地球吧!”[1]近年来，日本研究得知，其真正魅力在于其有与药品媲美的奇特功效[2]，故日本的保健医师们建议：人们最好每天能摄取一种发酵食品，这样可以维持健康、促进长寿[2]。中国很多古籍中记载，多种传统发酵食品具有一定的药用价值，酒最为突出，《前汉书·食货志》称酒为百药之长，《新修本草》载酒“主引药势，杀百邪恶毒气”[3]，《千金方》载：“一人饮，一家无疫，一家饮，一里无疫。”；其他发酵食品，《本草纲目》中记载豆豉有“开胃增食、消食化滞、发汗解表、除烦平喘、驱风散寒、治水土不服、解山岚瘴气”等疗效，并详尽介绍其与药物配伍[4]。

1　发酵食品概况

1.1　发酵食品的分布[5]

全世界发酵食品以欧洲、北美洲产量最大，非洲和大洋洲最少，亚洲和南美洲介于两者之间。其中，欧洲以发酵乳制品、饮料、谷物和肉制品为主；非洲以淀粉制品和饮料为主，乳制品次之；中东以奶制品为主而豆类和肉制品次之；东亚和东南亚以鱼类和豆制品为主而奶制品次之；北非和大洋洲则以奶制品为主而豆制品次之。

1.2　发酵对食品的作用

发酵不仅是食品原始保藏方法之一，也是保证食品安全性最古老、最经济的方法之一。但它更是一种古老、传统的食品加工方法，用于满足改善食品风味、口感，增加营养价值、生理功能等要求。

（1）发酵能增加和改善食品的风味、香气和组织结构，形成独特的香气、质地、色泽和口感。常见的发酵食品，结构柔软，口感疏松愉快，易消化吸收。

（2）发酵可提高营养价值，增加生理功能。

表 1　微生物发酵食品及其菌种资源一览表[6]

用途	品名	菌种资源
主食	面包	酵母菌、乳酸菌
	馒头、发酵型烧饼等	酵母菌
风味发酵食品	干酪	乳酸菌、青霉、丙酸菌等
	香肠、火腿（发酵型）	片球菌属、啤酒片球菌属、曲霉、青霉
	发酵豆制品（腐乳、豆豉、纳豆、丹贝）	毛霉属、放线菌属、米曲霉、枯草杆菌、枯草芽孢杆菌、总状毛霉、少孢根霉
	酒酿（醪糟）	酵母菌属
	酸菜（泡菜）	肠膜状明串球菌、植物乳杆菌、啤酒片球菌
	可可豆、咖啡豆	假丝酵母属、白地霉属、欧文菌属、酵母菌属
调味品	酱油	米曲霉、鲁氏酵母、球拟酵母菌属、片球菌属、毛霉属
	食醋	黑曲霉、啤酒酵母、醋酸菌属
	果醋	酵母菌、醋酸菌属
	鱼露	嗜盐细菌
	味精	短杆菌属、醋酸菌属

续表

用途	品名	菌种资源
酒饮料	果酒	酵母菌属
	黄酒	曲霉、根霉、酵母菌属
	白酒	霉菌、酵母菌属、其他芽孢杆菌
	啤酒	啤酒酵母、霉菌、酵母菌属
	奶酒	保加利亚乳杆菌、色串孢霉菌属
茶饮料	普洱茶	短密青霉、红曲霉、土曲霉等
	普洱茶膏	短密青霉、红曲霉、土曲霉等
	红茶菌	产朊假丝酵母、芽孢乳杆菌等
乳豆饮品	酸乳	嗜酸乳杆菌、嗜热链球菌、保加利亚乳杆菌、双歧杆菌
	开菲尔颗粒	乳酸链球菌、保加利亚乳杆菌、色串孢霉菌属
	酸豆奶	嗜酸乳杆菌、嗜热链球菌、保加利亚乳杆菌、双歧杆菌
其他	微生物多糖等	细菌（根瘤菌等）、酵母菌、丝状真菌、食用菌

①在微生物分泌的酶作用下，不易吸收的大分子物质降解为易吸收的小分子，提高了食物生物利用率。如高分子碳水化合物（纤维素、半纤维素等）在纤维素酶和淀粉酶作用下，分解为可溶性低分子的低聚糖和葡萄糖；高分子的蛋白质在蛋白酶、肽酶的协同作用下，能逐级水解为低分子水溶性的含氮化合物，如蛋白胨、多肽、三肽和二肽，最终水解为游离氨基酸。

②微生物分泌的酶可裂解不易消化物质构成的织物结构和细胞壁，将封闭的营养素释放出来。如在发酵中，分泌的植酸酶，能够分解谷类与豆类中的植酸，并将某些矿物元素变为生物活性形式，使其中的钙、铁、锌、铬等元素的生物利用度大幅度上升。

③微生物可合成复杂的维生素和其他生长素。

微生物发酵伟大之处就在于它们可将无生物活性的物质化成有生物活性的物质。生物活性物质即是来自生物体内的对生命现象具体做法有影响的微量或少量物质，多具有调节机体生理功能的作用，如降低胆固醇、增加免疫和抗癌作用等或抑制有害物产生的作用[6]。

微生物具有合成B族维生素的能力，以牛奶为例，经过乳酸发酵后，其中的维生素B_1、维生素B_6、维生素B_{12}都有较大幅度增加。同时微生物产生大量活性因子，乳酸菌分解牛奶蛋白质产生多种活性肽类，它们或促进钙质的吸收，或提高人体免疫力或者降低血压[7]。

④发酵食品有益菌可以改善人体消化道的微生态平衡[8]。一是抑制肠道内有害菌的繁殖；二是提高双歧杆菌、乳酸菌等肠道有益菌的数量与质量。

⑤菌体的自溶。菌体不仅是一个营养聚集体，也是生物活性物质来源之一。如通过菌体的自溶作用，菌体内的核酸酶能催化核酸水解成核苷酸或核苷和磷酸[9]。核苷

酸和核苷是细胞机能调节的重要物质，对治疗慢性肝炎、肾炎、肌肉萎缩，脑动脉硬化及改善骨髓造血机能，使白细胞回升均有显著疗效[10]。

（3）发酵可去除无益物质。微生物能分解某些对人体不利的因子。如大豆含有蛋白酶抑制因子、植物红细胞凝集素、抗维生素因子以及植酸、大豆抗原、胀气因子等抗营养因子。它们抗拒着人体对营养成分的吸收并容易引起胃肠胀气，但经发酵加工后，就会减少或消失。又如益生菌产生的蛋白酶，能水解食物中的过敏原，可有效预防过敏[11]。

2 发酵食品的成分及功能

2.1 食品的三次功能

营养性是食品的一次功能，即是保持和修补机体处于正常状态所需营养素的补给源和维持机体必要的运动所需能量的补给源。这也是食物最基本的功能。嗜好性是二次功能，如白酒酿造将糖分转换成酒精的方法，产生了一种能够使人类获得快意，即能产生“醉”意的食品。生理功能是三次功能，指调节人体生理活动、增强免疫能力、防疾病、抗衰老和促进康复等功能。

目前，许多国家已经开始着手研究酿造食品的三次功能（即生理功能）。通过发酵，食品在微生物作用下，能产生生物活性物质，具有生理功能。它们主要源于微生物的代谢产物以及微生物酶对原料的分解产物。

发酵技术无疑能够同时提高食品一次、二次、三次功能。

2.2 有益物质

发酵食品大体可分为酒精饮料、发酵谷物制品、发酵豆制品、发酵果蔬制品、发酵乳制品、发酵肉制品及发酵茶制品等。

2.2.1 酒精饮料

常见的酒精饮料有白酒、黄酒、啤酒、葡萄酒、果酒等。酒精饮料虽然不是生活必需品，但它却是社会必需品，占发酵食品相当比例，故此单独列为一类（表2）。

表2　酒精饮料营养与保健

代表	营养成分	保健功能
白酒[12-16]	当归内酯、Monacolin 类化合物、萜烯类、阿魏酸、香草酸、4-甲基愈创木酚、亚油酸、α-亚麻酸、乙酸、L-苹果酸、酒石酸、川芎嗪、山梨醇、微量元素、氨基酸、脂肽[17]等	抗肿瘤、降胆固醇、双向调节血糖、降血压、抗菌、防癌抗癌、杀菌消炎、镇痛消肿、活血化瘀、强化免疫系统、抗氧化与抗衰老、防治冠心病、开胃消食、消除疲劳和紧张等

续表

代表	营养成分	保健功能
黄酒[18,19]	蛋白质（游离氨基酸和多肽）、功能性低聚糖（异麦芽糖、潘糖、异麦芽三糖）、维生素（维生素C、维生素B_1、维生素B_{12}、维生素A、烟酸丰富）、常量元素（钙、磷、钾、钠、镁丰富）、微量元素（铁、铜、锌、硒等）、酚类物质（儿茶素、绿原酸、香草酸）、γ-氨基丁酸、生物活性短肽	排铅、增强学习记忆能力及免疫能力与耐缺氧能力、延缓衰老、抗氧化等
啤酒[20,21]	氨基酸（12%～20%为必需氨基酸）、无机离子（钾、钠、钙、镁）、维生素（维生素B_1、维生素B_2、维生素B_6、烟酸、叶酸、泛酸）、抗氧化基（还原酮、类黑精、谷胱甘肽、酚酸、香草酸、阿魏酸）等	防动脉硬化和心脏病、抑癌、促血液循环、促雌激素分泌、改善免疫机能、抗氧化与抗衰老、减轻放射线损害、防白内障、解除肾结石、镇静、促食欲等
葡萄酒[22]	糖分、酒石酸、苹果酸、花色素、单宁、维生素（B族维生素、维生素C、维生素E、维生素PP、维生素H等）、常量或微量元素（钙、钾、镁、磷、锌、硒等）、类黄酮、酚类、黄酮醇、植物抗菌素、白藜芦醇、花青素类、聚合苯酚、鞣酸、聚碳酸等	抗动脉粥样化、抗血栓、防癌、防肾结石、益肤养颜、助消化、抗氧化等

近年来，笔者对白酒健康价值与中草药对比进行了有益探究，见表3，为“酒精伤肝”和“中国白酒不伤肝”两种长期存在又相互矛盾的看法的辩证统一找到了合理的解释，为“适量饮酒，有益健康”提供了科学依据。[23]

表3　白酒与中药成分对比[23]

序号	中药名	与白酒的共同组分	功效
1	川芎	阿魏酸、川芎嗪	活血行气，祛风止痛。用于月经不调、经闭痛经。症瘕腹痛、胸胁刺痛、跌扑肿痛、头痛、风湿痹痛
2	半夏	含β-氨基丁酸与γ-氨基丁酸、天门冬氨酸、谷氨酸等多种氨基酸	燥湿化痰，降逆止呕，消痞散结。用于痰多咳喘、痰饮眩悸、内痰眩晕、痰厥头痛、呕吐反胃、胸脘痞闷、梅核气症；生用外治痈肿痰核
3	百合	脂肪、有机酸	养阴润肺，清心安神。用于阴虚久咳、痰中带血、虚烦惊悸、失眠多梦、精神恍惚
4	山药	植酸、氨基酸（10多种）	补脾养胃，生津益肺，补肾涩精。用于脾虚食少、久泻不止、肺虚喘咳、肾虚遗精、带下、尿频、虚热消渴

续表

序号	中药名	与白酒的共同组分	功效
5	千年健	含挥发油，其中有 α - 萜烯、β - 萜烯等	祛风湿，健筋骨。用于风寒湿痹、腰膝冷痛、下肢拘挛麻木
6	落新妇	2 - 羟基苯乙酸	祛风，清热，止咳。用于风热感冒、头身疼痛、发热咳嗽
7	芦根	天门冬酰胺、多糖类、糠醛及水溶性糖类等	清热生津，除烦，止呕，利尿。用于热病烦渴、胃热呕哕、肺热咳嗽、肺痈吐脓、热淋涩痛
8	天南星——虎掌南星	氨基酸	燥湿化痰，祛风止痉，散结消肿。用于顽痰咳嗽，风疾眩晕，中风痰壅、口眼歪斜、半身不遂，癫痫，惊风，破伤风；生用外治痈肿、蛇虫咬伤
9	天麻	对羟基苯甲醛、柠檬酸、琥珀酸等	平肝息风止痉。用于头痛眩晕、肢体麻木、小儿惊风、癫痫抽搐、破伤风症
10	荚果蕨贯众	脂肪酸，其中以花生四烯酸为主	清热解毒，杀虫，止血。用于蛲虫病、虫积腹痛、赤痢便血、子宫出血、湿热肿痛
11	水半夏	含有机酸、酚类化合物	燥湿，化痰，止咳。用于咳嗽痰多、支气管炎；外用鲜品治痈疮疖肿、无名肿毒、毒虫咬伤
12	升麻	阿魏酸及有机酸等	发表透疹，清热解毒，升举阳气。用于风热头痛、咽喉肿痛、麻疹不透、脱肛、子宫脱垂
13	白茅根	苹果酸	凉血止血，清热利尿，用于血热吐血、衄血、尿血、热病烦渴、黄疸、水肿、热淋涩痛、急性肾炎水肿
14	延胡索——齿瓣延胡索	棕榈酸、豆固醇、油酸、亚油酸、亚油烯酸等	活血，利气，止痛。用于胸胁脘腹疼痛、经闭痛经、产后瘀阻、跌扑肿痛
15	菝葜	酚类、氨基酸、糖类	祛风利湿，解毒散瘀。用于关节疼痛、肌肉麻木、泄泻、痢疾、水肿、淋病、疔疮、肿毒、痔疮
16	莪术——广西莪术	含 α - 蒎烯、莰烯、萜烯、柠檬烯、α - 松油烯、丁香酚	破血行气，消积止痛。用于血瘀腹痛、肝脾肿大、血瘀闭经、饮食积滞
17	当归	含当归内酯、正丁烯酰内酯、阿魏酸、烟酸、及倍半萜类化合物等	补血活血，调经止痛，润肠通便。用于血虚萎黄、眩晕心悸、月经不调、经闭痛经、虚寒腹痛、肠燥便秘、风湿痹痛、跌扑损伤、痈疽疮疡
18	防风	甘露醇	解表祛风，胜湿，止痉。用于感冒头痛、风湿痹痛、四肢拘挛、风湿瘙痒、破伤风

续表

序号	中药名	与白酒的共同组分	功效
19	明党参	有机酸	润肺化痰，养阴和胃，平肝，解毒。用于肺热咳嗽、呕吐反胃、食少口干、目赤眩晕、疔毒疮疡
20	毛冬青	含酚类、固醇、三萜、氨基酸、糖类等	清热解毒，活血通脉。用于冠状动脉硬化性心脏病、急性心肌梗死、血柱闭塞性脉管炎；外用治烧、烫伤，冻疮
21	麦冬	钠、钾、钙、镁、铁、铜、钴、铬、钛、锰、铅、镍、锶、钒和锌等微量元素	养阴生津，润肺清心。用于肺燥干咳。虚痨咳嗽，津伤口渴，心烦失眠，内热消渴，肠燥便秘；咽白喉
22	玄参	植物固醇、油酸、亚麻酸、糖类	凉血滋阴，泻火解毒。用于热病伤阴、舌绛烦渴、温毒发斑、津伤便秘、骨蒸劳嗽、目赤、咽痛、瘰疬、白喉、痈肿疮毒
23	西洋参	含精氨酸、天冬氨酸等18种氨基酸	补肺阴，清火，养胃生津。用于肺虚咳血、潮热、肺胃津亏、烦渴、气虚
24	天冬	天冬酰胺、瓜氨酸、丝氨酸等近20种氨基酸，5－甲氧基－甲基糠醛	养阴生津，润肺清心。用于肺燥干咳、虚劳咳嗽、津伤口渴、心烦失眠、内热消渴、肠燥便秘、白喉
25	火麻仁	亚麻酸、亚油酸等	润燥滑肠通便。用于血虚、津亏肠燥便秘
26	花椒	不饱和有机酸	温中止痛，杀虫止痒。用于脘腹冷痛、呕吐泄泻、虫积腹痛、蛔虫症；外治湿疹瘙痒
27	瓜蒌	果实含氨基酸、糖类、有机酸；种子含油酸、亚油酸及固醇类化合物	清热涤痰，宽胸散结，润肠。用于肺热咳嗽，痰浊黄稠，胸痹心痛，乳痈、肺痈、肠痈肿痛
28	代代花枳壳	柠檬烯、癸醛、壬醛、十二烷酸	行气宽中，消食，化痰。用于胸腹闷胀痛、食积不化、痰饮、脱肛
29	木瓜——冥楂	含苹果酸、果胶酸、酒石酸	舒筋活络，和胃化湿。主治风湿痹痛、菌痢、吐泻
30	猕猴桃	有机酸	解热，止渴，通淋。用于烦热、消渴、黄疸、石淋、痔疮
31	预知子	含油酸甘油酯、亚麻酸甘油酯等	舒肝理气，活血止痛，利尿，杀虫。用于脘胁胀痛、经闭痛经、小便不利、蛇虫咬伤
32	西瓜皮	果汁含瓜氨酸、苹果酸、果糖、葡萄糖、蔗糖等	清暑解热，止渴，利小便。用于暑热烦渴、小便短少、水肿、口舌生疮
33	无花果	含枸橼酸、延胡索酸、琥珀酸、丙二酸、脯氨酸、草酸、苹果酸、莽草酸、奎尼酸等	健脾，止泻。用于食欲减退、腹泻、乳汁不足

续表

序号	中药名	与白酒的共同组分	功效
34	红花	棕榈酸、肉桂酸、月桂酸	活血通经、散瘀止痛。用于经闭、痛经、恶露不行、症瘕痞块、跌打损伤
35	皂角刺	棕榈酸、硬脂酸、油酸等	消肿托毒，排脓，杀虫。用于痈疽初起或脓化不溃；外治疥癣麻风
36	灵芝	主含氨基酸、多肽、蛋白质、硬脂酸、苯甲酸等	滋补强壮。用于健脑、消炎、利尿、益肾
37	油茶油	脂肪油，主为油酸、硬脂酸等的甘油酯	清热化湿，杀虫解毒。用于痧气腹痛、急性蛔虫阻塞性肠梗阻、疥癣、烫火伤。又为注射用茶油原料及软膏基质
38	马勃	含亮氨酸、酪氨酸等氨基酸	清肺利咽，止血。用于风热肺咽痛、咳嗽、音哑；外治鼻衄、创伤出血
39	昆布	含甘露醇、谷氨酸、天冬氨酸、脯氨酸和碘、钾等	软坚散结，消痰，利水。用于瘿瘤、瘰疬、睾丸肿痛、痰饮水肿
40	海金沙	棕榈酸、油酸、亚油酸	清利湿热，通淋止痛。用于热淋、砂淋、血淋、膏淋、尿道涩痛
41	含羞草	酚类、氨基酸、有机酸	安神镇静，散瘀止痛，止血收敛。用于神经衰弱、跌打损伤、咯血、带状疱疹
42	广金钱草	酚类、氨基酸	清热除湿，利尿通淋。用于热淋、砂淋、石淋、小便涩痛、水肿尿少、黄疸、尿赤、尿路结石
43	杠板归	阿魏酸、香草酸	利水消肿，清热解毒，止咳。用于肾炎水肿、百日咳、泻痢、湿疹、疖肿、毒蛇咬伤
44	江南卷柏	含醛类成分，另有酚性、酸性及中性物质	清热利尿，活血消肿。用于急性传染性肝炎、胸胁腰部挫伤、全身浮肿、血小板减少
45	西番莲	软脂酸、油酸、亚油酸、亚麻酸、肉豆蔻酸、谷固醇等	除风清热，止咳化痰。用于风热头昏、鼻塞流涕
46	鱼腥草	辛酸、癸酸	清热解毒，清痈排脓，利尿通淋。用于肺痈吐脓、痰热喘咳、热痢、热淋、痈肿疮毒
47	菥蓂	脂肪油，脂肪油中含芥子酸、油酸、亚油酸、二十烯酸等	清肝明目，和中，解毒。用于目赤肿痛、消化不良、脘腹胀痛、肝炎、阑尾炎、疮疖痈肿
48	罗布麻叶	谷氨酸、丙氨酸、缬氨酸、氯化钾等	平肝安神，清热利水。用于肝阳眩晕、心悸失眠、浮肿尿少
49	蓖麻子	含脂肪油（蓖麻油），油中含亚油酸、油酸等	消肿拔毒，泻下通滞。用于痈疽肿毒、喉痹、瘰疬、大便燥结

续表

序号	中药名	与白酒的共同组分	功效
50	莱菔子	含α-己烯醛、β-己烯醛、β-己烯醇、γ-己烯醇、亚油酸、亚麻酸	消食除胀，降气化痰。用于饮食停滞、脘腹胀痛、大便秘结、积滞泻痢、痰壅喘咳
51	黑芝麻	含脂肪油，为油酸、亚油酸、棕榈酸、硬脂酸、花生酸等甘油酯	补肝肾，益精血，润肠燥。用于头晕眼花、耳鸣耳聋、须发早白、病后脱发、肠燥便秘
52	核桃仁	含脂肪油，主成分为亚油酸、油酸、亚麻酸的甘油酯	温补肺肾，定喘润肠。用于肾虚腰痛、脚软、虚寒喘咳、大便燥结
53	榧子	含脂肪油，油中主为亚油酸、硬脂酸、油酸等	杀虫消积，润燥通便。用于钩虫、蛔虫、绦虫病，虫积腹痛，小儿疳积，大便秘结
54	淡豆豉	含脂肪、烟酸、天冬酰胺、甘氨酸、苯丙氨酸、亮氨酸、异亮氨酸等	解表，除烦，宣发郁热。用于感冒、寒热头痛、烦躁胸闷、虚烦不眠
55	郁李仁——长梗郁李	脂肪油、挥发性有机酸	润燥滑肠，下气，利水。用于津枯肠燥、食积气滞、腹胀便秘、水肿、脚气、小便不利
56	薏苡仁	含肉豆蔻酸、棕榈酸、8-十八烯酸、豆固醇等，尚含氨基酸	健脾渗湿，除痹止泻。用于水肿、脚气、小便不利、湿痹拘挛、脾虚泄泻
57	亚麻子	含脂肪油，主要为亚麻酸、亚油酸、油酸及棕榈酸、硬脂酸等甘油酯	润燥，祛风。用于皮肤瘙痒、麻风、眩晕、便秘

2.2.2 发酵谷物制品

馒头、面包、醪糟、面酱、醋、发酵米粉及发面饼类等都是发酵谷物制品。这类食品富含功能性低聚糖、多肽及氨基酸、抗氧化活性物质、降胆固醇及降血压物质、益生菌及酶、B族维生素和功能性脂类等生理活性成分。[24]

表4　　发酵谷物制品营养与保健

代表	营养成分	保健功能
醋[25]	矿物质、醋酸、维生素、多种氨基酸、活性酵素等	抑菌杀菌、稳定血压、延缓衰老、安神降糖、护肝益肾、消除疲劳、预防感冒、抗癌、防治痛风等
甜面酱[26]	苏氨酸等	防止记忆力减退

2.2.3　发酵豆制品

发酵豆制品主要包括酿造酱油、豆酱、豆豉和腐乳四大类。

豆类在微生物作用下，经过一系列生物化学变化，游离氨基酸、不饱和脂肪酸、水溶性固形物、水溶性矿物质、核黄素等有显著提高，植酸和胰蛋白酶抑制剂、凝集素和抗原蛋白等抗营养因子降低或消失，使大豆中营养成分被利用的实际可能性大大提高，并增加了大豆原来没有的维生素 B_{12}、核苷和核苷酸、芳香族化合物及多种生理活性成分，使其具有较高的营养价值和药用功能[27、28]。

如发酵后的大豆富含抗血栓成分，可以预防动脉血管硬化、降血压；还可参与人体内维生素 K 的合成。维生素 K 与机体的凝血功能有关，与骨代谢关系密切，可防止骨质疏松。[29]

表 5　发酵豆制品营养与保健

代表	营养成分	保健功能
豆豉[30]	大豆多肽、大豆异黄酮、大豆低聚糖、类黑精类、豆豉溶栓酶、大豆皂苷、钼、硒等	抗氧化、降血压、降血糖、抗老年痴呆症等
大酱[31]	类黑精、活性三羟基异黄酮、染料木黄酮、α－生育醇等	抗氧化、降糖、抑制癌细胞增殖、溶解血栓、降低胆固醇等
纳豆[32,33]	多肽、氨基酸、维生素 K_2、叶酸、生育酚、矿物元素、纳豆激酶、大豆磷脂、皂苷类、低聚糖、粗多糖、异黄酮、吡啶二羧酸、纳豆激酶、SOD、蛋白酶、糖化酶、纤维素酶、果胶酶、淀粉酶等	溶血栓、抗肿瘤、降血压、促凝血、抗致病菌、抗氧化、延缓衰老等
豆腐乳[34,35]	大豆多肽、SOD、大豆异黄酮、大豆低聚糖等	抗肥胖、降血压、降血脂胆固醇、除疲劳、抗辐射、抗肿瘤、抗衰老、预防骨疏松症、减轻更年期障碍、增强免疫力

注：豆豉中钼的含量是小麦的 50 倍；硒含量比大蒜、元葱等高硒食物还高[1]

2.2.4 发酵果蔬制品

水果发酵品如葡萄酒、苹果醋等。蔬菜发酵品主要有泡菜、酸菜等。《齐民要术》中专门记录了 29 种腌菜的方法，有仅用盐腌的，也有加醋、糟、糖或蜜腌的。

表 6　发酵果蔬制品营养与保健

类别	代表	营养成分	保健功能
蔬菜发酵制品	朝鲜族泡菜[28]	赖氨酸、甘油三酯、单酸甘油酯、游离脂肪酸、固醇；膳食纤维和钙、铜、磷、铁；维生素 A、维生素 B、维生素 C；胡萝卜素、维生素 B_1、维生素 B_2、烟酸、维生素 B_{12}；有机酸、酒精、酯类；吲哚、异硫氰酸盐、叶绿素；硫化丙烯；辣椒素、胡萝卜素、黄烷类物质、乳酸菌、生姜素、乙酰胆碱、S－甲基蛋氨酸、辣椒素、蒜素等	提高钙、铁生物利用率，促进维生素 B 的吸收；助消化；调节肠内微生物态平衡，防便秘；提高免疫力，抗菌消炎；预防成人病（如肥胖、高血压、糖尿病、心脑血管疾病等）；调节体液酸碱平衡；抗突变、抗癌等
水果发酵制品	苹果醋[36]	有机酸（乙酸、苹果酸、柠檬酸、葡萄糖酸、酒石酸）、苹果多酚（酮醇类（槲皮苷配糖体）、羟基肉桂酸类、儿茶素类及其聚合物、二氢查耳酮类等）、果胶等	改善酸性体质、降血脂、抗动脉粥样硬化、抗炎抗菌、抗衰老及美容养颜、促消化吸收、促进毒素排出、兼有普通粮食醋的保健功能等

注：朝鲜族泡菜营养成分来自于大白菜和配料、调料。

2.2.5 发酵乳制品

发酵乳制品是以牛、羊、马乳为原料，经乳酸菌、双歧杆菌和酵母菌等发酵制成的，如酸奶、干酪、开菲尔乳等[6]。

乳品经过发酵，各种成分发生降解，增加可溶性的磷和钙，并可合成一些水溶性的维生素，提高蛋白质和维生素的代谢；乳酸菌繁殖时，分泌对人体有益的物质，能够抑制肠道腐败菌的生长，调整肠腔内菌群的平衡，增强肠蠕动，防止便秘；益生菌中分泌的乳糖酶，分解摄入的乳糖，缓解乳糖不耐症；产生抗菌素，预防肠癌等癌症之效更胜一筹。还有，治疗肝损伤；抗肿瘤；增强免疫系统；降低胆固醇等生理功能[37-39]。

2.2.6 发酵肉制品

传统的发酵肉制品有火腿、腊肠、腊肉、腌鱼及发酵鱼酱等。

发酵中，细菌产生的酶分解蛋白质，提高了游离氨基酸的含量和蛋白质的消化率，同时形成酸类、醇类、杂环化合物、氨基酸和核苷酸等风味物质，提高产品的营养价值和风味。[40]而发酵不仅能改善肉制品的组织结构、风味，还促进发色，降低亚硝酸盐的残留量。研究还发现，肉类经过发酵，可避免生物胺的生成；抑制病原微生物增殖、产生毒素；降低致癌前体物质，减少致癌物污染的危害[41]。

2.2.7 发酵茶制品

发酵茶有红茶、乌龙茶、铁观音、黑茶。

Bamber（1893）通过试验证实茶叶发酵并无微生物参与；直至 Bamber Nanninga（1900）从茶叶中分离出一种氧化酶，Bamber（1900）分析了红茶制造过程酚类的变化，人们对红茶发酵的实质才有了较正确的解释[42]。大量研究证实，酵母菌、真菌、细菌等三类微生物是影响红茶品质的最主要微生物[43]。赵和涛[44]研究表明，在红茶加工中，霉菌能分泌 α-淀粉酶、葡萄糖生产酶、麦芽糖酶、界限糊精酶等生物酶，对提高红茶中可溶性糖含量以及增进香气和滋味均有良好作用。

研究发现，青毛茶发酵后的普洱熟茶：儿茶素单聚体类的含量大幅减少，多聚体显著增加；没食子酸成为其特征性成分；还发现了新型化合物，如儿茶素类与有机酸结合的新型内酯，具有脂肪族侧链的黄酮类化合物，以及嘌呤类生物碱（咖啡因等）与核苷结合的特殊成分等；已知的有没食子酸、茶多糖、氧化咖啡因、嘧啶类生物碱、杨梅素等成倍增加[45-49]。

表7　　红茶营养与保健

代表	营养成分	保健功能
红茶	茶多酚、儿茶素单体、茶色素[50]等	防癌、抗癌、抗氧化、抗炎、抗病毒、抗心血管疾病、除臭[47-52]

注：茶色素是指茶叶中所含有的天然色素类物质。如叶绿素、类胡萝卜素、黄酮类色素等，还包括加工产生的色素，如茶黄素、茶红素类[50]。

2.3 无益物质

发酵食品中常见的无益物质有生物类、氨基甲酸乙酯（EC）、生物胺、亚硝酸盐、亚硝基类、硫化氢、重金属、农残等。

表 8　　发酵食品中常见的无益物质

无益物质	发酵食品代表	注
生物类[53-55]	臭豆腐、霉菜梗、豆豉等	如青霉、毛霉、曲霉菌等有害菌，其有毒代谢产物有不同程度的遗传性及致癌性；生产时应对发酵菌株进行安全性测试，并对发酵过程中多菌株共发酵的代谢产物实时监控；做好生产卫生，防止杂菌污染
生物胺[56-61]	发酵香肠、干酪、葡萄酒、啤酒、鱼露等	包括酪胺、组胺、腐胺、尸胺、苯乙胺、色胺、精胺和亚精胺等，酪胺、苯乙胺和色胺是人们所关注的；适量的生物胺具有重要生理功能，摄入过量会引起过敏反应或危及生命；生物胺的相关限量，见表 9
氨基甲酸乙酯（EC）	面包、酸奶、酱油、醋、干酪、腐乳、酒精饮料等	EC 曾用于治疗慢性骨髓性白血病、多发性骨髓瘤等；EC 为 2A 类致癌物；EC 在酒精饮料中的最大限量，见表 10
亚硝酸盐	腌制肉制品、泡菜等	亚硝酸盐是允许使用的食品添加剂，作为发色剂和防腐剂；食用腌制蔬菜要避开"亚硝峰"；发酵食品中亚硝酸限量，见表 12
亚硝基类	肉类发酵制品	主要是亚硝胺类；发酵食品中亚硝基类限量，见表 12
硫化氢	臭豆腐、新酒等	以富含硫氨基酸的原料发酵而成的食品，含 H_2S 较多；H_2S 是强烈的神经毒素，对粘膜有强烈刺激作用，但也是继 NO 和 CO 之后的第 3 个气体信号分子[62]，能快速通过细胞膜，对一系列生物靶点产生影响，兼具细胞毒性效应和细胞保护作用[63]

表 9　　生物胺的相关限量[64]

类别	酪胺	组胺	苯乙胺
酒精饮料	10～80mg/L	2～10mg/L	3mg/L
发酵食品	100～800mg/kg	50～100mg/kg	30mg/kg

注：每餐摄入 40mg 生物胺就被认为是潜在的危害。

我国食品中 EC 的限量标准正在制定中。表 10 是部分国家酒精饮料中 EC 的限量。

表 10　　EC 在酒精饮料中的最大限量　　单位：μg/L

国家	葡萄酒	强化酒	蒸馏酒	清酒	水果白兰地
加拿大	30	100	150	200	400
捷克	30	100[a]	150	200	400[b]

续表

国家	葡萄酒	强化酒	蒸馏酒	清酒	水果白兰地
法国	nr	nr	150	nr	1000
德国	nr	nr	nr	nr	800
美国	15	60	125	nr	nr
瑞士	nr	nr	nr	nr	1000
英国	nr	nr	nr	nr	1000
巴西	nr	nr	150	nr	nr
日本	30	100	150	100	400
韩国	30	nr	nr	nr	nr

注：nr 表示目前无具体规定（no specific reglementation at the moment）；a 表示果酒和甜酒；b 表示水果蒸馏酒，以及水果烈酒、混合烈酒和其他烈酒。

3 发酵食品健康性对比

从“2.2 有益物质”知，发酵提升了食品营养价值，为其赋予了种类繁多的功能成分，令其产品保健功能各有千秋，或促消化、吸收或降血压、抗动脉粥样化、抗肿瘤、抗衰老及消除疲劳、美容养颜等，成为食疗的一枝奇葩。

从“2.3 无益物质”知，发酵也随之产生了一些无益物质。生物胺通常是微生物产生的以及食品自身的蛋白酶作用于蛋白质生成氨基酸，后经过脱羧作用形成，而醛酮通过氨基化和转氨基作用也会产生部分生物胺，因此生物胺多存在于蛋白质含量高的食品中。亚硝基化合物在采用了粗盐腌制或用硝酸及亚硝酸盐做保存剂的肉类及其制品中被检出较多。亚硝酸盐在以蔬菜（蔬菜中富含硝酸盐，在还原性细菌作用下转化为亚硝酸盐）为原料的制品中检测较多。发酵茶的农残为近年来的关注焦点。EC 是发酵食物和酒精饮品在发酵或储存过程中天然产生的污染物，在蒸馏酒、白兰地、威士忌、酱油和面包等食品中能检测到 EC。

发酵食品中常见无益物质对比见表 11。

表 11　发酵食品中的无益物质对比

发酵食品	生物胺	EC[65]/（μg/L）	亚硝酸盐 亚硝基类	其他
酒精饮料	白酒 <2mg/L[66] 黄酒最高为 435.5μg/g[67] 啤酒 4.21~10.59 mg/L[68] 葡萄酒 31.81~36.722mg/L[65]	葡萄酒 2.2~48.7、黄酒 14.9~228.2 果酒 31.3~45.5、啤酒 0 蒸馏酒 4.0~117.1、米酒 5.9~32.1 配制酒 3.6~255.1、料酒 3.6~24.7 保健酒 14.5~255.1	—	—

续表

发酵食品	生物胺	EC[65]/（μg/L）	亚硝酸盐 亚硝基类	其他
发酵谷物制品	—	面包5.3～54.3、醋7.5～368.1	—	—
发酵豆制品	豆豉101.07～427.19mg/kg[69] 酱油50.82～1898.17μg/mL[70]	酱油11.9～356.2	—	—
发酵果蔬制品	亚洲泡菜中胺的含量较低	—	（2.22±2.59）mg/kg[71]	—
发酵乳制品	意大利半干干酪（mg/100g）组胺和酪胺39～40；尸胺2.58～16.75；腐胺54.98～110.46[72]	—	—	—
发酵肉制品	火腿10.56～12.50mg/100g[73]	—	香肠2.78 火腿3.89[74]	—
发酵茶制品	—	—	—	农残

注：①表中数据均来源于文献。②发酵果蔬制品中“亚硝酸盐、亚硝基类”一栏是泡菜亚硝酸盐含量；发酵肉制品中“亚硝酸盐、亚硝基类”一栏为香肠、火腿中N－二甲基亚硝胺平均值（μg/kg）。③“－”是由于文献资料不全或目前研究较少。

表11中，消费者较为关注的无益物质在发酵食品中均可检测到，但含量有差异。值得指出，生物胺白酒＜2mg/L，不存在生物胺安全性问题。对于EC含量，黄酒、配制酒、保健酒、醋、酱油较高，蒸馏酒EC较为乐观，小于表10的限量。

与相比其他发酵食品，白酒自有安全屏障，安全健康风险较低：

一是工艺方面：多菌种系统，抑制有害菌；有多种酶分解有害物；蒸馏时具有选择性，酒度高，并可杀菌消毒。中国传统固态法白酒不外加任何添加剂。

二是原料方面：酿酒主要以富含淀粉或糖类物质的粮食为原料，不存在高蛋白物质，可防止或减少以氨基酸为前体物质形成的有害物。根据澳大利亚和新西兰的食品标准，将以蛋白质含量丰富为原料的产品，列为极存在潜在危害的食品之一[75]。

三是其他方面：其他发酵食品多数存在原料蛋白高、产品盐分高（豆豉、酱油、腌肉、泡菜等）、农残（发酵茶，见表14，国标对茶叶约30种农药进行限量）等问题，而白酒尚不存在。

从国家发布的与发酵食品安全卫生指标相关的标准，可以看出，酒精饮料，尤其是与蒸馏酒相关的安全卫生指标较少，存在的安全隐患也相对较少。

发酵食品的安全卫生指标见表12～表14，包括理化、微生物、真菌毒素、污染物等指标，数据全部来源于国家发布的标准，很多与CAC（国际食品法典委员会）公布的数据基本一致。

表 12　　发酵食品中安全卫生指标

安全卫生指标	指标	食品类别							
		酒精饮料	发酵谷物制品	发酵豆制品	发酵乳制品	发酵果蔬制品	发酵肉制品		发酵茶制品
							肉制品	水产制品	
真菌毒素限量/(μg/kg)	黄曲霉毒素 B1		醋 5.0	5.0					
	黄曲霉毒素 M1				0.5				
	脱氧雪腐镰刀菌烯醇								
	展青霉素[a]	50				50			
	赭曲霉毒素 A								
	玉米赤霉烯酮								
污染物限量/(mg/kg)	铅(以 Pb 计)	0.2[b] 0.5[c]	0.2	0.5	0.05	1.0	0.5	1.0	5.0
	镉(以 Cd 计)						0.1[d] 0.5[e] 1.0[f]	0.1[g] 0.3[h]	1
	汞(以 Hg 计)				总汞 0.01			0.5[i] 1.0[j]	0.3
	砷(以 As 计)		总砷 0.5	总砷 0.5	总砷 0.1		总砷 0.5	0.5[k] 0.1[l]	2
	锡(以 Sn 计)	250	250	250	250	150	250		250
	镍(以 Ni 计)								
	铬(以 Cr 计)				0.3		1.0	2.0	5
	亚硝酸盐(以 $NaNO_2$ 计)					20[n]			
	硝酸盐(以 $NaNO_3$ 计)								
	苯并[*a*]芘(μg/kg)						熏肉 5.0		
	N-二甲基亚硝胺(μg/kg)						3.0[o]	4.0[p]	
	多氯联苯							0.5	
	3-氯-1,2-丙二醇								

续表

安全卫生指标	指标	食品类别							
		酒精饮料	发酵谷物制品	发酵豆制品	发酵乳制品	发酵果蔬制品	发酵肉制品		发酵茶制品
							肉制品	水产制品	
备注									氟化物（以 F^- 计）200

注：a：仅限于以苹果、山楂为原料制成的产品。b：酒类（蒸馏酒、黄酒除外）。c：蒸馏酒、黄酒。d：肉制品（肝脏制品、肾脏制品）；e：肝脏制品；f：肾脏制品。g：其他鱼类制品（凤尾鱼、旗鱼制品除外）；h：凤尾鱼、旗鱼制品。i：水产动物及其制品（肉食性鱼类及其制品除外）甲基汞；j：肉食性鱼类及其制品甲基汞。k：水产动物及其制品（鱼类及其制品除外）无机砷；l：鱼类及其制品无机砷。m：果蔬发酵饮料。n：腌制蔬菜。o：肉类罐头除外；p：水产品罐头除外。

表 13　发酵食品中微生物指标及其他理化指标

发酵食品		微生物指标					其他理化指标
酒精饮料	蒸馏酒及其配制酒	项目	采样方案及限量				啤酒甲醛/（mg/L）≤2.0
			n	c	m		
		金黄色葡萄球菌	5	0	0/25g（mL）		
		沙门菌	5	0	0/25g（mL）		
	发酵酒及其配制酒	—					甲醇（g/L）粮谷类≤0.6、其他≤2.0； 氰化物（以 HCN 计）（mg/L）≤8.0
发酵谷物制品		食醋：菌落总数/（cfu/mL）≤10000；大肠杆菌/（MPN/100mL）≤3；致病菌（沙门菌、志贺菌、金黄色葡萄球菌）不得检出					食醋：游离矿酸不得检出
发酵豆制品		大肠杆菌/（MPN/100g）≤30；致病菌（沙门菌、志贺菌、金黄色葡萄球菌）不得检出					
发酵乳制品		项目	采样方案及限量（若非指定，均以 CFU/g 或 CFU/mL 表示）				发酵乳： 脂肪[a]/（g/100g）≥3.1 非脂乳固体/（g/100g）≥8.1 蛋白质/（g/100g）≥2.9 酸度/（°T）≥70.0 风味发酵乳： 脂肪[a]/（g/100g）≥2.5 蛋白质/（g/100g）≥2.3 酸度/（°T）≥70.0 注：a 仅适用于全脂产品。
			n	c	m	M	
		大肠杆菌	5	2	1	5	
		金黄色葡萄球菌	5	0	0/25g（mL）	—	
		沙门菌	5	0	0/25g（mL）	—	
		酵母≤	100				
		霉菌≤	30				
		乳酸菌数[a]≥1×10^6CFU/g（mL）					

续表

<table>
<tr><th>发酵食品</th><th>微生物指标</th><th>其他理化指标</th></tr>
<tr><td>发酵果蔬制品</td><td>酸菜：大肠菌群（MPN/100g）：散装≤90；瓶装≤30
致病菌限量：
<table>
<tr><td rowspan="2">致病菌指标</td><td colspan="4">采样方案及限量（若非指定，均以/25 g或/25 mL表示）</td></tr>
<tr><td>n</td><td>c</td><td>m</td><td>M</td></tr>
<tr><td>沙门菌</td><td>5</td><td>0</td><td>0</td><td>—</td></tr>
<tr><td>金黄色葡萄球菌</td><td>5</td><td>1</td><td>100CFU/g（mL）</td><td>1000CFU/g（mL）</td></tr>
<tr><td>大肠埃希菌O157：H7</td><td>5</td><td>0</td><td>0</td><td>—</td></tr>
</table></td><td>酸菜：总酸（以乳酸计）/（g/100g）≥0.4；
泡菜：
<table>
<tr><td rowspan="2">项目</td><td colspan="3">指标</td></tr>
<tr><td>中式泡菜</td><td>韩式泡菜</td><td>日式泡菜</td></tr>
<tr><td>固形物≥</td><td>50</td><td></td><td></td></tr>
<tr><td>食盐≤</td><td>15.0</td><td>4.0</td><td>5.0</td></tr>
<tr><td>总酸≤</td><td>1.5</td><td></td><td></td></tr>
</table>注：单位均为 g/100g；食盐以氯化钠计；总酸以乳酸计</td></tr>
<tr><td>发酵肉制品</td><td><table>
<tr><td rowspan="2">致病菌指标</td><td colspan="4">采样方案及限量（若非指定，均以/25 g或/25 mL表示）</td></tr>
<tr><td>n</td><td>c</td><td>m</td><td>M</td></tr>
<tr><td>沙门菌</td><td>5</td><td>0</td><td>0</td><td>—</td></tr>
<tr><td>单核细胞增生李斯特菌</td><td>5</td><td>0</td><td>0</td><td>—</td></tr>
<tr><td>金黄色葡萄球菌</td><td>5</td><td>1</td><td>100 CFU/g</td><td>1000 CFU/g</td></tr>
<tr><td>大肠埃希菌O157：H7</td><td>5</td><td>0</td><td>0</td><td>—</td></tr>
</table></td><td></td></tr>
<tr><td>发酵茶制品</td><td>—</td><td>主要是农残，见表 14</td></tr>
</table>

表 14　茶叶中农药最大残留限量　　单位：mg/kg

项目	主要用途	最大残留限量	项目	主要用途	最大残留限量
苯醚甲环唑	杀菌剂	10	氯氟氰菊酯和高效氯氟氰菊酯	杀虫剂	15
吡虫啉	杀虫剂	0.5	氯菊酯	杀虫剂	20
草铵膦	除草剂	0.5	氯氰菊酯和高效氯氰菊酯	杀虫剂	20
草甘膦	除草剂	1	氯噻啉	杀虫剂	3

续表

项目	主要用途	最大残留限量	项目	主要用途	最大残留限量
除虫脲	杀虫剂	20	噻虫嗪	杀虫剂	10
哒螨灵	杀螨剂	5	噻螨酮	杀螨剂	15
丁醚脲	杀虫剂/杀螨剂	5	噻嗪酮	杀虫剂	10
多菌灵	杀菌剂	5	杀螟丹	杀虫剂	20
氟氯氰菊酯和高效氟氯氰菊酯	杀虫剂	1	杀螟硫磷	杀虫剂	0.5
氟氰戊菊酯	杀虫剂	20	溴氰菊酯	杀虫剂	10
甲氰菊酯	杀虫剂	5	乙酰甲胺磷	杀虫剂	0.1
喹螨醚	杀螨剂	15	滴滴涕	杀虫剂	0.2
联苯菊酯	杀虫剂/杀螨剂	5	六六六	杀虫剂	0.2
硫丹	杀虫剂	10			

4 结语

发酵在改善食品外观和质地、增加风味、延长保质期、钝化抗营养因子、提高生物利用率，赋予功能成分等方面发挥了巨大作用，但也随之产生了一些无益物质。

发酵食品中有益成分、无益成分均有存在。但它的健康性需要辩证地对待。不能因为检测方法的提高，分离检测出某种“所谓有害的成分”就将其定性为不安全食品。[76]

一是发酵食品是一个系统，是各成分的协同体，而不是各个单一成分的简单相加。其成分是复杂、多样的，各种成分之间、代谢产物之间存在某些必然的联系和关联性[76]。如一种成分有害，但几种成分组合在一起可能就无害甚至有益，这种情况广泛存在于中药配伍中。

二是量变引起质变，含量是关键。

相关标准中食品成分的安全限值是严格按照食品安全性评价程序而设定，是有科学依据的，只要未超标，我们大可放心食用。含有并不等于有害，食用量才是关键。含极微量的所谓有害物质，完全可以通过人体自身的代谢系统代谢出体外，对人体的健康没有影响[76]，且很多看似无益的成分，在适量下，还可能对人体有益，如文中很多无益物质在适量摄入下还是人体必需的成分或有益健康。

文中介绍的内容只是发酵食品健康性研究的冰山一角，其中还有很多目前未知或未检出，但可能存在于发酵食品的物质或目前无法明确解释的现象，笔者将其定义为暗物质（它有别于宇宙名词暗物质）、暗能量（如白酒微量成分间的协同效应/无益成分转化为有益成分)。它们在健康性方面举足轻重，有待我们进一步通过科技手段，继续探究，不断发现，不断揭示。

参考文献

[1] 吉梅．发酵食品健康的真面目．中华遗产，2013，(2)：130－141

[2] 杲绍年．多吃发酵食品可抗衰老［J］．老年世界，2010，(5)：42

[3] 韩世义，黄云娟．酒的药用价值浅说［J］．河南中医，2001，21 (6)：44

[4] 张佳琪，吕远平，等．三种大豆发酵制品——豆豉、纳豆及天贝的比较［J］．食品工业科技，2012，33 (9)：441－445

[5] 吴晓燕，张薇．发酵食品的保健功用及技术发展趋势［J］．河北企业，2012，(3)：81－82

[6] 史崇颖，田洋．微生物发酵食品的营养特征与保健功效［J］．科技情报开发与经济，2012，22 (8)：116－118

[7] 兰政文．发酵食物的六大营养亮点［J］．饮食科学，2008，(7)：15

[8] 李扬．发酵食品　人类健康之盾［J］．普洱，2010，(07)：41－47

[9] 郝春雷．根霉发酵大豆食品——丹贝的营养及安全性研究［D］．东北农业大学，2004

[10] 赵德安．大豆发酵食品的营养价值［J］．中国调味品，2001，(12)：46－49

[11] 郑俊彦，张昊等．利用蛋白质改性技术降低牛乳致敏性的研究进展［J］．中国乳业，2011，(12)：65－69

[12] 杨涛，李国友，等．中国白酒健康因子的研究及其产生菌选育和在生产中的应用（Ⅰ）中国白酒健康因子的研究［J］．酿酒科技，2010 (12)：65－69

[13] 纵伟，赵光远，等．阿魏酸研究进展［J］．中国食品添加剂，2006，(3)：71－73

[14] 吴志刚．川芎嗪的药理学进展［J］．化工学院学报，2003，(1)：28－32

[15] 庄名扬．浅析中国白酒微量成分的生理活性［J］．酿酒，2000，(5)：26－27

[16] 徐占成，陈勇，等．中国名酒剑南春中有益于人体健康的物质种类和作用［J］．酿酒，2008，35 (3)：108－110

[17] 徐岩．加强科技自信、深化白酒酿造科学研究——中国白酒科技发展动态分析与总结［R］，“中国白酒3C计划”首次白酒安全专题培训会，2014－7－30

[18] 信亚伟，孙惜时，等．黄酒的营养价值及保健功能产品研发现状［J］．酿酒，2014，14 (1)：17－20

[19] 谢广发．黄酒的功能性成分与保健功能［J］．中国酒，2008，11：76－77

[20] 郑海鹰，杨小兰，等．啤酒营养与保健作用的研究进展［J］．农产品加工，2009，(4)：17－20

[21] 郝秋娟，张香美，等．啤酒营养与保健［J］．啤酒科技，2007，(10)：27－28

［22］鲍建民．葡萄酒的营养成分及保健功能［J］．酿酒，2006，33（3）：49－51

［23］李家民．酒精与中国白酒，谁伤肝？［J］．中国酒业新闻网，http：//www. cnwinenews. com/html/201303/20/20130320154754149330. htm，2013－3－20

［24］艾迦．传统发酵食品一览［J］．食品与健康，2010，10

［25］谢秋玲，郭勇．纳豆——一种多功能食品［J］．食品工业科技，1999，20（1）：71－72

［26］刘共华．发酵食品好处多［J］．食品与健康，2009，（02）：19

［27］赵德安．大豆发酵食品的营养保健功能［J］．中国酿造，2001，（04）：9－13

［28］Linda J B，Dianiel D G，et al. The role of probiotic cultures in prevention of colon cancer［J］．J. Nutr.，2000，130：410－414

［29］秦雨，小徐．发酵食品有益健康［J］．中老年保健，2008，（11）：24－25

［30］穆慧玲，李里特．豆豉的保健功能及开发价值［J］．农产品加工学刊，2008，（11）：30－32

［31］金清．朝鲜族传统发酵食品的营养保健功能［J］．延边大学农学学报，2004，26（3）：208－212

［32］孙婕，刘宁纳豆的保健功效［J］．中国调味品，2007，7：14－16，67

［33］张玉岩．多功能保健食品纳豆的营养价值［J］．湖南农机，2013，40（3）：237，239

［34］程丽娟，赵树欣．豆腐乳中的功能性成分［J］．中国调味品，2005，（12）：10－13

［35］管立军，程永强．腐乳和豆豉功能性研究进展［J］．中国食物与营养，2008，11

［36］捱榜琴，张建国等．苹果醋的保健功能及科学依据［J］．中国调味品，2012，37（10）：12－14

［37］吴献花，王树坤．植物性微生物发酵食品的研究进展［J］．中国微生态杂志，1999，11（2）：110－114

［38］Shrestha H，Nand K，Rati ER. Microbiological profile of murcha starters and physico－chemical characteristics of poko，a rice based traditional fermented food product of Nepal. Food－Biotechnology. 2002，16（1）：1－15

［39］吴戈．二十一世纪腐乳的发展［J］．食品与机械，1999，5：11

［40］郭瑞，付华．发酵食品的营养保健功能［J］．河套大学学报，2008，5（4）：280－284

［41］李轻舟，王红育．发酵肉制品研究现状及展望［J］．食品科学，2011，32（03）：247－251

［42］程启坤．红茶制造化学研究进展［J］．国外农学——茶叶，1984（2）：1－10

[43] 尹旭敏，王雪萍．茶叶加工中微生物的研究进展［J］．乐山师范学院学报，2005，20（12）：78－80

[44] 赵和涛．红茶加工过程中主要微生物消长变化及对茶品质的影响［J］．湖南微生物学通讯，1991，（2）：41－43

[45] 周志宏，杨崇仁．云南普洱茶原料晒青毛茶的化学成分［J］．云南植物研究，2000，22（3）：343－350

[46] 折改梅，张香兰，等．普洱茶茶中茶氨酸和没食子酸含量变化［J］．云南植物研究，2005，27（5）：572－576

[47] 陈可可，张香兰，等．曲霉属真菌在普洱茶后发酵中的作用［J］．云南植物研究，2008，22（3）：343－350

[48] 林智，吕海鹏，等．普洱茶的抗氧化酚类成分的研究［J］．茶叶科学，2006，26（2）：112－116

[49] 张雯洁，刘玉青，等．云南"生态茶"的化学成分［J］．云南植物研究，1995，17（2）：204－208

[50] Osima Y. S. et al. Bull. Agric Sci. Chem［J］. Soc Japan，1940，16：106

[51] 穆显良．红茶中茶色素功效研究进展［J］．中国园艺文摘，2010，（2）：163

[52] 王健．红茶的药用功能［J］．茶叶机械杂志，2000，（2）：38

[53] 管立军，程永强，等．腐乳和豆豉功能性研究进展［J］．中国食物与营养，2008，（11）：48－51

[54] 程丽娟，赵树欣．豆腐乳中的功能性成分［J］．中国调味品，2005，（12）：10－13

[55] 斯国静，王志刚，等．浙江传统发酵食品中真菌污染及菌相分析［J］．中国卫生检验杂志，2003，6，13（3）：326

[56] SUZZI B，GARDINI F. Biogenic amines in dry fermented sausages：areview［J］. Int J Food Microbiol，2003，88（1）：41－54

[57] Santos Mhs. Biogenic amines：their importance in foods［J］. International Journal of Food Microbiology，1996（29）：213－231

[58] Soufleros E，Barrios M. Bertrand A. Correlation between the content of biogenic amines and other wine compounds［J］. American Journal of Enology and Viticulture，1998（49）：266－278

[59] 王颖，邱璠，等，食品中的生物胺及其检测方法［J］．中国酿造．2011，（10）：1－5

[60] ANLI R E，VURAL N，YIMAZ S，et al. The determination of biogenic amines in Turkish red wines［J］. J Food Compos Anal，2004，17（1）：53－52

[61] 李志军，吴永宁，等．生物胺与食品安全［J］．食品与发酵工业，2004，30（10）：84－91

[62] Szabo C. Nat. Rev. Drug Discov，2007，6：917－935

［63］ Fiorcci S，Distrutti E，et al. Gastroenterology，2006，131：259 –271

［64］ 沈念原，王秀芹．高效液相色谱法测定葡萄酒中生物胺的含量［J］．食品工业科技，2011，(04)：394 –396

［65］ 龙顺荣，周勇．发酵食品中氨基甲酸乙酯污染状况调查与分析［J］．食品与发酵工业，2013，(02)：196 –199

［66］ 温永柱，范文来．徐岩白酒中5种生物胺的HPLC定量分析［J］．食品工业科技，2013，(7)：305 –308

［67］ 栾光辉，刘春凤，等．不同啤酒生物胺含量的比较［J］．食品与发酵工业，2013，(01)：174 –180

［68］ 胡鹏，索化夷，等．中国传统发酵豆豉中生物胺含量［J］．食品科学，2013，(20)：108 –112

［69］ 邹阳，赵谋明，等．高效液相色谱法同时测定酱油中的8种生物胺［J］．现代食品科技，2012，(05)：570 –573

［70］ 景小凡，李晓辉，等．成都市区市售泡菜硝酸盐和亚硝酸盐含量分析［J］．现代预防医学，2013，(03)：423 –424

［71］ 李志军，吴永宁，等．生物胺与食品安全［J］．食品与发酵工业，2004，(10)：84 –91

［72］ 廖国周，王桂瑛，等．宣威火腿中生物胺的HPLC测定［J］．食品与发酵工业，2011，(12)：130 –132

［73］ 陈丹丹，丁红梅，等．腌腊肉制品中的亚硝胺测定［J］．福建分析测试，2011，(03)：30 –35

［74］ 韩北忠，李耘．发酵食品的安全性及其监控［J］．中国酿造，2003，(3)：5 –8

［75］ 冉宇舟，张海良．由传统白酒、黄酒生产工艺想到的发酵食品安全问题［J］．中国酿造，2013，32 (7)：119 –120

弘扬齐鲁文化重振鲁酒雄风

——关于以齐鲁文化促进山东酒业发展的思考

韩永奇

滨州医学院葡萄酒学院，山东　烟台　264003

摘　要：作为一种地域文化的齐鲁文化发端于先秦时期。集历史和文化范畴于一身的齐鲁文化的现代价值就是具有历史超越性。千百年来，齐鲁文化侵润鲁酒，酝酿了鲁酒文化，对鲁酒发展影响很大。山东之所以成为全国著名酒乡和齐鲁文化关系极大。20世纪90年代，齐鲁大地“名酒”林立，孔府宴、扳倒井、齐民思、喜临门、金贵、秦池，你方唱罢我登场，鲁酒凭借齐鲁文化酿成了自己的风格和经营理念，在中国白酒市场创出了相当广阔的空间，一度成为鲁酒人的骄傲和全国白酒行业关注的焦点。然而随着秦池一夜衰落，鲁酒风光不再。鲁酒能否重振雄风？鲁酒是否具备了重振雄风的基础？鲁酒重振雄风的关键在哪里？本文结合山东酒业发展的实际做了辨证的回答！

关键词：齐鲁文化，鲁酒发展，问题障碍，五大关系

Carrying forward the culture of qilu revive lu wine

——About thinking to promote the development of wine industry in shandong qilu culture

Han Yongqi

School of Enology，Binzhou Medical University Shandong Yantai 264003

Abstract：as a kind of regional culture of Qilu culture originated in the Qin dynasty. The modern value in history and culture category in the Qilu culture is the historical transcendence. For thousands of years，Qilu culture invasion Lu wine，brewing wine culture，wine has great

作者简介：韩永奇，男，1963年生，硕士研究生（毕业于中国社会科学院研究生院工业经济系企业管理专业），现任滨州医学院葡萄酒学院教授，葡萄酒产业经济研究所所长，曾长期从事产业经济的研究工作，结合产业发展实际在中央级刊物上发表经济、管理方面的论文达1000多篇，被中国管理科学研究院聘为终身研究员，被中央级大型经济刊物《发现》杂志社聘为高级编审，任多家媒体的编委、顾问或特邀撰稿等，并兼任胶东产业经济研究中心主任。E－mail：hancx. student@ sina. com。

influence on the development of shandong. Shandong has become a national famous wine country and Qilu culture greatly. 90 of the last century, Qilu earth "famous" buildings, kongfuyan, bandongjing, Qi Minsi, Sherman, Jingui, Qinchi, you Changba me play, Lu wine with Qilu culture into its own style and business philosophy, in the Chinese liquor market hit a very broad space, became the focus of Lu wine pride and the national liquor industry concern. However, with the decline of Qinchi night, Lu wine is no longer. Lu liquor can revive? Does the Lu wine revival foundation? Lu wine revival of the key? In this paper, combined with the actual development of Shandong wine industry answer made dialectically!

Keywords: Qilu culture, Shandong liquor development, Problems and Barriers, the relationship between the five disorders

山东有三大骄傲：泰山崛起在齐鲁，黄河入海在齐鲁，孔子诞生在齐鲁，泰山、黄河、孔子成为齐鲁文化的靓丽代言词，在国人看来，泰山即中华民族文化之根，黄河即中华文明的摇篮，诞生在齐鲁孔子为至高无上的圣人。这是对齐鲁文化的历史地位和重要的贡献的精确、高度和科学地概括了！齐鲁文化在中国传统文化里面占据重要的地位，发挥着无可替代的作用。山东是齐鲁文化的发源地，也是美酒飘香、酒风淳朴的著名酒乡之一。众所周知，山东人的好客与爱喝酒是全国闻名的。早在汉代，北海孔融就曾发过豪语："座上客常满，杯中酒不空，吾无忧也!"这正是对好客的山东人的真实写照。齐鲁文化孕育了古老的鲁酒文化。在酒文化方面，即使提出很多个"不食"（鱼馁而肉败，不食；色恶，不食；臭恶，不食；失饪，不食；不时，不食。割不正不食，不得其酱不食。沽酒市脯，不食。祭肉不出三日，出三日，不食之矣）的孔圣人，对酒也是情有独钟，并谆谆教导我们说："唯酒无量，不及乱"。山东人爱喝酒，颇具梁山好汉的遗风，其喝酒的豪爽也是全国闻名的，所以设酒席待客也就成了山东人招待客人的隆重方式，客人一醉方休沉醉在美酒梦乡里才是主人招待客人完美的体现。平时，受齐鲁酒文化的熏陶，山东人饭前也爱喝二两。长期以来，齐鲁大地酒业的发展深深打上了齐鲁文化的烙印。20 世纪 90 年代鲁酒发展达到鼎盛时期，成为中国酿酒行业的亮点。"孔府宴""孔府家""秦池"等品牌的鲁酒曾是山东的骄傲，也是共和国的骄子。90 年代中期，山东白酒曾红透全国。"孔府家酒，叫人想家"这是中国酒文化的第一次歌唱。随之，敢"做天下文章"的孔府宴，叫人做"品质高贵的人"的金贵，更把白酒的感性特征升华为对产品的理性文化诉求。然而随着秦池一夜衰落，山东白酒形成了"广告酒""包装酒"的印象，自 1997 年开始，鲁酒市场全面萎缩，产量、效益开始下滑。从此，鲁酒一蹶不振，销声匿迹。时过境迁，进入 21 世纪的第 3 个年头，鲁酒枯木逢春，呈现复苏迹象。2003 年，山东白酒行业效益开始扭亏为盈，利润总额 2.18 亿元。2004 年，山东年销售额过亿元的有 20 家左右，超过 5000 万元的有 15 家左右。今年，将是山东白酒发展的另一个重要拐点。"2005 年全国秋季糖酒商品交易会"成了山东白酒企业展示形象的舞台。在沉寂 8 年之后，泰山、孔府家、景芝、兰陵通过苦练内功，狠抓质量与管理，建设企业内部机制，调整市场运作手法从当地做起，现已成长为鲁酒的四大家族。与此同时，趵突泉、古贝春、中轩、沂蒙小调等企业异军突起成为行业新秀，其他部分白酒企业也如雨后春笋般开始崭露头角。2010年，借“中国低度浓香型白酒发展论坛”“第83届秋季全国糖酒会”“芝麻香型白酒分技术委员会成立”等活动在山东举办之际，鲁酒借得东风驶快船。从产量上看，在山东省194家规模以上白酒企业中，低度浓香型白酒成为所有生产企业的主流产品，占有率达80%以上。从市场份额看，山东省85%的市场份额被鲁酒所控制，每个地市的市场主导产品均为低度产品。在省外，低度泰山特曲、孔府家等产品深受广东、福建、浙江等省区域消费者的喜爱，低度古贝春、扳倒井、兰陵王等也开始在省外区域占有一定的市场份额。在白酒市场竞争日趋激烈的形势下，鲁酒总量一直位居全国前列，销售收入和经济效益排名也比较靠前。2010年，泰山被航天部门授予“中国航天事业合作伙伴”，成为全国白酒领域唯一的航天事业合作伙伴和航天庆功酒。这一年，泰山酒业集团首次突破10亿元，这个鲁酒打了一针兴奋剂。鲁酒终究步入10亿时代。2010年，花冠、兰陵、景阳冈等鲁酒企业的芝麻香白酒产品相继上市，一品景芝成为上海世博会山东馆指定参展白酒。2010年，扳倒井酒被国家质检总局公布为“国家地理标志保护产品”，“扳倒井”被商务部认定为“中华老字号”。2013年在白酒业滑坡的气候下，山东泰山酒业集团2013年销售收入15亿元，同比增长8%，利税达4亿元。2014年，山东白酒业发展也遇到了困难，产量和价格都出现了下滑，但一些经济指标仍然保持了稳的势头。据山东省经信委副主任王信在山东省白酒行业座谈会上介绍，2014年1至11月，规模以上白酒企业完成产量105万千升，同比下降8.75%（全国增长3.57%）；实现主营业务收入352亿元，同比增长4.9%（全国增长4.02%）；实现利税57亿元，同比增长2.1%（全国下降9.7）；实现利润24亿元，同比下降0.6%（全国下降13.7%）。2014年1~12月，山东省生产白酒1181429.14千升，同比下降9.99%。从山东省白酒行业座谈会上了解到，2015年山东省将加快白酒结构调整，在稳定扩大中低端白酒市场的同时，适度开发中高端产品，扩大酱香和高度白酒产量，推进全省白酒行业结构升级，推进白酒行业优化重组。

齐鲁文化成鲁酒文化张扬的基础，传承和创新齐鲁文化，打酒文化牌成为鲁酒新亮点。2013年，趵突泉计划斥资15亿元的芝麻香型白酒技术改造项目，集白酒、酒文化与特色旅游一体的生态绿色产业园破土动工。景阳冈千秋阳谷文化园建设项目被认定为山东省重点文化产业项目。2013年12月，国井酒文化博览园晋升为国家AAAA级旅游景区。虽然泰山酒业、扳倒井、天地缘酒业、兰陵、景阳冈等鲁酒企业凭借齐鲁文化的底蕴整体发力，但鲁酒板块依然在困境之中，它们虽然还没有实现拯救鲁酒，重振鲁酒雄风的目标，但是，人们已经感受到齐鲁文化支撑的新鲁酒的企业活力和强大的生命力。山东的白酒企业欲以这个号称“中国第一展会”的会议为起点，重塑辉煌。但人们疑问多多，鲁酒能否借齐鲁文化重振雄风？鲁酒是否具备了重振雄风的基础？鲁酒重振雄风的关键在哪里？

1 齐鲁文化能否助鲁酒解决问题重振雄风？

山东是儒学的故乡，是儒家文化的发源地，深受博大精深、源远流长的儒家文化的熏陶。独特的人文环境形塑了山东人优秀的人格特质。在儒家仁德思想的制导下，山东人比较喜欢讲情义，本性仁厚，富有牺牲精神。在孔颜人格精神及孟子倡导的“大丈夫气概”的感召下，在儒家节俭伦理、实用理性和忠孝理念的陶铸下，山东人树立了特别耐苦，特别勇敢，特别务实的人格形象，无论干什么都要争第一。“全国第一”曾经是山东白酒的追求和骄傲，回想20世纪90年代，在“孔府家酒，叫人想家”“永远的绿色，永远的秦池”等脍炙人口的广告声中，鲁酒声名鹊起，响彻全国。齐鲁大地“名酒”林立，孔府宴、扳倒井、齐民思、喜临门、金贵、秦池，你方唱罢我登场，搞得全国人民个个酒不醉人人自醉。90年代鲁酒异军突起，成为中国酿酒行业一道靓丽的风景线。然而在短暂的辉煌之后，随着秦池一夜衰落，山东白酒偃旗息鼓，很快走向沉寂，失去了往日的风采。鲁酒从此走上了效益滑坡的不归路，连续六年的亏损，鲁酒元气大伤，在阴阳界上徘徊。峰回路转，柳暗花明，鲁酒终于迎来了新的发展阶段。2003年以来，山东白酒冲破国家白酒消费税政策调整与市场竞争激烈的双重压力，积极实施产业结构调整和产品结构调整与资产重组，终于跃上地平线，一举扭亏为盈，摘下了亏损帽。2003年鲁酒生产经营保持了平稳增长，鲁酒产量仍居全国首位；实现销售收入位居四川之后，列全国第二位；总体效益居国内同行业前列有较大幅度增长，特别是实现利润创5年来新高，位居四川、贵州之后，列全国第三位。山东有关部门统计数据显示，2003年，山东省规模以上企业完成白酒产量57.1万吨，同比下降7.69%；实现销售收入70.22亿元，同比增长17.91%；实现利润2.18亿元，同比增长171.45%，鲁酒已显露出触底复出的态势，复苏迹象明显。2004年，山东年销售额过亿元的有20家左右，超过5000万元的有15家左右。在2004年全国白酒工业百强企业上榜名单中，山东白酒企业达到17家，超过川酒的16家、安徽的10家、河南的7家，成为上榜最多的省份。今年上半年由去年同期的25万吨增至28.9万吨，同比增长15%；利税由去年同期的19.8亿元增至25.2亿元。其实，从2004年以来，作为鲁酒“旗舰”的孔府家集团的孔府家酒的新品对韩国和台湾的出口已有不俗表现，而日前孔府家集团90%的产权，被深圳万基集团收购，体制和机制的变化将会给这一唯一鲁酒名酒带来新的发展机遇与变化。泰山生力源集团的泰山特曲，不声不响打入广东已有两年，市场份额一直位居前茅。淄博中轩集团，只生产三蕉叶高档酒，人均利润率在全国同行业屈指可数。而且新上的黄原胶（一种食品增稠剂）生产线，已渐渐成为其利润主体。莱阳天府集团，已完全转向莱阳梨汁为主的保健饮料产业。号称鲁酒“四大家族”的兰陵、景芝、泰山生力源、孔府家经营状况逐步向好，其中兰陵、孔府家两家企业亏损额减少，景芝实现扭亏为盈，泰山生力源实现利润1588万元，增长63%。2010年，鲁酒发展进入新平台。泰山特曲、孔府家、古贝春、扳倒井、景阳冈、兰陵王取得好的市场业绩。2013年鲁酒在白酒业滑坡情况下，保持稳健发展，山东泰山酒业集团2013年销售收入15亿元，同比增长8%，利税达4亿元。2014年1~11月，山东规模以上白酒企业完成产量105万千升，同比下降8.75%（全国增长3.57%）。2014年1~12月，山东省生产白酒1181429.14千升，同比下降9.99%。中轩、景阳冈、琅琊台、趵突泉、禹王亭、古贝春、四君子等区域鲁酒保持强势增长，成为盈利的主力，从总体上看，山东白酒行业经济运行质量得到明显改善，一大批企业走出了困境，进入良性发展阶段。但是在鲁酒逐步步出低谷、走向复苏的今天，通过历史的反思和对现实的冷静思索，我们可以看到鲁酒复兴还面临着如下问题障碍：

问题障碍一：对齐鲁文化继承创新不够，有名无誉制约着山东白酒的雄起。

长期以来，齐鲁大地经济社会发展深深打上了齐鲁文化的烙印。其中，积极作用占主导地位，但消极影响也显而易见。以儒学为核心的儒家文化为例，其积极作用，主要表现在它塑造了优秀的齐鲁文化精神和众趋人格。传统文化是人的一种习惯，一种生活样法，它一旦生成，就会被模式化、固定化，变成人的生存环境和社会资源。传统文化通过社会化和内化等方式而逐渐渗透到人的心理结构之内，决定个人的思想、态度和行动。山东历史悠久，源远流长，具有丰富的文化底蕴。特别是酒文化上，更具有其优势。儒家文化，孔孟之道为山东酒文化打下了深深的烙印。几千年来，山东的民俗、风情及社会伦理无不与酒文化息息相关，虽然，历经朝代的变迁，但山东酒的韵味无穷，丰富的山东酒文化内涵使山东酒具有很大的名气。特别是 1996 年以来，鲁酒具有较高的知名度，几代标王出在山东，鲁酒在中央电视台的黄金时间狂轰滥炸，从“孔府家酒，叫人想家”到“永远的绿色，永远的秦池”，20 世纪 90 年代鲁酒广告语家喻户晓，深入人心，红遍全国，成为中国酿酒行业的王牌。但随着秦池神话的破灭，加上近年来对儒家文化与鲁酒文化的挖掘不够，明显地落后于其他省份，同时由于质量、服务问题与行业竞争秩序混乱所带来的诚信问题，使鲁酒美誉度大打折扣。如孔府家地处孔子故里，深得儒家文化滋润，由于孔子在国内外的影响很大，每年慕名来曲阜朝拜孔子与寻求儒家文化的海内外人士不绝如缕，这无疑给孔府家知名度的提升带来了得天独厚的条件，但由于种种原因未能充分挖掘孔府家酒本身的历史文化内涵，同时在质量服务、品牌文化和消费认同上没有形成规模化效应，孔府家多年来只有知名度，没有美誉度。从 1996 年起，孔府家系列酒市场份额从全国逐步萎缩到山东本土和少数省份，经济效益也逐步滑坡。2001 年到 2002 年，孔府家集团每年亏损一千多万元。虽然山东酒虽然有较高的知名度，但没有美誉度，有名无誉将制约着山东白酒的雄起。

问题障碍二：受儒家思想中庸、保守，有经济规模无规模经济制约着山东白酒的壮大。

山东人深受孔孟之道熏陶，中庸、保守和内敛的性情根深蒂固。中庸自有它独特的魅力，但也自有它的局限。中庸之道曾为山东人赢得良好的声誉，但是也在一定程度上形成思维固化，影响思想的创新与突破。众所周知，鲁酒企业数量大，规模小，效益低。山东每一个行政县基本上都有自己的酒厂和自己的地域文化品牌，坐地为王、落地生根，中低端白酒市场依然是本地酒的天下。甚至每一个县级市场也有着自己的领导品牌，他们靠自己的“地理”优势与外来的强势品牌进行着一场前所未有的市场持续战。目前全省大大小小的酒厂至少有 700 多家。名不见经传的民间小酒厂多如牛毛。2001 年以前，兰陵镇只有一个国有酒厂，2001 年以后，兰陵镇冒出 26 个小酒厂，山东到底有多少小酒厂？几个有生产许可证？几个能照章纳税？这个问题连省糖酒协会秘书长薛剑锐本人也说不清。尤其是 20 世纪 80 年代后期到 90 年代，各个地区都把酒业作为当地的财政支柱。“当县长、办酒厂”的口号在山东叫得很响，几乎县县都有酒厂，酒厂盲目发展上得太多，扰乱了白酒市场。造成鲁酒产业的集中度低，效益低，形不成规模经济。从1995年以来，鲁酒一直保持全国第一。最高年产量达到131万吨(1996年)，占全国的16.4%；2014年1~12月，山东省生产白酒1181429.14千升，同比下降9.99%。到目前山东白酒产量也是100多万吨，效益低，规模与效益不成正比。山东白酒工业协会一位领导说："山东整个白酒行业的效益，捆起来不抵一家五粮液酒厂"。特别是但随着国家产业政策的调整和人们生活水平的提高及保健意识的增强，白酒需求量已呈逐年减少的趋势。而多年来重规模扩张轻产品质量，过度追求数量型增长，形成了低水平重复建设严重，产业集中度低，产大于销，供过于求的现实，这二者之间的矛盾日益显现。这给山东白酒工业的发展将带来很大的影响。鲁酒数量大，规模小，效益低的现状仍是鲁酒今后发展的致命因素，如不解决这个久已存在的"内伤"，鲁酒还会走进发展的误区。

问题障碍三：受儒学重义轻利、商业意识滞后影响较大，品牌多、名酒少制约着山东白酒结构的优化。

儒学给齐鲁文化带来的负面作用，商业意识滞后。由于儒学重义轻利、农本商末、重道轻器、安贫乐道等观念的长期浸润，当前，山东白酒结构性矛盾十分突出，品牌众多，但国家级名酒少得可怜。特别是产品结构不甚合理，以低档酒为主，同时，缺乏品牌优势是鲁酒的致命弱点。鲁酒中，低档大众白酒占总产量的80%，平均每瓶白酒的价格仅为4元钱。这种产品结构决定鲁酒的总体效益无法提升。特别是我国从2001年5月起对白酒税收政策进行调整，在过去从价计税的基础上，对每瓶白酒加征了5角钱的从量税。区区5角钱的税，何以让鲁酒如此不堪一击？已成为鲁酒头号亏损大户的兰陵集团老总张兴骅说："我们的产品都是低档酒，所以5角钱难煞英雄汉。比如兰陵大曲，原来一瓶卖3元钱，每瓶利润才三五分钱。现在加上这5角钱的税后，是销一瓶亏一瓶，每瓶亏四五角钱。为什么不随着提价冲抵新增的税负？因为这些低档酒都是面向农村大众市场，你若提价5角，农民就没人买了。为什么不大幅度减少产量？因为一是得保市场占有率，二是有1万多工人要吃饭，不能不产。去年我们的产量下降了30%，但仍居全省第一、全国第三。"而品牌以及品牌的培育更是鲁酒的先天不足。众所周知，山东是白酒生产大省，但支撑其规模扩张、快速发展的是适应农村市场需求的低档产品和城市工薪阶层需求的中档产品产量，10元（500毫升/瓶）以下产品产量所占比重高达70%。在2001年5月国家调整白酒消费税政策后，以生产低档酒为主产品的企业盈利水平有较大幅度的降低。山东白酒全行业效益急速下滑，受到沉重打击。白酒本来就税大利小，白酒企业要调整产品结构，增加中高档酒的比重，谈何容易？从中高档酒生产到投入消费市场所需的大量资金哪里来？同时由于多年来对国家级品牌以及品牌的培育重视不够，即使有钱投入高档酒，推出的高档酒也并不被市场所认可。如在济南金三杯酒店透露，前不久省内一酒厂开发出一款标价160元的高档酒，并在金三杯首推，结果一个月过去了，卖出了不到10瓶。在这家酒店的二楼吧台上，摆放着茅台、五粮液、水井坊、全兴、酒鬼、泸州老窖、古井贡，而山东的品牌仅有趵突泉。吧台小姐说，我们酒店客人档次较高，客人来了一般都要点百元以上的酒，山东白酒档次明显偏低，客人很少点，就是趵突泉在这里也不是很叫座。

当然由于种种历史原因，在人们的印象中，山东长期以生产薯类酒为主导，不像川酒具有生产粮食酒的传统，然而名酒却都是粮食酒。虽然鲁酒粮食酒后来发展很快，但全国5年一次的白酒名酒评比已到1989年停止，所以整个鲁酒只有“孔府家”是国家级名酒，其余全是“二名酒”——地方名酒。而且即便现在，鲁酒中粮食酒的比重也只占25%。

问题障碍四：儒家中庸思想导致经营战略的不定位制约着山东白酒工业的稳健发展。

目前，山东白酒在经营战略选择上还存在着一定的误区，是实行专业化经营战略还是实行多元化发展的战略还在犹豫徘徊。当前，追求多元化经营的成长战略成为山东白酒企业的新的选择。一些初具规模的山东白酒企业为了获得更大的发展纷纷走上多元化的道路。如中轩、琅琊台、黄河龙等一些较早涉足非酒产业的企业，加大了对高科技含量生物技术产品生产投入，逐步做大了副业。但是传统白酒产业如何转型，是围绕酒产业进行发展，还是大力发展非酒产业？是实行专业化经营战略还是实行多元化发展的战略？目前还在探索尚有一定的疑义。

问题障碍五：重省外市场而轻本地市场制约着山东白酒企业的销售和市场扩张。

就白酒市场而言，山东不但是全国有名的生产大省，更是消费大省之一。巨大的市场容量使得白酒厂商纷纷抢滩，由于山东经济水平的差异，消费观念也不尽相同，各地的竞争激烈程度也有差异。前些年，山东不少企业只注重开发省外市场，而忽视本地市场建设，前几年由于秦池酒的标王效应，使得鲁酒受到很大伤害，给人一个鲁酒生产是无烟工厂的感觉，就连当地人也存在排斥当地酒的现象，白酒行业对此状况的总结是“名噪一时，兵败如山”，行业形象受到损害。由于“标王”行为的影响，鲁酒在省外市场份额急剧下降。而退缩到省内市场。是继续在省内市场窝里斗，还是走向省外市场参与竞争？如何处理好省内外市场的关系问题是山东白酒企业必须认真思考的问题。

问题障碍六：改制滞后或改制不彻底严重制约着山东白酒的轻装上阵。

酒厂在各地都是最老的国有企业之一，但各级政府曾经普遍存在的“酒厂情结”造成白酒企业改制滞后和历史遗留问题。“要当好县长，先搞好酒厂，由于酒厂对地方财政贡献大，酒厂日子好过时，政府要钱要酒，都得找酒厂，酒厂是第二财政局，政府都舍不得让酒厂改制”，一业内人士一针见血地点出了各级政府曾经普遍存在的“酒厂情结”。即使急需改制注入新鲜血液的老酒厂，却往往比其他行业慢半拍，原山东济南一酒企业掌门人以过来人的身份，冷静地道出了山东白酒企业的“改制规律”。即“只有到了企业烂得不能再烂，亏得不能再亏，臭得不能再臭，才想到改制，可为时已晚”，鲁酒的大中型酒厂，多为改制滞后或改制不彻底的国有企业，人员、债务负担重，历史遗留问题较多。这都严重制约着山东白酒工业的发展。

据介绍，去年全省白酒行业产量下降、主营业务收入及利税增幅降低、利润微降和多数中小企业经营困难的主要原因，是产品结构不合理、品牌影响力不强、技术创新能力较弱、产业集中度较低，以及受国家宏观经济形势、“八项规定”等多种因素的影响，且行业自身也存在问题。

2 借助齐鲁文化把握处理好五大关系是重振鲁酒雄风的关键

山东现辖17个地市、49个市辖区、31个县级市、60个县，人口9079万，是中国的一个经济大省，也是中国最早实行对外开放的地区之一。改革开放以来，山东经济发展跃居全国各省市前列，有着良好的发展基础和巨大的开发潜力。山东酒曾名扬天下。就白酒市场而言，山东不但是全国有名的白酒生产大省，更是白酒消费大省之一，山东每一个行政县都基本有自己的酒厂和自己的地域酒文化品牌，坐地为王、落地生根。从1995年以来，鲁酒一直保持全国第一。最高年产量达到131万吨（1996年），占全国的16.4%；2014年，山东省生产白酒1181429.14千升，同比下降9.99%。山东是闻名全国的白酒消费大省，外地酒不断进入山东进行竞争，在山东市场，中、低端白酒市场依然是山东本地酒的天下。山东白酒消费市场极其广大。山东雄厚的经济基础、古老的酒风和生活消费水平的提高使山东白酒市场具有很大的市场容量，尽管随着国家产业政策的调整和人们生活水平的提高及保健意识的增强，白酒需求量已呈逐年减少的趋势。但山东白酒的消费基础丝毫不受影响，可以预见，在未来的岁月里，鲁酒发展的前景将极其广阔。虽然当前山东白酒市场正处于复苏调整期。一旦复苏加快，鲁酒大发展时期就会到来！鲁酒重振雄风的基础已经具备！关键是在目前的复苏阶段，我们必须正视现实问题，正确处理好鲁酒的知名度与美誉度、低档白酒与中高档产品、省内市场与省外市场、专业化经营与多元化发展、大型企业集团与中小企业的关系问题。进一步加快调整产品结构和产业结构，不断通过市场、技术、管理创新，重新打造鲁酒品牌新优势，迎接鲁酒繁荣期的到来，只有这样，才能拯救鲁酒，重振当年雄风。为此，鲁酒要想早日重振雄风，在今后的发展中必须正确处理好如下关系：

一是正确处理好知名度与美誉度的关系问题。

受齐鲁文化的影响，山东人特别讲中庸，不温不火，思想保守、不卑不亢，本分老实，不为人先。文化守旧。主要表现为思想意识保守，价值观念保守，行为方式保守，文化保守。知名度仅仅是指某事物已经为很多人知晓了，至于在人们心目中的印象好不好，评价高不高，可能大家观点不一；美誉度则不然，它是指某事物不仅拥有了较高的知名度，而且在人们的心目中极好的评价和形象，无形中给人以愉悦和信任感。“孔府家酒，叫人想家”“永远的绿色，永远的秦池”，这些广告语一度脍炙人口，90年代的鲁酒无疑是中国酿酒行业一道引人注目的风景线。山东白酒知名度很高。尽管山东白酒行业具有较高的知名度，但美誉度不足，已没有了在全国叫响的品牌。如鲁酒美誉度不足在大酒店里表现得淋漓尽致。“在济南中高档酒店里，找到一个品牌的鲁酒很正常，找到两个品牌有点难，找到三个以上就算稀罕。”润华世纪大酒店餐饮部负责人这样来形容鲁酒当前美誉度现状。没有知名度，对于一家企业来说要销售产品确实不容易，但是有了知名度，消费者对所买的产品不满、不认可，这所谓的知名度可能到头来反而害了自己。因此，真正懂市场的企业在打响知名度的同时不会不顾自身的美誉度。知名度与美誉度就像是天平上的两个砝码，企业要做的是随时找准它们的平衡点。从国内白酒行业近几年的发展来看，诞生了一大批具有较高的知名度和美誉度的白酒品牌，如小酒仙、双沟、洋河、泸州老窖、种子、古井贡、金六福、五粮春、全兴、剑南春、北大仓、趵突泉等。但不容忽视的是，国内有相当大的还仅仅停留在依靠广告来维持企业知名度上，而对于怎样完成企业从知名度到美誉度的提升，似乎是无从下手。由于自身没有一套对美誉度的透彻理解，因而很多从知名度到美誉度的提升的过程中陷入了一个人云亦云的怪圈，比如看到人家搞“五统一”，我就搞“六统一”；你搞企业识别系统，我就搞几条标语贴在墙上；你的门面装饰豪华，我就将店堂整得富丽堂皇……鲁酒企业，莫不如此。从知名度到美誉度的提升，必须注重挖掘鲁酒文化的内涵，而决不是做浮光掠影的表面文章。很多企业在发展过程中往往将自己定位在向同行的领跑者们东施效颦的基础上“跟着感觉走”，而就企业自身的核心竞争力，持续创新力及企业的特色竞争力而言，其实自身都还是如云里雾里，而这就是企业与企业间做市场与做企业的差别。做市场能换来一时的盆满钵满，皆大欢喜，但却只能是河东河西，如夜放昙花；而做企业却能够夯实百年基业，代代相承要想有个知名度其实不难，要想做到具有享有较高美誉度，则须站在一个更高的战略高度上来策划和制定方略。企业都很注重于在产品质量上严格把关，其实，质量并不单指产品的优劣真伪，从广义上讲它是指反映产品或服务满足明确或隐含需要能力的特性和特性的总和，具体而言，它通常还指包括产品质量，服务质量，管理和人力资源质量等各个方面，而为顾客服务便是整个质量体系所体现的核心。要将鲁酒企业从单纯的具有知名度上升到美誉度，在几个关键方面就必须建立起一套全程的质量体系，并将此质量体系作为整个企业发展的基本骨架，此构架在随企业发展的同时不断向外拓展延伸，协调同步发展。只有将产品质量，服务质量，管理及人力资源质量几个方面配称协调时，为顾客服务这一核心才能真正体现。企业文化的目的在于为企业服务，而酒文化特点还在于其企业的核心价值观必须与社会价值观相一致，并且与消费者的价值取向能够实现共振，由此才可能被社会所承认和接受，并激起相应的价值反应，并促使消费者由认知阶段转化为实在的购买行动。一个品牌如果没有文化底蕴的支撑，也就不成为一个有机的整体，宛若一盘散沙，而人们也感受到不同的酒文化氛围，自然无法使人形成对鲁酒品牌的一个统一认识，也就无法谈其为美誉度的提升。有些鲁酒企业已经认识到了企业文化的重要性，但却只是仅仅按部就班地导入一些口号标语就到此为止，而不是根据企业的实际和社会的认同来寻求切入点，自然也就难以引起共鸣。还有的酒企业乱打广告，胡乱吹嘘，说的比唱的好听，短斤缺两、服务质量上马马虎虎。于是，你这回凭热炒起来的知名度做完一锤子买卖，下回消费者会毫不犹豫地抛弃你。吃一堑，长一智的消费者如果对这个行业失去信任了，自然难以形成社会亲和力。因此，鲁酒企业文化的制定中应以企业和社会为根基，在此基础上提炼企业的精髓，同时为企业和社会认可，方才具有生命力，同时也能才能使企业不仅有着较高的知名度，还有着较高的美誉度。要完成鲁酒从知名度到美誉的转变，还必须全面实施品牌竞争策略并持续创新。众所周知，酒品牌是靠实实在在地创出来的，而不是靠搭建一个“空中楼阁”大玩概念。创建出品牌后还必须注意品牌的维护和持续创新，使其永焕生机，不断寻求品牌质的飞跃提升。应该注意的是，鲁酒品牌价值并非一成不变，而是随着鲁酒本身的形象像股票般地有起有落。从知名度到美誉度的过程，实质上就是一种由传统的商业销售向现代科学营销转变的过程。其根本的核心和宗旨在于将鲁酒企业的竞争由无序向有序，由无规则向有规则，由“跟着感觉走”向能主动驾驭市场并奠定企业的持续健康发展框架，使鲁酒抗风险能力大大加强，在激烈的市场竞争中永葆青春。

二是树立商业意识，正确处理好发展低档白酒与中高档产品的关系问题。

鲁酒受儒学重义轻利、商业意识滞后影响较大。众所周知，山东是白酒生产大省，20 世纪 90 年代中期之所以能得到快速发展，重要的一个方面就是适应农村市场需求与城市工薪阶层需求，大力生产低档产品和中档产品产量并投放市场，赢得了市场和消费者的认同。据有关统计，当时 10 元（500 毫升/瓶）以下产品产量所占比重高达 70%，虽然产品盈利水平较低，但导致生产规模快速扩张，量的扩大也保证了利润的低速增长，应该说这一时期鲁酒发展低档白酒是适应市场需要，赢得消费者的明智之举。但是 2001 年 5 月国家调整白酒消费税政策后，以生产低档酒为主的山东白酒企业受到致命打击，企业亏损面加大，全行业效益急速下滑。如 2002 年，山东白酒“兵败如山倒”龙头企业效益持续下滑。据有关部门统计，2002 年山东白酒产量超过 5000 吨的企业有 38 户。38 户企业中，产量下降的有 17 户，其中“鲁酒四大家族”兰陵集团白酒产量由 2001 年的 69444 吨下降到 48802 万吨；景芝集团产量由 2001 年的 27693 吨下降到 20232 吨；孔府家集团产量由 2001 年的 13500 吨下降到 5801 吨。2002 年实现销售收入 3000 万元以上的企业有 53 户。53 户企业中，销售收入下降的有 15 户，其中兰陵集团下降 25. 14%、景芝集团下降 24%、孔府家集团下降 37． 19%。亏损额超过 500 万元的企业有 6 户，其中，兰陵集团亏损 3650 万元、孔府家集团亏损 1324. 5 万元。2014 年 1 ~ 12 月，山东省生产白酒 1181429. 14 千升，同比下降 9. 99%。从总体上看，山东白酒行业经济运行质量得到明显改善，一大批企业走出了困境，进入良性发展阶段。但是在鲁酒逐步步出低谷，在这种情况下，如果继续大力生产低档产品，只能是亏损加大，面对新的形势，鲁酒必须正确处理好发展低档白酒与中高档产品的关系问题。要认识到只有加快产业结构调整，才是鲁酒发展的根本出路。对于企业来说，如何进行调整，低档白酒与中高档产品的生产比例各占多大？这就要广泛进行市场调研和成本核算以及资金运营情况来综合平衡，在有计划地压缩低档亏损产品的基础上，根据自己的资金、技术和市场的预测与开拓安排，逐步增加有市场需求的中高档产品。笔者认为，在发展低档白酒与中高档产品的关系问题上，不要走向极端，低档白酒是传统产品有广泛的市场，是发展中高档产品的基础，但利润空间较小；而中高档产品是低档白酒的提高和创新，利润空间大，但市场开拓有一定的难度，二者应该优势互补，共同发展。如济南趵突泉酿酒公司正确处理好发展低档白酒与中高档产品的关系问题，商品酒产量由 2001 年的两万多吨，压缩到目前的 8000 多吨，通过增加中高档产品产量，使产品平均价格由税制调整前的 3. 4 元/瓶上升到 12. 8 元/瓶，大大提升了企业盈利水平。就全行业来说，2003 年是鲁酒全行业结构调整力度最大的一年，砍掉了 10 几万吨低档亏损白酒，减少亏损 2 亿元以上，中高档产品比重由 2002 年的 30% 提高到 60% 以上。来自山东白酒协会的统计表明，按可比价格统计，2001 年山东白酒平均每市斤酒为 3. 84 元，2002 年提高为 4. 5 元，2003 年则达到 6. 1 元，2004 年更提高到6.9元。2013和2014年，受三公消费的政策影响，高端酒有所下滑，但依然保持着一定的比例。面向大众的低度浓香型白酒产品市场份额不断增长，鲁酒在全国白酒行业中一直有“民酒”的美誉，低度淡雅浓香型白酒一直是山东白酒的传统优势，也是深受大众消费者喜爱的畅销产品。低度浓香型白酒已成为当今市场上的主导产品，低度酒占到市场份额的86%，成为中国白酒生产、消费的主流，低度白酒的市场份额逐年增长，显示出旺盛的生命力。原浓香型国家名酒都是高度酒，鲁酒企业牢牢抓住了浓香低度酒的创新与开发，形成了具有“窖气幽雅，香味谐调，醇和绵柔，回味悠长”的淡雅型鲁酒风格，得到全国同行和消费者的认可。在现有161家规模以上鲁酒生产企业中，低度浓香型白酒成为所有生产企业的主流产品，产品比例达80%以。省内白酒企业高端品牌发展态势良好。2007年以来，包括国井扳倒井、景芝、泰山、古贝春、兰陵、花冠、趵突泉家等领军企业陆续推出升级品牌，一改鲁酒以往低档低价形象、这些中高端品牌发展较快，有力地提升了鲁酒企业和品牌形象。这说明在发展低档白酒与中高档产品的关系问题上已经有了很大的进展。

三是兼容并蓄，刚健有为，处理好省内市场与省外市场的关系问题。

齐鲁文化从其来源上讲就是多源的，这就决定了齐鲁文化的具有开放性和包容性，使其表现出了兼容并蓄的博大胸襟。山东白酒工业协会一位领导说，前些年，山东不少企业只注重开发省外市场，而忽视本地市场建设，由于“标王”行为的影响，鲁酒在省外市场份额急剧下降，行业形象受到损害。1996年以前，山东白酒独领市场风骚，景芝、兰陵、孔府家、泰山、扳倒井，金贵，随便拿出一个来都是响当当，当时的市场份额至少在70%左右。之后三年开始走下坡路，特别是到了1999年，山东白酒一下子就败下阵来。不要说省外市场，就是省内白酒市场也在严重萎缩，不论是在酒店、商场，还是批发市尝街头烟酒店，鲁酒在自己的家门口都已经沦为十足的配角。在曲阜市几家大型超市，看到退守本土的孔府家酒也难保持垄断地位，尤其是中高档酒，黔酒、川酒、湘酒与孔府家几乎平分秋色。在当地最有名的酒店“孔府宴”，收银员说，外地人到曲阜一般喝孔府家，但本地人请客送礼一般选外地的好酒。在济南华联和嘉华购物中心的烟酒专柜，金六福、五粮春、五粮醇、泸州老窖、古井贡、郎酒、浏阳河等外地酒占据了绝对优势，而山东酒却只剩下趵突泉、景芝、兰陵等五个品牌。销售人员统计，商场在售的上百个白酒品种中，山东产只有14个，市场份额大约20%。在银座购物广场，不仅高档酒专柜被清一色的五粮液、茅台、剑南春等外地酒占领，就连中低档白酒专柜上，川、黔、皖三省的白酒也是抢尽了风头，在售的30个品牌中，鲁酒只剩4个。当前鲁酒广大企业应痛定思痛，正确处理好省内市场与省外市场的关系问题，适应市场变化，找准定位，把开拓巩固当地市场作为发展的立足点。目前，在这个问题上已经有了很好的开端。特别是近年来山东白酒企业吸取教训，务实进取，不事张扬，广告投入讲实效，一步一个脚印扎扎实实做好当地市场，打出了一片新天地。目前，趵突泉在济南、琅琊台在青岛、禹王亭在德州、四君子在鲁西、景芝在潍坊、景阳冈在聊城市场占有率均超过了60%，成为最受当地欢迎的地方品牌。在开拓省内市场的同时，要积极走出去，参与省外市场的竞争。最近，孔府家酒的新品出口韩国和台湾，获得了可观的经济效益；泰山生力源集团的泰山特曲积极进军广东白酒市场，获取了很大的市场份额。2014 年，景芝、泰山、国井扳倒井、古贝春、兰陵、花冠等企业集团实力不断增强，市场竞争力得到较大突破，企业发展有强大的后劲。到目前，山东白酒市场 80% 左右的份额为鲁酒占据，全省 17 个地市都有当地强势品牌，牢牢占据了山东市场，为进军省外市场打下了坚实基础。

四是必须创新齐鲁文化，扬长避短，正确处理好发展大型企业集团与中小企业的关系问题。

儒家崇古取向较为严重，重视“法先王”和祖先崇拜，强调守成和稳定。必须创新齐鲁文化，扬长避短，发展大公司大集团是 90 年代以来我国经济发展的战略措施之一。山东是白酒生产和销售大省。但与生产和销售大省的地位很不相称的是山东缺乏国家级的白酒大企业，这已成为山东白酒工业竞争力低下突出表现之一。山东白酒工业企业规模存在着极不经济的问题，数量多，分布面广，但规模小，缺乏抵御市场风浪的能力和参与竞争的能力。最近，外省白酒巨头纷纷看好山东白酒市场。以五粮液家族为首的川酒重头品牌准备在山东市场决一雌雄，百年老店、五粮神、浏阳河、金六福、金尖庄、陈坛老酒等五粮液家族成员都将山东市场作为重点战略市场；剑南春麾下的金剑南，在 2002 年风卷湖南白酒市场后，为了更好的开发山东市场，干脆把整个华东市场办事处设在了济南，另外，其刚刚上市的强势文化品牌——诸葛亮也对山东市场跃跃欲试；泸州老窖家中的国窖 1573、泸州特曲系列、永盛烧坊等系列品牌也虎视眈眈瞄准山东白酒这块肥肉；全兴家族中的音乐全兴、精品全兴、星级全兴、水井坊等品牌都趁热打铁，在山东市场延续着其稳健的发展步伐；以茅台集团（茅台、茅台王子酒、茅台迎宾酒、六冠王、茅台液、真得劲等品牌）为首的整个茅台镇阵营也在山东市场下了很大的赌注。皖酒中的古井贡、口子窖、种子酒、中国玉酒；苏酒中的洋河、四特、双洋；其他地区的如新疆伊力特、东北北大仓、内蒙奶酒系列、杜康三大地区品牌等也早已在山东白酒市场中占有一定市场份额，郎酒（新郎酒、郎泉）等品牌或者子品牌也摩拳擦掌全力操作山东白酒市场。面对省外白酒巨头进一步扩大市场份额的严峻挑战，亟须加速山东白酒大企业集团的扶持和壮大，发挥资源优势，提高竞争能力。如果我们在结构调整和升级过程中，以市场为导向，以整个区域乃至于全省的资源配置为出发点，逐步实现山东白酒工业的规模经济，组建白酒大企业集团，形成强有力的联合舰队，那么在竞争中就能处于有利地位。同时经过近年来的调整和发展山东实行大鲁酒企业的战略条件日趋成熟，一方面山东经济实力大大增强，山东白酒工业经过调整和市场的洗礼，竞争力逐步提高；另一方面，鲁酒文化源远流长，具有深厚的酒文化底蕴，同时山东白酒巨大的市场空间为鲁酒企业的规模化行为提供了有利的需求条件。山东人口众多，国民收入和人均国民收入持续高速增长，具有非常大的现实的和潜在的市场需求。这一切都有利于鲁酒大企业、大集团的形成和发展。尤其是我国社会主义市场经济体制的建立，为产业组织和市场结构的优化创造了制度条件。市场竞争的秩序逐渐形成，特别是日益激烈的国内国际的产业竞争，已经成为组建或形成鲁酒大企业、大集团的直接动力。同时在组建大集团的同时，通过联合、兼并等形式，加快小企业的产权改革的步伐，使大中小企业在竞争与合作中得到同步发展。

五是批判地继承儒家思想中的精华及合理成分，正确处理好实行专业化经营战略还是实行多元化发展的战略的关系问题。

儒家思想是中国传统文化的重要内容，批判地继承儒家思想中的精华及合理成分，对于现代企业经营道德的构建、经营策略的选择有重要作用。一个企业的长期发展取决于是否具有核心竞争力，而核心竞争力的形成需要付出极大的努力和经过长期的积累。一般来说，企业核心竞争力的形成同企业所从事的经营领域有密切的关系，所以，实行专业化经营，将主要精力集中于最熟悉、最具实力的经营领域，是增强企业竞争力的有效途径。实践证明实行专业化经营是许多鲁酒大企业走向成功的必由之路。其实从一些发展大企业集团的成功经验中不难看出，为了保持持续竞争能力和优势企业必须选择自己最熟悉、最具实力的相关经营领域，才能不断增强自己的核心竞争力向大而优、大而强的方向快速发展。否则，在目前企业竞争日趋激烈的情况下，一个实力并不十分强大的企业，要在多个领域中获得竞争优势是极其困难的。但是，事物也有另一方面。我们也确实看到了有些企业实行多元化发展获得了很大成功，而且可以说，多元化发展是大企业难以回避的选择。多元化经营是指企业在核心业务范围以外的领域从事生产经营活动。一个大企业在其发展过程中总会遇到这样的情况：企业的成长意味着产业的成熟，成熟的产业可能遇到几种情况：一是市场空间的有限性限制了企业在原有领域的扩张；二是产业的成熟和技术的普及使企业利润空间越来越小；三是产业周期进入衰退期；四是资金和人才的积累等因素的推动。另一方面由于企业实力的增强、营销网络和企业文化及管理经验的形成、研究和开发成果的共享等企业内部因素的拉动，使企业走向了多元化发展的康庄大道。如鲁酒的中轩、琅琊台、黄河龙等一些较早涉足非酒产业的企业，加大了对高科技含量生物技术产品生产投入，逐步做大了副业。泰山生力源集团的泰山特曲新上的黄原胶（一种食品增稠剂）生产线，已渐渐成为其利润主体。莱阳天府集团，已完全转向莱阳梨汁为主的保健饮料产业。从鲁酒企业的实践中来看专业化和多元化都是企业发展的思路和模式。企业不论是实行专业化经营还是实行多元化经营都会使企业走向成功。我国企业成功应用专业化和多元化的不乏其例，那么鲁酒企业是应该实行专业化经营的战略还是应该实行多元化发展的战略？其实，关键并不在于两个战略的孰优孰劣，只是企业发展的一种思路，其本身不存在正确和错误之分。对一个企业而言关键是正确处理好专业化经营和多元化发展的关系。笔者认为，专业化经营是基础，主导型产业的成功是企业多元化发展的前提，企业在向多元化方向拓展之前，需要把自己的主导产业培养成处于优势竞争地位的产业，走出一条专业化经营成功的道路，为今后多元化发展奠定坚实可靠的物质基础。一个企业如果离开了专业化经营的轨道，见异思迁，缺乏在一定的产业中长期坚持和积累以及培育自己核心竞争力的毅力，被短期利润所诱惑而盲目多头出击，弄不好就会超越自己的能力和控制力，陷入严重的困境。同时，专业化经营并不排斥多元化发展，在多元化发展的过程中进一步增强专业化经营的实力，即在多个领域中形成自己的优势，并利用多领域发展的机会形成更强的核心竞争力，这是大企业的一种有效和可行的战略。同时他们时刻关注相关产业群积极选择合适的相关的领域，进行多元化发展，取得了巨大的成功。多元化相当于将多个专业化经营企业的经营活

动，组合在一个企业内部进行具有规避风险提高利润达到规模经济的目的。当然多元化发展是把双刃剑，它在给企业带来机会的同时也带来了风险。所以企业实行多元化经营要对自身素质和适应多元化发展的相关条件深刻认识的基础上进行，如果对不重视核心产品竞争力的培育，急于求成，追求规模，多头出击，那就会走入多元化经营的误区。总之，实行专业化经营战略和实行多元化发展的战略都是发展大而优、大而强的鲁酒大企业集团的理性选择，两个战略并没有优劣好坏之分。不论是专业化经营还是多元化发展，都必须从企业自身所拥有的资源和能力出发尤其是以核心能力为基础，并对各种能力进行有效的整合，才能获得竞争优势，才能在强者如林的经济全球化的大潮中，在激烈的白酒市场竞争中发展壮大。

参考文献

[1] 韩永奇．第三只眼看鲁酒．酿酒，2004，6：5－7

[2] 韩永奇．竞争非得拼个你死我活吗．华夏酒报，2004，11，15（2）：43

2014年中国酒文化研究述评

郭旭[1]，黄永光[2*]
1. 茅台学院，贵州 仁怀 564500
2. 酿酒科技杂志，贵州 贵阳 550007

摘　要：本文以2014年公开出版的酒文化书籍和学术论文为中心，探讨中国酒文化研究的状况和特点，以期为进一步深入研究中国酒文化提供有价值的参考。

关键词：酒文化，研究特点，研究述评

Research Review of Chinese Alcohol Culture in 2014

Guo Xu[1], Huang Yongguang[2*]
1. Maotai University, Renhuai, Guizhou 564500
2. Guizhou Provinical Light Industry Scientific Research Institute, Guiyang, Guizhou 550007

Abstract: This article is based on the books and academic papers were published in 2014, to explore the research status and characteristics of Chinese alcohol culture, and to provide a valuable reference for further research.

Key words: alcohol culture, research characteristics, review

近年来，我国每年发表的酒文化研究书籍和论文均为数不少。仅以2014年为例，就可见出中国酒文化研究之一斑。2014年出版的酒文化书籍主要有明确实用价值取向的酒文化研究著作、酒文化普及读物、酒文化典籍整理、酒企业编纂的志书等。据不完全统计，2014年正式发表中国酒文化研究论文百余篇，涵盖了酒文化精神内涵、酒文化的功能、历代酒业发展、历代酒文化状况、酒器与酒包装所体现的酒文化、酒的

作者简介：郭旭，博士，主要从事酒业发展和酒文化研究。E-mail：guoxu408@163.com。
*通讯作者：黄永光（1976—），男，贵州人，研究员，博士，硕士生导师，贵州省酿酒工业协会副秘书长，贵州省白酒专家委员会专家，贵州省白酒评委，主要从事白酒微生物及其酶、白酒风味及其功能因子等基础研究及其应用、酿酒工艺、酒类食品安全、行业产业政策研究及酿酒科技传媒工作，发表学术论文80余篇，E-mail：772566120@qq.com。

保健价值与健康饮酒观念、酒文化文献考证与释读、酒与文学、少数民族酒文化、中外酒文化及其比较、酒文化资源的开发利用、酒文化传播及其他等方面的议题。为了更好地梳理中国酒文化研究状况，总结现有研究的特点与不足，将酒文化研究推向纵深发展，有必要就 2014 年中国酒文化研究的状况做深入的描述和分析。下面就以 2014 年中国公开出版的专著和论文为中心，展现酒文化研究的概貌。

1 酒文化书籍方面

2014 年出版的酒文化书籍有如下几类：第一类是具有明确实用价值取向的书籍。如万伟成主编的《李渡烧酒作坊遗址与中国白酒起源：兼论中国白酒古酿造遗址的文化遗产价值评估》（广州：世界图书出版广东有限公司），其主要内容如书名所示，有为企业张目的实用价值取向。相似目的的酒文化书籍还有刘全平和冯金玉编著的《景芝酒文化》（济南：山东人民出版社）、广东省社会科学院历史研究所编著的《岭南酒文化与广东石湾酒厂集团发展史》（广州：世界图书出版广东有限公司）、陈剑和荣远大编撰的《成都平原都市酒文化与水井坊酒史考述》（成都：巴蜀书社）等书，从研究的角度来看，意义稍显不足。但这类著作将酒类企业的发展放入区域文化/酒文化中来加以考量，也不失为一种值得注意的研究取向。

第二类是概论性质的通俗读物，对酒文化的普及功不可没。但无论是其内容、框架结构安排，还是编撰方法上，多是人云亦云，缺乏创新性。2014 年出版的这类书籍有：宋红所著的《中国酒文化丛谈》（上海：东方出版中心）、郝桂尧所著的《山东人的酒文化》（北京：新华出版社）、李裴所著的《酒文化片羽》（贵阳：贵州人民出版社）、白洁洁和孙亚楠编著的《世界酒文化》（北京：时事出版社）、胡普信主编的《中国酒文化概论》（北京：中国轻工业出版社）以及王仕佐、杨明、黄平所著的《谙香·沉醉与求索：跨越时空的中国酒文化》（贵阳：贵州大学出版社）等。

第三类是酒文化典籍整理，如周膺和吴晶点校之宋人朱肱所撰《北山酒经》（北京：当代中国出版社）。此书是“杭州史料别集丛书”之一种，自有其意义。但酒文化典籍的整理点校，多集中于《北山酒经》《酒谱》等文献。相较于浩如烟海的酒文化典籍，相应的工作仍需加强。且《北山酒经》已有多个点校本，对于是否需要重行点校，仍不无值得重新思考的地方。

第四类是酒类企业编纂的志书，可视为企业的一种酒文化实践，也是企业的文化建设成果。如李宽云主编的《古贝春酒业志》，提供了关于古贝春企业发展的详细资料。

此外，萧明治所著的《殖民桩脚：日治时期台湾烟酒专卖经销商》（台北：博扬文化事业有限公司）一书，是 2014 年出版的最有研究价值和启发意义的专著。本书是在作者 2010 年台湾“国立”中正大学历史学研究所博士毕业论文《日治时期台湾烟酒专卖经销商之研究》的基础上修改出版的。萧明治就中国台湾实施烟酒专卖后烟酒经销商制度的实施及其分布与背景、经营情况乃至烟酒经销商与地方社会和殖民统治之间的关系展开研究。作者指出：日治时期台湾烟酒专卖经销商以日籍人士和受殖民当局笼络的台籍士绅为主，多在 41 ~ 45 岁，台籍分布在台北、台南，日籍则主要来源于鹿儿岛县、熊本县；在成为烟酒专卖经销商之前，主要以从事杂货、实业、制造者及公务人员为主，学历有汉学、公学校、中学校、国语学校等；资产多在1万日元以上。因经销权是由殖民当局所授予，故其在政治上成为殖民者的附庸，经济、社会、文化乃至宗教上都在不同程度上为殖民者出力，在日治时期的台湾专卖事业与殖民统治中扮演了多重角色，是研究台湾日治时期殖民历史的重要切口。

2 论文方面

就目前掌握的酒文化研究论文来看，探讨的问题主要集中在酒文化的精神内涵、酒文化的功能、酒业发展史、历代酒文化状况、酒器与酒包装所蕴含的酒文化、酒的保健价值与健康饮酒观念、酒文化文献考证与释读、酒与文学、少数民族酒文化、中外酒文化及其比较、酒文化资源的开发利用、酒文化的传播及其他。

2.1 酒文化的精神内涵

酒文化的精神内涵方面，魏彤峰指出：中国酒文化的各个方面都或多或少渗透着“贵和尚中”的精神，特别是制度、行为形态酒文化的演变，经过几千年的扬弃与创造，逐渐融入民族风俗习惯和社会政治形态中，成为或隐或显的伦理道德、社会规范[1]。

肖向东认为，酒与中国哲学有着内在的文化联系，中国哲学重自然、重感性、重整体、重思辨或出世、或入世或积极、或消极，在酒文化中都有反映与表现。酒与中国哲学的这种联系，使酒成为中国文化的一种重要元素，其物质属性与精神属性共同构成了中国文明的重要支撑，成为中国人文的一道亮丽的文化风景[2]。

李庶认为，国内有些酒文化研究的学者把中国酒文化和西方酒神随意套用，混为一谈，是很不妥当的。西方酒神代表的是酒神文化，而中国的酒文化则是以酒为核心形成的人类生活方式、审美品格和精神追求。他从自由意识、超越意识、忧患意识、英雄意识、娱乐意识等几个维度探寻中国酒文化精神的审美品格[3]。

2.2 酒文化的功能

酒文化的功能方面，毛克强从酒的发端和酒文化的两极表现，指出：酒具有酒神与酒鬼两面性[4]。王少良认为《诗经》中的作品表现了周代的酿酒、饮酒等活动，反映出隆礼、重德的文化精神，表现出酒在周人宗教生活中沟通神人、宗族团结和敦结亲情，“农事诗”则表现周代春祈秋报的祭祀礼仪以及酒的生产和使用情况，“谏酒诗”是对饮酒活动的规谏，体现了周代酒德观念对生活和行事的约束作用[5]。罗红昌和王灵芝通过对酒的命名、酒器符号在汉字构形中的作用以及传世文献记载的酒文化功能的研究，认为酒的本源文化功能是向神感恩致敬，并进而引申为人神或人与人之间的和谐[6]。张茜总结了中国传统岁时食俗中酒文化的两大功能，即自然功能——顺天应时、强身健体，以及社会功能——祭祀迎神、怡情和谐[7]。李筱认为，酒在历史上产生过消极作用，蕴含着深刻的治国安邦的道理。但酒的利弊不是出于本身特性，而是出于人们理性与非理性的选择[8]。孔佳认为，非物质文化遗产视野下的川酒既具有历史价值，也具有文化价值。川酒酿造历史从侧面反映了四川自古以来不同时期的农业发展、酿酒技术和社会、政治、经济、文化状况以及与中原王朝在政治、经济、文化上的交往，从中也可以透视出古代蜀地居民的生产生活和风俗民情[9]。

2.3 酒业发展史

酒业发展史是酒文化研究中不可回避的重要问题，这方面的研究主要有：李井岩认为，查海遗址是辽河流域新石器时代早期重要的一处文化遗存，是辽河流域文明起源的基础，繁荣的原始农耕经济和独具特色的文化使其成为辽河流域酿酒和饮酒习俗的发源地[10]。何冰试图从考古发现的酒器和礼器来论证西凤为中国酒文化的主要发源地[11]。但作者既非考古学家，也非历史学家，其所罗列的证据也缺少学术性。这体现了酒文化研究中一种值得警惕的倾向，即以学术的面目和语言，来为企业提供论证。这种风气的助长主要源于商业因素占很大的原因，往往由于经济利益的考量，而将实际与想象之间的界限泯灭，不利于酒文化的研究与传播。

孙运君等人认为，川南黔北地区民众的嗜酒是自然与人文双重作用的结果。特殊的自然条件保证了酿酒作物繁盛及酿酒环境的持续，历代政府的酿酒政策维持了川南黔北地区酒业发展的稳定，潮热湿寒的生存条件刺激了对酒的需求，维系了居民对酒的长期食饮热情[12]。马海松认为，禁酒活动是古代治安管理的重要内容之一。在分析历代禁酒活动的基础上，详细地探讨了禁酒和榷酒之争的演变，从而得知不同的朝代对禁酒管理重视程度不同。但惜其讨论仅到元代，对明清以来的禁酒活动缺少相应的探讨[13]。李锦伟认为，明清时期，随着贵州的进一步开发，酒业也有了很大的发展，主要表现为历史悠久、酒品众多、分布广泛、质量上乘、规模大、商品化程度高，为如今独树一帜的贵州名酒打下了坚实的基础[14]。

李修余和冯学愚认为，在宜宾区域特色经济酿酒业的形成过程中，异质文化的强势介入曾发挥着重大的作用，宜宾特色经济酿酒业的筛选、发展和定型，是各种优秀文化共同作用的结果[15]。符必春指出，民国时期川酒运销活动主要集中在盆西平原区、川东丘陵区及沱江、涪江、川江沿线，运销中心有灌县、绵竹、成都、犍为、遂宁、合川、江津、重庆、万县。川酒主要销往以成都、重庆两地为中心的消费区域，出川运销湖北、湖南、南京、上海、陕西、甘肃等地。川酒运销线路与酒的产地分布、人口分布、消费水平及交通条件等因素密不可分[16]。

彭越剖析了北魏贾思勰的农学名著《齐民要术》与中国酿酒发展史的关系[17]。

朱更勇等人认为，近代思想家陈炽在酒业发展方面的思想在今天仍有启示意义。陈炽对于如何种植葡萄、如何参用西法酿酒、如何推广等问题都有精到的论述，其酒业发展思想主张包括废除不平等条约、增加酒税，改进税制，仿照西洋方法酿制洋酒以增加利权等[18]。

2.4 历代酒文化状况

中国酒文化不是静止的，而是动态变迁的，对各历史时期不同的酒文化内涵的探讨，也是主要的研究内容。田延峰认为，“棜”是商末周初出现的新器物，其造型反映了天圆地方的观念，可能与祭祀有关。西周时期主要是将所有的饮酒行为纳入到礼乐制度中，“棜”等的出现体现了西周以礼规范饮酒，节制饮酒，而不是简单地禁酒。“棜”的出现还反映了周初礼乐制度的改革与建设[19]。

王征认为，汉代妇女与酒的密切关系体现了她们较高的社会地位。她们通晓酿酒技术，积极参与酿酒工作；她们不但酿酒，而且还抛头露面地酤酒；汉代妇女饮酒也成为当时一道美丽的风景线[20]。王刚从产地、原料及产品属性三个方面对汉代“枸酱”进行辨析，认为枸酱是产自今茅台酒原产地一带的一种发酵食品，体现了古代民众所掌握的发酵技术水平[21]。

李志阳认为，唐代四个时期的诗人均效仿魏晋名士的饮酒风度：初唐诗人之饮是士不遇与高雅情趣的反映，盛唐诗人饮酒体现的则是乐观、豪放的盛唐气象，中唐诗人的饮酒是出于独善其身的无奈选择，晚唐特别是唐末诗人的饮酒避祸处境，痛苦和悲愤心态与魏晋名士达到了唐代其他时期从未有过的相似。唐代诗人与魏晋名士饮酒风度有如此关系，有着特定的条件和原因[22]。

李映发认为，宋朝酒文化丰富多彩，制曲酿酒的酒务、酒场、酒肆、酒坊遍及城乡，官酿、官办民酿、民酿体制多样，专卖、课税、无课均有，百姓自酿自卖自食，因地立法。国家宽松的政策，促进了酒业的发展和兴旺，酿酒技艺远超前代。名酒众多，酒楼林立，酒类消费的畅旺前所未见。物质文化的发展刺激着精神文化的繁荣，酒在社会生活及文学艺术创作上均展现出前所未有的魅力，从不同侧面显示出宋代酒文化的繁荣景象[23]。钱慧认为，宋代酒业兴盛，在经济利益的驱使下，官私酒业经营者十分注重运用有效的促销手段刺激酒类消费。于是，在以固态广告物进行宣传促销的传统方式的基础上，具有动态性、服务性、文娱性特点的音乐促销活动异军突起。通过对宋代酒业经营中音乐促销活动的兴起背景、形式与规模、表现特征三方面的探析，认为音乐促销活动不仅密切了商业营销与文化艺术的关系，还对进一步丰富市民文娱、发展娱乐市场、推动音乐文化转型产生了积极作用。可以说，宋代的音乐促销不仅是一种商业行为，更是一种具有时代特色的文化现象[24]。王孝华认为，金代的酒文化在女真社会生活的各个方面都有体现，生老病死、婚丧嫁娶重大活动之时都离不开酒的存在。金代独特的饮酒习俗文化，在今天的东北地区仍有遗留[25]。

肖伊绯认为，明朝酒的商业味十分浓厚，金钱与酒事密切相关，酒与钱、色之间的关联较之过往任何朝代都更为紧密[26]。张舒和正明指出，晋商足迹遍天下，通过饮酒与用酒祭祀、分销晋酒、传播晋酒酿造技术等活动，促进了酒文化的传播与交流[27]。

宋社洪和贺琤考证了历史名酒酃酒的发展历史，指出酃酒作为中国古代黄酒之翘楚的尊崇地位在两汉即已确立，魏晋时期尊享太庙祭祖用酒的崇高地位，南北朝时期酃酒酿造工艺被总结为一种行业规范广泛推广，唐宋以后衡阳地区的酃酒式微，但酃酒仍然深植于文人雅士心中，成为他们集体无意识记忆中的名酒的代称[28]。

2.5 酒器与酒包装所蕴含的酒文化

酒器与酒类包装所体现出来的酒文化内涵，也是研究中的重点。王立杰等人采用人类学“物”的研究思路，以青铜斝为个案，探问并深描中华传统酒器的多重文化意涵，认为中华传统酒器是“物质性与虚空性”“时间性与空间性”“认知－实践理性与审美感性”“神圣性与世俗性”“族群性与地方性”这五重物性特征的浑融统一[29]。许世虎和谢文婷认为，汉代青铜酒樽的生产经营有向商品化发展的趋势。在分析酒樽的种类、造型以及装饰的发展后，指出汉代酒樽从礼器向商品化发展的趋势，从而推动了青铜酒樽的流通和普适性[30]。

赵雪认为，唐代陶瓷酒器作为酒文化的载体之一，无论在功能还是艺术形式上受其频繁对外交流与开放包容的影响，形成了独特的艺术风格[31]。朱和平和文娅茜认为，随着制瓷技术的进步，唐代瓷质酒包装迅速发展，并在造型与装饰上呈现出明显的时代风格特征。突出表现为对域外造型的吸纳、首创以诗词为纹样的装饰形式。使酒的商品化程度大大提高，促进了唐代诗酒文化的繁荣[32]。

朱和平和彭筱婷认为，从文献、传世与考古出土实物及图像等相关史料看，明清时期酒包装容器在用材种类、造型形态、装饰及加工制作工艺等方面均有长足的发展。而造成酒包装发展变化的原因主要是商品生产的大量出现、社会文化的繁荣、造纸印刷技术的进步以及手工业生产制度的完善和酿酒行业的品牌出现[33]。

何毅华认为应该在川酒的包装设计中运用传统的文化形式、文化符号，同时结合现代陶瓷材料的新技术，以现代艺术设计的方式对川酒容器进行设计，以体现川酒文化的独特内涵和审美价值[34]。

周大鹏认为，酒文化与酒类包装设计关系密切。以包装设计作为酒文化载体的文化传承方式，可创造附加价值的增值过程，立足酒文化，增加产品中蕴含的文化概念，是实现产品差异化和价值最大化的有效途径[35]。

高源从视觉传达设计的角度出发，针对当前酒类包装设计因酒文化运用而存在的问题进行分析和论证，指出在现代酒包装设计中体现酒文化的意义，进而结合酒包装实例对如何在设计创意中挖掘和运用与酒文化相关的各种设计元素，以突出酒产品的差异化特征、塑造品牌文化进行了探讨[36]。

2.6 酒的保健价值及健康饮酒观念

酒的保健价值及健康饮酒观念，也是酒文化研究中的应有之义。王馨璐对《黄帝内经》中所涉及的酒的性能、“酒伤”病症及病因、饮酒禁忌等进行了探讨[37]。王雨桐和王蕾将张仲景《伤寒论》和《金匮要略》中用酒的方剂进行了汇总，根据煎煮法、炮制法、服用法的不同将其分为三类，并结合后世医家注解及现代研究结果进行了剖析，认为仲景将酒用不同的方法与药物混合，发挥其温阳气，驱寒邪，行气血，通经络，助药力等不同的作用，从而达到更好的疗效[38]。

刘源才等人认为，酒从一出现即与医结下了不解之缘，其本身即是一味药。保健酒的出现，是酒与中医的完美结合，将酒的药用价值提高到了新的层次[39]。张海英等人试图回答为什么要喝酒、喝什么样的酒、应该怎么喝酒这几个问题。他们认为酒是物质和精神的完美结合体，但饮酒需有礼、喝酒应有度，限酒需有控、限酒应有分[40]。

2.7 酒文化文献考证与释读

酒文化文献的考证，既是酒文化研究的基本着力点所在，也是深度诠释文献中所蕴藏的酒文化信息的关键。陶广学通过对曹操诗篇《对酒》文本的考辨和分析，认为诗中“三年耕有九年储”的“三年”当系“三十年”之脱文，三十年耕有九年储更符合先秦思想家关于粮食储备的政治设想和三国生产力发展的实际[41]。周苇风考证了“清圣浊贤”这一典故的来源，借助孔融《难曹公表制酒禁书》在当时及其后的广泛传播和影响，“清圣浊贤”之说不仅成为曹操禁酒期间人们私下饮酒相互沟通的暗号，也成为魏晋之后诗文创作中喝酒、醉酒的习用隐语[42]。吕秀菊通过对赣、闽、粤毗邻区的六州府 20 余县地方志相关资料的考察与梳理，系统地阐述了“客家大本营”地区酿酒原料及酒曲发展的历史脉络[43]。

刘佳和张宁认为，《俄藏黑水城文献》对《新雕文酒清话》残页的编排存在错简；《新雕文酒清话》中记载的部分故事内容在其前代文献中往往可以找到原型，在其后的一些文献中也有与其相似的故事内容[44]。王明贵和王小丰对彝文经籍《献酒经》进行专门研究，以《增订 <爨文丛刻>》中的《献酒经》为研究对象，通过与其他文本的《献酒经》进行比较，将《献酒经》进行了初步分类，并对其特点进行归纳[45]。

林琳认为，《周礼》所记述的职官制度系统而严密，其中负责掌供酒饮以及执掌酒政、酒礼等事务的官员虽未形成独立的“酒官”系列，但他们在祭祀等重要活动中有着不可低估的地位。从《周礼》的具体阐释及其他文献的某些训释中，也可见其职能制度已构成一个十分完整的体系[46]。戴羽认为，西夏法典《天盛律令》中的酒曲法是在唐宋酒榷制度的基础上，结合本国实际情况制定的。夏宋酒曲务均统属于三司，西夏踏曲库等机构设置与宋相仿，禁私造曲等法令也与宋较为接近，但用刑更为严苛。与宋酒务、曲务法并重不同，《天盛律令》中的曲务法详备而酒务法令稀少，这与西夏政府仅实行曲榷有关。西夏以酒曲价格作为量刑基准，相较于宋以酒曲数量为基准更为合理严谨，体现了一定的立法水平[47]。王志强认为，酒醋房是明洪武时期所设内廷供应机构之一，掌宫中各处所需酒醋酱菜等项承办事务。清承明制，隶内务府，并次第完善。至乾隆时期，酒醋房弊病丛生，各项传用成例渐失。乾隆二十四年发生的玉泉酒案促使乾隆开始整顿酒醋房事务并制定《酒醋房用度奏销定例》。四十三年，清廷将宫中年使用酒醋酱菜等物货币化，并制定《钦定宫中玉泉酒用项定例》。乾隆帝两次整顿酒醋房，意在撙节内廷用度、完善内廷管理，体现了其法祖“以俭治国”的政治理念[48]。

2.8 酒与文学

酒与中国文学之间的密切关系，自不待言。就 2014 年研究状况来看，主要体现在如下几个方面。首先，是对中国诗酒文化的研究。饶艳认为，中国古代发达的酒文化、文人以酒会友的社交行为、诗人以酒达情的习惯是诗酒文化的主要成因，豪迈、愁苦、浪漫、悲怨的文人情怀，皆在诗酒文化中展现出来，使诗酒文化成为了解古人生活、精神世界和中国传统文学、文化的素材之一[49]。周世伟认为，岁时节令须有酒，酒在中华传统节俗诗词篇章里扮演着重要而特殊的角色。从酒的器具、类型、功能、品质、名称等诸多方面，鲜明地呈现着酒文化的物质、精神乃至制度的价值，从而成为中华文化中明耀之光芒[50]。赵霞等人认为，帕尔默的文化语言学理论是将意象作为核心的语言文化，而意象是诗歌的灵魂，通过具体的意象可以了解古诗词的内涵以及诗人的情感。酒在文人墨客的眼中，不仅是饮用品，更是文化的载体和精神的象征。解读中国古诗词的酒意象有利于了解和剖析酒文化的特质，以及它在中国文化内涵中起到的重要作用和影响[51]。马汉钦和陈志斌认为，王船山《姜斋五十自定稿》里有多处写到饮酒的地方。在这些述说饮酒的诗句里，可以看到王船山在以下几种情况下爱好饮酒：心情苦闷，借酒浇愁；怡情养性，享受生活；酒逢知己，共话沧桑。从这些诗歌里，可以近距离地感受到王船山的精神世界，从而更加深刻地去领略大师的人格魅力[52]。

其次，是对陶渊明及其相关酒诗的研究。范子烨指出，就《止酒》诗的影响而言，具有似浅实深、由浅入深、浅深兼赅、浅深相照的艺术特质。它的出现极大地拓展了文人墨客诗酒风流的精神空间，由此后代诗人形成了以止酒为高、以止酒为雅的代代不绝的“止酒情结”，而这种情结也成为一种胸怀洒脱的人格象征[53]。樊婧认为，陶渊明强烈的“归隐”意识以及李白微弱的“归隐”意识和强烈的“流浪”意识，是二人饮酒诗中蕴涵的生命意识[54]。董灵超分析了柳宗元诗作《读书》《饮酒》与陶渊明《读山海经》组诗、《饮酒》组诗不同的创作特征，指出他们的诗作在写作形式、抒写内容、格调、情怀方面有很大的相似之处，但其内在风神却有很大差异。柳宗元诗比陶渊明诗潇洒冲淡，但缺少陶渊明那种相对超脱基础上的真旷达[55]。

第三，是对现代作家及其作品中酒文化内涵的剖析。莫言获得诺贝尔文学奖后，受评论界和读书界冷处理的作品《酒国》大举进入研究者的视野。何信玉以《酒国》为案例，试图在马克思主义悲剧观的理论框架内探讨莫言小说中的人性观念，挖掘作品中所渗透的深沉的历史感与悲剧意识以及普遍的人性内涵，进而探寻莫言作品中所蕴含的深刻的民族烙印与极具当代意义的普适性价值[56]。谢文兴认为，莫言的小说《酒国》，无论是在技术层面还是在思想层面，都展现出来了极大的实验性、探索性、创新性和超越性，是莫言众多长篇小说中较为独特的一个存在，是一部具有过渡性质的作品[57]。

高文波和赵永平剖析了鲁迅讲述酒文化的名篇《魏晋风度及文章与药及酒之关系》所包含的批评品格[58]。高建国从现代作家陆文夫的作品中，梳理出作者与酒的深刻渊源，并对酒与作家生活进行了探讨[59]。

第四，以文学作品中的酒文化来观照中外文化及其差异，也是酒与文学的研究中的一种新取向。孔莎和张礼贵以霍克斯与杨宪益夫妇的《红楼梦》英译本为参考，比较译者在应对中国酒文化缺省问题时的翻译策略及处理方法，提示其对中国酒文化国际传播的意义[60]。同样是针对这两个译本，曲秀莉是对比他们对中国酒文化的不同翻译策略及表达，以彰显中西酒文化的差异[61]。

郭昱瑾认为，芥川龙之介的早期作品《酒虫》，取材于蒲松龄的《聊斋志异》。芥川龙之介经过精心构思，赋予了蒲松龄《酒虫》新的时代寓意[62]。许静和夏宏钟认为，爱尔兰作家詹姆斯·乔伊斯的多部小说中蕴含的饮酒文化，为其作品提供了“场合性意象”，研究其笔下的酒客形象，能够揭示其作品所隐含的饮酒审美艺术[63]。

第五，其他相关研究。侯瑞朝以《历代赋汇》所收录的酒赋为研究对象，探索酒文化对中国“赋”这一文体的影响[64]。

谭晓容认为，宋代女词人李清照与朱淑真都为后世留下了文笔精妙、含蓄隽永的作品，创作了大量醉酒词，融汇着人生丰富的情感波澜。通过对她们的醉酒词的比较，窥探词人真实自我的一面，反映她们个人的遭遇和情愁以及各具特性的女性意识[65]。杨晓霭以晏殊、柳永等人的作品为中心，展现宋代士大夫的宴饮情趣与酒中歌唱[66]。

徐文翔认为，蒲松龄喜爱饮酒，《聊斋志异》也多通过酒描写来展现文人之风采。在小说文本中，文人之间的契合、文人与异性的交往、逃避世俗与解脱苦闷、融归自然与追求本真等层面上，酒都与文人之精神世界有着千丝万缕之关联。对其进行研究不但可以对文人之心态洞幽见微，更可触及整个中国思想史上的若干问题[67]。

2.9 少数民族酒文化

我国民族众多，不同的民族有不同的酒文化，这引起了研究者的高度重视。李书认为，蒙古族第一部历史和文学作品《蒙古秘史》，把酒作为蒙古族人生活中的一个重要侧面加以描述。其中18次提到酒，涉及到饮酒的器皿、场合、方式、礼仪、禁忌等，全面展示了蒙古族丰富的酒文化，也为我们了解当时社会的政治变化、经济兴衰以及蒙古族的礼仪、禁忌、伦理道德、心理素质、宗教信仰等提供了一个切入点[68]。孙惠认为，中国的汉族酒意蕴是一种冲淡与平和，无处不体现出一个“雅”字；草原牧民的酒意蕴是狂喜放纵与尽兴奔放，无处不凸显出豪放。在民族集体酒记忆的浸染下，女性对于酒文化的表达也自觉或不自觉地带有民族的印痕[69]。张国芬认为，蒙古族酒文化作为内蒙古文化旅游的一个组成部分，联系着礼仪制度、民风世情和社会生活等各个方面，是展示内蒙古文化旅游的一个重要窗口。蒙古祝酒歌作为蒙古族酒文化的精华部分，足以展示其独特的魅力，但因生活环境的变迁、市场经济的冲击等多个方面的原因，祝酒歌在产品开发中未能发挥应有的作用[70]。高云胜认为，美酒与歌舞相伴彰显出蒙古民族酒文化的博大精深，探讨了在酒店美学中发挥酒文化的审美功能、体验功能、经济功能对旅游业的促进作用[71]。

潘彤认为，苗族酒歌是苗族优秀的民间艺术之一，体现了苗族在情感表达、观念教育和民族文化传承上的艺术价值。苗族人的婚礼酒歌集中表达了他们在亲情、爱情和友情上的情感，体现了其在家庭与婚恋上的价值观念，融入了其民族所特有的文化内涵。苗族酒歌所具备的艺术价值丰富，在维护和营造其民族文化环境和民族特色上发挥着重要作用[72]。牟红和谢云秀描述了四川合江五通石顶山苗族的酒文化，认为其地酒文化历史悠久。酒成为苗族同胞生活中必不可少的组成部分，迎接宾朋、欢庆丰收、婚丧嫁娶、生期满日等民俗活动都与酒密不可分，成为了他们社交和生活中最常见的饮品，积淀了丰富多彩的酒文化[73]。杨喜丽认为，在饭桌上喝酒唱敬酒歌是文山壮族人对待来宾和客人的最高礼节。壮族酒歌之所以能不断发展，不仅是因为演唱酒歌的方式多种多样，它还有着自由的换气方法，以及特殊的衬词和润腔演唱特征[74]。

吴娟和王剑从黔东南小黄村的婚礼与满月酒的观察和研究中，窥见侗族社会复杂

的礼物流动过程；在小黄村礼物交互流动的过程背后，又隐藏着其特殊的姻亲结构；从父母对出嫁女儿的厚待、外公外婆对外孙（女）的重视、女儿的自由回娘家、女婿在岳父母家儿子般的服务等现象中，揭示出一种平等协作的两性关系[75]。

何群通过对鄂伦春族的民族志研究表明，饮酒习惯是鄂伦春族传统狩猎文化重要组成部分，具有特定功能。半个多世纪来内外因素交互作用，使酒的传统功能发生转化，呈现酒与“酒”之两难困境。因酒引出的社会问题，在当代人口较少民族世界具有普遍性。鄂伦春族的情况说明：传统狩猎文化因自然环境、生计方式而倾向于饮酒，与酒具有亲和性；而饮酒开始显示出背离、脱离传统功能性质和轨道，发展成为经常性的并引发非正常死亡的倾向，由基本上的“酒利”，演化为基本上的“酒害”，也与环境巨变、“转产”一直失利有关。饮酒，某种意义上是一些人口较少民族应对生存压力的一种特殊适应[76]。

王振威认为，嗜酒文化习俗以及与之伴随的醉酒状态为传统原始宗教信仰的维系提供了一种机制，即传统原始宗教信仰因为饮（醉）酒文化而得到了维系。值得注意的是，不仅仅在黎族杞黎支系地区，在其他一些少数民族地区，较为传统的原始宗教信仰意识往往也与饮酒文化相伴[77]。

杜成材认为，彝族酒文化以酒为物质载体，以酒歌、酒舞为表现形式反映出彝族人民生产生活的文化形态。毕节彝族家酿酒种类各异，酒具造型古朴典雅，酒在社会生活中的仪式体现了彝族的宗教信仰、人生礼仪、历史心性，蕴涵着丰富的文化内涵及社会功能[78]。

2.10 中外酒文化及其比较

对国外酒文化的研究特别是中西酒文化的研究与比较，也是中国酒文化研究中的一个热点话题。许志强认为，维多利亚时期英国工人酗酒问题引起社会普遍忧虑，酗酒之风不仅被视为衍生犯罪与失序问题的根源，也被认为与“维多利亚精神”格格不入。19 世纪 30 年代到 80 年代，由英国社团组织发起的禁酒运动通过公开宣讲、诉诸立法和组建工人俱乐部等途径有力地促进了工人文化的转向和社会风气的改良[79]。

蔡薇认为，俄罗斯人所具备的多重性格：勇猛无畏、豪爽大方、直率天真、乐天安逸、毫无节制和摇摆不定等，都体现出伏特加酒的文化意义[80]。孙宝龙从俄罗斯历史渊源和酿造史入手，介绍伏特加对俄罗斯经济、政治、文化和俄罗斯人日常生活的影响[81]。李娜认为，祝酒词作为酒文化的一项重要内容，在俄罗斯的餐桌礼仪中发挥重要作用，宴席上的祝酒词不仅能让餐桌上的人想起相互之间美好的情感和回忆，也能为宴饮的继续进行创造和增加热闹活跃的氛围[82]。

周玮超从有关“酒”的韩国俗语进行分类归纳，来探究韩国的酒文化[83]。覃肖华通过介绍越南西原少数民族咂酒的起源、酿造工艺、酒具、部分酒俗、酒礼，展现了多姿多彩的西原民族咂酒文化[84]。马艳波和程跃认为，清酒作为一种文化载体彰显了日本原生文化的魅力。清酒之“清”渗透着原始神道的精髓，清酒的品牌、清酒的酒器寄托着日本人的自然情怀，而居酒屋里的世界延续着敬神尊祖的“神人融合”状态[85]。

昌杨通过比较中西方有关酒的不同神话传说、酒文化的物质层面以及精神层面，解读中国酒文化（以汉民族的白酒为代表）和西方酒文化（以葡萄酒为代表），探讨中西酒文化差异，发现中国人饮酒为了追求酒以外的东西和西方人饮酒为了追求享乐[86]。王阳阳从酒的含义、酒字的演变、独特文化意义词等语言方面入手，对酒文化现象进行比较分析。发现中国与西方有着不同的思维方式，中国属于形象思维，西方则属于抽象思维[87]。何凤玲通过对中西方酒的起源、酒德酒礼和酿酒原料的对比，来探讨中西方酒文化差异[88]。余东华和王仕佐指出中西方酒文化在酒种、酒具、饮酒礼仪、饮酒目的等方面的差异及其对于提升旅游行业中导游员文化及专业素养、进而促进现代旅游业健康和持续发展的意义[89]。何凤玲和王燕认为中西方不同的宗教信仰、价值观、心理因素等方面的影响，导致了中西方酒文化之间的差异[90]。郭亚伟从酒的起源、酒的分类、酒的精神、饮酒礼仪习俗、酒对文学艺术的影响等方面比较中法酒文化的异同[91]。梁勇和邓显洁从社会学视域来探究不同文化、社会背景、思维方式以及宗教信仰下的中西方饮酒礼仪差异，针对不同文化背景下的饮酒之道，比较中西方饮酒礼仪的不同[92]。宋洁通过对酒在中法诗歌中意象的解析，认为东方诗人笔下的酒是沉重的奢侈品，是特权阶级的象征；而在西方诗人的笔下，酒成了情感的宣言书，是浪漫运动的滥觞[93]。

2.11 酒文化资源的开发利用

酒文化资源的开发利用，也是研究的热点之一。孟宝等人指出国内酒文化（白酒、葡萄酒、啤酒和黄酒）旅游现状及存在的问题，认为目前的研究对酒文化的传承和创新不足、对酒文化旅游开发不够重视、酒文化旅游经济社会效益不够突出、酒文化旅游开发缺乏国际化视野。未来的中国酒文化旅游需要加强对中国酒文化的系统研究，在借鉴和创新的基础上构建中国酒文化旅游的特色模式，把酒文化旅游打造成中国旅游的一大名片[94]。孟宝等人以中国白酒金三角核心区、中国白酒之都宜宾为研究对象，分析宜宾酒文化开展“内生式”营销的必要性、可行性及实施的基本途径[95]。淦凌霞以河源客家黄酒为例探讨酒文化旅游的内涵，分析客家黄酒文化旅游开发的依托条件，阐述酒文化旅游开发需要克服的不足，并提出酒文化旅游开发的策略性建议[96]。雷倩就杏花村汾酒文化旅游目的地建设提供了多种策略[97]。余昊和安云艳就遵义酒文化旅游发展所存在的问题和对策方面对遵义酒文化旅游发展进行分析[98]。

耿子扬和张莉分析了基于川酒文化品牌符号系统的川酒文化资源开发模式，认为在开发过程中既要倚重名酒企业的推动力，又要防止名酒企业的话语权被过度释放[99]。李萍和任萍认为，研究文化因素对四川白酒品牌国际化的影响，有利于实现川酒品牌由国内向国外的延伸，创建具有高美誉度、高顾客忠诚度的白酒强势品牌，提高白酒品牌竞争力[100]。

2.12 酒文化的传播及其他

在酒文化的传播方面，王洪渊和唐健禾认为，依托中国文学作品、影视和广告宣传等文化资源进行中国酒文化特别是蕴含中华文化精髓的文化国际传播，实施“走出去”战略，通过文化对话和文化联动等举措，提升文化软实力，让外族逐渐认同中国文化及其所体现的价值理念，有助于构筑新的文化安全机制和体系以捍卫母语文化，维护中国文化安全[101]。吴宏宇认为，中国白酒广告是中国酒文化国际传播的关键环节。将叙事理论引入到中国酒文化国际传播的研究之中，通过中国白酒广告与西方洋酒广告的叙事模式、叙述距离和叙事人物的对比研究，可为增强中国白酒广告的传播效果提供途径与方法[102]。肖启敏和康庆玲从读者接受理论探讨了中国古典诗歌中酒及其文化意涵的翻译策略[103]。

另外，学者对酒文化变迁与发展等方面的问题也有所探讨。杨小川从社会体制更替、经济发展、技术进步、社会发展和外来文化侵入对酒文化的影响进行分析[104]。曾枣庄从民族和宗教的角度阐述了泸州酒业兴盛的原因，进而论述了中国酒文化与四川酒文化发达的具体表现，对中国酒文化研究的学术态度问题提出了自己的观点[105]。彭贵川和宋歌认为，广义的酒文化研究应该从国家文化战略和现实经济社会需求两个方面确立其目标和责任，应该在研究广度和深度等方面有所突破，并就川酒文化的优势资源进行盘点[106]。

3　现有研究的特点

经过上面的分析，可以总结出 2014 年酒文化研究具有如下几个特点：第一，酒文化研究论题广泛，但尚未出现有较大影响的研究成果；第二，酒文化研究的深度有待深入；第三，刊发酒文化研究论文的阵地多元化，但以一般学报为主，人文社科主流学术杂志登载较少；第四，《酿酒科技》“酒文化研究”栏目成为重要发表园地；第五，宜宾学院和四川理工学院异军突起，发表大量研究论文。

3.1　酒文化研究论题广泛，但尚未出现有较大影响的研究成果

如前所述，酒文化书籍方面，几乎乏善可陈。研究论文方面，虽然广泛涉及到酒文化精神内涵及其功能、历代酒业发展、历代酒文化状况、酒器与酒包装、酒的保健价值与健康饮酒观念、酒文化文献考证与释读、酒与文学、少数民族酒文化、中外酒文化及其比较、酒文化开发利用、酒文化传播及变迁等方面，但尚未出现有较大影响的研究成果。在中国酒的起源、与酒相关的考古材料释读、白酒起源与发展等关键问题上，仍毫无突破，没有取得较大的进展。

3.2　酒文化研究的深度有待深入

虽然发表的酒文化研究文章数量不少，涉及的论题也较为广泛，酒文化研究者既有功力深厚的教授，也有较为年轻的在读学生。除了少数研究成果体现了深厚的学养之外，多数成果浮于表象，缺乏对酒文化的深入研究和了解。如在对酒文化资源的开发利用、中西酒文化及其对比等方面，文章内容、研究方法和取向大都类似，不利于学术的繁荣和发展。值得注意的是，在少数民族酒文化、酒文化文献考证与释读方面，因作者均是相关方面的专家，故文章颇具功力，对酒文化问题的阐释值得重视。总体

而言，酒文化研究的深度亟待深入和拓展。

3.3 刊发酒文化研究论文的阵地多元化，但以一般学报为主，人文社科主流学术杂志登载较少

刊载酒文化研究论文的杂志，既有《中山大学学报：社会科学版》《贵州民族研究》《酿酒科技》《南京艺术学院学报：音乐与表演版》《中华文化论坛》《文艺评论》《蒲松龄研究》《西夏研究》《中国典籍与文化》《古籍整理研究学刊》《思想战线》《农业考古》《文艺理论与批评》《管子学刊》《故宫博物院院刊》《中医药学报》等一流学术杂志，也有《酿酒》《中国酒》《中国包装》《中国陶瓷》等知名行业杂志，也有《宿州学院学报》《宁波广播电视大学学报》等大学学报，形成了发表阵地多元的特征。但同时，主流人文社科学术杂志所刊发的文章，都不仅限于酒文化研究，而是试图通过酒来观照中国历史、社会或文化、文学理论中的重大问题。而较为纯粹的酒文化研究文章，主要还是以普通学报刊登为主，酒文化研究难以进入学界主流。

3.4 《酿酒科技》“酒文化研究”栏目成为重要发表园地

2014年《酿酒科技》出刊12期，所设“酒文化研究栏目”除第10期刊登“中国白酒文化知识有奖征文活动获奖征文”5篇，各期载文2~4篇不等，合计刊载文章40篇。该栏目中的《中国白酒产业理性认知》《高端白酒的“破冰”之道》《新型防伪技术在酒产业品牌保护中的应用》等8篇文章内容不属于酒文化研究，而其他栏目的《民国时期川酒运销的空间格局研究》《陈炽酒业发展思想及启示》等3篇，属于酒文化研究的内容。是则《酿酒科技》杂志2014年全年刊载酒文化研究文章30篇、征文5篇。无论是从刊载文章的数量，还是文章所涉及的内容来分析，《酿酒科技》都是发表酒文化研究成果的重要阵地。

3.5 宜宾学院和四川理工学院异军突起，发表大量研究论文

四川是中国白酒产业大省，也是中国酒文化研究的重镇，宜宾学院和四川理工学院成为集中刊发酒文化研究文章的单位。近年来，宜宾学院通过组建中国酒史研究中心、中国酒文化研究中心、川酒文化国际传播研究中心等研究单位，大力促进了酒文化研究，取得一定成果，主要表现在发表了一系列酒文化研究论文。2014年，“中国酒文化研究中心”发文7篇，其中酒文化文章6篇；“中国酒史研究中心”发文20篇，其中一半为酒文化文章。其主要作者群包括孟宝、郭五林等人，但主要载文杂志为《酿酒科技》。作为行业领军刊物，《酿酒科技》的声誉不容置疑。

4 结语

就2014年中国酒文化研究成果而言，既有喜人的成绩，也存在着一定的局限。与酿酒产业和读者实际需求相比，目前的研究虽然在数量上不少，但还远不能满足现实

需要。这需要学术界、实业界、期刊出版界的共同努力，以科学求实的态度和多学科综合的研究方法，探寻酒文化的来龙去脉及其深刻内涵，为学术研究打开一片新的天地，推动中国酒文化研究向纵深方向发展。以江南大学、中国酒业协会和日本酿造学会主办的国际酒文化学术研讨会，努力沟通中外研究成果，实现科学、文化和产业的和谐发展，所做出的努力和取得的成绩有目共睹。相信在各界共同努力下，中国酒文化研究必将取得更好的成绩！

参考文献

[1] 魏形峰．酒文化中的“贵和尚中”精神．中国酒，2014（1）：38－41

[2] 肖向东．酒与中国哲学的文化解读．扬州大学烹饪学报，2014，31（1）：1－4

[3] 李庶．中国酒文化精神的美学品格．中华文化论坛，2014（11）：105－108

[4] 毛克强．酒神与酒鬼——关于酒的发端与酒的文化．酿酒科技，2014（8）：119－121

[5] 王少良．从《诗经》饮酒诗看周代的酒礼及酒德．重庆师范大学学报：哲学社会科学版，2014（3）：5－10

[6] 罗红昌、王灵芝．“酒”的本源文化功能研究．酿酒科技，2014（7）：120－122

[7] 张茜．中国传统岁时食俗中酒文化的功能．酿酒科技，2014（12）：109－112

[8] 李筱．古代中国的酒与饮酒．哈尔滨学院学报，2014，35（4）：121－124

[9] 孔佳．非物质文化遗产视野下川酒的历史文化价值．湖北工程学院学报，2014，34（4）：33－36

[10] 李井岩．辽河流域谷物酿酒和饮酒习俗的起源．农业考古，2014（3）：211－214

[11] 何冰．从考古发现的酒器和礼器再证西凤为中国酒文化的主要发源地．酿酒，2014，41（2）：105－108

[12] 孙运君、冯健，等．川南黔北地区嗜酒风俗与酒业的兴盛．兰台世界，2014（13）：158－159

[13] 马海松．古代治安管理——禁酒活动．文史博览：理论，2014（4）：11－13

[14] 李锦伟．明清时期贵州酒业的发展．农业考古，2014（3）：206－210

[15] 李修余，冯学愚．论始源文化与强势介入的三次异质文化对宜宾酒业的影响．酿酒科技，2014（2）：102－104

[16] 符必春．民国时期川酒运销的空间格局研究．酿酒科技，2014（11）：137－139

[17] 彭越．浅议《齐民要术》与酿酒．管子学刊，2014（3）：98－99，109

[18] 朱更勇、张云峰、郭旭．陈炽酒业发展思想及启示．酿酒科技，2014（11）：122－124，127

[19] 田延峰．石鼓山西周墓所出的“棜”及“酒以成礼”．宝鸡文理学院学报：社会科学版，2014，34（2）：47－50

[20] 王征．汉代妇女与汉代酒文化．太原师范学院学报：社会科学版，2014，13（4）：31－35

[21] 王刚．“枸酱”：今茅台酒原产地一带的发酵食品．兰台世界，2014 (31)：111 - 112

[22] 李志阳．试论唐代诗人对魏晋名士饮酒风度的接受．湖北民族学院学报：哲学社会科学版，2014，32 (2)：100 - 104

[23] 李映发．宋代酒文化考察//四川大学古籍整理研究所、四川大学宋代文化研究中心．宋代文化研究（第 21 辑）．成都：四川大学出版社，2014

[24] 钱慧．宋代酒业经营中的音乐促销活动探析．南京艺术学院学报：音乐与表演版，2014 (3)：87 - 93

[25] 王孝华．金代的酒文化漫谈．黑龙江史志，2014 (5)：139 - 140

[26] 肖伊绯．明朝那些酒．书屋，2014 (1)：49 - 51

[27] 张舒，正明．酒与晋商．文史月刊，2014 (11)：40 - 41

[28] 宋社洪，贺琤．酃酒的历史地位考论．衡阳师范学院学报，2014，35 (1)：71 - 76

[29] 王立杰，程文波，等．中华传统酒器的物性研究——以青铜斝为例．酿酒科技，2014 (2)：105 - 108

[30] 许世虎，谢文婷．汉代青铜酒樽的艺术风格．兰台世界，2014 (15)：149 - 150

[31] 赵雪．从唐代酒文化看陶瓷酒器．陶瓷科学与艺术，2014，48 (11)：44 - 47

[32] 朱和平，文娅茜．试论唐代瓷质酒包装设计．中国包装，2014 (12)：49 - 53

[33] 朱和平，彭筱婷．论明清时期的酒包装．云梦学刊，2014，35 (6)：63 - 68

[34] 何毅华．川酒陶瓷容器设计是一种有意味的形式——立足传统文化的川酒陶瓷包装设计．中国陶瓷，2014，50 (1)：74 - 76，79

[35] 周大鹏．文化因素在白酒包装设计中的可增价值研究．中国包装，2014 (6)：42 - 44

[36] 高源．现代酒类包装中酒文化的设计体现．宿州学院学报，2014，29 (4)：59 - 61

[37] 王馨璐．《内经》酒伤浅谈．山东中医杂志，2014，33 (10)：860 - 862

[38] 王雨桐，王蕾．剖析《伤寒杂病论》中用酒的方法及其作用．中医药学报，2014，42 (6)：115 - 117

[39] 刘源才，单义民，等．酒的作用与现代医学应用．酿酒科技，2014 (12)：128 - 131

[40] 张海英，孟宝，等．“酒道”之“酒说”——论酒、喝酒与限酒．酿酒科技，2014 (2)：98 - 101

[41] 陶广学．从《礼记·王制》考辨曹操的《对酒》．许昌学院学报，2014，33 (6)：41 - 43

[42] 周苇风．酒分圣贤考源．古籍整理研究学刊，2014 (1)：79 - 82

[43] 吕秀菊. 客家酒曲考——基于赣闽粤毗邻区若干方志的研究. 农业考古，2014 (3)：215-217

[44] 刘佳，张宁. 俄藏黑水城《新雕文酒清话》再研究. 中国典籍与文化，2014 (2)：82-90

[45] 王明贵，王小丰. 《增订〈爨文丛刻〉》中的《献酒经》研究. 毕节学院学报，2014，32 (2)：10-14

[46] 林琳. 浅谈《周礼》中的酒官制度. 古籍整理研究学刊，2014 (4)：97-99

[47] 戴羽. 比较法视野下的西夏酒曲法. 西夏研究，2014 (2)：26-31

[48] 王志强. 清乾隆年间整顿内廷酒醋房述论. 故宫博物院院刊，2014 (4)：102-111

[49] 饶艳. 以酒入诗——古代诗酒文化探析. 开封教育学院学报，2014，34 (11)：6-7

[50] 周世伟. 中华传统节俗诗词里的酒文化元素. 酿酒科技，2014 (12)：113-116

[51] 赵霞，王金容，等. 论帕尔默文化语言学视角下中国古诗词的酒意象. 酿酒科技，2014 (4)：103-106

[52] 马汉钦，陈志斌. 一片情愁待酒浇——从王船山《姜斋五十自定稿》中观其饮酒. 南华大学学报：社会科学版，2014，15 (5)：7-11

[53] 范子烨. 潇洒的庄严与幽默的崇高——论陶渊明的"《止酒》体"及其思想意旨. 中山大学学报：社会科学版，2014，54 (4)：10-17

[54] 樊婧. 也论陶渊明、李白饮酒诗蕴涵的生命意识. 文艺评论，2014 (6)：10-14

[55] 董灵超. 论柳宗元与陶渊明读书、饮酒的风神之异. 沈阳大学学报：社会科学版，2014，16 (1)：129-131

[56] 何信玉. 试论莫言小说中的人性观念——以《酒国》为例. 宁波广播电视大学学报，2014，12 (3)：13-16

[57] 谢文兴. 《酒国》：莫言小说的一个独特存在. 郑州师范教育，2014，3 (2)：54-59

[58] 高文波，赵永平. 论《魏晋风度及文章与药及酒之关系》的批评品格. 文艺理论与批评，2014 (1)：124-129

[59] 高建国. 陆文夫与酒（上）. 江苏地方志，2014 (6)：10-15

[60] 孔涉，张礼贵. 《红楼梦》英译本中酒文化缺省的翻译策略. 酿酒，2014，41 (6)：123-126

[61] 曲秀莉. 《红楼梦》中酒文化的翻译——以杨译本和霍译本为例. 开封教育学院学报，2014，34 (4)：26-27

[62] 郭昱瑾. 芥川龙之介《酒虫》与蒲松龄《酒虫》对比研究. 长江大学学报：社科版，2014，37 (12)：25-27

[63] 许静，夏宏钟. 论乔伊斯小说中的西方饮酒文化审美. 西昌学院学报：社会

科学版，2014，26（4）：37－39

［64］侯瑞朝．《历代赋汇》之酒赋研究．吉林广播电视大学学报，2014（7）：141－142

［65］谭晓容．李清照与朱淑真醉酒词之比较．桂林师范高等专科学校学报，2014，28（4）：130－133

［66］杨晓霭．一曲新词酒一杯——宋代士大夫的宴饮情趣与酒中歌唱．古典文学知识，2014（2）：72－79

［67］徐文翔．《聊斋志异》中酒与文人的精神世界．蒲松龄研究，2014（2）：82－92

［68］李书．《蒙古秘史》与蒙古族的酒文化．赤峰学院学报：汉文哲学社会科学版，2014，35（6）：14－16

［69］孙惠．异样酒文化下的民族画卷——论蒙古族女作家与汉族女作家的酒意蕴．长春教育学院学报，2014，30（11）：36－37

［70］张国芬．蒙古族祝酒歌与内蒙古草原文化旅游产品开发．赤峰学院学报：自然科学版，2014，30（19）：78－80

［71］高云胜．蒙古族酒文化的酒店美学功能浅论．南宁职业技术学院学报，2014，19（2）：8－11

［72］潘彤．论苗族婚礼酒歌的社会价值——以黔东南苗族酒歌为研究对象．贵州师范学院学报，2014，30（8）：58－60

［73］牟红，谢云秀．合江五通石顶山苗族酒文化探析．泸州职业技术学院学报，2014（3）：82－84

［74］杨喜丽．文山壮族民间酒歌的演唱特色．文山学院学报，2014，27（5）：20－24

［75］吴娟，王剑．侗族的礼物流动与性别关系——以黔东南小黄村的婚礼与满月酒为例．民族论坛，2014（2）：69－72

［76］何群．酒与“酒”之两难——基于鄂伦春族生态环境与历史文化变迁的分析．思想战线，2014，40（2）：11－17

［77］王振威．嗜酒习俗与原始宗教信仰的现代维系——以黎族杞黎地区为例．贵州民族研究，2014，35（11）：198－201

［78］杜成材．酒与毕节彝族的社会生活．广西民族师范学院学报，2014，31（2）：39－42

［79］许志强．19 世纪英国禁酒运动与工人文化转向．苏州科技学院学报：社会科学版，2014，31（3）：53－59

［80］蔡薇．浅析俄罗斯的酒文化．长沙铁道学院学报：社会科学版，2014，15（3）：79－80

［81］孙宝龙．俄罗斯伏特加酒文化探究．黑龙江科学，2014，5（9）：151－152

［82］李娜．俄罗斯人的祝酒词．黑龙江科学，2014，5（12）：161－183

［83］周玮超．谈韩国酒文化及与“酒”有关的韩国俗语．旅游纵览月刊，2014

(5)：142

[84] 覃肖华. 浅析越南西原少数民族的咂酒文化. 吉林广播电视大学学报，2014(5)：96 – 97

[85] 马艳波，程跃. 清酒与日本原生文化关系研究. 酿酒科技，2014（12）：106 – 108

[86] 昌杨. 中西酒文化差异探析. 辽宁行政学院学报，2014，16（3）：114 – 116

[87] 王阳阳. 透过语言比较中西方酒文化. 黑龙江史志，2014（13）：333

[88] 何凤玲. 中西方酒文化比较. 科教文汇，2014（1）：167 – 168

[89] 余东华，王仕佐. 中西方酒文化差异与现代旅游. 酿酒科技，2014（12）：117 – 118

[90] 何凤玲，王燕. 影响中西方酒文化差异的因素. 边疆经济与文化，2014(11)：50 – 51

[91] 郭亚伟. 浅探中法酒文化差异. 现代交际，2014（1）：73 – 74

[92] 梁勇，邓显洁. 基于社会学视域的中西方饮酒礼仪的比较研究. 酿酒科技，2014（8）：122 – 126

[93] 宋洁. 杯中的世界——酒在中法诗歌中意象的解析. 鸡西大学学报，2014，14（7）：117 – 120

[94] 孟宝，郭五林，等. 国内酒文化旅游研究现状分析及展望. 酿酒科技，2014(11)：104 – 110

[95] 孟宝，王兵，等. 宜宾酒文化主题旅游的“内生式”营销初探. 酿酒科技，2014（9）：110 – 114，118

[96] 淦凌霞. 酒文化旅游开发的策略研究——以河源客家黄酒为例. 南方论刊，2014（12）：65 – 67，39

[97] 雷倩. 杏花村汾酒文化旅游目的地建设的策略. 太原城市职业技术学院学报，2014（2）：51 – 52

[98] 余昊，安云艳. 遵义酒文化旅游发展浅析. 商，2014（11）：128 – 129

[99] 耿子扬，张莉. 基于品牌符号的川酒文化资源开发模式研究. 酿酒科技，2014（5）：108 – 111

[100] 李萍，任萍. 文化差异对川酒品牌国际化的影响. 绵阳师范学院学报，2014，33（12）：71 – 74

[101] 王洪渊，唐健禾. 文化安全视阈下的中国酒文化国际传播路径研究. 酿酒科技，2014（9）：115 – 118

[102] 吴宏宇. 叙事学视阈下的中国白酒广告与西方洋酒广告对比研究. 酿酒科技，2014（11）：111 – 113

[103] 肖启敏，康庆玲. 读者接受理论下中国古典诗歌中“酒”的翻译. 开封教育学院学报，2014，34（1）：48 – 49

[104] 杨小川. 中国酒文化变迁的影响因素研究. 酿酒科技，2014（8）：137 – 140

[105] 曾枣庄. 中国酒文化值得深入研究——在泸州酒文化研讨会上的发言. 酿酒

科技，2014（1）：105－107

［106］彭贵川，宋歌．管论酒文化研究的薄弱点与着力点——以四川酒文化研究为例．酿酒科技，2014（1）：101－104

酿志生态中国
——“生态酿酒”重要问题考据

隆兵，扬均，江小华
滨州医学院葡萄酒学院，山东 烟台 264003

摘　要：考证“生态酿酒”的前世今身，它发祥于四川盆地中部，在“道”“绿”“射洪春酒”的交融中产生；二十余年来，酿酒业从单纯追求花园式、园林式工厂过渡到以酿酒微生物为核心构建生态环境，逐渐延伸到资源的节约和污染的治理，随后与循环经济、低碳与清洁生产相融合，并通过生态化经营得以升华，最终嬗变为消费者享用的生态酒；自20世纪90年代末沱牌创建了最早的中国生态酿酒工业园后，生态酿酒工业园如雨后春笋般出现；生态酿酒学的构建彰显了先行者们的远见卓识，也集聚了酿酒科技人员的集体智慧，是行业共享的重要成果；2001年，《走向生态化经营——沱牌集团的创新及其思考》首次全面论述了生态文明，助推酿酒业成为较早践行生态文明的产业。

关键词：生态酿酒，生态经营，生态文化，生态文明，考据

The researchon ecological brewing
——A dedication to Chinese ecological civilization

Long Bing, Yang Jun, Jiang Xiaohua

Abstract: Research on “Brewing Ecologically”, which originated from Tuopai Shede Wine in Shehong County of the central Sichuan Basin, born in the blend of “Dao”, “Green” and “Wine”. In the past twenty years, the concept of brewing industry moved from the human – centered garden –, garden – style to the microorganisms centered brewing (wine), it gradually extended to resource conservation and pollution control and integrated with recycling economy, and low – carbon clean production. It was submilated through ecological management, which aimed to make ecological wine for consumers to enjoy. Since the late 90s of the last century, Tuopai had created the first China's brewing ecologically industrial park, then brewing ecologically industrial parks sprung up; The building of Ecological oenology demonstrates pioneers foresight. It gathers the collective wisdom of the scientific and technical personnel who engaged in Liquor – making, and is an important achievement shared by entire industry. 2001, “Towards ecological management – Tuopai Group's innovation and thinking” become an early book which fully discusses the ecological civilization, wine industry was an early practice of ecology civilization.

Key words: Brewing ecologically, Ecological management, ecological culture, ecological civilization, Textual research

近年来，生态酿酒如一阵春风吹遍了中国的大江南北，先后有沱牌舍得、五粮液、茅台、泸州老窖、迎驾贡、稻花香、白云边、金六福、景芝、金江津、百脉泉、李渡、姚花春、湘窖等二十余家白酒企业实行生态化酿造和生态化经营。“生态酿酒”经过二十余年的艰辛探索，逐渐成为酿酒行业蓬勃兴起的企业行为，“生态酿酒”已然成为当下最热门的词汇之一。

目前，生态酿酒的具体体现，一是企业采用生态方法酿造中国白酒，二是创建了生态酿酒工业园。然而，到底什么是生态酿酒，什么是生态酿酒工业园，它的前世今身究竟是什么？本文试着以公开可查的事实和资料为依据，还原一个真实的“生态酿酒”。

1 生态酿酒热是时代进步的必然趋势

1.1 政策导向

2008年，党的十七大报告中第一次提到“生态文明”，称中国在全面建设小康社会的进程中，要“建设生态文明，基本形成节约能源资源和保护生态环境的产业结构、增长方式、消费模式”。2012年，党的十八大政治报告中称：“建设生态文明，是关系人民福祉、关乎民族未来的长远大计。”“我们一定要更加自觉地珍爱自然，更加积极地保护生态，努力走向社会主义生态文明的新时代。”生态文明建设与经济建设、政治建设、文化建设、社会建设一起纳入“五位一体”总体布局。而生态酿酒是酿酒业实现生态文明的必由之路。

中国白酒作为一种特殊的商品，既有物质属性，更有精神属性。从某种意义上讲，喝酒就是喝历史、喝文化、喝理念。由于白酒业的历史和文化一脉相承，早已为公众所熟知，因此，理念的宣传对酿酒企业来说就显得更加必要。中国酿造是自然发酵产物，由天、地、人共酿，这正好与生态理念不谋而合，也顺应了党和国家政策导向。

1.2 社会经济发展因素

人与自然始终是人类文明史中基本而永恒的主题。科学技术的发展加快了人们改造自然的步伐，并作为第一生产力推动了经济和社会的快速发展，创造了高度发达的物质文明，促进了人们生活水平不断提高。但是，当人类的改造速度大于自然界的恢复速度时，科学技术便体现了负向的破坏力，并引发了大范围的环境问题[1]，这与人们追求高品质、高品位生活的理想背道而驰。1962年，美国海洋生物学家蕾切尔·卡逊的《寂静的春天》问世，标志着人类首次关注环境问题。尽管她骇人听闻、危言耸

听的预言，遭到许多人的抨击，但时间与事实证明她是对的。从此，保护环境的意识传遍了五湖四海，全球范围，也包括中国社会在内掀起了一场绿色、低碳、环保理念风暴。而在中国白酒产业，20 世纪 90 年代初，生态理念也悄然形成[2]。

1.3 市场需求呼唤生态产品

近年来，包括白酒业在内的中国食品业遭遇着接二连三的信任危机。“瘦肉精”“红心蛋”“地沟油”“问题奶粉”“白酒塑化剂风波”等一系列食品安全事件见诸各大媒体。《中国食品安全调查报告》中有两个令人警醒的数据，100% 的国人在购买食品时会关注食品安全，90% 的国人对中国食品的卫生安全堪忧[3]。

人们更加理性地认识到，质量的第一要务是卫生安全，而满足口味需求则退而次之。正如赵其国、黄国勤等食品安全专家所说，我们的白酒行业需要逐步消除消费者对于白酒安全隐患的负面认识，提升产品质量[4]。而要确保白酒的卫生安全，根本的解决之道是实行生态酿酒，使之标准化，即像做药品一样做白酒，像管药品一样管白酒，建立从农田到餐桌全过程、一体化的质量安全保证体系，将白酒变为实实在在的生态产品。

2 生态及生态酿酒术语考

2.1 生态术语考

生态（Eco－）一词源于古希腊字，意思是指家（house）或者我们的环境。简单地说，生态就是指一切生物的生存状态，以及它们之间和它与环境之间环环相扣的关系[5]。中国古代文献上没有出现“生态”这个词汇，但是浩瀚的考古史料和文字资料证明，中华文明史是一部不断认知生态的历史。“生态”作为当前使用频率较高的汉语词汇，是受日本学者的影响。1895 年日本学者三好学（Miyoshi Manabu）首先用汉字“生態”翻译了西文的 Eco－，将 ecology 译为“生态学”，第一次把“生态学”一词引入亚洲，并阐述了生态学与生理学的区别。武汉大学张挺教授于 1935 年从日本学者那里将“生态”一词引入中国，被广泛使用至今[6]。

生态由生物和环境两大系统关联而成。前者包括植物、动物和微生物，后者包括有机环境和无机环境。生态学（Ecology）的产生最早也是从研究生物个体而开始。1865 年，德国生物学家 E. 海克尔（Ernst Haeckel）最早提出生态的概念。1935 年，英国生态学家坦斯利提出生态系统概念。如今，“生态”一词涉及的范畴也越来越广，人们常常用“生态”来定义许多美好的事物，如健康的、美的、和谐的等事物均可冠以“生态”修饰。当然，不同文化背景的人对“生态”的定义会有所不同，多元的世界需要多元的文化，正如，自然界的“生态”所追求的物种多样性一样，以此来维持生态系统的平衡发展[7]。

2.2 生态酿酒术语考

2.2.1 “生态酿酒”术语的产生

中国的“生态酿酒”（brewing ecologically）概念诞生于白酒业，就像白酒自身一样，属于地地道道的“中国制造”。1999年11月，在北京举行的国际企业创新论坛会上，沱牌集团总工程师李家民做了《中国第一个生态酿酒工业园区诞生》主题报告[8]。这是“生态酿酒”一词第一次在国际会议上出现。2000年，《沱牌酿酒工业生态园工程》被列为四川省2000年度“金桥工程”项目，并于2002年获得“四川省金桥工程一等奖”。据此，“生态酿酒”一词应产生于20世纪90年代中期或者稍前。

2000年1月，沱牌集团董事长李家顺、副总经理兼总工程师李家民邀请华南农业大学教授罗必良到沱牌公司考察，共同就生态酿酒工业园建设的一系列实践和理论问题进行交流探讨，随后对“生态酿酒”“生态经营”“生态文化”“生态文明”进行了系统深入的合作研究。2001年2月，由罗必良、李家顺、李家民合著，中国科学院院士、生态学家庞雄飞作序的《走向生态化经营——沱牌集团的创新及其思考》一书由香港中国数字化出版社出版，正式确立了“生态酿酒”和“生态化经营”概念，并在中国制造业首次提出了“酿造”生态文明课题。

2.2.2 “生态酿酒”纳入国家标准

2008年6月27日，国家酒类及加工食品质量监督检验中心在成都组织召开《白酒工业术语》（GB/T 15109—1994）国家标准修订讨论会，包括五粮液、茅台、泸州老窖、剑南春、郎酒、水井坊、沱牌、国家食品发酵研究院、四川省酒研所、四川大学等单位代表共18人参加。会后，在组委会发放的《国家标准征求意见单》上，沱牌公司李家民提议将“生态酿酒”术语增补进国家标准，并建议定义为“在研究传统酿酒自然发酵机理的基础上，创建适宜酿酒微生物生长、繁殖的生态环境，以安全、优质、高产、低耗为目标，最终实现资源的最大利用和循环使用。它包括：产前无污染绿色原料的选用；产中‘安全、优质、高产、低耗’工艺技术的研究；产后酿酒伴生物及副产物的资源化再利用”。

在7月4日召开的审定会上，经过与会代表讨论，最终确定的“生态酿酒”（brewing ecologically）定义为“保护与建设适宜酿酒微生物生长/繁殖的生态环境，以安全、优质、高产、低耗为目标，最终实现资源的最大利用和循环使用。”2008年10月19日，“生态酿酒”被纳入GB/T 15109—2008《白酒工业术语》，作为第3.4.58条术语。

2.2.3 “生态酿酒全P标准体系”概念的提出

李家民经过多年的探索和实践，借鉴药业推行的GAP（中药材良好种植规范）、GEP（中药提取生产质量管理规范）、GLP（非临床研究质量管理规范）、GCP（药品临床试验管理规范）、GMP（药业生产质量管理规范）、GPP（优良制剂规范）、GUP（良好的使用规范）、GSP（药品经营质量管理规范），提出创建“生态酿酒全P标准体系”，该体系由GAP（Good agricultutice，良好种植规范）、GPP（Good pre - treatment practice，良好预处理生产质量管理规范）、GLP（Good laboratory practice，良好研发管理规范）、GBP（Good biological practice，良好生物试验规范）、GMP（Good manufacturing practice，良好作业规范）、GFP（Good falvor practice，良好酒体设计规范）、GSP（Good supply practice，良好流通规范）、GUP（Good using pratice，良好使用规范）等8个规范组成[9]。它是将保障白酒产品质量安全需要实施的标准进行全面识别后，运用系统的流程优化原理和方法进行整合形成的标准体系，这应是目前为止，对生态酿酒标准体系最系统的阐述。

“生态酿酒全 P 标准体系”是在“GAP + GMP”酿酒法基础上，经 5P 标准体系发展而来的。2010 年 8 月 3 日，李家民在《四川日报》15 版发表了《用［GAP + GMP］标准酿造“享受型奢侈品质酒”》一文；2010 年 11 月，在中国酒业新闻网公布了《浅述生态酿酒 5P 标准体系及其构成》。2013 年 9 月，“生态酿酒全 P 标准体系”研究成果被收录入江南大学主编的《2013 年国际酒文化学术研讨会论文集》。该成果是对“生态酿酒”概念的全面拓展和升华，对行业的准入分级和质量安全卫生管理可以起到良好示范和指导作用。

3 生态酿酒思想溯源

3.1 道家文化与生态酿酒

目前的“生态酿酒热”与全球及中国社会汹涌澎湃的生态浪潮密切相关，但生态酿酒思想却源于中国传统文化，而且都不约而同指向——中国土生土长的道家思想。现代文学家、思想家鲁迅说，“中国的根底全在道教。”道家“道法自然、顺其自然、天人合一”的哲学思想和“道生之、德蓄之、物形之、势成之”的思维方式从古至今都是人们生生不息、汩汩流淌的智慧泉眼。

道家思想精髓与中国酿造有着“自然”的契合关系。李家民认为，“中国白酒是自然发酵，良好的自然环境利于有益酿酒微生物富集和繁衍，酿酒应遵循自然规律，还原酿酒这一自然活动，创建酿酒原生态环境，远离污染[10]”。迎驾集团倪永培说：“大自然是最好的酿酒师[11]”。泸州老窖集团沈才洪说“白酒是天地共酿，人间共生[12]”。

3.2 中国古人的生态酿酒意识

自古有俗语，“好山好水出好酒”，所谓山水，是指自然环境。虽然古人并不了解自然环境与有益酿酒微生物之间的关联，但是他们已经认识到自然与酒质之间的紧密关系。中国白酒也有“千年老窖万年糟”的传承，这是古人对于中国白酒生态酿造最为朴素的理解，用现代术语讲就是“窖池”和“曲糟”等酿造微生态环境对白酒酿造具有特殊的重要意义。

3.3 生态酿酒思想的产生与发展

3.3.1 生态酿酒思想发端：为酿造微生物创造“绿色”空间

绿是青草和树叶茂盛时的颜色，象征蓬勃的生命、无穷的活力和优美的环境。北宋政治家、文学家王安石“春风又绿江南岸”诗句中的一个“绿”字，让人千古绝叹。随着时代的进步，人们逐渐认识到“绿色”将是人类生存和发展的战略选择。20 世纪 80 年代，国家积极倡导创建花园式、园林式工矿企业。白酒酿造企业也不例外，但其着眼点还只限于构建“人与自然”的和谐共生环境。

基于中国酿造的自然发酵以及白酒微生物学的发展，迟早会有人联想到“绿色”空间与酿造微生物的依存关系。从现有公开的资料看，《走向生态化经营》中最早提到四川省射洪县之沱牌公司在20世纪90年代，“办公区、生产区、生活区规划合理，柳树、桃树、楠木、香樟，银杏等高大经济林木形成的绿色屏障将其加以分隔，针对性地营造出自然界中有益酿酒微生物充分地富集和繁殖的条件[13]。”——由此可见生态酿酒思想的发端。

地处四川盆地中部的射洪县作为生态酿酒思想的发祥地也绝非偶然。射洪县城北约20公里有蜀中名胜金华山，集自然景色之美丽神奇、道家文化之博大精深、子昂文化之沉雄凝重为一体，与青城山、鹤鸣山、云台山并称为蜀中四大道教名山。射洪酿酒历史悠久，西汉时，郪、广汉县境（今射洪县境为郪、广汉二县地）居民采用制曲发酵方法，用黍酿成醴坛。至隋唐，酿酒业发达。公元762年，即大唐宝应元年十一月，杜甫前往梓州凭吊诗文革新前辈陈子昂，登金华、持金樽、饮佳酿，挥毫而做千古名篇《野望》，盛赞“射洪春酒寒仍绿”[14]。——“射洪春酒”即沱牌的源头，“生态酿酒”思想在“道”“绿”“春酒”的交融中产生了。

3.3.2　生态酿酒思想延展：节约资源与治理污染

“在那个时期（上世纪90年代初），市场经济的春风劲头十足，正激发着企业家们的豪情壮志，快速做大企业规模成为他们的首要目标。有多少人会考虑到资源的浪费，又有多少人去想污染的危害……他很快将生态酿酒作为自己的研究方向[15]。”——摘自《中国食品安全报》文《李家民：首席生态酿酒专家的发明探索之路》（2011年10月11日A3版）

“上世纪后半叶，随着经济的加速发展，使得人们在一段时间之内忽视了对环境的保护，加之资源的过度开采利用，酿酒的生态环境也受到影响。精明的‘双轮人’从那时起就有意识地开始了对周边的生态环境进行优化……生态型酿酒工业的发展也是为了解决资源浪费与环境破坏以及生产和消费过程对环境造成污染等问题，并满足国际标准化组织关于环境管理标准ISO14000有关环保要求[16]。”——摘自《东方酒业》文《生态酿酒助推“双轮”发展》（2011年5月11日）

这两段文字分别是来自记者对白酒企业的采访报道，从中不难窥探，实行生态酿酒较早时还着眼于减少资源的浪费，治理环境的污染。

3.3.3　生态酿酒思想跃进：循环、低碳、清洁生产

生态酿酒思想的不断发展，在实践中必然与循环经济理论、低碳和清洁生产相生相融。换句话说，酿酒企业的生态化经营目标就是寻求白酒酿造过程的物质闭环循环、能量的多级利用和废弃物产生的最小化，实现区域社会、经济和环境的可持续发展。

目前，白酒企业循环、低碳、清洁生产的典型代表有：“沱牌舍得”循环发展模式、“稻花香”农业循环经济模式、“河套”机械化节能降耗模式[17]和白酒行业知名的“循环经济五粮液模式”。

3.3.4　生态酿酒思想升华：生态化经营

2001年，沱牌集团经过数年的生态酿酒实践，李家顺在白酒企业中率先实施生态化经营战略。《走向生态化经营》一书第八章系统阐述了白酒企业生态化经营所包含的

内容。一是从生态技术创新到生态产业创新；二是企业经营理念创新；三是生态化营销与市场创新；四是生态化组织创新；五是生态化制度创新[18]。

3.3.5 生态酿酒思想硕果：生态酒

李家顺、李家民等人在生态化创新过程中，以“中国名酒”的品牌质量为基础，实施“1231”质量管理发展战略，保证了沱牌系列酒的优良品质。在此基础上，于2001年正式确立了“生态酒”概念，并阐述了“生态酒”包括的6方面的内涵：生态化酿造；生态饮酒；以减少污染、保护生态环境为己任；致力于增进消费者健康；致力于全社会生态文明建设；致力于社会经济可持续发展的生态化创新[19]。

2005年，泸州老窖沈才洪等人在北京举办的“2005中国国际绿色食品市场高峰论坛”上提出了“绿色生态酒”概念[20]。

“生态酒”概念的产生有助于将白酒科技语言转化为消费语言，将“生态酿酒”的科学性和前瞻性，以及健康、文明的消费主张准确、清晰地传递给消费者[21]。

近年来，白酒酿造企业陆续推出了生态产品。它们或是实实在在的生态酒，或是适应市场需求的“广告概念”生态酒，总之品种繁多。据不完全统计，已经上市的生态系列产品有四川沱牌舍得酒业系列酒；安徽迎驾贡酒业六年、八年、九年、十二年、十五年、二十年生态年份酒；陕西西凤酒业“生态凤香西凤酒”；江苏双沟酒业生态苏酒；青海互助青稞酒业清香型原生态白酒；湖北劲牌酒业神农架生态酒浓香型珍藏原浆白酒；贵州省仁怀市茅台镇天长帝酒厂53度飞天生态红粮有机酱香白酒；四川泸州老窖酒业天然原生态酒；山西汾酒集团20年生态年份原浆；贵州省贵州仁怀市英雄渡酒业原生态53度500mL飞天浆藏酒；江苏宿迁市洋河镇名酿酒业洋河生态原浆；四川金盆地酒业金盆地生态酒；黑龙江农垦雁窝岛集团酿酒有限公司纯粮1号有机生态清香型白酒；吉林粮食集团酿酒有限公司五谷液生态白酒；山东百脉泉酒业“清照生态原浆”；湖北石花酿酒股份有限公司“石花生态三香酒”等。

4 生态酿酒工业园考

4.1 生态工业园考

20世纪70年代以来，丹麦卡伦堡工业共生体（Kalunborg industrial symbiosis）的出现与所取得的进展，使循环经济理论和工业生态学倡导者及政府部门管理者看到了实现可持续发展的希望，生态工业园成为许多国家工业园区改造和完善的方向。90年代，“生态工业园（eco－industrial park，简称EIPs）”的概念开始在一些学术论文和会议报告中频繁出现。

1995—1996年，Cote和Hall、Lowe以及时任美国总统克林顿先后给出了生态工业园的几种不同定义，但一般认为，生态工业园是若干工业企业以及相关的农业生产区单元、居民住宅区单元形成一个资源共享、风险共担的功能性区域系统，各企业内部实现清洁生产，企业与区域单元之间实现物质、能量和信息的交换，以达到尽可能完善的资源利用、物质循环以及能量的高效使用，使得区域对外界的废弃物排放趋于零，形成环境友好的封闭循环生态工业体系，类似生物链的共生网络[22]。

4.1.1　国外生态工业园考

目前，国外最成功运行的生态工业园是对丹麦“卡伦堡工业共生体”，它是国际上生态工业园的雏形。尽管它主要是以燃煤及化工为主的生态工业园，但已形成了蒸汽、热水、石膏、硫酸、生物污泥等材料的相互依存和共同利用的格局，这使之成为各种类型生态工业园区建设的指导模式。20世纪90年代，美国开普查尔斯可持续科技工业园、红丘陵生态园等全球著名生态工业园相继建成。

4.1.2　国内生态工业园考

自20世纪90年代初加快市场经济发展步伐以来，中国与世界交流渠道越来越通畅。因此，国内生态工业园的建设并不比国外发达国家晚太多。迄今为止，较有代表性的是广西贵港国家生态工业（制糖）示范园区。该园区由蔗糖田、制糖、酒精、造纸、热电联产、环境综合处理等6个系统组成。这6个系统关系紧密，通过副产物、废弃物和能量的相互交换和衔接，形成了比较完整的闭合工业生态网络[23]。

除贵港生态工业示范园区之外，国内较为知名的还有四川遂宁美宁生态食品工业园、河北唐山曹妃甸临港生态园等。

4.2　中国生态酿酒工业园考

沱牌在白酒企业经营管理实践中，充分认识到市场要求酿酒工业尽快向满足人们优质、营养、保健和适应社会环保的方向发展。2000年，李家顺、李家民在与罗必良教授合作研究生态酿酒和生态工业园的过程中，最早给出了“生态酿酒工业园”的定义，即模拟自然生态系统的功能，建立起系统内“生产者、消费者、还原者”的工业生态链，以低消耗、低（无）污染、工业发展与生态环境协调发展并形成良性循环为目标的酿酒体系[24]。

4.2.1　中国首家生态酿酒工业园考

迄今为止，有数家白酒酿造企业宣称创建了中国首家生态酿酒工业园。但基于公开的事实和资料考证，沱牌舍得集团当属中国首家生态酿酒工业园的创建者。

4.2.1.1　沱牌（舍得）生态酿酒工业园的诞生

20世纪90年代初，李家顺、李家民等人在研究丹麦“卡伦堡工业共生体”后，吸纳道家“天人合一”的思想精髓，经过长时间构想和生态模拟，将花园式、环保型工厂上升为生态型、循环型园区，于90年代末创建了沱牌（舍得）生态酿酒工业园，率先完成从生态酿酒到生态经营的转变，实现了酿酒由农耕文明到生态文明的历史性跨越[25]。

4.2.1.2　沱牌（舍得）生态酿酒工业园概述

坐落于四川省射洪县境内一块小小的冲积平原——柳树沱，处在四川大生态圈、射洪亚生态圈和柳树沱核心生态圈内。外围良好的生态环境，以及肥沃的土质、温润的气候为沱牌集团酿酒产业的生态化经营提供了最基本的生存条件。

沱牌（舍得）生态酿酒工业园的建设完全模拟生态系统功能，其生态酿酒产业流程由产前、产中、产后和生态营销四大子系统组成。产前生态子系统主要包括绿色原料的生产和储存、绿色能源的提供和工业无机环境的营造；产中生态子系统主要是实施生态技术酿酒；产后生态子系统主要是废物的资源化利用；生态营销子系统是生态园概念向消费领域的自然延伸，主要是传播生态酒理念，诱导消费需求，刺激消费者的购买欲望[26]。

4.2.1.3　中国首家生态酿酒工业生产园的确立

1999年11月20日，李家民应邀在“国际企业创新论坛会上”做了《中国第一个酿酒工业生态园诞生》的报告。“生态酿酒工业园”第一次出现在公众面前。

2001年3月，《走向生态化经营——沱牌集团的创新及其思考》一书出版，系统介绍了生态酿酒工业园的创新理论的成果。这是中国最早公开出版的研究“生态酿酒”和“生态酿酒工业园”的专著。

同年3月19~20日，由中国食协主办的“中国酿酒工业生态园建设研讨会”在四川射洪召开。沱牌集团生态化经营思想得到了专家和学者的一致认同[27]。这是国内外首次召开的与生态酿酒工业园议题有关的大型会议。会议期间，《沱牌酿酒工业生态园工程》通过了以吴衍庸为组长，沈怡方、庄名扬、胡永松、曾祖训等专家学者为成员的成果鉴定。随后，吴衍庸在《酿酒科技》2001年第5期发表了《白酒工业生态中的微生物生态学》，指出“沱牌集团在国内第一个提出白酒工业生态园建设的长远课题，由中国白酒协会召开这次研讨会，无疑体现21世纪中国白酒改革发展的方向。”与会专家高月明认为，“生态园和国家消费者协会倡导的‘绿色消费通道’是相辅相成的，这在白酒行业是富有前瞻性的，更加安全、环保、营养、优质”；潘裕仁认为，“思路明晰创大业”；沈怡方认为，“代表了中国白酒发展方向”；于桥认为，“绿色的天地、宏伟的工程、国酒的楷模”。

2002年10月，由中国酒业协会（原中国酿酒工业协会）在四川射洪召开的“中国白酒香型暨沱牌技术研讨高峰会”上，与会专家对沱牌公司提交的《生态与酒质》《一种新型的白酒勾调技术——模糊勾兑》等课题进行了鉴定[28]，著名白酒专家秦含章对其生态建设题词，“天人合一，生生不息，动植物种，世代更易；酿酒行业，生物技术，内外古今，时常结合”。中国科学院院士刘应明认为，中国白酒模糊勾兑专家系统“堪称现代技术与传统工业结合的典范”。

2004年1月，四川省环境保护局发文命名沱牌酿酒工业生态园为“四川省生态产业园区”。

2005年3月，中食协白酒专业委员会在《关于四川沱牌酿酒生态工业园的说明》中，明确指出“四川沱牌集团公司是全国白酒行业第一个提出建设酿酒生态工业园区的白酒企业”。

同年12月，沱牌集团被四川环保局、四川省经济委员会命名为“沱牌工业生态园”。

2009年10月，沱牌荣膺“全国质量奖”，其颁奖词为：“四川沱牌集团有限公司创造性地提出‘生态酿酒’，建立起酿酒生态产业链，促进工业生产与生态环境和谐发展……生态酿酒技术走在全行业的前列”。

同年11月，在《华夏酒报》举办的“推动中国酒业发展的60人60企60事”推选活动中，沱牌入选“推动中国酒业发展的优秀企业”。评委会给出的评语是“1999年年底，沱牌成功创建中国首家生态酿酒工业园，提出‘生态酿酒’的思想，迈出了发展循环经济，走新型工业化之路的第一步，成为保护生态环境，创建环境友好型、资源节约型企业的典范”。

基于以上事实，中国首家生态酿酒工业园诞生于沱牌（舍得）集团，它所“隐含的生态文明理念不仅具有典型的示范意义，而且对推动我国酿酒产业的生态化以及整个社会文明的生态化进程，也具有重要的参考价值[29]”。

4.2.2 陆续出现与在建的生态酿酒工业园

4.2.2.1 五粮液产业园区

四川宜宾五粮液集团是较早重视生态建设的白酒企业之一。据2009年6月编制的《五粮液产业园区规划》，园区总面积为14万平方千米，包括白酒酿制、储存包装、机械加工以及玻璃制造等生产用地，突出“酒产业、酒文化、酒旅游、酒生态”[30]。2006年，五粮液集团被授予“全国工业旅游示范点”。2013年7月3日，五粮液集团还注册成立了五粮液生态酿酒有限公司。

4.2.2.2 迎驾生态酿酒工业园

安徽迎驾集团依托大别山良好的生态优势，于2001年确立了“防止污染、保护环境、挖潜增效、节能降耗、创建酿酒生态园，实现产业生态化”管理纲领，目前形成了完善的以生态产区、生态剐水、生态原料、生态发酵、生态循环为主体的生态酿造产业链模式。著名白酒专家梁邦昌在接受《华夏酒报》记者采访时表示，迎驾地处大别山脚下，拥有无与伦比的自然环境，青山绿水、蓝天白云，空气中负氧离子含量高，是“天然的大氧吧”[31]。迎驾生态酿酒工业园还是“全国工业旅游示范点”。

4.2.2.3 泸州老窖罗汉基地生态园区、安宁科技生态园区

2005年，泸州老窖酿酒有限责任公司建成罗汉基地酿酒生态园区和科技生态园区，并被评定为中国酿酒行业首家工业旅游示范点。

4.2.2.4 剑南春大唐国酒生态园

2012年4月17日，四川绵竹市政府和剑南春集团举行了“大唐国酒生态园”项目投资签约仪式。该项目计划投资20亿元，占地800亩。建成后可形成不低于两万吨的曲酒生产能力，不仅为企业扩能发展提供了空间，也为地方白酒产业发展拓宽了渠道。

4.2.2.5 湘窖生态酿酒城

2004年10月到2007年9月，华泽集团投资10亿元打造了湘窖生态酿酒园一期；2009年11月开始生态酿酒园二期建设。华泽董事长吴向东在2012年说，9年间，一个集园林、生态、环保、文化、工业、旅游于一体的绿色生态酒城将在宝庆大地悄然崛起[32]。

4.2.2.6 金六福酿酒生态园

据搜狐网2012年12月25日报道，金六福为传承其灿烂厚重的酿酒文明，充分利用这不可复制的自然优势，投资超过20个亿建造的千亩酿酒生态园，恰位于“中国名酒工业园”核心区域。

4.2.2.7 金江津酿酒生态园

据凤凰网时尚快讯2011年6月28日报道，“金江津——生态酿酒成旅游热点。刚

走进金江津酿酒生态园的大门，盎然的绿意就扑面而来：绿树簇拥，花香怡人，沁人心脾的酒香在空气里弥漫。据悉，这是江津酒厂集团投入500万元创建的生态园，而所谓的生态酿酒，除了绿色优美的环境外，更是在酿酒的工艺实现低消耗、无污染的环保生产。”

4.2.2.8　杜康生态文化酿酒产业园

据洛阳网2012年11月24日报道，伊川县与洛阳杜康控股有限公司联手，计划建设一个集园林景观、特色酒窖、酒品体验、文化传播及现代化酿酒工业于一体的新型生态文化工业区，重点突出酒祖杜康文化，表现中原文化的历史厚重感，总投资不少于20亿。

4.2.2.9　仰韶生态酿酒工业园区

据河南文化传播网2012年3月15日报道，河南仰韶酒业欲打造仰韶生态酿酒工业园区，以文化自信坚定品牌自信，而整合文化资源重点建造“华夏酒文化产业园”和“华夏酒文化博物馆”，将其建成集酿酒、饮食文化、酒文化、商贸为一体的4A级工业旅游区和真正意义上的中国酒文化博物馆。

4.2.2.10　乾隆杯原生态酿酒文化博览园

据文化产业投融资商务平台2012年7月12日报道，乾隆杯原生态酿酒文化博览园由山东昌邑乾隆杯酒业有限责任公司投资兴建，项目占地132亩，总投资1.72亿元，规划建成一处集白酒文化展示、白酒酿造技艺传承、科技学术交流、酒文化旅游为一体的酒文化博览园，被评为“国家AA级旅游景区”“省级工业旅游示范点”。

4.2.2.11　国井酒文化生态博览园

这是中国第一个集酒文化体验、古法生态酿造演绎、中国白酒行业开创性成果集群博览、消费群体原酒私藏封藏品鉴等多功能、多层次的4A级国家旅游景区。该园区是一项整合了优质丰富的黄河自然生态资源、深厚的国井扳倒井酒历史文化资源，以及高青人文资源的文化生态旅游园区，体现了文化生态旅游的特色，包括了极具历史底蕴的国井酒文化博览园与现代科技的国井工业园。

4.2.2.12　景芝生态酿酒产业园

山东景芝酒业为实现“中国北方生态酿酒第一镇”的宏伟目标，2013年6月，启动首届中国（景芝）生态酒文化节，旨在倡导中国白酒酿酒生态文化理念和实践，并以生态酒文化节系列活动为引擎，以建立“现代生态酿酒示范基地”为目标，加快景酒生态酿酒产业园和齐鲁酒地文化创意产业园建设步伐，全力打造景芝酒生态文化。

4.2.2.13　李渡酒业千亩生态酿酒园

据中国资本证券网2012年9月24日报道，李渡酒业依托进贤山水特色和企业的文化底蕴，在现有的基础上做大规模，建设成为一个装备先进、功能齐全、环境清新、设计优美的现代生态酒城。

4.2.2.14　富厚生态白酒文化园

据贵州娄底新闻网报道2013年12月25日报道，为了让娄底人将喝家门口酿的高端白酒，富厚生态白酒文化园投产。

4.2.2.15　稻花香原生态酿酒基地

据百度文库中《稻花香品牌推广案》介绍，湖北稻花香酒业欲打造“中国原生态酿酒基地”。

4.2.2.16　白云边生态科技产业园

据白云边酒业官方网站主页介绍，2012年12月，白云边生态科技产业园建设全面启动。

4.2.2.17　姚花春生态酿酒园

姚花春进行消费模式创新，建立了一种新的“酒概念”，将“酿酒”与“饮酒”注入生态概念，将“酿酒”转变为生态生产，将“饮酒”转变为生态消费。2012年5月25日，河南姚花春酒业举办“姚花春·咏梅——生态酿酒体验之旅”活动。

4.2.2.18　刘伶醉新工业园

拥有发酵池3500个，储酒能力3万吨，自动智能灌装能力5万吨，速度和规模都创造了白酒行业的多项纪录。其新工业园建成的2万坛藏酒林，堪称“中国第一林”，是世界最大的园林式藏酒基地，北方最大的生态酿酒基地。

4.2.2.19　古贝春生态工业园区

古贝春工业园区通过科学规划和多年来的精心建设，已经形成一个绿化面积超过50%，拥有古贝春湖、酒仙山、古贝春酒文化馆等多处景点的生态园区。

4.2.2.20　浏阳河酿酒生态园

2009年6月，湖南浏阳河酿酒生态园奠基，集粮食加工、酿造灌装、酒体研发、包装印刷、仓储物流、文化旅游于一体。全部建成后，可实现年产白酒10万吨，上下游相关产业GDP产值将逾百亿元，成为中南地区最大的酒类生产基地。

4.2.2.21　茅台循环经济科技示范园

为实现茅台酒废弃酒糟的综合利用，茅台拟投资数亿元，在距茅台镇20公里的二合镇征地约650亩，规划建设茅台循环经济科技示范园。园区将建设制酒生产房、酒库、制曲生产房、蛋白饲料烘干车间以及其他配套设施。以实现酒糟综合利用的循环经济，实现绿色回归[33]。

5　生态酿酒（学）研究

5.1　生态酿酒学研究内容概述

生态酿酒学是一门新兴的学科。罗必良、李家顺、李家民所著《走向生态化经营》是生态酿酒学的第一部专著，也是奠基之作。经过十多年的发展，生态酿酒学研究的内容已经覆盖了从农田到餐桌的全过程，即产前、产中和产后三个阶段。从具体的研究课题，已经涉及酿酒产业循环等宏观内容，生态酿酒工艺等中观内容，微生物分子生态学在酿酒中的运用等微观内容。

5.2　生态酿酒学科构建

“生态酿酒”的提出彰显了先行者们的远见卓识，但它的发展却集聚了白酒经营管理者和科技人员的集体智慧。迄今为止，较有特色的“生态酿酒学”构建方式是李家民等人以发明专利为骨架而谋生态酿酒学之“道”，即“以产前、产中、产后的科学划分为前提，找出各个阶段的技术攻关点，将技术攻关点的成果上升为发明专利，通过发明专利促进生态酿酒全P标准体系的创建[34]。”酿酒行业专利检索结果表明，李家民共计申报国家发明专利40余项，已授权36项，是业界个人拥有知识产权最多的人，其专利成果覆盖了白酒酿造全过程。代表性发明专利有《一种酿造浓香型白酒的“一清到底”工艺》（专利号：ZL200510020564.2）、《白酒原粮汽爆糊化处理方法》（专利号：ZL201010028078.6）、《一种提高白酒陈香味的大曲及其制备方法》（专利号：ZL200910058453.9）、《一种提高浓香型白酒陈香味的人工窖泥制备方法》（专利号：ZL200910058616.3）、《提高白酒健康风味成分含量的曲药制备方法》（专利号：ZL201110316382.5）、《一种汽爆机》（专利号：ZL201320068270.7）等。较有特色的研究项目是茅台酒厂集团与中国航天总公司合作从2003年开始进行的“茅台大曲及有机原料种子太空效应”的研究，即2003年10月15日，中国人历史上第一艘载人飞船“神舟五号”成功发射。在这条举世轰动的“船”上，就载有茅台酒的三种原料——酒曲、高粱和小麦。随后，科研人员对这些经过太空环境影响并随飞船顺利返回的原料进行了茅台酒曲太空诱变育种专题研究。[35]

5.3 生态技术研究进展

笔者通过对近十余年《酿酒科技》《酿酒》《华夏酒报》《食品与发酵科技》等白酒行业核心期刊上发表的与生态酿酒相关论文的分析统计，对生态酿酒的研究进度进行了不成熟归纳。

5.3.1 生态与酒质关系研究

李家顺、李家民等人最早研究了“生态与酒质”课题，于2002年通过了专家组鉴定，其鉴定意见为：“从微观角度研究酿酒生产，根据生态学原理分析并掌握了微生物及环境与酿酒生产的关系，摸清了生态园的空气、土壤、水体、糟醅、窖泥中微生物区系的分布及类群特性，为生态酒的生产提供科学依据[36]。”之后倪永培等人也进行了类似的研究，他们通过探索生态环境、微生物和白酒的有机内在联系，为生态酿酒提供了可贵的发展路径[37]。2004年，周恒刚对白酒生产与环境之间的关系进行了阐述[38]。2007年，唐玉明、姚万春、任道群等对世界最大天然贮酒库——天宝洞温度及空气微生物进行了研究[39]。

5.3.2 生态酿酒工艺研究

不少企业在尊重自然、顺应自然、保护自然和坚持传统酿酒工艺的基础上不断创新生态酿酒工艺，彰显着白酒耀眼的生态科研“光环”和与众不同的工艺创新。

5.3.2.1 帝豪水窖地藏工艺

从2006年开始，山东帝豪酒业宋勇等人在传统地窖天然恒温的基础上，通过现代科技进一步强化储藏温度，创新储酒工艺。即为将盛着基酒的陶缸放入酒窖之上是水，酒窖之下也是水的汉堡式地下酒窖之中。水窖地藏工艺采取的是地下窖藏空气湿润，常年恒温的原理，将酿酒所需要的有益微生物繁衍生息，原酒醇化老熟更快，生香更好，使帝豪酒在总体风格稳定的前提下呈现细微差异，促使“帝豪”形成别具一格的“窖养酒，酒养人”的产品特色。

5.3.2.2　金种子恒温蕴藏工艺

河南金种子酒业杨红文等人突破了白酒的“自然窖藏”技术，在全国首开白酒物理“恒温蕴藏”的先河。通过技术手段保证酒体入口柔和、饮时轻松、饮后舒适，使“金种子”广受消费者青睐。从技术上讲，根本性地奠定了金种子酒业在行业中的地位。

5.3.2.3　丰谷低醉酒度工艺

2008年，四川丰谷酒业王远成、饶家权等人借助现代生物科技，进行了“低醉酒度”酿酒工艺探索，把白酒中对身体有益的因子最大化，有害的因子最小化，揭开了白酒醉酒的神秘面纱。

5.3.2.4　汾酒0.01工艺

山西汾酒杜小威等人研制出“杏花村3号”产品，通过“纯净度达到惊人的0.01”的技术标签，为白酒业输入了前所未有的消费理念。所谓的“纯净度”，是指利用现代科技手段，将传统白酒中对人体有害的物质予以清除，保留并提高白酒的风格，使其纯净无害、醇香不改。带有绿色、纯净、生态、健康等特征的“杏花村3号”，顺应了现代年轻人或商务公关宴客或聚会小酌等饮酒需求，市场接受度高。

5.3.2.5　沱牌舍得原粮汽爆技术

2012年4月19日，李家民研发的《原粮汽爆技术》通过了四川省科技厅组织的鉴定，以世界生物材料首席科学家、中国工程院院士张兴栋为组长的成果鉴定委员会一致认为：属国内首创的重大原创性成果，将带来显著的经济效益、生态效益和社会效益。原粮汽爆熟化就是采用蒸汽弹射技术，使原粮在瞬间完成均匀熟化。它对于白酒产业节能降耗和清洁生产具有重大意义[40]。

5.3.2.6　沱牌舍得原粮浓香型白酒酿造工艺

2013年9月26日，李家民研发的“原粮浓香型白酒创新工艺技术研究及应用”科技成果通过四川省科学技术厅组织的成果鉴定，鉴定结论为：“系统创新了浓香型白酒酿造工艺技术，达到国内领先水平，取得了显著的经济效益、社会效益、生态效益，推广前景广阔”。主要创新点有：原粮与粉粮相结合的多粮配料工艺、清蒸与混蒸相结合的创新技术、原粮窖外堆积发酵创新工艺等。并系统研究了白酒卫生、安全与健康酿造技术，创立了“幽雅、舒适、健康”型白酒，借鉴中药材成分分类和药业良好作业规范标准，首次将白酒微量成分划分为有效成分、辅助成分和无效成分，并推行生态酿酒全P良好作业规范标准[41]。

5.3.3　白酒微生物生态学研究

20世纪70～90年代，中国科学院成都生物研究所研究员吴衍庸发表了中国名白酒传统酿制微生物学理论及技术论文近100篇，出版专著《浓香型曲酒微生物技术》，为白酒微生物生态学做出了重大贡献。近年来，通过江南大学徐岩等人的研究，人们对中国白酒自然微生物群落的结构与功能、微生物酶技术与固态发酵规律、风味组分与微生物的代谢规律的认识更加完善，逐渐解开了白酒酿造的神秘面纱，充分意识到微

生物群落对于白酒酿造发挥着不可替代的关键作用[42]。这之前，四川大学张文学、乔宗伟、向文良等撰文对浓香型白酒在中国白酒工业中的地位及窖池发酵生产技术做了简单介绍，对中国浓香型白酒窖池微生态的基本概念、研究现状、窖池微生态研究的发展趋势进行了阐述[43]。2013 年，李家民在自然纯粮固态白酒的生产实践基础上总结和提出了中国白酒“五三”原理，阐释了多菌种自然发酵过程中物系、菌系、酶系之间的关联规律，菌种、种群、群落的演替规律，相对封闭发酵体系“固 - 液 - 气”三相变化、氧气变化和温度变化规律。该原理获得了著名微生物学家、中国科学院院士张树政以及程光胜、曾祖训、徐岩、王延才、宋书玉、吴衍庸、胡永松、庄名扬、李大和等酿酒或微生物专家的高度认可[44]。

5.3.3.1　大曲微生物生态

万自然 2004 年发表了《大曲培养过程中微生物及酶的变化》[45]；胡佳、邓斌、张文学等 2007 年发表了《浓香型白酒曲药中细菌组成及系统学分析》[46]；章肇敏、吴生文、林培等 2011 年发表了《大曲培养过程中微生态变化规律的研究》[47]；潘勤春、孟镇、钟其顶等 2011 年发表了《分子生态学技术在大曲微生物群落研究中的应用前景初探》，论述了 DGGE、SSCP、T - RFLP、Real - time - PCR、LH - PCR、元基因组等 6 种常用的分子生态学技术对揭示大曲微生物菌群的结构多样性、遗传多样性规律、鉴定大曲和酒醅中优势菌群、发现和确定大曲功能微生物提供技术了支持[48]。

5.3.3.2　酒醅微生物生态

陈敏 1998 年发表了《浓香型白酒发酵过程中糟醅微生物动态研究》[49]；姜明军、宋和付、陈安国 2003 年发表了《浓香型白酒窖泥中重要微生物的分析与研究》[50]；张文学、乔宗伟、胡承等 2005 年发表了《PCR 技术对浓香型白酒糟醅细菌菌群的解析》[51]；负娟莉、颜霞、朱博等 2006 年发表了《太白酒发酵过程中酒醅微生物区系分析》[52]；赵东、乔宗伟、彭志云等 2007 年发表了《浓香型白酒发酵过程中酒醅微生物区系及其生态因子演变研究》[53]；唐玉明、任道群、姚万春等 2007 年发表了《酱香型糟醅堆积过程温度和微生物区系变化及其规律性》[54]《酱香型白酒窖内发酵过程糟醅的微生物分析》[55]；王海燕、张晓君、徐岩等 2008 年发表了《浓香型和芝麻香型白酒酒醅中微生物菌群的研究》[56]；李光辉、程铁辕、黄治国等 2009 年发表了《浓香型白酒酒醅微生物群落代谢分析》[57]；余有贵、李侦、熊翔等 2009 年发表了《窖泥微生态的主要特征研究》[58]；吕辉、张宿义、冯治平等 2010 年发表了《浓香型白酒发酵过程中微生物消长与香味物质变化研究》；施思、邓宇、李波等 2010 年发表了《DGGE 法在盛夏习酒酒醅的微生物菌群结构解析中的应用》[59]；蒲岚、李璐、谢善慈等 2011 年发表了《浓香型白酒窖池中糟醅微生物的变化趋势研究》[60]；刘念、刘绪、张磊等 2011 年发表了《浓香型白酒糟醅中真菌菌群的研究》[61]；朱弟雄、涂向勇 2012 年发表了《生态窖泥有益微生物菌群富集与培养方法的研究》[62]。李家民、邹永芳、王海英等 2013 年发表《DGGE 法初步解析浓香型白酒糟醅微生物群落结构》[63]。

5.3.3.3　窖泥微生物生态

胡承、应鸿、许德富等 2005 年发表了《窖泥微生物群落的研究及其应用》[64]；汪江波、万朕、李莉等 2010 年发表了《稻花香窖泥微生物群落变化研究》[65]；施思、王海英、张文学等2011年发表了《浓香型白酒不同窖泥的微生物群落特征分析》[66]；唐云容、钟方达、张文学等2011年发表了《浓香习酒窖泥微生物菌群多样性及系统发育分析》[67]。

5.3.3.4　微生物生态综合性研究

黄祖新在2005年发表了《微生物分子生态学技术应用于大曲酒的微生物学研究》[68]，通过分子生物方法为基础的微生物分子生态学从基因水平对微生物进行定性和定量研究；张文学、向文良、乔宗伟等2005年发表了《浓香型白酒窖泥糟醅原核微生物区系的分类研究》[69]；吴衍庸2006年发表了《白酒工业微生物资源的发掘与应用》[70]；张肖克、黄永光、胡晓瑜等2006年发表了《窖泥糟醅发酵过程微生物多态性特征》[71]；刘念、杜明松、张清辉等2006年发表了《复合酶技术在白酒发酵中的应用与展望》[72]；安万芬、马宗杰等2008年发表了《董酒生产过程中微生物的动态变化》[73]；胥思霞、胡靖、王晓丹等发表了《浓香型青酒生产微生态环境研究及功能菌分离》[74]；

5.3.4　产后生态技术研究

5.3.4.1　丢糟综合利用

制作饲料：陆步诗、李新社、李全林等2007年发表了《多菌种混合发酵大曲丢糟生产饲料的研究》[75]；王文宗、康福建、李恒等2008年发表了《酿酒丢糟转化为高蛋白饲料的研究》[76]；邹明鑫、邱树毅、王晓丹等2013年发表了《利用酱香型白酒丢糟生产微生物饲料添加剂的初步研究》[77]。

再利用产酒：秦广利、郭坤亮、汪强等2009年研究了纤维素酶转化酒糟技术[78]；吴正云、杨耀宗、邓宇等2011年研究了固定化酵母用于丢糟降解液进行乙醇发酵技术[79]；赵东、彭志云、牛广杰等2011年研究了微生物转化丢糟再生产白酒技术[80]；李家民2013年“利用酱香丢糟生产典型酱香型白酒的方法”和“一种能降低挤糟残淀的浓香型白酒生产方法”两项研究成果获得国家发明专利授权，其专利号分别为为201110030535.x、201110125781.3。

其他用途：王海燕、王腾飞、王瑞明等2007年研究了酒糟废渣发酵生产有机肥技术[81]；游玲、王涛、祝晓波等2009年研究了浓香型白酒丢糟生产茶树菇技术[82]；张鑫、李志强、相里加雄2010年研究了利用汾酒酒糟生产冬虫夏草技术[83]；王小军、敖宗华、沈才萍等2011年研究了浓香型大曲酒丢糟用于制曲技术[84]。

5.3.4.2　黄水综合利用

甘广东、朱超、杨勇等2003年研究了复合微生物菌群利用黄水高效产酸技术[85]；梁慧珍、赵树欣、杨志岩等2005年研究了固定化丙酸菌发酵黄水生产丙酸技术[86]；李家民2006年“利用固态法白酒酿酒副产物生产食醋的方法”“一种利用固态白酒酿造伴生品生产食醋的方法”“一种利用固态法白酒酿造伴生品生产酱油的方法”三项研究成果获得国家发明专利授权，其专利号分别为ZL200610020282.7、ZL200610022122.6、ZL200610022123.0；刘水2009年研究了黄水在新型白酒及小曲清香型白酒中的勾兑及发酵应用技术[87]；杨瑞、周江等2008年撰文分析了黄水开发利用现状——用于勾调白酒、养窖、培养人工窖泥和拌糟醅回窖发酵；生产有机酸、酿造食醋；提取黄水中的

乳酸、制备乳酸钙、复合有机酸钙；提取香味物质；发酵制备丙酸；制酒曲等[88]。

5.3.4.3 尾酒综合利用

庄名扬 2008 年研究了浓香型白酒蒸馏尾水中香味物质的分离与应用[89]；周新虎、陈翔、丁晓斌等 2013 年研究了膜分离技术在尾酒中的研究及应用[90]。

5.3.4.4 废物综合利用

李家民 2006 年研究的“固态白酒酿造物中白酒香味成分的超临界 CO_2 萃取方法”获得国家发明专利授权，其专利号为 ZL200610022341.4；王国春、陈林、赵东等 2008 年研究了利用超临界 CO_2 萃取技术从酿酒副产物中提取酒用呈香呈味物质技术[91]；宋柯、杜岗、刘念等 2008 年研究了丢糟、黄水、底锅水中提取香味成分技术[92]。李家民 2013 年“利用白酒副产物生产的泡菜盐水及其制备方法”获得国家发明专利授权，其专利号为 201210248184.40。

5.3.4.5 污水处理

何松贵、黄广宇、陈文聪等 2004 年研究了 AB－C 反应器在豉香型白酒废水处理中的运用[93]；宋杰书、钱丽华、刘宏杰等 2005 年研究了白酒酿造废水的排放及防治对策[94]；朱正刚、饶家权、邱声强等 2005 年研究了白酒工业低度污染废水生态净化技术[95]；周秉明、申利春等 2008 年研究了复合纳米 SnO_2/ZnO 光催化降解酿酒废水技术[96]；张俊、曹建新、张晓峰等 2009 年研究了复合纳米 TiO_2/凹凸棒土表征及降解酿酒工业废水技术[97]；许育民 2012 年研究了白酒工业水污染物排放新要求及应对措施[98]；沈祖志 2010 年撰文分析了白酒企业生产生活过程产生的不同种类的废水的处理方式[99]，并于 2011 年对酒厂节能减排与环保及酒厂生产设备自动化、现代化进行了研究[100]。

5.3.5 产业循环研究

5.3.5.1 代表性学者研究成果

王延才 2006 年撰文《大力发展循环经济，促进行业持续发展酿酒科技》，指出白酒产业发展循环经济是落实科学发展观、实现经济增长方式根本性转变的一项重大战略决策，并阐述了发展循环经济，对于白酒行业健康稳定发展的重要意义[101]。熊小毛等 2007 年撰文《建立产业技术经济体系 促进白酒行业健康发展》，从技术经济角度阐释了白酒产业循环经济若干问题[102]。

5.3.5.2 代表性企业研究成果

四川沱牌舍得集团：将储粮、酿酒、废料处理、热电厂、包装、园区绿化等各环节整合起来，首创“粮－酒－糟－畜－沼－粮”循环型经济模式，即以绿色粮食基地建设为依托，构建以“生态酿酒”为核心的循环经济型现代农业产业链，使废水、渣、气、节能减排实现低消耗、低（无）污染的良性生态循环，最终使废物在共生工业体系内交换、增值，实现综合利用。

四川五粮液集团：创造了国内首创和国内领先水平的循环经济生产链，节约了宝贵资源，保护了环境，提高了经济效益。五粮液产业循环生态技术项目包括废水废物治理、无害化效益化处理丢糟“二次发酵”生产复糟酒技术、丢糟“多级链式综合利用”生产白碳黑、酿酒底锅水生产乳酸及乳酸钙技术等。

安徽迎驾集团：在 2013 年度“中国酒业协会科学技术奖项目评审会”上，迎驾贡酒申报项目“酿造减量化排放与资源综合利用技术集成研究”荣获中国酒业协会科学技术进步奖。该项目以资源综合利用为前提，通过酒糟清洗燃烧、冷凝热水交换循环使用、沼气供锅炉燃烧、屋顶架设光伏发电系统等技术，有效降低水、电、煤炭资源的消耗，同时实现了酒糟资源的充分开发利用，减少了因为煤炭燃烧所产生的二氧化硫、氮氧化物与烟尘的污染，提高了企业的经济效益、社会效益与生态效益，推动了白酒产业升级。

贵州茅台集团：中国唯一集“绿色食品、有机食品、地理标志保护产品”于一身的白酒品牌，国酒茅台精心打造了一条十分严苛的“绿色供应链”——从田间地头原料的绿色获取、供应商的绿色供应、产品的绿色加工到废弃物的绿色回归，验收指标很多都超过国家标准。整个绿色供应链倡导低消耗、低排放，在保证国酒茅台绿色、有机、健康品质的同时，实现了自然和谐的可持续发展。

四川剑南春集团：在“三废”治理方面形成了一个生态的闭路循环，粮食用于酿酒，酿酒丢糟作饲料搞养殖，养殖产生的粪便和酿酒废水处理后的污泥作肥料，种植粮食又用于酿酒；酿酒废水处理产生的沼气用于直燃酿酒，实现了环境保护和废弃物资源化。“剑南春工业生态园区”被四川省环保局命名为“四川省工业生态园区”。

湖北稻花香酒业：以种植业（玉米、大米、红薯等）为输入端，深加工成白酒、玉米浆、食用酒精、乙醇等提高附加值；再将下脚料如酒糟、玉米棒、秸秆、薯渣等加工成饲料，养殖奶牛、生猪和农户合作养鸡、鸭、鱼；再将牲畜粪便变集中收购，生产有机肥料，然后再发展绿色种植业，如此循环往复，形成一个以发展“绿色安全食品”为核心理念的完整农业产业化循环经济链，使酿酒资源利用最大化和废物排放最小化。

内蒙古河套酒业：以机械化酿酒为突破口，从制曲到发酵、蒸馏、调酒、计算机集中测评，再到白酒罐装、包装、成品入库等工序，全部实现了“不落地”式的自动化衔接，整个生产流程顺畅有序，生产现场清洁卫生，并将低碳循环理念融入生产全过程中。

6　生态酿酒传播

经过二十余年的发展，生态酿酒从一片荒原嬗变一块绿洲。特别是 2005 年之后，生态酿酒工业园如雨后春笋般不断出现，生态酿酒学也发展为一门较成熟的学科。这既是生态文明蓬勃发展的必然态势，也是生态酿酒先行者们呼吁和推动的必然结果。这些可敬的先行者，他们通过举办论坛、著书立说、规章定制、组织体验等多种方式，向全社会传播生态文明的理念，传递生态建设的要义。

6.1　会议传播

1999 年 11 月，在北京举行的国际企业创新论坛会上，李家民代表沱牌（舍得）酒业做了《中国第一个生态酿酒工业园区诞生》主题报告。

2001 年 3 月，由中国食品协会白酒专业协会主办，沱牌（舍得）酒业承办的“中国酿酒工业生态园建设研讨会”在四川省射洪县成功召开。同年 12 月，在宜宾举行的国家评委颁证会，沱牌（舍得）接受中国食品工业协会的安排，向参会人员介绍了沱牌走向生态化经营的情况。

2002 年 10 月，在中国白酒香型暨沱牌技术研讨高峰会上，会专家学者对生态系列酒做了全面的质量安全评价，肯定了生态酿酒对品质提升的作用。

2006 年 6 月，全国白酒产业循环经济现场经验交流会在四川宜宾五粮液集团召开。来自国家发改委以及全国 50 强企业的负责人参加了会议，听取了五粮液集团实施循环经济中的典型经验。

2009 年 8 月，在科技部组织的全国生物产业技术研讨会上，沱牌（舍得）就生态酿酒/生态经营的相关情况做了介绍。9 月，在中国浓香型白酒高峰论坛上，李家民做了《生态酿酒与生态经营》的主题报告。

2013 年 9 月，中国酒业协会白酒技术委员会会议在安徽迎驾集团召开，迎驾向业界传递了“待客之道”和“生态之道”两大价值观。

2013 年 11 月，由中国生态文明研究与促进会、中国诗酒文化协会主办的“中国生态文明建设高峰论坛暨创建中国生态文明酒企示范基地研讨会”在滁州琅琊山冠景酒店隆重举行。本次论坛由全国政协委员、中国诗酒文化协会会长蒋秋霞主持，其目的在于打造生态文明酒企，促进经济与环境的共同发展，并力争将生态文明酒企的要求具体化、指标化，使创建更加明确，操作更加到位。中国酒类流通协会副会长兼秘书长刘员就生态文明建设与酒行业的发展即席发表感言，“现在开这个会都有些迟了，沱牌早在 10 多 20 年前就提出生态文明建设并取得成功，这是酒企的典范”。

6.2 著作传播

2001 年 2 月，罗必良、李家顺、李家民出版了《走向生态化经营》专著。这是生态酿酒发展和传播史上最重大的事件之一，也是生态酿酒学作为一门独立学科诞生的标志。

2005 年 5 月，沱牌（舍得）集团生态酿酒实践和生态化经营模式被中国 21 世纪议程管理中心录入《中国可持续商业发展案例》一书。该书由王伟生等主编，由化学工业出版社出版。

2006 年 10 月，生态酿酒第一次写入普通高等教育（研究生系列）教材《生态食品工程学》7.3.3 部分。该书由四川大学张文学教授主编，四川大学出版社出版，以沱牌（舍得）集团的生态酿酒实践为案例。

2009 年 1 月，生态酿酒写入普通高等教育教材《中国酒概述》。该书也是张文学教授主编，由化学工业出版社出版。

2011 年 2 月，生态酿酒写入国家“十一五”规划教材《食品发酵设备与工艺》第八章蒸馏酒第六节白酒酿造的新技术与新概念。该书由华中农业大学陈福生教授主编，化学工业出版社出版，以沱牌（舍得）集团和五粮液集团的生态酿酒实践为案例。

6.3 制度传播

2007 年，为使茅台酒基地 7.5 平方公里的原产地域及其酿造生态环境得到巩固和有效保护，进一步保护茅台酒生产的生态环境。贵州省出台了《赤水河上游生态功能保护区规划（贵州境内)》。

2008 年 10 月，“生态酿酒”术语被写入国家标准 GB/T 15109—2008《白酒工业术语》。

6.4 栏目传播

2010 年，《东方酒业》杂志开办“白酒与生态酿造”栏目，被誉为“极富战略性眼光”。

6.5 体验传播

近年来，随着体验营销的兴起，全国掀起了一轮工业旅游热。四川五粮液、四川沱牌舍得、四川泸州老窖、安徽迎驾、江苏洋河、山东古贝春、山东景芝、山东景阳冈、河南衡水老白干、湖北稻花香、甘肃金徽、贵州国台、贵州黔台、贵州酒中酒、贵州中心等白酒企业纷纷开辟生态旅游项目，通过工业旅游提升企业形象和品牌美誉度，从而促进产品销售。

7 生态酿酒与生态文明

7.1 生态文明概述

1995 年，美国学者罗伊·莫里森在《生态民主》一书中首次用英语 Ecological Civilization 表述了“生态文明”一词，并将生态文明定义为原始文明、农业文明、工业文明之后，人类社会追求和发展的一种新型文明形态。从广义上讲，它是人们在改造客观物质世界的同时，积极改善和优化人与自然、人与人、人与社会的关系，从而在建设人类社会整体的生态运行机制和良好的生态环境中所取得的物质、精神、制度各方面成果的总和[103]。

2008 年，党的十七大报告中第一次提到“生态文明”；2012 年，党的十八大政治报告中将生态文明建设与经济建设、政治建设、文化建设、社会建设一起纳入“五位一体”总体布局。实现生态文明要摒弃“人是万物的尺度”的价值标准，强调“人是生态整体中的一员”；要突破“征服自然论”、“人类中心论”，实现“人 - 自然 - 社会”的全面均衡发展；要反对唯物质主义、享乐主义的消费观念，倡导绿色、环保、低碳的生活方式。

总之，建设生态文明越来越成为人类共识和协同行动，价值取向的生态化、生产方式的生态化、消费模式的生态化理应成为现代社会的追求。

7.2 生态酿酒是生态文明的实践

著名白酒专家、四川大学食品与发酵工程研究所教授胡永松指出，生态酿酒的本质特征突出体现在追求经济效益、社会效益和生态效益的和谐统一，从而保护环境，达到人与自然环境、酿酒工业与自然环境、社会环境与自然环境的协调发展。而白酒实行生态酿造则是践行生态文明的体现[104]。

沱牌舍得集团董事长、中国酿酒大师李家顺指出，生态酿酒是实现白酒企业乃至整个产业可持续发展不可或缺的基础。这种理念的出现和推广将促进中国白酒行业环境保护意识的觉醒，也契合了当前建设“美丽中国”的时代精神[105]。

汾酒集团董事长李秋喜指出，中国梦是一个个生态梦编织成的强国富民之梦，作为生态文明的一个重要支点，白酒产业通过生态学技术完成了从依赖生态环境到理性建设与保护自然环境的升华。白酒生态发展是永恒的主题[106]。

生态建设是一项系统工程，要从思想观念、产业结构、运行规制、企业文化等不同层面、多维角度，整体谋划，协同推进[107]。

7.2.1 生态理念先行

理念引导行动。多年来，生态酿酒之所以雷声大、雨点小，成效不够明显，一个重要原因就是理念较滞后，认识不到位。市场经济条件下，经济理念把利润最大化建立在生产效率、消费和需求最大化的基础上，通过最大化的消费和需求获得资本的增值，其结果是企业生产力的发展导致整个白酒生产领域浪费的日益增加。生态理念先行，并不是把生态当成一句口号，当成“忽悠”消费者的手段，而是要树立一种深入灵魂的观念，成为企业自觉遵循和践行的宗旨、目标。

7.2.2 生态产业奠基

酿酒行业的生态建设能否有效推进，关键在于经济效益、社会效益与生态效益能否协同一致。促进生态酿酒，首先要确保酿酒生产活动与自然环境高度统一；二是追求产品质量、优化产品品种，杜绝过度包装，反对夸大宣传；三是在生产技术和工艺方面不断降低物质消耗，大力推广有利于资源节约的生产流程。

7.2.3 生态规制保障

生态酿酒涉及生产方式、消费方式和价值观念的重大变革，要把生态酿酒推向纵深，则有赖于规范、长期、稳定的制度环境，有赖于规范“硬约束”的长效机制。只有实行严密的法规、严格的制度，才能为酿酒行业的生态建设提供可靠保障。为此，应当加快建立生态酿酒标准体系，并将之确立了白酒企业准入或分级依据；应当加快建立反映市场供求和资源稀缺程度、体现生态价值、代际补偿的生态补偿机制，促进生态资源环境外部成本内部化，从而进一步提高酿酒产业的集中度；应当加强行业监管，像“管药品一样管白酒”，健全生态环境保护责任追究制度、环境损害赔偿制度、白酒卫生安全控制制度。

7.2.4 生态文化浸润

酿酒生态文化是以生态价值观为核心，是以生态意识和生态思维为主体构成的文化体系，在生态酿酒中起着引领和支撑作用。生态酿酒本身就发端于中国传统文化中的“生态元素”，从道家的“道法自然，天人合一”，到儒家的“畏天命”而敬畏自然，到佛家的“万物皆灵，物我和谐”，无一不主张人与自然具有同源性、同律性，是一个合二为一，共生共荣的和谐整体。基于中国白酒与“自然”的天然联系，酿酒行业更应当坚持把生态元素注入文化构建，在文化构建中彰显生态精神，强化生态愿景，浸润人心。

8 结语

20 世纪 90 年代，李家民、李家顺在“道”“绿”“射洪春酒”的交融中第一次提出并践行了“生态酿酒”思想和“生态化经营”理念，为中国酿酒产业可持续发展指明了方向。

二十余年来，酿酒业从单纯追求花园式、园林式工厂过渡到以酿造（酒）微生物为核心构建生态环境，逐渐延伸到资源的节约和污染的治理，随后与循环经济、低碳与清洁生产相融合，并通过生态化经营得以升华，最终嬗变为消费者享用的生态酒。

自 20 世纪 90 年代末沱牌集团创建了最早的中国生态酿酒工业园后，五粮液、泸州老窖、迎驾等纷纷开始打造生态型产业园区，带动了一大批酿酒企业实行生态化酿造。与此同时，生态酿酒学的研究也蓬勃开展起来，从一片荒原变为一块绿洲，并发展成一门成熟的学科，成为酿酒行业共享的重要成果。

基于中国白酒与“自然”的交相辉映，酿酒行业或是中国最早提出生态制造、最早践行生态文明的产业，这是中国酿酒业的无上荣光。让生态经营、生态文化、生态文明在全社会蓬勃滋长，浸润到每个人的心田。正如生态酿酒先行者李家民所说，“生态酿酒是酿酒人的责任，生态建筑是建筑人的责任，生态电子是电子人的责任，生态机械是机器人的责任。如果各行各业都以生态为己任，那么人类一定会有一个美好未来[108]。”

参考文献

［1］梁世和，李家明. 绿满沱牌　情洒人间. 酿酒科技，2001，2：102－103

［2］百度百科，生态酿酒术语. www. wapbaike. baidu. com/view/4423220. htm

［3］徐立青，等. 中国食品安全调查报告. 北京：科学出版社，2012

［4］赵其国，黄国勤，等，生态农业与食品安全. 土壤学报，2007，44（6）：1127－1134

［5］ttp：//www. chinaenvironment. com/view/ViewNews. aspx？k = 20081030093638968，中国环保网

［6］谢平. 从生态学透视生命系统的设计、运作与演化. 北京：科学出版社，2013

［7］http：//www. chinaenvironment. com/view/ViewNews. aspx？k = 20081030093638968，中国环保网

［8］http：//www. docin. com/p－402116211. html

［9］李家民．浅述生态酿酒全 P 标准体系及其构成．转引徐岩主编．2013 年国际酒文化学术研讨会论文集：249－252，北京：中国轻工业出版社，2013：249－252

［10］李家民．从生态酿酒至生态经营——酿酒文明的进程．酿酒科技，2010（4）：111－114

［11］尹贵超．迎驾贡酒　生态白酒的引领者．华夏酒报·中国酒业新闻网，华夏酒 2013，8：5

［12］www. jianiang. cn. 生态酿酒：酒企老总们的“生态观”．佳酿网 2014－3－7

［13］罗必良，李家顺，等．走向生态化经营．香港：中国数字化出版社，2001

［14］李家顺．杜诗“射洪春酒”小考．转引中国食品工业年鉴 2008. 北京：中国食品工业出版社，2010

［15］龙远兵，马立．李家民：首席生态酿酒专家的发明探索之路．中国食品安全报．2011，10，11A3

［16］王化斌，李明志．生态酿酒助推“双轮”发展．百度文库

［17］http：//www. chinairn. com/news/20131213/115544684. html 2013 年 12 月 13 日 中国行业研究网

［18］http：//www. cqn. com. cn/news/zgzlb/diliu/51629. html 泸州老窖赢得绿色生态名酒美誉

［19］http：//info. tjkx. com/detail/845897. htm 生态酿酒的产业贡献 糖酒快讯．白酒

［20］张文学．生态食品工程学．成都：四川大学出版社，2006：289－290

［21］李家民．用生态酿酒践行低碳经济．四川日报，2010，7，13（16）

［22］单雨．中国酿酒工业生态园建设研讨会在射洪召开．酿酒科技，2001（3）：101

［23］我国白酒权威聚首沱牌谋方略中国白酒香型暨沱牌技术研讨高峰会在沱牌成功召开．酿酒．2002，6：97－98

［24］庞雄飞．走向生态化经营序．转引罗必良，李家顺，李家明．走向生态化经营．香港：中国数字化出版社，2001

［25］郭五林．五粮液文化建设脉络．转引自徐岩主编．2013 年国际酒文化学术研讨会论文集．北京：中国轻工业出版社，2013

［26］尹贵超．迎驾贡——让生态酿造深入人心．华夏酒报·中国酒业新闻网《华夏酒报》2014－2－17

［27］http：//zxcpoec. com/newsshow. asp？ id＝1581

［28］http：//www. china－moutai. com/tabid/315/InfoID/2522/Default. aspx，茅台集团生态环境建设规划，2012－11－23

［29］石莉芳．“玩家”李家民：有点强迫症的生态酿酒学家/“酒家”李家民：想造仿生智能机器人酿酒．华西都市报“名人堂”，2013，10，27：B01－B02

［30］http：//epaper. gywb. cn/gyrb/html/2011－07/17/content_ 257820. htm 国酒茅台的生态密码

［31］我国白酒权威聚首沱牌谋方略中国白酒香型暨沱牌技术研讨高峰会在沱牌成功召开．酿酒，2002，6：97－98

［32］周恒刚．白酒生产与环境．酿酒科技，2004，3，119

［33］唐玉明，姚万春，等．世界最大天然储酒库——天地宝洞温度及空气微生物研究．酿酒科技，2007，7：49－53

［34］马立．一个产业的宏钟巨响．中国食品安全报．2012，5：16

［35］www. cnwingnews. com 中国白酒“五三”原理获得高度认可．华夏酒报？中国酒业新闻网 2013－10－8

［36］http：//q. stock. sohu. com/news/cn/568/000568/2042759. shtml 生态酿造是中国酒文化的回归．华夏酒报，2013，8：4

［37］张文学，乔宗伟，等．中国浓香型白酒窖池微生态研究进展．酿酒，2004，31（2）：31－35

［38］万自然．大曲培养过程中微生物及酶的变化．酿酒科技，2004，4：25－26

［39］胡佳，邓斌，等．浓香型白酒曲药中细菌组成及系统学分析．酿酒科技，2007，5：17－19

［40］章肇敏，吴生文，等．大曲培养过程中微生态变化规律的研究．酿酒科技 2011（11）

［41］潘勤春，孟镇，等．分子生态学技术在大曲微生物群落研究中的应用前景初探．酿酒科技，2011，3

［42］陈敏．浓香型白酒发酵过程中糟醅微生物动态研究．酿酒科技，1998，5

［43］姜明军，宋和付，等．浓香型白酒窖泥中重要微生物的分析与研究．湘潭矿业学院学报．18，4：91－94

［44］张文学，乔宗伟，等．PCR 技术对浓香型白酒糟醅细菌菌群的解析．四川大学学报（工程科学版）．37，5：82－87

［45］负娟莉，颜霞，等．太白酒发酵过程中酒醅微生物区系分析．酿酒科技，2006，12：40－42

［46］赵东，乔宗伟，等．浓香型白酒发酵过程中酒醅微生物区系及其生态因子演变研究．酿酒科技，2007，7：37－39

［47］唐玉明，任道群．酱香型糟醅堆积过程温度和微生物区系变化及其规律性．酿酒科技，2007，5：54－58

［48］唐玉明，任道群．酱香型白酒窖内发酵过程糟醅的微生物分析．酿酒科技，2007，12：50－53

［49］王海燕，张晓君，等．浓香型和芝麻香型白酒酒醅中微生物菌群的研究．酿酒科技，2008，2：86－90

［50］李光辉，程铁辕，等．浓香型白酒酒醅微生物群落代谢分析．酿酒科技，2009，3：29－32

［51］余有贵，李侦，等．窖泥微生态的主要特征研究．食品科学，2009，30（21）：258－261

［52］施思，邓宇，等. DGGE 法在盛夏习酒酒醅的微生物菌群结构解析中的应用. 酿酒科技，2010，3：51－53

［53］蒲岚，李璐，等. 浓香型白酒窖池中糟醅微生物的变化趋势研究. 酿酒科技，2011，1：17－19

［54］刘念，刘绪，等. 浓香型白酒糟醅中真菌菌群的研究. 食品与发酵科技，47，2：28－31

［55］朱弟雄，涂向勇. 生态窖泥有益微生物菌群富集与培养方法的研究. 酿酒，2012，1：30－35

［56］李家民，邹永芳，等. DGGE 法初步解析浓香型白酒糟醅微生物群落结构. 酿酒科技，2013，2：34－37

［57］胡承，应鸿，等. 窖泥微生物群落的研究及其应用. 酿酒科技，2005，3：34－38

［58］汪江波，万朕，等. 稻花香窖泥微生物群落变化研究. 酿酒科技，2010，11：36－39

［59］施思，王海英，等. 浓香型白酒不同窖泥的微生物群落特征分析. 酿酒科技，2011，5：38－41

［60］唐云容，钟方达，等. 浓香习酒窖泥微生物菌群多样性及系统发育分析. 酿酒科技，2011，12：24－28

［61］黄祖新. 微生物分子生态学技术应用于大曲酒的微生物学研究. 酿酒科技，2005，5：17

［62］张文学，向文良，等. 浓香型白酒窖泥糟醅原核微生物区系的分类研究. 酿酒科技，2005，7

［63］吴衍庸. 白酒工业微生物资源的发掘与应用. 酿酒科技，2006，11：111－115

［64］张肖克，黄永光，等. 窖泥糟醅发酵过程微生物多态性特征. 酿酒科技，2006，1：65－72

［65］刘念，杜明松，等. 复合酶技术在白酒发酵中的应用与展望. 酿酒科技，2006，2：14－15

［66］安万芬，马宗杰. 董酒生产过程中微生物的动态变化. 酿酒科技，2008，10：48－53

［67］胥思霞，胡靖，等. 浓香型青酒生产微生态环境研究及功能菌分离. 酿酒科技，2012，8：33－37

［68］陆步诗，李新社，等. 多菌种混合发酵大曲丢糟生产饲料的研究. 酿酒科技，2007，1：95

［69］王文宗，康福建，等. 酿酒丢糟转化为高蛋白饲料的研究. 酿酒科技，2008，2：103－105

［70］邹明鑫，邱树毅，等. 利用酱香型白酒丢糟生产微生物饲料添加剂的初步研究. 酿酒科技，2013，7：91－93

[71] 秦广利，郭坤亮，等．纤维素酶对白酒酒糟资源化利用研究．酿酒科技 2009，4：34 -35

[72] 吴正云，杨耀宗，等．固定化酵母用于白酒丢糟降解液乙醇发酵的研究．酿酒科技，2011，10：87 -89

[73] 赵东，彭志云，等．微生物转化丢糟再生产白酒的研究，酿酒，2011，38 (1)：23 -25

[74] 王海燕，王腾飞，等．酒糟废渣发酵生产有机肥的研究．酿酒科技，2007，8：142 -143

[75] 游玲，王涛，等．浓香型白酒丢糟生产茶树菇的初步研究．酿酒科技，2009，6：99 -101

[76] 张鑫，李志强，等．利用汾酒酒糟生产冬虫夏草的工艺条件研究．酿酒科技，2010，5：95 -97

[77] 王小军，敖宗华，等．浓香型大曲酒丢糟用于制曲的研究进展．酿酒科技，2011，8：104 -106

[78] 甘广东，朱超，等．复合微生物菌群利用黄水高效产酸．酿酒科技，2013，1

[79] 梁慧珍，赵树欣，等．固定化丙酸菌发酵生产丙酸——黄水应用新途径．酿酒科技，2005，2：75 -78

[80] 刘水．黄水在新型白酒及小曲清香型白酒中的勾兑及发酵应用．酿酒科技，2009，12：91 -92

[81] 杨瑞，周江．白酒生产副产物黄水及其开发利用现状．酿酒科技，2008，3：90 -92

[82] 庄名扬．浓香型白酒蒸馏尾水中香味物质的分离与应用．四川食品与发酵，2008，44 (2)：99 -100

[83] 周新虎，陈翔，等．膜分离技术在尾酒中的研究及应用．酿酒科技，2013，9：56 -58

[84] 王国春，陈林，等．利用超临界 CO_2 萃取技术从酿酒副产物中提取酒用呈香呈味物质的研究．酿酒科技，2008，1：38 -42

[85] 宋柯，杜岗，等．白酒发酵副产物丢糟、黄水、底锅水中提取香味成分在酒用香料中的应用．酿酒科技，2008，6：82 -84

[86] 何松贵，黄广宇，等．AB -C 反应器在豉香型白酒废水处理中的实践．酿酒科技，2004，3

[87] 宋杰书，钱丽华，等．白酒酿造废水的排放及防治对策．酿酒，2005，32 (1)：72 -73

[88] 朱正刚，饶家权，等．对白酒工业的低度污染废水生态净化的研究．酿酒科技，2005，9：78 -79

[89] 周秉明，申利春．复合纳米 SnO_2/ZnO 光催化降解酿酒废水的研究．酿酒科技，2008，6：128 -130

［90］张俊，曹建新，等. 复合纳米 TiO_2/凹凸棒土表征及降解酿酒工业废水研究. 酿酒科技，2009，5：133－135

［91］许育民. 白酒工业水污染物排放新要求及应对措施. 酿酒科技，2012，5：110－112

［92］沈祖志. 白酒企业废水及其回收利用. 酿酒科技，2010，9：116－117

［93］沈祖志. 中国酒后处理的专业化自动化现代化. 酿酒，2011，38（4）：66－67

［94］王延才. 大力发展循环经济，促进行业持续发展. 酿酒科技，2006，8：5－6

［95］熊小毛，等. 建立产业技术经济体系　促进白酒行业健康发展. 酿酒科技，2007，1：108－111

［96］邓坤金，李国兴. 简论马克思主义的生态文明观. 哲学研究，2010（5）：23－27. 转引自：林晓磊，生态文明视域下的生态危机及对策研究

［97］http：//www. jianiang. cn/yanjiu/121560942013. html 生态酿酒：中国白酒发展的下一站　佳酿网酒业研究，2013

［98］http：//www. lujiu001. com/news/industry/2013－12－16/319. html“雾霾中国”下的“生态酿酒”. 鲁酒网，2013

［99］陶武先. 论生态文明中的生态建设. 青年作家？读城 2013，7：16－17

黄酒“勾兑”探源与发展

杨国军

摘　要：本文以黄酒“勾兑”的有关史料和传说为背景，对勾兑的起源和发展脉络进行了梳理，对于什么是勾兑、为什么要勾兑以及黄酒业勾兑工作的深化与发展等问题进行了思考。

关键词：黄酒，勾兑，溯源，酒体设计

众所周知，勾兑是酿酒业的一个专业术语。黄酒要勾兑，国内外其他酒种，如白酒、白兰地、葡萄酒，包括许多世界级的名酒都需要“勾兑”，且每种酒的勾兑方案都是保密的，其精湛的勾兑技艺一脉相承，象干邑轩尼诗白兰地已传承了7代，会稽山绍兴酒已传承了270年。

（一）

作为我国最古老的酒种之一，黄酒有着5000多年的历史。1973年，余姚河姆渡遗址发现了大量稻谷堆积层，同时发掘出来的还有一件完整的酒器——“陶盉”，内有白色沉淀物，据考证，其作为酒器的可能性很大。基于这一考古发掘事实，有人推测，早在6000~7000年前，浙江余姚一带的先人们已开始大量种植稻谷，粮食有了剩余可能，为酿酒提供了物质基础。另据《淮南子》记载：“清泱之美，始于耒耜”，清泱是一种清澈的美酒，它开始于有了耒耙和耜头的农耕生产。当然，仅凭一件陶盉就断定黄酒有6000~7000年的历史未免过于草率，但从中国5000年有文字记载的历史来看，自从有了文字，便出现了“酒”字，说明黄酒历史与中国历史同步，只是刚开始时肯定不叫黄酒，而是叫浊酒、米酒或其他，但可以肯定，黄酒至少已有5000年以上的历史。

刚开始的米酒肯定是带糟的，而且酒糟和酒液一起饮用。晋朝时还是如此，只有

作者简介：杨国军，男，1967年生，浙江诸暨人，硕士，教授级高工，黄酒国家评委。现任中酒协科技奖评审委专家、中酒协黄酒分会技术委员会委员、绍兴市越文化研究会理事、绍兴市酒文化研究会理事、浙江电子工程学校客座教授。参与“绍兴黄酒酿制技艺”国家级非遗保护项目申报并负责申报材料。著有《绍兴黄酒酿制技艺》《绍兴酒鉴赏》《黄酒生产200问》《绍兴黄酒丛谈》等专著以及60多篇专业学术论文。

生活讲究的士大夫阶层，他们饮酒时，会临时用绢布过滤。《宋书·陶潜传》记载："潜素真率，郡守候潜，酒熟，取头上葛巾漉酒，毕，还复著之。"陶渊明嗜酒，以致用头巾滤酒，滤后又照旧戴上。对此，李白《戏赠郑溧阳》诗云："陶令日日醉，不知五柳春，素琴本无弦，漉酒用葛巾"。庞铸《漉酒图》诗也说："自得酒中趣，岂问头上冠，谁作漉酒图，清风起毫端"。但是，大多数老百姓还是酒与糟一起饮用，而且这种酒和糟一起吃的历史在浙江绍兴人的口语中也留存了下来。绍兴人不说喝酒，而讲吃酒，如吃喜酒、吃寿酒，不讲饮喜酒或者喝喜酒。可见古时候人们尚不知道黄酒勾兑后更好喝这一事实，也不会有勾兑这一工艺。就中国黄酒而言，在其酿造和贮藏过程中，气候、原料、发酵、贮酒容器和环境等多种因素都会影响酒的品质，因此作为成品出厂的酒必须进行勾兑。

（二）

关于勾兑的起源，这是所有酒界人士都十分关心的问题。下面，我们不妨循着相关史料做一个简单的脉络梳理。

宋人罗大经在其所著《鹤林玉露》中有《酒有和劲》一文，或许是有关勾兑较为"专业"的提法。

"唐子西在惠州，名酒之和者曰'养生主'。劲者曰'齐物论'。杨诚斋退休，名酒之和者曰'金盘露'，劲者曰'椒花雨'，尝曰：'余爱椒花雨，甚于金盘露'，心盖有为也。余尝谓，与其一于和劲，孰若和劲两忘。顷在太学时，同舍以思堂春合润州北府兵厨，以庆远堂合严州潇洒泉，饮之甚佳。余曰：不刚不柔，可以观德矣；非宽非猛，可以观政矣。厥后官于容南，太守王元邃以白酒之和者，红酒之劲者，手自剂量，合而为一，杀以白灰一刀圭，风韵顿奇。索余作诗，余为长句云：小槽真珠太森严，兵厨玉友专甘醇。两家风味欠商略，偏刚偏柔俱可怜。使君袖有转物手，鸬鹚杓中平等分。更凭石髓媒妁之，混融并作一家春。季良不用笑伯高，张竦何必讥陈遵。时中便是尼父圣，孤竹柳下成一人。平虽有智难独任，勃也未可嫌少文。黄龙丙魏要兼用，姚宋相济成开元。试将此酒反观我，胸中问学当日新。更将此酒达观国，宇宙皆可归经纶。书生触处便饶舌，以一贯万如斫轮。使君闻此却绝倒，罚以太白眠金尊。"

罗大经，字景纶，号儒林，又号鹤林，南宋吉水人。公元1248年，罗取杜甫《赠虞十五司马》诗"爽气金无豁，精淡玉露繁"之意写成笔记《鹤林玉露》，迄今已有766年的历史。文中所述"白酒"与"红酒"绝非今日之称谓，而是类似于百姓自酿的家酿酒与采用红曲酿成的酒。至于"白酒"和"红酒"的勾兑效果，明人郎瑛有不同见解，经过试验，朗瑛在其所著《七修类稿》卷二十七·辩证类"甜酒灰酒"一节中写道：

"果是用灰，又不特用于灰，乃石灰耳。予以二酒相和，味且不正、兼之石灰苦烈，何好之有？罗、王相饮、以为风味顿奇，或者二人之性自偏也；陆饮灰酒，或亦性之使然耶？"又引《三山老人语录》一书言："唐人好饮甜酒，引子美'人生几何春与夏，不放香醪如蜜'，退之'一尊春酒甘若饴，丈人此乐无人知'为证。予则以为非好甜酒，此言比酒如蜜之好吃耳。子美、退之，善饮者也，岂好甜酒耶？古人止言醇醪，非甜也，故乐天诗云：'量大厌甜酒，才高笑小诗。'是矣。又尝见一诗云：'古人好灰酒'，引陆鲁望'酒滴灰香似去年'，予则以为灰酒甚不堪人，亦未然也；且陆诗上句曰：'小炉低幌还遮掩'，意连属来，似酒滴于炉中，有灰香耳，然题乃《初冬之绝句》，又似之。"

如此看来，以"以白酒之和者，红酒之劲者，手自剂量，合而为一，杀以白灰一刀圭"能否真能化腐朽为神奇，"风韵顿奇"，尚值得商榷。

(三)

事实上，较之罗大经《鹤林玉露》更早的有关"枸酱酒"的传说也提到勾兑这回事。大约在五代十国时期，时人将果酒和米酒一起勾兑，再用中药材调味，成为一新的酒种。

汉文帝时，我国西北通往欧洲的丝绸之路地处楚河源头附近（在前苏联境内）渐起一座名不见经传的以酿酒、经商和旅店业为生计的城市小国，据说其国名已无法考证，秦末汉初时，该国发明了一种用葡萄和木瓜为原料酿制的酒，口感"香、甘、纯正、不醉人、不上头"。张骞出使西域时，曾带回此酒。至汉建元十五年，该国使臣开始用他们的酒向汉朝进贡，由于长途跋涉使得进贡之酒变酸，后经汉朝宫廷酒师添加枸杞等药材，再加上其他酒经加热去酸，变成口感极好的美酒，宫廷酒师遂将该酒取名为"枸酱酒"而献给汉武帝，才有了汉武帝"甘美之"的说法。"汉家枸酱知何物、赚得唐蒙习部来"乃是史家附会之说。建元十五年之后，该国每三年一次向汉朝进贡美酒。王莽专权后，西域各国关系断绝，"枸酱酒"的基酒源断绝。东晋以后，该国为匈奴所灭，"枸酱酒"的调酒工艺也因此失传。至此，该小国人民开始大规模向世界各国迁移，并把他们的酿酒技术带到世界各国，当时的"枸酱酒"有点类似于今天的葡萄酒。

以我们今天掌握的知识而言，勾兑属于一种"后修饰"工艺。现在我们已经知道，为了确保商品品质的一致性，世界上所有的酒都需进行勾兑，目前市场上流通的年份酒也需借助"勾兑"才能达到上市要求。

(四)

一般而言，黄酒出厂前需进行几次勾兑，如压榨前的带糟勾兑、煎酒前的成品勾兑以及灌装前的瓶酒勾兑。

较上面提到的五代十国更早，在1700多年前的晋代，上虞人稽含在其所著《南方草木状》中提到："南人有女数岁，即大酿酒，既漉、俟冬陂池竭时，置酒罂中，密固其上，瘗中至春潴水满，亦不复生矣。女将嫁，乃发陂取酒以供贺客，谓之女酒。"意思是说，南方人家生了女儿之后，长到几岁时就要酿酒。等到冬天池水枯竭之时，将酒装入酒坛封存后埋入池塘中，到了春天，池中积水盈满也不去启封。直到女儿出嫁之时才抽干池水，取出藏酒，大宴宾客，史上谓之“女酒”。清梁绍壬在《两般秋雨庵随笔》中也有阐述：“女儿酒者，乡人于女子初生之年，便酿此酒，迨出嫁时，始开用之，此各家秘藏，并不售人……近日人家萧索，酿此者已复寥寥……，故以二十年来丸泥如故，所存止及坛之半。正简斋先生所谓：‘坛高三尺酒一尺，去尽酒魂存酒魄’是也。色香俱美，味则淡和，因以好新酒四分搀之，则芳香透脑，醪觞浅底……此平生所尝之第二次好酒也。”《碟阶外史》载“唯沧州麻姑酒著名。其酿以麻姑泉，泉在沧州城外运河中，汲者探其源，乃得上流下流，差数武，味迥别。酿成窖，以饔久而愈醇。藏一年者，温一度，色味不变，十年者可温十度”。

显然，经过十几年陈酿的“女酒”无疑具有极大的价值。只是，这种自家土法酿制并贮藏的酒能否存上十几年却是一个问题。根据当时的酿酒环境和技术条件，酒精度最多也就 10 度左右，这样的酒存了十几年后，即使不发生质变，酒的色香味也不一定能达到理想标准，酒味可能变得十分清淡，喜喝新酒的古人肯定无法接收，故“以好新酒四分搀之”便是经典的“勾兑”工艺。至于文中梁绍壬引用的“简斋先生”，可能系清代诗人袁枚。

袁枚，号简斋、随园老人，浙江钱塘人，曾任江宁等地知县，谙熟“吃经”，著有《随园食单》，对绍兴黄酒感悟至深。其“绍兴酒如清官廉吏，不参一毫假，而其味方真又如名士耆英，长留人间，阅尽世故而其质愈厚”之论述，已成为绍兴酒经典广告语。

（五）

到了近代，黄酒的勾兑工作主要在酒店、饭馆中进行，勾兑技艺较高的师傅主要集中在上海、杭州等大城市的知名酒店。其时，勾兑又称“拼酒”，即把不同品牌、不同酒龄的坛装黄酒通过合理组合，并按不同比例调整，拼成“太雕”“远年”“陈陈”“市酒”等不同档次、不同风格的黄酒，借以满足不同消费层次的需要。

长期以来，黄酒企业主要根据酿造工艺不同（如机械化和传统工艺，淋饭法、摊饭法和喂饭法），将所酿的酒分开贮存，然后进行定级销售。建国以后，随着黄酒业的逐渐恢复和发展，行业对勾兑技术的研究日渐加强。特别是改革开放后，黄酒工业发展势头良好，黄酒生产的工艺、技术日臻完善，各大企业也在生产中总结出了一套勾兑理论和操作方法，并在实践过程中持续完善和改进。浙江、江苏等黄酒主产区的企业还制订了一套独特的勾兑方案，特别是绍兴黄酒，已对陈年酒建立了良好的管理制度，通过对不同年份基酒的检测管理，建立了长效管理和监管机制，借助科学良好的勾兑技术，为确保产品品质提供了保证。

如果用我们今天的语言对“勾兑”做一番表述，就是把同一时期、不同口味、香味或不同时期、工艺风格不同的酒，按比例掺兑在一起，保持质量稳定，使其成为符合同一标准的半成品或成品酒这样一种工艺技术。勾兑师是酒类企业的一项特殊工种，也是宝贵人才，勾兑工作是一项极为重要的工作，对于稳定和提高产品质量，提高企业经济效益，保障广大消费者利益有着重要意义。

一名合格的勾兑师，除了懂得全套酿酒工艺外，还必须借助准确的理化检测和感官鉴评，将批次、风味、口味不同的酒进行勾兑，通过组合、调整，使酒质保持相对一致，并符合标准要求，有助于创造并保持独特的品牌风格。

当然，在黄酒酿造和贮藏过程中，原料、发酵、气候、贮酒容器和环境等多种因素都会影响酒的品质。黄酒业除了重视勾兑工作以外，还必须强化自身素质，炼好内功，酿出更多理化指标达标，感官质量上乘的优质基酒，这是核心，是根本。企业必须创新生产管理，引入先进装备，加强技术研究，重视酿酒、勾兑技术人才的能力培养。从原料选择、曲麦制作、发酵控制、原酒贮存、基酒勾兑、检测分析、质量鉴评等多个环节着手，加强过程控制，并通过科学有效的组合，创造出风格独特的精品美酒。

(六)

随着行业的发展以及市场与消费者对产品的不同需要，笔者以为，仅仅用勾兑两字已不足以概括黄酒产品的口感设计与风格定型，而应提升到一个更高的技术层面。为此，笔者在 2005 年参加全国白酒品鉴培训班以后，提出了从勾兑向“酒体设计”转型的设想，设立“酒体设计师”岗位和酒体设计中心，主要负责企业的酒体设计工作，包括基酒库存档案的建立，制订合适的产品库存计划，实施基酒库存的动态管理；对所有瓶酒，包括内、外销产品以及所有白酒的配方进行设计和口味测试，确保产品质量稳定，防止质量过剩和质量缺陷；培养酒体设计后备人才；加强市场调研，收集市场信息，做好新品酒体设计工作；加强日常质量监控；加强酒体设计人员培训，练好鉴评基本功；根据企业及市场情况，开展酒体设计工作，以最经济的配方符合标准和市场要求。

目前，我国黄酒业规模以上企业从业人员已达到 10 多万人，全国五大核心企业从事勾兑的工作人员超过 2000 人，人员主要分布在浙江、江苏、上海、福建、安徽等黄酒主产区的核心企业。

中国黄酒业发展到今天已到了一个新的发展阶段，作为一个古老而传统的产业，黄酒业如何加快变革与创新的步伐，促进产业升级和发展，还有很多事情要做。酒体设计作为行业内的一个新概念，如何结合岗位实际，制订出一套切实可行的管理制度，如何从传统的师徒传承转向现代综合性的职业人才培养，实现岗位的升级与转型，这些问题都值得进一步探讨与实践。

中国酒魂

张琰光，宋金龙
山西杏花村汾酒集团公司，山西　汾阳　032205

中华文明，源远流长。黄河、长江、辽河流域曾经是中国古代文明的三个重要源头。然而，在历史长河中，唯有黄河流域的华夏文明，薪火相传、强势扩张，一直演进至今，成为中华文明的主流文化形态。中国酒文化与华夏文化同步萌生，相互影响。从敬畏天地和祖先的祭祀文化，到唐风宋韵的诗酒风雅，再到飞入寻常百姓人家，中华传统文化和民族精神中，随处飘散着美酒的清香。倘若我们把酒作为一种文化符号去阅读整部中国历史，就会发现，酒几乎无处不在，浸染在每时每刻的历史进程中。

文明溯源　华夏酒脉

中国白酒的起源与农耕文明紧密相连，最基本的条件是谷物的丰富和酿酒器具的出现。8000 年前的伏羲时代，先民们有过一次历时 2000 多年的大迁徙，他们经陕西的渭河谷地、山西的汾河谷地到达河北，在沿途播撒下史前文明的火种，仅存于这些地区的小口尖底瓮就是那个时代的典型标志。7000 年前的炎帝时代，神农氏部落在羊头山周边开启了华夏民族的农耕文明。山西考古发掘出土的农作物标本说明，至少在七八千年以前，山西先民已经开始种植粟、黍、稷等旱作谷物。两种文化的碰撞、融合，催生了酒的发明、发展。

1982 年，杏花村文化遗址出土了大量仰韶、龙山、夏商文化时期的酒器、酒具，最为典型的也是小口尖底瓮，它曾经被误认为是一种汲水的器皿，根据最新研究成果证实，它是中国最早的一种酿酒器具和礼器。

在杏花村这片土地上，先民们第一次把蒸熟的谷物放进小口尖底瓮，经验的灵光和创新的智慧，酿造出中国谷物酒的第一缕清香。

就在中国谷物酒出现的那一刻，它便进入了华夏先民的精神领域。甲骨文和金文的“酉、酋、尊”等，都表达了美酒所具有的精神含义。小口尖底瓮的象形字“酉”，表达了谷物成熟可以用来酿酒。“酋”是祭酒的官员，也是族群的首领。“尊”表达的是两手高举小口尖底瓮进行祭祀，更表达着地位和身份。事实上，酒在史前文明中，有着特殊的崇高地位。

杏花村文化遗址证实了仰韶文化时期谷物酿酒已经存在，这也是目前中国发现的最早的酿酒遗存。这个考古发现，为中国酒文化的起源找到了实物证据，也掀开了中国酒史的神秘面纱。

酒礼文化　民族精神

4000年前的大洪荒时期，华夏先民在汾河两岸的丘陵地带，不断演进发展。尧舜禹时代，山西开始孕育中国最早的国家。大禹的儿子在山西夏县建立夏朝之后，夏商周三代的政治中心都在黄河中游，酒文化也在这里一脉传承。

殷商王朝，华夏先民探索和发明了酒曲酿酒的技术，这是人类酿酒史上划时代的技术革命。酒曲的发明和应用，使中国成为世界上最早将霉菌和酵母菌应用于酿酒生产的国家。

《礼记》记载了三千年前，黄河流域的酿酒技术规范，“秫稻必齐，曲蘖必时，湛炽必洁，水泉必香，陶器必良，火齐必得”。

成书于周代的《易经》中，酒被赋予了神圣、美德、诚信、正大光明等精神含义。《易经》中孚卦“鸣鹤在阴，其子和之，我有好爵，吾与尔共靡之”，更是把美酒赋予了沟通、共鸣、分享的美好含义。

《诗经》中记载的“显父饯之，清酒百壶……韩侯娶妻，汾王之甥”。讲述了2800年前，周武王的小儿子韩侯在汾水河畔用百壶清酒举行迎亲婚宴的故事。

《左传》对古代政治文明做了更为精辟的总结：“国之大事，在祀与戎”。敬畏天地和祖先的祭祀文化，赋予了酒神圣的含义，祭祀背后则是通过庄严的仪式来强化族群的凝聚力，实现国防安全。

商周两朝，酒文化的核心和灵魂，更是被提升到礼仪制度的层面。“无酒不成礼”的礼仪制度，在此后的两千多年，深刻影响着中国的政治、经济、文化、生活等领域。

古往今来　酒路起点

山西始终处于华夏文明核心区域以及农耕文化和游牧文化的交融区，在生产力的创新、交流、传播等方面有着独特的地位。从春秋战国到魏晋南北朝，三晋大地的美酒一直享誉盛名。

北魏《齐民要术》评价“河东神曲”：此曲一斗杀粱米三石，笨曲杀粱米六斗，省费悬绝如此。说的是山西酒曲的糖化发酵能力相当于外地笨曲的5倍。直到今天，山西依然是中国酿酒和酿醋技术最发达的地区，可见山西自古善酿造名不虚传。

北魏《洛阳伽蓝记》记载，河东酿酒师刘白堕从山西来到北魏都城洛阳，他用山西的酿酒工艺酿制河东桑落酒，一度轰动京城。

1500年前，中国谷物酒还处在酒精度较低的浊酒水平，杏花村人已经改进了酿酒技术，不断改良酒曲糖化发酵能力，因而酿造出清香纯正、甘醇爽口的清酒，因产于汾州，故称“汾清酒”。迄今为止，见于正史有关汾酒的文字记载，最早的是《北齐书》中武成帝高湛与河南康舒王孝瑜谈论“汾清”的记载：“河南康舒王孝瑜，养于神武宫中，与武成同年、相爱，及武成即位，礼遇特隆，帝在晋阳，手敕之曰：‘吾饮汾清二杯，劝汝于邺酌两杯’，其亲爱如此。”北齐武成帝的这封家书，说明汾清酒在当时已经成为首屈一指的宫廷用酒。作为中国历史上唯一被载入《二十四史》的国家

名酒，汾酒由此开始了1500年的名酒史。

穿透历史的春风秋雨、历经岁月的夏日冬霜，一饮而下的是那部厚重的二十四史，更是容纳了一千五百年的文化渊源。

晋风唐韵　诗酒浪漫

中国白酒，形如清水，烈如火焰，集阴阳于一体，三分物质，七分精神，体现着中国人的生命哲学。魏晋时期，以竹林七贤、王羲之和陶渊明为代表的魏晋名士，把诗和酒作为人生的重要内容，开启了酒与文人墨客的激情碰撞。

隋唐时期，结束了北方分裂的局面，太原留守李渊率领自己的几个儿子，从杏花村这条大通道走向长安，缔造了辉煌的唐王朝。唐朝统治者把百姓饮酒看作是政通民和的表现，民间饮酒的普遍化，促进了汾州和并州酿酒业空前发展。当时的杏花村，酿酒作坊有七十二家之多。

隋唐两朝，承接了魏晋的诗酒浪漫，更进一步把酒文化推向社会大众。这是个美酒飘香的时代，天马行空的畅想和诗情画意的浪漫，成为中国酒魂的重要内容。

一朵杏花，飘散在酒里，浸泡了千年；一竿青竹，映照在酒里，倒影了千年；一曲牧笛，流淌在酒里，回响了千年。酒不醉人，人自醉。取兴或寄酒，放情不过诗。诗与酒的华美共鸣，诗词中洋溢着浓郁的酒香，正是它们把中国酒文化推到了一个极致的境界。

山西是大唐的龙兴之地，也是皇亲贵胄和文人雅士幽思古礼的圣地；杏花村旁边的文水县，还是一代女皇武则天的家乡；唐代重臣郭子仪平定安史之乱，被誉为再造了大唐，分封为汾阳王。山西和大唐王朝有着特殊的关系，杏花村是长安去往太原的重要驿站，酒仙李白、酒圣杜甫、醉吟先生白居易先后来到杏花村。《汾阳县志》记载："太白何尝携客饮，醉中细校郭君碑"。白居易"并汾旧路满光辉"的诗句，记录了并州和汾州商业兴盛，酒肆林立的繁华情景。不得不说，汾酒成就了诗人，也辉煌了杏花村。

晚唐诗人杜牧在青年时代，游历山西，寻幽怀古。清明时节，细雨蒙蒙，南雁北归。"借问酒家何处有，牧童遥指杏花村"的诗句代代传唱，杏花和杏花村，已经成为特指山西杏花村美酒的文化符号。

诗酒相随，酒以诗传，《全唐诗》中"酒"字出现了5000多次。美酒激发了诗人的灵感，诗句里流淌着美酒的清香。这里既有"我醉欲眠卿且去"的风雅浪漫，更有"人生得意须尽欢"的热情奔放。大唐盛世让杏花村美酒，进入中国人的灵魂深处。

固态发酵　白酒鼻祖

在蒸馏酒出现以前，中国的谷物酒都是酒精度较低的酿造酒。为了得到酒精度更高的酒，酿酒工匠采用蒸馏技术，把酒精蒸发出来，冷凝后得到酒精度更高的烧酒。然而，关于白酒的产生年代，历史上却众说纷纭。以李时珍为代表的学者认为，蒸馏技术在元朝由西方传入中国，也有学者认为，至少在隋唐时代就出现了蒸馏酒。

杏花村美酒向外传播的时候，杏花村本地的酿酒技术依然在快速发展。1400年前，中国酿酒还处于液态发酵时期，杏花村首创的干和酿造工艺，开启了中国白酒固态发酵的先河，《酒名记》把杏花村的干和酒、竹叶酒都列为名酒，并指出“汾州甘露堂最为有名”。

固态发酵是伴随着蒸馏技术的成熟而出现的，以往的液态发酵技术，采用压榨或澄清的技术取得酒液，而一旦采用固态发酵就必须有配套的蒸馏技术提取酒液。考古发现却证明，中国的蒸馏技术至少有两千多年历史。2200年前，秦始皇时代，利用蒸馏技术炼取长生不老丹药。上海博物馆和杏花村汾酒博物馆都收藏有东汉时期的青铜蒸馏器。用这种蒸馏器做实验，蒸出了20.4～26.6度的蒸馏酒，蒸馏技术最终在隋唐时期的黄河流域形成。杏花村开始了“使用酒曲、固态发酵、蒸馏提酒”三大酿酒技艺的综合运用，定型了中国白酒的基本工艺，也就是说在隋唐时代杏花村已经生产出中国最早的蒸馏酒。

到了宋朝，蒸馏技术开始在多个领域应用，张世南的《游宦纪闻》记载，宫廷使用的香水“蔷薇露”，采用蒸馏工艺制作而成。河北青龙县发掘的铜制蒸酒器，铸造于金世宗大定年间（公元1161—1189年），这些充分说明，蒸馏酒技术在宋代已经基本成熟。

蒸馏酒技术在金元时期普遍应用，杏花村定型了“清蒸二次清、固态地缸分离发酵”的酿造工艺标准。李时珍《本草纲目》记载了元代白酒酿造的方法：“和曲酿瓮中，七日，以甑蒸取”。酿酒的第一步，是以陶缸为发酵容器，说的正是杏花村汾酒的发酵方法。由此看来，南方地区的窖池发酵等酿酒方法，在元代还没有出现。

汾酒传播　万里酒路

元朝建立了横跨欧亚的大帝国，跟随蒙古大军的铁骑，汾酒以及它的酿造技艺传播到了欧亚的大部分地区。

大英博物馆是世界上馆藏文物规格最高的博物馆之一，也是最权威和客观的文史研究机构之一。这件刻有“汾州羊羔酒”字样的元代瓷器，被大英博物馆作为中国白酒文化的代表，似乎还在诉说着汾酒从山西杏花村到达欧洲的万里酒路。

杏花村的白酒酿造技艺，还通过北方商路传播到了蒙古高原的鞑靼人当中。今天，俄罗斯盛行的伏特加酒，具有清香型白酒鲜明的香型和工艺特色，就是鞑靼人创新汾酒的酿造工艺，结合当地的物产和气候创造出来的。

韩国史料记载：700年前，蒙古铁骑攻下了朝鲜半岛之后，中国白酒的酿造技术才开始传播到朝鲜半岛。今天韩国的烧酒和日本的清酒，都与山西白酒酿造技术的传播有着密切的关系。日本普通家庭酿酒的蒸馏设备称为“羔里”，这也许与山西羊羔酒有着某种关联。

明清汾酒　纵横天下

在中国人的记忆中，有这样一句话，“问我祖先在哪里，山西洪洞大槐树”。大槐树是中国人寻根问祖的圣地，杏花村则是中国白酒的发源地和祖庭。杏花村蒸馏酒技艺在国内的广泛传播，则要从明朝初年说起。

明朝初年，连年战乱和瘟疫，导致冀、鲁、豫、皖等地，田地荒芜、人烟断绝，几乎成了无人之地。山西却因为山河险固，成为人口最多的地方。为了尽快恢复全国的农业生产，洪武二年，明政府开始实行移民屯田政策。

600 年前开始的明朝大移民，让近百万山西人离开了家乡。大批山西酿酒技师也跟随着移民队伍，分布到全国 18 个省，汾酒酿造技艺由此在全国广为传播。被强制移民的山西酿酒师傅，在没有发酵陶缸的情况下，因陋就简，创造出窖池发酵新工艺。有白酒酿造技术研究者认为：凡采用窖池发酵的酒企，创立时间不会早于明代。

明成祖迁都北京，又从山西移民 8 次，史书记载“徙山西太原、平阳、泽、潞、辽、沁、汾民一万户实北京”。今天分布在北京各个区县的山西营、大同营、夏县营等几十个乡村，都是明代山西移民的后代。北京前门外的汾州胡同，则是杏花村移民的聚居地。杏花村的汾酒酿造技艺，由此在北京和周边地区广为传播。今天，北京和河北的清香型地方白酒，依旧传承着汾酒的酿造工艺。

在明代中叶以后，崛起的晋商，把关公、汾酒和陈醋输送到了全国各地。晋商经营山西汾酒，主要有三种方式。第一种方式是把山西杏花村生产的汾酒向外地贩运；第二种方式是把山西杏花村酿酒师请到全国各地，仿照汾酒制法酿酒；第三种方式则是垄断全国烧酒大曲的生产和经营。

今天，全国各地历史较久的白酒产地，往往是晋商云集之地，有很多地方名酒的前身，就是晋商开设或参与的酒坊。晋商进入陕西，西凤酒诞生；随后，陕西酿酒技术进入四川，才有了绵竹大曲。晋商到达泸州，出现了泸州最老的窖池。赤水河被称作是美酒河，在明清两朝，这条河是晋商经营川盐的主要通道。1939 年出版的《贵州经济》记载：“在满清咸丰以前有山西盐商某，来茅台地方，仿照汾酒制法……酿造一种烧酒，后经陕西盐商宋某毛某，先后改良制法，以茅台为名，特称曰茅台酒”。今天，全国各地的名酒，都与杏花村酿酒技艺的传播有着直接或间接的关系。

明清两朝，晋商构筑的汾酒传播之路，勾画出了今天中国白酒产业的布局。东线京杭大运河沿线（河北、山东、安徽、江苏），长江和汉水航道沿线（湖北、湖南、贵州、四川），东北线（辽宁、吉林、黑龙江），西北一线（陕西、甘肃、青海、新疆），此外还有北线的内蒙和中部的河南。汾酒在国内传播的万里酒路，从杏花村的根脉出发，开枝散叶，衍生出了一个百花齐放的白酒王国。

清代汾酒　唯我独尊

在清朝的几百年间，汾酒一直以优越的品质，展示着唯我独尊的王者风范。公元

1707年除夕，被康熙皇帝誉为“清廉为天下巡抚第一”的吏部尚书宋荦，在恭王府举行了一场诗酒盛会，《四库全书》收录了翰林和状元的全部诗歌。“滦鲤登盘美，汾酒开瓶馥”“汾酒滦河鱼，割鲜斗芳甘”。诗情画意间，赞美了山西美酒，颂扬了太平盛世。

清新自然、淡雅悠远，是中国文人的审美取向；道法自然、得造花香，则是中国白酒的最高境界。汾酒地缸发酵的方式避免了酿酒原料与土壤和其他杂质的接触，最大限度保证了白酒的清香纯净。淡雅清香的汾酒，与其他香味浓烈的南方白酒相比，更加符合东方文化的审美情趣。“琴棋书画诗酒花”，成为中国文人崇尚的七件雅事。清代著名诗人袁枚的《随园食单》代表了清代文人的生活情趣，他把汾酒誉为天下第一烧酒。

乾隆年间的禁酒令，让全国各地的众多白酒停止生产，杏花村汾酒的生产却从未受到影响。甘肃巡抚德沛的奏折：“至通行市卖之酒，俱来自山西，名曰汾酒。因来路甚遥，价亦昂贵。”从奏折上看，汾酒在乾隆时期，是价格昂贵的高档酒。山西巡抚也都向乾隆皇帝禀奏，河北、山西、安徽等地的酿酒业，都与山西商人有关。对于是否查禁山西汾酒的问题，乾隆皇帝在奏折朱批中未有表态。这种默许的态度，让汾酒得到更大程度的发展，成为清朝白酒业真正的王者。

近代汾酒　行业标杆

1875年，具有资本主义性质的酒坊——宝泉益，在杏花村的申明亭开办，汾酒历史由此揭开了新的一页。宝泉益大掌柜杨得龄，后来在杏花村实施合并联营战略，将酒坊改制为义泉泳，提出了“振兴国酒，质优价廉，决不以劣货欺世盗名”的口号。汾酒人在中国历史上，第一个提出“国酒”概念。他们要振兴的“国酒”，已经超越了产品本身，更多的是以天下为己任，民族振兴的远大抱负。这个雄心壮志，在一个多世纪里，始终是汾酒人创业守业的宗旨。

在近现代，汾酒以世界眼光和创新精神，高举着中国白酒文化的火炬，创造了白酒业无数个第一。1915年，巴拿马万国博览会上，山西高粱汾酒是中国唯一获得甲等大奖章的品牌白酒。汾酒，由此开始了近百年的世界名酒史。

1919年，第一家中国白酒股份制企业“晋裕汾酒有限公司”成立，标志着汾酒引领中国白酒的现代公司化发展。1924年，汾酒注册了中国白酒行业第一枚商标；1933年，汾酒开创了中国白酒业第一次微生物学实用研究。

1937年，抗日战争爆发后，当年11月太原沦陷，汾酒大掌柜杨得龄马上令太原汾酒公司停业，回到杏花村后强调：“东洋货百姓尚且抵抗，国之名酒汾酒，岂能为外敌所用”。汾酒人的民族气节，在抗战历史上，留下了光彩的一笔。

1948年7月，解放区政府第一家公营酿酒企业——汾阳杏花村汾酒专营店成立。1949年6月，山西杏花村汾酒厂诞生。汾酒和竹叶青酒成为新中国第一届全国政治协商会议和新中国宣告成立的庆典用酒，是名符其实的共和国第一国宴用酒。

在建国后历届中国名酒评选中，汾酒蝉联四大、八大、十三大、十七大名酒；竹

叶青酒，连续三次被评为中国名牌产品，尽显名酒风范。

中华人民共和国成立后，汾酒率先展开了酿造工艺改革的科技攻关。活动甑锅、冷散机、疙瘩粉碎机相继发明，极大地提高了劳动效率，减轻了劳动强度。从50年代开始，汾酒厂就成为新中国的酿酒工业科研基地和培训基地，全国各地的技术人员纷纷来到汾酒厂学习清香型汾酒的酿造工艺技术。著名酿酒专家秦含章“四方结队学汾珍”的诗句，客观记录了“汾老大”在行业里的荣耀地位。

从民国时期就依照汾酒工艺生产，并且借助汾酒品牌销售的各地酒企，几乎遍布了中国的大江南北、长城内外。诸如：“汉汾酒”“湘汾酒”“佳汾酒”“红星汾酒”等一大批带有“汾”字的白酒，直到1987年汾酒厂维护商标专用权，才先后改名或退出历史舞台。由此可见，汾酒在全国白酒行业的巨大影响力。如今，杏花村汾酒老作坊，率先入围世界文化遗产预备名录。汾酒酿造工艺被列为第一批国家级非物质文化遗产，是当之无愧的中国白酒活化石。

作为中国白酒的源头，杏花村的酿酒技艺从仰韶时期开始，与中华民族的历史如影随形，绵延不绝，从未中断。它创立和定型了中国白酒的基本风格，它推动了中国酿造技艺的进步与成熟；它奠定了中国白酒百花齐放的产业格局，始终在引领着中国酒文化的发展。

现代汾酒　王者归来

革故鼎新，是杏花村酒文化六千年生生不息的根本；跨越发展，是现代汾酒再现王者风范的历史使命。2009年10月，是汾酒集团具有重大历史意义的转折点。新一届领导班子站在历史、现实、未来的高度，提出汾酒战略新思维。系统发掘汾酒蕴藏的巨大产业价值，第一次回答了“什么是汾酒”和“怎么做汾酒”两大历史性课题。

汾酒是中国白酒产业的奠基者，是传承中国白酒文化的火炬手，是中国白酒酿造技艺的教科书，是见证中国白酒发展历史的活化石。汾酒是国酒之源，清香之祖，文化之根。汾酒是中华五千年文明进程的同行者、见证者、记录者，是中国酒魂。

6000年的发展历史，让山西汾酒与中华文明同呼吸共命运。每一个国力强盛、经济繁荣、社会和谐的时代，都是汾酒大发展的时代；汾酒的历史，是中国政治、经济、文化、科技的缩影；汾酒的文化，承载着东方文明厚重的传统，传播着中国文化清新风雅的一脉清流。

在这个缔造中国梦的时代，汾酒人正激情满怀，用心酿造，致力于把汾酒打造成世界第一文化名酒，把竹叶青酒打造成中国养生酒第一品牌，把杏花村酒打造成最受大众喜爱的第一名酒。在伟大的大国大时代，实现清香天下！

吕梁嵯峨，汾酒如河，千秋万代，永为扬波！

科技与黄酒的未来

谢广发
中国绍兴黄酒集团有限公司 国家黄酒工程技术研究中心，浙江绍兴 312000

摘　要：由于科学研究的投入难以在短期内产生效益，黄酒作为中国的特产和具有几千年历史的传统产业，不像电子、医药和信息技术行业产品更新换代迅速，随时有被市场淘汰的危险，也不像啤酒和葡萄酒这些世界性酒种面临着国际性的竞争，因此黄酒行业对科学研究缺乏紧迫感和发自骨子里的重视。这种状况若不改变，黄酒在与其他酒种的竞争中必将继续被边缘化。

关键词：黄酒，技术现状，科技需求

经常听到这样的话：黄酒，老太婆都会做的酒，需要科研吗？

对于这个问题，感觉很难用简单的几句话来回答。在此罗列一些有关黄酒的科学技术问题，姑且作为回答：

全球最大、最成功的啤酒生产商——美国 AB 公司（旗下拥有“百威”等品牌，2008 年被英博公司以 520 亿美元的价格收购）四个主要品牌年产量达上千万千升，每种品牌无论在哪里生产，其品质都高度一致。对照一下黄酒行业，差距有多大？

随着科技进步和人们对食品安全性要求的不断提高，黄酒将面临增加安全性指标。没有潜在风险因子生成机制与控制方法的研究，黄酒企业如何应对？饮料酒中的 EC 和食品中的生物胺是当前研究的热点。尿素是 EC 的前体物质。日本已选育出低产尿素清酒酵母菌，并应用于生产。加拿大英属哥伦比亚大学葡萄酒研究中心采用基因工程“自克隆”技术，不引入外源基因，通过组成型高表达脲基酰胺酶（降解尿素的酶）基因构建的低产尿素葡萄酒酵母工程菌，使生产的葡萄酒 EC 含量下降 89%，目前美国 FDA、加拿大卫生署及环境署同时批准了其商业用途。黄酒行业对低产尿素黄酒酵母菌有迫切的需求，目前研究工作已取得进展；酒中的生物胺会引起上头。葡萄酒中的生物胺主要由用于苹果酸乳酸发酵的乳酸菌产生，目前加拿大和美国已开始在葡萄酒生产中应用能同时完成酒精发酵和苹果酸乳酸发酵的转基因酵母菌。该酵母菌接入了来源于乳酸菌的苹果酸乳酸酶基因，使葡萄酒生产中不需再接种乳酸菌，不但降低了葡萄酒中生物胺含量，而且简化酿酒工序，提高了生物稳定性，其商业用途获得美国 FDA 和加拿大卫生署及环境署批准，并且不要求在酒标上标明。检测结果表明，黄酒中的生物胺含量不存在安全风险，但是进一步降低其含量也是有价值的工作。黄酒中生物胺的形成机理较复杂，目前的研究尚处于含量检测的摸底阶段，控制技术的研究尚属空白。笔者推测：通过在机械化黄酒生产中使用快速发酵酵母菌及接种不产生物

胺的乳酸菌，在传统工艺黄酒中强化优良酵母菌来更好地抑制杂菌生长，可能对降低黄酒中的生物胺有一定效果。

由于缺乏机理性研究，黄酒的生产发酵控制尚停留在经验层面。采用不同的发酵温度曲线虽然理化指标都能达到标准要求，但会影响到产品的风格和各种微量组分（如高级醇、乙醛、尿素）的含量。由于缺少研究数据的支撑和统一的操作规程，目前机械化黄酒发酵温度控制由各车间技工凭经验掌握。没有可供参考的基础数据，如何制订科学的操作规程？提高产品安全性和品质稳定性又从何谈起？没有理论指导的实践是盲目的实践，传统手工黄酒生产同样需要酿酒理论指导。自然培养块曲的制曲工艺影响曲中微生物结构、酶系及风味物质的生成，从而影响产品的风格。不同香型白酒所用大曲是有差别的，酱香型白酒用高温曲，浓香型白酒用中温曲，清香型白酒中温曲的制曲温度又与浓香白酒中温曲不同。江南大学研究表明，古越龙山块曲中风味物质比其他黄酒企业的块曲丰富，而且生物活性物质四甲基吡嗪含量最高。这必定与古越龙山独特的制曲工艺有关。因此，制曲工艺与块曲品质的研究将为打造产品特色和新产品开发提供科学依据。由于微生物种类繁多、风味成分复杂多样，糖化发酵剂品质评价、发酵机理研究需要借助系统生物学、微生物分子生态学、风味化学和分析化学技术方法。通过研究，揭示生产过程中微生物群落结构及其在酿造过程中的动力学、代谢途径、风味物质的产生机理，以及微生物代谢活动和产品风味、生物活性物质、微量组分的形成之间的关系，从而为品质控制、功能微生物强化及产业的现代化改造提供理论指导，并提示黄酒作为国酒和民族文化遗产的科学内涵。

酿酒原料影响产品的品质和风格。目前，对不同特点的原料采用千篇一律的生产工艺，对大米和小麦品质没有科学的评价指标，主要凭水分、淀粉含量和经验把关，至于针对性地进行原料育种更无从谈起。对原料的深入研究有助于产品的品质提升和特色打造。小麦中的多酚和蛋白质含量及组成不但影响黄酒的风味，而且对黄酒的非生物稳定性产生重要影响。小麦色泽的深浅与多酚含量及种类有关，形成沉淀的多酚主要来源于麦皮，而且最新研究表明黄酒沉淀蛋白多数来源于小麦。但古人的认识不可能达到分子水平，甚至未必会纠结于黄酒的沉淀。用黄皮小麦制曲仅仅是古人就近取材，还是实践经验的总结？

酵母是黄酒的灵魂。黄酒酿造是酵母代谢的生化过程，酵母对黄酒的品质起到决定性的作用。日本清酒酵母品种繁多，各有特色，酵母的应用选择是根据酒的风格类型来确定。黄酒酵母菌种单一，导致产品同质化严重。因此，酵母的选育对打造产品特色和新产品开发都具有重要意义。近年来，笔者在酵母的选育上投入了大量的工作，建立一套快速发酵酵母高效筛选方法（访方法可用于现有生产菌种的快速纯化），在传统工艺黄酒发酵醪和淋饭酒母中筛选出 3 株优良黄酒酵母菌株，并专利保藏于中国微生物菌种保藏管理委员会普通微生物中心。其中一株酵母发酵速度比 85#酵母快，经古越龙山酒厂机黄车间连续多年生产应用表明，能缩短发酵周期，且生产的黄酒尿素（加饭酒一般为 10mg/L 左右）和高级醇含量较低。

随着生活水平的提高和健康意识的增强，具有保健功能的食品越来越受到青睐。黄酒的保健养生功能历来受到行家的推崇。但在科技在达的今天，仅靠古书上的记载已说服不了消费者，要说报消费者就必须拿出科学的数据。独特的生产工艺赋予黄酒独特的功能因子，比如小麦带皮发酵，麦皮中含有丰富的黄酮、酚酸（如阿魏酸）、固醇（主要为谷固醇）、活性多糖、木酚素等，这些功能因子通过长时间发酵浸提进入酒中。笔者在《重新认识黄酒的保健作用》（中国酒，2001年第4期）一文中，首次根据黄酒的独特工艺提出黄酒中富含酚类化合物、生物活性肽、功能性低聚糖等功能因子。之后，在争取到政府经费的资助下，与江南大学合作对黄酒中酚类、低聚糖、γ-氨基丁酸和小肽进行了检测与研究，并对小肽进行了分离纯化、功能实验和序列鉴定。在此基础上，与浙江大学合作，通过动物实验等科学手段，证实了黄酒的多种保健功能。研究成果受邀在第七届国际酒文化学术研讨会上做学术报告两篇，并获中国轻工业联合会、中国食品科学技术学会和浙江省科技进步奖。黄酒生产是以谷物为原料、多种微生物参与作用的生物转化过程，可以预料含有大量的生物活性物质。但目前对黄酒中生物活性组分的研究，几乎都是从已知的某些功能活性物质着手，采用现代分离检测手段确定黄酒中这些功能活性组分的含量，而缺乏对未知功能活性物质的挖掘。期待通过系统深入的研究，发现1~2个具有特殊作用的黄酒独特的功能因子，并阐明其分子结构、前驱体、形成机制和作用机制，提升黄酒的保健内涵和品位。同时，对于经动物实验发现的黄酒重要的保健功能，期待进行深入研究，阐明黄酒作用的分子机理。

黄酒的非生物浑浊沉淀虽不影响黄酒的饮用，但严重影响黄酒的外观品质和形象，因沉淀造成消费者投诉和退货时有发生。笔者通过研究，首次采用冷冻加0.18μm错流膜处理工艺，明显提高了黄酒的非生物稳定性。该处理工艺在行业推广。目前，黄酒非生物浑浊沉淀问题仍然是困扰行业的难题，只有对浑浊沉淀机理进行深入研究，并建立预测方法，采取更有针对性的措施，才有可能使这一问题从根本上得到解决。笔者首次对瓶装黄酒沉淀物成分进行了分析，发现粗蛋白含量占总质量的50.56%。江南大学陆健教授团队的最新研究发现，黄酒沉淀蛋白的分子量主要集中在14~16kD、21~23 kD。并通过双向电泳、质谱鉴定发现，沉淀蛋白主要为来源于小麦的类燕麦蛋白及前体、二聚α-淀粉酶抑制剂和源于水稻的假定蛋白。

黄酒的储存容器一直沿用传统的陶坛，万吨酒需近44万只陶坛储存，陶坛储酒存在操作繁琐、用泥头封坛影响工厂清洁卫生、劳动强度大、人工费用高、运输储存损耗大、需要较大的储酒仓库等许多缺点。葡萄酒行业为降低成本，应用大罐加橡木片等橡木制品储酒代替传统橡木桶储酒已非常普遍。一直坚守传统的波尔多葡萄酒，为增强与新世界葡萄酒的竞争力，也开始采用这一技术。黄酒行业如能在保留一定规模传统陶坛储酒的同时，大量采用大罐储酒，将大幅降低成本，提高工厂清洁度。但如何保证大罐储酒不酸败并且达到陈酿的目的？

孔子曰："工欲善其事，必先利其器。"就机械装备技术水平而言，黄酒行业远落后于啤酒和葡萄酒行业。啤酒和葡萄酒设备有许多著名的生产厂家，先进的生产装备促使酿酒工艺技术和产品质量水平不断提高。而生产黄酒机械设备的厂家很少，且技术水平不高。黄酒机械加工精度不高，装置不够合理，手工劳动普遍存在，在一定程度上影响了黄酒质量水平和效益的提高。例如，目前普遍使用的板框式气膜压滤机，存在间断式生产作业、人工卸糟劳动强度大并影响车间清洁、每台压滤机的占地面积较大等缺点，严重制约着劳动生产率的提高。黄酒企业要加强与国内外设备生产厂家的联合攻关，同时政府部门应给予必要的扶持。近年来，大量新设备在黄酒生产中得到应用，块曲压块机、圆盘制曲机的应用，提高了生产效率，减轻了劳动强度；发酵智能化自动控制系统的应用，提高了发酵过程控制精度和批次间品质的稳定性；自动洗坛灌坛机组的应用，不但提高了生产效率、减轻了劳动强度，还能节省大量洗坛水；热灌装生产线的应用，降低了能耗。

从手工生产到机械化生产是黄酒在科学技术上的一次飞跃，从输米、浸米、蒸饭、发酵，到压榨、煎酒的整个生产过程均实行机械化操作：以蒸饭机代替木甑蒸饭，实现连续蒸饭；以大容量金属大罐代替陶缸陶坛发酵，并采用露天罐后发酵；以板框式气膜压滤机代替木榨，提高了压榨效率和出酒率，并大大降低劳动强度；煎酒设备由锡壶煎酒器、列管式煎酒器到薄板式换热器，使酒的损耗和蒸汽耗量显著降低。在由传统手工生产转为机械化和自动化生产过程中，既要研发实现机械化和自动化生产的机械装备，又要研发适应机械化和自动化生产的新工艺，并要求新工艺保证生产的产品尽可能保留传统的风格。从传统工艺黄酒发酵醪中筛选出85#酵母菌以及从传统自然培养生麦曲中筛选出糖化菌米曲霉苏－16，并实现酒母和麦曲的纯种培养，这两项重要改革奠定了机械化新工艺的基础。但由于纯种制曲所用原料小麦由生料改为熟料，对黄酒的传统风味有一定损害。其原因主要有：一是加热会破坏小麦本身存在的微生物和酶；二是熟料改变微生物生长的营养条件；三是小麦对黄酒香气的形成也有作用，使用熟料会给黄酒带来熟麦味等不良影响。为解决这一问题，笔者研制通风培养法制备生麦曲新工艺，不但提高了麦曲的酶活力，而且以此新曲代替熟麦曲与自然培养的生麦曲混合使用，酿制的机械化黄酒感官质量明显提高，尤其是解决了原机械化黄酒普遍反映的苦味和熟麦味问题。该成果获浙江省科技进步奖，自1999年起在沈永和酒厂（原古越龙山第三酿酒厂）机械化黄酒车间应用至今。黄酒虽然实现了机械化生产，但多年来工艺技术停滞不前，机械化自动化水平与啤酒和葡萄酒行业存在较大的差距。

通过新工艺新技术和新装备的应用，实现节能减排和资源的高效利用是时代发展的潮流。黄酒的独特生产工艺之一是浸米周期长达15天以上，由此产生大量浸米浆水，目前浸米浆水主要被作为废水处理，有没有可能变废为宝、减少排放和处理成本？或者有没有可能采用免浸米生产新工艺？酒糟主要用于生产糟烧，一方面糟烧的质量和档次尚有较大的提升空间，另一方面酒糟的淀粉利用率很低，其他营养物质未能被有效利用，有没有更高效、经济效益更好的酒糟综合利用技术？

黄酒需要科学研究吗？答案是不言而喻的。但作为传统产品，应该如何把握传统继承和现代变革之间的关系呢？在此谈些个人的认识：

关于手工黄酒。作为文化遗产的传承和微生物多样性资源，依靠自然微生物发酵的手工黄酒应保留一定规模。但对多数手工黄酒而言，可以通过强化优良菌种来保障正常发酵，减少酸败。传统工艺生产黄酒的魅力在于产区特有的微生物群（包括多种酵母菌、细菌等）参与发酵，不但赋予黄酒产区特有的风味，而且由于多种微生物的代谢产物丰富，有利于酒的香气和口感。但要酿造出好的黄酒，就要利用好有益微生物，抑制住有害微生物。葡萄酒酿造使用二氧化硫，黄酒酿造“以酸制酸”及在制酒药时添加中草药和接种优质陈酒药等，原因就在于此。葡萄酒虽然采用纯粹培养的活性干酵母发酵，但是葡萄汁中含有大量微生物，因而并不是纯粹发酵，只是使优良菌种占优势，以提高酒的质量。同样，传统黄酒强化优良菌种发酵也不是纯粹发酵，因为黄酒是开放式发酵，且麦曲也带入了多种微生物。从生产试验情况看，强化优良酵母菌发酵使发酵前期酒精迅速上升，能有效抑制杂菌生长，达到防止发酵謬酸败的目的；酿成的黄酒各项理化指标良好，香气纯正、口感舒适，更适合当今消费趋向。不管科技如何发达，手工黄酒作为特色产品不会消亡，正如在科技发达的美国，既有 AB 和米勒这样的顶级现代化啤酒公司，又有许多小型手工啤酒酿造商。

关于机械化黄酒。机械化自动化生产是黄酒行业的发展方向。在工艺上，根据发酵所用糖化发酵剂不同，机械化黄酒今后可能分化为：纯种酒母（单一或复合酿酒酵母）、纯种麦曲（单一或复合米曲霉制曲）发酵；纯种酒母、纯种麦曲和自然培养麦曲发酵；纯种酒母、纯种麦曲、功能微生物发酵（来源于传统黄酒生产中对产品品质有重要贡献的微生物，或用于混合培养酒母和麦曲，或单独培养使用）；纯种酒母、纯种麦曲和自然培养麦曲、功能微生物发酵。此外，酶制剂或商品化糖化发酵剂的应用将越来越普遍。纯种发酵或使用商品化糖化发酵剂使生产发酵和产品品质更加可控，虽然会在一定程度上改变黄酒的传统风味，但是这种改变反过来满足了市场多样化需求。

今天，自然资源的禀赋和传统的优势已不再是酿酒业发展的关键，科技和营销上的创新越来越发挥着举足轻重的作用。澳大利亚葡萄酒能在与旧世界葡萄酒的竞争中迅速崛起，得益于政府对葡萄酒科学研究的重视，因此被认为是科技战胜传统。由于科学研究的投入难以在短期内产生效益，黄酒作为中国的特产和具有几千年历史的传统产业，不像电子、医药和信息技术行业产品更新换代迅速，随时有被市场淘汰的危险，也不像啤酒和葡萄酒这些世界性酒种面临着国际性的竞争，因此黄酒行业对科学研究缺乏紧迫感和发自骨子里的重视。目前，黄酒行业只有古越龙山等少数企业建有专门的研发机构。在科技发达的今天，这种状况若不改变，黄酒在与其他酒种的竞争中必将继续被边缘化。此外，一旦国家放开外资投资黄酒行业的限制，国际酿酒巨头很可能介入黄酒行业，在其强大的科技优势面前，中国黄酒业将处于更加艰难的境地。

中国酿酒文化之源再探

何冰
蛟河市委党校，吉林 蛟河 132500

摘　要：文章探讨了考古发现的“最早的酿酒作物发源地”在哪里、考古发现的“中国最早的酿酒遗址”有哪些并从“酒祖”商标之争考证谁是中国酿造酒的“酒祖”？最后提出中国酿造酒起源地很可能适于已故中国考古学泰斗苏秉琦在其遗著《中国文明起源新探》中所言的“满天星斗说”。

关键词：酿酒，酒文化，考古

Reconsideration of the Origin of Chinese Alcoholic Beverage Culture

He Bing
Party School of Jiaohe Municipal Party Committee, Jiaohe 132500, Jilin, China

Abstract: In this article, the original place of the earliest liquor making crops and the ruins of Chinese earliest liquor making were discussed according to the archaeological discovery. In addition, who is the originator of liquor was investigated according to the dispute of trademark “originator of liquor” . Finally, it was proposed that the original place of Chinese liquor making might be described in “ Look up at Starry Sky” written by Su Bingqi, the deceased Chinese leading archeologist, in his posthumous work of “A New Exploration of the Origin of Chinese Civilization ” .

Key words: liquor making, alcoholic beverage culture, archeology

羊年过半，中国白酒行业关注的一件重要的“酒祖”商标争议案终于尘埃落地。新华网的报道说：“这枚商标看似简单，但从中国白酒文化根源来探究，其意义绝不亚于‘国酒茅台商标’。这枚商标，核心之争在‘酒祖’二字。一个是‘酒祖杜康酒’，归属伊川杜康酒祖资产管理有限公司；另一个是‘三沟红山酒祖’，归属辽宁三沟酒业有限责任公司。”

不管“酒祖”商标花落谁家，透过“酒祖”商标的背后，我们似乎可以把目光重新聚焦到中华文明的远端，来继续探索中华酒文化之源。因为，只有洞晓过去，才能夯实现在、预见未来。

寻梦中华酒文化之根，笔者认为，首先探寻的是“酿酒作物发源地”，其次为酿造、储藏、饮用酒的器具，最后是以文字记载的种植、酿造、饮用等文化。笔者认为：中国酿酒文化起源地很可能适于已故中国考古学泰斗苏秉琦在其遗著《中国文明起源新探》中所言的“满天星斗说”。

1 考古发现的“最早的酿酒作物发源地”在哪里

“中国白酒祖庭博物馆收藏了近两千件汾酒实物，其中带铭文的汾酒瓶上溯元代，下至民国，记录着800年中国白酒祖庭川流不息的王者基因和‘天下晋商，天下汾酒’的传播途径，用实物恢复和证明了汾酒在中国白酒中应有的祖庭地位。”[1]

据此，国内一家行业媒体尝试从农业起源来进一步确立“汾酒在中国白酒中应有的祖庭地位”。该媒体综合国内外专家研究成果说：关于人类农业的起源，虽然众说不一，不过有一点是大家公认的：农业是从采集发展而形成的，为何先民们会对坚硬并且难以生嚼的野生谷物种子情有独钟？有专家断言：是因为这些“小颗粒”可以酿酒。

关于谷物自然发酵成酒，中国酒史专家有过这样形象的推断：“大雨过后，窖存的谷物经常浸水，吸水的粟或黍借低温而发芽，活化了其中的淀粉酶，使淀粉变成糖与窖中水融合，在酵母的作用下就变成酒，称之为自然酒。先人饮用这种酒的历史，在《礼记·礼运篇》有‘汙尊而抔饮’的记载。即用双手捧起坑中积存的天然谷芽酒情景的描述”。

综合以上国内外专家的论述，我们可以认为，在采集农业时代，先民们先是发现了自然酒，并尝到了“甜头”，于是逐步开始模仿大自然赐予的神秘饮料，酿酒成为采集野生谷物种子的动力。在野生谷物种子不能满足需求的情况下，先民们又逐步开始尝试种植谷物，人类的农业文明就此拉开了序幕。

笔者研究东北酒文化多年，受益于近些年来国家开展的“夏商周断代工程”和“中华文明探源工程”所取得的重大成果，尤其是东北近些年来考古所发现的8000年红山文化，使得东北和内蒙古地区成为中国古代文明三大发源地之一，越来越成为考古学的普遍共识。我国已故考古学泰斗，中国考古学会会长苏秉琦，在其遗著《中国文明起源新探》中，有清晰而系统地阐述。

笔者与著名红山文化研究学者雷广臻教授等共同发表的《红山酒祖8000年文化溯源——阜新可能为中国白酒文化发源地》一文，重点探讨了“关于酒原料的起源”：[2]酒的原料应该是多种谷物。长久以来，关于谷物的起源一直是个学术争论问题，目前可以确定谷物起源于被子植物。

被子植物的起源与白酒。最早的被子植物是辽宁古果，起源于辽宁西部。辽宁古果属于古果科，该科包括辽宁古果和中华古果两种化石植物，它们的生存年代为距今1亿4500万年的中生代，比以往发现的被子植物早1500万年，被国际古生物学界认为是迄今最早的被子植物，这为全世界的有花植物起源于我国辽宁西部提供了有力的证据。

从辽宁古果化石表面上看，化石保存完好，形态特征清晰可见。因此，研究谷物先要了解被子植物，包括阜新地区在内的东北地区是被子植物的发源地。当然，当时的被子植物都是野生的。

人工培育糜子、谷子的起源与白酒。新石器时代的人类学会了人工培育谷物，当时中国形成了两大谷物种植区，北方是粟作区，南方是稻作区。

距今约 8000 年前，在东北地区的牤牛河两岸出现了查海 – 兴隆洼文化，即内蒙古敖汉旗的兴隆洼文化和辽西阜新的查海文化。两者应为同时期的文化，文化面貌也很相近。

2001—2003 年考古人员在敖汉旗兴隆沟发掘时，采集并且浮选了 1500 多份土样，然后在实验室对浮选结果进行识别、鉴定，从中发现了 1500 多粒碳化谷粒，90% 是糜子，10% 是谷子。经过鉴定，这些谷物完全是人工栽培形态。来访的加拿大、英国的专家在观察了这些谷粒后也认为，兴隆沟出土的糜子、谷子毫无疑问是人工栽培形成的。

随后，科学家将少量碳化谷粒送往加拿大多伦多大学进行 C14 鉴定，鉴定结果证实这些谷物的年代在距今 7700 ~ 8000 年。这比中欧地区发现的谷子早 2000 ~ 2700 年。因此，西辽河上游包括阜新地区在内的广大地区，很有可能是这两种谷物的起源地。[3]

1937 年，我国考古学家吴其昌先生指出："我们祖先最早种稻种黍的目的，是为酿酒而非做饭……吃饭实在是从饮酒中带出来。"

20 世纪 80 年代，美国宾夕法尼亚大学人类学家索罗门 · 卡茨博士也发表论文，提出了类似的观点，认为人们最初种植粮食的目的是为了酿制啤酒。人们先是发现采集而来的谷物可以酿造成酒，而后开始有意识地种植谷物，以保证酿酒原料的供应。

1992 年，加拿大学者海登提出了一种动植物驯化的"竞争享宴理论"。他认为在农业开始初期，在驯化的动植物数量有限和收获不稳定的条件下，它们在当时人类的食谱结构上不可能占很大比重。而有的驯化植物与充饥完全无关。因此，一些动植物的驯化可能是在食物资源比较充裕的条件下，扩大食物品种结构、增添美食种类的结果。例如谷物适于酿酒[4]。

由此，笔者认为，既然红山文化区是世界至少两种谷物种植的起源地，也应该是世界和中国谷物酿造酒的起源地和酿造酒文化的起源地。

2　考古发现的"中国最早的酿酒遗址"有哪些

有专家认为，中国酿造酒的发展大致经历四个阶段：启蒙期。第一阶段为公元前 4000 年到 2000 年；成长期。第二阶段从公元前 2000 年的夏朝到公元前 200 年的秦王朝；成熟期。第三阶段由公元前 200 年的秦朝到公元 1000 年的北宋；提高期。第四阶段由公元 1000 年的北宋到公元 1840 年的晚清时期。

也有专家将最先诞生酿造酒的产地分为四个地区：中原地区，皇室贵族聚集，为白酒诞生提供了消费基础；商业地区，商业带动，为白酒发展提供发扬光大的商脉；富庶地区，物产民丰，为白酒诞生提供了市场基础；军事要塞，民族融合，为白酒诞生提供了技术先机。近些年来，几处与酒有关的考古遗址的重大发现，似乎佐证了这些观点。

2.1 1994年，距今3000年前的酒在山东滕州发现，被列入1994年十大考古成果之一。

1964年，全国第一次文物大普查期间，滕州就发现了震惊中外的北辛文化。1994年春天，经国家文物部门批准，中国考古研究所山东考古队进驻滕州前掌大村开始考古发掘，最终，发现了商代（公元前1600年—公元前1046年）晚期灰沟及商代晚期墓葬群，发掘出商周之际薛国贵族墓11座，“出土青铜器、玉器等文物近千件，卣、壶中封存有清澈透明的液体，可能是当时的酒，亦较为难得。这批资料对于研究商周时期东方方国的政治、经济、文化、族属等问题具有重大意义。”

2007年，笔者来到滕州，采访了有幸参与了全过程挖掘的滕州博物馆考古部的王元平。当年55岁的王元平说：“按照分工，他带人挖掘的一个命名为‘M11’的墓穴，这个墓穴距离地面三米多，是现场发掘的最大的墓穴之一。在这个墓穴中发现了8只铜鼎，3只装满了液体的青铜提梁卣。”

考古经验丰富的胡秉华教授认为，只有帝王才能享受9只鼎的礼遇，而享受8只鼎礼遇的非王即相，他从装液体的提梁卣来判断，应该是一位战功显赫的将军。

据王元平回忆，为了方便，胡秉华教授在前掌大村租了一处独门独院的民房，运输三只提梁卣到胡教授租的住处时，由于村路颠簸其中一只封口破裂。在胡教授的住处，他打开了破裂的那只提梁卣，倒出的液体晶莹透明。胡教授装了一杯，留给了滕州，这杯3000年前的古酒至今陈列在滕州博物馆。

至于三只提梁卣的去处，王元平回忆说，听说一只在北京，一只在上海，还有一只被国家博物馆永久收藏。至于提梁卣中的液体，经过北京大学考古实验室化验，确有酒精分子的存在，应是迄今国内最古老的酒的发现，因此列入了1994年十大考古成果第六位，但不知为何，该发掘地没有被列入全国重点保护文物。

2.2 2009年，在陕西眉县发现距今2200年前的酒

2010年，笔者来到陕西太白酒业，原董事长张吉焕告诉笔者：2009年10月，在陕西太白酒生产基地宝鸡眉县出土的秦代（公元前221—公元前201年）扁壶内的神秘液体，经成都中科院生物研究所分析和检测，证明该液体内含有乙醇。也就是说，壶内液体是酒。该酒比西安北郊发现的至少要早200多年，这也是迄今权威部门鉴定发现的年代最久远的酒。

2.3 2003年，在西安发现距今2000年的酒

2003年，陕西西安市北郊发现三座汉（公元前202年—公元9年）墓，其中一号汉墓年代为西汉，出土一件保留有26公斤西汉原酒，通体鎏金，凤鸟纽的汉代酒锺；根据取样分析测试，西汉原酒的度数仅有4度左右，酒色为翠绿色，为唐前我国古代谷物酿酒的标准成品色泽。

2.4 1996年，泸州老窖古窖池入选第四批全国重点文物保护单位

2013年，古窖池群、古酿酒作坊、三大天然藏酒洞入选第七批全国重点文物保护

单位。

泸州老窖1619口百年古窖池群全部入选，数量为行业最高。由此，泸州老窖也成了拥有全国重点文物保护单位数量和类别最多的白酒企业。

2.5 2001年，水井街酒坊遗址被列入第五批全国重点文物保护单位

1999年3月至4月，四川省文物考古研究所、四川省博物馆、成都市文物考古研究所联合对水井街酒坊遗址展开了全面考古发掘工作。水井街酒坊遗址是国务院批准保护的第五批全国重点文物保护单位；《水井坊酒传统酿制技艺》被国务院正式宣布列为国家级非物质文化遗产。水井街酒坊遗址是中国第一个经科学考古发掘的最全面、最完整、最古老、最具民族独创性的古代酿酒作坊遗址，是中国白酒行业的“活文物”。

2.6 2006年，李渡烧酒作坊遗址被列为第六批全国重点文物保护单位

该遗址位于中国江西省南昌市进贤县李渡镇江西李渡酒业有限公司内，又称李渡无形堂元代烧酒作坊遗址，出土的遗物有石器、陶器、瓷器、木器、铁器等，以陶瓷为主，其中酒器有73件之多，是目前中国发现的时代最早、遗迹最全、遗物最多、延续时间最长的古代烧酒作坊遗址，对烧酒（白酒）的起源有重要研究价值，2002年被评为全国十大考古新发现。李渡烧酒作坊遗址元代酒窖的发现，证实了《本草纲目》的记载：“烧酒非古法也，自元时始创。其法用浓酒和糟，蒸令汽上，用器承取滴露，凡酸坏之酒，皆可蒸烧”。同时证明了中国最迟在元代已出现了固态发酵制作蒸馏酒。

该遗址中明清时代的酿酒遗迹显示其白酒生产工艺属小曲工艺，是中国首次发现使用小曲工艺的烧酒作坊遗址。到近代，开始改用大曲工艺生产。因此该遗址是研究烧酒酿造工艺的起源和演变的重要实物资料。时年85岁的国家白酒评比专家组组长周恒来到江西省进贤县李渡镇，当他站在李渡烧酒作坊遗址旁，以少有的激动的口气说：“李渡烧酒作坊遗址的发现和发掘是我们酒行业难得的国宝。”

2.7 2013年，扳倒井酒所在地——陈庄西周遗址，被国务院核定公布为第七批全国重点文物保护单位

陈庄西周遗址位于山东高青县花沟镇陈庄村与唐口村之间，南临小清河，以西周早中期文化遗存为主，保存较好。

该古城遗址是齐国考古史上划时代的重大发现，也是山东地区近年来最为重大的考古发现之一，分别被国家文物局和中国社科院评为“2009年度全国考古十大新发现”和“2009年中国考古六大新发现”。遗址出土的城址、祭坛、车马坑、带“齐公”铭文青铜器及墓葬等具有科学、历史、文化等多项重大价值。尤其是所出土的觥、盉、尊、彝等大量青铜酒器，以实物充分印证了扳倒井所在地久远的酒类酿造历史。

2.8 2015年3月，新华社报道说考古工作者2014年初在西安首次发现的金代墓葬中发现了金代古酒

据考古专家介绍，墓主人是当时陕西东路转运使兼六部尚书，这是金代陕西地方

最高的行政长官。随葬品中有个梅瓶，出土时瓶口还是封着的，装有清澈的液体。

3 从“酒祖”商标之争考证谁是中国酿造酒的“酒祖”

在杜康酒产地，“杜康造酒的传说”有很多版本，当地民间流传甚广的，讲的是杜康小时候，家庭发生重大变故，曾为御史大夫的祖父杜伯被杀，杜康随叔父逃亡沦为胡人的奴隶，成为一名小羊倌。一个偶然的机会，杜康邂逅了杜康泉，发明了一种酒，从此以酿酒为业，遂成酒神。

照此说来，杜康师从的酿酒师傅是胡人，即北方少数民族。到底是哪一个少数民族？1987年，黑龙江省出版总社出版的武显章、关世勋等著[5]《黑龙江酿酒发展史略》载：“关于白酒这个名称，《本草纲目》中已写得很清楚：‘白酒即烧酒，火酒、阿剌吉酒’。阿剌吉酒元朝的《饮膳正要》中亦有记载，是我国主要少数民族称白酒的名字，如蒙、满、藏、维吾尔等都把白酒称为阿剌吉酒。在国外，东自印度尼西亚，西至匈牙利，有不少国家亦把白酒称为阿剌吉酒。能有如此重大的影响力量，传播的如此之广，可想除了中华民族外，别无他属。具体说，很可能是蒙古族。一是蒙古人自古以来就善于酿酒，这与他们地处气候严寒与饮食习惯也有密切关系。二是蒙古族于元初远征广大地区，播下了蒙古族的古老文化。”2010年前后，英国的《科学》杂志发表了马丁·琼斯和刘歆益[6]的《东亚农业起源》指出，在中国东北地区新石器时代的农耕遗址上发现的碳化谷粒表明，早在8000年前当地就已经种植小米了。

中国社科院考古所研究员刘国祥认为，红山地区发现的距今7600年前的“糜子”，就是现在蒙古族常吃的“炒米”。最新蒙古学研究成果表明，蒙古民族至少有8000年的历史。大历史学家翦伯赞在《中国史纲》中指出：蒙古民族起源于公元前9000年至10000年间的蒙古高原大内海人群中的蒙古语群体。

蒙古语中将用于炒制炒米的农作物糜子称作“蒙古”。《辽史》记载：客里亦惕部首领脱里在年轻时曾在篾儿乞部作人质，被迫做捣米的苦役，“蒙古贞”中的“蒙古”一词来源于“糜子”，因此可以认定“蒙古贞”即指“种糜子的人”。成书于清乾隆中叶的《水晶捻珠》中明确指出“蔑儿乞部即为蒙古贞部”。如蒙古贞部落起源地为辽宁阜新。那么，笔者认为，中国谷物酿造和蒸馏酒文化起源地之一，应在东北红山文化区的阜新蒙古族自治县。

该观点，与《北方文物》2015年刊载的《从红山文化源头查海遗址探析我国谷物酿酒的起源》[7]一文观点不谋而合。该文认为：我国谷物酿酒历史悠久，新石器时代原始农业出现以后，原始先民就已经认知并掌握了谷物酿酒技术。距今8000年的查海遗址是我国北方新石器时代重要的一处文化遗存，考古发掘表明当时已经进入到原始农业经济时代，随着查海社会的发展，谷物粮食的生产和陶器的使用，查海人已经掌握了谷物酿酒技术开始谷物酿酒。查海遗址的窖穴遗迹、家猪的饲养、专用酒器的使用进一步证明查海谷物酿酒的出现，这是查海先民在长期农业劳动过程中观察和实践的经验总结，是集体智慧的结晶，查海遗址（在阜新蒙古族自治县境内）也成为我国谷物酿酒的重要发源地之一。

综上，中国酿造酒起源地很可能适于已故中国考古学泰斗苏秉琦在其遗著《中国文明起源新探》中所言的“满天星斗说”。

参考文献

[1] 汾酒集团文化中心主任柳静安参观中国白酒祖庭博物馆［N/OL］. 山西青年报，http：//www. sx. chinanews. com/news/2013/0925/75891. html，2013 - 09 - 25

[2] 雷广臻. 红山文化的文化基础——兼论红山文化的文明成就［J］. 理论界，2013，4：199 - 205

[3] 何冰. 源自中国白酒文化发源地的“红山酒祖”［J］. 酿酒，2012，6：104 - 107

[4] 古为农. 中国农业考古研究的沿革与农业起源问题研究的主要收获［J］. 农业考古，2001，1：1 - 16，34

[5] 武显章，关世勋，等. 黑龙江酿酒发展史略［M］. 黑龙江省出版总社出版社，1987

[6] 肖尧. 英国考古学家：中国小米 7000 年前传入欧洲［N/OL］. 搜狐新闻，http：//news. sohu. com/20090509/n263858007. shtml，2009 - 05 - 09

[7] 李井岩，李明宇. 从红山文化源头查海遗址探析我国谷物酿酒的起源［J］. 北方文物，2015，1：16 - 19，25

论中国葡萄酒文化

王庆伟
山西戎子酒庄有限公司

摘　要：从文化的深层次来了解中华民族的葡萄酒文化、中华民族品牌、中国式酒庄以及酒庄酒，对于我们发扬中华民族葡萄酒文化、振兴我国葡萄酒酿酒企业文化以及加强葡萄酒文化的国际交流与合作都具有重要的理论价值和现实意义。

关键词：中国，葡萄酒，文化，戎子酒庄，民族特色，酒庄酒，中国式酒庄

Theory of Chinese wine culture

Wang Qingwei
Shanxi Chateau Rongzi Co. , Ltd.

Abstract: From the culture's deep understanding of Chinese wine culture, wine brand of the Chinese nation, Chinese - style Chateau and Winery, wines for us to carry forward the Chinese nation culture and the revitalization of China's wine culture and the strengthening of the international wine culture communication and cooperation are of great theoretical and practical significance.

Key words: China, Wine, Culture, Chateau RongZi, National characteristics, Chateau wine, Chinese - style Winery

中国是一个历史悠久的文明古国，是世界上酿酒最早的国家之一，已有数千年酿酒历史，中国酒文化更是中华文明的重要组成部分，而作为中国酒文化有机组成部分的中国葡萄酒文化同样源远流长、博大精深。从文化意义上说，酒是物质文化和精神文化的结合体，它不但是物质的饮料，更承载了中国精神的心理的诉求，丰富多彩的中国酒文化，包含有深刻的哲学、诗文、科技、艺术乃至于安邦治国的道理，是中国文化的重要组成部分。长期以来，由于人们习惯认识上给葡萄酒附会了许许多多，诸如：橡木桶陈酿、橡木瓶塞之类的洋文化、洋符号、洋元素，误导了相当一部分国人

作者简介：王庆伟，总经理，Tel：0357 - 6838888；Fax：0357 - 6838999；E - mail：120428951@qq. com

的消费心理，好像一说葡萄酒就是外来的洋酒。因此常常在我们的文化中，将葡萄酒划归外来的洋玩意，这其实是由于对东西方酒文化差异和葡萄酒酿造工艺缺乏了解，以至盲目模仿、崇洋媚外。但实际上，最原始的“酒”是野生浆果经过附在其表皮上的野生酵母自然发酵而成的果酒，称为“猿酒”，意思是这样的酒是由我们的祖先发现并“造”出来的，而且很多历史文献资料均可以佐证我国是世界人类和葡萄的起源中心之一，很多历史、诗词也力了葡萄酒在中国是“古而有之”，所以我们从文化的深层次来了解中华民族的葡萄酒文化，认识中华民族品牌、中国式酒庄以及酒庄酒，对于我们发扬中华民族葡萄酒文化、振兴我国葡萄酒酿酒企业文化以及加强葡萄酒文化的国际交流与合作都具有重要的理论价值和现实意义。

1 中国葡萄酒文化

1.1 中国葡萄的最早记载

中国最早有关葡萄的文字记载见于《诗经》，从《诗“周南”蓼木》：“南有蓼木，葛藟累之；乐只君子，福履绥之。”《诗“王风”葛》：“绵绵葛藟，在河之浒。终远兄弟，谓他人父。谓他人父，亦莫我顾。”《诗“风”七月》：“六月食郁及薁，七月亨葵及菽。八月剥枣，十月获稻。为此春酒，以介眉寿。”三首诗歌里，反映的是殷商时代人们就已经知道采集和食用野生葡萄。

1.2 “葡萄”两字来历

关于葡萄两个字的来历，明朝医学家李时珍在《本草纲目》中写道：“葡萄，《汉书》作蒲桃，可造酒，人酺（酺，读音：pú，其义为聚饮。）饮之，则醄（醄，读音：táo，‘醄醄’，其义为醉酒的样子。）然而醉，故有是名”，意思就是这种水果酿成的酒能使人饮后醄然而醉，故借“酺”与“醄”两字，称为葡萄。除此之外，“葡萄”故称还有“蒲陶”、“蒲萄”、“蒲桃”，“葡桃”等，葡萄酒则相应地称为“蒲陶酒”等。此外，在古汉语中，“葡萄”也可以指“葡萄酒”。

1.3 古代诗词中的葡萄酒

唐朝的葡萄酒诗，最著名的莫过于王翰的《凉州词》：“葡萄美酒夜光杯，欲饮琵琶马上催。醉卧沙场君莫笑，古来征战几人回?”；白居易有一首《五排·寄献北都留守裴令公》：“通天白犀带，照地紫麟袍。羌管吹杨柳，燕姬酌蒲萄。”；苏东坡的《谢张太原送蒲桃》：“冷官门户日萧条，亲旧音书半寂寥。惟有太原张县令，年年专遣送蒲桃。”；元朝的元好问就有一首著名的《临江仙》：“词清晓千门开寿宴，绮罗香绕芳丛。红娇绿软媚芳丛。绣屏金翡翠，锦帐玉芙蓉。珠履争持添岁酒，葡萄酒饮金钟。人生福寿古难逢。”还有诸多诗词歌赋也力证了我国古代就开始种植葡萄和酿制葡萄酒的历史。

1.4 中国葡萄酒发展历史

在春秋战国时期，一代霸主晋文公母亲——戎子偶尔机会发现并逐步创造和掌握了一整套的人工酿制葡萄酒的方法，开创了我们中华民族的葡萄酒酿造事业。汉武帝建元年间，历史上著名的大探险家张骞出使西域时从大宛（古西域国名）带来欧亚种葡萄；历经魏晋时期的兴起，唐代葡萄酒及文化的灿烂，宋代的低潮，元代的鼎盛，明朝的低速发展以及清末民国初期葡萄酒业的转折期；在20世纪90年代在中国兴起“葡萄酒热”，随着真正了解葡萄酒的人数的增加，葡萄酒产量和消费量有了大幅度的提高，对葡萄酒方面的研究空前高涨，葡萄酒的消费才开始呈现稳定增加的趋势；在2013年，国际葡萄酒与烈酒研究机构IWSR完成的研究表明，中国消费了1.55亿9公升箱红酒（约18.65亿瓶），成全球最大红酒消费国，法国、意大利次之。

虽然我国古代有着很灿烂的葡萄酒文化，可是遗憾的是，它却并没有随着时代的前进而进步。为什么同样是葡萄酒文化，我国和西方国家却有如此大的悬殊呢？其中的原因是复杂的，与其一定的社会性、时代性与民族性密不可分。葡萄、葡萄酒和葡萄酒业在中国经历了一个相当漫长而又缓慢的发展过程，但积淀了灿烂的中国葡萄酒文化，极大地丰富和发展了中华的民族文化，并成为其中的一个重要组成部分。从真正意义上讲，葡萄酒的生存、发展史就是中华民族文明的一个渐进缩影，也是中华民族文明进步的典型印证。毋庸讳言，葡萄酒是中国土生土长的嫡传“家酿土酒”，而不是外来的“洋酒”。

近年来，我国的经济飞速发展，人民的物质生活和精神生活都有了质的飞跃，葡萄酒在国人的生活中也从一个不起眼的配角逐渐成为光彩照人的主角。据数据了解，在2010—2014年，中国的消费总量增长约36%，在几个葡萄酒消费大国中，增长率是最快的，已经以3倍多的增长速度远远超过了加拿大和美国，一跃成为成全球最大葡萄酒市场，但葡萄酒消费在我国还受到许多因素的制约，如葡萄酒的同质化、不讲究与饮食的搭配、价高质低等，这些都不利于葡萄酒文化的形成和传播。可喜的是，中国人在探索中国本土的葡萄酒文化的同时，也在逐渐吸收西方葡萄酒文化的精华，如进行博大精深的中国菜肴与葡萄酒搭配的探索，提倡用健康的方式饮酒等。相信随着葡萄酒在中国的普及，国人的葡萄酒消费心理和方式将越来越成熟，并逐渐形成具中国特色的葡萄酒文化。

2 从酿造中国特色的葡萄酒做起

葡萄酒行业在全球范围内是一个广泛的产业，要想发展中国特色的葡萄酒文化，就必须酿出具有中华民族特色的、高品质的葡萄酒。没有真正的出色的葡萄酒，葡萄酒文化就无从谈起，而高品质的葡萄酒是企业从葡萄种植、生产酿造一步一步，脚踏实地悉心的做起。柏图斯酒庄（Petrus）、拉菲庄园（Chateau Lafite Rothschild）、罗曼尼·康帝（Romanee Conti）等世界著名酒庄，由于他们能几百年如一日地坚持做好酒、做高质量的葡萄酒，依靠葡萄酒高贵的品质，征服了消费者，成为世界葡萄酒最知名的品牌。现如今我国已经形成了十大葡萄酒产区，每个产区的气候、土壤等方面差异都很大，风格各异，可以生产出不同种类、不同风味的葡萄酒，各大产区只要能够抓住本产区的特点，精心种植培育适合本产区特点的葡萄，悉心研制葡萄酒工艺，学习国外先进技术，严格按照国际标准酿制葡萄酒，再加上有悠久的酿酒历史，等等，只要用心，就可以做出高品质、适合中国人饮用的葡萄酒。除此之外，我认为我们中国葡萄酒要走向世界还要从以下三方面加强。

2.1 打造中国民族葡萄酒品牌

随着中国经济的飞速发展，中国已经成为世界舞台上不可忽视的一股力量，是中国全面崛起的一个时代，很多经济产业也逐渐的处于世界领先水平，甚至成为世界第一，但是民族品牌却少之又少，很多国民甚至没有民族品牌的观念，觉得好用便宜就是好，甚至有很多还存在崇洋媚外的思想和消费情绪。值得可庆的是，从习近平主席到国母彭丽媛一直推崇国货，比如国宴和 APEC 峰会从白酒陆续唱罢下台，红酒逐渐走上餐桌；比如国母使用国产手机；比如国母将国产化妆品当国礼赠送国际友人；比如习主席穿的衣服都是民族品牌等，表示民族品牌也逐渐被国家重视，被人们所认可。我认为中国的民族品牌大有可为，只有中国的、民族的才是世界的，中国葡萄酒也走在振兴中国民族品牌的道路上，做出了高品质的民族葡萄酒，就要建立一个与之相匹配的品牌，说到葡萄酒品牌的建立，还是不得不提到法国，因为无论懂不懂葡萄酒的人说到葡萄酒来，也必然会说法国的葡萄酒好，为什么，这就是品牌效应。法国 8 万家左右葡萄酒庄园，都拥有长达几个世纪甚至超过千年的历史，无论从品质和名气都堪称经典，同时从文化、历史、质量上，得到全世界葡萄酒爱好者的公认。再加上上到政府、葡萄酒行业部门，下到酒庄、员工都在想方设法地精心维护着品牌，所以法国虽然不是葡萄酒诞生的地方，葡萄酒的文化却在这里达到了辉煌，而我国虽然有着悠久的葡萄种植历史，但我们的葡萄酒品牌的建立还处于发展时期。

目前，我国大多数酒庄无论是从建筑还是文化都仿照或依照欧洲建筑文化来建设的，我们应当做具有中华民族文化、具有中国历史的葡萄酒企业，深挖当地的风土人情，将当地葡萄酒的特色表现出来，做出有中华民族特色的葡萄酒，并不断宣传民族意识，推广具有中华民族特色的葡萄酒品牌。

2.2 中国式酒庄

从这两年最火的词莫过于“中国式”，“中国式过马路”“中国式旅游”“中国式教育”等，“中国式”变成了网络热词，那市面称为中国式酒庄呢？中国式是一个带有国家名称的词汇，充满了自豪与荣耀，中国式酒庄指的是建造在中国土地上拥有中华民族文化、建筑风格和特色的酒庄，也可以说是代表中华民族形象的酒庄。其实，中国消费者对中国葡萄酒的认知还只停留在几大老牌身上，像张裕、长城、王朝等，对深度酒庄游和文化感受还很少，国内市场还没有形成这种消费氛围，更多的葡萄酒发烧友和酒商们都是不远万里出国游览外国酒庄，接触和了解的也是外国酒庄文化体系和酿酒标准。而在中国市场很少有消费者能说出除几大品牌外的精品酒庄名字以及其位置，中国的消费者对葡萄酒知识的了解、对自己国家产区的认知以及对中国葡萄酒文化研究还是很“滞后”的。目前，中国建成的葡萄酒酒庄超过160多家，并已形成了胶东半岛、宁夏贺兰山麓、河北昌黎、河北沙城、黄河故道、天津产区、甘肃河西走廊、新疆天山北麓、云南产区、东北产区等十大葡萄酒产区，而真正意义上的中国式酒庄少之又少，很多酒庄建筑风格均采用欧洲风格，无论葡萄酒管理方法还是生产酿造工艺均采用国外的方法，我们中国式酒庄是要以中国传统葡萄酒和当地文化为核心，融合当地的文化内涵和历史足迹，深入挖掘地理文化、人文文化、建筑文化、风水文化、庄园文化、葡萄酒文化等文化。所以中国式酒庄在建造葡萄酒庄时，我们应该结合中国的地域传统、自然气候条件和传统文化，建造有中国特色的葡萄酒庄，弘扬中国的葡萄酒文化，彰显中华民族特色，诠释中国特色葡萄酒庄的文化品位，让人们以自己的民族为荣，让消费者以中华民族葡萄酒事业和品牌为荣，让全世界的葡萄酒爱好者更全面的了解中国葡萄酒文化和中国式酒庄。

2.3 什么是中国酒庄酒

在中国葡萄酒市场竞争愈演愈烈的情况下，许多葡萄酒生产企业，为了取得人们的信任，都标榜自己生产的葡萄酒是“酒庄酒”。那什么是酒庄酒呢？酒庄酒是指具有与其生产相匹配的可控稳定的酿酒葡萄种植园，且具备生产优质葡萄酒的酿造、灌装、陈酿等全过程生产设备与质量控制条件的葡萄酒生产形式（《葡萄酒行业准入条件》）。简单来说，就是必须从葡萄种植、栽培和采摘，到葡萄酒的酿造、储存、灌装等所有工序都在同一个葡萄园基地来完成。酒庄酒的概念，与依靠收购葡萄进行葡萄酒酿造的“酒厂酒”是相对的。“葡萄酒厂”则是指以现代化工业生产的方式，以自有基地出产的或采购的鲜葡萄为原料酿造葡萄酒，或直接采购原酒进行灌装、包装、销售的企业，侧重于产量和销量。反之，笼统而言，“酒庄酒”侧重于酒品质量、特色和可控，也意味着优质的葡萄酒。酒庄酒有以下九个特点：（1）有归属于酒庄并且能够百分之百完全控制的葡萄园；（2）葡萄种植、酿酒到灌装的全过程都在酒庄完成；（3）葡萄种植后第三年方可出产，并实行限产，亩产在1000公斤以下；（4）酒庄酒的产量应与酒庄种植葡萄面积及单产相对应，酒庄酒年生产能力应不低于75千升；（5）有常年在20℃以下的地下室或有温湿度相对稳定的储酒车间；（6）拥有橡木桶的数量要与所生产的产品类型及数量相对应；（7）从事酿酒的技术人员均需取得酿造技术相关专业毕业证书或《酿酒师》国家职业资格证书；（8）葡萄园与发酵车间之间的距离合理，且能保证采收后当天入罐；（9）酒庄酒的标签标注内容应与瓶内容物相符。这9个条件也是国内葡萄酒酒庄申请酒庄酒证明商标必备的几个要素。酒庄酒酒庄酿造的葡萄酒追求的不是产量上的多多益善，而是产品的特色与品位，它追求的是每一瓶葡萄酒的品质和特色以及提供给客户贴心的服务。因为以上种种因素，又给“酒庄酒”打上了风土的烙印，这正是一款葡萄酒区别于其他葡萄酒的独一无二的基因。归根结底，酒庄酒最重要的还是酒，无论是旧世界还是新世界，大家心目中真正推崇的葡萄酒酒庄，不在于它们是否拥有漂亮的酒庄和雄伟的建筑，而是真正意义上的来自他们透过精湛的酿酒技术对葡萄酒深刻的理解。只有当在对葡萄酒有着深刻领会的基础上，才能熟练的操控从葡萄的种植、采摘、酿制到出窖的整个过程，而酒庄酒正是人们传达了来自葡萄、气候、土壤、人文的丰富内涵，最终形成人们对品牌的认识和对酒庄的独家记忆。

3 戎子的发展历史与现状

中华民族生生不息几千年的发展演变中，所孕育的文化不仅体现于其酿造传承，还点缀着文明史诗，包含着丰富的传统民族文化、哲学思想、价值观念。我们戎子酒庄之所以取名“戎子”，是源于中国葡萄酒女神——戎子酿酒的历史文化。

3.1 中国葡萄酒女神——戎子

戎子，系春秋时游牧民族狄戎部落首领狐突之女（公元前714年—公元前650年），狄戎部落曾在乡宁以北活动。那时，这里是一片森林和牧地，很适合游牧民族的游牧生活，现尚有一些村名地名可以佐证。晋武公时期，武公为了稳定北方，向南扩充，派使臣与狄谈判，达成“和亲”协议，让其儿子晋献公娶其狄戎部落首领狐突的两个公主大小戎子为妻（一说小戎子为允姓之女），首开晋狄和亲的先河，成就了两个民族的千古佳话。水肥物阜的汾浍平原孕育出的汉民族的杰出男子，与钟灵毓秀的吕梁山麓成长起来的美貌女子的完美结合，产生出了优秀的中华后代，戎子生重耳，即晋文公。大戎子生重耳，即晋文公；小戎子生夷吾，即晋惠公。在《史记·晋世家》有明确记载：“重耳母，翟（狄）之狐氏女也”，《左传》记有“大戎狐姬生重耳”句，也均证实了戎子为晋文公母亲。后来，晋文公在其母党狐突、狐毛、狐偃的帮助下，即位大统，称雄中原，开创了轰轰烈烈的春秋霸业。

3.2 戎子酿酒的历史文化

乡宁县城以北是典型的黄土高原，俗称城北塬。由于多少年的水土流失，城北塬形成了支离分散、沟壑纵横的黄土残塬。在塬面的最高处，有一方圆四、五里的很大很高的黄土疙瘩。根据《史记》记载，乡宁县以北在春秋时称为屈地，灌木成片，杂草丛生，盛产良马，曾经是游牧民族狄戎部落长期生活居住的地方。

那时候这里到处长满葛藟子（葡萄的古称）。每逢初秋，葛藟子成熟，一串串水灵灵的葛藟子黑里透红，满山飘香。大戎子常常领着小戎子，背着皮囊，挎上背篓，到处摘采食用葛藟子，有时忘了吃饭，有时忘了回家。哥哥狐毛、弟弟狐偃，也常被父亲狐突打发到山里寻找她俩儿。有次，大小戎子跑得很远很远。这里葛藟子结得很繁，姐妹俩儿摘采了很多很多，装满了皮囊，装满了背篓，还是盛不下，拿不走。怎么办呢？眼看着太阳快要落山了，摘采下的这么多的葛藟子怎么能拿回去呢？扔了，太可惜了。那是钻进梢林里一点一点摘下的呀！还是大戎子想出了办法。两人用片状石头在地上挖了个坑，把葛藟子放了进去。小戎子提出她背不动那装满葛藟子的皮囊了，大戎子也把皮囊放进坑里，然后找了块石板把坑口盖好，用土埋严，并作了记号，等过几天再来拿取。过了一段后，天气渐凉，梢林纷纷落叶，东寨疙瘩附近已找不到葛蘁子了。大小戎子想起了她们埋在山里的葛蘁子，便再次来到高岭凹埋葛蘁子的地方，刨过浮土，取过石板，顿觉香味扑鼻，放在坑里的葛蘁子已化汁渗入土中，只剩下皮和籽了。赶紧取出皮囊查看，囊中葛蘁子也已化作水状，姐妹俩儿一一试着喝了一口，只觉得甜中有酸，酸中有甜，后味略涩，十分爽口，味道比直接吃葛蘁子要好得多。不一会，姐妹俩儿肚里发热，脸上发红，两腮流露出妙龄少女特有的美丽。二人赶紧背上皮囊，决定把这醇香满口的葛蘁子汁拿回去让父母和哥哥弟弟们品尝。

回来后，戎子在父亲狐突的支持下，发明了压榨葛蘁的合蘁床子，储藏葛蘁的袋状坑，发酵缇齐的温水罐罐等工具，形成了采摘、储藏、破碎、发酵，一整套最早的人工酿造葡萄酒的方法和技术。

这皮囊中的葛蘁子汁就是最早的葡萄酒，人们给它起了一个很好听的名字——缇齐，大小戎子在不经意间发现了它。虽然，据史书记载，葡萄酒也属于猿酒的一种，它不是某一个人所发明，而是大自然的杰作。但由于地域不同，先民们发现有早有迟，发现的途径也不尽相同，而两千多年前在这里生活的狄戎民族的大小戎子两姐妹，就是这样发现了葡萄酒，大家口口相传，一直传到了现在，传到了今天。

后来，大小戎子下嫁晋献公时，父亲狐突精选了百匹良马，满驮装满缇齐的皮囊，作为两个女儿的陪嫁礼物，就这样把缇齐传到了晋国。晋国为了大量生产葡萄酒，还专门从晋都到南屈修了运送葛蘁的官道，以保证葡萄酒的生产。晋国用批量生产的葡萄酒，进贡周天子，宴请百官，犒劳诸侯，葡萄酒为晋国的崛起、强盛、称霸作出了很大的贡献。

晋文公重耳即位后，为纪念母亲和姨母把缇齐带到晋国的不朽功绩，便派军在乡宁北塬建造酒窖，拓宽驿道，广植葡萄，大量酿造。并精选美酒，进贡周王天子，后在周襄王的支持下，召集齐、宋、鲁、蔡、郑、卫等国之君，举行盟会，签立盟书，成就了晋文公称霸中原的千秋大业。缇齐，也就成了晋文公宴请百官、招待四方诸侯的琼浆佳酿。

3.3 酿酒歌谣佐证历史

乡宁城周围的城关地区，自古至今流传着一首儿歌，辈辈世世，口口相传，人们都会咏唱，这就是：

点名点将，合蘁上坑。

有钱喝酒，没钱跟走。

歌谣的大意是：在葡萄成熟的季节，选出榨汁酿酒的行家；把采摘回来的葛蘁集中到一起，放置到戎子井中榨汁酝酿；美酒成熟之后，有钱的掏钱喝酒，没钱人就跟随那些有钱的也来同饮。这是一首非常朴素又构思巧妙的民间作品。作品描写了在一个特定的环境中，大伙相拥在一起准备喝酒前的一个欢乐场面。作品反映了在当时的生产力水平下，要酿造好酒的两个关键因素，一是要有高技术的酿酒师傅，即：“点名点将”；二是要有先进的酿酒设备，即“合蘁上坑”。尤其是最后一句中的“跟”字，用得特别巧妙，它是整个作品的精髓所在，起着“诗眼”的作用，达到画龙点睛的效果。它体现了一种人与人之间的和谐，从而折射出社会的和谐。“喝酒”，这种消费活

动，不光是“有钱”能办到的，而“没钱”也“跟”着“走”，“跟”着一块“喝”，一块体验这“喝酒”的乐趣，一块享受这人间的美事。这首歌谣千古传唱，经久不衰，且有当时酿酒的实物与工具流传至今。当地人们把“戎子”作为葡萄酒女神已深入人心，代代敬奉。还有乡宁县城北塬一直也有葡萄酿酒的习俗，更是赋予了这片黄土地葡萄酒酿造的历史痕迹。

3.4　春秋一代霸主晋文公

晋文公庙位于酒庄西部的历史遗址之上，始建年代不详，据《乡宁县志》记载至少在唐宋以前即有，最早记载见于宋开宝元年（公元968年），宋碑载为晋文公。清康熙年间曾任太子太保、兵部尚书、河东总督的田文镜在任乡宁知县时因重修晋文公庙而名声大振，他从此一路官运亨通，被皇帝重用，正迎合了康熙帝满汉合一，维护民族融合团结，维护国家统一的治国思想与国家意志，与晋文公思想一脉相承。同治碑云：七月二十五日祀。又考：“晋文公尚飨天神庙，因重耳遭骊姬之乱，亡母党之域一十有二载。后周游列国，遍尝艰辛，养晦韬光，终登霸坛。惠农宽商，列地分民，鄂邑先民树以为帜，敬为天神。”足见晋文公为中原民族与西北少数民族融合所做的历史贡献。晋文公称霸春秋，晋称雄于世160年，后称其为“龙”。晋文公是历史上第一个被称为“龙”的帝王。（《吕氏春秋》有“龙蛇歌”记载：“有龙于飞，周遍天下，五蛇从之，为之丞辅。龙反其乡，得其处所，四蛇从之，得其露雨。一蛇羞之，桥死于中野。”）晋文公施政的先进性虽然在后世被三公（韩，赵，魏）分晋，但是一晋虽分，三强并立，晋文公的思想在弘扬放大，至后形成战国七雄格局。从中国清明“寒食节”与“足下”的称呼，到“割股奉君”“秦晋之好”“汗马功劳”“取信于民”“退避三舍”“一战而霸”“挟天子以令诸侯”……与晋文公相关的典故、成语有数十条之多，可见其影响之深广。

晋文公庙重建修复的一大亮点正是基于以上的文化意义，处处蕴含了丰富的历史故事，处处隐喻着深刻的风水思想内涵。从停车场折转拾级而上是一字连山式一正二偏砖雕影壁，正面中部铭文“晋文公传略”，迎庙面壁心大型砖浮雕“践土会盟”。影壁至庙门中轴线黄金分割点置“社稷千秋”大型青铜方鼎，以其为中心建半径9.5米的石刻圜坛，寓“九五至尊”之意；“文公称霸图”雕刻使人们在这里了解当时天下疆域及成语典故发生的地理位置。这是晋文公庙的前置引导区，不仅初步概况介绍了晋文公史绩，更使视觉受到冲击。这里是引人入胜的庙外正面全景最佳观赏点：穿越铜鼎可以看到庑殿式山门雄伟大气，两侧的单斗二截旗杆高耸，率分列二阵的八个石墩寓八方神将护持，昭示天下四通八达又四平八稳。沿庙门一线，晨钟暮鼓分列左右，二层角楼居高临下，俯瞰四方；其下略带收分的红墙上嵌着古朴的巨型人面瓦当与太阳神瓦当，不仅具有极强张力，打破一般庙宇的沉寂氛围，更带来横扫一切的气势，引发人们的悬念，纷纷想一探究竟。

重耳做了国君后，当地人们为了纪念他的功绩和称颂他的霸业，多修建祠、庙以祭祀。这种现象延续了很多年，直到唐代时仍有修建者，这是远古以来人们对晋文公敬仰和崇拜的表现。但是，随着日月轮回、风走云去，晋文公庙多遭劫难和自然倒圮，仅存城北塬一处。

后来，人们为缅怀戎子和重耳，便在他们曾经生活过的乡宁北塬修建了文公庙，晋文公也在一定的程度上推动了中国葡萄酒的发展，人们看到晋文公，便自然而然地想起了他的母亲大戎子；人们谈到文公称霸，便自然而然的谈到了中国葡萄酒女神——戎子造酒的历史。

3.5 戎子酿酒葡萄种植概况

上苍赐予人杰地灵的乡宁一片神奇热土。在2007年年初，在征求专家意见并多方调研考察的基础上，戎子酒庄以山西农科院果树研究所、西北农林科技大学为依托，引进优质酿酒葡萄种苗，戎子酒庄在北塬这块历史悠久，人文厚重之地开始葡萄种植基地筹建工作。俗话说，“三分酿造，七分原料”“好的葡萄酒是种出来的”等，这些理念都是众所周知的，拥有优质且充足的葡萄酒原料尤为重要，因此，我们选择了得天独厚的立地条件作为葡萄基地，戎子酒庄坐落在黄土高原上，可称之为是中国黄土高原上的红酒帝国，说到黄土高原不得不说说酒庄基地所在地的黄土情况，其土壤颗粒细，土质松软，通透性强，排水良好，含有氮、磷、钾等丰富的矿物质养分，土厚度达200米以上，不易造成积涝，利于耕作，有利于葡萄地上和地下部分协调生长发育，而且偏碱性土壤，可延缓葡萄生长，使之具备酿造优质葡萄酒的潜力，积淀出佳酿丰富细腻的口感。除此之外，酒庄所在地的全年日照时数在2500小时左右，全年有效积温3998℃，昼夜温差大于15℃，年均气温9.9℃，年均降水量570mm，年均无霜期为212天，海拔950~1300米，黄土厚度200米以上，属于温带大陆性季风气候，四季分明、光照充足、相对干旱等这些小气候特征及外围条件被各界专家誉为“酿酒葡萄生长的黄金地带”。

经过这几年对基地的管理、研究发现种植才三年的葡萄根系就已深达8米，我们按照塬面海拔高低及各个微观气候的不同，葡萄种植基地被划分为8个片区，有的片区温暖中湿、有的温暖干燥、有的清凉干燥，这些也都为丰富品种栽培提供了条件。我们在此基础上精心挑选20余种的国际著名酿酒葡萄品种，如赤霞珠、马瑟兰、品丽珠、霞多丽、梅鹿辄等作为酿酒主要原料。

经过七年时间，累计发展6000余亩，涉及8个村委21个自然村的940户种植户，且组织了一支以著名葡萄酒专家孔庆山先生为主的基地管理团队，采用订单式合同管理的方式对基地进行科学管理和指导，酿酒葡萄全部采用水平独龙蔓架势，亩产葡萄控制在500~800千克，严格按照《山西酿酒葡萄栽培标准》《戎子酒庄葡萄种植基地技术规范及病虫害防治指导手册》执行，而且将葡萄质量与收购价格挂钩，细分出了10余条收购标准，如成熟度、含糖量、是否按照酒庄要求种植葡萄等，每符合一条，价格便往上调整，这样不但能调动农户的积极性也保证农民利益，同时，组建了葡萄种植专业农业合作社、农民田间学校、培训就业基地等方式进修管理和培训，并为基地农户免费提供架材、苗木、地膜、挖沟、技术、灌溉等支持，并在葡萄丰产前两年每亩向农户补助400元，葡萄每亩年可为农户增收7000余元，酒庄将建设与富民工程相结合，极大地调动了农民葡萄种植的积极性，得到了当地群众的高度肯定和极力拥护。同时投资修建科研温室大棚一座，积极做好品种研究、苗木繁育等研发工作。为确保酒庄酿酒葡萄生长发育关键期的用水要求，酒庄配套200万立方米的水库、3万立方米的集水池、1500立方米的高原总灌站、旱井600余眼，采用滴灌技术为葡萄提供必要的水源，以上诸多的天时地利条件均为酿造世界顶级佳酿提供了充足的优质酿酒葡萄原料。

3.6 打造世界顶级酒庄

让·克劳德·柏图（Jean – claude Berrouet）先生是法国顶级的酿酒师之一，也是被誉为法国酒王的顶级酒庄柏图斯（Petrus）的原总酿酒师。柏图先生从1962年开始在柏图斯酒庄担任总酿酒师，和柏图斯酒庄的庄主一起缔造了世界顶级的酒庄传奇。柏图先生在柏图斯酒庄工作了47年时间，酿造了45个不同年份的葡萄酒，波尔多从1962年开始的所有年份，他都了如指掌，甚至记得每个年份的气候、葡萄质量等繁琐的信息。即使在法国，也很难找出第二个在同一酒庄工作47年的酿酒师。2008年，柏图先生的大儿子接任他成为柏图斯的新任酿酒师，继续他延续的辉煌。同时，柏图先生依然担任柏图斯酒庄的总酿酒顾问，而他在2010年选择担任戎子酒庄的首席酿酒师，柏图先生在这之前，他曾经婉拒了中国多家葡萄酒企业的盛情与高薪聘请，为什么他唯独对戎子酒庄情有独钟呢？他曾对国内多家葡萄酒企业进行了考察，其中也包括戎子酒庄在内，在对戎子酒庄进行了全方位的实地考察之后，确定了这片土地的土壤、气候、地理位置等条件足以使栽培的酿酒葡萄达到中国乃至世界一流品质，可以实现自己酿造世界顶级葡萄酒的理想，便毅然接受邀请，以首席酿酒师身份来到了戎子酒庄，开始了他的中国葡萄酒梦。

戎子酒庄立项之初就与西北农林科技大学、江南大学、中国农业大学、中国农科院郑州果树研究所、国家葡萄酒检测中心等建立了广泛深入的交流与合作，并建成了拥有年产5000吨的中高档葡萄酒生产能力及10000吨发酵储酒能力的生产车间，配套建设了富有独具中华民族风格的地下酒窖和世界上最大且唯一的黄土高原自然生态酒窖——黄土窑洞酒窖。引进了世界上最先进的粒选机——全自动光学分选仪，并投资成立了企业技术中心（被评为省级技术中心），引入美国安捷伦公司气相色谱 – 质谱联用仪、高效液相色谱仪、原子吸收光谱仪等大型分析检测设备，从法国、意大利等国家引进了光学粒选系统等世界一流的葡萄酒酿造和后处理设备。从国内外引进了多名高科技人才，聘请和邀请了江南大学副校长徐岩，西北农林科技大学副校长李华、葡萄酒学院院长王华，中国农科院郑州果树研究所孔庆山研究员，加州大学戴维斯分校博士生导师Linda F. Bisson教授和Lucy Joseph教授，西班牙拉里奥哈大学Marta Dizy教授等17名知名教授、学者到技术中心进行技术指导交流，结合酒庄实际，坚持做酒庄酒，开展从土地到餐桌的系统研究，既解决了工作过程中的实际问题，更着力于技术储备和前瞻性研究，从而确保葡萄酒的高贵品质。

在研究开发方面，戎子酒庄已投入的科研经费已达2600多万元，经过几年的努力，在让·克劳德·柏图的带领指导下，戎子团队的共同努力下获得了17项专利（其中7项外观设计专利、7项实用新型专利、3项发明专利），起草制定了山西省地方标准 DB14/T 665—2012《酿酒葡萄生产技术规程》，规范了山西产区的葡萄种植技术标准，并通过了国家质检总局对《戎子酒庄葡萄酒》实施地理标志产品保护的批准。完成了《葡萄酒在橡木桶陈酿过程中的生命曲线的研究》《微氧技术在葡萄酒酿造中的应用》《不同海拔微气候对葡萄及葡萄酒品质的影响》《黄土高原葡萄与葡萄酒特征性物质库的建立》等16项课题和成果的研发，并成功研发上市了戎子系列雅黄、深啡干红葡萄酒，小戎子系列黑标、蓝标、紫标、红标干红葡萄酒，玫瑰香葡萄酒，桃红葡萄酒、干白葡萄酒等17款不同年份的产品，分为大戎子、戎子、小戎子、戎子鲜酒等系列，戎子酒庄葡萄酒在第五届亚洲葡萄酒质量大赛、中国国际葡萄酒烈酒品评赛（VINALIES CHINA）、克隆宾第六届国际葡萄酒大赛等国内外品评赛上多次获奖，特别值得一提的是戎子酒庄甜型玫瑰香葡萄酒和鲜葡萄酒产品开发及工艺科学成果分别获得了“国际先进”水平和“国际领先”水平，而且戎子酒庄首倡鲜酒，并在中国葡萄酒的发展史上创造了新的里程碑，受到国内外各级领导、专家、葡萄酒爱好者的充分肯定和一致好评。

酒庄将产品营销的初始市场锁定在山西省内，在取得根据地市场的基础上，逐渐地向北京、上海、广东、江浙等相对成熟的市场突破，目前，全国已经开了5家分公司10家专卖店，全省各地上货终端1000余家，并香港、澳门等地的知名企业单位取得合作，进一步向东南亚市场，逐渐欧美、日本等发达国家渗透。

3.7 做最具中华民族风格的酒庄

戎子作为秦晋文化的纽带，毗邻黄河壶口瀑布、尧庙等风景名胜区，企业文化来源于几千年来根植在这片土地上的中华文化，我们坚持传承中华民族五千年华夏文明，深挖中国葡萄酒文化，公司全力打造的以葡萄酒文化旅游、农业生态观光为核心的旅游项目，旅游园区总面积65万8千平方米。除酒庄的生产工业景区外，修复具有千年历史的晋文公庙，兴建传承教化、载道修文的戎子书院，打造肃穆傲然的戎子博物馆，建设曲厅回廊、笔墨芳香的园林景区，典雅庄重、富有东方神韵的地下酒窖，1万4千余平万米宏伟大气的生产酿造车间，从内容上注入了戎子传统文化的灵魂，从葡萄酒的商标注册包装均突出了戎子文化、民族文化的特色，从产品研发上，我们根据当地的风土人情、气候特色制造出适合大众，能充分体现中国风格的葡萄酒，开拓了酒庄与民族传统文化相融合的发展之路，不断地将中国葡萄酒文化融入景区建设，打造最具中华民族风格的酒庄，成为了黄土高原上一道亮丽的风景线！

在2010年开始提出戎子酒庄旅游创4A的计划，2013年7月15日通过了省发展和改革委员会企业投资项目备案，2015年4月26日，戎子酒庄景区旅游总体规划初步通过评审，至此4A景区离更近一步。

3.8 继续挖掘、发扬中国葡萄酒文化产业

3.8.1 葡萄与葡萄酒知识培训教育

目前，酒庄已经开展了戎子大学行培训活动，到山西师范大学、山西农业大学等大学做了10余次的葡萄与葡萄酒知识教育活动，而且在游客参观过程中，专设品酒区

为游客详细的讲解葡萄酒知识，未来将从以下几方面进行扩展：

（1）在戎子书院内举办短时间、小规模的葡萄酒知识培训，包括葡萄酒的历史与发展、葡萄酒功能、葡萄酒的鉴别及饮用要求等。

（2）与国内相关葡萄酒协会组织联系，在戎子酒庄举办讲座与培训、举办葡萄酒的品鉴与评奖比赛等活动。开展丰富的酒庄教育活动，如感官研讨会与葡萄酒教育家一起学习葡萄酒礼仪，了解不同食物与各类葡萄酒的完美搭配，辨别葡萄酒的真伪、葡萄酒的分类，区别酒庄酒和酒厂酒等知识，并模拟了葡萄酒交际礼仪等。

（3）将进一步扩大培训范围，在全省开展戎子大学行活动，走出山西、面向全国，向消费者传播普及葡萄酒文化知识和葡萄酒商务社交礼仪，引导消费者理性健康消费葡萄酒，通过切实的活动让更多的朋友感受到戎子文化，系统学习葡萄酒商务社交礼仪，营造更好的葡萄酒氛围，进一步推动中华民族葡萄酒的发展。

3.8.2　大型文化活动

酒庄将利用行业影响力和独特的中华民族建筑风格的酒庄，开展系列的文化活动，吸引大量的中高端游客、商务人士、专家学者到酒庄旅游参观、旅游、品鉴，从而拉动酒庄住宿、餐饮等的消费，进一步推动酒庄的经济发展。

（1）成立文化影视基地，引进大型的电视剧、电影剧组到酒庄进行取景拍摄，同时也进一步推动酒庄的宣传。

（2）在酒庄召开每3年一次的中国葡萄酒学术论坛，每5年一次的世界葡萄酒学术论坛，邀请国内外著名葡萄酒酿酒师、品酒师、专家、学者以及各大葡萄酒企业到酒庄进行学术论坛，奠定酒庄在世界葡萄酒行业中的位置，进一步推动中华民族以及世界葡萄酒的发展壮大。

3.8.3　大力推广戎子商学院（戎子书院）

中国国画研究院山西分院戎子书院（戎子商学院）始建于2009年，占地面积10000 ㎡，是中国国画研究院的写生基地、教学基地、艺术交流中心之一，于2011年8月24日正式落成。2014年6月14日，中国书法家协会中央国家机关分会创作基地落户戎子书院。戎子书院采用中国古典式园林建筑风格，整体建筑典雅高贵、恢弘大气。戎子书院以展示企业文化、宣传业界名声、策划文化活动、接待文化名人、国学文化讲座，书画艺术交流以及民俗文化挖掘整理为主要功能。下一步将以戎子书院为核心从以下几方面大力发展戎子商学院功能：

（1）与清华、北大、山西大学、山西理工大、山西师范大学等大学互动，进行深层次的合作。

（2）将戎子作为MBA、MEM等培训班的基地，围绕企业实现战略目标以及成功人士进修所需的能力而开展的丰富多样的培训、学习活动，帮助企业家或者企业员工获得或改进与工作有关的知识、技能、态度和行为，提高员工和企业的绩效水平，并推动企业的发展。

（3）与西北农林科技大学、山西农业大学等专业院校进行产学研合作。

（4）邀请葡萄酒专家、知名人士、企业家等相关人士到戎子商学院进行讲演、分享和培训。

（5）完善戎子商学院人才配置，积极开展各项活动。

3.8.4 书画展出

近年来，戎子书院举办了《2012戎子酒庄主办的秋季笔会》、《红酒之约艺术沙龙创刊5周年暨当代中国画名家邀请展》、《美哉中华考察写生》等10余次大型书法活动，并邀请了中国书法家协会理事白煦、中国艺术研究院中国书法院常务副院长李胜洪、山西省文联委院副院长赵梅生、当代著名书画艺术家张跃华等百余位书法家到戎子写生。我们将从以下几方面开展工作。

（1）邀请国内外一流书法家到戎子酒庄进行写生，组织大型的书法艺术交流活动；

（2）大量组织书画艺术巡回展，进一步推动中华民族国学文化的发展；

（3）积极于各大书画院、协会进行互动合作，进一步加强与中国书法家协会中央国家机关分会深层次的合作。

3.8.5 博物馆

戎子博物馆占地面积38400㎡，东西宽120m、南北长320m，采用北方园林风格规划布局、宋代营造仿古建筑形式，配套迷宫、主展厅、藏宝室、临展厅、培训厅等展厅，辅以花坛、假山、人工湖、小溪、石桥、甬道、石阶、亭台、绿化等园林小品，以展现汉民族与狄戎部落交往史、黄土高原农耕文化、中国葡萄酒文化、戎子文化、晋西南民俗风情为主题内容，并融合园林景观旅游，通过设计系统性的博物馆布展和高科技的展示手段，营造震撼的艺术空间，给游客留下深刻的印象，是戎子酒庄重点打造的旅游文化精品园区。

雄厚的经济实力，产区优势和技术支撑，加上优质的酿酒原料，先进的设备系统，一流的工艺技术，具有丰富经验的管理成员的加盟，为建造最具中国文化内涵的民族风格葡萄酒庄打造了坚实的基础，奠定了戎子酒庄在全国500多个同行中“最具潜力”、“最具成长型”企业的特殊地位，酒庄将继续坚持以消费者的健康与利益为根本，以戎子葡萄酒的质量和品味为目标，以做最具中华民族特色的酒庄为原则，为消费者提供足以使成功人士彰显尊贵，满足国人以及世界对中高端葡萄酒的追求。

法国有句谚语：“打开一瓶葡萄酒，就像打开一本书。”我国有着悠久而灿烂的文化，相信通过我们酒企的努力，国人对葡萄酒认知水平的不断提高，中国式酒庄和酒庄酒的不断推行，对民族品牌的进一步认识和推崇，我国的葡萄酒文化从种植、酿造再到品味也一样会是一门优雅的艺术、一门耐人寻味的学科，形成了独具特色的中华民族葡萄酒文化，并得以在全中国、全世界广泛传播。

参考文献

卢卫东．传统文化背景下中国酒庄建筑设计研究．青岛理工大学，2012，80－85